René Cori, Daniel Lascar

Logique mathématique

1. Calcul propositionnel, algèbre de Boole, calcul des prédicats

Préface de Jean-Louis Krivine

DUNOD

L'édition originale de cet ouvrage a été publiée en 1993 aux éditions Masson
dans la collection *Axiomes*, coordonnée par J.-L. Krivine.

Illustration de couverture : © MAKOVSKY ART. Adobe Stock

11 rue Paul Bert, 92240 Malakoff
www.dunod.com
ISBN 978-2-10-082514-1

PREFACE

La logique est, en France, une discipline traditionnellement négligée dans les études scientifiques universitaires. Cela tient, sans doute, à l'histoire récente des mathématiques dans notre pays, dominées pendant longtemps par l'école Bourbaki, dont, comme on sait, la logique n'était pas le fort. La logique part, en effet, d'une réflexion sur l'activité mathématique, et une réaction épidermique courante du mathématicien est de dire : « A quoi bon tout cela ? nous ne sommes pas des philosophes, et ce n'est pas en se cassant la tête sur le modus ponens ou le tiers exclu que l'on résoudra les grandes conjectures, ni même les petites ». Voire ...

Cependant un élément nouveau, et de taille, est venu clore ce débat un peu byzantin sur l'intérêt de la logique : l'explosion de l'informatique, dans tous les domaines de la vie économique et scientifique, dont l'onde de choc a fini par atteindre les mathématiciens eux-mêmes.

Et petit à petit, une évidence se fait jour : pour cette nouvelle science en train de naître, les bases théoriques ne sont autres que cette discipline si discutée : la logique mathématique.

Il est vrai que certains domaines de la logique ont été mis à contribution plus vite que d'autres. Le calcul booléen, bien sûr, pour la conception et l'étude des circuits ; la récursivité, qui est la théorie des fonctions calculables sur machine ; le théorème de Herbrand, la résolution et l'unification, qui sont à la base de la programmation dite « logique » (langage PROLOG) ; la théorie de la démonstration, et les divers avatars du théorème de complétude, qui se révèlent de puissants outils d'analyse pour les langages de programmation évolués ...

Mais, au train où vont les choses, on peut penser que le tour ne saurait tarder à venir, même pour des domaines restés encore complètement « purs », comme la théorie des ensembles, par exemple.

Comme il se doit, l'interaction n'est pas à sens unique, loin de là, et un afflux d'idées et d'intuitions nouvelles et profondes, issues de l'informatique, est venu renouveler tous ces secteurs de la logique. Cette discipline est maintenant l'une des plus vivantes qui soient en mathématiques, et en évolution très rapide.

Aussi l'utilité et l'actualité d'un ouvrage d'initiation générale en logique ne font-elles pas de doute, et ce livre vient donc à son heure. Issu d'un enseignement du D.E.A. de

Logique et fondements de l'Informatique à l'Université Paris 7, il couvre un vaste panorama : algèbre de Boole, récursivité, théorie des modèles, théorie des ensembles, modèles de l'arithmétique et théorèmes de Gödel.
La notion de modèle est un élément central de l'ouvrage, et c'est à fort juste titre, car elle a aussi une place centrale en logique : malgré (ou grâce à) son caractère simple et même élémentaire, elle en éclaire tous les domaines, y compris ceux qui en paraissent les plus éloignés. Comment comprendre, par exemple, une démonstration de consistance en théorie des ensembles, sans avoir d'abord maîtrisé le concept de modèle de cette théorie ? comment saisir vraiment le théorème de Gödel sans avoir une idée sur les modèles non standard de l'arithmétique de Peano ? L'acquisition de ces notions sémantiques est, je le crois, caractéristique d'une véritable formation de logicien, à quelque niveau que ce soit. R. Cori et D. Lascar le savent fort bien, et leur livre va tout à fait dans ce sens. Qui plus est, ils ont réussi le difficile pari d'allier toute la rigueur nécessaire avec la clarté, le souci pédagogique et l'agrément de la lecture.
Nous disposons donc là d'un outil remarquable pour l'enseignement de la logique mathématique, et, vu le développement de la demande en ce domaine, il devrait connaître un franc succès. C'est, bien sûr, tout ce que je lui souhaite.

Jean-Louis Krivine

TABLE DES MATIERES DU TOME I

TABLE DES MATIERES DU TOME II

CONTENTS

VOLUME I

VOLUME II

Ce livre est dédié
à l'éducation et à la géographie
physiques.

R.C. et D.L.

AVANT-PROPOS

Ce livre fait suite à une expérience de plusieurs années d'enseignement de la logique à l'U.F.R. de Mathématiques de l'Université Paris 7, tant en deuxième cycle que dans le D.E.A. de Logique et Fondements de l'Informatique.

Dès que nous avons commencé à préparer nos premiers cours, nous avons constaté qu'il allait être bien difficile d'indiquer à nos étudiants des ouvrages généraux de logique écrits (ou même traduits) en français. Nous avons alors décidé de profiter de l'occasion qui nous était donnée de remédier à cela. Les premières versions des huit chapitres qu'on va lire ont donc été rédigées en même temps que leur contenu était enseigné. Nous tenons à remercier chaleureusement tous les étudiants qui ont ainsi contribué à une amélioration sensible de l'exposé initial.

Nos remerciements vont aussi à tous nos collègues et amis logiciens, de Paris 7 ou d'ailleurs, qui nous ont apporté une aide très appréciée, par leurs nombreuses remarques et par un soutien moral d'une rare qualité. Presque tous sont co-auteurs de cet ouvrage, puisque, pour constituer les listes d'exercices qui accompagnent chaque chapitre, nous avons puisé sans retenue dans le fonds inestimable que représentent les centaines et centaines de textes qui ont été proposés aux étudiants, pendant plus de vingt-cinq années, au cours desquelles l'Université Paris 7, pionnière en la matière, a organisé des enseignements de logique ouverts à un large public.

Parvenu à ce stade, le lecteur s'attend en général à une phrase du type suivant : « ils sont tellement nombreux que nous ne pouvons évidemment pas les citer tous ». En effet, ils sont très nombreux, ceux à qui va notre gratitude, mais pourquoi ne pas essayer de les citer tous ?

Merci, donc, à Josette Adda, Marouan Ajlani, Daniel Andler, Gilles Amiot, Fred Appenzeller, Jean-Claude Archer, Jean-Pierre Azra, Jean-Pierre Bénéjam, Chantal Berline, Claude-Laurent Bernard, Georges Blanc, Elisabeth Bouscaren, Albert Burroni, Jean-Pierre Calais, Zoé Chatzidakis, Peter Clote, François Conduché, Jean Coret, Maryvonne Daguenet, Vincent Danos, Max Dickmann, Patrick Dehornoy, Françoise Delon, Florence Duchêne, Jean-Louis Duret, Marie-Christine Ferbus, Jean-Yves Girard, Danièle Gondard, Catherine Gourion, Serge Grigorieff, Ursula Gropp, Philippe Ithier, Bernard Jaulin, Ying Jiang, Anatole Khélif, Georg Kreisel, Jean-Louis Krivine, Ramez Labib-Sami, Daniel Lacombe, Thierry Lacoste, Richard Lassaigne, Yves Legrandgérard,

Alain Louveau, François Lucas, Kenneth Mac Aloon, Gilles Macario-Rat, Sophie Malecki, Jean Malifaud, Pascal Manoury, François Métayer, Marie-Hélène Mourgues, Catherine Muhlrad-Greif, Francis Oger, Michel Parigot, Donald Pelletier, Marie-Jeanne Perrin, Bruno Poizat, Jean Porte, Claude Précetti, Christophe Raffalli, Laurent Régnier, Jean-Pierre Ressayre, Iégor Reznikoff, Philippe Royer, Paul Rozière, Gabriel Sabbagh, Claire Santoni, Marianne Simonot, Gerald Stahl, Jacques Stern, Anne Strauss, Claude Sureson, Jacques Van de Wiele, Françoise Ville.

Nous tenons aussi à rendre hommage au travail administratif et technique remarquable accompli par Mesdames Sylviane Barrier, Gisèle Goeminne et Claude Orieux.

Que ceux que nous avons oubliés nous pardonnent. Ils sont tellement nombreux que nous ne pouvons les citer tous.

Nota bene

- Les coquilles et erreurs dans le premier tirage étaient tellement nombreuses que même Alain Kapur n'a pu les relever toutes. Qu'il soit assuré de tous nos encouragements pour la lourde tâche qui l'attend encore.

Nous remercions également Edouard Dorard et Thierry Joly pour leur lecture très attentive.

- Selon des sources dignes de foi, le Mercredi 23 Juin 1993, Andrew Wiles a fait perdre à l'exercice 6 du chapitre 6 une bonne partie de son intérêt. Nous ne lui en voudrons pas trop.

INTRODUCTION

Nombreux sont ceux qui considèrent la logique comme une branche des mathématiques ayant un statut un peu spécial, qui la distingue de toutes les autres. Curieusement, ses adversaires les plus acharnés et certains de ses fervents disciples se rejoignent dans cette conception qui place la logique en marge des mathématiques, à leur frontière, voire en dehors d'elles. Pour les uns, la logique n'a pas sa place dans les « vraies » mathématiques ; d'autres, au contraire, y voient la discipline reine dans les mathématiques, celle qui transcende tout le reste, qui soutient le grand édifice.

Le premier conseil que nous pourrions donner au lecteur qui vient nous rejoindre dans cet ouvrage, en vue de s'initier à la logique mathématique, est d'adopter un point de vue radicalement différent de ceux-là, et d'être exactement dans le même état d'esprit qu'en consultant un traité d'algèbre ou de calcul différentiel. Nous vous présentons un livre de mathématiques, nous allons y faire des mathématiques, et pas autre chose. Il nous semble que c'est une condition essentielle pour une bonne compréhension des notions qui seront exposées.

Cela ne signifie pas que la question de la place de la logique dans les mathématiques soit sans intérêt. Elle est au contraire passionnante, mais elle relève d'une problématique extérieure aux mathématiques. Tout mathématicien peut (et nous dirons même doit) à certains moments réfléchir sur son travail, se transformer en épistémologue, philosophe ou historien des sciences : il faut simplement qu'il soit clair que, ce faisant, il cesse provisoirement son activité mathématique. Le plus souvent, il n'y a d'ailleurs aucune ambiguïté : lorsqu'il lit un cours d'analyse, l'étudiant en mathématiques s'attend à y trouver des définitions, des théorèmes, et des démonstrations pour ces théorèmes ; si l'auteur a cru bon d'y ajouter des commentaires d'ordre philosophique ou historique, le lecteur n'a jamais la moindre difficulté pour séparer ce qui relève de ces commentaires de la matière proprement dite.

Nous voudrions que le cours qui va suivre soit abordé de cette manière, et que la logique soit regardée comme une branche tout à fait ordinaire des mathématiques. Mais il est vrai que ce n'est pas facile.

L'objection majeure apparaît lorsqu'on réalise qu'il est nécessaire d'accepter simultanément les deux idées suivantes :

- 1) la logique est une branche des mathématiques ;
- 2) la logique a pour objet d'étude les mathématiques elles-mêmes.

Face à cet apparent paradoxe, il y a trois attitudes possibles : on peut tout d'abord le considérer comme tellement grave qu'il condamne par avance toute démarche de logicien ; en deuxième lieu, on peut estimer que la prétendue incompatibilité entre 1) et 2) conduit simplement à renoncer à 1), ou tout au moins à le nuancer, ce qui amène à étudier la logique en pensant ne pas être vraiment en train de faire des mathématiques ; la troisième attitude, enfin, est celle qui consiste à démonter le paradoxe, à se convaincre que ce n'en est pas un, et à situer en effet la logique mathématique là où est sa place, c'est-à-dire au sein des mathématiques.

C'est sur cette dernière voie que nous vous invitons à nous suivre.

« Minute ! » nous dirons ceux pour qui le mot paradoxe est encore trop faible : « qui croyez-vous abuser en venant, dans votre chapitre 7, donner des définitions de notions (intersection, couple, application, ensemble ordonné...) que vous avez utilisées en permanence dans les six chapitres précédents ? Il s'agit bien de paradoxe ! Vous nous entraînez en réalité dans un cercle vicieux ! »

Et bien non. Il n'y a ni cercle vicieux, ni paradoxe.

Nous nous adressons à des lecteurs qui ont déjà « fait » des mathématiques, qui en ont une certaine pratique, commencée à l'école primaire. Nous ne vous demandons pas d'oublier tout cela afin de tout reconstruire à partir de zéro. C'est le contraire que nous attendons de vous. Nous exploiterons le fonds commun qui est le nôtre : la familiarité avec les raisonnements mathématiques (récurrence, preuves par l'absurde, ...), avec des objets mathématiques courants (ensembles (mais oui !), relations, fonctions, nombres entiers, réels, polynômes, fonctions continues ...) ou un peu moins courants (anneaux, espaces vectoriels, espaces topologiques, ...). C'est ce qui se fait dans tout cours de mathématiques : utiliser un savoir préexistant pour en acquérir un nouveau ; nous procéderons de même, et nous ferons connaissance avec de nouveaux objets, éventuellement avec de nouvelles techniques de preuve (mais attention : le raisonnement mathématique que nous pratiquons habituellement ne sera à aucun moment mis en cause ; il est au contraire le seul envisagé ici).

La démarche du mathématicien est, en simplifiant un peu, presque toujours la même lorsqu'il étudie les espaces vectoriels, les ensembles ordonnés, la théorie de la mesure ou tout autre domaine des mathématiques, disons classiques : il s'agit d'examiner des structures, c'est-à-dire des ensembles munis de relations et de fonctions, et des correspondances entre ces structures. Mais, pour chacun de ces domaines, il y a naturellement une motivation particulière qui a justifié sa naissance et son développement : on a cherché à donner une représentation mathématique d'une situation (plus ou moins) « concrète », à répondre à un besoin exprimé à l'extérieur du monde mathématique, en fournissant un outil mathématique efficace (les espaces vectoriels, représentant, au départ, l'espace physique dans lequel nous vivons, sont l'illustration la plus banale de ce propos). La logique, elle, suit le même processus ; sa particularité est qu'elle tente de décrire, non une réalité extérieure au monde mathématique, mais cette réalité que sont les mathématiques.

Cela ne doit pas être gênant, à condition que l'on sache précisément de quoi il va s'agir. Aucun étudiant en mathématiques ne fait de confusion entre son environnement physique et un espace vectoriel euclidien orienté de dimension 3, mais la connaissance de cet environnement aide à avoir une bonne intuition lorsqu'il faut démontrer une propriété de la structure mathématique en question. En logique, c'est la même chose : nous allons en quelque sorte faire une copie, une maquette, osons dire un modèle réduit, de l'univers mathématique qui nous est (relativement) familier. Plus précisément, il s'agira de toute une collection de copies, plus ou moins réussies (les espaces vectoriels ne ressemblent pas tous à l'espace physique). A côté d'un exemplaire vraiment similaire à l'original, on en aura inévitablement créé d'autres (on devrait être en mesure de comprendre pourquoi à l'issue du chapitre 6), parfois assez différents de ce qu'on imaginait initialement. L'étude de cette collection est riche d'enseignements ; elle permet notamment à celui qui l'entreprend de se poser d'intéressantes questions sur sa perception, sur son intuition du monde mathématique. Quoi qu'il en soit, on comprend qu'il est primordial de ne pas confondre l'original qui nous a inspirés avec la ou les copies. Mais l'original nous est indispensable pour réaliser la copie : notre familiarité avec le monde mathématique nous guidera dans la confection de la représentation que nous allons en donner, mais en même temps, notre travail sera un travail mathématique, à l'intérieur de cet univers que nous cherchons à mieux appréhender.

Il n'y a donc pas de cercle vicieux. Plutôt qu'un cercle imaginez une hélice (qui n'aurait rien de vicieux !), une sorte d'escalier en colimaçon : nous nous trouvons sur le palier de l'étage n, où se trouve notre univers mathématique ; nous appellerons cet étage le « niveau intuitif ». Notre travail va consister à descendre à l'étage n moins 1, où il y aura la maquette, le modèle réduit : nous serons alors au niveau « formel » et notre périple d'un niveau à l'autre s'appellera « formalisation ». Quelle est la valeur de n ? Cela n'a aucune importance ; il n'y a ni premier ni dernier niveau. En effet, si notre maquette est bien faite, si elle n'a omis aucun détail dans la reproduction de l'univers mathématique, elle comportera aussi la réplique de notre travail de formalisation, ce qui oblige à concevoir un niveau n moins 2, etc. Le niveau intuitif est celui où nous nous trouvons au commencement de ce livre. Les êtres qui l'habitent seront aussi appelés des objets intuitifs, on pourra les distinguer de leur réplique formelle en affectant à leur nom le préfixe « méta » (méta-entiers, méta-relations, mais aussi méta-univers, puisque le mot « univers » sera réservé à un usage très précis (au chapitre 7)). Nous pourrions nous risquer à dire que, quel que soit n, le niveau n, dans notre escalier, est intuitif par rapport au niveau n moins 1 mais formel par rapport au niveau n plus 1. Au cours de notre descente, c'est-à-dire dans notre travail de formalisation, nous pourrons nous arrêter à tout moment pour prendre un peu de repos, et en profiter pour vérifier que la maquette formelle, ou ce que nous en apercevons, est conforme à l'original intuitif. Ce temps de repos relève du méta-intuitif, c'est-à-dire du niveau n plus 1.

Il faut donc se rendre à l'évidence : il n'est pas plus possible de bâtir toutes les mathématiques « ex nihilo » qu'il n'est possible d'écrire un dictionnaire français-français qu'un martien, ignorant tout de notre belle langue, pourrait utiliser. Il faut une connaissance minimum. On touche là à une question qui a eu une importance considérable dans le développement de la logique au début du siècle, et dont il vaut la peine de dire quelques mots.

La théorie des ensembles (peu importe que ce soit la théorie ZF, Z, ou une autre), en donnant le droit de cité aux objets infinis et en permettant de manipuler ceux-ci avec les mêmes règles logiques que les objets « réels » (par exemple les entiers) a provoqué beaucoup de réticences de la part de certains mathématiciens, d'autant plus que les premiers essais se sont avérés contradictoires. Le monde mathématique était alors divisé en deux clans : d'une part ceux qui ne pouvaient se résoudre à renoncer à la liberté que leur offrait le cadre de la théorie des ensembles, ce « paradis cantorien » comme l'appelait Hilbert, d'autre part ceux pour qui seuls les objets finis (les entiers, ou tout ce qui peut se définir à partir des entiers par des opérations finies) ont un sens et qui, par conséquent, niaient toute validité aux démonstrations utilisant la théorie des ensembles.

Pour concilier ces points de vue, Hilbert avait imaginé la stratégie suivante (le fameux « **programme de Hilbert** ») : d'une part, on réduit les démonstrations à des suites finies de symboles, et donc à des objets finis ; c'est ce qui est fait dans ce livre aux chapitres 4 et 6 ; d'autre part, on construit un algorithme qui transforme toute démonstration utilisant la théorie des ensembles en une démonstration finitaire, c'est-à-dire une démonstration au-dessus de tout soupçon. Si ce programme avait pu être mené à bien, on aurait pu voir, par exemple, que la théorie des ensembles est consistante : sinon, elle permet une démonstation de $0 = 1$, qui, à l'aide de l'algorithme évoqué ci-dessus, se transforme en une démonstration finitaire, ce qui n'est pas pensable.

Cet espoir a été ruiné par le second théorème d'incomplétude de Gödel : certainement, n'importe quelle théorie des ensembles digne de ce nom permet de construire l'ensemble des nombres entiers, et, par conséquent, sa consistance implique la consistance des axiomes de Peano. D'après le théorème de Gödel, celle-ci ne peut pas être démontrée de façon finitaire.

La conclusion est que même les mathématiques finitaires ne permettent pas d'asseoir l'édifice mathématique, tel qu'il se présente actuellement.

Le travail de formalisation comporte deux étapes essentielles. On fixe d'abord le cadre dans lequel vont évoluer les objets (les structures), tout en se donnant une syntaxe pour exprimer leurs propriétés (les langages et les formules). La notion importante est alors la notion de satisfaction, et ce que l'on peut dire à ce sujet relève de la sémantique. Il est très possible de s'en tenir là, mais on peut aussi aller plus loin, et vouloir formaliser le raisonnement lui-même : c'est une deuxième étape dans la formalisation. On parle alors de déductions ou de démonstrations formelles, devenues objets mathématiques à leur tour. On n'est pas loin de la théorie de la démonstration, qui est la branche de la logique qui s'intéresse à ces questions.

Ce livre donne délibérément la priorité à la première étape. La deuxième ne sera pas pour autant ignorée : elle est le terrain des théorèmes qui sont peut-être les plus célèbres en logique mathématique : les théorèmes de Gödel. Le chapitre 4 est consacré aux résultats positifs en ce domaine : l'équivalence entre les points de vue sémantique et syntaxique, dans les conditions où nous nous sommes placés. Cette équivalence est appelée complétude. Il y en a plusieurs, tout simplement parce qu'il y a plusieurs choix possibles de systèmes de déduction formelle. Un de ces systèmes connaît une certaine vogue en ce moment, en raison de l'utilisation qui en a été faite en informatique : il s'agit de la méthode de résolution. Nous avons choisi de l'exposer après avoir présenté le théorème de complétude plus classique.

Le chapitre 6, lui, après l'étude de l'arithmétique de Peano, donnera des résultats négatifs, avec les théorèmes d'incomplétude et d'indécidabilité. Il s'agit, comme nous l'expliquions plus haut, d'abandonner nos éventuelles illusions.

En dehors des deux chapitres que nous venons de mentionner, il ne sera pas question de formalisation du raisonnement.

Le chapitre 1 traite des opérations élémentaires sur les valeurs de vérité « vrai » et « faux ». Il y faut une syntaxe très simple (les formules propositionnelles) et une sémantique qui n'est pas bien compliquée (les célèbres tables de vérité). On s'intéresse à la valeur de vérité des propositions, mais en évitant soigneusement de discuter de la nature des propriétés exprimées à travers ces propositions. S'intéresser à ce qu'elles expriment, et à la manière dont elles l'expriment, c'est l'objet du chapitre 3. On voit tout de suite que les opérateurs considérés au premier chapitre (les connecteurs « et », « ou », « implique », etc.) ne suffisent pas pour l'expression des propriétés mathématiques usuelles. Il faut y ajouter les quantificateurs, et il faut aussi disposer d'un moyen de nommer les objets mathématiques : cela conduit à des formules qui sont des suites de symboles obéissant à des règles assez complexes. Après la description d'une syntaxe nettement plus compliquée que celle du calcul des propositions, on y définit la notion essentielle : celle de satisfaction d'une formule dans une structure. Tout cela, qui constitue le calcul des prédicats, sera utilisé en abondance dans les chapitres 4 et 6, déjà mentionnés, ainsi que dans les chapitres 7 et 8. Vous aurez compris que seul le chapitre 5 ne nécessite pas l'étude préalable du calcul des prédicats. Il est en effet consacré aux fonctions récursives, notion tout à fait fondamentale dès qu'on s'intéresse si peu que ce soit à l'informatique, et on peut parfaitement commencer par ce chapitre (à ceci près que le procédé de définition inductive utilisé pour les fonctions récursives est décrit en détail au chapitre 1, où il apparaît déjà).

Au chapitre 7, on présente la théorie axiomatique des ensembles. C'est certainement là que le sentiment de paradoxe que nous évoquions pourra être le plus fort, puisqu'on prétend y construire des univers mathématiques comme on définirait un corps ou un groupe commutatif. Mais, une fois passé un éventuel moment de doute, on y trouvera tout ce qu'un mathématicien se doit de connaître sur les notions importantes d'ordinaux et de cardinaux, sur l'axiome du choix dont le statut est en général mal connu, et, naturellement, sur la liste des axiomes de la théorie des ensembles.

Le chapitre 8 se propose de vous entraîner un peu plus loin dans un des domaines entrevus jusqu'alors : la théorie des modèles. Il a l'ambition de vous donner le goût et la curiosité d'en apprendre plus, et en tous cas de vous laisser deviner que la logique mathématique est un terrain riche et varié, où l'on peut faire de belles choses, ce qui peut aussi vouloir dire des choses difficiles.

Avons-nous oublié le chapitre 2 ? Pas du tout. Simplement, il constitue une singularité dans ce livre. D'abord, il est le seul où l'on utilise des notions de mathématiques classiques que l'on n'aborde pas avant le deuxième cycle des universités (espaces topologiques, anneaux et idéaux). D'autre part, il peut parfaitement être mis de côté par le lecteur : seuls quelques exercices et une section du dernier chapitre utilisent les notions qui y sont développées. Nous l'avons fait figurer pour au moins trois raisons : la première, c'est que les algèbres de Boole sont la « bonne » structure algébrique pour la logique ; la deuxième, c'est que nous avions là l'occasion de montrer comment des mathématiques on ne peut plus classiques, et d'un niveau pas tout à fait élémentaire, pouvaient être très naturellement liées à un cours de logique ; la troisième enfin, c'est que nous avons constaté que les exposés sur les algèbres de Boole étaient chose assez rare dans la littérature mathématique généralement proposée aux étudiants, et encore plus rares dans les programmes des facultés. Considérez donc, si vous le voulez bien, ce chapitre 2 comme un petit supplément que vous pourrez, à votre guise, consulter ou non.

On nous reprochera probablement de n'avoir été équitables, ni dans le choix des sujets traités, ni dans l'importance relative accordée à chacun d'eux. La logique est maintenant un domaine tellement vaste qu'il était absolument impossible d'aborder chacune de ses composantes. Nous avons donc fait des choix : comme on l'a déjà dit, la théorie de la démonstration est seulement effleurée ; le lambda-calcul ou la complexité algorithmique sont absents, alors qu'ils occupent une place de plus en plus importante dans les travaux de recherche en logique (en raison de leurs applications décisives à l'informatique théorique) ; sont également absentes les logiques non classiques (intuitionniste ...), la logique du deuxième ordre (où l'on quantifie sur les relations aussi bien que sur les éléments d'une structure) ou encore les logiques dites « infinitaires » (où l'on admet des formules de longueur infinie). Ces choix ont été dictés d'abord par notre volonté de présenter un cours de base. Nous ne pensons pas que l'apprentissage de la logique puisse commencer autrement que par l'étude détaillée du calcul des prédicats du premier ordre, qui est le cadre que nous nous sommes fixé (chapitre 3). A partir de là, nous avons voulu présenter les trois domaines (théorie des ensembles, théorie des modèles, théorie des fonctions récursives et problèmes de décidabilité) qui nous paraissent les plus importants : ils le sont certainement historiquement ; ils le sont aussi parce que les « grands » théorèmes de la logique s'y trouvent tous ; enfin, nous estimons que s'être familiarisé avec ces trois domaines est une condition préalable indispensable pour qui veut s'intéresser à tout autre secteur de la logique mathématique. Une fois fixé ce programme, il nous était encore loisible de moduler l'importance relative accordée à chacun de ces trois grands axes. Là, il est indéniable que nous nous sommes laissés guider par nos penchants personnels : il est clair que le chapitre 8 aurait tout aussi bien pu être consacré à autre chose qu'à de la théorie des modèles.

Ces lignes ont été écrites après la rédaction du cours qui va suivre. Nous pensons qu'elles devraient être lues après qu'il ait été étudié. Comme nous l'avons déjà dit, on ne peut vraiment parler d'une activité, la décrire (la formaliser !), qu'après avoir acquis une certaine familiarité avec elle.

A tout-à-l'heure.

Paris, Septembre 1992

MODE D'EMPLOI

Le livre est organisé en deux tomes. Le premier comporte les chapitres 1 à 4, le second les chapitre 5 à 8. Les notions exposées dans un chapitre donné supposent connues celles qui ont fait l'objet des chapitres antérieurs (mais les chapitres 2 et 5 font exception à cette règle).

Chacun des huit chapitres est divisé en sections, elles-mêmes composées d'un certain nombre de sous-sections, numérotées de la façon la plus simple qui soit : 2.3 annonce le début de la troisième sous-section de la section 2. Les définitions, lemmes, propositions, théorèmes, corollaires et remarques sont identifiés par la sous-section dans laquelle ils figurent ; lorsqu'il y a, par exemple, deux lemmes dans une même sous-section, ils sont numérotés : lemme 1 et lemme 2. Cela conduit à un système de références internes tout à fait explicite qu'il est inutile de détailler davantage. Précisons simplement que les références internes à un chapitre ne comportent pas l'indication de celui-ci.

Les sections sont, en général, divisées par des intertitres qui concernent plusieurs sous-sections. Ces intertitres se retrouvent dans la table des matières mais ne font pas partie du système de références.

Le début et la fin des démonstrations sont respectivement signalés par les signes ☹ et ☺.

A la fin de chaque chapitre figure une liste d'énoncés d'exercices. Les solutions sont regroupées à la fin du tome correspondant. Dans les solutions d'exercices, les références sont traitées comme dans le chapitre correspondant : celles qui ne comportent pas d'indication de chapitre sont internes ; ainsi, la mention « découle du corollaire 2.4 » que l'on trouve dans le corrigé de l'exercice 21 du chapitre 5 se rapporte au corollaire 2.4 du chapitre 5. Les solutions sont, surtout pour les premiers chapitres, assez détaillées.

Notre lecteur est supposé avoir une certaine pratique des mathématiques, et des connaissances correspondant, grosso modo, aux mathématiques classiques enseignées dans les lycées et dans les premiers cycles universitaires. Nous nous référerons librement à ce que nous avons appelé ce « fonds commun », en particulier dans les exemples et les exercices.

Cependant, le cours lui-même ne suppose dans l'ensemble aucune connaissance particulière préalable.

Nous utilisons la terminologie et les notations les plus répandues pour tout ce qui relève du (méta-)langage mathématique ensembliste habituel : opérations sur les ensembles, relations, applications, etc, de même que pour les ensembles les plus fréquentés en mathématiques : $\mathbb{N}$, $\mathbb{Z}$, $\mathbb{Z}/n\mathbb{Z}$, $\mathbb{Q}$, $\mathbb{R}$.

Si E et F sont des ensembles, et si f est une application définie sur une partie de E et à valeurs dans F, le **domaine** de f est noté dom(f) (c'est l'ensemble des éléments de E en lesquels f est définie), et son **image** est notée Im(f) (c'est l'ensemble des éléments y appartenant à F tels que, pour au moins un élément x de E, on ait $y = f(x)$). Si A est une partie du domaine de f, la **restriction** de f à A est l'application de A dans F, notée $f\restriction_A$, qui, à chaque élément x de A, associe f(x). L'image de l'application $f\restriction_A$ est aussi appelée **image directe de** A **par** f et notée f[A]. Si B est une partie de F, l'**image réciproque de** B **par** f est la partie de E, notée $f^{-1}[B]$, constituée des éléments x de E tels que $f(x) \in B$. En fait, étant donnée une application f d'un ensemble E dans un ensemble F, on peut lui associer canoniquement une application de $\mathfrak{P}(E)$ (ensemble des parties de E) dans $\mathfrak{P}(F)$: l'application « image directe », notée $\bar{f}$, qui, à toute partie A de E, associe f[A], qu'on pourra donc également noter $\bar{f}(A)$. On peut de même associer à f une application de $\mathfrak{P}(F)$ dans $\mathfrak{P}(E)$, l'application « image réciproque » , notée $\bar{f}^{-1}$, qui, à toute partie B de F, associe $f^{-1}[B]$, qu'on notera donc aussi $\bar{f}^{-1}(B)$. (Voir aussi l'exercice 19 du chapitre 2.)

Il est peut-être également utile de donner quelques précisions sur la notion de mot sur un alphabet, qui sera la première utilisée :

Soit E un ensemble, fini ou infini, que nous appelons **alphabet**. Un **mot** m sur l'alphabet E est une suite finie d'éléments de E (c'est-à-dire une application de l'ensemble $\{0,1,\ldots,n-1\}$ (n étant un entier) dans E) ; on écrira $m = (a_0,a_1,\ldots,a_{n-1})$ ou même $a_0a_1\ldots a_{n-1}$ le mot qui est l'application de domaine $\{0,1,\ldots,n-1\}$ qui à i $(0 \leqslant i \leqslant n-1)$ fait correspondre a_i. L'entier n est appelé la **longueur** du mot m et est notée lg[m]. L'ensemble des mots sur E est noté $\mathcal{M}(E)$.

Si $n = 0$, on obtient le **mot vide**. On fera l'abus de langage consistant à identifier un mot (a) de longueur 1 avec l'élément a. L'ensemble $\mathcal{M}(E)$ peut être muni d'une opération binaire, la **concaténation** : soient $m_1 = (a_0,a_1,\ldots,a_{n-1})$ et $m_2 = (b_0,b_1,\ldots,b_{m-1})$ deux mots. On peut former le nouveau mot $m = (a_0,a_1,\ldots,a_{n-1},b_0,b_1,\ldots,b_{m-1})$ (c'est-à-dire l'application m de $\{0,1,\ldots,n+m-1\}$ définie comme suit : si $0 \leqslant i \leqslant n-1$, alors $m(i) = a_i$; si $n \leqslant i \leqslant n+m-1$, alors $m(i) = b_{i-n}$). Ce mot est appelé le **concaténé de** m_1 **avec** m_2 et est noté m_1m_2. Cette notation est justifiée par le fait que la concaténation est une opération associative et explique l'écriture $a_0a_1\ldots a_{n-1}$ pour $(a_0,a_1,\ldots,a_{n-1})$.

Etant donnés deux mots m et m_1, on dit que m_1 est un **segment initial de** m s'il existe un mot m_2 tel que $m = m_1m_2$. Autrement dit, si $m = (a_0,a_1,\ldots,a_{n-1})$, les segments initiaux de m sont les mots de la forme $(a_0,a_1,\ldots,a_{p-1})$, où p est un entier inférieur ou égal à n. On dit que m_1 est un **segment final de** m s'il existe un mot m_2 tel que $m = m_2m_1$; les segments finaux de $(a_0,a_1,\ldots,a_{n-1})$ sont donc les mots de la forme $(a_q,a_{q+1},\ldots, a_{n-1})$, où q est un entier inférieur ou égal à $n - 1$. En particulier, le mot vide et m lui-même sont des segments initiaux et des segments finaux de m. Un segment (initial ou final) de m est **propre** s'il est différent de m et du mot vide.

Lorsqu'un élément b de l'alphabet « apparaît » dans un mot $m = a_0a_1...a_{n-1}$, on dit qu'il **a une occurrence dans** m, et les divers « endroits » où il apparaît s'appellent les **occurrences de** b **dans** m. On peut naturellement être plus précis et plus formel : on dira que b **a une occurrence dans** m si b est égal à l'un des a_i, pour i compris entre 0 et $n - 1$ (c'est-à-dire si b appartient à l'image de m) ; une **occurrence de** b **dans** m est un entier k, inférieur à $\lg[m]$, tel que $b = a_k$. Par exemple, la troisième occurrence de b dans m est le troisième élément de l'ensemble $\{k \ ; \ 0 \leqslant k \leqslant n-1 \text{ et } a_k = b\}$ rangé dans l'ordre croissant. Ce formalisme ne sera pas explicitement utilisé dans le cours : l'idée donnée au début de ce paragraphe sera amplement suffisante pour ce que nous aurons à faire.

Les faits suivants sont à peu près évidents et seront constamment utilisés :

- pour tous mots m_1 et m_2, $\lg[m_1m_2] = \lg[m_1] + \lg[m_2]$;
- pour tous mots m_1, m_2 et m_3, l'égalité $m_1m_2 = m_1m_3$ implique l'égalité $m_2 = m_3$ (on dit que l'on peut **simplifier à gauche**) ;
- pour tous mots m_1, m_2 et m_3, l'égalité $m_1m_2 = m_3m_2$ implique l'égalité $m_1 = m_3$ (on peut **simplifier à droite**) ;
- pour tous mots m_1, m_2, m_3 et m_4, si $m_1m_2 = m_3m_4$, alors m_1 est un segment initial de m_3 ou m_3 est un segment initial de m_1. D'une façon analogue, avec les mêmes hypothèses, m_2 est un segment final de m_4 ou m_4 est un segment final de m_2 ;
- si m_1 est un segment initial de m_2 et m_2 est un segment initial de m_1, alors $m_1 = m_2$.

On utilisera aussi le fait que $\mathscr{M}(E)$ est dénombrable si E est fini ou dénombrable (c'est le théorème 4.9 du chapitre 7).

Chapitre 1

Calcul propositionnel

Le calcul propositionnel est l'étude des connecteurs propositionnels ; ceux-ci sont des opérateurs sur les énoncés ou formules. Il y a d'abord la négation, que l'on symbolise par le signe $\neg$*, qui se place devant une formule. Les autres connecteurs se placent entre deux formules : on considérera la conjonction, (le « et », noté* $\wedge$*), la disjonction (le « ou », noté* $\vee$*), l'implication (*$\Longrightarrow$*) et l'équivalence (*$\Longleftrightarrow$*). Ainsi, par exemple, à partir de deux énoncés* A *et* B*, il est possible d'en former la conjonction : c'est un autre énoncé qui est vrai si et seulement si* A *est vrai et* B *est vrai.*

La première chose que l'on fait, c'est de construire des objets purement formels que l'on appellera formules propositionnelles, ou, plus simplement dans ce chapitre, formules. On utilise comme briques des variables propositionnelles qui représentent intuitivement des propositions élémentaires, et on les assemble avec les connecteurs mentionnés plus haut. Les formules apparaissent dans un premier temps comme des suites de symboles convenablement assemblés. Dans la première section, on précise leurs règles de formation et on se donne les moyens de retrouver la façon dont a été construite une formule donnée, ce qui rendra possible sa lecture. Toutes ces considérations formelles constituent ce qu'on appelle la syntaxe.

Cette construction formelle n'est évidemment pas gratuite. Il faut ensuite donner un sens à ces formules. C'est le but de la deuxième section. Sachant, pour chaque proposition élémentaire intervenant dans une formule F*, si elle est vraie ou non (on parle de la valeur de vérité de cette proposition), il faut être capable de décider si* F *elle-même est vraie ou non. Ainsi, on dira que* $(A \Longrightarrow B)$ *est vraie dans trois cas sur les quatre possibles : lorsque* A *et* B *sont vraies, lorsque* A *et* B *sont fausses et lorsque* A *est fausse et* B *vraie. On remarque ici la différence avec l'usage courant : par exemple, la phrase «* A *implique* B *» sous-entend, dans le langage courant, et même dans les textes mathématiques, une relation de causalité qui n'existe absolument pas dans notre contexte.*

On arrive ainsi aux importantes notions de ce chapitre : les tautologies (ce sont les formules qui sont vraies quelles que soient les valeurs de vérité imposées aux variables propositionnelles) et l'équivalence logique (deux formules sont logiquement équivalentes si elles prennent la même valeur quelles que soient les valeurs de vérité des variables propositionnelles).

Dans la troisième section, on voit qu'une formule est toujours logiquement équivalente à une formule s'écrivant sous une forme très particulière (forme disjonctive ou conjonctive) et la quatrième section est consacrée aux théorèmes d'interpolation et de définissabilité qui prendront tout leur sens lorsqu'ils seront généralisés au calcul des prédicats (dans le chapitre 8). Le théorème de compacité, démontré dans la dernière section, est particulièrement important, et lui aussi sera généralisé au chapitre 3. Il affirme que, s'il est impossible d'assigner des valeurs de vérité aux variables propositionnelles de façon à rendre vraies toutes les formules d'un ensemble infini X, alors cette impossibilité existe déjà avec un sous-ensemble fini de X.

1. SYNTAXE

Les formules propositionnelles

1.1 On considère un ensemble P non vide, fini ou infini, qu'on appelle ensemble des **variables propositionnelles**. Les éléments de P seront le plus souvent désignés par des lettres majuscules de l'alphabet français, éventuellement affectées d'indices.

On se donne d'autre part les cinq symboles suivants :

$$\neg \qquad \vee \qquad \wedge \qquad \Rightarrow \qquad \Leftrightarrow$$

qu'on lit respectivement : « **non** », « **ou** », « **et** », « **implique** » et « **équivaut à** », et qu'on appelle les **symboles de connecteur propositionnel**. On suppose qu'ils n'appartiennent pas à P.

Les symboles $\neg$, $\vee$, $\wedge$, $\Rightarrow$ et $\Leftrightarrow$ s'appellent respectivement : symbole de **négation**, symbole de **disjonction**, symbole de **conjonction**, symbole d'**implication** et symbole d'**équivalence**.

En raison du rôle qui va leur être assigné (voir la définition 1.2 ci-dessous), on dit que le symbole $\neg$ est **unaire** (ou **à une place**) et que les quatre autres symboles de connecteur sont **binaires** (ou **à deux places**).

On considère enfin les deux symboles suivants :

$$) \qquad ($$

appelés respectivement parenthèse fermante et parenthèse ouvrante, distincts des symboles de connecteur et n'appartenant pas non plus à P.

Nous allons appeler **formules propositionnelles** (ou **propositions**) certaines des suites finies constituées avec les variables propositionnelles, les symboles de connecteur propositionnel et les parenthèses. Les formules propositionnelles seront donc des mots formés sur l'alphabet suivant :

$$\mathcal{A} = \mathrm{P} \cup \{\neg, \vee, \wedge, \Longrightarrow, \Longleftrightarrow\} \cup \{\,),(\,\}.$$

REMARQUE : Dès les premières lignes de ce chapitre, nous voyons déjà apparaître une des difficultés auxquelles on pourra, si l'on n'y prend garde, être confronté tout au long de l'apprentissage des notions de base de la logique formelle : certains mots et certains symboles utilisés dans le langage mathématique courant (que nous appelons le **métalangage**) apparaissent aussi dans les divers langages formels qui seront parmi les principaux objets de notre étude : par exemple, le mot « implique », ainsi que le symbole $\Longrightarrow$, dont le moins que l'on puisse dire est qu'ils interviennent fréquemment dans tout discours mathématique, servent ici à désigner un objet mathématique précis : un des symboles de connecteur. Nous essayerons, autant que possible, d'éliminer de notre métalangage tout mot ou symbole utilisé dans un langage formel. Il serait cependant difficile de renoncer à recourir dans notre discours à des mots comme « et », « ou », ou « non » ou aux parenthèses (la présente phrase le démontre assez clairement ...). C'est pourquoi nous attirons d'emblée l'attention du lecteur sur ce problème et l'invitons à avoir toujours présente à l'esprit la nécessité de bien faire la distinction langage formel / métalangage. (On retrouvera notamment le même problème au chapitre 3 avec les symboles de quantificateur.)

Comme annoncé dans le mode d'emploi, nous conviendrons d'identifier les éléments de $\mathcal{A}$ avec les mots de longueur 1 correspondants dans $\mathcal{M}(\mathcal{A})$. En particulier, P sera considéré comme un sous-ensemble de $\mathcal{M}(\mathcal{A})$.

1.2 DEFINITION : ***L'ensemble $\mathcal{F}$ des formules propositionnelles construites sur*** *P est le plus petit sous-ensemble de $\mathcal{M}(\mathcal{A})$ qui*

- *contient* P ;
- *chaque fois qu'il contient un mot* F, *contient aussi le mot* ¬F ;
- *chaque fois qu'il contient des mots* F *et* G, *contient aussi les mots :*

(F ∧ G), (F ∨ G), (F ⟹ G) *et* (F ⟺ G).

En d'autres termes, $\mathcal{F}$ est la plus petite partie de $\mathcal{M}(\mathcal{A})$ qui contienne P et soit stable pour les opérations :

$\mathrm{F} \longmapsto \neg\mathrm{F}$,
$(\mathrm{F},\mathrm{G}) \longmapsto (\mathrm{F} \wedge \mathrm{G})$,
$(\mathrm{F},\mathrm{G}) \longmapsto (\mathrm{F} \vee \mathrm{G})$,
$(\mathrm{F},\mathrm{G}) \longmapsto (\mathrm{F} \Longrightarrow \mathrm{G})$,
$(\mathrm{F},\mathrm{G}) \longmapsto (\mathrm{F} \Longleftrightarrow \mathrm{G})$.

Remarquons qu'il y a au moins une partie de $\mathcal{M}(\mathcal{A})$ qui possède ces propriétés, c'est $\mathcal{M}(\mathcal{A})$ elle-même. L'ensemble $\mathcal{F}$ est l'intersection de toutes les parties de $\mathcal{M}(\mathcal{A})$ qui ont ces propriétés.

Voici des exemples de formules (A, B et C sont des éléments de P) :

A
$(A \Longrightarrow (B \Longleftrightarrow A))$
$(\neg A \Longrightarrow A)$
$\neg(A \Longrightarrow A)$
$(((A \wedge (\neg B \Longrightarrow \neg A)) \wedge (\neg B \vee \neg C)) \Longrightarrow (C \Longrightarrow \neg A))$

Et voici des mots qui ne sont pas des formules :

$A \wedge B$
$\neg(A)$
$(A \Longrightarrow B \vee C)$
$A \Longrightarrow B,C$
$(A \wedge B \wedge C)$
$\forall A\ (A \vee \neg A)$
$((A \wedge (B \Longrightarrow C)) \vee (\neg A \Longrightarrow (B \wedge C)) \wedge (\neg A \vee B))$

Nous conviendrons plus loin de certains abus d'écriture dans les formules : par exemple, $A \wedge B$ pourra être accepté dans certains cas comme abréviation pour la formule $(A \wedge B)$; cela ne changera évidemment rien à la définition ci-dessus, nous nous donnerons simplement plusieurs modes de représentation d'un même objet : si $A \wedge B$ est une écriture admise pour représenter la formule $(A \wedge B)$, la longueur de $A \wedge B$ sera malgré tout égale à 5. Notons au passage que la longueur d'une formule est une notion déjà définie, puisqu'on a défini la longueur de n'importe quel mot sur un alphabet.

1.3 Il est possible de donner de l'ensemble $\mathcal{F}$ une description plus explicite : nous allons pour cela définir, par récurrence, une suite $(\mathcal{F}_n)_{n \in \mathbb{N}}$ de parties de $\mathcal{M}(\mathcal{A})$. On pose :

$$\mathcal{F}_0 = P$$

et, pour chaque n,

$$\mathcal{F}_{n+1} = \mathcal{F}_n \cup \{\neg F \ ;\ F \in \mathcal{F}_n\} \cup \{(F\ \alpha\ G)\ ;\ F,G \in \mathcal{F}_n,\ \alpha \in \{\wedge, \vee, \Longrightarrow, \Longleftrightarrow\}\}$$

On notera que la suite $(\mathcal{F}_n)_{n \in \mathbb{N}}$ est croissante (pour $n \leqslant m$, on a $\mathcal{F}_n \subseteq \mathcal{F}_m$).

THEOREME : $\mathcal{F} = \bigcup_{n \in \mathbb{N}} \mathcal{F}_n$.

☺ Il est clair que $\bigcup_{n\in\mathbb{N}} \mathcal{F}_n$ contient P et est stable pour les opérations indiquées ci-dessus (si deux mots F et G appartiennent à $\mathcal{F}_n$ pour un certain entier n, alors ¬F, (F ∧ G), (F ∨ G), (F ⟹ G) et (F ⟺ G) appartiennent à $\mathcal{F}_{n+1}$). Il en résulte que $\bigcup_{n\in\mathbb{N}} \mathcal{F}_n$ contient le plus petit ensemble qui possède ces propriétés, c'est-à-dire $\mathcal{F}$.

Pour obtenir l'inclusion inverse, on montre par récurrence que, pour chaque entier n, on a $\mathcal{F}_n \subseteq \mathcal{F}$. C'est vrai par définition si n = 0, et si on suppose (hypothèse de récurrence) $\mathcal{F}_k \subseteq \mathcal{F}$, alors on a aussi $\mathcal{F}_{k+1} \subseteq \mathcal{F}$ d'après la définition de $\mathcal{F}_{k+1}$ et les propriétés de stabilité de $\mathcal{F}$.
☺

1.4 On a ainsi deux définitions équivalentes de l'ensemble des formules propositionnelles. On parle souvent de « **définition par le haut** » pour la première et de « **définition par le bas** » pour celle qui découle du théorème précédent.

On retrouvera à plusieurs reprises dans ce cours ce type de définitions dites **inductives** ou **par induction** (voir par exemple l'ensemble des termes ou l'ensemble des formules du calcul des prédicats au chapitre 3, ou encore l'ensemble des fonctions récursives au chapitre 5). Il s'agit dans chaque cas de définir le plus petit des sous-ensembles d'un ensemble fixé E qui contiennent un sous-ensemble donné et sont stables pour certaines opérations définies sur E (c'est la définition par le haut). On a toujours une définition par le bas équivalente : elle consiste à construire l'ensemble que l'on veut définir, étage après étage ; le sous-ensemble donné initialement est le rez-de-chaussée et les éléments de l'étage n + 1 sont définis à partir de ceux des étages inférieurs comme leurs images par les opérations considérées. L'ensemble à définir est alors la réunion d'une suite de sous-ensembles, indexée par l'ensemble des entiers naturels. La notion de hauteur, ainsi que la méthode de démonstration par induction, décrites ci-dessous, se retrouveront dans tous les exemples d'ensembles définis inductivement que l'on rencontrera ultérieurement.

DEFINITION : *La* ***hauteur*** *d'une formule* F ∈ $\mathcal{F}$ *est le plus petit des entiers* n *tels que* F ∈ $\mathcal{F}_n$. *Elle est notée* h[F].

Par exemple, si A et B sont des variables propositionnelles, on a :

$$h[A] = 0 \; ; \; h[((A \lor B) \land (B \Longrightarrow A))] = 2 \; ; \; h[\neg\neg\neg\neg\neg A] = 5.$$

On remarquera que $\mathcal{F}_n$ est l'ensemble des formules de hauteur inférieure ou égale à n, et que $\mathcal{F}_{n+1} - \mathcal{F}_n$ est l'ensemble des formules de hauteur exactement n + 1.

Il résulte également de la définition que, pour toutes formules F et G $\in \mathcal{F}$, on a :

$$h[\neg F] \leqslant h[F] + 1 \text{ et } h[(F \,\alpha\, G)] \leqslant \sup(h[F],h[G]) + 1$$

quel que soit le symbole de connecteur binaire α.

(On verra en fait, après le théorème 1.8, qu'on peut remplacer ces inégalités par des égalités).

Démonstrations par induction sur l'ensemble des formules

1.5 Supposons que nous voulions démontrer qu'une certaine propriété $\mathcal{X}(F)$ est vérifiée par toute formule $F \in \mathcal{F}$. Nous pouvons pour cela faire un raisonnement par récurrence (au sens usuel) sur la hauteur de F : nous serons alors amenés à montrer, d'abord que $\mathcal{X}(F)$ est vraie pour toute formule F appartenant à $\mathcal{F}_0$, puis que, si $\mathcal{X}(F)$ est vraie pour toute $F \in \mathcal{F}_n$, alors $\mathcal{X}(F)$ est également vraie pour toute $F \in \mathcal{F}_{n+1}$ (et ce, quel que soit l'entier n).

Cette façon de raisonner est associée à la définition « par le bas » de l'ensemble des formules.

Il est plus commode et plus naturel de s'inspirer plutôt de la première définition et de procéder comme suit : la première étape est la même, on montre que $\mathcal{X}(F)$ est vérifiée pour toute formule F appartenant à P (c'est-à-dire à $\mathcal{F}_0$) ; l'étape d'induction consiste à prouver, d'une part que, si une formule F satisfait la propriété $\mathcal{X}$, la formule $\neg F$ la satisfait aussi, d'autre part que, si deux formules F et G satisfont $\mathcal{X}$, il en est de même des formules $(F \wedge G)$, $(F \vee G)$, $(F \Longrightarrow G)$ et $(F \Longleftrightarrow G)$.

Comme on le voit, ce raisonnement ne fait pas apparaître explicitement la hauteur des formules, ni d'ailleurs aucun autre entier naturel (c'est pourquoi on préférera éviter de parler ici de raisonnement par récurrence).

Avant de montrer la correction de cette méthode de démonstration (ce qui est l'objet du lemme 1.6), donnons-en un premier exemple d'utilisation : montrons que la hauteur d'une formule est toujours strictement inférieure à sa longueur. La propriété $\mathcal{X}(F)$ est donc ici : $h[F] < lg[F]$. Si F est une variable propositionnelle, on a $h[F] = 0$ et $lg[F] = 1$; l'inégalité est vérifiée. Passons à l'étape d'induction : supposons qu'une formule F vérifie $h[F] < lg[F]$; on a alors $h[\neg F] \leqslant h[F] + 1 < lg[F] + 1 = lg[\neg F]$, ce qui montre que $\mathcal{X}(\neg F)$ est vraie ; supposons ensuite que F et G soient deux formules telles que $h[F] < lg[F]$ et $h[G] < lg[G]$; alors, pour tout symbole de connecteur binaire α, on a :

$$h[(F \,\alpha\, G)] \leqslant \sup(h[F],h[G]) + 1 < \sup(lg[F],lg[G]) + 1$$
$$< lg[F] + lg[G] + 3 = lg[(F \,\alpha\, G)],$$

ce qui signifie que $\mathcal{X}((F \,\alpha\, G))$ est vérifiée et achève la démonstration.

Notons, comme conséquence de cette propriété, qu'il n'y a pas de formule de longueur **0** (ce qui est une des façons de montrer que le mot vide n'est pas une formule !) et que les seules formules de longueur **1** sont les variables propositionnelles.

Les deux lemmes qui vont suivre permettent de justifier la méthode que nous venons de décrire et d'utiliser. Le premier en donne une variante que l'on adaptera ensuite facilement (1.6).

On considère une propriété $\mathscr{Y}(\mathsf{M})$ relative à un mot $\mathsf{M} \in \mathscr{M}(\mathscr{A})$ quelconque (qui ne soit pas nécessairement une formule). Voici une condition suffisante pour que la propriété $\mathscr{Y}$ soit vérifiée par toutes les formules :

LEMME : *Supposons, d'une part que* $\mathscr{Y}(\mathsf{M})$ *soit vraie pour tout mot* $\mathsf{M} \in \mathsf{P}$, *et d'autre part que, quels que soient les mots* M *et* N, *si* $\mathscr{Y}(\mathsf{M})$ *et* $\mathscr{Y}(\mathsf{N})$ *sont vraies, alors* $\mathscr{Y}(\neg\mathsf{M})$, $\mathscr{Y}((\mathsf{M} \wedge \mathsf{N}))$, $\mathscr{Y}((\mathsf{M} \vee \mathsf{N}))$, $\mathscr{Y}((\mathsf{M} \Rightarrow \mathsf{N}))$ *et* $\mathscr{Y}((\mathsf{M} \Leftrightarrow \mathsf{N}))$ *sont également vraies. Dans ces conditions,* $\mathscr{Y}(\mathsf{F})$ *est satisfaite pour toute formule* F.

☹ Appelons Z l'ensemble des mots qui ont la propriété $\mathscr{Y}$:

$$\mathsf{Z} = \{\mathsf{M} \in \mathscr{M}(\mathscr{A})\ ;\ \mathscr{Y}(\mathsf{M})\}.$$

Les hypothèses du lemme indiquent que Z contient P et est stable pour les opérations : $\mathsf{M} \longmapsto \neg\mathsf{M}$, $(\mathsf{M},\mathsf{N}) \longmapsto (\mathsf{M} \wedge \mathsf{N})$, $(\mathsf{M},\mathsf{N}) \longmapsto (\mathsf{M} \vee \mathsf{N})$, $(\mathsf{M},\mathsf{N}) \longmapsto (\mathsf{M} \Rightarrow \mathsf{N})$ et $(\mathsf{M},\mathsf{N}) \longmapsto (\mathsf{M} \Leftrightarrow \mathsf{N})$. On en déduit, suivant la définition 1.2, que $\mathscr{F}$ est inclus dans Z, ce qui veut dire que tout élément de $\mathscr{F}$ vérifie la propriété $\mathscr{Y}$.
☺

1.6 Considérons maintenant le cas où on a une propriété $\mathscr{X}(\mathsf{F})$ qui n'est définie que pour des formules et non pour des mots quelconques (c'est le cas par exemple de la propriété : $\mathsf{h}[\mathsf{F}] < \mathsf{lg}[\mathsf{F}]$, puisque la notion de hauteur n'est définie que pour les éléments de $\mathscr{F}$).

LEMME : *Supposons, d'une part que* $\mathscr{X}(\mathsf{F})$ *soit vraie pour toute formule* $\mathsf{F} \in \mathsf{P}$, *et d'autre part que, quelles que soient les formules* F *et* G, *si* $\mathscr{X}(\mathsf{F})$ *et* $\mathscr{X}(\mathsf{G})$ *sont vraies, alors* $\mathscr{X}(\neg\mathsf{F})$, $\mathscr{X}((\mathsf{F} \wedge \mathsf{G}))$, $\mathscr{X}((\mathsf{F} \vee \mathsf{G}))$, $\mathscr{X}((\mathsf{F} \Rightarrow \mathsf{G}))$ *et* $\mathscr{X}((\mathsf{F} \Leftrightarrow \mathsf{G}))$ *sont également vraies. Dans ces conditions,* $\mathscr{X}(\mathsf{F})$ *est satisfaite pour toute formule* F.

☹ Il suffit de considérer la propriété $\mathscr{Y}(\mathsf{M})$: « M est une formule qui satisfait la propriété $\mathscr{X}$ », définie pour tout mot $\mathsf{M} \in \mathscr{M}(\mathscr{A})$. Comme $\mathscr{F}$ contient P et est stable pour les opérations : $\mathsf{M} \longmapsto \neg\mathsf{M}$, $(\mathsf{M},\mathsf{N}) \longmapsto (\mathsf{M} \wedge \mathsf{N})$, $(\mathsf{M},\mathsf{N}) \longmapsto (\mathsf{M} \vee \mathsf{N})$, $(\mathsf{M},\mathsf{N}) \longmapsto (\mathsf{M} \Longrightarrow \mathsf{N})$ et $(\mathsf{M},\mathsf{N}) \longmapsto (\mathsf{M} \Longleftrightarrow \mathsf{N})$, on voit immédiatement que, si la propriété $\mathscr{X}$ satisfait les hypothèses énoncées, alors la propriété $\mathscr{Y}$ satisfait celles du lemme précédent. On en déduit que $\mathscr{Y}(\mathsf{F})$ est vraie pour toute formule F, et qu'il en est donc de même de $\mathscr{X}(\mathsf{F})$.
☺

Arbre de décomposition d'une formule

1.7 Parmi les premiers exemples de formules que nous avons proposés figure le mot M suivant :

$$(((\mathsf{A} \wedge (\neg\mathsf{B} \Longrightarrow \neg\mathsf{A})) \wedge (\neg\mathsf{B} \vee \neg\mathsf{C})) \Longrightarrow (\mathsf{C} \Longrightarrow \neg\mathsf{A})).$$

Le lecteur qui, à juste titre, n'a pas l'intention de nous croire sur parole, se convaincra que ce mot est bien une formule de la manière suivante :

En posant

$$\mathsf{M}_0 = ((\mathsf{A} \wedge (\neg\mathsf{B} \Longrightarrow \neg\mathsf{A})) \wedge (\neg\mathsf{B} \vee \neg\mathsf{C}))$$

et $$\mathsf{M}_1 = (\mathsf{C} \Longrightarrow \neg\mathsf{A}),$$

il constatera d'abord que M s'écrit $(\mathsf{M}_0 \Longrightarrow \mathsf{M}_1)$.

Ensuite, posant

$$\mathsf{M}_{00} = (\mathsf{A} \wedge (\neg\mathsf{B} \Longrightarrow \neg\mathsf{A})),$$
$$\mathsf{M}_{01} = (\neg\mathsf{B} \vee \neg\mathsf{C}),$$
$$\mathsf{M}_{10} = \mathsf{C}$$

et $$\mathsf{M}_{11} = \neg\mathsf{A},$$

il écrira $\mathsf{M}_0 = (\mathsf{M}_{00} \wedge \mathsf{M}_{01})$ et $\mathsf{M}_1 = (\mathsf{M}_{10} \Longrightarrow \mathsf{M}_{11})$.

Poursuivant ainsi, il sera amené à poser successivement :

$$\mathsf{M}_{000} = \mathsf{A}, \qquad \mathsf{M}_{001} = (\neg\mathsf{B} \Longrightarrow \neg\mathsf{A}),$$
$$\mathsf{M}_{010} = \neg\mathsf{B}, \qquad \mathsf{M}_{011} = \neg\mathsf{C},$$
$$\mathsf{M}_{110} = \mathsf{A}, \qquad \mathsf{M}_{0010} = \neg\mathsf{B},$$
$$\mathsf{M}_{0011} = \neg\mathsf{A}, \qquad \mathsf{M}_{0100} = \mathsf{B},$$
$$\mathsf{M}_{0110} = \mathsf{C}, \qquad \mathsf{M}_{00100} = \mathsf{B}$$

et $$\mathsf{M}_{00110} = \mathsf{A},$$

de telle sorte que :

$\mathsf{M}_{00} = (\mathsf{M}_{000} \wedge \mathsf{M}_{001})$, $\mathsf{M}_{01} = (\mathsf{M}_{010} \vee \mathsf{M}_{011})$, $\mathsf{M}_{11} = \neg\mathsf{M}_{110}$, $\mathsf{M}_{001} = (\mathsf{M}_{0010} \Longrightarrow \mathsf{M}_{0011})$, $\mathsf{M}_{010} = \neg\mathsf{M}_{0100}$, $\mathsf{M}_{011} = \neg\mathsf{M}_{0110}$, $\mathsf{M}_{0010} = \neg\mathsf{M}_{00100}$ et $\mathsf{M}_{0011} = \neg\mathsf{M}_{00110}$.

Ceci montre que le mot M a été obtenu en partant de variables propositionnelles et en appliquant un nombre fini de fois les opérations prévues dans la définition des formules. Il en résulte que M est une formule.

On peut représenter la décomposition précédente sous forme d'un **arbre** :

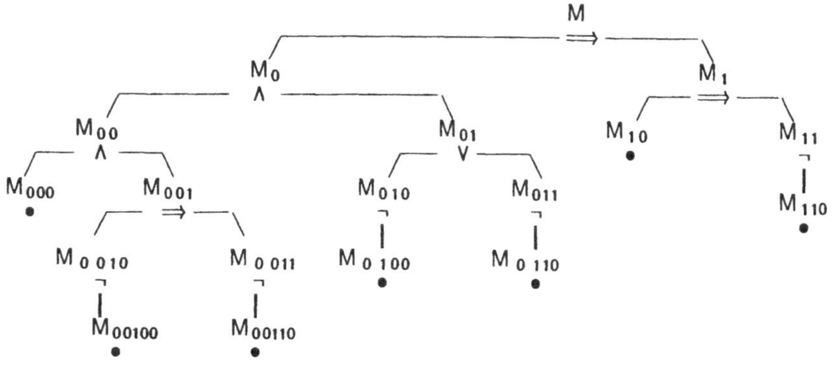

La racine de l'arbre (la formule M) est en haut, et les branches « poussent » vers le bas. Chaque sommet (ou nœud) de l'arbre est constitué par un mot N (qui est toujours une formule si le mot à la racine en est une) ; trois cas peuvent se présenter : ou bien N est une variable propositionnelle et constitue alors une extrémité de l'arbre (les mots correspondant à ce cas ont été signalés par un point noir dans notre schéma), ou bien N s'écrit ¬N' et il part alors de N une unique branche qui aboutit au niveau immédiatement inférieur au sommet N', ou bien enfin N s'écrit (N' α N") (α étant un symbole de connecteur binaire) et il part alors de N deux branches qui aboutissent au niveau inférieur à deux nœuds N' et N" (on a fait alors figurer entre les deux branches le symbole de connecteur binaire approprié).

1.8 La décomposition de la formule que nous avons choisie montre que celle-ci appartient à $\mathcal{F}_5$. Sa hauteur est donc inférieure ou égale à 5. Rien ne permet pour l'instant d'affirmer que cette hauteur soit exactement 5. Pourquoi en effet ne pas imaginer une deuxième façon de décomposer cette formule qui conduirait à un arbre plus petit ? Tout ce que l'on peut dire (et ce, grâce au théorème 1.3), c'est que, pour toute formule F $\in \mathcal{F}$, il existe au moins une décomposition du type de celle que nous avons faite. L'unicité sera établie par le prochain théorème, pour lequel nous avons d'abord besoin des quelques lemmes qui vont suivre et qui seront, exception faite du lemme 3, démontrés par induction sur l'ensemble des formules.

Le théorème de lecture unique

Pour chaque mot $M \in \mathcal{M}(\mathcal{A})$, convenons de désigner par o[M] (respectivement : f[M]) le nombre de parenthèses ouvrantes (respectivement : fermantes) figurant dans M.

LEMME 1 : *Dans toute formule, le nombre de parenthèses ouvrantes est égal au nombre de parenthèses fermantes.*

☹ • Pour toute formule $F \in P$, on a $o[F] = f[F] = 0$.

• Pour toute formule $F \in \mathcal{F}$ telle que $o[F] = f[F]$, puisque $o[\neg F] = o[F]$ et $f[\neg F] = f[F]$, on a $o[\neg F] = f[\neg F]$.

• Pour toutes formules F et G appartenant à $\mathcal{F}$ telles que $o[F] = f[F]$ et $o[G] = f[G]$, et quel que soit le symbole de connecteur binaire α, on a :

$$o[(F \,\alpha\, G)] = o[F] + o[G] + 1 = f[F] + f[G] + 1 = f[(F \,\alpha\, G)].$$

Ainsi, $o[F] = f[F]$ pour toute formule propositionnelle F.

☺

LEMME 2 : *Pour toute formule* $F \in \mathcal{F}$ *et tout mot* $M \in \mathcal{M}(\mathcal{A})$, *si* M *est un segment initial de* F, *alors* $o[M] \geqslant f[M]$.

☹ L'induction porte sur la formule F.

• Si $F \in P$, alors, pour tout segment initial M de F, on a $o[M] = f[M] = 0$, donc $o[M] \geqslant f[M]$.

• Soit F une formule telle que, pour tout segment initial M de F, $o[M] \geqslant f[M]$. Considérons un segment initial N de $\neg F$: si N est le mot vide, alors $o[N] = f[N] = 0$; sinon, il existe un segment initial M de F tel que $N = \neg M$; on a $o[N] = o[M]$ et $f[N] = f[M]$, et comme $o[M] \geqslant f[M]$ (hypothèse d'induction), on en déduit que $o[N] \geqslant f[N]$.

• Soient F et G deux formules dont tous les segments initiaux ont au moins autant de parenthèses ouvrantes que de parenthèses fermantes, et soit α un symbole de connecteur binaire. Posons : $H = (F \,\alpha\, G)$. Soit N un segment initial du mot H. Quatre cas peuvent se présenter :

• soit $N = \emptyset$:

alors $o[N] = f[N] = 0$;

• soit $N = (M$

(M étant un segment initial de F) : alors, $o[N] = o[M] + 1$ et $f[N] = f[M]$, et comme $o[M] \geqslant f[M]$ (hypothèse d'induction), on en conclut que $o[N] \geqslant f[N]$;

• soit $N = (F \ \alpha \ K$

(K étant un segment initial de G) : alors, $o[N] = o[F] + o[K] + 1$ et $f[N] = f[F] + f[K]$; or $o[F] = f[F]$ (lemme 1) et $o[K] \geqslant f[K]$ (hypothèse d'induction), ce qui permet de conclure encore que $o[N] \geqslant f[N]$;

• soit $N = H$:

alors $o[N] = f[N]$ (lemme 1).

On voit ainsi que, dans tous les cas, $o[N] \geqslant f[N]$.

☺

LEMME 3 : *Pour toute formule $F \in \mathcal{F}$ dont le premier symbole est une parenthèse ouvrante, et pour tout mot $M \in \mathcal{M}(\mathcal{A})$ qui est un segment initial propre de F, on a :*

$$o[M] > f[M]$$

(inégalité stricte).

☹ Pour une fois, la démonstration ne se fait pas par induction !

Considérons une formule F qui s'écrit $F = (G \ \alpha \ H)$, G et H étant des formules quelconques et α un symbole de connecteur binaire.

Soit M un segment initial propre de F. Il y a deux cas possibles :

• soit $M = (K$

(K étant un segment initial (quelconque) de G) ; dans ce cas, $o[M] = o[K] + 1$ et $f[M] = f[K]$, et comme $o[K] \geqslant f[K]$ (lemme 2), on en conclut que $o[M] > f[M]$;

• soit $M = (G \ \alpha \ L$

(L étant un segment initial de H) ; dans ce cas, $o[M] = o[G] + o[L] + 1$ et $f[M] = f[G] + f[L]$; or $o[G] = f[G]$ (lemme 1) et $o[L] \geqslant f[L]$ (lemme 2), ce qui conduit encore à $o[M] > f[M]$.

☺

LEMME 4 : *Quelle que soit la formule $F \in \mathcal{F}$ et quel que soit le mot $M \in \mathcal{M}(\mathcal{A})$, si M est un segment initial propre de F, alors M n'est pas une formule.*

☹ L'induction porte, là aussi, sur la formule F.

• Une variable propositionnelle n'a pas de segment initial propre.

• Si F est une formule dont aucun segment initial propre n'est une formule, et si N est un segment initial propre de ¬F, alors ou bien N = ¬ et n'est pas une formule (les seules formules de longueur 1 sont les éléments de P), ou bien N = ¬M, M étant un segment initial propre de F ; dans ce cas, M n'est pas une formule (hypothèse d'induction) et N = ¬M non plus. On observera que, contrairement à ce que l'on serait tenté de croire, le fait que, si M n'est pas une formule, ¬M n'en est pas une non plus, n'est pas une simple application de la définition des formules, mais exige une démonstration, que voici : si ¬M est une formule, l'examen de son premier symbole montre que ce ne peut être ni une variable propositionnelle, ni une formule du type (H α K) ; il existe donc (théorème 1.3) au moins une formule G telle que ¬M = ¬G ; l'identité des mots ¬M et ¬G exige celle des mots M et G, ce qui prouve que M est une formule.

• Soient F et G deux formules quelconques, α un symbole de connecteur binaire, et N un segment initial propre de (F α G). On a o[N] > f[N] (lemme 3). On en déduit que N n'est pas une formule (lemme 1). On peut remarquer qu'il n'a pas été nécessaire, dans cette partie du raisonnement par induction, de supposer que les segments initiaux propres de F et de G ne sont pas des formules.

☺

THEOREME *(de lecture unique)* : *Pour toute formule* F ∈ $\mathcal{F}$, *un et un seul des trois cas suivants se présente :*

Cas 1 : F ∈ P.

Cas 2 : il existe une unique formule G ∈ $\mathcal{F}$ *telle que* F = ¬G.

Cas 3 : il existe un unique symbole de connecteur binaire α *et un unique couple de formules* (G,H) ∈ $\mathcal{F}^2$ *tels que* F = (G α H).

☹ Il est évident que ces trois cas s'excluent l'un l'autre : suivant que le premier symbole de F est un élément de P, le symbole ¬, ou le symbole ((ce sont, d'après le théorème 1.3, les seules possibilités), on est dans le cas 1, dans le cas 2, ou dans le cas 3 (sous réserve d'avoir établi l'unicité dans chacun de ces cas).

Ce que l'on sait déjà (théorème 1.3), c'est que : soit F ∈ P, soit il existe au moins une formule G telle que F = ¬G, soit il existe au moins un symbole de connecteur binaire α et des formules G et H telles que F = (G α H).

Il ne nous reste donc qu'à démontrer, dans les cas 2 et 3, l'unicité de la décomposition.

C'est à peu près évident pour le cas 2 : si F = ¬G = ¬G', alors G = G'.

Pour ce qui est du cas 3, supposons qu'il existe des formules G, H, K et L et des symboles de connecteur binaire α et β tels que $F = (G \alpha H) = (K \beta L)$. On en déduit l'égalité des mots $G \alpha H$ et $K \beta L$, ce qui montre qu'une des deux formules G et K est un segment initial de l'autre. D'après le lemme 4, il ne peut s'agir d'un segment initial propre. Comme le mot vide n'est pas une formule, on conclut que $G = K$. Il en résulte l'égalité des mots αH et βL. Les symboles α et β sont donc identiques, de même que les formules H et L.

☺

Comme première application de ce théorème de lecture unique, nous avons l'unicité de l'arbre de décomposition d'une formule, tel qu'il a été décrit plus haut.

Nous en déduisons aussi (comme annoncé à la fin du paragraphe 1.4) que, pour toutes formules F et G appartenant à $\mathcal{F}$, on a :

$$h[\neg F] = h[F] + 1 \text{ et } h[(F \alpha G)] = \sup(h[F], h[G]) + 1$$

quel que soit le symbole de connecteur binaire α.

Démontrons par exemple la deuxième égalité (l'autre se traite de façon tout à fait analogue) : appelons H la formule $(F \alpha G)$. Comme ce n'est pas un élément de P, il existe un (unique) entier n tel que $h[H] = n + 1$. Cela signifie que $H \in \mathcal{F}_{n+1}$ et $H \notin \mathcal{F}_n$. D'après la définition de $\mathcal{F}_{n+1}$, et parce que H commence par une parenthèse ouvrante, on en déduit qu'il existe deux formules H_1 et $H_2 \in \mathcal{F}_n$ et un symbole de connecteur binaire β tels que $H = (H_1 \beta H_2)$. Le théorème de lecture unique montre alors que $\beta = \alpha$, $H_1 = F$ et $H_2 = G$. Par conséquent, F et G appartiennent à $\mathcal{F}_n$. S'il existait un entier $m < n$ tel que F et G appartiennent à $\mathcal{F}_m$, la formule $(F \alpha G)$ appartiendrait à $\mathcal{F}_{m+1}$, donc aussi à $\mathcal{F}_n$, ce qui est faux. Il en résulte que l'une au moins des formules F et G est de hauteur n, d'où : $h[(F \alpha G)] = \sup(h[F], h[G]) + 1$.

Définitions par induction sur l'ensemble des formules

1.9 De même que l'on fait des démonstrations par induction sur l'ensemble des formules, on peut donner des **définitions par induction**, pour des fonctions ou des relations dont le domaine est l'ensemble des formules. Le principe est le suivant : étant donné un ensemble E quelconque, pour définir une application φ de $\mathcal{F}$ dans E, il suffit de se donner, d'une part les valeurs de φ sur P, d'autre part des règles permettant, pour toutes formules F et G, de déterminer $\varphi(\neg F)$, $\varphi((F \wedge G))$, $\varphi((F \vee G))$, $\varphi((F \Rightarrow G))$ et $\varphi((F \Longleftrightarrow G))$ à partir de $\varphi(F)$ et $\varphi(G)$. Soyons plus précis :

LEMME : *Soient* φ_0 *une application de* P *dans* E, f *une application de* $\mathcal{F} \times$ E *dans* E, *et* g, h, i *et* j *quatre applications de* $\mathcal{F}^2 \times E^2$ *dans* E. *Alors il existe une unique application* φ *de* $\mathcal{F}$ *dans* E *vérifiant les conditions suivantes :*

- *la restriction de* φ *à* P *est* φ_0 ;
- *pour toute formule* $F \in \mathcal{F}$, $\varphi(\neg F) = f(F, \varphi(F))$;
- *pour toutes formules* F *et* $G \in \mathcal{F}$,

$\varphi((F \wedge G)) = g(F,G,\varphi(F),\varphi(G))$, $\varphi((F \vee G)) = h(F,G,\varphi(F),\varphi(G))$, $\varphi((F \Rightarrow G)) = i(F,G,\varphi(F),\varphi(G))$ *et* $\varphi((F \Leftrightarrow G)) = j(F,G,\varphi(F),\varphi(G))$.

☹ L'existence et l'unicité de φ se démontrent très facilement par induction sur l'ensemble des formules, en utilisant le théorème de lecture unique. Nous confions au lecteur ce petit exercice.
☺

Voici un premier exemple de définition par induction, celle des sous-formules d'une formule propositionnelle :

DEFINITION : *A chaque formule* $F \in \mathcal{F}$, *on associe un sous-ensemble* sf(F) *de* $\mathcal{F}$, *appelé* **ensemble des sous-formules de** F, *défini par induction par les conditions suivantes :*

- *si* $F \in P$,

  $sf(F) = \{F\}$;
- *si* $F = \neg G$,

  $sf(F) = sf(G) \cup \{F\}$;
- *si* $F = (G\ \alpha\ H)$ ($\alpha \in \{\wedge ; \vee ; \Rightarrow ; \Leftrightarrow\}$),

  $sf(F) = sf(G) \cup sf(H) \cup \{F\}$.

Il est facile de vérifier que les sous-formules d'une formule sont exactement celles qui figurent aux nœuds de son arbre de décomposition.

Substitutions dans une formule propositionnelle

1.10 Soit F une formule de $\mathcal{F}$, et soient A_1, A_2, ...,A_n des variables propositionnelles de P, deux à deux distinctes (cette hypothèse est essentielle). Nous utiliserons pour désigner F la notation $F[A_1,A_2,...,A_n]$ lorsque nous voudrons préciser que les éléments de P qui ont au moins une occurrence dans F se trouvent parmi A_1, A_2, ...,A_n. Par exemple, la formule $F = (A \Longrightarrow (B \vee A))$ pourra être notée F[A,B], mais aussi, si c'est utile dans le contexte, F[A,B,C,D].

Etant données une formule $F[A_1,A_2,...,A_n,B_1,B_2,...,B_m]$ et n formules G_1, G_2, ..., G_n, considérons le mot obtenu en substituant la formule G_1 (respectivement : G_2, ..., G_n) à la variable A_1 (respectivement : A_2, ..., A_n) dans toutes les occurrences de celle-ci dans F. Ce mot sera noté $F_{G_1/A_1,G_2/A_2,...,G_n/A_n}$ (lire : « F indice G_1 remplace A_1, G_2 remplace A_2, et cætera, G_n remplace A_n »), mais nous utiliserons aussi pour le désigner la notation $F[G_1,G_2,...,G_n,B_1,B_2,...,B_m]$, bien que celle-ci puisse poser des problèmes délicats.

Par exemple, si F = F[A,B] est la formule $(A \Longrightarrow (B \vee A))$, et si G est la formule $(B \Longrightarrow A)$, alors $F_{G/A}$ est le mot $((B \Longrightarrow A) \Longrightarrow (B \vee (B \Longrightarrow A)))$, que l'on pourra donc noter aussi F[G,B] ou encore $F[(B \Longrightarrow A),B]$. Si on considère maintenant une variable propositionnelle C (distincte de A et B) et la formule H = C, alors $F_{H/A}$ est le mot $(C \Longrightarrow (B \vee C))$, que l'on pourrait noter, suivant nos conventions, F[C,B]. Une fâcheuse ambiguïté apparaît alors car, à partir des égalités :

$$F[A,B] = (A \Longrightarrow (B \vee A)) \text{ et } F[C,B] = (C \Longrightarrow (B \vee C)),$$

on voit mal comment déterminer laquelle de ces deux formules est la formule F.

Cependant, la notation $F[G_1,G_2...,G_n,B_1,B_2,...,B_m]$ est extrêmement commode et, le plus souvent, parfaitement claire. C'est pourquoi nous nous permettrons de l'utiliser, malgré les dangers signalés, en nous limitant à des cas où il ne peut y avoir d'ambiguïté.

On peut en fait donner de $F_{G_1/A_1,G_2/A_2,...,G_n/A_n}$ une définition par induction sur la formule F (G_1, G_2, ..., $G_n \in \mathcal{F}$ et A_1, A_2, ..., $A_n \in P$ étant fixés) :

- si $F \in P$, alors : $F_{G_1/A_1,G_2/A_2,...,G_n/A_n} = \begin{cases} G_k \text{ si } F = A_k \ (1 \leqslant k \leqslant n) \ ; \\ F \quad \text{si } F \notin \{ A_1, A_2, \ldots, A_n \}. \end{cases}$
- si $F = \neg G$, alors : $F_{G_1/A_1,G_2/A_2,...,G_n/A_n} = \neg G_{G_1/A_1,G_2/A_2,...,G_n/A_n}$;
- si $F = (G \ \alpha \ H)$, alors :

$$F_{G_1/A_1,G_2/A_2,...,G_n/A_n} = (G_{G_1/A_1,G_2/A_2,...,G_n/A_n} \ \alpha \ H_{G_1/A_1,G_2/A_2,...,G_n/A_n}),$$

quels que soient les formules G et H et le symbole de connecteur binaire α.

Dans les exemples que nous avons donnés, on a pu constater que le mot obtenu après substitution de formules à des variables propositionnelles dans une formule était dans chaque cas lui-même une formule. Il n'y a rien d'étonnant à cela :

THEOREME : *Etant donnés un entier* n, *des formules* F, G_1, G_2, ..., G_n, *et des variables propositionnelles* A_1, A_2, ..., A_n, *le mot* $F_{G_1/A_1,G_2/A_2,...,G_n/A_n}$ *est une formule.*

☹ $G_1, G_2, \ldots, G_n \in \mathcal{F}$ et $A_1, A_2, \ldots, A_n \in P$ étant fixés, on fait la démonstration par induction sur la formule F.

• Si $F \in P$, $F_{G_1/A_1, G_2/A_2, \ldots, G_n/A_n}$ est égal à G_k si $F = A_k$ $(1 \leqslant k \leqslant n)$ et à F si $F \notin \{A_1, A_2, \ldots A_n\}$; c'est dans les deux cas une formule.

• Si $F = \neg G$, et si on suppose que $G_{G_1/A_1, G_2/A_2, \ldots, G_n/A_n}$ est une formule, alors $F_{G_1/A_1, G_2/A_2, \ldots, G_n/A_n}$, qui est le mot $\neg G_{G_1/A_1, G_2/A_2, \ldots, G_n/A_n}$, est encore une formule.

• Si $F = (G \, \alpha \, H)$ (α étant un symbole de connecteur binaire), et si on suppose que les mots $G_{G_1/A_1, G_2/A_2, \ldots, G_n/A_n}$ et $H_{G_1/A_1, G_2/A_2, \ldots, G_n/A_n}$ sont des formules, alors $F_{G_1/A_1, G_2/A_2, \ldots, G_n/A_n}$, qui est le mot $(G_{G_1/A_1, G_2/A_2, \ldots, G_n/A_n} \, \alpha \, H_{G_1/A_1, G_2/A_2, \ldots, G_n/A_n})$, est aussi une formule.

☺

REMARQUE : Il convient d'insister sur le fait que la formule $F_{G_1/A_1, G_2/A_2, \ldots, G_n/A_r}$ est le résultat de la substitution simultanée des formules $G_1, G_2, \ldots, G_n$, aux variables $A_1, A_2, \ldots, A_n$ dans la formule F. On obtiendrait une formule a priori différente si on effectuait ces substitutions successivement ; de plus, le résultat obtenu dépendrait de l'ordre dans lequel ces substitutions seraient effectuées. Examinons un exemple :

posons $F = (A_1 \wedge A_2)$, $G_1 = (A_1 \vee A_2)$ et $G_2 = (A_1 \Rightarrow A_2)$. On a alors :

$$F_{G_1/A_1, G_2/A_2} = ((A_1 \vee A_2) \wedge (A_1 \Rightarrow A_2)) \;;$$

tandis que
$$[F_{G_1/A_1}]_{G_2/A_2} = ((A_1 \vee (A_1 \Rightarrow A_2)) \wedge (A_1 \Rightarrow A_2)) \;;$$

et
$$[F_{G_2/A_2}]_{G_1/A_1} = ((A_1 \vee A_2) \wedge ((A_1 \vee A_2) \Rightarrow A_2)).$$

On peut aussi, dans une formule F donnée, procéder à la substitution d'une formule G à une sous-formule H de F. Le mot obtenu à l'issue de cette opération est encore une formule. Bien que, dans la pratique, ce genre de substitution soit très fréquent, nous ne lui réserverons pas de notation particulière et n'entrerons pas dans les détails. Contentons-nous de donner un exemple. Supposons que :

$F = (((A \wedge B) \Rightarrow (\neg B \wedge (A \Rightarrow C))) \vee (B \Longleftrightarrow (B \Rightarrow (A \vee C))))$,

$G = (A \Longleftrightarrow (B \vee C))$

et $H = (\neg B \wedge (A \Rightarrow C))$.

Alors, en substituant dans la formule F la formule G à la sous-formule H, on obtient la formule :

$$(((A \wedge B) \Rightarrow (A \Longleftrightarrow (B \vee C))) \vee (B \Longleftrightarrow (B \Rightarrow (A \vee C)))).$$

2. SEMANTIQUE

Distributions de valeurs de vérité, tables de vérité

2.1 DEFINITION : *Une* ***distribution de valeurs de vérité*** *sur* P *est une application de* P *dans l'ensemble* $\{0,1\}$.

Au lieu de « distribution de valeurs de vérité », certains disent « valuation » et d'autres « évaluation ».

Une distribution de valeurs de vérité sur P est donc un élément de l'ensemble $\{0,1\}^P$.

Se donner une distribution de valeurs de vérité $\delta \in \{0,1\}^P$, c'est attribuer à chaque variable propositionnelle A une valeur $\delta(A)$ qui est 1 ou 0 (intuitivement : vrai ou faux). Ceci étant fait, nous allons voir qu'il est alors possible, d'une façon et d'une seule, de prolonger δ à l'ensemble de toutes les formules propositionnelles, en respectant des règles à peu près conformes à l'intuition suggérée par les noms donnés aux différents symboles de connecteurs. Pourquoi « à peu près » ? Parce que, s'il est vraisemblable que nul ne s'étonne qu'une formule F se voie attribuer la valeur 1 si et seulement si la formule $\neg F$ prend la valeur 0, la décision de donner la valeur 1 à la formule $(F \Longrightarrow G)$ lorsque les formules F et G prennent toutes deux la valeur 0 suscitera peut-être davantage de perplexité (du moins de prime abord). Une façon de dissiper cette perplexité est de se demander dans quelles conditions la formule $(F \Longrightarrow G)$ peut être considérée comme fausse : on conviendra probablement que c'est uniquement dans le cas où F est vraie sans que G le soit, ce qui conduit bien à donner à $(F \Longrightarrow G)$ la valeur 1 dans les trois autres cas possibles. La difficulté vient sans doute du fait que, en faisant des raisonnements mathématiques, on a l'impression de n'avoir pratiquement jamais à prendre en considération des situations du type « faux implique faux » ou « faux implique vrai ». Mais cette impression est trompeuse. Personne ne contestera, par exemple, que l'énoncé : « pour tout entier naturel n, n divisible par 4 implique n pair », soit vrai. Mais cela a pour inévitable conséquence que les deux énoncés suivants sont vrais :

« 1 divisible par 4 implique 1 pair » ;

« 2 divisible par 4 implique 2 pair ».

Les situations « faux implique faux » et « faux implique vrai » étaient donc présentes dans notre énoncé initial ; disons simplement que nous ne nous en soucions guère.

Une autre remarque s'impose ici. Si on faisait un sondage parmi les mathématiciens en les invitant à dire si l'énoncé : « n divisible par **3** implique n impair » est vrai ou faux, la deuxième réponse remporterait sûrement un succès écrasant. Car tout mathématicien penserait avoir lu ou entendu en fait l'énoncé : « tout entier divisible par **3** est impair », et répondrait donc légitimement : c'est faux. C'est que l'usage en mathématiques est de considérer les énoncés sous forme d'implication comme automatiquement accompagnés d'un quantificateur universel sous-entendu. Les exemples ne manquent pas (l'énoncé $\forall\varepsilon > 0\ \exists\eta > 0\ (|x-y| < \eta \Longrightarrow |f(x)-f(y)| < \varepsilon)$ est très couramment utilisé pour la définition de la continuité uniforme d'une fonction f, les quantifications $\forall x$ et $\forall y$ étant assez souvent omises, parce que considérées comme allant de soi ; ce qui peut expliquer les difficultés qu'ont certains étudiants à exprimer ce qu'est une fonction non uniformément continue...). Quant à la question de notre sondage, elle n'a, telle que nous l'avons posée, aucun sens, tant qu'on ne sait pas quel est l'entier n. Et il suffit de remplacer n par **3**, par **4** ou par **5** pour que l'énoncé soit vrai (il sera, respectivement, du type « vrai implique vrai », « faux implique faux » et « faux implique vrai »).

Il y a une autre difficulté à propos de l'implication, c'est que les mathématiciens y voient en général une notion de causalité, dont le calcul propositionnel ne tient, lui, aucun compte. Si P_1 et P_2 sont deux énoncés vrais, la logique propositionnelle impose la valeur vrai pour l'énoncé « P_1 implique P_2 ». Mais un mathématicien se refusera le plus souvent à affirmer que « P_1 implique P_2 » est vrai si les énoncés P_1 et P_2 sont « sans rapport » entre eux. Est-il vrai que le théorème de Rolle implique le théorème de Pythagore ? Ceux qui ne rejetteront pas cette question comme étant absurde répondront en général non, parce que répondre oui signifierait pour eux être en mesure de donner une démonstration du théorème de Pythagore dans laquelle le théorème de Rolle intervienne effectivement.

Si les conflits entre l'intuition ou l'usage mathématique et les définitions que nous nous apprêtons à donner surgissent surtout à propos de l'implication, les autres connecteurs peuvent aussi y avoir leur modeste part (la disjonction est souvent interprétée comme exclusive (A ou B mais pas les deux) alors que notre $\vee$ ne le sera pas).

En calcul propositionnel, ce genre de questions n'est pas de mise. Nous nous contentons de faire des opérations fort simples sur deux objets : **0** et **1**, et le recours aux définitions de ces opérations, c'est-à-dire à ce que nous allons appeler plus loin les tables de vérité, sera notre unique point de repère.

2.2 Qu'il soit bien clair que l'intuition à laquelle nous avons fait référence ci-dessus reste exclusivement l'intuition mathématique. Notre propos n'est pas du tout d'invoquer la logique « de la vie courante » (celle qu'on nomme volontiers « le bon sens »). Les mathématiciens n'ont pas la prétention de détenir un mode de raisonnement universel. L'application de raisonnements mathématiques à des situations extérieures aux mathématiques est une démarche qu'on ne résiste pas à entreprendre, séduit que l'on est par la rigueur de ces raisonnements, quand on les découvre. Mais le résultat n'est pas celui que l'on a pu espérer : on a tôt fait de constater que les problèmes humains ne se laissent pas résoudre par la logique mathématique. Quant aux éventuelles vertus pédagogiques de la « mise en situation concrète », elles sont à l'opposé de ce que certains pourraient attendre. Ce type de démarche ne facilite pas de façon déterminante l'apprentissage des règles de la logique mathématique, mais il est très utile pour inciter chacun de nous à la prudence, voire à l'humilité : pour apprendre le raisonnement mathématique, étudions les mathématiques. En effet, on peut se demander si, pour illustrer l'équivalence entre une proposition sous forme d'implication et sa contraposée, il est plus convaincant de prendre l'exemple (célébrissime) de « s'il pleut je prends mon parapluie » comparé à « si je ne prends pas mon parapluie, il ne pleut pas » ou celui de « si n est premier, n est impair » associé à « si n est pair, n n'est pas premier ». Il suffit d'ailleurs de faire les deux expériences pour constater que l'exemple du parapluie provoque immédiatement, et à juste titre, une foule d'objections. Il n'est pas inintéressant de remarquer aussi que la contraposée de « s'il pleut, je prends mon parapluie » est, le plus souvent, énoncée sous la forme : « je ne prends pas mon parapluie, donc il ne pleut pas », qui ressemble beaucoup plus à une « conjonction argumentée » qu'à une implication. L'application de la logique mathématique à la « vie courante » a produit un florilège d'exemples cocasses, que tous les élèves de Daniel Lacombe connaissent bien, et qui ont acquis une grande popularité parmi les logiciens :

- Un père menace son fils : « si tu ne te tais pas, tu auras une gifle ! », et lui administre la gifle, bien que l'enfant se soit tu immédiatement ; cet homme n'est pas en faute du point de vue de la logique mathématique : la table de vérité de $\Longrightarrow$ montre que, en se taisant, l'enfant rend l'implication vraie, quelle que soit la valeur de vérité de « tu auras une gifle » ... (un bon père aurait dû dire : « tu auras une gifle si et seulement si tu ne te tais pas »).

- Au vu de la tautologie n° 17 de 2.11, que faut-il penser de l'équivalence entre « si tu as faim, il y a de la viande dans le frigo » et sa contraposée : « s'il n'y a pas de viande dans le frigo, tu n'as pas faim » ?

- Quand un concours propose comme premier prix « une voiture neuve ou un chèque de 100 000 Francs », pourquoi le vainqueur ne réclamerait-il pas la voiture et le chèque, table de vérité de la disjonction à l'appui ?

On le voit, tout cela a incontestablement un aspect plaisant, mais n'aide guère à résoudre des exercices de mathématiques en général ou de logique mathématique en particulier. Nous laisserons donc notre parapluie au vestiaire et resterons dans le monde mathématique, où il y a déjà fort à faire.

2.3 THEOREME : *Pour toute distribution de valeurs de vérité* $\delta \in \{0,1\}^{P}$, *il existe une unique application* $\overline{\delta} : \mathscr{F} \longrightarrow \{0,1\}$ *qui coïncide avec* δ *sur* P *(c'est-à-dire prolonge* δ*) et vérifie les propriétés suivantes :*

(i) *pour toute formule* F :

$\overline{\delta}(\neg F) = 1$ *si et seulement si* $\overline{\delta}(F) = 0$;

(ii) *pour toutes formules* F *et* G :

$\overline{\delta}((F \wedge G)) = 1$ *si et seulement si* $\overline{\delta}(F) = \overline{\delta}(G) = 1$;

(iii) *pour toutes formules* F *et* G :

$\overline{\delta}((F \vee G)) = 0$ *si et seulement si* $\overline{\delta}(F) = \overline{\delta}(G) = 0$;

(iv) *pour toutes formules* F *et* G :

$\overline{\delta}((F \Rightarrow G)) = 0$ *si et seulement si* $\overline{\delta}(F) = 1$ *et* $\overline{\delta}(G) = 0$;

(v) *pour toutes formules* F *et* G :

$\overline{\delta}((F \Leftrightarrow G)) = 1$ *si et seulement si* $\overline{\delta}(F) = \overline{\delta}(G)$.

☹ Dans le but de simplifier les écritures, observons tout d'abord que les conditions *(i)* à *(v)* peuvent s'exprimer en utilisant les opérations d'addition et multiplication du corps à deux éléments $\mathbb{Z}/2\mathbb{Z}$, auquel on identifie naturellement l'ensemble $\{0,1\}$. Ces conditions sont alors équivalentes à :

quelles que soient les formules F et G :

(i') $\overline{\delta}(\neg F) = 1 + \overline{\delta}(F)$;

(ii') $\overline{\delta}((F \wedge G)) = \overline{\delta}(F)\overline{\delta}(G)$;

(iii') $\overline{\delta}((F \vee G)) = \overline{\delta}(F) + \overline{\delta}(G) + \overline{\delta}(F)\overline{\delta}(G)$;

(iv') $\overline{\delta}((F \Rightarrow G)) = 1 + \overline{\delta}(F) + \overline{\delta}(F)\overline{\delta}(G)$;

(v') $\overline{\delta}((F \Leftrightarrow G)) = 1 + \overline{\delta}(F) + \overline{\delta}(G)$.

(La vérification est immédiate).

On voit alors que la fonction $\overline{\delta}$ est définie par induction sur l'ensemble des formules, ce qui garantit son existence et son unicité (lemme 1.9 ; les fonctions f, g, h, i et j sont ici définies sur $\mathbb{Z}/2\mathbb{Z}$ par : pour tous x et y, $f(x) = 1 + x$, $g(x,y) = xy$, $h(x,y) = x + y + xy$, $i(x,y) = 1 + x + xy$ et $j(x,y) = 1 + x + y$).

☺

Signalons que l'identification de $\{0,1\}$ avec $\mathbb{Z}/2\mathbb{Z}$ est extrêmement pratique et sera utilisée par la suite.

2.4 On peut récapituler les conditions (i') à (v') ci-dessus dans des tableaux que l'on appelle **les tables de vérité** de la négation, de la conjonction, de la disjonction, de l'implication et de l'équivalence :

F	¬F
0	1
1	0

F	G	(F ∧ G)
0	0	0
0	1	0
1	0	0
1	1	1

F	G	(F ∨ G)
0	0	0
0	1	1
1	0	1
1	1	1

F	G	(F ⟹ G)
0	0	1
0	1	1
1	0	0
1	1	1

F	G	(F ⟺ G)
0	0	1
0	1	0
1	0	0
1	1	1

Dans la pratique, on ne fera pas vraiment la distinction entre une distribution de valeurs de vérité et son prolongement à l'ensemble des formules. On parlera de « la valeur de vérité de la formule F pour la distribution δ » et on oubliera éventuellement la barre sur le δ indiquant qu'il s'agit du prolongement.

Si F est une formule et δ une distribution de valeurs de vérité, on dira que F **est satisfaite par** δ, ou que δ **satisfait** F, lorsque $\overline{\delta}(F) = 1$.

2.5 Etant données une formule F et une distribution de valeurs de vérité δ, la définition du prolongement $\overline{\delta}$ indique clairement une méthode pour calculer $\overline{\delta}(F)$: elle consiste à calculer les valeurs prises par $\overline{\delta}$ pour les diverses sous-formules de F, en commençant par les sous-formules de hauteur 1 (les valeurs pour la hauteur 0 étant précisément les données), et en appliquant autant de fois qu'il le faut les tables ci-dessus. Par exemple, si F est la formule $((A \Longrightarrow B) \Longrightarrow (B \vee (A \Longleftrightarrow C)))$, et si δ est une distribution de valeurs de vérité telle que $\delta(A) = \delta(B) = 0$ et $\delta(C) = 1$, on a alors successivement :

$$\overline{\delta}((A \Longrightarrow B)) = 1 \ ; \ \overline{\delta}((A \Longleftrightarrow C)) = 0 \ ; \ \overline{\delta}(((B \vee (A \Longleftrightarrow C))) = 0 \ \text{ et } \ \overline{\delta}(F) = 0.$$

Bien entendu, il peut arriver qu'il soit inutile de calculer les valeurs de $\overline{\delta}$ pour toutes les sous-formules de F : ainsi, si on considère la formule

$$G = (A \Longrightarrow (((B \wedge \neg A) \vee (\neg C \wedge A)) \Longleftrightarrow (A \vee (A \Longrightarrow \neg B))))$$

et une distribution de valeurs de vérité λ qui vérifie $\lambda(A) = 0$, on peut conclure que $\overline{\lambda}(G) = 1$, sans se préoccuper de la valeur de la sous-formule :

$$(((B \wedge \neg A) \vee (\neg C \wedge A)) \Longleftrightarrow (A \vee (A \Longrightarrow \neg B))).$$

Dans les exemples que nous venons d'examiner, pour calculer la valeur de vérité d'une formule, nous n'avons utilisé que les valeurs prises par la distribution de valeurs de vérité considérée sur les variables figurant effectivement dans la formule. Il paraît clair qu'il en va toujours ainsi :

LEMME : *Pour toute formule* $F = F[A_1,A_2,...,A_n]$ *(ne comportant pas de variable propositionnelle en dehors de* A_1, A_2, ..., A_n*), et toutes distributions de valeurs de vérité* λ *et* $\mu \in \{0,1\}^P$*, si* λ *et* μ *coïncident sur* $\{A_1,A_2,...,A_n\}$*, alors* $\overline{\lambda}(F) = \overline{\mu}(F)$.

☹ La démonstration n'offre aucune difficulté. Elle se fait par induction sur les formules.
☺

2.6 Soit $G = G[A_1,A_2,...,A_n]$ une formule. Pour connaître les valeurs de vérité de G associées à l'ensemble des distributions possibles, on voit donc qu'il suffit d'« oublier » momentanément les variables de P qui ne figurent pas dans G, et de supposer que l'ensemble des variables propositionnelles est $\{A_1,A_2,...,A_n\}$. Il y a alors un nombre fini de distributions de valeurs de vérité à considérer : c'est exactement le nombre d'applications de $\{A_1,A_2,...,A_n\}$ dans $\{0,1\}$, c'est-à-dire 2^n (rappelons que la notation $G[A_1,A_2,...,A_n]$ sous-entend que les variables A_i sont deux à deux distinctes). On peut alors identifier chaque application δ de $\{A_1,A_2,...,A_n\}$ dans $\{0,1\}$ au n-uple $(\delta(A_1),\delta(A_2),...,\delta(A_n)) \in \{0,1\}^n$ et faire figurer l'ensemble des valeurs de vérité prises par G dans un tableau, où chaque ligne correspondra à un des 2^n n-uples et comportera la valeur de vérité correspondante pour G. Un tel tableau, qui pourra aussi comporter les valeurs de vérité des sous-formules de G, s'appellera **table de vérité** de la formule G. Il s'agit en fin de compte tout simplement de la table des valeurs d'une certaine application de $\{0,1\}^n$ dans $\{0,1\}$.

Reprenons l'exemple donné un peu plus haut :

$$G = (A \Longrightarrow (((B \wedge \neg A) \vee (\neg C \wedge A)) \Longleftrightarrow (A \vee (A \Longrightarrow \neg B)))).$$

Posons $H = (B \wedge \neg A)$, $I = (\neg C \wedge A)$, $J = (A \Longrightarrow \neg B)$, $K = (H \vee I)$, $L = (A \vee J)$ et $M = (K \Longleftrightarrow L)$. On a alors $G = (A \Longrightarrow M)$. Voici la table de vérité de G :

A	B	C	¬A	¬B	¬C	H	I	J	K	L	M	G
0	0	0	1	1	1	0	0	1	0	1	0	1
0	0	1	1	1	0	0	0	1	0	1	0	1
0	1	0	1	0	1	1	0	1	1	1	1	1
0	1	1	1	0	0	1	0	1	1	1	1	1
1	0	0	0	1	1	0	1	1	1	1	1	1
1	0	1	0	1	0	0	0	1	0	1	0	0
1	1	0	0	0	1	0	1	0	1	1	1	1
1	1	1	0	0	0	0	0	0	0	1	0	0

On remarquera que, avec les conventions relatives à la notation $G[A_1,A_2,\ldots,A_n]$, il n'y a pas unicité de la table de vérité d'une formule (les 4 premières colonnes de la table ci-dessus peuvent par exemple être considérées comme table de vérité de la formule ¬A). Il y a cependant une table « minimale » pour chaque formule, celle où ne figurent que les variables propositionnelles ayant au moins une occurrence dans la formule.

Mais, même en s'en tenant à cette notion de table minimale, on peut avoir pour la même formule plusieurs tables qui diffèrent par l'ordre dans lequel on y fait figurer les n-uples de $\{0,1\}^n$.

Il est raisonnable de choisir une fois pour toutes un ordre particulier (parmi les $2^n!$ possibles) et de l'adopter systématiquement. Nous avons choisi l'ordre lexicographique (l'ordre « du dictionnaire ») : le n-uple $(a_1,a_2,\ldots,a_n)$ figurera dans la table avant $(b_1,b_2,\ldots,b_n)$ si, pour le premier indice $j \in \{1,2,\ldots,n\}$ tel que $a_j \neq b_j$, on a $a_j < b_j$.

Ces remarques étant faites, on ne se privera naturellement pas de parler de « la » table de vérité d'une formule.

Tautologies, formules logiquement équivalentes

2.7 DEFINITIONS :

• *Une **tautologie** est une formule qui prend la valeur 1 pour toute distribution de valeur de vérité.*

• *La notation pour « F est une tautologie » est :*

$$\vdash^* F\ ;$$

tandis que $\not\models^*$ F *signifie : « F n'est pas une tautologie».*

• *Etant données deux formules* F *et* G, F *est* **logiquement équivalente** *à* G *si et seulement si la formule* (F $\Longleftrightarrow$ G) *est une tautologie.*

• *La notation pour « F est logiquement équivalente à G » est :*

$$F \sim G.$$

REMARQUE : On déduit immédiatement de ces définitions les deux propriétés suivantes :

• *Quelles que soient les formules* F *et* G, *on a* F $\sim$ G *si et seulement si, pour toute distribution de valeurs de vérité* $\delta \in \{0,1\}^P$, $\overline{\delta}(F) = \overline{\delta}(G)$.

• *La relation binaire* $\sim$ *est une relation d'équivalence sur* $\mathcal{F}$.

La classe d'équivalence de la formule F pour la relation $\sim$ est notée cl(F).

Une tautologie est donc une formule dont la table de vérité ne contient que des 1 dans sa dernière colonne, autrement dit une formule « toujours vraie ». Deux formules logiquement équivalentes sont deux formules qui sont satisfaites par exactement les mêmes distributions de valeurs de vérité, donc qui ont même table de vérité. Toute formule logiquement équivalente à une tautologie est une tautologie. Les tautologies constituent donc une des classes d'équivalence pour la relation $\sim$, notée **1**. Les formules dont la négation est une tautologie (que certains appellent des **antilogies** et d'autres des **antitautologies**) constituent une autre classe d'équivalence, distincte de **1**, notée **0** : ces formules sont celles qui sont « toujours fausses », c'est-à-dire dont la table de vérité ne contient que des **0** dans sa dernière colonne.

Quand on fait de la sémantique, on raisonne « à équivalence logique près ». Cela sera justifié par l'étude de l'ensemble des classes d'équivalence pour la relation $\sim$, qui sera faite un peu plus loin et complétée au chapitre 2.

Examinons maintenant l'effet des substitutions sur les valeurs de vérité des formules :

2.8 THEOREME : *Soient* δ *une distribution de valeurs de vérité,* n *un entier naturel,* F, G_1, G_2, ..., G_n, *des formules, et* A_1, A_2, ..., A_n *des variables propositionnelles deux à deux distinctes. Appelons* λ *la distribution de valeurs de vérité définie par :*

Pour tout $X \in P$, $\lambda(X) = \begin{cases} \delta(X) & \textit{si } X \notin \{A_1, A_2, \ldots, A_n\}\,; \\ \overline{\delta}(G_i) & \textit{si } X = A_i \ (1 \leqslant i \leqslant n). \end{cases}$

On a alors :

$$\overline{\delta}(F_{G_1/A_1, G_2/A_2, \ldots, G_n/A_n}) = \overline{\lambda}(F).$$

☹ On raisonne par induction sur la formule F.

• Si F est un élément de P, alors :

- ou bien $F \notin \{A_1, A_2, \ldots, A_n\}$; dans ce cas $F_{G_1/A_1, G_2/A_2, \ldots, G_n/A_n} = F$ et :

$$\overline{\delta}(F_{G_1/A_1, G_2/A_2, \ldots, G_n/A_n}) = \overline{\delta}(F) = \delta(F) = \lambda(F) = \overline{\lambda}(F)\,;$$

- ou bien $F = A_i$ $(1 \leqslant i \leqslant n)$; dans ce cas $F_{G_1/A_1, G_2/A_2, \ldots, G_n/A_n} = G_i$ et :

$$\overline{\delta}(F_{G_1/A_1, G_2/A_2, \ldots, G_n/A_n}) = \overline{\delta}(G_i) = \lambda(A_i) = \lambda(F) = \overline{\lambda}(F), \text{ par définition de } \lambda.$$

• Si $F = \neg G$, et si on suppose $\overline{\delta}(G_{G_1/A_1, G_2/A_2, \ldots, G_n/A_n}) = \overline{\lambda}(G)$ (hypothèse d'induction), alors :

$$\begin{aligned} \overline{\delta}(F_{G_1/A_1, G_2/A_2, \ldots, G_n/A_n}) &= \overline{\delta}(\neg G_{G_1/A_1, G_2/A_2, \ldots, G_n/A_n}) = 1 + \overline{\delta}(G_{G_1/A_1, G_2/A_2, \ldots, G_n/A_n}) \\ &= 1 + \overline{\lambda}(G) = \overline{\lambda}(\neg G) = \overline{\lambda}(F). \end{aligned}$$

• Si $F = (G \wedge H)$, et si on suppose (hypothèse d'induction) :

$$\overline{\delta}(G_{G_1/A_1, G_2/A_2, \ldots, G_n/A_n}) = \overline{\lambda}(G) \text{ et } \overline{\delta}(H_{G_1/A_1, G_2/A_2, \ldots, G_n/A_n}) = \overline{\lambda}(H)\,;$$

alors :

$$\begin{aligned} \overline{\delta}(F_{G_1/A_1, G_2/A_2, \ldots, G_n/A_n}) &= \overline{\delta}((G_{G_1/A_1, G_2/A_2, \ldots, G_n/A_n} \wedge H_{G_1/A_1, G_2/A_2, \ldots, G_n/A_n})) \\ &= \overline{\delta}(G_{G_1/A_1, G_2/A_2, \ldots, G_n/A_n})\overline{\delta}(H_{G_1/A_1, G_2/A_2, \ldots, G_n/A_n}) = \overline{\lambda}(G)\overline{\lambda}(H) = \overline{\lambda}((G \wedge H)) = \overline{\lambda}(F). \end{aligned}$$

• Les cas $F = (G \vee H)$, $F = (G \Rightarrow H)$ et $F = (G \Leftrightarrow H)$ se traitent de façon similaire, sans la moindre difficulté ; d'ailleurs, nous pourrions même ne pas les prendre en considération (voir pour cela la remarque 3.7 plus loin).

☺

On déduit immédiatement de ce théorème le résultat suivant :

COROLLAIRE : *Quelles que soient les formules* F, G_1, G_2, ..., G_n, *et les variables propositionnelles deux à deux distinctes* A_1, A_2, ..., A_n, *si* F *est une tautologie, alors la formule* $F_{G_1/A_1, G_2/A_2, \ldots, G_n/A_n}$ *en est également une.*

☹ Etant donnée une distribution de valeurs de vérité quelconque ε, en définissant la distribution λ comme dans le théorème précédent, on a :

$$\bar{\delta}(F_{G_1/A_1, G_2/A_2, \ldots, G_n/A_n}) = \bar{\lambda}(F) = 1,$$

puisque F est une tautologie.

☺

2.9 Un autre type de substitution permet de préserver l'équivalence logique des formules :

THEOREME : *Considérons une formule* F, *une sous-formule* G *de* F *et une formule* H *logiquement équivalente à* G. *Alors la formule* F', *obtenue à partir de* F *en substituant à la sous-formule* G *la formule* H, *est logiquement équivalente à* F.

☹ On raisonne par induction sur la formule F.

• Si $F \in P$, alors, nécessairement, $G = F$ et $F' = H$. On a bien $F' \sim F$.

• Si $F = \neg F_1$, alors, ou bien $G = F$, $F' = H$ et on a $F' \sim F$, ou bien G est une sous-formule de F_1 et, par hypothèse d'induction, la formule F_1', résultat de la substitution de H à G dans F_1, est logiquement équivalente à F_1. La formule F' est alors la formule $\neg F_1'$; elle est bien logiquement équivalente à F puisque, pour toute distribution de valeurs de vérité δ, on a $\bar{\delta}(F') = 1 + \bar{\delta}(F_1') = 1 + \bar{\delta}(F_1) = \bar{\delta}(\neg F_1) = \bar{\delta}(F)$.

• Si $F = (F_1 \wedge F_2)$, alors il y a trois possibilités. Ou bien $G = F$, $F' = H$ et on a $F' \sim F$. Ou bien G est une sous-formule de F_1 et, par hypothèse d'induction, la formule F_1', résultat de la substitution de H à G dans F_1, est logiquement équivalente à F_1. La formule F' est alors la formule $(F_1' \wedge F_2)$; elle est logiquement équivalente à F car, pour toute distribution δ, on a $\bar{\delta}(F') = \bar{\delta}(F_1')\bar{\delta}(F_2) = \bar{\delta}(F_1)\bar{\delta}(F_2) = \bar{\delta}((F_1 \wedge F_2)) = \bar{\delta}(F)$. Le raisonnement est tout à fait similaire dans la troisième éventualité, celle où G est une sous-formule de F_2.

Les cas $F = (F_1 \vee F_2)$, $F = (F_1 \Longrightarrow F_2)$ et $F = (F_1 \Longleftrightarrow F_2)$ se traitent de façon analogue, en utilisant les relations (iii') à (v') du théorème 2.3.

☺

2.10 En pratique, pour montrer qu'une formule est une tautologie, ou que deux formules sont logiquement équivalentes, on dispose de plusieurs méthodes. On peut d'abord utiliser les tables de vérité, mais cela n'est plus viable lorsque le nombre de variables dépasse 3 ou 4. On peut aussi recourir dans certains cas à ce que l'on pourrait appeler une « table de vérité économique » : cela consiste à faire une discussion suivant les valeurs prises par un nombre restreint de variables ; en quelque sorte, on traite en une fois plusieurs lignes de la table de vérité. Prenons un exemple : montrons que la formule F suivante est une tautologie :

$$((A \Longrightarrow ((B \vee \neg C) \wedge \neg(A \Longrightarrow D))) \vee ((D \wedge \neg E) \vee (A \vee C))).$$

En posant : $H = (A \Longrightarrow ((B \vee \neg C) \wedge \neg(A \Longrightarrow D)))$, et $K = ((D \wedge \neg E) \vee (A \vee C))$, on a $F = (H \vee K)$. Considérons alors une distribution de valeurs de vérité δ. Si $\delta(A) = \mathbf{0}$, alors on voit que $\overline{\delta}(H) = 1$, donc aussi $\overline{\delta}(F) = 1$. Si $\delta(A) = 1$, alors $\overline{\delta}((A \vee C)) = 1$, d'où $\overline{\delta}(K) = 1$ et $\overline{\delta}(F) = 1$.

On peut également utiliser le corollaire 2.8 et le théorème 2.9 en se servant de quelques tautologies « de base » (voir la liste en 2.11). Par exemple, pour montrer que la formule $G = ((\neg A \vee B) \vee \neg(A \Longrightarrow B))$ est une tautologie, on utilise d'abord le fait que les formules $(\neg A \vee B)$ et $(A \Longrightarrow B)$ sont logiquement équivalentes, ce qui montre que G est logiquement équivalente à $((A \Longrightarrow B) \vee \neg(A \Longrightarrow B))$ (théorème 2.9), ensuite on remarque que cette dernière formule est obtenue en substituant la formule $(A \Longrightarrow B)$ à la variable A dans la tautologie $(A \vee \neg A)$, et est donc elle-même une tautologie (corollaire 2.8).

Bien entendu, on est assez rarement amené à détailler un tel raisonnement de cette manière...

Il y a aussi des méthodes purement syntaxiques qui permettent de démontrer qu'une formule est une tautologie (voir le chapitre 4).

Enfin l'exercice 14 montre comment on peut se ramener à un simple calcul polynomial.

Quelques tautologies

2.11 Voici une liste de tautologies courantes (qui sont autant d'exercices proposés - sans corrigé ! - au lecteur) :

(A, B et C désignent des variables propositionnelles (mais on peut, d'après le corollaire 2.8, leur substituer des formules quelconques) ; $\top$ désigne une quelconque tautologie et $\bot$ la négation de $\top$, c'est-à-dire une formule qui prend toujours la valeur $\mathbf{0}$.)

1. $((A \wedge A) \Longleftrightarrow A)$
2. $((A \vee A) \Longleftrightarrow A)$
3. $((A \wedge B) \Longleftrightarrow (B \wedge A))$
4. $((A \vee B) \Longleftrightarrow (B \vee A))$
5. $((A \wedge (B \wedge C)) \Longleftrightarrow ((A \wedge B) \wedge C))$
6. $((A \vee (B \vee C)) \Longleftrightarrow ((A \vee B) \vee C))$
7. $((A \wedge (B \vee C)) \Longleftrightarrow ((A \wedge B) \vee (A \wedge C)))$

8. $((A \vee (B \wedge C)) \Longleftrightarrow ((A \vee B) \wedge (A \vee C)))$
9. $((A \wedge (A \vee B)) \Longleftrightarrow A)$
10. $((A \vee (A \wedge B)) \Longleftrightarrow A)$
11. $(\neg(A \vee B) \Longleftrightarrow (\neg A \wedge \neg B))$
12. $(\neg(A \wedge B) \Longleftrightarrow (\neg A \vee \neg B))$
13. $((A \wedge \top) \Longleftrightarrow A)$
14. $((A \vee \bot) \Longleftrightarrow A)$
15. $((A \wedge \bot) \Longleftrightarrow \bot)$
16. $((A \vee \top) \Longleftrightarrow \top)$
17. $((A \Longrightarrow B) \Longleftrightarrow (\neg B \Longrightarrow \neg A))$

Ces tautologies traduisent des propriétés importantes. Les n° 1 et 2 expriment l'**idempotence** de la conjonction et de la disjonction, les 3 et 4 leur **commutativité**, les 5 et 6 leur **associativité**, les 7 et 8 la **distributivité** de chacune d'elles par rapport à l'autre. Mais attention, tout ceci doit s'entendre à équivalence logique près (c'est-à-dire que ces propriétés sont en réalité celles d'opérations sur l'ensemble $\mathcal{F}/\sim$ des classes d'équivalence pour la relation $\sim$ sur $\mathcal{F}$: pour plus de détails, on pourra se reporter à l'exercice 1 du chapitre 2). Les n° 9 et 10 s'appellent les **lois d'absorption**. Les n° 11 et 12 expriment les **lois de de Morgan** (voir aussi le chapitre 2). La tautologie n° 13 (respectivement : n° 14) exprime que la classe **1** des tautologies (respectivement : la classe **0** des antilogies) est élément **neutre** pour la conjonction (respectivement : pour la disjonction). La n° 15 (respectivement : n° 16) exprime que la classe **1** (respectivement : la classe **0**) est élément **absorbant** (on dit aussi **zéro**) pour la conjonction (respectivement : pour la disjonction). (Cela n'a rien à voir avec les lois d'absorption). La formule $(\neg B \Longrightarrow \neg A)$ s'appelle la **contraposée de** $(A \Longrightarrow B)$ et la tautologie n° 17 exprime que toute formule sous forme d'implication est logiquement équivalente à sa contraposée.

Nous poursuivons maintenant notre liste avec d'autres tautologies usuelles :

18. $(A \vee \neg A)$
19. $(A \Longrightarrow A)$
20. $(A \Longleftrightarrow A)$
21. $(\neg\neg A \Longleftrightarrow A)$
22. $(A \Longrightarrow (A \vee B))$
23. $((A \wedge B) \Longrightarrow A)$
24. $(((A \Longrightarrow B) \wedge A) \Longrightarrow B)$
25. $(((A \Longrightarrow B) \wedge \neg B) \Longrightarrow \neg A)$
26. $((\neg A \Longrightarrow A) \Longrightarrow A)$
27. $((\neg A \Longrightarrow A) \Longleftrightarrow A)$
28. $(\neg A \Longrightarrow (A \Longrightarrow B))$
29. $(A \vee (A \Longrightarrow B))$
30. $(A \Longrightarrow (B \Longrightarrow A))$
31. $(((A \Longrightarrow B) \wedge (B \Longrightarrow C)) \Longrightarrow (A \Longrightarrow C))$
32. $((A \Longrightarrow B) \vee (C \Longrightarrow A))$
33. $((A \Longrightarrow B) \vee (\neg A \Longrightarrow B))$
34. $((A \Longrightarrow B) \vee (A \Longrightarrow \neg B))$
35. $((A \Longrightarrow B) \Longrightarrow ((B \Longrightarrow C) \Longrightarrow (A \Longrightarrow C)))$
36. $(\neg A \Longrightarrow (\neg B \Longleftrightarrow (B \Longrightarrow A)))$
37. $((A \Longrightarrow B) \Longrightarrow (((A \Longrightarrow C) \Longrightarrow B) \Longrightarrow B))$

D'autre part, dans la liste ci-dessous, les formules qui se trouvent sur une même ligne sont deux à deux logiquement équivalentes.

38. $(A \Longrightarrow B)$, $(\neg A \vee B)$, $(\neg B \Longrightarrow \neg A)$, $((A \wedge B) \Longleftrightarrow A)$, $((A \vee B) \Longleftrightarrow B)$
39. $\neg(A \Longrightarrow B)$, $(A \wedge \neg B)$
40. $(A \Longleftrightarrow B)$, $((A \wedge B) \vee (\neg A \wedge \neg B))$, $((\neg A \vee B) \wedge (\neg B \vee A))$
41. $(A \Longleftrightarrow B)$, $((A \Longrightarrow B) \wedge (B \Longrightarrow A))$, $(\neg A \Longleftrightarrow \neg B)$, $(B \Longleftrightarrow A)$
42. $(A \Longleftrightarrow B)$, $((A \vee B) \Longrightarrow (A \wedge B))$
43. $\neg(A \Longleftrightarrow B)$, $(A \Longleftrightarrow \neg B)$, $(\neg A \Longleftrightarrow B)$
44. A , $\neg\neg A$, $(A \wedge A)$, $(A \vee A)$, $(A \vee (A \wedge B))$, $(A \wedge (A \vee B))$
45. A , $(\neg A \Longrightarrow A)$, $((A \Longrightarrow B) \Longrightarrow A)$, $((B \Longrightarrow A) \wedge (\neg B \Longrightarrow A))$
46. A , $(A \wedge \top)$, $(A \vee \bot)$, $(A \Longleftrightarrow \top)$, $(\top \Longrightarrow A)$
47. $\neg A$, $(A \Longrightarrow \neg A)$, $((A \Longrightarrow B) \wedge (A \Longrightarrow \neg B))$
48. $\neg A$, $(A \Longrightarrow \bot)$, $(A \Longleftrightarrow \bot)$
49. $\bot$, $(A \wedge \bot)$, $(A \Longleftrightarrow \neg A)$
50. $\top$, $(A \vee \top)$, $(A \Longrightarrow \top)$, $(\bot \Longrightarrow A)$
51. $(A \wedge B)$, $(B \wedge A)$, $(A \wedge (\neg A \vee B))$, $\neg(A \Longrightarrow \neg B)$
52. $(A \vee B)$, $(B \vee A)$, $(A \vee (\neg A \wedge B))$, $(\neg A \Longrightarrow B)$, $((A \Longrightarrow B) \Longrightarrow B)$
53. $(A \Longrightarrow (B \Longrightarrow C))$, $((A \wedge B) \Longrightarrow C)$, $(B \Longrightarrow (A \Longrightarrow C))$, $((A \Longrightarrow B) \Longrightarrow (A \Longrightarrow C))$
54. $(A \Longrightarrow (B \wedge C))$, $((A \Longrightarrow B) \wedge (A \Longrightarrow C))$
55. $(A \Longrightarrow (B \vee C))$, $((A \Longrightarrow B) \vee (A \Longrightarrow C))$
56. $((A \wedge B) \Longrightarrow C)$, $((A \Longrightarrow C) \vee (B \Longrightarrow C))$
57. $((A \vee B) \Longrightarrow C)$, $((A \Longrightarrow C) \wedge (B \Longrightarrow C))$
58. $(A \Longleftrightarrow (B \Longleftrightarrow C))$, $((A \Longleftrightarrow B) \Longleftrightarrow C)$.

On retiendra des lignes 54 à 57 qu'il n'y a pas distributivité de l'implication par rapport à la conjonction ou à la disjonction. On voit qu'il y a cependant distributivité à gauche (54 et 55), c'est-à-dire lorsque le $\wedge$ ou le $\vee$ se situent à droite du $\Longrightarrow$. Dans le cas ou l'un ou l'autre se situe à gauche de $\Longrightarrow$, on remarque qu'il y a une sorte de fausse distributivité, le $\wedge$ (respectivement : le $\vee$) étant transformé en $\vee$ (respectivement : en $\wedge$) après sa « distribution » (56 et 57). Il convient en tous cas d'être vigilant en manipulant des formules de ce type.

2.12 On se permettra désormais les abus d'écriture suivants :

• D'une façon générale, on s'autorisera en écrivant une formule à omettre les parenthèses extrêmes. Cette convention suppose que ces parenthèses soient automatiquement rétablies dès que la même formule apparaît comme sous-formule (stricte) d'une autre formule : par exemple, on acceptera de considérer la formule

$F = A \Longleftrightarrow B$, puis la formule $F \Longrightarrow \neg C$, mais cette dernière s'écrira évidemment $(A \Longleftrightarrow B) \Longrightarrow \neg C$ et non pas $A \Longleftrightarrow B \Longrightarrow \neg C$.

• Quelles que soient les formules F, G et H,
la formule $((F \wedge G) \wedge H)$ sera notée $(F \wedge G \wedge H)$,
la formule $((F \vee G) \vee H)$ sera notée $(F \vee G \vee H)$.

On pourra aussi, appliquant la convention précédente, écrire $F \wedge G \wedge H$ ou $F \vee G \vee H$.

• Plus généralement, pour tout entier naturel non nul k, si $F_1, F_2, \ldots, F_k$ sont des formules, on représentera par

$$F_1 \wedge F_2 \wedge \ldots \wedge F_k$$

la formule $((\ldots(F_1 \wedge F_2) \wedge F_3) \wedge \ldots \wedge F_k)$ (qui commence par $k - 1$ occurrences du symbole de parenthèse ouvrante). On fait bien sûr une convention analogue pour la disjonction.

• Si $I = \{i_1, i_2, \ldots, i_k\}$ est un ensemble fini non vide d'indices et si $F_{i_1}, F_{i_2}, \ldots, F_{i_k}$ sont des formules, la formule $F_{i_1} \wedge F_{i_2} \wedge \ldots \wedge F_{i_k}$ sera également notée :

$$\bigwedge_{j \in I} F_j$$

(lire : « conjonction pour j appartenant à I des F_j »).

On remarquera qu'il y a dans cette notation une ambiguïté relative à l'ordre des indices de l'ensemble I, que l'on doit fixer pour que l'écriture ait un sens. Le choix de cet ordre n'a en fait aucune importance, tant qu'on ne se préoccupe que de sémantique, vu la commutativité de la conjonction.

De la même manière, la formule $F_{i_1} \vee F_{i_2} \vee \ldots \vee F_{i_k}$ s'écrira en abrégé :

$$\bigvee_{j \in I} F_j$$

(lire : « disjonction pour j appartenant à I des F_j »).

Bien entendu, on aura aussi des variantes, telles que $\bigvee_{1 \leqslant k \leqslant n} G_k$ ou $\bigwedge_{F \in X} F$ (X étant un ensemble fini de formules), dont la signification est claire.

En fait, décider, par exemple, que l'écriture $A \vee B \vee C$ représentera la formule $((A \vee B) \vee C)$ résulte d'un choix arbitraire. On aurait pu aussi bien opter pour la formule $(A \vee (B \vee C))$ qui est logiquement équivalente à la première. C'est l'associativité de la conjonction et de la disjonction (n° 5 et n° 6 de 2.11) qui nous a conduits à supprimer les parenthèses, sachant que, quelle que soit la façon de les rétablir, on obtient une formule de la même classe d'équivalence. (Dans l'exercice 16, on comprendra pourquoi il est imprudent de faire les abus d'écriture analogues dans le cas de $\Longleftrightarrow$, qui semble pourtant, d'après le n° 58 de 2.11, s'y prêter aussi bien que $\wedge$ et $\vee$).

3. FORMES NORMALES SYSTEMES COMPLETS DE CONNECTEURS

Opérations dans $\{0,1\}$ et formules

3.1 Nous supposerons, jusqu'en 3.5 inclus, que l'ensemble P des variables propositionnelles est un ensemble fini à n éléments ($n \geqslant 1$) :

$$P = \{A_1, A_2, \ldots, A_n\}.$$

Ceci nous permet de considérer que toute formule $F \in \mathcal{F}$ a ses variables parmi A_1, A_2, ..., A_n (et d'écrire donc $F = F[A_1, A_2, \ldots, A_n]$).

NOTATIONS :

• Pour chaque n-uple $(\varepsilon_1, \varepsilon_2, \ldots, \varepsilon_n) \in \{0,1\}^n$ nous appelons $\delta_{\varepsilon_1 \varepsilon_2 \cdots \varepsilon_n}$ la distribution de valeurs de vérité définie par $\delta_{\varepsilon_1 \varepsilon_2 \cdots \varepsilon_n}(A_i) = \varepsilon_i$ pour tout $i \in \{1,2,\ldots,n\}$

• Pour chaque variable propositionnelle A et pour chaque élément $\varepsilon \in \{0,1\}$, nous notons εA la formule égale à A si $\varepsilon = 1$ et à $\neg A$ si $\varepsilon = 0$.

• Pour chaque formule F, nous désignons par $\Delta(F)$ l'ensemble des distributions de valeurs de vérité qui satisfont F :

$$\Delta(F) = \{\delta \in \{0,1\}^P \; ; \; \overline{\delta}(F) = 1\}.$$

Pour chaque formule F, on définit une application φ_F de $\{0,1\}^n$ dans $\{0,1\}$ par :

$$\varphi_F(\varepsilon_1, \varepsilon_2, \ldots, \varepsilon_n) = \overline{\delta_{\varepsilon_1 \varepsilon_2 \cdots \varepsilon_n}}(F).$$

L'application φ_F n'est donc rien d'autre que celle qui est définie par la table de vérité de F. Nous nous permettrons de commettre le petit abus de langage consistant à dire que φ_F est la table de vérité de F.

On remarque que deux formules F et G sont logiquement équivalentes si et seulement si $\varphi_F = \varphi_G$. Cela signifie très précisément que l'application $F \longmapsto \varphi_F$ (de $\mathcal{F}$ dans $\{0,1\}^{(\{0,1\}^n)}$) est compatible avec la relation $\sim$; on voit aussi que cette application n'est pas injective (par exemple, pour toute formule F, on a : $\varphi_{\neg\neg F} = \varphi_F$), mais que l'application qu'elle induit, de $\mathcal{F}/\sim$ dans $\{0,1\}^{(\{0,1\}^n)}$ (application $\mathrm{cl}(F) \longmapsto \varphi_F$) est, elle, injective (rappelons que $\mathrm{cl}(F)$ désigne la classe d'équivalence de la formule F pour la relation $\sim$). Cela montre que le nombre de classes d'équivalence pour la relation $\sim$ sur $\mathcal{F}$ est au plus égal au nombre d'applications de $\{0,1\}^n$ dans $\{0,1\}$, c'est-à-dire à 2^{2^n}.

3.2 Reste à savoir s'il y a exactement 2^{2^n} classes de formules ou s'il y en a moins. En d'autres termes, l'application $F \longmapsto \varphi_F$ est-elle surjective ? Ou encore : est-ce que la table d'une quelconque application de $\{0,1\}^n$ dans $\{0,1\}$ peut être regardée comme table de vérité d'une certaine formule ?

La réponse à ces questions est positive, comme nous allons le voir avec le prochain théorème. La preuve de ce théorème nous fournira une méthode explicite pour trouver une formule connaissant sa table de vérité.

LEMME 1 : *Quel que soit le* n*-uple* $(\varepsilon_1,\varepsilon_2,\dots,\varepsilon_n) \in \{0,1\}^n$, *la formule*

$$\bigwedge_{1\leqslant k\leqslant n} \varepsilon_k A_k$$

est satisfaite par la distribution de valeurs de vérité $\delta_{\varepsilon_1\varepsilon_2\cdots\varepsilon_n}$ *et uniquement par celle-là.*

(Avec nos notations, cela s'écrit : $\Delta(\bigwedge_{1\leqslant k\leqslant n} \varepsilon_k A_k) = \{\delta_{\varepsilon_1\varepsilon_2\cdots\varepsilon_n}\}$.)

☹ Pour toute distribution de valeurs de vérité λ, on a $\overline{\lambda}(\bigwedge_{1\leqslant k\leqslant n} \varepsilon_k A_k) = 1$ si et seulement si, pour chaque $k \in \{1,2,\dots,n\}$, $\overline{\lambda}(\varepsilon_k A_k) = 1$, ce qui équivaut aussi, vu la définition de $\delta_{\varepsilon_1\varepsilon_2\cdots\varepsilon_n}$, à : pour chaque $k \in \{1,2,\dots,n\}$, $\lambda(A_k) = \delta_{\varepsilon_1\varepsilon_2\cdots\varepsilon_n}(A_k)$, c'est-à-dire à $\lambda = \delta_{\varepsilon_1\varepsilon_2\cdots\varepsilon_n}$.

☺

LEMME 2 : *Soit* X *un sous-ensemble non vide de* $\{0,1\}^n$ *et soit* F_X *la formule :*

$$\bigvee_{(\varepsilon_1,\varepsilon_2,\dots,\varepsilon_n)\in X} (\bigwedge_{1\leqslant i\leqslant n} \varepsilon_i A_i).$$

Alors la formule F_X *est satisfaite par les distributions de valeurs de vérité* $\delta_{\varepsilon_1\varepsilon_2\cdots\varepsilon_n}$ *telles que* $(\varepsilon_1,\varepsilon_2,\dots,\varepsilon_n) \in X$ *et uniquement par celles-là.*

(Avec nos notations : $\Delta(\bigvee_{(\varepsilon_1,\varepsilon_2,\dots,\varepsilon_n)\in X} (\bigwedge_{1\leqslant i\leqslant n} \varepsilon_i A_i)) = \{\, \delta_{\varepsilon_1\varepsilon_2\cdots\varepsilon_n} \; ; \; (\varepsilon_1,\varepsilon_2,\dots,\varepsilon_n) \in X \,\}$.)

☹ Pour toute distribution de valeurs de vérité λ, on a $\overline{\lambda}(F_X) = 1$ si et seulement si il existe un n-uple $(\varepsilon_1,\varepsilon_2,\ldots,\varepsilon_n) \in X$ tel que $\overline{\lambda}(\bigwedge_{1\leqslant i\leqslant n} \varepsilon_i A_i) = 1$, ce qui, d'après le lemme 1, équivaut à : il existe un n-uple $(\varepsilon_1,\varepsilon_2,\ldots,\varepsilon_n) \in X$ tel que $\lambda = \delta_{\varepsilon_1\varepsilon_2\cdots\varepsilon_n}$, c'est-à-dire à : $\lambda \in \{ \delta_{\varepsilon_1\varepsilon_2\cdots\varepsilon_n} ; (\varepsilon_1,\varepsilon_2,\ldots,\varepsilon_n) \in X \}$.

☺

THEOREME : *Pour toute application* φ *de* $\{0,1\}^n$ *dans* $\{0,1\}$, *il existe au moins une formule* F *telle que* $\varphi_F = \varphi$.

(Autrement dit : toute application de $\{0,1\}^n$ dans $\{0,1\}$ est une table de vérité).

☹ Donnons nous une application φ de $\{0,1\}^n$ dans $\{0,1\}$.

• Si elle ne prend que la valeur 0, alors elle est la table de vérité, par exemple, de la formule $F = (A_1 \wedge \neg A_1)$.

• Dans le cas contraire, l'ensemble

$$X = \varphi^{-1}[\{1\}] = \{(\varepsilon_1,\varepsilon_2,\ldots,\varepsilon_n) \in \{0,1\}^n ; \varphi(\varepsilon_1,\varepsilon_2,\ldots,\varepsilon_n) = 1\}$$

est non vide, et, en vertu du lemme 2, la formule :

$$F_X = \bigvee_{(\varepsilon_1,\varepsilon_2,\ldots,\varepsilon_n) \in X} (\bigwedge_{1\leqslant i\leqslant n} \varepsilon_i A_i)$$

est satisfaite par les distributions de valeurs de vérité $\delta_{\varepsilon_1\varepsilon_2\cdots\varepsilon_n}$ telles que $\varphi(\varepsilon_1,\varepsilon_2,\ldots,\varepsilon_n) = 1$ et par celles-là seulement. En d'autres termes, pour tout n-uple $(\varepsilon_1,\varepsilon_2,\ldots,\varepsilon_n) \in \{0,1\}^n$, on a

$$\overline{\delta_{\varepsilon_1\varepsilon_2\cdots\varepsilon_n}}(F_X) = 1 \text{ si et seulement si } \varphi(\varepsilon_1,\varepsilon_2,\ldots,\varepsilon_n) = 1.$$

Cela signifie justement que φ est la fonction φ_{F_X}, table de vérité de la formule F_X.

☺

On voit ainsi qu'il y a 2^{2^n} classes de formules sur un ensemble de n variables propositionnelles, correspondant aux 2^{2^n} tables de vérité possibles.

3.3 Les applications de $\{0,1\}^n$ dans $\{0,1\}$ sont parfois appelées **connecteurs propositionnels à n places**. On voit qu'il n'y a pas d'inconvénient à identifier un tel objet et la classe de formules qui lui est naturellement associée.

Dans les cas $n = 1$ et $n = 2$ que nous allons examiner en détail (et qui conduisent respectivement à 4 et 16 tables de vérité), on retrouvera parmi les dénominations usuelles de ces connecteurs à une ou deux places des noms déjà utilisés pour désigner les symboles de connecteur. Ainsi par exemple, $\vee$ désigne en même temps le symbole de connecteur et la classe d'équivalence de la formule $(A_1 \vee A_2)$, ou encore l'application correspondante de $\{0,1\}^2$ dans $\{0,1\}$.

Les deux tableaux ci-dessous présentent tous les connecteurs propositionnels à deux et à une places (φ_1 à φ_{16} et ψ_1 à ψ_4). Les premières colonnes donnent les valeurs de chaque application en chaque point de $\{0,1\}^2$ ou de $\{0,1\}$. La colonne qui suit donne une formule appartenant à la classe d'équivalence correspondante. Enfin, la dernière colonne comporte éventuellement le symbole couramment utilisé pour représenter le connecteur ou sa dénomination usuelle.

VALEURS DE φ_i					EXEMPLE DE FORMULE ADMETTANT φ_i COMME TABLE DE VERITE	DESIGNATION USUELLE DE φ_i	
ε_1	0	0	1	1		SYMBOLE	NOM
ε_2	0	1	0	1			
$\varphi_1(\varepsilon_1,\varepsilon_2)$	0	0	0	0	$(A_1 \wedge \neg A_1)$	$\mathbf{0}$	FAUX
$\varphi_2(\varepsilon_1,\varepsilon_2)$	0	0	0	1	$(A_1 \wedge A_2)$	$\wedge$	ET
$\varphi_3(\varepsilon_1,\varepsilon_2)$	0	0	1	0	$\neg(A_1 \Rightarrow A_2)$	$\not\Rightarrow$	N'IMPLIQUE PAS
$\varphi_4(\varepsilon_1,\varepsilon_2)$	0	0	1	1	A_1		
$\varphi_5(\varepsilon_1,\varepsilon_2)$	0	1	0	0	$\neg(A_2 \Rightarrow A_1)$	$\not\Leftarrow$	
$\varphi_6(\varepsilon_1,\varepsilon_2)$	0	1	0	1	A_2		
$\varphi_7(\varepsilon_1,\varepsilon_2)$	0	1	1	0	$\neg(A_1 \Longleftrightarrow A_2)$	$\not\Leftrightarrow$	NON EQUIVALENT
$\varphi_8(\varepsilon_1,\varepsilon_2)$	0	1	1	1	$(A_1 \vee A_2)$	$\vee$	OU
$\varphi_9(\varepsilon_1,\varepsilon_2)$	1	0	0	0	$\neg(A_1 \vee A_2)$	$\downarrow$	BARRE DE SHEFFER "OU"
$\varphi_{10}(\varepsilon_1,\varepsilon_2)$	1	0	0	1	$(A_1 \Longleftrightarrow A_2)$	$\Longleftrightarrow$	EQUIVAUT A
$\varphi_{11}(\varepsilon_1,\varepsilon_2)$	1	0	1	0	$\neg A_2$		
$\varphi_{12}(\varepsilon_1,\varepsilon_2)$	1	0	1	1	$(A_2 \Rightarrow A_1)$	$\Leftarrow$	
$\varphi_{13}(\varepsilon_1,\varepsilon_2)$	1	1	0	0	$\neg A_1$		
$\varphi_{14}(\varepsilon_1,\varepsilon_2)$	1	1	0	1	$(A_1 \Rightarrow A_2)$	$\Rightarrow$	IMPLIQUE
$\varphi_{15}(\varepsilon_1,\varepsilon_2)$	1	1	1	0	$\neg(A_1 \wedge A_2)$	$\uparrow$	BARRE DE SHEFFER "ET"
$\varphi_{16}(\varepsilon_1,\varepsilon_2)$	1	1	1	1	$(A_1 \vee \neg A_1)$	$\mathbf{1}$	VRAI

Les connecteurs à deux places

VALEURS DE ϕ_i			EXEMPLE DE FORMULE ADMETTANT ϕ_i COMME TABLE DE VERITE	DESIGNATION USUELLE DE ϕ_i
ε_1	0	1		
$\phi_1(\varepsilon_1)$	0	0	$(A_1 \wedge \neg A_1)$	**0** (FAUX)
$\phi_2(\varepsilon_1)$	0	1	A_1	IDENTITE
$\phi_3(\varepsilon_1)$	1	0	$\neg A_1$	$\neg$ (NON)
$\phi_4(\varepsilon_1)$	1	1	$(A_1 \vee \neg A_1)$	**1** (VRAI)

Les connecteurs à une place

Formes normales

3.4 Le théorème 3.2 a des conséquences importantes. Donnons avant de les examiner des définitions :

DEFINITIONS :

1) Une formule F *est* **sous forme normale disjonctive** *(FND) si et seulement si il existe :*

- *un entier* $m \geqslant 1$,
- *des entiers* $k_1, k_2, \ldots, k_m \geqslant 1$,
- *pour chaque* $i \in \{1,2,\ldots,m\}$, k_i *variables propositionnelles :* B_{i1}, $B_{i2}, \ldots, B_{ik_i}$ *et* k_i *éléments* $\varepsilon_{i1}, \varepsilon_{i2}, \ldots, \varepsilon_{ik_i}$ *de* $\{0,1\}$,

tels que :

$$F = \bigvee_{1 \leqslant i \leqslant m} (\varepsilon_{i1}B_{i1} \wedge \varepsilon_{i2}B_{i2} \wedge \ldots \wedge \varepsilon_{ik_i}B_{ik_i}).$$

2) Une formule F *est* **sous forme normale disjonctive canonique** *(FNDC) si et seulement si il existe un sous-ensemble non vide* X *de* $\{0,1\}^n$ *tel que :*

$$F = \bigvee_{(\varepsilon_1,\varepsilon_2,\ldots,\varepsilon_n) \in X} (\bigwedge_{1 \leqslant i \leqslant n} \varepsilon_i A_i).$$

3) En échangeant les symboles de disjonction et de conjonction dans les parties 1) et 2), on obtient respectivement les définitions de formule **sous forme normale conjonctive** *(FNC) et de formule* **sous forme normale conjonctive canonique** *(FNCC).*

Ces définitions appellent quelques remarques. Tout d'abord, on voit qu'une forme normale disjonctive canonique est un cas particulier de forme normale disjonctive (celui où chaque k_i est égal à n, où pour chaque $i \in \{1,2,...,m\}$ et chaque $j \in \{1,2,...,n\}$, $B_{ij} = A_j$ et où les m n-uples $(\varepsilon_{i1},\varepsilon_{i2},...,\varepsilon_{in})$ sont deux à deux distincts, ce qui, soit dit en passant, oblige m à être au plus égal à 2^n).

D'autre part, en examinant la démonstration du théorème 3.2, on voit que, étant donnée une application φ de $\{0,1\}^n$ dans $\{0,1\}$, distincte de l'application nulle, il existe une formule F sous forme normale disjonctive canonique, telle que $\varphi_F = \varphi$. (La formule F_X que nous avions considérée est bien sous FNDC). On en déduit aussi une sorte d'unicité pour les formes normales disjonctives (ou conjonctives) canoniques, en ce sens que deux formes normales disjonctives (ou conjonctives) canoniques qui sont logiquement équivalentes ne peuvent différer que par « l'ordre de leurs facteurs ». Plus précisément, si les formules :

$$\bigvee_{(\varepsilon_1,\varepsilon_2,...,\varepsilon_n) \in X} \left(\bigwedge_{1 \leqslant i \leqslant n} \varepsilon_i A_i\right) \quad \text{et} \quad \bigvee_{(\eta_1,\eta_2,...,\eta_n) \in Y} \left(\bigwedge_{1 \leqslant i \leqslant n} \eta_i A_i\right)$$

sont logiquement équivalentes, alors les sous-ensembles X et Y de $\{0,1\}^n$ sont identiques. L'analogue est évidemment vrai pour les formes conjonctives.

3.5 Ces remarques nous conduisent au **théorème de forme normale** suivant :

THEOREME : *Toute formule est logiquement équivalente à au moins une formule sous forme normale disjonctive et à au moins une formule sous forme normale conjonctive.*

Toute formule qui n'appartient pas à la classe **0** *est logiquement équivalente à une unique formule sous FNDC ; toute formule qui n'appartient pas à la classe* **1** *est logiquement équivalente à une unique formule sous FNCC, l'unicité s'entendant « à l'ordre des facteurs près ».*

☺ Soit F une formule.

• Si F est une tautologie, elle est logiquement équivalente à $A_1 \vee \neg A_1$ qui est aussi bien une FND qu'une FNC.

• Si $\neg F$ est une tautologie, F est logiquement équivalente à $A_1 \wedge \neg A_1$ qui est une FND et une FNC.

• Dans les autres cas, on vient de remarquer que F est logiquement équivalente à une formule sous FNDC. Mais c'est également vrai pour $\neg F$, ce qui fait qu'il existe un sous-ensemble non vide X de $\{0,1\}^n$ tel que :

$$\neg F \sim \bigvee_{(\varepsilon_1,\varepsilon_2,\ldots,\varepsilon_n)\in X} \left(\bigwedge_{1\leqslant i\leqslant n} \varepsilon_i A_i\right).$$

On a donc :

$$F \sim \neg\neg F \sim \neg\left(\bigvee_{(\varepsilon_1,\varepsilon_2,\ldots,\varepsilon_n)\in X} \left(\bigwedge_{1\leqslant i\leqslant n} \varepsilon_i A_i\right)\right) \sim \bigwedge_{(\varepsilon_1,\varepsilon_2,\ldots,\varepsilon_n)\in X} \left(\bigvee_{1\leqslant i\leqslant n} \neg\varepsilon_i A_i\right)$$

(lois de de Morgan). La dernière formule, pour peu qu'on y supprime les doubles négations, nous donne une FNCC.

La deuxième partie du théorème découle clairement de la première et des remarques qui précédaient.

☺

On pourra donc parler de « la FNDC » d'une formule, lorsque celle-ci n'est pas une antilogie, et de « sa FNCC », lorsque ce n'est pas une tautologie.

Le théorème de forme normale fournit aussi une méthode pratique pour obtenir, à partir d'une formule dont on connaît la table de vérité, sa FNDC et sa FNCC, lorsqu'elles existent. Ainsi, par exemple, la formule :

$$G = (A \Longrightarrow (((B \wedge \neg A) \vee (\neg C \wedge A)) \Longleftrightarrow (A \vee (A \Longrightarrow \neg B))))$$

dont nous avons donné la table de vérité (2.6) est satisfaite par les distributions (0,0,0), (0,0,1), (0,1,0), (0,1,1), (1,0,0) et (1,1,0), tandis que $\neg G$ est satisfaite par (1,0,1) et (1,1,1). On en déduit la FNDC de G :

$$(\neg A \wedge \neg B \wedge \neg C) \vee (\neg A \wedge \neg B \wedge C) \vee (\neg A \wedge B \wedge \neg C) \vee$$
$$(\neg A \wedge B \wedge C) \vee (A \wedge \neg B \wedge \neg C) \vee (A \wedge B \wedge \neg C),$$

puis la FNDC de $\neg G$:

$$(A \wedge \neg B \wedge C) \vee (A \wedge B \wedge C),$$

et enfin la FNCC de G :

$$(\neg A \vee B \vee \neg C) \wedge (\neg A \vee \neg B \vee \neg C).$$

Signalons que les formules du type $\varepsilon_i A_i$ sont parfois appelées des **littéraux** (essentiellement par les informaticiens), que les formules du type $\bigvee_{k\in J} \eta_k B_k$ (c'est-à-dire les disjonctions de littéraux) s'appellent souvent des **clauses** et que les formes normales conjonctives s'appellent alors des **formes clausales**. Nous retrouverons cette terminologie au chapitre 4.

Systèmes complets de connecteurs

3.6 Une formule qui est sous FND ne fait pas intervenir de symbole de connecteur autre que $\neg$, $\wedge$ ou $\vee$. On déduit donc du théorème 3.5 que toute formule est équivalente à au moins une formule dans laquelle seuls ces symboles apparaissent éventuellement.

Cette propriété peut aussi être traduite en termes de connecteurs propositionnels, c'est-à-dire d'opérations dans $\{0,1\}$:

LEMME : *Pour tout entier* $m \geqslant 1$, *toute application de* $\{0,1\}^m$ *dans* $\{0,1\}$ *peut s'obtenir par composition des applications* $\neg$ *(de* $\{0,1\}$ *dans* $\{0,1\}$*),* $\wedge$ *et* $\vee$ *(de* $\{0,1\}^2$ *dans* $\{0,1\}$*).*

☹ Soient m un entier naturel non nul et φ une application de $\{0,1\}^m$ dans $\{0,1\}$. Choisissons une formule F admettant φ comme table de vérité et écrite sans autre symbole de connecteur que $\neg$, $\wedge$ et $\vee$ (par exemple une formule sous FND). L'arbre de décomposition de F nous donne alors une composition d'applications prises parmi les applications $\neg$, $\wedge$ et $\vee$ qui coïncide avec la fonction φ. Sans entrer dans des détails inutilement lourds, contentons-nous d'examiner un exemple.

L'application φ de $\{0,1\}^3$ dans $\{0,1\}$ qui prend la valeur 0 en $(1,0,1)$ et $(1,1,1)$ et la valeur 1 pour les six autres triplets de $\{0,1\}^3$ est, comme nous l'avons déjà vu plus haut, la table de vérité de la formule

$$(\neg A \vee B \vee \neg C) \wedge (\neg A \vee \neg B \vee \neg C).$$

(Nous avons choisi ici la FNCC, bien plus courte que la FNDC, et écrite elle aussi avec les seuls symboles $\neg$, $\wedge$ et $\vee$).

L'écriture véritable de cette formule est :

$$(((\neg A \vee B) \vee \neg C) \wedge ((\neg A \vee \neg B) \vee \neg C)).$$

On en déduit que, pour tous éléments x, y et z de $\{0,1\}$, on a

$$\varphi(x,y,z) = \wedge(\vee(\vee(\neg x,y),\neg z),\vee(\vee(\neg x,\neg y),\neg z))$$

(expression dans laquelle $\neg$, $\wedge$ et $\vee$ désignent cette fois les opérations dans $\{0,1\}$).

On voit donc que les opérations $\neg$, $\wedge$ et $\vee$ engendrent toutes les opérations (à un nombre quelconque de places) sur $\{0,1\}$.

☺

3.7 On exprime la propriété qui vient d'être mise en évidence en disant que $\{\neg,\wedge,\vee\}$ est un **système complet de connecteurs**.

DEFINITION : *On appelle système* **complet** *de connecteurs tout ensemble de connecteurs propositionnels permettant d'engendrer, par composition de ses éléments, tous les connecteurs propositionnels.*

Un système complet de connecteurs est dit **minimal** *lorsqu'aucun de ses sous-ensembles stricts n'est un système complet de connecteurs.*

L'ensemble $\{\neg,\wedge,\vee\}$ n'est pas un système complet minimal. En effet, à toute formule F ne comportant pas d'autre symbole de connecteur que $\neg$, $\wedge$ et $\vee$, on peut associer une formule logiquement équivalente qui ne comporte plus que les symboles de connecteur $\neg$ et $\vee$: il suffit de substituer à chaque sous-formule de F de la forme $(H \wedge K)$ la formule logiquement équivalente $\neg(\neg H \vee \neg K)$, recommençant l'opération autant de fois que c'est nécessaire pour éliminer tous les $\wedge$. Ceci démontre que $\{\neg,\vee\}$ est un système complet de connecteurs, strictement inclus dans $\{\neg,\wedge,\vee\}$.

L'ensemble $\{\neg,\vee\}$ est, lui, un système complet minimal. Il suffit pour s'en assurer de vérifier que $\{\neg\}$ et $\{\vee\}$ ne sont pas des systèmes complets. Les formules où ne figure pas d'autre symbole de connecteur que $\neg$ sont les formules du type $\neg\neg\ldots\neg A$ (une variable propositionnelle précédée d'un nombre fini, éventuellement nul, d'occurrences du symbole $\neg$). Une formule de ce type est logiquement équivalente soit à A, soit à $\neg A$, et il est clair qu'il y a des formules (par exemple $(A \wedge B)$) qui ne sont logiquement équivalentes à aucune formule de ce type. Ainsi, $\{\neg\}$ n'est pas complet. Pour ce qui concerne $\{\vee\}$, observons que toute formule faisant intervenir le seul symbole de connecteur $\vee$ est satisfaite par la distribution de valeurs de vérité δ_1 définie par $\delta_1(X) = 1$ pour toute variable propositionnelle X. Cela se démontre par induction sans difficulté (exercice 20). On en déduit que la formule $\neg A$, qui prend, elle, la valeur **0** pour δ_1, n'est logiquement équivalente à aucune des formules utilisant le seul symbole de connecteur $\vee$. Donc $\{\vee\}$ n'est pas complet.

On verra dans l'exercice 15 que chacun des deux connecteurs « barre de Sheffer » ($\Uparrow$ et $\Downarrow$) a la propriété de constituer à lui tout seul un système complet de connecteurs. On y montrera aussi que, parmi les connecteurs à une ou deux places, ce sont les seuls qui aient cette propriété.

REMARQUE : Supposons que nous voulions démontrer, par induction, qu'une certaine propriété $\mathscr{X}(F)$ est vraie pour toute formule $F \in \mathscr{F}$, et supposons que cette propriété soit compatible avec la relation $\sim$ (c'est-à-dire que toute formule logiquement équivalente à une formule qui possède la propriété $\mathscr{X}$ la possède aussi). Nous pouvons alors exploiter le fait que $\{\neg,\vee\}$ est un système complet en nous limitant, dans la démonstration par induction, aux étapes d'induction relatives à $\neg$ et à $\vee$. Si nous prouvons que $\mathscr{X}(F)$ est vraie lorsque F est un élément de P, et que, chaque fois que $\mathscr{X}(F)$ et $\mathscr{X}(G)$ sont vraies, alors $\mathscr{X}(\neg F)$ et $\mathscr{X}((F \vee G))$ le sont aussi, cela nous assurera que la propriété $\mathscr{X}$ est vraie pour toutes les formules qui ne font pas intervenir de symbole de connecteur autre que $\neg$ et $\vee$. Soit alors H une formule quelconque de $\mathscr{F}$. Puisque $\{\neg,\vee\}$ est complet, H est logiquement équivalente à au moins une formule K écrite avec ces seuls connecteurs. $\mathscr{X}(K)$ est alors vraie, et comme $\mathscr{X}$ est compatible avec $\sim$, $\mathscr{X}(H)$ l'est aussi. Bien entendu, cette remarque s'applique aussi bien à tout autre système complet de connecteurs.

A titre d'exemple, notons que, dans la démonstration du théorème 2.8, nous pouvions légitimement nous dispenser des étapes relatives à $\vee$, $\Rightarrow$ et $\Leftrightarrow$, grâce à la remarque que nous venons de faire (car $\{\neg,\wedge\}$ est un système complet), à la compatibilité de la propriété à démontrer avec $\sim$ (qui est évidente), et moyennant la vérification (tout aussi simple) du fait que la complétude du système $\{\neg,\vee\}$ se démontre sans recourir au théorème 2.8 (sans quoi nous tournerions en rond !).

4. LEMME D'INTERPOLATION

4.1 LEMME : *Soient* F *et* G *deux formules n'ayant aucune variable propositionnelle en commun. Les deux propriétés suivantes sont équivalentes :*

1. *La formule* $(F \Rightarrow G)$ *est une tautologie.*
2. *L'une au moins des formules* $\neg F$ *et* G *est une tautologie.*

☺ Il est clair tout d'abord que la deuxième propriété implique la première : pour toute distribution de valeurs de vérité δ, on a $\delta(G) = 1$ si G est une tautologie et $\delta(F) = 0$ si $\neg F$ en est une. Dans les deux cas, $\delta((F \Rightarrow G)) = 1$.

Supposons maintenant que la propriété 2. soit fausse. On peut choisir alors une distribution de valeurs de vérité λ telle que $\lambda(\neg F) = 0$, c'est-à-dire $\lambda(F) = 1$, et une distribution de valeurs de vérité μ telle que $\mu(G) = 0$. Définissons une distribution de valeurs de vérité δ en posant, pour chaque variable propositionnelle X,

$$\delta(X) = \begin{cases} \lambda(X) & \text{si X a au moins une occurrence dans F ;} \\ \mu(X) & \text{si X n'a aucune occurrence dans F.} \end{cases}$$

Comme, par hypothèse, aucune variable ayant au moins une occurrence dans G ne peut avoir d'occurrence dans F, on voit que δ coïncide avec λ sur l'ensemble des variables de F et avec μ sur l'ensemble des variables de G. On en déduit (lemme 2.5) que $\delta(F) = \lambda(F) = 1$ et que $\delta(G) = \mu(G) = 0$, et, par suite, que $\delta((F \Longrightarrow G)) = 0$. La propriété *1.* est donc mise en défaut.
☺

4.2 Le résultat suivant est connu sous le nom de **lemme d'interpolation** :

THEOREME : *Soient* n *un entier non nul,* A_1, A_2, ..., A_n *des variables propositionnelles deux à deux distinctes, et* F *et* G *deux formules ayant* A_1, A_2, ..., A_n *comme variables propositionnelles communes. Les deux propriétés suivantes sont équivalentes :*

1. La formule $(F \Longrightarrow G)$ *est une tautologie.*

2. Il existe au moins une formule H, *ne contenant aucune variable propositionnelle en dehors de* A_1, A_2, ..., A_n, *telle que les formules*

$$(F \Longrightarrow H) \text{ et } (H \Longrightarrow G)$$

soient des tautologies.

(Une telle formule H *est alors appelée* **une interpolante entre** F **et** G*).*

☺ Supposons $\vdash^* (F \Longrightarrow H)$ et $\vdash^* (H \Longrightarrow G)$, et considérons une quelconque distribution de valeurs de vérité δ. Si $\delta(H) = 0$, alors $\delta(F) = 0$ (parce que $\delta((F \Longrightarrow H)) = 1$) ; si $\delta(H) = 1$, alors $\delta(G) = 1$ (parce que $\delta((H \Longrightarrow G)) = 1$). Dans les deux cas, $\delta((F \Longrightarrow G)) = 1$, ce qui démontre la propriété *1.*

Pour démontrer la réciproque, nous allons, supposant $\vdash^* (F \Longrightarrow G)$, raisonner par récurrence sur le nombre de variables qui ont au moins une occurrence dans F, sans en avoir dans G.

• Si ce nombre est zéro, alors en posant $H = F$, on obtient clairement une formule n'ayant aucune variable propositionnelle en dehors de A_1, A_2, ...,A_n et telle que $\vdash^* (F \Longrightarrow H)$ et $\vdash^* (H \Longrightarrow G)$.

• Supposons (hypothèse de récurrence) que la propriété *2.* soit vraie pour les formules F qui ont au plus m variables ne figurant pas dans G, et examinons le cas où il y en a m + 1. Appelons B_1, B_2, ..., B_m, B_{m+1} les variables de F qui ne figurent pas dans G. Avec nos conventions, on a donc $F = F[A_1, A_2, \ldots, A_n, B_1, B_2, \ldots, B_m, B_{m+1}]$.

Posons $F_1 = F[A_1, A_2, \ldots, A_n, B_1, B_2, \ldots, B_m, A_1] = F_{A_1/B_{m+1}}$

et $F_0 = F[A_1, A_2, \ldots, A_n, B_1, B_2, \ldots, B_m, \neg A_1] = F_{\neg A_1/B_{m+1}}$.

Remarquons que, étant donné que B_{m+1} ne figure pas dans G, le résultat de la substitution de la formule A_1 à la variable B_{m+1} dans la formule $(F \Longrightarrow G)$ est la formule $(F_1 \Longrightarrow G)$, et le résultat de la substitution de la formule $\neg A_1$ à la variable B_{m+1} dans la formule $(F \Longrightarrow G)$ est la formule $(F_0 \Longrightarrow G)$. Avec le corollaire 2.8 et notre hypothèse, on conclut que $(F_1 \Longrightarrow G)$ et $(F_0 \Longrightarrow G)$ sont des tautologies, ainsi donc que la formule $((F_1 \Longrightarrow G) \wedge (F_0 \Longrightarrow G))$ et que la formule

$$((F_1 \vee F_0) \Longrightarrow G)$$

(voir le n° 57 dans notre liste du 2.11).

Les variables de la formule $(F_1 \vee F_0)$ sont parmi $A_1, A_2, \ldots, A_n, B_1, B_2, \ldots, B_m$. On peut donc appliquer notre hypothèse de récurrence et trouver une formule H qui soit une interpolante entre $(F_1 \vee F_0)$ et G, c'est-à-dire qui ait ses variables parmi $A_1, A_2, \ldots, A_n$ et soit telle que

$$\models^* ((F_1 \vee F_0) \Longrightarrow H) \text{ et } \models^* (H \Longrightarrow G).$$

Nous allons maintenant montrer que $(F \Longrightarrow (F_1 \vee F_0))$ est également une tautologie. Ceci achèvera la démonstration puisque nous pourrons conclure (avec la tautologie n° 31) : $\models^* (F \Longrightarrow H)$, ce qui fera de H une interpolante entre F et G.

Soit donc δ une distribution de valeurs de vérité qui satisfait F. On a (théorème 2.8) :

- ou bien $\delta(A_1) = \delta(B_{m+1})$, et dans ce cas $\delta(F_1) = \delta(F) = 1$,
- ou bien $\delta(A_1) \neq \delta(B_{m+1})$, et alors $\delta(F_0) = \delta(F) = 1$.

Dans tous les cas, $\delta((F_1 \vee F_0)) = 1$. On a bien $\models^* (F \Longrightarrow (F_1 \vee F_0))$.

☺

Théorème de définissabilité

4.3 Voici un corollaire du lemme d'interpolation, le **théorème de définissabilité** :

THEOREME : *Soient* A, B, $A_1, A_2, \ldots, A_k$ *des variables propositionnelles deux à deux distinctes et* $F = F[A, A_1, A_2, \ldots, A_k]$ *une formule (dont les variables sont donc parmi* $A, A_1, A_2, \ldots, A_k$*). On suppose que la formule :*

$$((F[A,A_1,A_2,\ldots,A_k] \wedge F[B,A_1,A_2,\ldots,A_k]) \Longrightarrow (A \Longleftrightarrow B))$$

est une tautologie. Alors il existe une formule $G = G[A_1,A_2,\ldots,A_k]$, *dont les variables sont seulement parmi* $A_1, A_2, \ldots, A_k$, *telle que la formule :*

$$(F[A,A_1,A_2,\ldots,A_k] \Longrightarrow (A \Longleftrightarrow G[A_1,A_2,\ldots,A_k]))$$

soit une tautologie.

Intuitivement, l'hypothèse dit que la formule $F[A,A_1,A_2,\ldots,A_k]$ détermine la valeur de A en fonction de celles de A_1, A_2, ..., A_k, en ce sens que toutes les distributions de valeurs de vérité qui satisfont F et qui prennent la même valeur en A_1, A_2 ,..., A_k, prennent aussi la même valeur en A ; la conclusion est que cette valeur en A est celle que prend une certaine formule $G[A_1,A_2,\ldots,A_k]$ qui ne dépend pas de A et qu'on pourrait appeler une « **définition de A modulo F** ». L'exercice 18 propose une démonstration de ce théorème qui s'inspire directement de cette intuition. Nous allons ici nous contenter d'appliquer le lemme précédent.

☹ En tenant compte, notamment, des n° 41, 53 et 54 de notre liste du 2.11, l'hypothèse nous conduit successivement aux tautologies suivantes :

$\vdash^* ((F[A,A_1,A_2,\ldots,A_k] \wedge F[B,A_1,A_2,\ldots,A_k]) \Rightarrow (A \Rightarrow B))$,

$\vdash^* (((F[A,A_1,A_2,\ldots,A_k] \wedge F[B,A_1,A_2,\ldots,A_k]) \wedge A) \Rightarrow B)$,

$\vdash^* (((F[A,A_1,A_2,\ldots,A_k] \wedge A) \wedge F[B,A_1,A_2,\ldots,A_k]) \Rightarrow B)$,

$\vdash^* ((F[A,A_1,A_2,\ldots,A_k] \wedge A) \Rightarrow (F[B,A_1,A_2,\ldots,A_k]) \Rightarrow B))$.

Le lemme d'interpolation nous fournit alors une interpolante $G[A_1,A_2,\ldots,A_k]$ entre $(F[A,A_1,A_2,\ldots,A_k] \wedge A)$ et $(F[B,A_1,A_2,\ldots,A_k]) \Rightarrow B)$. On a donc en particulier :

$$\vdash^* (F[A,A_1,A_2,\ldots,A_k] \wedge A) \Rightarrow G)$$

et par suite :

(•) $\vdash^* (F[A,A_1,A_2,\ldots,A_k] \Rightarrow (A \Rightarrow G))$.

D'autre part :

$\vdash^* (G \Rightarrow (F[B,A_1,A_2,\ldots,A_k]) \Rightarrow B))$,

d'où : $\vdash^* ((G \wedge F[B,A_1,A_2,\ldots,A_k]) \Rightarrow B)$,

$\vdash^* ((F[B,A_1,A_2,\ldots,A_k] \wedge G) \Rightarrow B)$,

$\vdash^* (F[B,A_1,A_2,\ldots,A_k]) \Rightarrow (G \Rightarrow B))$.

Le résultat de la substitution de A à B dans cette dernière formule est encore une tautologie (corollaire 2.8) :

(••) $\vdash^* (F[A,A_1,A_2,\ldots,A_k]) \Rightarrow (G \Rightarrow A))$.

Les propriétés (•) et (••) et les n° 41 et 54 du 2.11 nous donnent enfin :

$$\vdash^* (F[A,A_1,A_2,\ldots,A_k]) \Rightarrow (A \Leftrightarrow G))$$

☺

5. THEOREME DE COMPACITE

Satisfaction d'un ensemble de formules

5.1 DEFINITIONS : *Soient $\mathscr{A}$ et $\mathscr{B}$ deux ensembles de formules du calcul propositionnel sur l'ensemble de variables propositionnelles* P, G *une formule et* δ *une distribution de valeurs de vérité sur* P.

– *$\mathscr{A}$ est* **satisfait** *par δ (ou δ* **satisfait** *$\mathscr{A}$) si et seulement si δ satisfait toutes les formules qui appartiennent à $\mathscr{A}$.*

– *$\mathscr{A}$ est* **satisfaisable** *(ou* **consistant**, *ou* **non contradictoire**) *si et seulement si il existe au moins une distribution de valeurs de vérité qui satisfait $\mathscr{A}$.*

– *$\mathscr{A}$ est* **finiment satisfaisable** *si et seulement si tout sous-ensemble fini de $\mathscr{A}$ est satisfaisable.*

– *$\mathscr{A}$ est* **contradictoire** *si et seulement si il n'est pas satisfaisable.*

– G *est* **conséquence de** *$\mathscr{A}$ (ce que l'on note : $\mathscr{A} \vdash^* G$) si et seulement si toute distribution de valeurs de vérité qui satisfait $\mathscr{A}$ satisfait* G.

(La notation pour « G n'est pas conséquence de $\mathscr{A}$ » est : $\mathscr{A} \nvdash^* G$)

– *$\mathscr{A}$ et $\mathscr{B}$ sont* **équivalents** *si et seulement si toute formule de $\mathscr{A}$ est conséquence de $\mathscr{B}$ et toute formule de $\mathscr{B}$ est conséquence de $\mathscr{A}$.*

Par exemple, considérons des variables propositionnelles deux à deux distinctes A, B, A_1, A_2, ..., A_m, ... : l'ensemble $\{A,B,(\neg A \vee B)\}$ est satisfaisable ; $\{A,\neg B,(A \Rightarrow B)\}$ est contradictoire ; l'ensemble vide est satisfait par n'importe quelle distribution de valeurs de vérité (si ça n'était pas vrai, on pourrait trouver une distribution δ et une formule $F \in \emptyset$ telles que $\delta(F) = 0$; mais une telle performance est clairement irréalisable...). On a $\{A,B\} \vdash^* (A \wedge B)$, $\{A,(A \Rightarrow B)\} \vdash^* B$. Les ensembles $\{A,B\}$ et $\{(A \wedge B)\}$ sont équivalents, de même que les ensembles :

$$\{A_1,A_2,\ldots,A_m,\ldots\} \text{ et } \{A_1,A_1 \wedge A_2,\ldots,A_1 \wedge A_2 \wedge \ldots \wedge A_m,\ldots\}.$$

5.2 Le lemme suivant énumère un certain nombre de propriétés qui découlent de ces définitions. Presque toutes en sont des conséquences immédiates. Le lecteur débutant s'exercera avec profit à faire soigneusement toutes les démonstrations. Nous nous contenterons de prouver les trois propriétés repérées par deux points (•) au lieu d'un.

LEMME : *Quels que soient les ensembles de formules* $\mathcal{A}$ *et* $\mathcal{B}$, *les entiers* m *et* $p \geqslant 1$ *et les formules* G, H, F_1, F_2, ..., F_m *et* G_1, G_2, ..., G_p, *les propriétés suivantes sont vérifiées :*

- $\mathcal{A} \vdash^* G$ *si et seulement si* $\mathcal{A} \cup \{\neg G\}$ *est contradictoire.*
- *Si* $\mathcal{A}$ *est satisfaisable et si* $\mathcal{B} \subseteq \mathcal{A}$, *alors* $\mathcal{B}$ *est satisfaisable.*
- *Si* $\mathcal{A}$ *est satisfaisable, alors* $\mathcal{A}$ *est finiment satisfaisable.*
- *Si* $\mathcal{A}$ *est contradictoire et si* $\mathcal{A} \subseteq \mathcal{B}$, *alors* $\mathcal{B}$ *est contradictoire.*
- *Si* $\mathcal{A} \vdash^* G$ *et si* $\mathcal{A} \subseteq \mathcal{B}$, *alors* $\mathcal{B} \vdash^* G$.
- $\mathcal{A} \cup \{G\} \vdash^* H$ *si et seulement si* $\mathcal{A} \vdash^* (G \Longrightarrow H)$.
- $\mathcal{A} \vdash^* (G \wedge H)$ *si et seulement si* $\mathcal{A} \vdash^* G$ *et* $\mathcal{A} \vdash^* H$.
- $\{F_1, F_2, \ldots, F_m\} \vdash^* G$ *si et seulement si* $\vdash^* ((F_1 \wedge F_2 \wedge \ldots \wedge F_m) \Longrightarrow G)$.
- • G *est une tautologie si et seulement si* G *est conséquence de l'ensemble vide.*
- G *est une tautologie si et seulement si* G *est conséquence de n'importe quel ensemble de formules.*
- $\mathcal{A}$ *est contradictoire si et seulement si* $\mathcal{A} \vdash^* (G \wedge \neg G)$.
- $\mathcal{A}$ *est contradictoire si et seulement si toute formule est conséquence de* $\mathcal{A}$.
- $\mathcal{A}$ *est contradictoire si et seulement si toute antilogie est conséquence de* $\mathcal{A}$.
- $\mathcal{A}$ *est contradictoire si et seulement si il existe au moins une antilogie qui soit conséquence de* $\mathcal{A}$.
- $\{F_1, F_2, \ldots, F_m\}$ *est contradictoire si et seulement si* $(\neg F_1 \vee \neg F_2 \vee \ldots \vee \neg F_m)$ *est une* tautologie.
- $\mathcal{A}$ *et* $\mathcal{B}$ *sont équivalents si et seulement si ils sont satisfaits par les mêmes* distributions de valeurs de vérité.
- *En remplaçant dans* $\mathcal{A}$ *chaque formule par une formule logiquement équivalente, on obtient un ensemble équivalent à* $\mathcal{A}$.
- *Si* $\mathcal{A}$ *est contradictoire, alors* $\mathcal{B}$ *est équivalent à* $\mathcal{A}$ *si et seulement si* $\mathcal{B}$ *est* contradictoire.
- • $\mathcal{A}$ *est équivalent à l'ensemble vide si et seulement si toute formule appartenant à* $\mathcal{A}$ *est une tautologie.*
- *L'ensemble vide est satisfaisable.*
- *L'ensemble* $\mathcal{F}$ *de toutes les formules est contradictoire.*
- *Les ensembles* $\{G\}$ *et* $\{H\}$ *sont équivalents si et seulement si les formules* G *et* H *sont logiquement équivalentes.*
- *Les ensembles* $\{F_1, F_2, \ldots, F_m\}$ *et* $\{G_1, G_2, \ldots, G_p\}$ *sont équivalents si et seulement si la formule* $((F_1 \wedge F_2 \wedge \ldots \wedge F_m) \Longleftrightarrow (G_1 \wedge G_2 \wedge \ldots \wedge G_p))$ *est une tautologie.*

• *Tout ensemble fini de formules est équivalent à un ensemble constitué d'une seule formule.*

• • *Lorsque l'ensemble* P *est infini, et seulement dans ce cas, il existe des ensembles de formules qui ne sont équivalents à aucun ensemble fini.*

• *La relation binaire «est équivalent à» est une relation d'équivalence sur l'ensemble des parties de* $\mathscr{F}$.

☹ •• $\vdash^*$ G si et seulement si $\emptyset \vdash^*$ G : l'ensemble vide étant satisfait par toutes les distributions de valeur de vérité, G est conséquence de l'ensemble vide si et seulement si toutes les distributions de valeurs de vérité satisfont G, autrement dit : si et seulement si G est une tautologie. On remarquera que la notation $\vdash^*$ G pour « G est une tautologie » apparaît ainsi comme naturelle.

•• $\mathscr{A}$ est équivalent à $\emptyset$ si et seulement si tout élément de $\mathscr{A}$ est une tautologie : il est clair tout d'abord que toute formule appartenant à $\emptyset$ est conséquence de $\mathscr{A}$, et ce, pour n'importe quel ensemble $\mathscr{A}$ (sinon, il existerait une formule appartenant à $\emptyset$ qui ne serait pas conséquence de $\mathscr{A}$, et cela est visiblement impossible) ; ce que nous devons donc montrer, c'est que toute formule de $\mathscr{A}$ est conséquence de $\emptyset$ si et seulement si toute formule de $\mathscr{A}$ est une tautologie, mais c'est exactement la propriété qui précède.

•• P est infini si et seulement si il existe un ensemble de formules qui n'est équivalent à aucun ensemble fini : si P est fini et a n éléments, il y a 2^{2^n} classes de formules logiquement équivalentes ; choisissons un représentant dans chaque classe ; on peut alors, étant donné un ensemble de formule $\mathscr{X}$ quelconque, en remplaçant chaque formule de $\mathscr{X}$ par le représentant choisi dans sa classe d'équivalence, obtenir un ensemble équivalent à $\mathscr{X}$ qui sera fini puisqu'il n'aura pas plus de 2^{2^n} éléments ; si P est infini, considérons l'ensemble infini de formules $\mathscr{Y} = \{A_1, A_2, \ldots, A_m, \ldots\}$ (les A_i étant des variables propositionnelles deux à deux distinctes) ; si $\mathscr{Y}$ était équivalent à un ensemble fini $\mathscr{Z}$ de formules, alors $\mathscr{Z}$ serait satisfait, comme $\mathscr{Y}$, par la distribution δ_1 constante égale à 1, et on pourrait choisir au moins un entier k tel que la variable A_k ne figure dans aucune des formules de $\mathscr{Z}$ (qui sont en nombre fini) ; alors la distribution λ qui prend la valeur 1 partout sauf en A_k où elle vaut 0 satisferait encore $\mathscr{Z}$ (lemme 2.5) mais ne satisferait évidemment pas $\mathscr{Y}$, témoignant ainsi d'une contradiction : on a donc un ensemble $\mathscr{Y}$ qui n'est équivalent à aucun ensemble fini.

☺

Le théorème de compacité du calcul propositionnel

5.3 Nous en venons à ce qui est incontestablement le théorème majeur de ce chapitre. Nous en verrons plusieurs applications dans les exercices.

Il s'énonce sous plusieurs formes équivalentes :

THEOREME DE COMPACITE, VERSION 1 :

Pour tout ensemble $\mathscr{A}$ de formules du calcul propositionnel, $\mathscr{A}$ est satisfaisable si et seulement si $\mathscr{A}$ est finiment satisfaisable.

THEOREME DE COMPACITE, VERSION 2 :

Pour tout ensemble $\mathscr{A}$ de formules du calcul propositionnel, $\mathscr{A}$ est contradictoire si et seulement si $\mathscr{A}$ admet au moins un sous-ensemble fini contradictoire.

THEOREME DE COMPACITE, VERSION 3 :

Pour tout ensemble $\mathscr{A}$ de formules du calcul propositionnel, et pour toute formule F, F *est conséquence de $\mathscr{A}$ si et seulement si* F *est conséquence d'au moins une partie finie de $\mathscr{A}$.*

☺ La démonstration de l'équivalence de ces trois versions est un simple exercice utilisant des propriétés élémentaires énoncées dans le lemme 5.2. On voit aussi que la partie « seulement si » dans la version 1, et les parties « si » dans les versions 2 et 3 sont évidentes.

Nous allons démontrer la partie « si » de la version 1.

5.4 Voici une première démonstration, valable dans le cas où l'ensemble P des variables propositionnelles est un ensemble dénombrable :

$$P = \{A_0, A_1, A_2, \ldots, A_m, \ldots\}.$$

(Pour le cas où P serait fini, le théorème est à peu près évident (il n'y a qu'un nombre fini de classes d'équivalence de formules), mais on peut toujours se ramener à la situation de la présente démonstration en étendant P en un ensemble dénombrable.)

☺ Considérons donc un ensemble $\mathscr{A}$ de formules, finiment satisfaisable. Il s'agit de prouver l'existence d'une distribution de valeurs de vérité satisfaisant toutes les formules de $\mathscr{A}$. Nous allons pour cela définir, par récurrence, une suite $(\varepsilon_n)_{n\in\mathbb{N}}$ d'éléments de $\{0,1\}$, telle que la distribution de valeurs de vérité δ_0, définie par :

$$\text{pour tout } n \in \mathbb{N},\ \delta_0(A_n) = \varepsilon_n,$$

satisfasse $\mathscr{A}$.

Pour définir ε_0, on distingue deux cas :

• CAS 0_0 : pour toute partie finie $\mathscr{B} \subseteq \mathscr{A}$, il existe au moins une distribution de valeurs de vérité $\delta \in \{0,1\}^P$ qui satisfait $\mathscr{B}$ et qui est telle que $\delta(A_0) = 0$.

Dans ce cas, on pose $\varepsilon_0 = 0$.

• CAS 1_0 : c'est le cas contraire : on peut choisir une partie finie $\mathscr{B}_0 \subseteq \mathscr{A}$ telle que, pour toute distribution de valeurs de vérité $\delta \in \{0,1\}^P$ qui satisfait $\mathscr{B}_0$, on ait $\delta(A_0) = 1$.

Alors, on pose $\varepsilon_0 = 1$.

Dans le cas 1_0, la propriété suivante est vérifiée :

Pour toute partie finie $\mathscr{B} \subseteq \mathscr{A}$, il existe au moins une distribution de valeurs de vérité $\delta \in \{0,1\}^P$ qui satisfait $\mathscr{B}$ et qui est telle que $\delta(A_0) = 1$.

En effet, étant donnée une partie finie $\mathscr{B} \subseteq \mathscr{A}$, $\mathscr{B} \cup \mathscr{B}_0$ est une partie finie de $\mathscr{A}$ qui est satisfaisable d'après l'hypothèse initiale. Choisissons une distribution de valeurs de vérité δ qui la satisfait. Alors δ satisfait $\mathscr{B}_0$ (qui est une partie de $\mathscr{B} \cup \mathscr{B}_0$!), et, d'après le choix de $\mathscr{B}_0$, on a $\delta(A_0) = 1$. Mais comme δ satisfait aussi $\mathscr{B}$, la propriété annoncée est établie.

Nous pouvons donc déduire de notre définition de ε_0 la propriété (R_0) suivante :

(R_0) | Pour toute partie finie $\mathscr{B} \subseteq \mathscr{A}$, il existe au moins une distribution de valeurs de vérité $\delta \in \{0,1\}^P$ qui satisfait $\mathscr{B}$ et qui est telle que $\delta(A_0) = \varepsilon_0$.

Supposons (hypothèse de récurrence) qu'aient été définis $\varepsilon_0, \varepsilon_1, \ldots, \varepsilon_n$ (éléments de $\{0,1\}$), de telle sorte que la propriété (R_n) suivante soit vérifiée :

(R_n) | Pour toute partie finie $\mathscr{B} \subseteq \mathscr{A}$, il existe au moins une distribution de valeurs de vérité $\delta \in \{0,1\}^P$ qui satisfait $\mathscr{B}$ et qui est telle que $\delta(A_0) = \varepsilon_0$, $\delta(A_1) = \varepsilon_1, \ldots, \delta(A_{n-1}) = \varepsilon_{n-1}$ et $\delta(A_n) = \varepsilon_n$.

On définit alors ε_{n+1} en distinguant deux cas :

• CAS 0_{n+1} : pour toute partie finie $\mathscr{B} \subseteq \mathscr{A}$, il existe au moins une distribution de valeurs de vérité $\delta \in \{0,1\}^P$ qui satisfait $\mathscr{B}$ et qui est telle que $\delta(A_0) = \varepsilon_0$, $\delta(A_1) = \varepsilon_1, \ldots,$ $\delta(A_n) = \varepsilon_n$ et $\delta(A_{n+1}) = 0$.

Dans ce cas, on pose $\varepsilon_{n+1} = 0$.

• CAS 1_{n+1} : c'est le cas contraire : on peut choisir une partie finie $\mathscr{B}_{n+1} \subseteq \mathscr{A}$ telle que, pour toute distribution de valeurs de vérité $\delta \in \{0,1\}^P$ qui satisfait $\mathscr{B}_{n-1}$ et qui est telle que $\delta(A_0) = \varepsilon_0$, $\delta(A_1) = \varepsilon_1, \ldots, \delta(A_n) = \varepsilon_n$, on ait $\delta(A_{n+1}) = 1$.

Alors, on pose $\varepsilon_{n+1} = 1$.

Montrons que la propriété (R_{n+1}) est alors satisfaite. Cela revient à prouver que, dans le cas 1_{n+1}, pour toute partie finie $\mathcal{B} \subseteq \mathcal{A}$, il existe au moins une distribution de valeurs de vérité $\delta \in \{0,1\}^P$ qui satisfait $\mathcal{B}$ et qui est telle que $\delta(A_0) = \varepsilon_0$, $\delta(A_1) = \varepsilon_1$, ..., $\delta(A_n) = \varepsilon_n$ et $\delta(A_{n+1}) = 1$.

Considérons donc une partie finie $\mathcal{B} \subseteq \mathcal{A}$. Alors, $\mathcal{B} \cup \mathcal{B}_{n+1}$ est une partie finie de $\mathcal{A}$; et, d'après la propriété (R_n), on peut choisir une distribution de valeurs de vérité δ qui la satisfait et qui est telle que $\delta(A_0) = \varepsilon_0$, $\delta(A_1) = \varepsilon_1$, ..., $\delta(A_n) = \varepsilon_n$. Alors δ satisfait $\mathcal{B}_{n+1}$ et, d'après la façon dont cet ensemble a été choisi, on en conclut que $\delta(A_{n+1}) = 1$. Comme δ satisfait $\mathcal{B}$, notre objectif est atteint.

La suite $(\varepsilon_n)_{n \in \mathbb{N}}$ est donc définie ; et, pour tout entier n, la propriété (R_n) est vérifiée.

Posons, comme annoncé, $\delta_0(A_n) = \varepsilon_n$ pour tout n.

Soit F une formule appartenant à $\mathcal{A}$, et soit k un entier naturel tel que toutes les variables propositionnelles qui apparaissent dans F se trouvent dans $\{A_0, A_1, \ldots, A_k\}$ (F étant une suite finie de symboles, un tel entier existe nécessairement). La propriété (R_k) et le fait que $\{F\}$ soit un sous-ensemble fini de $\mathcal{A}$ montrent qu'on peut trouver une distribution de valeurs de vérité $\delta \in \{0,1\}^P$ qui satisfait F et qui est telle que $\delta(A_0) = \varepsilon_0$, $\delta(A_1) = \varepsilon_1$, ..., $\delta(A_k) = \varepsilon_k$. On voit que δ et δ_0 coïncident sur l'ensemble $\{A_0, A_1, \ldots, A_k\}$, ce qui nous permet de conclure (lemme 2.5) que $\delta_0(F) = \delta(F) = 1$.

La conclusion est que δ_0 satisfait toutes les formules de $\mathcal{A}$.

☹

5.5 Venons-en à la démonstration du théorème dans le cas général : on ne fait plus aucune hypothèse particulière sur l'ensemble P.

Nous devrons utiliser le **théorème de Zorn** (voir chapitre 7, 3.3).

☺ Donnons-nous à nouveau un ensemble $\mathcal{A}$ de formules, finiment satisfaisable.

Appelons $\mathcal{E}$ l'ensemble des applications dont le domaine est une partie de P, qui prennent leurs valeurs dans $\{0,1\}$, et qui, pour toute partie finie $\mathcal{B} \subseteq \mathcal{A}$, admettent un prolongement à l'ensemble P tout entier qui est une distribution de valeurs de vérité qui satisfait $\mathcal{B}$.

Formellement :

$$\mathcal{E} = \{ \varphi \in \bigcup_{X \subseteq P} \{0,1\}^X \; ; \; (\forall \mathcal{B} \in \mathfrak{P}_f(\mathcal{A}))(\exists \delta \in \{0,1\}^P)(\delta \restriction_X = \varphi \text{ et } (\forall F \in \mathcal{B})(\delta(F) = 1)) \}.$$

Notons que cet ensemble n'est pas vide, car il contient l'application vide (ceux que cet objet laisse perplexes trouveront des commentaires à son sujet dans le chapitre 7, en 1.9). En effet, pour toute partie finie $\mathscr{B} \subseteq \mathscr{A}$, il existe d'après l'hypothèse une distribution de valeurs de vérité δ sur P qui satisfait $\mathscr{B}$. Comme δ est évidemment un prolongement de l'application vide, celle-ci satisfait la condition requise pour être un élément de $\mathscr{E}$.

Il est intéressant de noter que c'est ici le seul point de la démonstration où sera utilisée l'hypothèse qui nous dit que $\mathscr{A}$ est finiment satisfaisable.

Sur $\mathscr{E}$, définissons la relation binaire $\leqslant$ par :

$$\varphi \leqslant \psi \text{ si et seulement si } \psi \text{ est un prolongement de } \varphi$$

(c'est-à-dire $\mathrm{dom}(\varphi) \subseteq \mathrm{dom}(\psi)$ et, pour tout $A \in \mathrm{dom}(\varphi)$, $\varphi(A) = \psi(A)$).

Il est très facile de vérifier que $\leqslant$ est une relation d'ordre sur $\mathscr{E}$.

Nous allons démontrer que l'ensemble ordonné $(\mathscr{E}, \leqslant)$ est **inductif**, c'est-à-dire que toute partie de $\mathscr{E}$ totalement ordonnée par $\leqslant$ admet au moins un majorant dans $\mathscr{E}$. Il revient au même (voir chapitre 7, 3.3) de démontrer que $\mathscr{E}$ est non vide et que toute partie non vide de $\mathscr{E}$ totalement ordonnée par $\leqslant$ admet au moins un majorant dans $\mathscr{E}$. Ceci nous permettra (théorème de Zorn) d'affirmer l'existence dans $\mathscr{E}$ d'au moins un élément maximal pour l'ordre $\leqslant$.

On a déjà observé que $\mathscr{E}$ est non vide. Considérons une partie $\mathscr{C}$ de $\mathscr{E}$, non vide, et totalement ordonnée par $\leqslant$. On définit une application λ de la manière suivante :

- Le domaine de λ est la réunion des domaines des éléments de $\mathscr{C}$.
- Pour tout $A \in \mathrm{dom}(\lambda)$ et pour tout $\varphi \in \mathscr{C}$, si $A \in \mathrm{dom}(\varphi)$, alors $\lambda(A) = \varphi(A)$.

Cette définition a un sens parce que, si φ et ψ sont des éléments de $\mathscr{C}$ tels que $A \in \mathrm{dom}(\varphi)$ et $A \in \mathrm{dom}(\psi)$, alors on a $\varphi \leqslant \psi$ ou $\psi \leqslant \varphi$, et dans les deux cas $\varphi(A) = \psi(A)$, de sorte que la valeur de l'application λ au point A peut légitimement être définie comme la valeur au point A de l'une quelconque des applications appartenant au sous-ensemble $\mathscr{C}$ et définies en A. Ainsi, λ est le prolongement commun naturel de tous les éléments de $\mathscr{C}$.

Montrons que λ est un élément de $\mathscr{E}$. Pour cela, il nous faut, étant donnée une partie finie $\mathscr{B} \subseteq \mathscr{A}$, trouver une distribution de valeurs de vérité $\mu \in \{0,1\}^P$, qui prolonge λ et qui satisfait $\mathscr{B}$. Comme $\mathscr{B}$ est fini, les formules qui appartiennent à $\mathscr{B}$ ne font intervenir au total qu'un nombre fini de variables propositionnelles.

Appelons $A_1, A_2, \ldots, A_n$ les variables propositionnelles qui apparaissent dans au moins une formule de $\mathscr{B}$ et qui appartiennent au domaine de λ, c'est-à-dire à la réunion des domaines des éléments de $\mathscr{C}$. Il existe alors dans $\mathscr{C}$ des éléments $\varphi_1, \varphi_2, \ldots, \varphi_n$ tels que $A_1 \in \mathrm{dom}(\varphi_1)$, $A_2 \in \mathrm{dom}(\varphi_2)$, ..., $A_n \in \mathrm{dom}(\varphi_n)$. Comme $\mathscr{C}$ est totalement ordonné par $\leqslant$, l'un des φ_i majore tous les autres : appelons-le φ_0. On a donc $\varphi_0 \in \mathscr{C}$ et $\{A_1, A_2, \ldots, A_n\} \subseteq \mathrm{dom}(\varphi_0)$. En tant qu'élément de $\mathscr{E}$, φ_0 admet un prolongement ψ_0 à P qui satisfait $\mathscr{B}$. Définissons l'application μ de P dans $\{0,1\}$ comme suit :

$$\mu(A) = \begin{cases} \lambda(A) & \text{si } A \in \mathrm{dom}(\lambda) \ ; \\ \psi_0(A) & \text{si } A \notin \mathrm{dom}(\lambda). \end{cases}$$

• μ est un prolongement de λ : il coïncide avec λ sur $\mathrm{dom}(\lambda)$.

• μ satisfait $\mathscr{B}$: en effet, on a, d'une part, pour toute variable $A \in \mathrm{dom}(\varphi_0)$: $\mu(A) = \lambda(A) = \varphi_0(A) = \psi_0(A)$; on en déduit notamment que μ coïncide avec ψ_0 sur $\{A_1,A_2,...,A_n\}$; d'autre part, si A est une variable propositionnelle qui apparaît dans au moins une formule de $\mathscr{B}$ sans appartenir à l'ensemble $\{A_1,A_2,...,A_n\}$, on a $A \notin \mathrm{dom}(\lambda)$, donc $\mu(A) = \psi_0(A)$; on voit ainsi que, sur toutes les variables propositionnelles qui interviennent dans l'ensemble $\mathscr{B}$, μ prend la même valeur que ψ_0 ; comme ψ_0 satisfait $\mathscr{B}$, il en est de même de μ (lemme 2.5).

Nous avons trouvé une distribution de valeurs de vérité qui prolonge λ et qui satisfait $\mathscr{B}$: donc $\lambda \in \mathscr{E}$ et $\mathscr{E}$ est bien un ensemble ordonné inductif. Le théorème de Zorn nous permet alors de choisir un élément γ dans $\mathscr{E}$, maximal pour l'ordre $\leqslant$.

Supposons que le domaine de γ ne soit pas l'ensemble P tout entier, et considérons une variable propositionnelle A n'appartenant pas au domaine de γ. Nous allons définir une prolongement γ' de γ à l'ensemble $\mathrm{dom}(\gamma) \cup \{A\}$, de la façon suivante :

• $\gamma' \restriction_{\mathrm{dom}(\gamma)} = \gamma$;

• $\gamma'(A) = 0$ si, pour toute partie finie $\mathscr{B}$ de $\mathscr{A}$, il existe une distribution de valeurs de vérité δ sur P qui satisfait $\mathscr{B}$, qui prolonge γ, et qui est telle que $\delta(A) = 0$;

• $\gamma'(A) = 1$ sinon.

Nous avons alors la propriété suivante : si $\gamma'(A) = 1$, alors, pour toute partie finie $\mathscr{B} \subseteq \mathscr{A}$, il existe une distribution de valeurs de vérité δ sur P qui satisfait $\mathscr{B}$, prolonge γ, et est telle que $\delta(A) = 1$.

En effet, lorsque $\gamma'(A) \neq 0$, on peut trouver une partie finie $\mathscr{B}_0 \subseteq \mathscr{A}$ telle que, pour toute distribution de valeurs de vérité δ qui satisfait $\mathscr{B}_0$ et prolonge γ, on ait $\delta(A) = 1$. Soit alors $\mathscr{B}$ une partie finie quelconque de $\mathscr{A}$. L'ensemble $\mathscr{B} \cup \mathscr{B}_0$ est une partie finie de $\mathscr{A}$, il y a donc (par définition de l'ensemble $\mathscr{E}$ auquel appartient γ) une distribution de valeurs de vérité δ qui prolonge γ et satisfait $\mathscr{B} \cup \mathscr{B}_0$; δ satisfait $\mathscr{B}_0$ et prolonge γ : donc $\delta(A) = 1$. On a bien trouvé un prolongement de γ à P qui satisfait $\mathscr{B}$ (puisque $\mathscr{B} \subseteq \mathscr{B} \cup \mathscr{B}_0$) et prend la valeur 1 au point A.

On voit ainsi que, quelle que soit la valeur de $\gamma'(A)$, il existe, pour toute partie finie $\mathscr{B}$ de $\mathscr{A}$, un prolongement δ de γ à P qui satisfait $\mathscr{B}$ et est tel que $\delta(A) = \gamma'(A)$. Mais cela revient tout simplement à dire que δ est en fait un prolongement de γ'. Par conséquent, pour toute partie finie $\mathscr{B} \subseteq \mathscr{A}$, γ' se prolonge en une distribution de valeurs de vérité qui satisfait $\mathscr{B}$. Cela signifie que γ' appartient à $\mathscr{E}$: γ' est alors dans $\mathscr{E}$ un majorant strict de γ pour l'ordre $\leqslant$ ($\mathrm{dom}(\gamma) \subsetneq \mathrm{dom}(\gamma')$), ce qui est en contradiction avec le fait que γ est un élément maximal de $\mathscr{E}$.

L'hypothèse que nous avions faite sur le domaine de γ était donc absurde.

Il en résulte que $\mathsf{dom}(\gamma) = \mathsf{P}$. On voit donc que γ est une distribution de valeurs de vérité sur P, et que tout prolongement de γ à P est égal à γ. Par définition de $\mathscr{E}$, toute partie finie $\mathscr{B}$ de $\mathscr{A}$ est donc satisfaite par γ. C'est en particulier vrai pour toute partie à un élément, ce qui signifie que toute formule $\mathsf{F} \in \mathscr{A}$ est satisfaite par γ : $\mathscr{A}$ est donc satisfaisable.

☺

☺

Dans le chapitre 2, nous donnerons deux autres démonstrations de ce théorème.

EXERCICES

1. Etant donnés deux entiers naturels n et m, quelle est la longueur d'une formule du calcul propositionnel qui comporte n occurrences de symboles de connecteur binaire et m occurrences du symbole de négation ?

2. On considère les formules du calcul propositionnel sur un ensemble P de variables. Etant donné un entier naturel n, déterminer les différentes longueurs possibles pour une formule de hauteur n.

3. On définit l'ensemble des pseudoformules construites sur un ensemble P de variables propositionnelles comme le plus petit ensemble de mots sur l'alphabet $P \cup \{\neg, \wedge, \vee, \Longrightarrow, \Longleftrightarrow, (\}$ qui satisfasse les conditions suivantes :

- tout élément de P est une pseudoformule ;
- si F est une pseudoformule, alors $\neg F$ en est une ;
- si F et G sont des pseudoformules, alors les mots :

$$(F \wedge G \quad , \quad (F \vee G \quad , \quad (F \Longrightarrow G \quad , \quad (F \Longleftrightarrow G \quad ,$$

sont des pseudoformules.

Les pseudoformules sont donc les mots qu'on obtient à partir des formules usuelles en y supprimant toutes les parenthèses fermantes.

a) Montrer qu'il y a, pour les pseudoformules, un théorème de lecture unique analogue à celui des formules usuelles.

b) Obtiendrait-on un résultat analogue si, dans les formules, on supprimait les parenthèses ouvrantes au lieu des parenthèses fermantes ?

4. On appelle $\mathcal{F}$ l'ensemble des formules construites sur un ensemble de variables propositionnelles P donné. Soit $\mathcal{F}^*$ le sous-ensemble de $\mathcal{F}$ constitué des formules dans lesquelles les symboles $\wedge$, $\vee$ et $\Longleftrightarrow$ n'ont pas d'occurrence.

a) Donner une définition inductive de l'ensemble $\mathcal{F}^*$.

b) Soit μ une application de P dans $\mathcal{F}^*$. Montrer qu'il existe un unique prolongement $\widehat{\mu}$ de μ à $\mathcal{F}^*$ tel que, pour toutes formules F et G appartenant à $\mathcal{F}^*$:

$$\widehat{\mu}(\neg F) = \neg\widehat{\mu}(F) ;$$

et

$$\widehat{\mu}(F \Longrightarrow G) = \neg(\widehat{\mu}(G) \Longrightarrow \widehat{\mu}(F)).$$

c) Montrer que, pour toutes formules F et G appartenant à $\mathcal{F}^*$, si F est une sous-formule de G, alors $\widehat{\mu}(F)$ est une sous-formule de $\widehat{\mu}(G)$.

d) On définit $\mu_0 : P \longrightarrow \mathcal{F}^*$ par : pour tout A appartenant à P, $\mu_0(A) = \neg A$. Ecrire les formules $\widehat{\mu}_0((A \Rightarrow B))$ et $\widehat{\mu}_0((\neg A \Rightarrow B))$. Montrer que, pour toute formule F appartenant à $\mathcal{F}^*$, $\widehat{\mu}_0(F)$ est logiquement équivalente à $\neg F$.

5. a) Montrer que les deux formules suivantes, écrites avec les variables propositionnelles A_1, A_2, A_3, B_1, B_2 et B_3, et pour lesquelles on s'est permis quelques abus d'écriture, sont des tautologies :

$F_2 = (((A_1 \Rightarrow B_1) \wedge (A_2 \Rightarrow B_2) \wedge \neg(B_1 \wedge B_2) \wedge (A_1 \vee A_2)) \Rightarrow ((B_1 \Rightarrow A_1) \wedge (B_2 \Rightarrow A_2)))$;

$$F_3 = (((A_1 \Rightarrow B_1) \wedge (A_2 \Rightarrow B_2) \wedge (A_3 \Rightarrow B_3) \wedge \neg(B_1 \wedge B_2) \wedge \neg(B_1 \wedge B_3) \wedge \neg(B_2 \wedge B_3) \wedge (A_1 \vee A_2 \vee A_3)) \Rightarrow ((B_1 \Rightarrow A_1) \wedge (B_2 \Rightarrow A_2) \wedge (B_3 \Rightarrow A_3))).$$

b) Ecrire une tautologie F_n qui généralise F_2 et F_3, avec les $2n$ variables A_1, B_1, A_2, B_2, ..., A_n, B_n.

6. On considère la formule $E = ((B \wedge C) \Rightarrow (A \Leftrightarrow (\neg B \vee C)))$, dans laquelle A, B et C sont des variables propositionnelles.

a) Déterminer une formule logiquement équivalente à E, écrite sans autre symbole de connecteur que $\Rightarrow$ et $\Leftrightarrow$.

b) Donner une FND de E, aussi réduite que possible.

c) Quel est le nombre de termes (conjonctions élémentaires) dans la FNDC de E ?

d) Montrer que les formules $(C \Rightarrow (B \Rightarrow (A \Leftrightarrow (B \Rightarrow C))))$ et $(C \Rightarrow (B \Rightarrow A))$ sont logiquement équivalentes.

7. Quelles sont les distributions de valeurs de vérité sur $P = \{A_1, A_2, \ldots, A_n\}$ qui satisfont :

a) la formule $F = ((A_1 \Rightarrow A_2) \wedge (A_2 \Rightarrow A_3) \wedge \ldots \wedge (A_{n-1} \Rightarrow A_n))$?

b) la formule $G = (F \wedge (A_n \Rightarrow A_1))$?

c) la formule $H = \bigwedge_{\substack{1 \leqslant i \leqslant n \\ 1 \leqslant j \leqslant n \\ i \neq j}} (A_i \Rightarrow \neg A_j)$?

Donner une FND pour F, pour G et pour H.

8. On considère l'ensemble de variables propositionnelles $P = \{A_1, A_2, \ldots, A_n\}$.

a) Montrer que la formule :

$$(\bigvee_{1 \leqslant i < j \leqslant n} (A_i \wedge A_j)) \Leftrightarrow \bigwedge_{1 \leqslant i \leqslant n} (\bigvee_{j \neq i} A_j)$$

est une tautologie.

b) Quelles sont les distributions de valeurs de vérité sur P qui rendent fausse la formule :

$$(\bigvee_{1\leqslant i\leqslant n} A_i) \Longleftrightarrow \bigwedge_{1\leqslant i\leqslant n} (\bigvee_{j\neq i} A_j)\ ?$$

c) Montrer que la formule précédente est logiquement équivalente à :

$$\bigwedge_{1\leqslant i\leqslant n} (A_i \Longrightarrow \bigvee_{j\neq i} A_j).$$

9. Un coffre-fort est muni de n serrures et peut être ouvert uniquement lorsque ces n serrures sont simultanément ouvertes. Cinq personnes : a, b, c, d et e doivent recevoir des clés correspondant à certaines de ces serrures. Chaque clé peut être disponible en autant d'exemplaires qu'on le souhaite. On demande de choisir pour l'entier n la plus petite valeur possible, et de lui associer une répartition de clés entre les cinq personnes, de telle manière que le coffre puisse être ouvert si et seulement si on se trouve dans une au moins des situations suivantes :

- présence simultanée de a et b ;
- présence simultanée de a, c et d ;
- présence simultanée de b, d et e.

10. On considère un ensemble de quinze variables propositionnelles :

$$P = \{A_0, A_1, \ldots, A_{14}\}.$$

Les indices sont considérés comme éléments du groupe additif $<\mathbb{Z}/15\mathbb{Z}, +>$ et les opérations (+ et -) sur ces indices seront celles de ce groupe.

Déterminer les distributions de valeurs de vérité sur P qui satisfont l'ensemble $\mathscr{A}$ de formules suivant :

$$\{A_0\} \cup \{(A_i \Longrightarrow A_{-i})\ ;\ 0 \leqslant i \leqslant 14\} \cup \{((A_i \wedge A_j) \Longrightarrow A_{i+j})\ ;\ 0 \leqslant i \leqslant 14 \text{ et } 0 \leqslant j \leqslant 14\}.$$

11. On considère des variables propositionnelles distinctes A et B et un symbole de connecteur binaire α. D'une formule qui n'est ni une tautologie, ni une antilogie, on dira qu'elle est **neutre**. Pour chacune des formules :

$$F_\alpha = (A\ \alpha\ (B\ \alpha\ A))$$

et

$$G_\alpha = ((B\ \alpha\ A)\ \alpha\ \neg(A\ \alpha\ B)),$$

indiquer si c'est une tautologie, une antilogie, ou une formule neutre, lorsque :

a) $\alpha = \wedge$ b) $\alpha = \vee$ c) $\alpha = \Longrightarrow$

d) $\alpha = \Longleftrightarrow$ e) $\alpha = \not\Leftrightarrow$ f) $\alpha = \downarrow$.

(Certes, dans les cas e) et f), α n'est pas un symbole de connecteur, mais il est utilisé suivant des conventions évidentes : par exemple, $(B \uparrow A)$ est la formule $\neg(B \wedge A)$).

12. a) Montrer qu'il existe un unique connecteur φ à trois places tel que, pour tout t appartenant à $\{0,1\}$, on ait :

$$\varphi(t,\neg t,t) = \varphi(t,0,0) = 1$$

et $$\varphi(t,t,\neg t) = \varphi(t,1,1) = 0.$$

b) Donner une FND aussi réduite que possible du connecteur défini en a).

c) Dans chacun des cas suivants, donner un exemple de formule F du calcul propositionnel sur $\{A,B,C\}$ qui, quelle que soit la distribution de valeurs de vérité $\delta \in \{0,1\}^{\{A,B,C\}}$, satisfasse la condition proposée :

1. $\bar{\delta}(F) = \varphi(\delta(A),\delta(A),\delta(A))$ *2.* $\bar{\delta}(F) = \varphi(\delta(A),\delta(B),\delta(B))$

3. $\bar{\delta}(F) = \varphi(\delta(A),\delta(A),\delta(B))$ *4.* $\bar{\delta}(F) = \varphi(\delta(A),\delta(B),\delta(A))$

5. $\bar{\delta}(F) = \varphi(\delta(A),\varphi(\delta(B),\delta(B),\delta(B)),\delta(A))$

6. $\bar{\delta}(F) = \varphi(\delta(A),\delta(B),\delta(B)) \Longrightarrow \varphi(\delta(A),\delta(B),\delta(A))$.

[On aura remarqué que, dans *6*, $\Longrightarrow$ désigne, non le symbole de connecteur binaire, mais le connecteur correspondant (c'est-à-dire l'opération binaire sur $\{0,1\}$). Une remarque analogue vaut pour l'utilisation du symbole $\neg$ dans les conditions imposées à φ en a)].

d) Peut-on obtenir le connecteur $\vee$, par composition, à partir du connecteur φ ?

e) Est-ce que $\{\varphi\}$ est un système complet de connecteurs ?

13. En additionnant deux nombres dont l'écriture dans le système binaire (système de numération de base 2) utilise au plus deux chiffres, soit ab et cd, on obtient un nombre d'au plus trois chiffres : pqr. Par exemple, $11 + 01 = 100$. On demande de donner l'expression de p, q et r en fonction de a, b, c et d, à l'aide des connecteurs usuels.

14. On considère un ensemble P de variables propositionnelles.
Comme annoncé en 2.10, on identifie $\{0,1\}$ au corps $<\mathbb{Z}/2\mathbb{Z}, +, \times, 0, 1>$.

a) Exprimer les connecteurs usuels à l'aide des opérations + et ×.

b) Exprimer les opérations + et × à l'aide des connecteurs usuels.

c) Montrer qu'à toute formule propositionnelle $F[A_1,A_2,\ldots,A_n]$, on peut associer un polynôme à n indéterminées $P_F \in \mathbb{Z}/2\mathbb{Z}[X_1,X_2,\ldots,X_n]$ tel que, pour toute distribution de valeurs de vérité $\delta \in \{0,1\}^P$, on ait :

$$\bar{\delta}(F) = \tilde{P}_F(\delta(A_1),\delta(A_2),\ldots,\delta(A_n)),$$

expression dans laquelle $\tilde{P}_F$ désigne la fonction polynôme (application de $\{0,1\}^n$ dans $\{0,1\}$) associée au polynôme P_F.

Y a-t-il unicité de P_F, pour une formule F donnée ?

d) Déduire de ce qui précède une méthode pour déterminer si deux formules sont logiquement équivalentes, ou si une formule est une tautologie.

15. On se propose de modifier un peu la notion de calcul propositionnel telle qu'elle a été définie, en ajoutant dans la syntaxe des « constantes vrai et faux ».

On se donne toujours un ensemble P de variables propositionnelles, les cinq symboles de connecteur et les parenthèses, et on ajoute deux nouveaux symboles $\top$ (constante vrai) et $\bot$ (constante faux), que l'on peut, si l'on veut, considérer comme symboles de connecteur **0-aires**, pour compléter l'alphabet sur lequel on construit les formules. La seule modification à la définition de l'ensemble des formules consiste à admettre deux nouvelles formules de hauteur **0** :

$$\top \quad \text{et} \quad \bot.$$

Du point de vue sémantique, il faut compléter comme suit la définition du prolongement $\bar{\delta}$ d'une distribution de valeurs de vérité δ (qui est toujours une application de P dans $\{0,1\}$) :

$$\bar{\delta}(\top) = 1 \quad \text{et} \quad \bar{\delta}(\bot) = 0.$$

Toutes les autres définitions sont inchangées.

La formule $\top$ appartient à la classe **1** des tautologies, et la formule $\bot$ à la classe **0** des antilogies. Cela justifie l'utilisation de ces symboles faite au n° 2.11.

a) Montrer que, dans ce nouveau cadre, le lemme d'interpolation est vrai même si on n'y fait plus l'hypothèse que les formules F et G qu'on y considère ont au moins une variable commune.

b) Montrer que toute formule écrite avec une unique variable A, et les symboles de connecteur $\wedge$, $\vee$, $\top$ et $\bot$ (à l'exclusion des autres), est logiquement équivalente à une des trois formules $\top$, $\bot$, A.

c) Montrer que toute formule écrite avec deux variables distinctes A et B, et les symboles de connecteur $\neg$, $\Longleftrightarrow$, $\top$ et $\bot$ (à l'exclusion des autres), est logiquement équivalente à une des huit formules $\top$, $\bot$, A, B, $\neg$A, $\neg$B, $(A \Longleftrightarrow B)$, $\neg(A \Longleftrightarrow B)$.

d) Montrer que les systèmes suivants de connecteurs sont complets :

$$\{\Longrightarrow, \mathbf{0}\} \; ; \; \{\mathbf{0}, \Longleftrightarrow, \vee\} \; ; \; \{\mathbf{0}, \Longleftrightarrow, \wedge\} \; ; \; \{\uparrow\} \; ; \; \{\downarrow\}.$$

e) Montrer que les systèmes suivants de connecteurs ne sont pas complets :

$$\{\mathbf{1}, \Longrightarrow, \wedge, \vee\} \; ; \; \{\mathbf{0}, \mathbf{1}, \wedge, \vee\} \; ; \; \{\mathbf{0}, \mathbf{1}, \neg, \Longleftrightarrow\}.$$

f) Montrer que, parmi les connecteurs à zéro, une, ou deux places, les barres de Sheffer $\uparrow$ et $\downarrow$ sont les seuls qui aient la propriété de constituer un système complet de connecteurs à un élément.

16. a) Montrer que la formule $(A \Longleftrightarrow (B \Longleftrightarrow C))$ est logiquement équivalente à $((A \Longleftrightarrow B) \Longleftrightarrow C)$ mais pas à $((A \Longleftrightarrow B) \wedge (B \Longleftrightarrow C))$. La première constatation aurait pu nous conduire à adopter une écriture simplifiée $A \Longleftrightarrow B \Longleftrightarrow C$ comme pour la conjonction ou la disjonction (voir n° 2.12). Expliquer pourquoi la deuxième nous incite à ne pas le faire.

b) On considère un entier naturel $n \geqslant 2$ et un ensemble $\mathcal{B} = \{B_1, B_2, \ldots, B_n\}$ de variables propositionnelles (deux à deux distinctes). Soit $\mathcal{G}(\mathcal{B})$ l'ensemble des formules que l'on peut écrire en utilisant : une occurrence de chacune des n variables propositionnelles B_1, B_2, ..., B_n, $n-1$ occurrences de la parenthèse ouvrante, $n-1$ occurrences de la parenthèse fermante et $n-1$ occurrences du symbole $\Longleftrightarrow$. Montrer que toutes les formules de $\mathcal{G}(\mathcal{B})$ sont deux à deux logiquement équivalentes et sont satisfaites par une distribution de valeur de vérité δ si et seulement si le nombre de variables B_i $(1 \leqslant i \leqslant n)$ rendues fausses par δ est pair.

c) A chacune des formules G de $\mathcal{G}(\mathcal{B})$, on associe la formule $\tilde{G}$ obtenue à partir de G en y substituant le symbole $\not\Longleftrightarrow$ au symbole $\Longleftrightarrow$, en chacune de ses occurrences. Montrer que $\tilde{G}$ est logiquement équivalente à G si n est impair et à $\neg G$ si n est pair.

d) Soit E un ensemble. Pour tout entier naturel $k \geqslant 2$, et pour tous sous-ensembles X_1, X_2, ... X_k de E, on peut définir la **différence symétrique** de X_1, X_2, ... X_k, notée $X_1 \Delta X_2 \Delta \ldots \Delta X_k$, par récurrence, comme suit :

$$X_1 \Delta X_2 = \{x \in E \,;\, x \in X_1 \not\Longleftrightarrow x \in X_2\} \,;$$

$$X_1 \Delta X_2 \Delta \ldots \Delta X_{k+1} = (X_1 \Delta X_2 \Delta \ldots \Delta X_k) \Delta X_{k+1}.$$

Montrer que, pour tout entier naturel $k \geqslant 2$, et pour tous sous-ensembles X_1, X_2, ... X_k de E, $X_1 \Delta X_2 \Delta \ldots \Delta X_k$ est l'ensemble des éléments de E qui appartiennent à un nombre impair de sous-ensembles X_i.

17. On considère des variables propositionnelles A, B, A_1, A_2, ..., A_n.

a) Démontrer la réciproque du théorème de définissabilité : pour toute formule $F[A_1,A_2,\ldots,A_n,A]$, s'il existe une formule $G[A_1,A_2,\ldots,A_n]$ telle que la formule :

$$(F[A_1,A_2,\ldots,A_n,A] \Longrightarrow (G[A_1,A_2,\ldots,A_n] \Longleftrightarrow A))$$

soit une tautologie (on dit alors que G est une définition de A modulo F), alors la formule :

$$((F[A_1,A_2,\ldots,A_n,A] \wedge F[A_1,A_2,\ldots,A_n,B]) \Longrightarrow (A \Longleftrightarrow B))$$

est aussi une tautologie.

b) Dans les 5 cas suivants, on demande d'associer à la formule $F[A_1,A_2,\ldots,A_n,A]$ proposée une formule $G[A_1,A_2,\ldots,A_n]$ qui soit une définition de A modulo F :

1. $F = A_1 \Longleftrightarrow A$;

2. $F = (A_1 \Longrightarrow A) \wedge (A \Longrightarrow A_2) \wedge (A_1 \Longleftrightarrow A_2)$;

3. $F = A_1 \wedge A_2 \wedge A$;

4. $F = (A_1 \Longrightarrow A) \wedge (A \vee A_2) \wedge \neg(A \wedge A_2) \wedge (A_2 \Longrightarrow A_1)$;

5. $F = (A_1 \Longrightarrow A) \wedge (A_2 \Longrightarrow A) \wedge (A_3 \Longrightarrow A) \wedge (\neg A_1 \Longleftrightarrow (A_2 \Longleftrightarrow \neg A_3))$.

18. On propose ici une autre démonstration du théorème de définissabilité.

Soit $F[A_1,A_2,\ldots,A_n,A]$ une formule propositionnelle telle que la formule :

$$(F[A_1,A_2,\ldots,A_n,A] \wedge F[A_1,A_2,\ldots,A_n,B]) \Longrightarrow (A \Longleftrightarrow B)$$

soit une tautologie. Rappelons que φ_F désigne l'application de $\{0,1\}^{n+1}$ dans $\{0,1\}$ associée à F (sa « table de vérité »).

On définit une application ψ de $\{0,1\}^n$ dans $\{0,1\}$ comme suit :
Quels que soient les éléments ε_1, ε_2, ..., ε_n de $\{0,1\}$:

$$\psi(\varepsilon_1,\varepsilon_2,\ldots,\varepsilon_n) = \begin{cases} 0 \text{ si } \varphi_F(\varepsilon_1,\varepsilon_2,\ldots,\varepsilon_n,0) = 1 \\ 1 \text{ sinon} \end{cases}.$$

a) Montrer que, si $\varphi_F(\varepsilon_1,\varepsilon_2,\ldots,\varepsilon_n,1) = 1$, alors $\psi(\varepsilon_1,\varepsilon_2,\ldots,\varepsilon_n) = 1$.

b) Soit $G = G[A_1,A_2,\ldots,A_n]$ une formule qui admet ψ comme table de vérité (c'est-à-dire qui est telle que $\varphi_G = \psi$). Montrer que G est une définition de A modulo F, c'est-à-dire que la formule :

$$(F[A_1,A_2,\ldots,A_n,A] \Longrightarrow (G[A_1,A_2,\ldots,A_n] \Longleftrightarrow A))$$

est une tautologie.

19. On considère un ensemble de cinq variables propositionnelles :

$$P = \{A,B,C,D,E\}.$$

a) Combien y a-t-il, à équivalence logique près, de formules satisfaites par exactement dix-sept distributions de valeurs de vérité ?

b) Combien y a-t-il, à équivalence logique près, de formules qui soient conséquences de la formule $(A \wedge B)$?

20. On considère un ensemble de variables propositionnelles P.

On désigne par δ_1 la distribution de valeurs de vérité sur P définie par :

$$\delta_1(A) = 1 \text{ pour tout élément } A \in P.$$

a) Montrer que, pour toute formule F, il existe au moins une formule G, ne contenant pas le symbole $\neg$, telle que F soit logiquement équivalente à G ou logiquement équivalente à $\neg G$.

b) Montrer que, pour toute formule F, les trois propriétés suivantes sont équivalentes :

(i) F est logiquement équivalente à au moins une formule où les seuls symboles de connecteurs qui apparaissent (éventuellement) sont $\wedge$, $\vee$ et $\Longrightarrow$.

(ii) F est logiquement équivalente à au moins une formule qui ne contient pas le symbole $\neg$.

(iii) $\overline{\delta_1}(F) = 1$.

21. On considère un ensemble fini de variables propositionnelles : $P = \{A_1,A_2,\ldots,A_n\}$.

On définit sur l'ensemble $\{0,1\}^P$ une relation binaire $\ll$ par :

pour toutes distributions de valeurs de vérité λ et μ sur P, $\lambda \ll \mu$ si et seulement si, pour tout i appartenant à $\{1,2,...,n\}$, $\lambda(A_i) \leqslant \mu(A_i)$.

a) Montrer que $\ll$ est une relation d'ordre sur $\{0,1\}^P$. Est-ce un ordre total ?

b) Une formule F est dite **croissante** si et seulement si, pour toutes distributions de valeurs de vérité λ et μ sur P, si $\lambda \ll \mu$, alors $\overline{\lambda}(F) \leqslant \overline{\mu}(F)$.

La négation d'une formule qui n'est pas croissante est-elle nécessairement une formule croissante ?

c) Montrer que, pour toute formule F, F est croissante si et seulement si : F est une tautologie, ou $\neg F$ est une tautologie, ou il existe une formule G, logiquement équivalente à F, dans laquelle aucun des trois symboles de connecteur $\neg$, $\Rightarrow$ et $\Leftrightarrow$ n'a d'occurrence.

22. On dit qu'un ensemble $\mathscr{A}$ de formules du calcul propositionnel est **indépendant** si et seulement si, pour toute formule $F \in \mathscr{A}$, F n'est pas conséquence de $\mathscr{A} - \{F\}$.

a) Les ensembles suivants sont-ils indépendants :

$\{(A \Rightarrow B), (B \Rightarrow C), (C \Rightarrow A)\}$; $\{(A \Rightarrow B), (B \Rightarrow C), (A \Rightarrow C)\}$;
$\{(A \vee B), (A \Rightarrow C), (B \Rightarrow C), (\neg A \Rightarrow (B \vee C))\}$; $\{A, B, (A \Rightarrow C), (C \Rightarrow B)\}$;
$\{(A \Rightarrow (B \vee C)), (C \Rightarrow \neg B), (B \Rightarrow (A \vee C)), ((B \wedge C) \Leftrightarrow B), (A \Rightarrow C), (B \Rightarrow A)\}$;
$\{((A \Rightarrow B) \Rightarrow C), (A \Rightarrow C), (B \Rightarrow C), (C \Rightarrow (B \Rightarrow A)), ((A \Rightarrow B) \Rightarrow (A \Leftrightarrow B))\}$?

Pour chacun d'eux, s'il n'est pas indépendant, déterminer un et, si possible, plusieurs, sous-ensemble(s) indépendant(s) qui lui soi(en)t équivalent(s).

b) L'ensemble vide est-il indépendant ? Donner une condition nécessaire et suffisante pour qu'un ensemble contenant une unique formule soit indépendant.

c) Montrer que tout ensemble fini de formules admet au moins un sous-ensemble indépendant équivalent.

d) Montrer que, pour qu'un ensemble de formules soit indépendant, il faut et il suffit que chacun de ses sous-ensembles finis soit indépendant.

e) L'ensemble infini $\{A_1, A_1 \wedge A_2, A_1 \wedge A_2 \wedge A_3, ..., A_1 \wedge A_2 \wedge ... \wedge A_n, ...\}$ admet-il un sous-ensemble indépendant équivalent ? (Les A_i sont des variables propositionnelles).

Existe-t-il un ensemble indépendant qui lui soit équivalent ?

f) Montrer que, pour tout ensemble dénombrable de formules : $\{F_0, F_1, ..., F_n, ...\}$, il existe au moins un ensemble indépendant équivalent.

23. Etant donné un ensemble E, un **graphe** sur E est une relation binaire G symétrique et **antiréflexive** (ce qui signifie que, pour chaque élément x de E, $(x,x) \notin G$).

Si **k** est un entier naturel non nul et si G est un graphe sur E, on dit que G est

k-coloriable si et seulement si il existe une application f de E dans $\{1,2,\ldots,k\}$ telle que, pour tout $(x,y) \in G$, $f(x) \neq f(y)$.

a) Soit, pour chaque couple $(x,i) \in E \times \{1,2,\ldots,k\}$, une variable propositionnelle $A_{x,i}$. Définir un ensemble $\mathscr{A}(E,G,k)$ de formules du calcul propositionnel sur l'ensemble de variables $A_{x,i}$ qui soit satisfaisable si et seulement si le graphe G est k-coloriable.

b) Montrer que, pour qu'un graphe soit k-coloriable, il faut et il suffit que toutes ses restrictions finies le soient.

24. Un groupe abélien $<G,.,1>$ est dit **ordonnable** si et seulement si il existe sur G une relation d'ordre total $\leqslant$ **compatible** avec l'opération ., c'est-à-dire telle que, pour tous éléments x, y et z de G, si $x \leqslant y$, alors $x.z \leqslant y.z$.

Un groupe abélien $<G,.,1>$ est dit **sans torsion** si et seulement si, pour tout élément x de G, distinct de 1, et pour tout entier naturel non nul n, x^n est différent de 1. (x^n est défini par récurrence par : $x^1 = x$ et, pour tout entier $k \geqslant 1$, $x^{k+1} = x.x^k$).

Un groupe abélien $<G,.,1>$ est dit **de type fini** si et seulement si il est engendré par une partie finie de G (ce qui veut dire qu'il existe une partie finie $X \subseteq G$ telle que le plus petit sous-groupe de G contenant X soit G lui-même).

On utilisera le théorème d'algèbre suivant (voir par exemple, dans « The theory of groups », de I.D. Macdonald, Oxford University Press, 1968, le théorème 5.09) : *Pour tout groupe abélien de type fini sans torsion* $<G,.,1>$*, non réduit à l'élément neutre, il existe un entier naturel non nul* p *tel que* $<G,.,1>$ *soit isomorphe au groupe* $<\mathbb{Z}^p,+,0>$.

a) Soit $<G,.,1>$ un groupe abélien. En prenant comme ensemble de variables propositionnelles $\{A_{x,y} \,;\, (x,y) \in G^2\}$, définir un ensemble $\mathscr{A}(G)$ de formules du calcul propositionnel qui soit satisfaisable si et seulement si le groupe G est ordonnable.

b) Montrer que, pour qu'un groupe abélien soit ordonnable, il faut et il suffit que tous ses sous-groupes de type fini soient ordonnables.

c) Montrer que, pour qu'un groupe abélien soit ordonnable, il faut et il suffit qu'il soit sans torsion.

25. On considère deux ensembles E et F et une relation binaire $R \subseteq E \times F$.

Pour chaque élément $x \in E$, on note R_x l'ensemble des éléments de F qui sont en relation avec x par R :

$$R_x = \{y \in F \,;\, (x,y) \in R\}.$$

Pour chaque partie $A \subseteq E$, on appelle **image de A par R** l'ensemble :

$$R_A = \bigcup_{x \in A} R_x.$$

On fait les deux hypothèses suivantes :

I. Pour toute partie A de E, le cardinal de R_A est supérieur ou égal à celui de A.

II. Pour tout élément x de E, l'ensemble R_x est fini.

Le but de cet exercice est de démontrer la propriété suivante :

III. Il existe une application injective f de E dans F telle que, pour tout élément x de E, $f(x) \in R_x$ (c'est-à-dire une application injective f de E dans F contenue dans R).

a) On suppose que E est fini. Sans utiliser l'hypothèse II, démontrer III, par récurrence sur le cardinal de E, en étudiant deux cas :

1. il y a au moins une partie A de E, telle que $A \neq \emptyset$, $A \neq E$ et $\text{card}(A) = \text{card}(R_A)$;

2. pour toute partie non vide $A \subsetneq E$, $\text{card}(A) < \text{card}(R_A)$.

b) Donner un exemple où I est vraie, tandis que II et III sont fausses.

c) En utilisant le théorème de compacité, montrer III lorsque E est infini.

Chapitre 2

Algèbres de Boole

Lorsqu'on identifie les formules du calcul propositionnel qui sont logiquement équivalentes, on obtient un ensemble sur lequel on peut définir de façon naturelle une opération unaire et deux opérations binaires, qui correspondent respectivement à la négation, à la conjonction et à la disjonction. La structure ainsi construite est ce que l'on appelle une algèbre de Boole. Un autre exemple d'algèbre de Boole est fourni par l'ensemble des parties d'un ensemble donné, muni des opérations de complémentation, d'intersection et de réunion (d'ailleurs souvent appelées opérations booléennes).

Il y a diverses façons d'aborder les algèbres de Boole. Partant de deux présentations purement algébriques (comme anneaux ou comme ensembles ordonnés), nous découvrirons à la fin du chapitre qu'on peut tout aussi bien adopter un point de vue topologique : toute algèbre de Boole peut être identifiée à l'ensemble des parties à la fois ouvertes et fermées d'un espace topologique compact de dimension zéro. Que le lecteur ne s'inquiète pas devant ces mots éventuellement peu familiers ; la première section contient tous les rappels nécessaires, en algèbre comme en topologie (on suppose néanmoins que le lecteur connaît la définition d'un anneau, d'un corps et d'un espace topologique ; dans le cas contraire, il pourra consulter le « cours d'algèbre » de Roger Godement (éditions Hermann, 1966) et celui d'analyse de Laurent Schwartz (éditions Hermann, 1967 et 1970, remanié et republié en 1991 : « Analyse I : théorie des ensembles et topologie »).

La section 2 comporte les définitions algébriques et les premières propriétés correspondantes. Une algèbre de Boole est un anneau dans lequel tout élément est égal à son carré ; mais c'est également un treillis distributif et complémenté, c'est-à-dire un ensemble ordonné dans lequel : il y a un plus petit et un plus grand élément, à deux éléments quelconques on peut associer une borne supérieure et une borne inférieure, ces opérations étant distributives l'une par rapport à l'autre, enfin tout élément admet un complément. On établit l'équivalence de ces deux points de vue et on étudie des exemples. La troisième section est consacrée aux atomes, qui sont les éléments non nuls minimaux pour l'ordre de l'algèbre de Boole. Cette importante notion intervient fréquemment dans la suite, et notamment dans de nombreux exercices.

Dans la section 4, on s'intéresse aux homomorphismes d'algèbres de Boole. Comme toujours en algèbre, les noyaux de ces homomorphismes (qui sont ici les idéaux) jouent un rôle essentiel. Lorsqu'on considère une algèbre de Boole $\mathcal{A}$ en tant que treillis, on préfère, plutôt que les idéaux, étudier les filtres, qui leur sont canoniquement associés (on obtient un filtre en prenant les compléments des éléments d'un idéal). L'étude des idéaux et filtres est l'objet de la section 5. Une attention particulière est accordée aux filtres maximaux ou ultrafiltres, qui correspondent évidemment aux idéaux maximaux, mais aussi aux homomorphismes de $\mathcal{A}$ dans l'algèbre de Boole $\{0,1\}$. L'ensemble de ces *homomorphismes est doté d'une topologie : on l'appelle alors l'espace de Stone de $\mathcal{A}$, espace qui est étudié dans la sixième et dernière section. Le théorème de compacité du calcul propositionnel, dont on donne déjà une démonstration de nature topologique dans la section 1, est naturellement lié à la compacité de l'espace de Stone de l'algèbre des classes de formules logiquement équivalentes (exercice 13).*

1. RAPPELS D'ALGEBRE ET DE TOPOLOGIE

Algèbre

1.1 On considère un anneau commutatif et unitaire $\mathcal{A} = \langle A, +, \times, 0, 1 \rangle$.

On supposera toujours que, dans un tel anneau, on a $0 \neq 1$. Comme c'est l'usage, nous nous permettrons, pour désigner le produit de deux éléments a et b de A, d'utiliser indifféremment la notation $a \times b$ ou la notation ab.

Un **idéal** de $\mathcal{A}$ est un sous-ensemble I de A tel que :

- $\langle I, +, 0 \rangle$ est un sous-groupe de $\langle A, +, 0 \rangle$;
- Pour tout élément x de I et pour tout élément y de A, $x \times y \in I$.

L'ensemble A lui-même satisfait clairement ces conditions. Un idéal de $\mathcal{A}$ distinct de A est appelé **idéal propre**. Un idéal I de $\mathcal{A}$ est un idéal propre si et seulement si $1 \notin I$. (Si $I = A$, alors $1 \in I$; si $1 \in I$, alors pour tout élément y de A, $1 \times y = y \in I$, donc $A = I$).

Nous ne considérerons ici que des idéaux propres. Un idéal de $\mathcal{A}$ sera pour nous une partie I de A qui vérifie, en plus des deux conditions ci-dessus, la propriété suivante :

- $1 \notin I$.

Adopter ce point de vue peut avoir quelques inconvénients : par exemple, étant donnés deux idéaux I et J de $\mathcal{A}$, il n'y a pas nécessairement de plus petit idéal de $\mathcal{A}$ contenant à la fois I et J, car la **somme** des idéaux I et J (c'est-à-dire l'ensemble $I + J = \{x \in A \,;\, (\exists y \in I)(\exists z \in J)(x = y + z)\}$), qui joue habituellement ce rôle, peut fort bien ne pas être un idéal propre. Ainsi, dans l'anneau $\mathbb{Z}$ des entiers relatifs, la somme des idéaux $2\mathbb{Z}$ (ensemble des multiples de 2) et $3\mathbb{Z}$ est l'anneau $\mathbb{Z}$ tout entier

Cependant, ces inconvénients éventuels ne seront pas gênants pour ce que nous aurons à faire ici. Le lecteur qui tiendrait absolument à conserver la définition usuelle des idéaux devra remplacer partout dans ce qui suit « idéal » par « idéal propre ».

1.2 Le **théorème de Krull** s'énonce comme suit :

THEOREME : *Tout idéal d'un anneau commutatif et unitaire est contenu dans au moins un idéal* ***maximal***.

(Un idéal maximal est un idéal qui n'est strictement inclus dans aucun autre idéal).

☹ La démonstration utilise le théorème de Zorn (chapitre 7, 3.3). Soit I un idéal de l'anneau $\mathcal{A}$. Désignons par $\mathcal{E}$ l'ensemble des idéaux de $\mathcal{A}$ qui contiennent I : $\mathcal{E} = \{ J \in \mathfrak{P}(A) \ ; J \text{ est un idéal et } I \subseteq J \}$. Le théorème sera démontré si nous prouvons l'existence d'au moins un élément maximal dans l'ensemble ordonné $< \mathcal{E}, \subseteq >$. Mais il suffit pour cela (théorème de Zorn) de montrer que cet ensemble ordonné est non vide (mais cela est clair car $I \in \mathcal{E}$) et que toute partie totalement ordonnée non vide de $\mathcal{E}$ admet au moins un majorant dans $\mathcal{E}$. Soit donc X une partie de $\mathcal{E}$ totalement ordonnée par la relation d'inclusion (on dit aussi : une **chaîne** de $< \mathcal{E}, \subseteq >$) ; on suppose X non vide. Appelons I_0 la réunion des éléments de X : $I_0 = \bigcup_{J \in X} J$. Comme X est non vide, et comme n'importe quel élément de X contient I, I est inclus dans I_0, donc $0 \in I_0$. Si x et y sont des éléments de I_0, il y a deux idéaux J et K dans X tels que $x \in J$ et $y \in K$. Comme X est totalement ordonnée, on a $J \subseteq K$ ou $K \subseteq J$. Si on est, par exemple, dans le premier cas, alors $x \in K$ et $y \in K$, donc $x - y \in K$ et $x - y \in I_0$. On en déduit que $< I_0, +, 0 >$ est un sous-groupe de $< A, +, 0 >$. Par ailleurs, si $x \in I_0$ et $y \in A$, alors, pour au moins un idéal $J \in X$, on a $x \in J$, donc $xy \in J$ et $xy \in I_0$. Enfin, on a $1 \notin I_0$, car dans le cas contraire 1 appartiendrait à l'un des éléments de X, ce qui est exclu. Nous avons ainsi établi que I_0 est un idéal de $\mathcal{A}$ qui contient I, c'est-à-dire un élément de $\mathcal{E}$. Pour chaque J dans X, $J \subseteq I_0$: il en résulte que I_0 est, dans $\mathcal{E}$, un majorant de la chaîne X.
☺

1.3 Soit I un idéal de l'anneau $\mathcal{A}$. On définit sur A une relation d'équivalence, appelée **congruence modulo** I et notée $\equiv_I$, par :

quels que soient les éléments x et y de A, $x \equiv_I y$ si et seulement si $x - y \in I$.

Le fait que c'est bien une relation d'équivalence se prouve très facilement. Notons $\bar{a}$ la classe d'équivalence de l'élément $a \in A$. On a $\bar{0} = I$. La congruence modulo I est compatible avec les opérations $+$ et $\times$ de l'anneau : cela veut dire que, si a, b, c et d sont des éléments de A, si $a \equiv_I c$ et $b \equiv_I d$, alors $a + b \equiv_I c + d$ et $a \times b \equiv_I c \times d$. Ceci permet de définir sur l'ensemble $A/\equiv_I$ des classes d'équivalence deux opérations, qu'on se permettra de noter encore $+$ et $\times$, définies par : pour tous éléments x et y de A, $\bar{x} + \bar{y} = \overline{x + y}$ et $\bar{x} \times \bar{y} = \overline{x \times y}$. Ces deux opérations confèrent à l'ensemble $A/\equiv_I$ une structure d'anneau commutatif et unitaire (le zéro est I, l'élément unité est $\bar{1}$) appelé **anneau quotient de $\mathscr{A}$ par l'idéal** I et noté $\mathscr{A}/I$ plutôt que $\mathscr{A}/\equiv_I$. Toutes les vérifications à faire sont élémentaires. L'exemple le plus connu de ce que nous venons de décrire nous est fourni par les anneaux $\mathbb{Z}/n\mathbb{Z}$ (n étant un entier naturel supérieur ou égal à 2).

THEOREME : *L'anneau quotient $\mathscr{A}/I$ est un corps si et seulement si l'idéal I est maximal.*

☺ Si on suppose que I n'est pas maximal, on peut alors choisir un idéal J de $\mathscr{A}$ tel que $I \subsetneq J$ (inclusion stricte). Soit a un élément de J qui n'appartient pas à I. On a $\bar{a} \neq I$, donc $\bar{a}$ est un élément non nul dans l'anneau quotient. Si cet élément était inversible, il y aurait un élément $b \in A$ tel que $\bar{a} \times \bar{b} = \bar{1}$, c'est-à-dire $ab \equiv_I 1$, ou encore $ab - 1 \in I$, donc aussi $ab - 1 \in J$. Or $a \in J$ et J est un idéal, donc $ab \in J$. Alors, la différence $ab - (ab - 1) = 1$ appartiendrait à J, ce qui est impossible. On en déduit qu'il existe au moins un élément non nul et non inversible dans l'anneau $\mathscr{A}/I$: celui-ci n'est donc pas un corps.

Supposons maintenant que I soit maximal. Soit a un élément de A tel que $\bar{a} \neq \bar{0}$ (autrement dit : $a \notin I$). Nous nous proposons de montrer que $\bar{a}$ est un élément inversible dans l'anneau quotient $\mathscr{A}/I$. Considérons l'ensemble K suivant :

$$K = \{x \in A \; ; \; (\exists y \in A)(\exists z \in I)(x = ay + z)\}.$$

Il est facile de vérifier que $\langle K, +, 0 \rangle$ est un sous-groupe de $\langle A, +, 0 \rangle$: tout d'abord $0 \in K$ puisque $0 = (a \times 0) + 0$; de plus, si $x_1 \in K$ et $x_2 \in K$, alors on peut trouver des éléments y_1 et y_2 dans A, et z_1 et z_2 dans I, tels que $x_1 = ay_1 + z_1$ et $x_2 = ay_2 + z_2$; on en déduit que $x_1 - x_2 = a(y_1 - y_2) + z_1 - z_2$, $y_1 - y_2 \in A$ et $z_1 - z_2 \in I$, donc $x_1 - x_2 \in K$. D'autre part, si $x \in K$ et $t \in A$, alors $xt \in K$: en effet, il y a des éléments $y \in A$ et $z \in I$ tels que $x = ay + z$, donc $xt = a(ty) + tz$; mais $ty \in A$ et $tz \in I$, d'où $xt \in K$. On voit ainsi que les deux premières conditions de la définition d'un idéal sont satisfaites par K. Si la troisième de ces conditions était également satisfaite (donc si $1 \notin K$), K serait un idéal de $\mathscr{A}$. Mais l'ensemble K contient strictement l'ensemble I : en effet, tout élément x de I peut s'écrire $x = (a \times 0) + x$, donc appartient aussi à K ; et l'élément a, qui peut s'écrire $(a \times 1) + 0$, appartient à K mais pas à I. Comme I est un idéal maximal, K ne peut donc pas être un idéal de $\mathscr{A}$. On en déduit que $1 \in K$. On peut donc trouver deux éléments $y \in A$ et $z \in I$ tels que :

$$ay + z = 1.$$

On a donc $1 - ay = z \in I$, ou encore, en passant aux classes d'équivalence pour la relation $\equiv_I$, $\overline{1 - ay} = \overline{0}$, ce qui se traduit par : $\overline{a} \times \overline{y} = \overline{1}$. L'élément $\overline{a}$ admet donc un inverse dans l'anneau quotient $\mathscr{A}/I$.

Nous avons donc montré que tout élément non nul de cet anneau est inversible : $\mathscr{A}/I$ est donc un corps.

☺

On remarquera qu'il y a dans la démonstration que nous venons de faire une illustration de ce que nous disions plus haut au sujet de la somme de deux idéaux. En effet, l'ensemble K que nous avons considéré est la somme de l'idéal I et de ce que l'on appelle l'idéal principal engendré par a (c'est-à-dire l'idéal constitué des multiples de a). Or nous nous sommes justement trouvés dans un cas où cette somme d'idéaux était l'anneau tout entier.

Topologie

1.4 Soient X un espace topologique et Y un sous-ensemble de X. On munit Y d'une topologie, appelée **topologie induite sur Y par celle de X**, en prenant comme ouverts de cette topologie les traces sur Y des ouverts de X. En d'autres termes, pour qu'une partie $\Omega \subseteq Y$ soit un ouvert pour la topologie induite, il faut et il suffit qu'il existe un ouvert O de la topologie sur X tel que $\Omega = O \cap Y$. On voit immédiatement que les fermés pour la topologie induite sont les traces sur Y des fermés de X. Lorsque nous parlerons d'un **sous-espace** de l'espace topologique X, il s'agira d'un sous-ensemble muni de la topologie induite.

Une **base d'ouverts** pour la topologie de l'espace X, c'est une famille $(O_i)_{i \in I}$ d'ouverts de cette topologie, telle que tout ouvert soit réunion d'ouverts de cette famille ; autrement dit, pour tout ouvert G, il existe au moins un sous-ensemble $J \subseteq I$ tel que $G = \bigcup_{j \in J} O_j$. Lorsqu'une base d'ouverts a été choisie dans un espace topologique, les éléments de cette base d'ouverts sont appelés **ouverts élémentaires**. Les complémentaires dans X des ouverts élémentaires sont les **fermés élémentaires**, et il est clair que tout fermé est une intersection de fermés élémentaires. Pour la topologie usuelle de l'ensemble $\mathbb{R}$ des nombres réels, les intervalles ouverts bornés (c'est-à-dire les ensembles de la forme $]a, b[$ où $a \in \mathbb{R}$, $b \in \mathbb{R}$ et $a \leqslant b$) constituent une base d'ouverts. D'autre part, il est évident que, dans un espace topologique quelconque, la famille de tous les ouverts est une base d'ouverts. La propriété suivante est immédiate :

LEMME : *Si* $(O_i)_{i \in I}$ *est une base d'ouverts pour la topologie de* X *et si* Y *est une partie de* X, *alors la famille* $(O_i \cap Y)_{i \in I}$ *est une base d'ouverts pour la topologie induite sur* Y *par celle de* X.

Cela signifie que les traces sur Y des ouverts élémentaires de X sont des ouverts élémentaires pour Y.

1.5 Soient X et Y deux espaces topologiques. Une application f de X dans Y est dite **continue** si et seulement si l'image réciproque par f de tout ouvert de Y est un ouvert de X. Autrement dit, f est continue si et seulement si, pour tout ouvert Ω de Y, l'ensemble $f^{-1}[\Omega] = \{x \in X \, ; \, f(x) \in \Omega\}$ est un ouvert de X.

LEMME : *Soit* $(\Omega_i)_{i \in I}$ *une base d'ouverts de l'espace topologique* Y, *et soit* f *une application de* X *dans* Y. *Pour que* f *soit continue, il est nécessaire et suffisant que, pour tout indice* $i \in I$, $f^{-1}[\Omega_i]$ *soit un ouvert de* X.

☹ C'est nécessaire d'après la définition de la continuité (ce qui est vrai pour tous les ouverts de Y est en particulier vrai pour tous les ouverts élémentaires). C'est suffisant car, si Ω est un ouvert quelconque de Y, alors il existe une partie $J \subseteq I$ telle que $\Omega = \bigcup_{j \in J} O_j$, d'où $f^{-1}[\Omega] = \bigcup_{j \in J} f^{-1}[O_j]$ (c'est là une propriété bien connue de l'image réciproque) ; si tous les $f^{-1}[O_i]$ sont des ouverts de X, $f^{-1}[\Omega]$ sera une réunion d'ouverts, donc un ouvert de X.
☺

Un **homéomorphisme** de l'espace topologique X sur l'espace topologique Y est une application de X dans Y, bijective, continue, et dont la bijection réciproque est une application continue de Y dans X. (On parle alors d'application bijective et **bicontinue**).

1.6 Un espace topologique X est dit **séparé** si et seulement si, quels que soient les éléments distincts x et y de X, on peut trouver deux ouverts disjoints G et H tels que $x \in G$ et $y \in H$. Il est immédiat que tout sous-espace d'un espace séparé est séparé :

LEMME : *Soit* X *un espace topologique séparé et soit* Y *un sous-ensemble de* X. *Alors, la topologie induite sur* Y *par celle de* X *fait de* Y *un espace séparé.*

☹ Si x et y sont des points distincts de Y, les traces sur Y de deux ouverts disjoints de X contenant respectivement x et y sont deux ouverts disjoints de la topologie de Y contenant respectivement x et y.
☺

1.7 Un **recouvrement** de l'espace topologique X est une famille $(E_i)_{i \in I}$ de parties de X telle que $X = \bigcup_{i \in I} E_i$. Si tous les E_i sont des ensembles ouverts, on parlera de **recouvrement ouvert**. Un **sous-recouvrement** du recouvrement $(E_i)_{i \in I}$ est une sous-famille $(E_j)_{j \in J}$ $(J \subseteq I)$, qui est elle-même un recouvrement de X. On parlera de recouvrement (ou de sous-recouvrement) **fini** lorsque l'ensemble d'indices correspondant sera un ensemble fini.

Un espace topologique X est dit **compact** si et seulement si, d'une part, il est séparé, et, d'autre part, de tout recouvrement ouvert de X, on peut extraire un sous-recouvrement fini.

LEMME 1 : *Soit X un espace séparé. Pour que X soit compact, il faut et il suffit que toute famille de fermés de X dont l'intersection est vide admette une sous-famille finie dont l'intersection soit vide.*

☹ Il suffit d'observer que, si $(F_i)_{i \in I}$ est une famille de fermés de X, et si on désigne, pour chaque $i \in I$, par O_i le complémentaire de F_i dans X (qui est un ouvert), alors on a $\bigcap_{i \in I} F_i = \emptyset$ si et seulement si $\bigcup_{i \in I} O_i = X$. Ainsi, à une famille de fermés de X dont l'intersection est vide, correspond par complémentation un recouvrement ouvert de X, et vice-versa.
☺

LEMME 2 : *Soit X un espace séparé muni d'une base d'ouverts $(\Omega_i)_{i \in I}$. Pour que X soit compact, il est nécessaire et suffisant que, de tout recouvrement de X par des ouverts élémentaires, on puisse extraire un sous-recouvrement fini.*

☹ La condition est évidemment nécessaire. Supposons qu'elle soit satisfaite et considérons un recouvrement $(G_k)_{k \in K}$ de X par des ouverts quelconques. On a $X = \bigcup_{k \in K} G_k$, mais comme chacun des G_k est réunion d'ouverts élémentaires, on aura un recouvrement de X par une famille d'ouverts élémentaires $(\Omega_j)_{j\in J}$ $(J \subseteq I)$, chaque Ω_j étant contenu dans au moins un des ouverts G_k. On peut alors, d'après notre hypothèse, extraire de ce recouvrement un sous-recouvrement fini, et on aura par exemple $X = \Omega_{j_1} \cup \Omega_{j_2} \cup \ldots \cup \Omega_{j_n}$. Il suffit alors de choisir dans la famille $(G_k)_{k\in K}$ des ouverts G_{k_1}, G_{k_2}, ..., G_{k_n} contenant respectivement Ω_{j_1}, Ω_{j_2}, ..., Ω_{j_n}, et on aura bien un sous-recouvrement fini de $(G_k)_{k\in K}$ puisqu'alors $X = G_{k_1} \cup G_{k_2} \cup \ldots \cup G_{k_n}$. Cela prouve donc que X est compact.

☺

La propriété précédente peut naturellement être traduite en termes de fermés :

LEMME 3 : *Soit* X *un espace séparé dans lequel on s'est donné une base d'ouverts. Pour que* X *soit compact, il faut et il suffit que, de toute famille de fermés élémentaires dont l'intersection est vide, on puisse extraire une sous-famille finie dont l'intersection soit déjà vide.*

1.8 On appellera **ouvert-fermé** dans un espace topologique X tout sous-ensemble de X qui est en même temps un ouvert et un fermé (c'est-à-dire tout ouvert dont le complémentaire dans X est également un ouvert).

Un espace topologique dans lequel il existe une base d'ouverts constituée d'ouverts-fermés est dit **de dimension zéro**. Par exemple, dans l'ensemble $\mathbb{Q}$ des nombres rationnels, les intervalles ouverts bornés à extrémités irrationnelles constituent une base d'ouverts-fermés pour la topologie usuelle (vérification très simple) : $\mathbb{Q}$ est donc un espace topologique de dimension zéro.

LEMME 1 : *Pour qu'un espace topologique* X *soit de dimension zéro, il faut et il suffit que la famille de tous ses ouverts-fermés constitue une base d'ouverts.*

☹ Il est évident que toute famille d'ouverts contenant une base d ouverts de X est elle-même une base d'ouverts de X. Donc, si X est de dimension zéro, alors la famille de tous ses ouverts-fermés en est une base d'ouverts. La réciproque est immédiate.

☺

LEMME 2 : *Tout sous-espace* Y *d'un espace topologique* X *de dimension zéro est de dimension zéro.*

☹ Soit $(O_i)_{i\in I}$ une base d'ouverts pour X, constituée d'ouverts-fermés. La famille $(O_i \cap Y)_{i\in I}$ est alors une base d'ouverts pour la topologie de Y (lemme 1.4), mais ces ouverts sont également des fermés de Y, puisque ce sont les traces sur Y de fermés de X. ☺

Un espace topologique compact de dimension zéro est appelé **espace booléen**.

1.9 Soit $(X_i)_{i\in I}$ une famille d'espaces topologiques. Sur le produit $\prod_{i\in I} X_i$ de cette famille, on définit une topologie en prenant comme ouverts élémentaires les sous-ensembles de la forme $\prod_{i\in I} O_i$, où, pour chaque indice $i \in I$, O_i est un ouvert de X_i, mais où, pour tous les indices i à l'exception d'un nombre fini d'entre eux, on a $O_i = X_i$. On vérifie facilement qu'en prenant toutes les réunions des ensembles ainsi définis, on obtient une famille d'ensembles stable par intersection finie et par union quelconque. C'est cette famille que l'on adopte comme famille d'ouverts pour la topologie sur $\prod_{i\in I} X_i$. La topologie ainsi définie est appelée **topologie produit**.

Le **théorème de Tychonoff** affirme que :

Le produit de toute famille d'espaces topologiques compacts est un espace topologique compact.

La démonstration utilise le théorème de Zorn. On peut en trouver une par exemple dans le livre de Laurent Schwartz cité dans l'introduction de ce chapitre (mais elle présente l'inconvénient d'utiliser la notion de filtre qui sera étudiée plus loin), ou encore dans celui de J.L. Kelley (General Topology, Van Nostrand, 1955, réédité par Springer-Verlag, Graduate Texts in Mathematics, 1975).

Examinons maintenant le cas particulier auquel nous allons nous intéresser dans ce chapitre (section 6) : celui où on prend la famille d'espaces $(X_i)_{i\in I}$ dans laquelle chacun des X_i est l'espace $\{0,1\}$ muni de la topologie **discrète** (celle où tous les sous-ensembles sont des ouverts).

Le produit $\prod_{i\in I} X_i$ est alors l'ensemble $\{0,1\}^I$ des applications de I dans $\{0,1\}$.

Pour avoir un ouvert élémentaire Ω de la topologie produit, on doit se donner un nombre fini d'indices : $i_1, i_2, \ldots, i_k$ dans I et des ouverts $O_{i_1}, O_{i_2}, \ldots, O_{i_k}$ pris dans $\{0,1\}$, soit, en l'occurrence, des sous-ensembles quelconques de $\{0,1\}$. On pose alors :

$$\Omega = \{0,1\}^{I - \{i_1, i_2, \ldots, i_k\}} \times O_{i_1} \times O_{i_2} \times \ldots \times O_{i_k},$$

ou encore :

$$\Omega = \{ f \in \{0,1\}^I \; ; \; f(i_1) \in O_{i_1} \text{ et } f(i_2) \in O_{i_2} \text{ et } \ldots \text{ et } f(i_k) \in O_{i_k} \}.$$

On peut naturellement supposer qu'on ne s'est intéressé qu'aux indices i_j pour lesquels l'ouvert correspondant est distinct de l'ensemble $\{0,1\}$ tout entier. Il est également inutile de considérer le cas où l'un des O_{i_j} serait l'ensemble vide, car on obtiendrait alors l'ouvert $\Omega = \emptyset$. Il reste deux possibilités pour le choix de chaque O_{i_j} : $O_{i_j} = \{0\}$ ou $O_{i_j} = \{1\}$.

On voit donc que, pour obtenir un ouvert élémentaire Ω de la topologie produit sur $\{0,1\}^I$, on doit se donner un nombre fini d'indices : $i_1, i_2, \ldots, i_k$ dans I et un même nombre d'éléments : $\varepsilon_1, \varepsilon_2, \ldots, \varepsilon_k$ dans $\{0,1\}$, et poser alors :

$$\Omega = \{ f \in \{0,1\}^I \; ; \; f(i_1) = \varepsilon_1 \text{ et } f(i_2) = \varepsilon_2 \text{ et } \ldots \text{ et } f(i_k) = \varepsilon_k \}.$$

Un ouvert élémentaire, c'est donc l'ensemble des applications de I dans $\{0,1\}$ qui prennent des valeurs données en un nombre fini de points donnés.

Remarquons que le complémentaire dans $\{0,1\}^I$ de l'ensemble Ω que nous venons de considérer est l'ensemble suivant :

$$\bigcup_{1 \leqslant j \leqslant k} \{ f \in \{0,1\}^I \; ; \; f(i_j) = 1 - \varepsilon_j \}.$$

C'est donc la réunion de k ouverts élémentaires, qui est évidemment un ouvert. On en déduit que l'ensemble Ω est un fermé.

Les ouverts élémentaires de la topologie de $\{0,1\}^I$ sont donc des ouverts-fermés. Nous avons ainsi prouvé le :

LEMME : *L'espace topologique* $\{0,1\}^I$ *est de dimension zéro.*

Comme l'espace discret $\{0,1\}$ est à l'évidence compact, on peut, avec le théorème de Tychonoff, conclure :

THEOREME : *L'espace* $\{0,1\}^I$ *est un espace topologique booléen.*

Application au calcul propositionnel

1.10 Le théorème de Tychonoff permet de donner une preuve très rapide du théorème de compacité du calcul propositionnel (théorème 5.3 du chapitre 1) :

☺ On considère un ensemble P de variables propositionnelles et l'ensemble $\mathcal{F}$ de formules qui lui est associé. Pour chaque formule $F \in \mathcal{F}$, appelons $\Delta(F)$ l'ensemble des distributions de valeurs de vérité qui la satisfont :

$$\Delta(F) = \{ \delta \in \{0,1\}^P \,;\, \overline{\delta}(F) = 1 \}.$$

Si A_1, A_2, ..., A_n sont les variables qui figurent dans la formule F, on voit que $\Delta(F)$ est une réunion d'ensembles de la forme :

$$\{ \delta \in \{0,1\}^P \,;\, \delta(A_1) = \varepsilon_1 \text{ et } \delta(A_2) = \varepsilon_2 \text{ et } \ldots \text{ et } \delta(A_n) = \varepsilon_n \},$$

où les ε_i sont des éléments de $\{0,1\}$.

En effet, la satisfaction de la formule F par une distribution δ ne dépend pas des valeurs que prend δ en dehors de l'ensemble $\{ A_1, A_2, \ldots, A_n \}$ (lemme 2.5, chapitre 1).

L'ensemble $\Delta(F)$ apparaît donc comme une réunion d'ouverts élémentaires de l'espace topologique $\{0,1\}^P$. Cette réunion est finie : elle comporte au plus 2^n ensembles. On en déduit que $\Delta(F)$ est lui-même un ouvert-fermé.

Considérons alors un ensemble de formules $T \subseteq \mathcal{F}$ qui ne soit pas satisfaisable. Cela signifie exactement que l'intersection : $\bigcap_{F \in T} \Delta(F)$ est l'ensemble vide. Ainsi, la famille $(\Delta(F))_{F \in T}$ est une famille de fermés dont l'intersection est vide, dans l'espace compact $\{0,1\}^P$. Il est donc possible d'en extraire une sous-famille finie dont l'intersection soit déjà vide : il existe donc une partie finie $T_0 \subseteq T$ telle que $\bigcap_{F \in T_0} \Delta(F) = \emptyset$. Cela veut dire qu'il y a une partie finie de T qui n'est pas satisfaisable. Le théorème de compacité du calcul propositionnel (version 2) est démontré.
☺

On trouvera dans l'exercice 13 une démonstration de plus de ce théorème de compacité : celle-là utilisera ce qui aura été fait dans les sections 5 et 6 et évitera de faire appel au théorème de Tychonoff dont nous n'avons pas donné de démonstration.

2. DEFINITION DES ALGEBRES DE BOOLE

2.1 DEFINITION : *Un* ***anneau de Boole*** *(ou une* ***algèbre de Boole****) est un anneau* $<A,+,\times,0,1>$ *dans lequel chaque élément est idempotent pour la multiplication (c'est-à-dire égal à son carré).*

EXEMPLES : L'anneau $<\mathbb{Z}/2\mathbb{Z},+,\times,0,1>$; l'anneau $<\mathfrak{P}(E),\Delta,\cap,\emptyset,E>$, où E est un ensemble non vide quelconque, Δ et $\cap$ étant respectivement les opérations de différence symétrique et d'intersection sur l'ensemble $\mathfrak{P}(E)$ des parties de E : voir l'exercice 2.

Un autre exemple intéressant est fourni par le calcul propositionnel :

Considérons un ensemble de variables propositionnelles P et soit $\mathcal{F}$ l'ensemble de formules correspondant. Comme nous le précisons dans l'exercice 1, l'ensemble $\mathcal{F}/\!\sim$ des classes de formules logiquement équivalentes est muni d'une structure d'anneau de Boole avec les opérations $\not\Leftrightarrow$ et $\wedge$ (opérations qui sont définies dans cet ensemble grâce à la compatibilité de la relation $\sim$ avec les connecteurs propositionnels). La classe $\mathbf{0}$ des antilogies et la classe $\mathbf{1}$ des tautologies sont, respectivement, les éléments neutres des opérations $\not\Leftrightarrow$ et $\wedge$. Nous aurons l'occasion de revenir sur cet exemple, qui est en fait notre principale motivation pour l'étude des algèbres de Boole.

Propriétés des anneaux de Boole, relation d'ordre

2.2 LEMME :

- *Dans tout anneau de Boole, chaque élément est son propre opposé.*
- *Tout anneau de Boole est commutatif.*

☹ Soient $<A,+,\times,0,1>$ un anneau de Boole et x et y des éléments de A. On a $x^2 = x$, $y^2 = y$ et $(x+y)^2 = x+y$ d'après la définition, mais par ailleurs, comme dans tout anneau, $(x+y)^2 = x^2 + xy + yx + y^2$. On en déduit donc : $x + y = x + xy + yx + y$, soit, en simplifiant, $xy + yx = \mathbf{0}$. En choisissant $y = 1$, on obtient en particulier $x + x = \mathbf{0}$ ou $x = -x$, ce qui établit le premier point. Pour x et y quelconques, xy est donc l'opposé de xy, mais puisque $xy + yx = \mathbf{0}$, c'est aussi l'opposé de yx. On en conclut que $xy = yx$ et que l'anneau est commutatif.

☺

REMARQUE : L'anneau de Boole $<\mathbb{Z}/2\mathbb{Z},+,\times,0,1>$ est le seul anneau de Boole qui soit un corps, et même le seul anneau de Boole qui soit intègre : en effet la relation $x^2 = x$, qui équivaut à $x(x-1) = 0$, exige, dans un anneau intègre, $x = 0$ ou $x = 1$.

2.3 Soit $<A,+,\times,0,1>$ un anneau de Boole. On définit une relation binaire $\leqslant$ sur A comme suit : quels que soient les éléments x et y de A, $x \leqslant y$ si et seulement si $xy = x$.

On vérifie qu'il s'agit d'une relation d'ordre. En effet, quels que soient les éléments x, y, et z de A, on a :

- $x \leqslant x$, puisque $x^2 = x$ par définition ;
- si $x \leqslant y$ et $y \leqslant z$, alors $xy = x$ et $yz = y$; d'où $xz = (xy)z = x(yz) = xy = x$, donc $x \leqslant z$;
- si $x \leqslant y$ et $y \leqslant x$, alors $xy = x$ et $yx = y$, donc $x = y$ d'après la commutativité.

La relation $\leqslant$ est bien réflexive, transitive et antisymétrique.

Le théorème suivant énumère les principales propriétés de cette relation d'ordre :

THEOREME :

1) Il y a pour la relation $\leqslant$ un ***plus petit élément*** *: $\mathbf{0}$, et un* ***plus grand élément*** *: $\mathbf{1}$.*

En effet, pour tout x, $0.x = 0$ et $x.1 = x$, donc $0 \leqslant x$ et $x \leqslant 1$.

2) Deux éléments quelconques x et y de A admettent une ***borne inférieure*** *(c'est-à-dire un plus grand minorant commun), notée $x \frown y$: leur produit xy.*

On a $(xy)x = x^2y = xy$ et $(xy)y = xy^2 = xy$, donc xy minore à la fois x et y. De plus, si z est un minorant commun à x et y, on a $zx = z$ et $zy = z$, d'où $z(xy) = (zx)y = zy = z$, ce qui veut dire $z \leqslant xy$; xy est donc le plus grand des minorants communs de x et y.

3) Deux éléments quelconques x et y de A admettent une ***borne supérieure*** *(c'est-à-dire un plus petit majorant commun) notée $x \smile y$: l'élément $x + y + xy$.*

En effet, $x(x + y + xy) = x^2 + xy + x^2y = x + xy + xy = x + 0 = x$, et de façon analogue : $y(x + y + xy) = y$. On a donc bien $x \leqslant x + y + xy$ et $y \leqslant x + y + xy$. D'autre part, si z est un élément de A tel que $x \leqslant z$ et $y \leqslant z$, c'est-à-dire $xz = x$ et $yz = y$, alors

$(x + y + xy)z = xz + yz + xyz = x + y + xy$, donc $x + y + xy \leqslant z$; $x + y + xy$ est donc le plus petit des majorants communs de x et y.

☺

4) Les opérations $\frown$ et $\smile$ *ainsi définies sur* A *sont associatives et commutatives.*

☹ Cela est vrai (et très facile à démontrer !) dans tout ensemble ordonné pour lequel les propriétés *2* et *3* sont satisfaites.

☺

5) **0** *est élément neutre pour l'opération* $\smile$ *et élément absorbant pour l'opération* $\frown$ *; tandis que* **1** *est neutre pour l'opération* $\frown$ *et absorbant pour l'opération* $\smile$.

☹ Autrement dit : pour tout élément x de A, on a $x \smile \mathbf{0} = x$, $x \frown \mathbf{0} = \mathbf{0}$, $x \frown \mathbf{1} = x$ et $x \smile \mathbf{1} = \mathbf{1}$. Cela est vrai dans tout ensemble ordonné qui satisfait les propriétés *1*, *2* et *3*. La vérification est immédiate.

☺

6) Toute partie finie non vide $\{x_1, x_2, \ldots, x_k\}$ *de* A *(*$k \in \mathbb{N}^*$*) admet une borne inférieure égale à :* $x_1 \frown x_2 \frown \ldots \frown x_k$*, et une borne supérieure égale à :* $x_1 \smile x_2 \smile \ldots \smile x_k$.

☹ Le cas évident où $k = 1$ mis à part, il s'agit d'une simple généralisation des propriétés *2* et *3*, que l'on obtient naturellement par récurrence sur k.

On voudra bien être attentif au fait suivant : l'écriture $x_1 \frown x_2 \frown \ldots \frown x_k$ n'est pas une notation nouvelle destinée à un objet nouvellement introduit. Elle désigne un élément de A qui est parfaitement défini (par récurrence) dès lors que l'opération $\frown$ l'est (c'est l'élément qu'on devrait désigner par : $((\ldots((x_1 \frown x_2) \frown x_3) \frown \ldots \frown x_{k-1}) \frown x_k)$, expression qui contient $k - 1$ couples de parenthèses, que nous avons supprimés pour cause d'associativité). A propos de l'opération $\frown$, la propriété *6* affirme deux choses distinctes : d'une part, les éléments x_1, x_2, ..., x_k admettent un plus grand minorant commun ; et d'autre part, ce plus grand minorant commun est $x_1 \frown x_2 \frown \ldots \frown x_k$. La démonstration de ces deux faits est certes extrêmement simple (nous nous sommes d'ailleurs abstenus de la faire !), mais la difficulté est peut-être justement de déterminer ce qu'il y a lieu de démontrer. (Même remarque, bien sûr, pour l'opération $\smile$).

☺

7) Les opérations $\frown$ et $\smile$ sont distributives l'une par rapport à l'autre.

☹ D'une part,

$$x \frown (y \smile z) = x(y + z + yz) = xy + xz + xyz = xy + xz + xy.xz = (x \frown y) \smile (x \frown z),$$

quels que soient les éléments x, y et z de A, ce qui garantit la distributivité de $\frown$ par rapport à $\smile$.

D'autre part, toujours pour x, y et z quelconques,

$$\begin{aligned}(x \smile y) \frown (x \smile z) &= (x + y + xy)(x + z + xz)\\ &= x^2 + xz + x^2z + yx + yz + yxz + x^2y + xyz + x^2yz\\ &= x + yz + xyz\end{aligned}$$

après des simplifications évidentes.

Mais $x + yz + xyz = x \smile (yz) = x \smile (y \frown z)$, d'où l'autre distributivité.

☺

8) Pour tout élément x de A, il existe un élément x' dans A, appelé ***complément*** *(ou* ***complémentaire****) de x, tel que $x \smile x' = 1$ et $x \frown x' = 0$.*

☹ Si un tel élément x' existe, il vérifie $xx' = 0$ et $x + x' + xx' = 1$, donc aussi $x + x' = 1$, ou encore $x' = 1 + x$. Il est d'autre part facile de vérifier que $x \smile (1 + x) = 1$ et $x \frown (1 + x) = 0$.

On a ainsi établi l'existence, mais aussi l'unicité du complément de x : c'est $1 + x$.

☺

9) L'application $x \longmapsto 1 + x$ de A dans A est une bijection qui renverse l'ordre.

☹ Cette application est même une involution (bijection égale à son inverse) puisque, pour tout x, $1 + (1 + x) = x$. D'autre part, quels que soient les éléments x et y, on a $(1 + x)(1 + y) = 1 + x + y + xy$. Cet élément est égal à $1 + x$ si et seulement si $y + xy = 0$, ou encore $xy = y$. On voit ainsi que $1 + x \leqslant 1 + y$ si et seulement si $y \leqslant x$.

☺

REMARQUE : La relation d'ordre dans un anneau de Boole est compatible avec la multiplication : cela veut dire que, si des éléments a, b, c et d vérifient $a \leqslant b$ et $c \leqslant d$, alors $a \times c \leqslant b \times d$ (si $a \times b = a$ et $c \times d = c$, alors $a \times c \times b \times d = a \times c$). Mais ce qu'il est important de retenir, c'est que cet ordre n'est pas compatible avec l'addition : par exemple, on a $0 \leqslant 1$ et $1 \leqslant 1$, mais on n'a pas $0 + 1 \leqslant 1 + 1$.

Voici une propriété que nous utiliserons très souvent :

LEMME : *Quels que soient les éléments* x *et* y *de* A, *on a* $x \leqslant 1 + y$ *si et seulement si* $xy = 0$.

☺ En effet, $x \leqslant 1 + y$ signifie par définition $x(1 + y) = x$, ou encore $x + xy = x$, ce qui équivaut bien à $xy = 0$.
☺

Les algèbres de Boole en tant qu'ensembles ordonnés

2.4 Les propriétés *1*, *2*, *3*, *7* et *8* du théorème 2.3 caractérisent en fait les anneaux de Boole, comme le montre le théorème suivant, qui nous fournit une deuxième façon de définir ces anneaux.

THEOREME : *Soit* $< A, \leqslant >$ *un ensemble ordonné possédant les propriétés suivantes :*

a) il y a un plus petit élément (noté **0***) et un plus grand élément (noté* **1***) ;*

b) deux éléments quelconques x *et* y *ont une borne supérieure (notée* $x \smile y$*) et une borne inférieure (notée* $x \frown y$*) ;*

c) les opérations $\smile$ *et* $\frown$ *sont distributives l'une par rapport à l'autre ;*

d) pour tout élément x *de* A, *il existe au moins un élément* x' *de* A *tel que* $x \smile x' = 1$ *et* $x \frown x' = 0$.

Alors on peut munir A *d'une structure d'anneau de Boole :* $< A, +, \times, 0, 1 >$ *de telle sorte que l'ordre* $\leqslant$ *donné sur* A *coïncide avec l'ordre associé à la structure d'anneau de Boole (c'est-à-dire qu'on ait* $x \leqslant y$ *si et seulement si* $xy = x$*).*

☹ La démonstration se fait en plusieurs étapes :

• REMARQUES PRELIMINAIRES : Un ensemble ordonné qui possède les propriétés a) et b) de l'énoncé est appelé un **treillis**. S'il possède aussi la propriété c), on dit que c'est un treillis **distributif**. Si a), b) c) et d) sont satisfaites toutes les quatre, on parle de treillis distributif et **complémenté**, le **complément** (ou **complémentaire**) d'un élément x étant l'unique élément x' tel que $x \smile x' = 1$ et $x \frown x' = 0$. L'unicité est facile à prouver :

☹ Supposons que x' et x'' soient des compléments de x, et considérons l'élément $y = (x \frown x') \smile x''$. D'une part, y est égal à $0 \smile x''$, donc à x''. D'autre part, la distributivité nous conduit à : $y = (x \smile x'') \frown (x' \smile x'') = 1 \frown (x' \smile x'') = x' \smile x''$. On a donc $x'' = x' \smile x''$, ce qui veut dire $x' \leqslant x''$. Mais en échangeant les rôles de x' et x'', on aboutit naturellement à $x'' \leqslant x'$, et finalement à $x' = x''$.

☺

Le complément de l'élément x sera noté x^c. On a évidemment $1^c = 0$ et $0^c = 1$. On notera que l'unicité du complément a aussi comme conséquence le fait que l'application $x \longmapsto x^c$ de A dans A est une bijection égale à son inverse (pour tout x, $(x^c)^c = x$).

On remarquera aussi que, comme nous l'avons déjà signalé, lorsque les hypothèses a), b), c) et d) sont satisfaites, les propriétés *4*, *5* et *6* du théorème 2.3 sont aussi nécessairement vérifiées.

• Montrons maintenant ce que l'on appelle généralement les **lois de de Morgan** :

Quels que soient les éléments x *et* y *de* A,

$$(x \frown y)^c = x^c \smile y^c,$$

et

$$(x \smile y)^c = x^c \frown y^c.$$

☹ La deuxième loi se déduit de la première en y remplaçant x par x^c et y par y^c, puis en passant aux compléments dans les deux membres.

Pour établir la première, on montre que $(x^c \smile y^c) \smile (x \frown y) = 1$ et que $(x^c \smile y^c) \frown (x \frown y) = 0$: on utilise pour cela les propriétés de distributivité des opérations $\smile$ et $\frown$, ainsi que leur associativité et leur commutativité :

$$(x^c \smile y^c) \smile (x \frown y) = (x^c \smile y^c \smile x) \frown (x^c \smile y^c \smile y) = (1 \smile y^c) \frown (x^c \smile 1) = 1 \frown 1 = 1.$$

$$(x^c \smile y^c) \frown (x \frown y) = (x^c \frown x \frown y) \smile (y^c \frown x \frown y) = (0 \frown y) \smile (0 \frown x) = 0 \smile 0 = 0.$$

☺

• Ces lois de de Morgan se généralisent immédiatement (par récurrence) ainsi :

Quels que soient l'entier $k \geqslant 1$ *et les éléments* $x_1, x_2, \ldots, x_k$ *de* A,

$$(x_1 \frown x_2 \frown \ldots \frown x_k)^c = {x_1}^c \smile {x_2}^c \smile \ldots \smile {x_k}^c,$$

et

$$(x_1 \smile x_2 \smile \ldots \smile x_k)^c = {x_1}^c \frown {x_2}^c \frown \ldots \frown {x_k}^c.$$

• Nous allons maintenant définir une addition $+$ et une multiplication $\times$ dans l'ensemble A : pour tout x et tout y, on pose :

$$x \times y = x \frown y \,;$$

et $$x + y = (x \frown y^c) \smile (x^c \frown y).$$

On obtient une autre expression de $x + y$ en utilisant la distributivité de $\smile$ par rapport à $\frown$:

$$\begin{aligned} x + y &= (x \smile x^c) \frown (x \smile y) \frown (y^c \smile x^c) \frown (y^c \smile y) \\ &= 1 \frown (x \smile y) \frown (x^c \smile y^c) \frown 1, \end{aligned}$$

d'où $$x + y = (x \smile y) \frown (x^c \smile y^c). \qquad (*)$$

Nous allons montrer que $< A, +, \times, 0, 1 >$ est un anneau de Boole :

☹ • La propriété : « pour tout x, $x^2 = x$ » est immédiate ($x \frown x = x$) ;

• $< A, +, 0 >$ est un groupe commutatif :

- la commutativité résulte immédiatement de celle des opérations $\smile$ et $\frown$.
- 0 est élément neutre pour l'addition : pour tout élément x de A,

$$x + 0 = (x \frown 0^c) \smile (x^c \frown 0) = (x \frown 1) \smile 0 = x \smile 0 = x.$$

- tout élément x de A admet un opposé : lui-même ; en effet,

$$x + x = (x \frown x^c) \smile (x^c \frown x) = 0 \smile 0 = 0.$$

- reste à prouver l'associativité : soient x, y et z des éléments de A ; on a :

$$(x + y) + z = ([x + y] \frown z^c) \smile ([x + y]^c \frown z)$$

(par définition de $+$)

$$= ([(x \frown y^c) \smile (x^c \frown y)] \frown z^c) \smile ([x + y]^c \frown z)$$

(idem)

$$= ([(x \frown y^c) \smile (x^c \frown y)] \frown z^c) \smile ([(x \smile y) \frown (x^c \smile y^c)]^c \frown z)$$

(d'après la relation $(*)$)

$$= ([(x \frown y^c) \smile (x^c \frown y)] \frown z^c) \smile ([(x \smile y)^c \smile (x^c \smile y^c)^c] \frown z)$$

(lois de de Morgan)

$$= ([(x \frown y^c) \smile (x^c \frown y)] \frown z^c) \smile ([(x^c \frown y^c) \smile (x \smile y)] \frown z)$$

(idem)

$$= [(x \frown y^c \frown z^c) \smile (x^c \frown y \frown z^c)] \smile [(x^c \frown y^c \frown z) \smile (x \frown y \frown z)]$$

(distributivité de $\frown$ par rapport à $\smile$).

Finalement, en tenant compte de l'associativité de $\smile$, on obtient :

$$(x + y) + z = (x \frown y^c \frown z^c) \smile (x^c \frown y \frown z^c) \smile (x^c \frown y^c \frown z) \smile (x \frown y \frown z).$$

La commutativité des opérations $\smile$ et $\frown$ montre que toutes les permutations sur x, y et z donnent le même résultat. En particulier $(x + y) + z = (y + z) + x$, mais comme l'addition est commutative, on a aussi :

$$(x + y) + z = x + (y + z).$$

• La multiplication $\times$ est associative et admet 1 comme élément neutre : ce sont des propriétés évidentes de l'opération $\frown$.

• La multiplication est distributive par rapport à l'addition : pour le démontrer, nous utiliserons encore l'associativité et la commutativité de $\smile$ et $\frown$ et la distributivité de $\frown$ par rapport à $\smile$, ainsi que les lois de de Morgan. Nous ne justifierons pas cette fois chaque étape du calcul, le lecteur n'aura aucune difficulté à le faire.

Soient x, y et z des éléments de A. On a :

$$
\begin{aligned}
xy + xz &= (x \frown y) + (x \frown z) \\
&= [(x \frown y) \frown (x \frown z)^c] \smile [(x \frown y)^c \frown (x \frown z)] \\
&= [(x \frown y) \frown (x^c \smile z^c)] \smile [(x^c \smile y^c) \frown (x \frown z)] \\
&= [(x \frown y \frown x^c) \smile (x \frown y \frown z^c)] \smile [(x^c \frown x \frown z) \smile (y^c \frown x \frown z)] \\
&= 0 \smile (x \frown y \frown z^c) \smile 0 \smile (x \frown y^c \frown z) \\
&= (x \frown y \frown z^c) \smile (x \frown y^c \frown z) \\
&= x \frown [(y \frown z^c) \smile (y^c \frown z)] \\
&= x \frown [y + z] \\
&= x(y + z).
\end{aligned}
$$

$< A, +, \times, 0, 1 >$ est donc un anneau de Boole.

☺

Notons $\ll$ l'ordre associé à cette structure. On a, quels que soient les éléments x et y de A, $x \ll y$ si et seulement si $xy = x$, ou encore $x \frown y = x$, mais cette dernière égalité signifie exactement que x est inférieur ou égal à y pour l'ordre $\leqslant$ donné initialement sur A. Il en résulte que les deux ordres coïncident.

Le théorème est donc démontré.

☺

Une algèbre de Boole, c'est donc, indifféremment, un anneau dans lequel tout élément est égal à son carré, ou un ensemble ordonné qui a une structure de treillis distributif et complémenté.

Nous aurons plutôt tendance, sans que ce soit une règle absolue, à adopter dans la suite du cours le second point de vue.

Pour l'exemple, donné en 2.1, de l'ensemble des parties d'un ensemble, ce point de vue est beaucoup plus naturel que le premier. La relation d'ordre est la relation d'inclusion. Les opérations $\smile$ et $\frown$ sont, respectivement, la réunion et l'intersection. Le complément d'un élément est son complémentaire au sens ensembliste (voir l'exercice 2).

Dans la suite, quel que soit le point de vue adopté, nous nous permettrons d'utiliser simultanément l'ordre $\leqslant$, les opérations $\smile$ et $\frown$, la multiplication et l'addition.

3. ATOMES DANS UNE ALGEBRE DE BOOLE

3.1 DEFINITION : *Un élément* a *dans une algèbre de Boole* $<A, \leqslant, \smile, \frown, 0, 1>$ *est appelé un* **atome** *si et seulement si il est non nul et n'a pas de minorant strict non nul.*

En d'autres termes, a est un atome si et seulement si : $a \neq 0$ et, pour tout élément b de A, si $b \leqslant a$, alors $b = a$ ou $b = 0$.

EXEMPLES :

• 1) Dans l'algèbre de Boole $\mathfrak{P}(E)$ des parties de l'ensemble E, les atomes sont les **singletons** (c'est-à-dire les parties à un élément).

• 2) Il y a des algèbres de Boole sans atome : c'est le cas de l'algèbre de Boole $\mathcal{F}/\sim$ des classes de formules du calcul propositionnel, lorsque l'ensemble P des variables propositionnelles est infini (voir les exemples 2.1).

☹ L'ordre de cette algèbre de Boole est le suivant (exercice 1) :

si F et G sont des formules, alors $cl(F) \leqslant cl(G)$ si et seulement si la formule $(F \Rightarrow G)$ est une tautologie.

Pour prouver qu'il n'y a pas d'atome dans $\mathcal{F}/\sim$, nous allons montrer que tout élément non nul admet au moins un minorant strict autre que 0. Considérons donc une formule F telle que $cl(F) \neq 0$, c'est-à-dire que $\neg F$ n'est pas une tautologie, ou encore qu'il y a au moins une distribution de valeurs de vérité sur P qui satisfait F. Choisissons une telle distribution et appelons-la δ.

Choisissons d'autre part une variable propositionnelle X qui n'apparaît pas dans la formule F. Un tel choix est possible parce que P est infini.

Désignons par G la formule $(F \wedge X)$.

On a évidemment $\vdash^* ((F \wedge X) \Rightarrow F)$, donc $cl(G) \leqslant cl(F)$.

La distribution de valeurs de vérité λ définie par : pour tout $Y \in P$,

$$\lambda(Y) = \begin{cases} \delta(Y) & \text{si } Y \neq X \\ 1 & \text{si } Y = X \end{cases}$$

satisfait F (puisque X ne figure pas dans F) et satisfait X, donc elle satisfait G. Il en résulte que $cl(G) \neq 0$.

D'autre part, la distribution de valeurs de vérité μ définie par : pour tout $Y \in P$,

$$\mu(Y) = \begin{cases} \delta(Y) & \text{si } Y \neq X \\ 0 & \text{si } Y = X \end{cases}$$

satisfait F (pour la même raison que λ) mais ne satisfait pas G, donc elle ne satisfait pas la formule $(F \Longrightarrow G)$. On n'a donc pas $cl(F) \leqslant cl(G)$, ce qui montre que $cl(G)$ est un minorant strict de $cl(F)$; d'après ce qui précède, c'est un minorant strict non nul.
☺

3.2 DEFINITION : *Une algèbre de Boole est* **atomique** *si et seulement si chacun de ses éléments non nuls est minoré par au moins un atome.*

C'est le cas, par exemple, de l'algèbre de Boole des parties d'un ensemble (chaque partie non vide contient au moins un singleton).

THEOREME : *Toute algèbre de Boole finie est atomique.*

☺ Soit $\langle A, \leqslant, \smile, \frown, \mathbf{0}, \mathbf{1} \rangle$ une algèbre de Boole finie et x un élément non nul de A. Désignons par m(x) l'ensemble des minorants stricts non nuls de x dans A. Si m(x) est vide, alors x est un atome. Si m(x) n'est pas vide, alors, comme il est fini, il admet au moins un élément minimal (c'est-à-dire non strictement minoré) pour l'ordre $\leqslant$. Il est facile de voir qu'un tel élément minimal est un atome de A qui minore x.
☺

3.3 THEOREME : *Soit* $\langle A, +, \times, \mathbf{0}, \mathbf{1} \rangle$ *une algèbre de Boole (finie ou non). Alors, pour chaque élément* a *non nul de* A, *et pour tout entier* $k \geqslant 2$, *les propriétés suivantes sont équivalentes :*

(1) a *est un atome ;*

(2) *pour chaque élément* x *de* A, *on a* $a \leqslant x$ *ou* $a \leqslant 1 + x$ *;*

(3) *pour tous éléments* $x_1, x_2, \ldots, x_k$ *de* A, *si* $a \leqslant x_1 \smile x_2 \smile \ldots \smile x_k$, *alors* $a \leqslant x_1$ *ou* $a \leqslant x_2$ *ou ... ou* $a \leqslant x_k$.

☺ Observons tout d'abord que, en vertu du lemme 2.3 et de la définition de l'ordre $\leqslant$, *(2)* est équivalente à :

(2') *pour tout élément* x *de* A, *on a* $ax = a$ *ou* $ax = \mathbf{0}$.

Démontrons maintenant le théorème.

Soient a un élément non nul de A et k un entier naturel supérieur ou égal à 2.

• *(1) ⟹ (2')* : pour chaque $x \in A$, on a $ax \leqslant a$, donc, lorsque a est un atome, $ax = a$ ou $ax = 0$.

• *(2) ⟹ (3)* : supposons *(2)*, et choisissons des éléments $x_1, x_2, \ldots, x_k$ de A tels que $a \leqslant x_1 \smile x_2 \smile \ldots \smile x_k$. Si on n'avait ni $a \leqslant x_1$, ni $a \leqslant x_2$, ni ..., ni $a \leqslant x_k$, on aurait, d'après *(2)*, $a \leqslant 1 + x_1$, et $a \leqslant 1 + x_2$, et ..., et $a \leqslant 1 + x_k$; a serait alors un minorant commun à $1 + x_1$, $1 + x_2$, ..., $1 + x_k$, donc aussi un minorant de leur borne inférieure $1 + (x_1 \smile x_2 \smile \ldots \smile x_k)$ (de Morgan). L'élément a minorerait donc à la fois $x_1 \smile x_2 \smile \ldots \smile x_k$ et son complément, ce qui est impossible puisque a n'est pas nul. *(3)* est donc démontré.

• *(3) ⟹ (1)* : supposons *(3)*, et soit b un minorant de a. On a évidemment $a \leqslant b \smile (1 + b) = 1$. En prenant $x_1 = b$ et $x_2 = x_3 = \ldots = x_k = 1 + b$ dans *(3)*, on en déduit que $a \leqslant b$ ou $a \leqslant 1 + b$. Dans la première éventualité, on obtient $b = a$, et dans la deuxième, $b = ab = 0$ (lemme 2.3). On a ainsi prouvé que a est un atome.

☺

4. HOMOMORPHISMES, ISOMORPHISMES SOUS-ALGEBRES

Homomorphismes et isomorphismes

Un homomorphisme d'algèbres de Boole, c'est ce que l'on appelle en général un homomorphisme d'anneaux unitaires, c'est-à-dire une application qui respecte l'addition et la multiplication, ainsi que leurs éléments neutres. Nous donnerons les définitions, des exemples, des contre-exemples, et des caractérisations en termes d'ensembles ordonnés.

4.1 DEFINITION : *Soient* $\mathcal{A} = \langle A, +, \times, 0, 1 \rangle$ *et* $\mathcal{A}' = \langle A', +, \times, 0, 1 \rangle$ *deux anneaux de Boole et* h *une application de* A *dans* A'. *On dit que* h *est un* **homomorphisme d'algèbres de Boole de** $\mathcal{A}$ **dans** $\mathcal{A}'$ *si et seulement si, quels que soient les éléments* x *et* y *de* A, *on a :*

$$h(x + y) = h(x) + h(y) \ ;$$
$$h(x \times y) = h(x) \times h(y) \ ;$$
$$h(1) = 1.$$

REMARQUE 1 : La condition $h(0) = 0$ ne figure pas dans la définition car elle se déduit immédiatement de la première relation (faire $x = y = 0$).

La situation est différente pour l'élément neutre de la multiplication : la troisième relation n'est pas une conséquence de la deuxième, comme le montre l'exemple suivant : prenons $A = \mathfrak{P}(\mathbb{N})$ et $A' = \mathfrak{P}(\mathbb{Z})$ avec leur structure naturelle d'algèbre de Boole et prenons pour h l'application identique de A dans A (qu'on peut considérer comme application de A dans A' puisque $A \subseteq A'$) ; il est très facile de vérifier les deux premières relations de la définition ci-dessus, mais la troisième n'a pas lieu puisque l'élément neutre de la multiplication est $\mathbb{N}$ dans A alors que c'est $\mathbb{Z}$ dans A'.

On aura également remarqué que nous avons commis l'abus qui consiste à donner le même nom aux opérations (ainsi qu'à leurs éléments neutres) dans $\mathcal{A}$ et $\mathcal{A}'$.

REMARQUE 2 : La notion d'homomorphisme définie ici n'est autre que celle, plus générale, d'homomorphisme d'anneaux unitaires, appliquée au cas particulier des anneaux de Boole. (On observera toutefois qu'il peut exister des homomorphismes d'anneaux unitaires entre un anneau de Boole et un anneau unitaire qui n'est pas un anneau de Boole.) Les propriétés vraies pour les homomorphismes d'anneaux unitaires quelconques demeurent évidemment pour les anneaux de Boole : par exemple, l'application composée de deux homomorphismes d'anneaux de Boole est un homomorphisme d'anneaux de Boole. Dans le même ordre d'idées, nous aurions pu nous dispenser du corollaire 4.2 ci-dessous.

LEMME : *Soient* $\mathcal{A} = \langle A, \leqslant, 0, 1 \rangle$ *et* $\mathcal{A}' = \langle A', \leqslant, 0, 1 \rangle$ *deux algèbres de Boole et* h *un homomorphisme d'algèbres de Boole de* $\mathcal{A}$ *dans* $\mathcal{A}'$. *Alors on a (avec les notations précédemment adoptées, et en perpétuant l'abus mentionné dans la remarque 1) :*

Quels que soient les éléments x *et* y *de* A :

$$h(x \frown y) = h(x) \frown h(y),$$
$$h(x^c) = (h(x))^c,$$
$$h(x \smile y) = h(x) \smile h(y),$$
$$\textit{si } x \leqslant y, \textit{ alors } h(x) \leqslant h(y).$$

☺ Les opérations $\times$ et $\frown$ étant identiques, la première relation à démontrer est déjà dans la définition d'un homomorphisme. La deuxième peut s'écrire : $h(1 + x) = 1 + h(x)$, ce qui résulte immédiatement de $h(1) = 1$ et de l'additivité de h. La troisième relation découle des deux premières et des lois de de Morgan. Enfin, la dernière relation se traduit ainsi : si $xy = x$, alors $h(x)h(y) = h(x)$; cela est vrai puisque $h(xy) = h(x)h(y)$.

☺

THEOREME : *Soient* $\mathcal{A} = \langle A, \leqslant, 0, 1 \rangle$ *et* $\mathcal{A}' = \langle A', \leqslant, 0, 1 \rangle$ *deux algèbres de Boole et* h *une application de* A *dans* A'. *Pour que* h *soit un homomorphisme d'algèbres de Boole, il faut et il suffit que, quels que soient les éléments* x *et* y *de* A, *on ait :*

$$h(x \frown y) = h(x) \frown h(y),$$
$$h(x^c) = (h(x))^c.$$

☺ La condition est nécessaire d'après le lemme.

Supposons qu'elle soit vérifiée, et soient x et y des éléments de A. On a alors :

$$h(xy) = h(x \frown y) = h(x) \frown h(y) = h(x)h(y),$$

$$\begin{aligned} h(x + y) &= h((x \frown y^c) \smile (x^c \frown y)) = h(((x \frown y^c)^c \frown (x^c \frown y)^c)^c) \\ &= (h((x \frown y^c)^c \frown (x^c \frown y)^c))^c = (h((x \frown y^c)^c) \frown h((x^c \frown y)^c))^c \\ &= ((h(x \frown y^c))^c \frown (h(x^c \frown y))^c)^c = h(x \frown y^c) \smile h(x^c \frown y) \\ &= (h(x) \frown h(y^c)) \smile (h(x^c) \frown h(y)) = (h(x) \frown (h(y))^c) \smile ((h(x))^c \frown h(y)) \\ &= h(x) + h(y). \end{aligned}$$

On en déduit que $h(0) = 0$ (voir la remarque 1) et donc aussi que :

$$h(1) = h(0^c) = (h(0))^c = 0^c = 1.$$

Cela montre bien que h est un homomorphisme.

☺

REMARQUE 3 : Il est clair que, dans l'énoncé du théorème précédent, on peut remplacer partout l'opération $\frown$ par l'opération $\smile$.

4.2 DEFINITION : *Un* ***isomorphisme d'algèbres de Boole*** *est un homomorphisme d'algèbres de Boole qui est bijectif.*

THEOREME : *Soient* $\mathcal{A} = \langle A, \leqslant, 0, 1 \rangle$ *et* $\mathcal{A}' = \langle A', \leqslant, 0, 1 \rangle$ *deux algèbres de Boole, et* h *une application surjective de* A *dans* A'. *Pour que* h *soit un isomorphisme d'algèbres de Boole, il faut et il suffit que :*

(*) | *quels que soient les éléments* x *et* y *de* A,
| $x \leqslant y$ *si et seulement si* $h(x) \leqslant h(y)$.

☹ Supposons d'abord que h soit un isomorphisme et soient x et y des éléments de A. Si $x \leqslant y$, alors, d'après le lemme 4.1, $h(x) \leqslant h(y)$. Si $h(x) \leqslant h(y)$, alors, par définition de $\leqslant$ et parce que h est un homomorphisme, $h(x) = h(x)h(y) = h(xy)$. Mais comme h est injective, cela exige $x = xy$, c'est-à-dire $x \leqslant y$. $(*)$ est donc satisfaite.

Réciproquement, supposons $(*)$ satisfaite et soient u et v deux éléments de A tels que $h(u) = h(v)$. On a $h(u) \leqslant h(v)$ et $h(v) \leqslant h(u)$, donc, par $(*)$, $u \leqslant v$ et $v \leqslant u$, soit $u = v$. Ainsi, h est injective. Par ailleurs, soient x et y deux éléments quelconques de A. Posons $t = h(x) \frown h(y)$. Comme h est bijective, il existe un unique élément z dans A tel que $t = h(z)$. On a $h(z) \leqslant h(x)$ et $h(z) \leqslant h(y)$, donc, d'après $(*)$, $z \leqslant x$ et $z \leqslant y$, et, par conséquent, $z \leqslant x \frown y$. Mais comme $x \frown y \leqslant x$ et $x \frown y \leqslant y$, on a, toujours grâce à $(*)$, $h(x \frown y) \leqslant h(x)$ et $h(x \frown y) \leqslant h(y)$, ce qui entraîne $h(x \frown y) \leqslant h(x) \frown h(y) = h(z)$. En utilisant encore $(*)$, on obtient $x \frown y \leqslant z$, et en définitive $z = x \frown y$, ce qui prouve que :

$$h(x \frown y) = h(x) \frown h(y).$$

En remplaçant $\frown$ par $\smile$ et $\leqslant$ par $\geqslant$ dans cette démonstration, on obtient :

$$h(x \smile y) = h(x) \smile h(y).$$

Soit u un élément quelconque de A' et t son unique antécédent dans A par h. Dans A, on a $\mathbf{0} \leqslant t$ et $t \leqslant \mathbf{1}$. Il en résulte, avec $(*)$, que, dans A', $h(\mathbf{0}) \leqslant u$ et $u \leqslant h(\mathbf{1})$. Cela montre que $h(\mathbf{0})$ et $h(\mathbf{1})$ sont respectivement le plus petit et le plus grand élément de A', autrement dit, que $h(\mathbf{0}) = \mathbf{0}$ et $h(\mathbf{1}) = \mathbf{1}$.

Pour tout élément x de A, on a alors :

$$h(x^c) \frown h(x) = h(x^c \frown x) = h(\mathbf{0}) = \mathbf{0}$$

et

$$h(x^c) \smile h(x) = h(x^c \smile x) = h(\mathbf{1}) = \mathbf{1}.$$

$h(x^c)$ est donc le complément de $h(x)$, c'est-à-dire que $(h(x))^c = h(x^c)$.

On conclut avec le théorème 4.1 : h est un homomorphisme d'algèbres de Boole.

On remarquera que la relation $h(x \smile y) = h(x) \smile h(y)$ ne nous était pas nécessaire pour appliquer le théorème 4.1, mais a servi à prouver que h commute avec l'opération de passage au complément.

☺

COROLLAIRE : *L'application composée de deux isomorphismes d'algèbres de Boole, ainsi que la bijection réciproque d'un isomorphisme d'algèbres de Boole, sont des isomorphismes d'algèbres de Boole.*

☹ Soient $\mathcal{A} = \langle A, +, \times, 0, 1 \rangle$, $\mathcal{B} = \langle B, +, \times, 0, 1 \rangle$ et $\mathcal{C} = \langle C, +, \times, 0, 1 \rangle$ des algèbres de Boole, φ un isomorphisme d'algèbres de Boole de $\mathcal{A}$ sur $\mathcal{B}$, et ψ un isomorphisme d'algèbres de Boole de $\mathcal{B}$ sur $\mathcal{C}$. Les applications φ^{-1} et $\psi \circ \varphi$ sont évidemment surjectives. Quels que soient les éléments u et v de B, $\varphi^{-1}(u) \leqslant \varphi^{-1}(v)$

équivaut à $\varphi(\varphi^{-1}(u)) \leqslant \varphi(\varphi^{-1}(v))$, c'est-à-dire à $u \leqslant v$. D'autre part, quels que soient les éléments x et y de A, on a $x \leqslant y$ si et seulement si $\varphi(x) \leqslant \varphi(y)$, et $\varphi(x) \leqslant \varphi(y)$ si et seulement si $\psi(\varphi(x)) \leqslant \psi(\varphi(y))$. Avec le théorème précédent, on en déduit que φ^{-1} et $\psi \circ \varphi$ sont des isomorphismes d'algèbres de Boole, respectivement de $\mathcal{B}$ sur $\mathcal{A}$ et de $\mathcal{A}$ sur $\mathcal{C}$.

☺

4.3 THEOREME : *Toute algèbre de Boole finie est isomorphe à l'algèbre de Boole des parties d'un ensemble.*

☹ Soit $\mathcal{A} = \langle A, \leqslant, 0, 1 \rangle$ une algèbre de Boole finie et soit E l'ensemble de ses atomes. Remarquons que E n'est pas vide puisqu'il y a au moins un atome qui minore l'élément non nul 1 (théorème 3.2). Nous allons montrer que $\mathcal{A}$ est isomorphe à l'algèbre des parties de E.

Considérons pour cela l'application h de A dans $\mathfrak{P}(E)$ qui, à tout élément de A, associe l'ensemble des atomes qui le minorent :

pour chaque $x \in A$, $h(x) = \{a \in E\ ;\ a \leqslant x\}$.

• h est surjective : en effet, on a tout d'abord $h(0) = \emptyset$ (aucun atome ne minore 0) ; d'autre part, soit $X = \{a_1, a_2, \ldots, a_k\}$ une partie non vide de E, et posons $M_X = a_1 \smile a_2 \smile \ldots \smile a_k$; on a $h(M_X) = X$: l'inclusion $X \subseteq h(M_X)$ résulte immédiatement de la définition de h (tout élément de X est un atome qui minore M_X) ; l'inclusion inverse se montre avec le théorème 3.3 : soit a un élément de $h(M_X)$, c'est-à-dire un atome qui minore $M_X = a_1 \smile a_2 \smile \ldots \smile a_k$, alors on a $a \leqslant a_i$ pour au moins un indice i (c'est clair si $k = 1$, et c'est la condition *(3)* du théorème si $k \geqslant 2$), mais comme a et a_i sont des atomes, cela exige $a = a_i$, donc $a \in X$.

• Pour tous éléments x et y de A, si $x \leqslant y$, alors $h(x) \subseteq h(y)$: en effet, si $x \leqslant y$, tout atome qui minore x est un atome qui minore y.

• Pour tous éléments x et y de A, si $h(x) \subseteq h(y)$, alors $x \leqslant y$: en effet, si x n'est pas inférieur ou égal à y, alors $x(1 + y) \neq 0$ (lemme 2.3). Comme $\mathcal{A}$ est finie, elle est atomique (théorème 3.2), on peut donc trouver un atome $a \in E$ tel que $a \leqslant x(1 + y)$. L'atome a est donc un minorant de x et de $1 + y$; il ne peut pas minorer aussi y, car il n'est pas nul. On a donc $a \in h(x)$ et $a \notin h(y)$, ce qui prouve que $h(x)$ n'est pas inclus dans $h(y)$.

Nous pouvons alors conclure, grâce au théorème 4.2, que h est un isomorphisme d'algèbres de Boole de $\mathcal{A}$ sur $\mathfrak{P}(E)$.

☺

COROLLAIRE : *Toute algèbre de Boole finie a pour cardinal une puissance de* 2.

☹ Si l'ensemble fini E a pour cardinal n, l'ensemble de ses parties, $\mathfrak{P}(E)$, a pour cardinal 2^n.

☺

Sous-algèbres de Boole

4.4 DEFINITION : *Soit* $\mathcal{A} = \langle A, +, \times, 0, 1 \rangle$ *une algèbre de Boole. Une partie* B *de* A *constitue une* ***sous-algèbre de Boole*** *de* $\mathcal{A}$ *si et seulement si* B *contient les éléments* 0 *et* 1 *et est stable pour les opérations* + *et* × *(autrement dit* $0 \in B$, $1 \in B$ *et, si* $x \in B$ *et* $y \in B$, *alors* $x + y \in B$ *et* $xy \in B$*).*

Une sous-algèbre de Boole de $\mathcal{A}$, c'est donc un sous-anneau de $\mathcal{A}$ contenant l'élément 1. Cette précision est essentielle : dans un anneau unitaire, un sous-anneau peut être lui-même unitaire, sans pour autant contenir l'élément unité de l'anneau tout entier : le rôle d'élément neutre de la multiplication est alors joué par un autre élément. Reprenons l'exemple de l'anneau $\langle \mathfrak{P}(\mathbb{Z}), \Delta, \cap, \emptyset, \mathbb{Z} \rangle$: $\mathfrak{P}(\mathbb{N})$ en est un sous-ensemble stable pour les opérations Δ et $\cap$ et il contient $\emptyset$; c'est donc un sous-anneau de $\mathfrak{P}(\mathbb{Z})$. Evidemment, $\mathbb{Z} \notin \mathfrak{P}(\mathbb{N})$. Néanmoins, $\mathbb{N}$ est élément unité pour l'anneau $\mathfrak{P}(\mathbb{N})$. Ainsi, l'anneau de Boole $\mathfrak{P}(\mathbb{N})$ est un anneau unitaire, est un sous-anneau de $\mathfrak{P}(\mathbb{Z})$, mais pas un sous-anneau unitaire : ce n'en est donc pas une sous-algèbre de Boole.

THEOREME 1 : *Soient* $\mathcal{A} = \langle A, +, \times, 0, 1 \rangle$ *une algèbre de Boole et* B *une partie de* A. *Pour que* B *constitue une sous-algèbre de Boole de* $\mathcal{A}$, *il faut et il suffit qu'il existe une algèbre de Boole* $\mathcal{A}' = \langle A', +', \times', 0', 1' \rangle$ *et un homomorphisme d'algèbres de Boole* h *de* $\mathcal{A}'$ *dans* $\mathcal{A}$ *tels que l'image de l'application* h *soit le sous-ensemble* B.

☹ • *il faut* : prenons $A' = B$, $+' = +$, $\times' = \times$, $0' = 0$, $1' = 1$ et h = l'application identique de B dans A. On vérifie immédiatement que h est un homomorphisme d'algèbres de Boole dont l'image est B.

• *il suffit* : choisissons $\mathscr{A}'$ et h comme indiqué. On a $h(0')=0$, donc $0 \in B$, et $h(1')=1$, donc $1 \in B$. De plus, si x et y sont des éléments de B, alors on peut choisir dans A' des éléments x' et y' tels que $x=h(x')$ et $y=h(y')$. On a alors :

$$x+y=h(x')+h(y')=h(x'+y'), \text{ donc } x+y \in \mathrm{Im}(h)=B\ ;$$

et $$xy=h(x')h(y')=h(x'y'), \text{ donc } xy \in \mathrm{Im}(h)=B.$$

B est donc bien une sous-algèbre de Boole de $\mathscr{A}$.

☺

THEOREME 2 : *Dans une algèbre de Boole* $\mathscr{A}=\langle A,+,\times,0,1\rangle$, *pour qu'une partie* B *de l'ensemble* A *constitue une sous-algèbre de Boole, il faut et il suffit que* B *contienne* 0 *et soit stable pour les opérations* $x \longmapsto x^c$ *et* $(x,y) \longmapsto x \frown y$.

☹ • *il faut* : comme $x^c=1+x$ et $x \frown y=xy$, et comme B doit contenir 0 et 1 et être stable pour $+$ et $\times$, le résultat est immédiat.

• *il suffit* : on a, pour tous x et y dans A, $x \smile y=(x^c \frown y^c)^c$. La stabilité de B pour le passage au complément et pour l'opération $\frown$ garantit donc la stabilité pour l'opération $\smile$. De plus, $1=0^c$ doit appartenir à B. Comme les opérations $+$ et $\times$ peuvent se définir à partir de $\frown$, de $\smile$ et du passage au complément exclusivement, on en déduit la stabilité de B pour $+$ et $\times$ et le fait que $\langle B,+,\times,0,1\rangle$ est une sous-algèbre de Boole de $\mathscr{A}$.

☺

4.5 EXEMPLES :

• 1) Soient E un ensemble infini, $A=\mathfrak{P}(E)$ l'ensemble de ses parties et B le sous-ensemble de A constitué des parties de E qui sont finies ou dont le complémentaire est fini. Montrons à l'aide du théorème précédent que B constitue une sous-algèbre de Boole de l'algèbre de Boole des parties de E.

☹ Nous appellerons partie **cofinie** de E toute partie dont le complémentaire est fini. L'ensemble vide, qui est une partie finie de E, appartient à B. Il est clair que l'ensemble B est stable par passage au complément : le complément (ici : le complémentaire ensembliste) d'une partie finie est une partie cofinie et le complément d'une partie cofinie est une partie finie. Enfin B est stable pour l'opération $\frown$ (ici : l'intersection ensembliste) : en effet l'intersection d'une partie finie de E avec n'importe quelle partie de E est une partie finie de E ; quant à l'intersection de deux parties cofinies de E, c'est une partie cofinie de E : supposons en effet que $U \subseteq E$ et $V \subseteq E$ soient cofinies ; cela signifie que $E - U$ et $E - V$ sont finies et il en est donc de même de leur réunion $(E - U) \cup (E - V)$ qui n'est autre (nous dit de Morgan) que $E - (U \cap V)$; il en résulte bien que $U \cap V$ est cofinie.

☺

• 2) Voici un exemple qui nous sera utile dans la section 6. Soient X un espace topologique et $\mathscr{B}(X)$ le sous-ensemble de $\mathfrak{P}(X)$ constitué des parties de X qui sont à la fois ouvertes et fermées pour la topologie de X (on parlera d'ouverts-fermés, comme indiqué dans les rappels). Cet ensemble $\mathscr{B}(X)$ constitue une sous-algèbre de Boole de l'algèbre de Boole des parties de X.

☺ Tout d'abord, l'ensemble vide (**0**) et l'espace X tout entier (**1**) sont naturellement des ouverts-fermés. Ensuite le complémentaire d'un ouvert-fermé est un ouvert-fermé et l'intersection de deux ouverts-fermés est un ouvert-fermé. Le théorème 2 de 4.4 permet donc, là aussi, d'obtenir la conclusion attendue.

☺

Il peut arriver que l'algèbre de Boole $\mathscr{B}(X)$ considérée ici se réduise à $\{0,1\}$ (c'est le cas par exemple si on prend pour espace X l'ensemble $\mathbb{R}$ muni de sa topologie usuelle : $\emptyset$ et $\mathbb{R}$ sont les seules parties à la fois ouvertes et fermées) ; $\mathscr{B}(X)$ peut aussi coïncider avec $\mathfrak{P}(X)$ (lorsque la topologie sur X est la topologie discrète (celle où tout sous-ensemble est ouvert) et, évidemment, seulement dans ce cas).

Donnons maintenant deux exemples d'homomorphismes d'algèbres de Boole :

• 3) Considérons l'algèbre de Boole $\mathscr{F}/\sim$ des classes de formules logiquement équivalentes dans le calcul propositionnel construit sur l'ensemble P de variables (voir les exemples 2.1). Choisissons une distribution de valeurs de vérité δ sur P et appelons comme d'habitude $\overline{\delta}$ le prolongement de δ à l'ensemble $\mathscr{F}$ de toutes les formules. On peut alors définir une application h_δ de $\mathscr{F}/\sim$ dans $\{0,1\}$ en posant, pour toute formule F :

$$h_\delta(cl(F)) = \overline{\delta}(F).$$

Cette définition est légitime puisque $\overline{\delta}(F)$ a la même valeur pour toutes les formules d'une même classe d'équivalence.

Cette application h_δ est un homomorphisme d'algèbres de Boole de $\mathscr{F}/\sim$ dans $\{0,1\}$. En vertu du théorème 4.1 et de la définition des opérations de l'algèbre de Boole $\mathscr{F}/\sim$, il suffit pour s'en assurer d'établir que, pour toutes formules F et G dans $\mathscr{F}$, on a :

$$h_\delta(cl(F \wedge G)) = h_\delta(cl(F))\, h_\delta(cl(G))$$

et

$$h_\delta(cl(\neg F)) = 1 - h_\delta(cl(F)).$$

Or ces relations équivalent à :

$$\overline{\delta}(F \wedge G) = \overline{\delta}(F)\,\overline{\delta}(G)$$

et

$$\overline{\delta}(\neg F) = 1 - \overline{\delta}(F),$$

ce qui est vérifié, par définition de $\overline{\delta}$.

On démontre (exercice 13) que tous les homomorphismes d'algèbres de Boole de $\mathcal{F}/\sim$ dans $\{0,1\}$ s'obtiennent de cette manière.

• 4) Soient $\mathcal{A} = \langle A, +, \times, 0, 1 \rangle$ une algèbre de Boole et a un atome de cette algèbre (on suppose qu'il en existe). Définissons une application h_a de A dans $\{0,1\}$ par :

$$h_a(x) = \begin{cases} 1 & \text{si } x \in A \text{ et } a \leqslant x \\ 0 & \text{si } x \in A \text{ et } a \leqslant 1 + x \end{cases}$$

(ces deux cas s'excluent l'un l'autre puisque a est différent de 0, et il n'y en a pas d'autre puisque a est un atome : voir le théorème 3.3).

Alors h_a est un homomorphisme d'algèbres de Boole de $\mathcal{A}$ dans $\{0,1\}$.

☹ Montrons-le à l'aide du théorème 4.1 : soient x et y deux éléments de A. On a $h_a(x \frown y) = 1$ si et seulement si $a \leqslant x \frown y$, mais cela équivaut, par définition de la borne inférieure, à $a \leqslant x$ et $a \leqslant y$, donc à $h_a(x) = 1$ et $h_a(y) = 1$, ce qui est nécessaire et suffisant pour que $h_a(x) \frown h_a(y) = 1$. Il en résulte que :

$$h_a(x \frown y) = h_a(x) \frown h_a(y).$$

D'autre part, $h_a(x^c) = 1$ si et seulement si $a \leqslant x^c$, c'est-à-dire $a \leqslant 1 + x$, ce qui équivaut à $h_a(x) = 0$. Comme h_a ne prend que les valeurs 0 ou 1, cela signifie que :

$$h_a(x^c) = (h_a(x))^c.$$

☺

5. IDEAUX ET FILTRES

Propriétés des idéaux

Comme indiqué dans les rappels, « idéal » signifiera ici « idéal propre ».

5.1 THEOREME : *Soient* $\langle A, \leqslant, 0, 1 \rangle$ *une algèbre de Boole et* I *un sous-ensemble de* A. *Pour que* I *soit un idéal, il faut et il suffit que les trois conditions suivantes soient satisfaites :*

(i) $0 \in I$ et $1 \notin I$;

(ii) *pour tous éléments* x et y de I, $x \smile y \in I$;

(iii) *pour tout* $x \in I$ *et pour tout* $y \in A$, *si* $y \leqslant x$, *alors* $y \in I$.

☹ Supposons d'abord que I soit un idéal. C'est donc en particulier un sous-groupe du groupe $\langle A, +, 0 \rangle$, donc $0 \in I$. Si 1 était dans I, I serait l'anneau tout entier, ce que nous avons exclu ; *(i)* est donc établi. Si x et y sont dans I, il en est de même du produit xy et, par suite, de la somme $x + y + xy = x \smile y$, ce qui prouve *(ii)*. Vérifions enfin *(iii)* : si $x \in I$ et $y \in A$, alors $xy \in I$, et si de plus $y \leqslant x$, alors $xy = y$ et, par conséquent, $y \in I$.

Réciproquement, supposons que *(i)*, *(ii)* et *(iii)* soient vérifiés et montrons que I est un idéal dans $\mathcal{A}$. Si $x \in I$ et $y \in I$, alors $x \smile y \in I$ d'après *(ii)*, mais comme $x + y \leqslant x \smile y$ (vérification immédiate), et comme $x + y = x - y$ (nous sommes dans un anneau de Boole), on en déduit avec *(iii)* que $x - y \in I$. Puisque $0 \in I$, les conditions sont réunies pour que $\langle I, +, 0 \rangle$ soit un sous-groupe de $\langle A, +, 0 \rangle$. Par ailleurs, si $x \in I$ et $y \in A$, alors, puisque $xy \leqslant x$, *(iii)* permet de conclure que $xy \in I$. L'ensemble I est donc bien un idéal dans $\mathcal{A}$ ($I \neq A$ puisque $1 \notin I$).
☺

COROLLAIRE 1 : *Dans une algèbre de Boole $\langle A, +, \times, 0, 1 \rangle$, étant donné un idéal I, il n'existe aucun élément x de A tel que $x \in I$ et $1 + x \in I$.*

☹ Si l'idéal I contenait à la fois x et $1 + x$, il devrait également contenir $x \smile (1 + x) = 1$ (propriété *(ii)* du théorème). Mais cela est impossible puisque $1 \notin I$ (*(i)*).
☺

COROLLAIRE 2 : *Soient $\mathcal{A} = \langle A, \leqslant, 0, 1 \rangle$ un anneau de Boole et I un idéal de $\mathcal{A}$. Quels que soient l'entier $k \geqslant 1$ et les éléments $x_1, x_2, \ldots, x_k$ de I, la borne supérieure $x_1 \smile x_2 \smile \ldots \smile x_k$ appartient à I.*

☹ Il s'agit d'une généralisation de la propriété *(ii)* du théorème précédent (le cas $k = 1$ allant de soi) dont la preuve est immédiate, par récurrence sur l'entier k.
☺

5.2 EXEMPLES :

• 1) Si E est un ensemble infini, l'ensemble $\mathfrak{P}_f(E)$ constitué des parties finies de E est un idéal dans l'algèbre de Boole $\mathfrak{P}(E)$. Les conditions *(i)*, *(ii)* et *(iii)* du théorème 5.1 sont très faciles à vérifier : $\emptyset$ est une partie finie de E mais E n'en est pas une, la réunion de deux parties finies de E est une partie finie de E, et toute partie incluse dans une partie finie de E est une partie finie de E.

• 2) Soient $\mathcal{A} = \langle A, +, \times, 0, 1 \rangle$ un anneau de Boole et a un élément de A différent de 1. L'ensemble $I_a = \{x \in A \, ; \, x \leqslant a\}$ est un idéal de $\mathcal{A}$. Là encore, la vérification de *(i)*, *(ii)* et *(iii)* est immédiate : on a $0 \leqslant a$, et, comme a est distinct de 1, on n'a pas $1 \leqslant a$; si $x \leqslant a$ et $y \leqslant a$, alors $x \smile y \leqslant a$; enfin si $x \leqslant a$ et $y \leqslant x$, alors $y \leqslant a$. On dit que I_a est l'**idéal principal engendré par** a. On retrouve bien là la notion usuelle d'idéal principal dans un anneau commutatif quelconque puisque, dans un anneau de Boole, l'ensemble des minorants d'un élément est aussi l'ensemble de ses multiples.

• 3) Dans toute algèbre de Boole, $\{0\}$ est, de toute évidence, un idéal.

5.3 LEMME : *Pour tout anneau de Boole* $\mathcal{A} = \langle A, +, \times, 0, 1 \rangle$ *et tout idéal* I *de* $\mathcal{A}$, *l'anneau quotient* $\mathcal{A}/I$ *est un anneau de Boole.*

☺ Pour chaque élément x de A, notons $\bar{x}$ la classe de x modulo I. On sait déjà que $\mathcal{A}/I$ est un anneau. Il suffit donc de montrer que tout élément est idempotent pour la multiplication. Mais cela résulte immédiatement de la définition de la multiplication dans $\mathcal{A}/I$ et du fait que $\mathcal{A}$ est un anneau de Boole : si $x \in A$, $\bar{x}^2 = \overline{x^2} = \bar{x}$.
☺

5.4 Référons-nous à la remarque 2 de 4.1, et rappelons que, dans un anneau commutatif et unitaire quelconque, les idéaux sont exactement les noyaux des homomorphismes d'anneaux unitaires définis sur cet anneau. Le théorème qui suit ne fait que reprendre ce résultat pour les anneaux de Boole, en y apportant une petite précision : il montre que les idéaux d'un anneau de Boole sont exactement les noyaux des homomorphismes d'algèbre de Boole définis sur cet anneau.

THEOREME : *Soient* $\mathcal{A} = \langle A, +, \times, 0, 1 \rangle$ *un anneau de Boole et* I *un sous-ensemble de* A. *Les propriétés suivantes sont équivalentes :*

(1) I *est un idéal de* $\mathcal{A}$ *;*

(2) *il existe un homomorphisme d'algèbres de Boole* h *défini sur* A *dont* I *est le noyau (c'est-à-dire tel que :*
$$I = h^{-1}[\{0\}] = \{x \in A \, ; \, h(x) = 0\}) \, ;$$

(3) *il existe un homomorphisme d'anneaux unitaires (commutatifs) défini sur* A *dont* I *est le noyau.*

☺ Le résultat rappelé ci-dessus est l'équivalence entre *(1)* et *(3)* ; quant à *(2)* $\Longrightarrow$ *(3)*, c'est une évidence. Nous allons tout de même démontrer *(3)* $\Longrightarrow$ *(1)*, et ensuite *(1)* $\Longrightarrow$ *(2)*, qui est, comme annoncé, plus précis que *(1)* $\Longrightarrow$ *(3)*.

• *(3)* $\Longrightarrow$ *(1)* : supposons qu'il y ait un homomorphisme h de $\mathcal{A}$ dans un anneau unitaire $\mathcal{B} = \langle B, +, \times, 0, 1 \rangle$ tel que $I = h^{-1}[\{0\}] = \{x \in A \; ; \; h(x) = 0\}$. Vérifions que les conditions *(i)*, *(ii)*, et *(iii)* du théorème 5.1 sont satisfaites :

On a $h(0) = 0$ et $h(1) = 1$, donc $0 \in I$ et $1 \notin I$. Si $x \in I$ et $y \in I$, $h(x) = 0$ et $h(y) = 0$, donc $h(x \smile y) = h(x + y + xy) = h(x) + h(y) + h(x)h(y) = 0$ et $x \smile y \in I$. Enfin, si $x \in I$, $y \in A$ et $y \leqslant x$, alors $h(x) = 0$ et $xy = y$, d'où $h(y) = h(x)h(y) = 0$, c'est-à-dire $y \in I$.

Ainsi, I est un idéal de $\mathcal{A}$.

(Bien sûr, il ne pouvait être question d'utiliser dans $\mathcal{B}$ une relation d'ordre ou des opérations $\smile$ ou $\frown$).

• *(1)* $\Longrightarrow$ *(2)* : supposons que I soit un idéal de $\mathcal{A}$, et considérons l'application h de A dans A/I qui, à chaque élément x, associe sa classe modulo I : $\bar{x}$ (h est donc ce que l'on appelle d'habitude la surjection canonique de A sur A/I). h est un homomorphisme d'algèbres de Boole (l'**homomorphisme canonique** de $\mathcal{A}$ sur $\mathcal{A}/I$). On s'en assure avec le théorème 4.1 : si $x \in A$ et $y \in A$, alors

$$h(x \frown y) = h(xy) = \overline{xy} = \bar{x} \times \bar{y} = h(x) \times h(y) = h(x) \frown h(y) \; ;$$

et

$$h(x^c) = h(1 + x) = \overline{1 + x} = \bar{1} + \bar{x} = \bar{1} + h(x) = (h(x))^c.$$

Il est d'autre part clair que $I = \bar{0} = \{x \in A \; ; \; h(x) = \bar{0}\}$: I est le noyau de h.

☺

Idéaux maximaux

5.5 Voici diverses caractérisations des idéaux maximaux dans une algèbre de Boole :

THEOREME : *Pour tout anneau de Boole* $\mathcal{A} = \langle A, +, \times, 0, 1 \rangle$, *pour tout idéal* I *de* $\mathcal{A}$, *et pour tout entier* $k \geqslant 2$, *les propriétés suivantes sont équivalentes :*

(1) *I est un idéal maximal ;*

(2) $\mathcal{A}/I$ *est isomorphe à l'algèbre de Boole* $\{0,1\}$ *;*

(3) *I est le noyau d'un homomorphisme de* $\mathcal{A}$ *dans* $\{0,1\}$ *;*

(4) *pour tout élément* x *de* A, $x \in I$ *ou* $1 + x \in I$ *;*

(5) *pour tous éléments* x *et* y *de* A, *si* $xy \in I$, *alors* $x \in I$ *ou* $y \in I$ *;*

(6) *pour tous éléments* $x_1, x_2, \ldots, x_k$ *de* A, *si* $x_1 x_2 \ldots x_k \in I$, *alors* $x_1 \in I$ *ou* $x_2 \in I$ *ou ... ou* $x_k \in I$.

☺ • *(1) ⟹ (2)* : On a rappelé (section 1) que, si l'idéal I est maximal, l'anneau quotient $\mathcal{A}/I$ est un corps. Mais on a également observé (remarque 2.2) que le seul anneau de Boole qui soit un corps est $\{0,1\}$. Avec le lemme 5.3, on obtient donc la conclusion attendue.

• *(2) ⟹ (3)* : Il suffit de remarquer que I est toujours le noyau de l'homomorphisme canonique h de $\mathcal{A}$ dans $\mathcal{A}/I$. S'il y a un isomorphisme φ de $\mathcal{A}/I$ sur $\{0,1\}$, I sera évidemment le noyau de l'homomorphisme $\varphi \circ h$ de $\mathcal{A}$ dans $\{0,1\}$.

• *(3) ⟹ (4)* : Considérons un homomorphisme h de $\mathcal{A}$ dans $\{0,1\}$ dont I soit le noyau, et soit x un élément quelconque de A. On a $h(x) = 0$ ou $h(x) = 1$. Dans le premier cas, $x \in I$; dans le second, on a $1 + h(x) = 0$, soit $h(1 + x) = 0$, et $1 + x \in I$.

• *(4) ⟹ (5)* : Soient x et y des éléments de A tels que $x \notin I$ et $y \notin I$. Si *(4)* est vérifié, alors $1 + x \in I$ et $1 + y \in I$, donc $(1 + x) \smile (1 + y) \in I$ (propriété *(ii)* du théorème 5.1). Mais $(1 + x) \smile (1 + y) = 1 + (x \frown y) = 1 + xy$, donc, d'après le corollaire 1 de 5.1, $xy \notin I$ et *(5)* est démontré.

• *(5) ⟹ (1)* : Supposons que I ne soit pas maximal. Soient J un idéal de $\mathcal{A}$ contenant strictement I et a un élément de J qui n'appartient pas à I. D'après le corollaire 1 de 5.1, $1 + a \notin J$, donc $1 + a \notin I$ puisque $I \subseteq J$. L'idéal I ne contient ni a ni $1 + a$, mais il contient évidemment le produit $a(1 + a) = 0$. On en déduit que *(5)* n'est pas satisfait.

• *(5) ⟹ (6)* : On suppose que *(5)* est satisfait et on raisonne par récurrence sur l'entier k. Pour $k = 2$, *(6)* coïncide avec *(5)*. Supposons *(6)* vérifié à l'ordre k et prouvons-le à l'ordre $k + 1$. Considérons des éléments $x_1, x_2, \ldots, x_k, x_{k+1}$ dans A tels que $x_1x_2\ldots x_kx_{k+1} \in I$. D'après *(5)*, on a alors $x_1x_2\ldots x_k \in I$ ou $x_{k+1} \in I$. Dans la première éventualité, on a, par hypothèse de récurrence, $x_1 \in I$ ou $x_2 \in I$ ou ... ou $x_k \in I$. On voit donc qu'on doit avoir $x_i \in I$ pour au moins un indice i tel que $1 \leqslant i \leqslant k + 1$, ce qui démontre *(6)* à l'ordre $k + 1$.

• *(6) ⟹ (5)* : Soient x et y deux éléments de A tels que $xy \in I$. Posons $x_1 = x$ et $x_2 = x_3 = \ldots = x_k = y$. On a $x_1x_2\ldots x_k = xy \in I$. Donc, si *(6)* est vrai, on doit avoir $x_i \in I$ pour au moins un indice i compris entre 1 et k, c'est-à-dire $x \in I$ ou $y \in I$, et *(5)* est vérifié.

☹

REMARQUE 1 : Dans un anneau commutatif quelconque, un idéal qui possède la propriété *(5)* du théorème précédent est appelé **idéal premier**. Ce que nous venons de voir, c'est que, dans un anneau de Boole, les idéaux premiers sont exactement les mêmes que les idéaux maximaux. Mais il y a des anneaux où cela cesse d'être vrai. Ce qui est toujours vrai, c'est qu'un idéal est premier si et seulement si l'anneau quotient qui lui est associé est intègre (c'est facile à démontrer) ; on en déduit aussi qu'un idéal maximal est nécessairement premier (il suffit de considérer l'anneau quotient correspondant). C'est donc la réciproque qui peut être mise en défaut (par exemple, dans l'anneau $\mathbb{R}[X,Y]$ des polynômes à deux indéterminées à coefficients réels : l'idéal engendré par le polynôme X, c'est-à-dire l'ensemble $\{XP \; ; \; P \in \mathbb{R}[X,Y]\}$, est premier mais n'est pas maximal car il est strictement inclus dans l'idéal engendré par les polynômes X et Y, c'est-à-dire l'ensemble $\{XP + YQ \; ; \; P \in \mathbb{R}[X,Y], \; Q \in \mathbb{R}[X,Y]\}$).

REMARQUE 2 : On retiendra en particulier l'équivalence entre les propriétés *(1)* et *(3)*. On observera que, si deux homomorphismes g et h d'une algèbre de Boole $\mathcal{A} = \langle A, +, \times, 0, 1 \rangle$ dans $\{0,1\}$ ont même noyau I, ils sont identiques : car, pour tout élément x dans A, ou bien $x \in I$ et $g(x) = h(x) = 0$, ou bien $x \notin I$ et $g(x) = h(x) = 1$. On en déduit que l'ensemble des idéaux maximaux d'une algèbre de Boole est en bijection avec l'ensemble des homomorphismes d'algèbre de Boole de cette algèbre dans $\{0,1\}$.

Filtres

5.6 Nous allons maintenant introduire la notion duale de celle d'idéal dans une algèbre de Boole : nous allons définir les filtres.

DEFINITION : *Un* ***filtre*** *dans une algèbre de Boole* $\mathcal{A} = \langle A, +, \times, 0, 1 \rangle$ *est une partie* F *de* A *telle que l'ensemble*

$$\{x \in A \; ; \; x^c \in F\}$$

soit un idéal dans $\mathcal{A}$.

Soit F un filtre dans une algèbre de Boole $\mathcal{A} = \langle A, +, \times, 0, 1 \rangle$. Appelons I l'idéal $\{x \in A \; ; \; x^c \in F\}$. I apparaît comme l'image réciproque de F par l'opération de complémentation : $x \longmapsto x^c$. Mais comme cette opération est involutive (théorème 2.3, *9*), I est aussi l'image directe de F par cette opération : $I = \{x \in A \; ; \; \exists y (y \in F \text{ et } x = y^c)\}$. En d'autres termes, I est l'ensemble des compléments des éléments de F et F est l'ensemble des compléments des éléments de I. L'idéal I est appelé l'**idéal dual** du filtre F. Il est très facile de voir que, étant donné un idéal quelconque J de $\mathcal{A}$, l'ensemble $G = \{x \in A \; ; \; x^c \in J\}$ est un filtre dont l'idéal dual est précisément J. A la surprise générale, G s'appellera le **filtre dual** de l'idéal J. Il y a donc une correspondance bijective entre l'ensemble des idéaux et l'ensemble des filtres dans une algèbre de Boole. On a pour les filtres un dual du théorème 5.1 :

THEOREME : *Soient* $<A, \leqslant, 0, 1>$ *une algèbre de Boole et* F *un sous-ensemble de* A. *Pour que* F *soit un filtre, il faut et il suffit que les trois conditions suivantes soient satisfaites :*

(f) $0 \notin F$ et $1 \in F$;

(ff) *pour tous éléments* x *et* y *de* F, $x \frown y \in F$;

(fff) *pour tout* $x \in F$ *et tout* $y \in A$, *si* $y \geqslant x$, *alors* $y \in F$.

☹ Posons $I = \{x \in A \ ; x^c \in F\}$. Si F est un filtre, I est l'idéal dual et les conditions *(i)*, *(ii)* et *(iii)* du théorème 5.1 sont satisfaites. On a donc $0 \in I$, d'où $0^c = 1 \in F$, et $1 \notin I$, d'où $1^c = 0 \notin F$, ce qui prouve *(f)*. Si $x \in F$ et $y \in F$, alors $x^c \in I$ et $y^c \in I$, donc $x^c \smile y^c \in I$ (*(ii)*), et comme $x^c \smile y^c = (x \frown y)^c$, on en conclut que $x \frown y \in F$ et *(ff)* est établi. Enfin, si $x \in F$, $y \in A$ et $y \geqslant x$, alors $x^c \in I$ et $y^c \leqslant x^c$, et (par *(iii)*) $y^c \in I$ et $y \in F$, d'où *(fff)*.

Réciproquement, on voit de façon tout à fait analogue que *(i)* se déduit de *(f)*, *(ii)* de *(ff)* et *(iii)* de *(fff)*.

☺

COROLLAIRE : *Soient* $\mathcal{A} = <A, \leqslant, 0, 1>$ *une algèbre de Boole et* F *un filtre de* $\mathcal{A}$. *Quels que soient l'entier* $k \geqslant 1$ *et les éléments* $x_1, x_2, ..., x_k$ *de* F, *la borne inférieure* $x_1 \frown x_2 \frown ... \frown x_k$ *appartient à* F.

☹ Analogue du corollaire 2 de 5.1.

☺

Ultrafiltres

5.7 DEFINITION : *Dans une algèbre de Boole, un* **ultrafiltre** *est un filtre* **maximal**, *c'est-à-dire un filtre qui n'est strictement inclus dans aucun autre filtre.*

Il est clair que, dans la dualité évoquée ci-dessus, les ultrafiltres correspondent aux idéaux maximaux. En d'autres termes, le filtre dual d'un idéal maximal est un ultrafiltre, et l'idéal dual d'un ultrafiltre est un idéal maximal.

Nous aurons pour les filtres un analogue du théorème 5.5 :

THEOREME : *Pour tout anneau de Boole* $\mathcal{A} = \langle A, +, \times, 0, 1 \rangle$, *pour tout filtre* F *de* $\mathcal{A}$ *et pour tout entier* $k \geqslant 2$, *les propriétés suivantes sont équivalentes :*

(1') F *est un ultrafiltre ;*

(3') *il existe un homomorphisme* h *de* $\mathcal{A}$ *dans* $\{0,1\}$ *tel que :*

$$F = \{x \in A \; ; \; h(x) = 1\} \; ;$$

(4') *pour tout élément* x *de* A, $x \in F$ *ou* $1 + x \in F$ *;*

(5') *pour tous éléments* x *et* y *de* A, *si* $x \smile y \in F$, *alors* $x \in F$ *ou* $y \in F$ *;*

(6') *pour tous éléments* $x_1, x_2, \ldots, x_k$ *de* A, *si* $x_1 \smile x_2 \smile \ldots \smile x_k \in F$, *alors* $x_1 \in F$ *ou* $x_2 \in F$ *ou* ... *ou* $x_k \in F$.

☺ L'algèbre $\mathcal{A}$, le filtre F et l'entier k étant donnés, appelons I l'idéal dual de F. Des vérifications tout à fait élémentaires permettent de montrer que les propriétés *(1')*, *(3')*, *(4')*, *(5')* et *(6')* pour le filtre F sont respectivement équivalentes aux propriétés *(1)*, *(3)*, *(4)*, *(5)* et *(6)* du théorème 5.5 pour l'idéal I (on utilise la correspondance entre I et F, les lois de de Morgan, etc).

☺

REMARQUE 1 : Dans la propriété *(4)* du théorème 5.5, comme dans la propriété *(4')* ci-dessus, le « ou » est en fait un « ou exclusif » (voir le corollaire 1 de 5.1). Cela veut dire que, si F est un ultrafiltre dans une algèbre de Boole $\langle A, +, \times, 0, 1 \rangle$, et si I est l'idéal maximal dual de F, alors I et F constituent une partition de l'ensemble A. Ainsi, chacun des ensembles I et F se trouve être en même temps :

- le complémentaire de l'autre (en tant que parties de A),
- et l'ensemble des compléments des éléments de l'autre (au sens de l'algèbre de Boole considérée).

La deuxième situation se retrouve chaque fois qu'on a un idéal et un filtre duaux l'un de l'autre, mais la première ne se produit que si l'idéal et le filtre en question sont maximaux.

REMARQUE 2 : Revenons sur la remarque 2 de 5.5 : nous pouvons la compléter et retenir le fait que, étant donnée une algèbre de Boole $\mathcal{A}$, il y a correspondance bijective canonique entre les idéaux maximaux de $\mathcal{A}$, les ultrafiltres de $\mathcal{A}$, et les homomorphismes d'algèbre de Boole de $\mathcal{A}$ dans $\{0,1\}$.

5.8 EXEMPLES : Pour avoir des exemples de filtres, il suffit évidemment de se reporter aux exemples d'idéaux déjà examinés (5.2) et de les transformer par dualité. Le lecteur fera sans difficulté toutes les vérifications nécessaires :

• 1) Si E est un ensemble infini, l'ensemble des parties cofinies de E (voir l'exemple 1 de 4.5) est un filtre dans l'algèbre de Boole $<\mathfrak{P}(E), \subseteq, \emptyset, E>$. Ce filtre est appelé **filtre de Fréchet** sur E. Ce n'est pas un ultrafiltre, parce qu'il y a des parties de E qui sont infinies et dont le complémentaire est aussi infini, ce qui fait que la condition *(4')* du théorème 5.7 n'est pas satisfaite.

• 2) Si a est un élément non nul dans une algèbre de Boole $<A, \leqslant, 0, 1>$, l'ensemble $F_a = \{x \in A \,;\, x \geqslant a\}$ est un filtre appelé **filtre principal engendré par a**. C'est le filtre dual de l'idéal principal engendré par $1 + a$.

• 3) L'ensemble $\{1\}$ est le filtre dual de l'idéal $\{0\}$.

5.9 THEOREME : *Soient $<A, \leqslant, 0, 1>$ une algèbre de Boole et a un élément non nul de A. Pour que le filtre principal engendré par a soit un ultrafiltre, il faut et il suffit que a soit un atome.*

☹ En vertu du théorème 3.3 et de la définition du filtre F_a, a est un atome si et seulement si, pour tout élément x de A, $x \in F_a$ ou $1 + x \in F_a$, mais, pour cela, il faut et il suffit que F_a soit un ultrafiltre (théorème 5.7, *(4')* $\Longleftrightarrow$ *(1')*).
☺

Lorsque le filtre principal F_a engendré par l'élément non nul a est un ultrafiltre (donc : lorsque a est un atome), on dit que c'est un ultrafiltre **trivial**. L'homomorphisme h_a à valeurs dans $\{0,1\}$ qui lui est associé s'appelle aussi homomorphisme **trivial**. Comme il est défini par : $h_a(x) = 1$ si $x \in F_a$ et $h_a(x) = 0$ si $x \notin F_a$, et comme cela est manifestement équivalent à : $h_a(x) = 1$ si $a \leqslant x$ et $h_a(x) = 0$ si $a \leqslant 1 - x$, on voit qu'il s'agit exactement de l'homomorphisme étudié dans l'exemple 4 de 4.5.

5.10 LEMME : *Soient $\mathcal{A}$ une algèbre de Boole et $\mathcal{U}$ un ultrafiltre de $\mathcal{A}$. Pour que $\mathcal{U}$ soit trivial, il faut et il suffit qu'il contienne au moins un atome.*

☹ Si $\mathcal{U}$ est trivial, il est engendré par un atome a, et puisque $a \leqslant a$, $a \in \mathcal{U}$.

Réciproquement, si $\mathcal{U}$ contient un atome b, il contient aussi tous les majorants de b (condition *(fff)* du théorème 5.6). Il en résulte que le filtre principal F_b engendré par b

est inclus dans $\mathcal{U}$. Mais, comme b est un atome, F_b est maximal et ne peut être inclus strictement dans le filtre $\mathcal{U}$. Donc $\mathcal{U} = F_b$ et $\mathcal{U}$ est un ultrafiltre trivial.
☺

5.11 THEOREME : *Soit* E *un ensemble infini et* $\mathcal{U}$ *un ultrafiltre de l'algèbre de Boole* $\mathfrak{P}(E)$. *Pour que* $\mathcal{U}$ *soit non trivial, il faut et il suffit qu'il contienne le filtre de Fréchet sur* E.

☺ Les atomes dans $\mathfrak{P}(E)$ sont les singletons (parties à un élément) ; ce sont donc des parties finies. Si $\mathcal{U}$ contient le filtre de Fréchet, toute partie cofinie de E appartient à $\mathcal{U}$, donc aucune partie finie de E n'appartient à $\mathcal{U}$ ($\mathcal{U}$ ne peut contenir en même temps une partie de E et son complémentaire : voir la remarque 1 de 5.7). En particulier, aucun atome n'appartient à $\mathcal{U}$. On en déduit, avec le lemme précédent, que $\mathcal{U}$ est non trivial.

Si $\mathcal{U}$ ne contient pas le filtre de Fréchet, on peut choisir une partie cofinie X de E qui n'appartient pas à $\mathcal{U}$, et qui est donc telle que son complément(aire) $E - X$ appartient à $\mathcal{U}$. Comme E est l'élément unité de l'algèbre de Boole $\mathfrak{P}(E)$, $E \in \mathcal{U}$; d'où $X \neq E$. Le complémentaire de X dans E est donc une partie finie non vide de E : par exemple, $E - X = \{\alpha_1, \alpha_2, \ldots, \alpha_n\}$ $(n \geqslant 1)$. On a donc $\{\alpha_1, \alpha_2, \ldots, \alpha_n\} \in \mathcal{U}$, c'est-à-dire aussi : $\{\alpha_1\} \cup \{\alpha_2\} \cup \ldots \cup \{\alpha_n\} = \{\alpha_1\} \smallsmile \{\alpha_2\} \smallsmile \ldots \smallsmile \{\alpha_n\} \in \mathcal{U}$. Si $n = 1$, $\{\alpha_1\} \in \mathcal{U}$. Si $n \geqslant 2$, d'après la propriété *(6')* du théorème 5.7, on a $\{\alpha_i\} \in \mathcal{U}$ pour au moins un indice i compris entre 1 et n. On voit que, dans tous les cas, $\mathcal{U}$ contient un singleton, c'est-à-dire un atome. Le lemme précédent montre alors que $\mathcal{U}$ est trivial.
☺

REMARQUE : Dans l'exercice 16, on démontre une propriété dont ce théorème 5.11 apparaîtra comme un cas particulier.

Bases de filtre

5.12 DEFINITION : *Dans une algèbre de Boole* $< A, \leqslant, 0, 1 >$, *une* **base de filtre** *est une partie* B *de* A *qui possède la propriété suivante, appelée* **propriété de l'intersection finie** : *toute partie finie non vide de* B *a une borne inférieure non nulle.*

En d'autres termes, $B \subseteq A$ est une base de filtre si et seulement si : quel que soit l'entier $k \geqslant 1$, et quels que soient les éléments $x_1, x_2, \ldots, x_k$ de B, $x_1 \frown x_2 \frown \ldots \frown x_k \neq \mathbf{0}$.

LEMME : *Soient $\mathcal{A} = \langle A, \leqslant, 0, 1 \rangle$ une algèbre de Boole et X une partie de A. Pour qu'il existe un filtre de $\mathcal{A}$ contenant X, il faut et il suffit que X soit une base de filtre.*

☹ Si X est inclus dans un filtre F, et si $x_1, x_2, \ldots, x_k$ sont des éléments de X, alors leur borne inférieure $x_1 \frown x_2 \frown \ldots \frown x_k$ appartient à F (corollaire 5.6), et comme $\mathbf{0} \notin F$, cette borne inférieure est non nulle ; X est donc une base de filtre.

Supposons maintenant que X soit une base de filtre.

- Si $X = \emptyset$, $\{1\}$ est un filtre sur $\mathcal{A}$ qui contient X.
- Si X n'est pas vide, on pose :

$F_X = \{ x \in A$; il existe un entier $k \geqslant 1$ et des éléments $x_1, x_2, \ldots x_k$ de X tels que $x \geqslant x_1 \frown x_2 \frown \ldots \frown x_k \}$.

F_X est donc constitué des bornes inférieures des parties finies non vides de X ainsi que de tous les majorants de ces bornes inférieures. En particulier, chaque élément de X appartient à F_X, donc F_X contient X. Il est facile de prouver que F_X est un filtre. Bornons-nous aux indications suivantes :

(f) $\mathbf{0} \notin F_X$ (sinon la propriété de l'intersection finie ne serait pas vraie pour X) et $\mathbf{1} \in F_X$ (parce que X est non vide : **1** majore alors au moins un élément de X).

(ff) Si $x \geqslant x_1 \frown x_2 \frown \ldots \frown x_h$ et $y \geqslant y_1 \frown y_2 \frown \ldots \frown y_k$, alors on a :

$$x \frown y \geqslant x_1 \frown x_2 \frown \ldots \frown x_h \frown y_1 \frown y_2 \frown \ldots \frown y_k.$$

(fff) Si $x \geqslant x_1 \frown x_2 \frown \ldots \frown x_k$ et $y \geqslant x$, alors $y \geqslant x_1 \frown x_2 \frown \ldots \frown x_k$.

On a bien trouvé un filtre contenant X.

☺

5.13 Le théorème de Krull, rappelé au début du chapitre, peut être énoncé, dans le cas particulier des anneaux de Boole, en termes de filtres. On l'appelle alors le **théorème de l'ultrafiltre** :

THEOREME : *Dans une algèbre de Boole, tout filtre est contenu dans au moins un ultrafiltre.*

☹ Etant donné un filtre F, l'idéal dual de F est contenu dans au moins un idéal maximal, dont le filtre dual est un ultrafiltre qui contient F.

☺

Bien entendu, la formulation en termes de filtres et la formulation en termes d'idéaux sont, pour les algèbres de Boole, équivalentes.

Le théorème de l'ultrafiltre nous permet de donner une version un peu différente du lemme 5.12 :

LEMME : *Soient* $\mathscr{A} = \langle A, \leqslant, 0, 1 \rangle$ *une algèbre de Boole et* X *une partie de* A. *Pour qu'il existe un ultrafiltre de* $\mathscr{A}$ *contenant* X, *il faut et il suffit que* X *soit une base de filtre.*

☺ Les propriétés « il existe un ultrafiltre de $\mathscr{A}$ contenant X » et « il existe un filtre de $\mathscr{A}$ contenant X » sont équivalentes : bien évidemment, la première implique la deuxième ; l'implication inverse résulte du théorème de l'ultrafiltre. Le lemme 5.12 permet de conclure.

☺

6. LE THEOREME DE STONE

6.1 Le premier exemple d'algèbre de Boole qui vient à l'esprit, c'est sans doute celui de l'algèbre des parties d'un ensemble. Est-ce que toute algèbre de Boole est (nous voulons dire « est isomorphe à ») l'algèbre de Boole des parties d'un ensemble ? Nous avons déjà les éléments pour répondre non à cette question : nous avons rencontré des algèbres de Boole sans atome (exemple 2 de 3.1) et nous savons que l'algèbre des parties d'un ensemble contient toujours des atomes : les singletons ; or un isomorphisme transforme un atome en atome (exercice 3) ; une algèbre de Boole sans atome ne peut donc être isomorphe à une algèbre de Boole qui en contient.

Cependant, le théorème de Stone, auquel cette section est consacrée, montre qu'il y a toujours un lien qui rattache une algèbre de Boole à l'algèbre des parties d'un ensemble. De façon précise, toute algèbre de Boole est isomorphe à une sous-algèbre de Boole de l'algèbre des parties d'un ensemble.

L'espace de Stone d'une algèbre de Boole

On considère une algèbre de Boole $\mathcal{A} = \langle A, +, \times, 0, 1 \rangle$.

6.2 DEFINITION : *On appelle* **espace de Stone de** $\mathcal{A}$, *et on note* $S(\mathcal{A})$, *l'ensemble des homomorphismes d'algèbres de Boole de* $\mathcal{A}$ *dans* $\{0,1\}$.

On pourrait choisir tout aussi bien l'ensemble des idéaux maximaux ou l'ensemble des ultrafiltres de $\mathcal{A}$ (en raison de la remarque 2 de 5.7).

L'ensemble $S(\mathcal{A})$ est une partie de $\{0,1\}^A$, ensemble des applications de A dans $\{0,1\}$, que nous avons considéré comme un espace topologique en le munissant de la topologie produit de la topologie discrète sur $\{0,1\}$ (voir 1.9). On peut donc munir $S(\mathcal{A})$ de la topologie induite de celle de $\{0,1\}^A$. Les ouverts de la topologie de $S(\mathcal{A})$ sont alors les traces sur $S(\mathcal{A})$ (c'est-à-dire les intersections avec $S(\mathcal{A})$) des ouverts de $\{0,1\}^A$.

6.3 LEMME : *L'espace topologique* $S(\mathcal{A})$ *est de dimension zéro.*

☹ On a vu (lemme 1.9) que $\{0,1\}^A$ est de dimension zéro. Il suffit donc d'appliquer le lemme 2 de 1.8.

☺

Nous avons mis en évidence, en 1.9, une base d'ouverts $(\Omega_i)_{i \in I}$ de l'espace $\{0,1\}^A$, constituée d'ouverts-fermés. Chacun des Ω_i est l'ensemble des applications de A dans $\{0,1\}$ qui prennent des valeurs données en un nombre fini de points donnés. D'après le lemme 2 de 1.8, si nous posons, pour chaque $i \in I$, $\Gamma_i = \Omega_i \cap S(\mathcal{A})$, la famille $(\Gamma_i)_{i \in I}$ ainsi obtenue est une base d'ouverts pour $S(\mathcal{A})$ constituée d'ouverts-fermés. Chaque Γ_i est l'ensemble des homomorphismes d'algèbres de Boole de $\mathcal{A}$ dans $\{0,1\}$ qui prennent des valeurs données en un nombre fini de points donnés.

Désormais, c'est exclusivement cette base d'ouverts que nous considérerons pour l'espace $S(\mathcal{A})$. Quand nous parlerons d'un ouvert élémentaire de l'espace de Stone de $\mathcal{A}$, il s'agira d'un des ouverts-fermés de la famille $(\Gamma_i)_{i \in I}$.

6.4 LEMME : *Pour qu'une partie* Δ *de* $S(\mathcal{A})$ *en soit un ouvert élémentaire, il faut et il suffit qu'il existe un élément* a *dans* A *tel que :*

$$\Delta = \{ h \in S(\mathcal{A}) \ ; \ h(a) = 1 \}.$$

De plus, quand cette condition est réalisée, un tel élément a *est unique.*

☹ • *il suffit.* Supposons que $\Delta = \{ h \in S(\mathcal{A}) \ ; \ h(a) = 1 \}$; Δ est l'ensemble des homomorphismes de $\mathcal{A}$ dans $\{0,1\}$ qui prennent la valeur 1 au point a : c'est donc un des ouverts élémentaires de $S(\mathcal{A})$.

• *il faut.* Supposons que Δ soit un ouvert élémentaire de $S(\mathcal{A})$.

• Si $\Delta = \emptyset$, alors $\Delta = \{ h \in S(\mathcal{A}) \ ; \ h(0) = 1 \}$.

• Si $\Delta \neq \emptyset$, alors il existe un entier $n \geqslant 1$, des éléments $a_1, a_2, \ldots, a_n$ dans A, et des éléments $\varepsilon_1, \varepsilon_2, \ldots, \varepsilon_n$ dans $\{0,1\}$, tels que :

$$\Delta = \{ h \in S(\mathcal{A}) \ ; \ h(a_1) = \varepsilon_1 \text{ et } h(a_2) = \varepsilon_2 \text{ et } \ldots \text{ et } h(a_n) = \varepsilon_n \}.$$

Pour chaque $k \in \{1,2,\ldots,n\}$, posons :

$$b_k = \begin{cases} a_k & \text{si } \varepsilon_k = 1 \ ; \\ 1 + a_k & \text{si } \varepsilon_k = 0 \ . \end{cases}$$

Pour tout homomorphisme $h \in S(\mathcal{A})$, et pour tout $k \in \{1,2,\ldots,n\}$, on a :

$$h(b_k) = \begin{cases} h(a_k) & \text{si } \varepsilon_k = 1 \ ; \\ 1 + h(a_k) & \text{si } \varepsilon_k = 0 \ . \end{cases}$$

On en déduit que, pour $h \in S(\mathcal{A})$, $h \in \Delta$ si et seulement si $h(b_k) = 1$ pour tout $k \in \{1,2,\ldots,n\}$. Mais cette dernière condition équivaut à : $h(b_1) \frown h(b_2) \frown \ldots \frown h(b_n) = 1$, ou encore, puisqu'il s'agit d'homomorphismes, à $h(b_1 \frown b_2 \frown \ldots \frown b_n) = 1$.

On voit donc que, si on pose $a = b_1 \frown b_2 \frown \ldots \frown b_n$, on a :

$$\Delta = \{ h \in S(\mathcal{A}) \ ; \ h(a) = 1 \}.$$

Montrons maintenant l'unicité : si a et b sont deux éléments distincts de A, $a + b$ est différent de 0 ; on peut donc considérer le filtre principal engendré par $a + b$ et, d'après le théorème de l'ultrafiltre, un ultrafiltre contenant ce filtre. A un tel ultrafiltre est associé un homomorphisme φ de $\mathcal{A}$ dans $\{0,1\}$ qui est tel que $\varphi(a + b) = 1$, ou encore $\varphi(a) + \varphi(b) = 1$, ce qui signifie que un et un seul des deux éléments $\varphi(a)$ et $\varphi(b)$ est égal à 1. Cela prouve que $\{ h \in S(\mathcal{A}) \ ; \ h(a) = 1 \} \neq \{ h \in S(\mathcal{A}) \ ; \ h(b) = 1 \}$ puisque φ appartient à un de ces deux ensembles et pas à l'autre.

☺

COROLLAIRE : *L'ensemble des fermés élémentaires de* $S(\mathcal{A})$ *coïncide avec l'ensemble de ses ouverts élémentaires.*

☹ Soit Γ un fermé élémentaire de $S(\mathcal{A})$. Alors $\Delta = S(\mathcal{A}) - \Gamma$ est un ouvert élémentaire ; donc (lemme précédent), il existe un élément $a \in A$ tel que :

$$\Delta = \{h \in S(\mathcal{A}) \ ; \ h(a) = 1\}.$$

D'où :

$$\Gamma = \{h \in S(\mathcal{A}) \ ; \ h(a) \neq 1\} = \{h \in S(\mathcal{A}) \ ; \ h(a) = 0\} = \{h \in S(\mathcal{A}) \ ; \ h(1 + a) = 1\}.$$

On voit, toujours grâce au lemme précédent, que Γ est un ouvert élémentaire.

On montrerait de même que tout ouvert élémentaire est un fermé élémentaire.

☺

6.5 LEMME : *L'espace topologique* $S(\mathcal{A})$ *est compact.*

☹ Tout d'abord, la topologie de $S(\mathcal{A})$ est séparée puisque celle de $\{0,1\}^A$ l'est.

Il nous faut ensuite montrer que, de toute famille de fermés de $S(\mathcal{A})$ dont l'intersection est vide, on peut extraire une sous-famille finie dont l'intersection est déjà vide. Mais on a vu (1.7, lemme 3) que l'on peut se contenter de le vérifier pour une famille de fermés élémentaires ; or, ici, comme on vient de le voir, les fermés élémentaires coïncident avec les ouverts élémentaires. Considérons donc une famille $(\Sigma_j)_{j \in J}$ d'ouverts élémentaires de $S(\mathcal{A})$, infinie, telle que $\bigcap_{j \in J} \Sigma_j = \emptyset$. D'après le lemme précédent, il existe, pour chaque $j \in J$, un unique élément x_j dans A tel que :

$$\Sigma_j = \{h \in S(\mathcal{A}) \ ; \ h(x_j) = 1\}.$$

Posons $X = \{x_j \ ; \ j \in J\}$. Dire que l'intersection de la famille $(\Sigma_j)_{j \in J}$ est vide, c'est dire qu'il n'y a aucun homomorphisme d'algèbres de Boole de $\mathcal{A}$ dans $\{0,1\}$ qui prenne la valeur 1 en chaque élément de X, ou encore qu'il n'y a aucun ultrafiltre de $\mathcal{A}$ qui contienne X. Cela signifie (lemme 5.13) que X n'est pas une base de filtre. Il existe donc une partie finie non vide $\{x_{j_1}, x_{j_2}, \ldots, x_{j_k}\} \subseteq X$ dont la borne inférieure est nulle. Aucun ultrafiltre de $\mathcal{A}$ ne peut alors contenir en même temps x_{j_1}, x_{j_2}, ...et x_{j_k}. En d'autres termes, aucun homomorphisme de $\mathcal{A}$ dans $\{0,1\}$ ne peut prendre la valeur 1 en x_{j_1}, x_{j_2}, ..., x_{j_k} simultanément. Cela revient à dire que :

$$\Sigma_{j_1} \cap \Sigma_{j_2} \cap \ldots \cap \Sigma_{j_k} = \emptyset.$$

On a ainsi une sous-famille finie de la famille $(\Sigma_j)_{j \in J}$ dont l'intersection est vide.

☺

REMARQUE : On peut donner une autre démonstration de la compacité de $S(\mathcal{A})$, en utilisant le fait que $\{0,1\}^A$ est lui-même compact (théorème 1.9). Il suffit alors de montrer que $S(\mathcal{A})$ est fermé dans $\{0,1\}^A$ (car, dans un espace compact, tout sous-ensemble fermé est compact) :

Pour $a \in A$ et $b \in A$, on pose :

$$\Omega(a,b) = \{ f \in \{0,1\}^A \ ; \ f(ab) = f(a)f(b) \text{ et } f(1+a) = 1 + f(a) \}.$$

D'après le théorème 4.1, on a $S(\mathcal{A}) = \bigcap_{\substack{a \in A \\ b \in B}} \Omega(a,b)$.

Mais on peut écrire, pour tous éléments a et b de A :

$$\begin{aligned} \Omega(a,b) = & \{ f \in \{0,1\}^A \ ; \ f(a) = 0 \text{ et } f(b) = 0 \text{ et } f(ab) = 0 \text{ et } f(1+a) = 1 \} \\ & \cup \{ f \in \{0,1\}^A \ ; \ f(a) = 0 \text{ et } f(b) = 1 \text{ et } f(ab) = 0 \text{ et } f(1+a) = 1 \} \\ & \cup \{ f \in \{0,1\}^A \ ; \ f(a) = 1 \text{ et } f(b) = 0 \text{ et } f(ab) = 0 \text{ et } f(1+a) = 0 \} \\ & \cup \{ f \in \{0,1\}^A \ ; \ f(a) = 1 \text{ et } f(b) = 1 \text{ et } f(ab) = 1 \text{ et } f(1+a) = 0 \}. \end{aligned}$$

Chacun des quatre ensembles figurant au second membre de cette égalité est un ouvert élémentaire de $\{0,1\}^A$, donc un ouvert-fermé. Leur réunion $\Omega(a,b)$ est donc en particulier un fermé. L'intersection de tous les ensembles $\Omega(a,b)$ lorsque a et b décrivent A est donc un fermé de $\{0,1\}^A$. Or nous venons de voir que cette intersection est $S(\mathcal{A})$.

Cette démonstration a, pour nous, l'inconvénient de reposer sur un théorème que nous ne démontrons pas (le théorème de Tychonoff, qui a été invoqué pour justifier la compacité de $\{0,1\}^A$). La preuve que nous avons donnée en premier lieu s'appuie, elle, sur le théorème de Krull démontré dans la section 1.

6.6 COROLLAIRE : *L'espace de Stone de $\mathcal{A}$ est un espace topologique booléen.*

☹ C'est en effet un espace compact (lemme 6.5) et de dimension zéro (lemme 6.3).

☺

6.7 LEMME : *L'ensemble des ouverts-fermés de $S(\mathcal{A})$ coïncide avec l'ensemble de ses ouverts élémentaires.*

☹ On sait déjà (6.3) que tous les ouverts élémentaires sont des ouverts-fermés.

Inversement, soit Γ un ouvert-fermé quelconque de $S(\mathcal{A})$. Comme Γ est ouvert, il est réunion d'ouverts élémentaires : par exemple, $\Gamma = \bigcup_{i \in J} \Gamma_i$, pour un certain sous-ensemble $J \subseteq I$. Mais comme Γ est fermé dans l'espace compact $S(\mathcal{A})$, il est lui-même compact, et du recouvrement ouvert $(\Gamma_i)_{i \in J}$ de Γ, on peut extraire un sous-recouvrement fini, par exemple : $\Gamma = \Gamma_{j_1} \cup \Gamma_{j_2} \cup \ldots \cup \Gamma_{j_m}$. On sait (lemme 6.4) qu'on peut trouver des éléments $x_1, x_2, \ldots, x_m$ dans A tels que, pour tout $k \in \{1,2,\ldots,m\}$, $\Gamma_{j_k} = \{h \in S(\mathcal{A}) ; h(x_k) = 1\}$. Posons $x = x_1 \smile x_2 \smile \ldots \smile x_m$, $\Delta = \{h \in S(\mathcal{A}) ; h(x) = 1\}$, et montrons que $\Gamma = \Delta$. Tout élément de Γ est un homomorphisme qui prend la valeur 1 en au moins un des points $x_1, x_2, \ldots, x_m$; il prend donc aussi la valeur 1 au point x qui est leur borne supérieure. Donc $\Gamma \subseteq \Delta$. D'autre part, tout homomorphisme qui n'est pas dans Γ, et qui ne prend donc la valeur 1 en aucun des points $x_1, x_2, \ldots, x_m$, doit prendre la valeur **0** en chacun de ces points, donc aussi en leur borne supérieure x, et ne peut appartenir à Δ. Cela prouve que $\Delta \subseteq \Gamma$. Finalement, $\Gamma = \Delta$, et comme Δ est, d'après le lemme 6.4, un ouvert élémentaire, il en est de même de Γ.

☺

Le théorème de Stone

6.8 THEOREME *(de Stone) : Toute algèbre de Boole est isomorphe à l'algèbre de Boole des ouverts-fermés de son espace de Stone.*

☹ L'algèbre de Boole des ouverts-fermés de $S(\mathcal{A})$ est notée $\mathcal{B}(S(\mathcal{A}))$ (voir 4.5, exemple 2).

Appelons H l'application de A dans $\mathfrak{P}(S(\mathcal{A}))$ qui, à tout élément a de A, associe :

$$H(a) = \{h \in S(\mathcal{A}) ; h(a) = 1\}.$$

Montrons que H est un isomorphisme d'algèbres de Boole de $\mathcal{A}$ sur $\mathcal{B}(S(\mathcal{A}))$.

D'après les lemmes 6.4 et 6.7, l'application H prend ses valeurs dans $\mathcal{B}(S(\mathcal{A}))$ et son image est exactement $\mathcal{B}(S(\mathcal{A}))$. H est donc une surjection de A sur $\mathcal{B}(S(\mathcal{A}))$.

En vertu du théorème 4.2, pour montrer que H est un isomorphisme d'algèbres de Boole, il suffit alors de s'assurer que, quels que soient les éléments x et y dans A, $x \leqslant y$ si et seulement si $H(x) \subseteq H(y)$.

Soient donc x et y deux éléments de A. Si x est inférieur ou égal à y, alors, pour tout homomorphisme $h \in S(\mathcal{A})$, $h(x) \leqslant h(y)$, donc, pour tout homomorphisme h tel que $h(x) = 1$, on a aussi $h(y) = 1$, ce qui signifie que $H(x)$ est inclus dans $H(y)$. Si x n'est pas inférieur ou égal à y, alors $x(1 + y) \neq 0$ (lemme 2.3). On peut donc considérer le filtre principal engendré par $x(1 + y)$, puis un ultrafiltre le contenant (théorème de l'ultrafiltre), et l'homomorphisme $h \in S(\mathcal{A})$ associé à cet ultrafiltre. On a

$h(x(1+y)) = 1$, donc $h(x) = 1$ et $h(1+y) = 1$, c'est-à-dire $h(y) = 0$. On en déduit que $h \in H(x)$ et $h \notin H(y)$, et que $H(x)$ n'est pas inclus dans $H(y)$.
☺

Le théorème de Stone permet de donner une preuve très simple du théorème 4.3 :

COROLLAIRE : *Toute algèbre de Boole finie est isomorphe à l'algèbre de Boole des parties d'un ensemble.*

☹ Si l'ensemble A est fini, la topologie sur $\{0,1\}^A$ est la topologie discrète. Il en est donc de même de la topologie induite sur le sous-ensemble $S(\mathcal{A})$. Toutes les parties de $S(\mathcal{A})$ sont donc ouvertes et fermées. L'algèbre de Boole $\mathcal{B}(S(\mathcal{A}))$ coïncide donc avec $\mathfrak{P}(S(\mathcal{A}))$, et $\mathcal{A}$ est isomorphe à $\mathfrak{P}(S(\mathcal{A}))$.
☺

Dans le cas d'une algèbre de Boole quelconque, ce que montre le théorème de Stone, c'est qu'elle est isomorphe à une sous-algèbre de Boole de l'algèbre des parties d'un ensemble (exemple 2 de 4.5).

Les espaces booléens sont des espaces de Stone

6.9 A chaque algèbre de Boole $\mathcal{A}$, nous avons associé un espace topologique booléen : son espace de Stone $S(\mathcal{A})$, et nous avons vu que $\mathcal{A}$ est isomorphe à l'algèbre de Boole des ouverts-fermés de cet espace booléen. Il est donc assez naturel d'étudier le cas où $\mathcal{A}$ est donnée comme algèbre de Boole des ouverts-fermés d'un certain espace topologique booléen X. Le problème qui se pose alors est de comparer l'espace X à cet autre espace booléen qu'est l'espace de Stone de $\mathcal{A}$, autrement dit, de comparer X et $S(\mathcal{B}(X))$. Le résultat de la comparaison est que ces deux objets se ressemblent beaucoup ... :

THEOREME : *Tout espace topologique booléen X est homéomorphe à l'espace de Stone $S(\mathcal{B}(X))$ de l'algèbre de Boole des ouverts-fermés de X.*

☹ Soit X un espace booléen. D'après le lemme 1 de 1.8, nous pouvons prendre comme base d'ouverts pour la topologie de X l'algèbre de Boole $\mathscr{B}(X)$ de tous les ouverts-fermés de X.

Pour chaque $x \in X$, notons f_x l'application de $\mathscr{B}(X)$ dans $\{0,1\}$ définie par : pour tout élément Ω appartenant à $\mathscr{B}(X)$,

$$f_x(\Omega) = \begin{cases} 1 & \text{si } x \in \Omega \,; \\ 0 & \text{si } x \notin \Omega. \end{cases}$$

Nous allons montrer que l'application f qui, à chaque $x \in X$, associe f_x, est un homéomorphisme de l'espace topologique X sur l'espace topologique $S(\mathscr{B}(X))$.

Comme f est a priori une application de X dans $\{0,1\}^{\mathscr{B}(X)}$, nous devons montrer pour commencer qu'elle prend en réalité ses valeurs dans $S(\mathscr{B}(X))$:

• *Pour chaque* $x \in X$, f_x *est un homomorphisme d'algèbres de Boole :*

☹ Pour tous ouverts-fermés Ω et Δ de X, on a $f_x(\Omega \cap \Delta) = 1$ si et seulement si $x \in \Omega \cap \Delta$, c'est-à-dire $x \in \Omega$ et $x \in \Delta$, ce qui équivaut à $f_x(\Omega) = 1$ et $f_x(\Delta) = 1$, et donc à $f_x(\Omega)f_x(\Delta) = 1$. On en déduit que $f_x(\Omega \cap \Delta) = f_x(\Omega)f_x(\Delta)$. D'autre part, $f_x(X - \Omega) = 1$ si et seulement si $x \in X - \Omega$, c'est-à-dire $x \notin \Omega$, ou encore $f_x(\Omega) = 0$. Ainsi, $f_x(X - \Omega) = 1 + f_x(\Omega)$. On voit que les conditions du théorème 4.1 sont satisfaites : f_x est bien un homomorphisme.

☺

• *L'application* f *est injective :*

☹ Soient x et y deux éléments distincts de X. Comme X est un espace séparé, on peut trouver un ouvert O tel que $x \in O$ et $y \notin O$ (on peut par exemple prendre pour O l'ensemble $X - \{y\}$). Mais O est réunion d'ouverts élémentaires de la base $\mathscr{B}(X)$; il y a donc un ouvert-fermé $\Omega \in \mathscr{B}(X)$ tel que $x \in \Omega$ et $y \notin \Omega$. On a $f_x(\Omega) = 1$ et $f_y(\Omega) = 0$, ce qui prouve que f_x est différent de f_y.

☺

• *L'application* f *est surjective sur* $S(\mathscr{B}(X))$:

☹ Soit h un élément de $S(\mathscr{B}(X))$, c'est-à-dire un homomorphisme de $\mathscr{B}(X)$ dans $\{0,1\}$. L'ultrafiltre de $\mathscr{B}(X)$ associé à h est :

$$\mathscr{U} = \{\Omega \in \mathscr{B}(X) \,;\, h(\Omega) = 1\} = h^{-1}[\{1\}].$$

Comme $\mathcal{U}$ a la propriété de l'intersection finie (lemme 5.13), comme les éléments de $\mathcal{U}$ sont en particulier des fermés, et comme l'espace topologique X est compact, on peut affirmer que l'intersection de tous les éléments de $\mathcal{U}$ est non vide. Soit x un élément de cette intersection.

Pour chaque ouvert-fermé $\Omega \in \mathcal{B}(X)$, on a : ou bien $\Omega \in \mathcal{U}$, et alors $f_x(\Omega) = 1$ et $h(\Omega) = 1$, ou bien $\Omega \notin \mathcal{U}$, et dans ce cas $X - \Omega \in \mathcal{U}$ (5.7, remarque 1), $f_x(\Omega) = 0$ et $h(\Omega) = 0$. Ainsi, pour tout $\Omega \in \mathcal{B}(X)$, $f_x(\Omega) = h(\Omega)$. Il en résulte que $h = f_x = f(x)$.

☺

On peut remarquer que l'élément x, dont nous venons de montrer que c'est un antécédent de h par l'application f, est l'unique élément de l'intersection de tous les ouverts-fermés appartenant à $\mathcal{U}$. En effet, tout élément y de cette intersection vérifierait de la même manière $h = f(y)$, mais comme f est injective, cela exige $y = x$. Cette remarque va nous permettre de décrire la bijection réciproque f^{-1} : C'est l'application de $S(\mathcal{B}(X))$ dans X qui, à tout homomorphisme h de $\mathcal{B}(X)$ dans $\{0,1\}$, associe l'unique élément de l'intersection de tous les ouverts-fermés appartenant à l'ultrafiltre $h^{-1}[\{1\}]$.

- *L'application* f *est continue :*

☹ Soit G un ouvert appartenant à la base d'ouverts-fermés de $S(\mathcal{B}(X))$. D'après le lemme 6.4, il existe un unique élément Ω de $\mathcal{B}(X)$ tel que $G = \{h \in S(\mathcal{B}(X))\ ;\ h(\Omega) = 1\}$. L'image réciproque de G par l'application f est :

$$\{x \in X\ ;\ f_x \in G\} = \{x \in X\ ;\ f_x(\Omega) = 1\} = \{x \in X\ ;\ x \in \Omega\} = \Omega.$$

C'est donc un ouvert de X.

☺

- *L'application réciproque* f^{-1} *est continue :*

☹ Soit Ω un ouvert élémentaire de l'espace X (c'est-à-dire un élément de $\mathcal{B}(X)$). L'image réciproque de Ω par l'application f^{-1}, c'est son image directe par f, puisque f est bijective. C'est donc l'ensemble $f[\Omega] = \{f_x\ ;\ x \in \Omega\}$. Nous devons montrer que c'est un ouvert de l'espace $S(\mathcal{B}(X))$.

Posons $V = \{h \in S(\mathcal{B}(X))\ ;\ h(\Omega) = 1\}$.

L'ensemble V est un ouvert (et même un ouvert élémentaire) de $S(\mathcal{B}(X))$ (lemme 6.4). Montrons que $f[\Omega] = V$, ce qui achèvera la démonstration.

Pour tout $x \in \Omega$, par définition de f_x, on a $f_x(\Omega) = 1$, soit $f_x \in V$. Donc : $f[\Omega] \subseteq V$.

Pour tout $h \in V$, h admet un antécédent $y \in X$ par la bijection f : $h = f_y$. Comme $h \in V$, on a $h(\Omega) = f_y(\Omega) = 1$, d'où $y \in \Omega$ et $f_y = h \in f[\Omega]$. Ainsi, V est inclus dans $f[\Omega]$.

☺

On pourra remarquer que la démonstration du dernier point était superflue : il y a en effet un célèbre théorème de topologie qui affirme que toute application bijective continue d'un espace topologique compact dans un espace topologique séparé est un homéomorphisme (la continuité de la bijection réciproque étant alors assurée).

☺

Nous avons en définitive établi entre algèbres de Boole et espaces topologiques booléens une correspondance biunivoque (à isomorphisme près d'un côté, à homéomorphisme près de l'autre) :

- toute algèbre de Boole est (isomorphe à) l'algèbre de Boole des ouverts-fermés d'un espace topologique booléen ;
- tout espace topologique booléen est (homéomorphe à) l'espace de Stone d'une algèbre de Boole.

On notera en passant qu'il y avait d'assez bonnes raisons d'appeler « espaces booléens » les espaces topologiques compacts de dimension zéro.

Nous avons naturellement aussi les deux propriétés suivantes (qui se déduisent aisément de tout ce qui précède) :

- *pour que deux algèbres de Boole soient isomorphes, il faut et il suffit que leurs espaces de Stone soient homéomorphes ;*

- *pour que deux espaces topologiques booléens soient homéomorphes, il faut et il suffit que les algèbres de Boole constituées par leurs ouverts-fermés respectifs soient isomorphes.*

EXERCICES

1. (Voir exemples 2.1). On considère un ensemble P de variables propositionnelles et l'ensemble $\mathcal{F}$ de formules qui lui est associé. On va étudier l'ensemble quotient $\mathcal{F}/\sim$, c'est-à-dire l'ensemble des classes de formules logiquement équivalentes. La classe d'équivalence d'une formule F suivant la relation $\sim$ sera notée cl(F).

a) Montrer que, si on pose, pour toutes formules F et G de $\mathcal{F}$:

$$\neg cl(F) = cl(\neg F) \ ; \quad cl(F) \wedge cl(G) = cl(F \wedge G) \ ; \quad cl(F) \vee cl(G) = cl(F \vee G) \ ;$$
$$cl(F) \Longrightarrow cl(G) = cl(F \Longrightarrow G) \ ; \ cl(F) \Longleftrightarrow cl(G) = cl(F \Longleftrightarrow G) \ ; \ cl(F) \not\Longleftrightarrow cl(G) = cl(F \not\Longleftrightarrow G),$$

on définit des opérations internes dans $\mathcal{F}/\sim$ (désignées, abusivement, par les mêmes symboles que les connecteurs correspondants). Montrer que les opérations $\not\Leftrightarrow$ et $\wedge$ font de $\mathcal{F}/\sim$ un anneau de Boole. (Rappel : $(F \not\Leftrightarrow G) = \neg(F \Longleftrightarrow G)$).

b) Montrer que l'ordre de cet anneau de Boole est le suivant : pour toutes formules F et G de $\mathcal{F}$:

$$cl(F) \leqslant cl(G) \text{ si et seulement si } \vdash^* (F \Longrightarrow G).$$

(Voir exemple 2, 3.1).

Préciser quelles sont les opérations de borne supérieure, de borne inférieure et de complémentation.

c) Montrer que, si l'ensemble P est fini, l'algèbre de Boole $\mathcal{F}/\sim$ est atomique, et préciser ce que sont alors ses atomes.

2. Soit E un ensemble quelconque. Sur $\mathfrak{P}(E)$, on définit (voir exercice 16, chapitre 1) l'opération binaire Δ (différence symétrique) comme suit :

Quels que soient les éléments X et Y de $\mathfrak{P}(E)$,

$$X \,\Delta\, Y = (X \cup Y) - (X \cap Y) = (X \cap (E - Y)) \cup ((E - X) \cap Y).$$

(La différence symétrique des parties X et Y de E est l'ensemble des éléments de E qui appartiennent à une et une seule de ces parties).

Après avoir remarqué que, pour toutes parties X et Y de E, on a :

$$X \,\Delta\, Y = \{x \in E \ ; \ x \in X \not\Leftrightarrow x \in Y\},$$

montrer, en utilisant les propriétés des connecteurs usuels, notamment $\wedge$ et $\not\Leftrightarrow$, que l'ensemble $\mathfrak{P}(E)$, muni des deux lois de composition internes Δ et $\cap$, a une structure d'anneau de Boole. Préciser l'ordre de cet anneau de Boole, ainsi que les opérations de borne supérieure, de borne inférieure, et de complémentation.

3. Soient $\mathcal{A} = \langle A, +, \times, 0, 1 \rangle$ et $\mathcal{B} = \langle B, +, \times, 0, 1 \rangle$ deux algèbres de Boole et f un isomorphisme d'algèbres de Boole de $\mathcal{A}$ sur $\mathcal{B}$.

a) Montrer qu'un élément $a \in A$ est un atome de $\mathcal{A}$ si et seulement si $f(a)$ est un atome de $\mathcal{B}$.

b) Montrer que $\mathcal{A}$ est sans atome si et seulement si $\mathcal{B}$ est sans atome.

c) Montrer que $\mathcal{A}$ est atomique si et seulement si $\mathcal{B}$ est atomique.

d) Montrer qu'une partie $I \subseteq A$ est un idéal de $\mathcal{A}$ si et seulement si $f(I)$, son image directe par f, est un idéal de $\mathcal{B}$.

e) Montrer qu'une partie $\mathcal{U} \subseteq A$ est un ultrafiltre de $\mathcal{A}$ si et seulement si $f(\mathcal{U})$ est un ultrafiltre de $\mathcal{B}$.

4. On dit qu'une algèbre de Boole $< A, \leqslant, 0, 1 >$ est **complète** si et seulement si toute partie non vide de A admet une borne inférieure.

a) Montrer que, pour qu'une algèbre de Boole soit complète, il faut et il suffit que toute partie non vide admette une borne supérieure.

b) Montrer que toute algèbre de Boole isomorphe à une algèbre de Boole complète est complète.

c) Montrer que l'algèbre de Boole des parties d'un ensemble est complète.

d) Montrer que l'algèbre de Boole des parties finies ou cofinies d'un ensemble infini (exemple 1, 4.5) n'est pas complète.

e) L'algèbre de Boole des classes de formules logiquement équivalentes du calcul propositionnel (exercice 1) est-elle complète ?

f) Montrer que, pour qu'une algèbre de Boole soit isomorphe à l'algèbre de Boole des parties d'un ensemble, il faut et il suffit qu'elle soit atomique et complète.

5. Soient $\mathcal{A} = < A, +, \times, 0, 1 >$ une algèbre de Boole et $\mathcal{B} = < B, +, \times, 0, 1 >$ une sous-algèbre de Boole de $\mathcal{A}$. Montrer que tout élément de B qui est un atome de $\mathcal{A}$ est également un atome de $\mathcal{B}$ mais qu'il peut exister des atomes de $\mathcal{B}$ qui ne soient pas des atomes de $\mathcal{A}$.

6. Soit $\mathcal{A} = < A, +, \times, 0, 1 >$ une algèbre de Boole. Montrer que, pour tout élément $a \in A$, l'ensemble

$$B = \{x \in A \, ; \, x \geqslant a \text{ ou } x \leqslant 1 + a\}$$

constitue une sous-algèbre de Boole de $\mathcal{A}$, et que cette sous-algèbre est une algèbre de Boole complète (voir exercice 4) lorsque $\mathcal{A}$ est elle-même complète.

7. Soit $\mathcal{A} = < A, +, \times, 0, 1 >$ une algèbre de Boole. On considère un sous-ensemble non vide Z de $\mathfrak{P}(A)$ constitué de filtres sur $\mathcal{A}$.

a) Montrer que l'ensemble $\bigcap_{F \in Z} F$, intersection des filtres appartenant à Z, est également un filtre sur $\mathcal{A}$, mais que la réunion $\bigcup_{F \in Z} F$ des éléments de Z peut ne pas être un filtre.

b) On suppose, de plus, que Z est totalement ordonné par la relation d'inclusion. Montrer que l'ensemble $\bigcup_{F \in Z} F$ est alors un filtre sur $\mathcal{A}$.

8. Soit E un sous-ensemble dénombrable de $\mathfrak{P}(\mathbb{N})$ qui a la propriété de l'intersection finie (c'est-à-dire que E est une base de filtre dans l'algèbre de Boole $\mathfrak{P}(\mathbb{N})$). L'ensemble des filtres sur $\mathfrak{P}(\mathbb{N})$ qui contiennent E est alors non vide, et l'intersection des éléments de cet ensemble (voir l'exercice 7) est appelée **filtre engendré par** E.

Montrer que, si le filtre engendré par E est un ultrafiltre, alors c'est un ultrafiltre trivial.

9. On considère un ensemble P de variables propositionnelles, et l'algèbre de Boole $\mathcal{F}/\sim$ qui lui est associée (exercice 1). On dira qu'une classe $x \in \mathcal{F}/\sim$ est **positive** s'il existe dans x au moins une formule F ne comportant aucune occurrence du symbole de négation.

a) Montrer que, pour toute classe $x \in \mathcal{F}/\sim$, x est positive si et seulement si, pour toute formule $F \in x$, $\delta_1(F) = 1$ (δ_1 étant la distribution de valeurs de vérité qui donne la valeur 1 à toutes les variables propositionnelles : voir exercice 20, chapitre 1).

b) Montrer que l'ensemble J des classes positives est un ultrafiltre de l'algèbre de Boole $\mathcal{F}/\sim$.

c) Quel est l'homomorphisme de $\mathcal{F}/\sim$ dans $\{0,1\}$ associé à l'ultrafiltre J ?

10. Soit X un espace topologique. Une partie $Y \subseteq X$ est dite **dense** dans X si et seulement si tout ouvert non vide de X a au moins un point commun avec Y. (Certains disent « **partout dense** » à la place de « dense »). Un élément $x \in X$ est appelé **point isolé** si et seulement si le singleton $\{x\}$ est un ouvert de X.

Soit $\mathcal{A} = \langle A, +, \times, 0, 1 \rangle$ une algèbre de Boole. Désignons par S son espace de Stone et par H l'isomorphisme de $\mathcal{A}$ sur $\mathcal{B}(S)$ défini dans la démonstration du théorème de Stone (6.8).

a) Montrer que, pour tout élément x de A, x est un atome de $\mathcal{A}$ si et seulement si l'ensemble H(x) est un singleton.

b) Montrer que $\mathcal{A}$ est sans atome si et seulement si l'espace topologique S n'a pas de point isolé.

c) Montrer que $\mathcal{A}$ est atomique si et seulement si l'ensemble des points isolés de S est dense dans S.

11. On dit qu'une algèbre de Boole $\mathcal{A} = \langle A, \leqslant, 0, 1 \rangle$ est **dense** si et seulement si la relation d'ordre $\leqslant$ sur A est dense, ce qui signifie que, quels que soient les éléments a et b de A, si $a < b$, alors il existe au moins un élément $c \in A$ tel que $a < c < b$. Il importe naturellement de ne pas faire de confusion entre cette notion d'algèbre de Boole dense et la notion topologique de sous-ensemble dense évoquée dans l'exercice 10.

Montrer qu'une algèbre de Boole est dense si et seulement si elle est sans atome.

12. Le but de cet exercice est de démontrer qu'il n'y a, à isomorphisme près, qu'une seule algèbre de Boole dénombrable sans atome.

On considère une algèbre de Boole sans atome $\mathcal{A} = \langle A, +, \times, 0, 1 \rangle$. On suppose que l'ensemble A est dénombrable, et on s'en donne une énumération : $A = \{ a_n \, ; \, n \in \mathbb{N} \}$.

a) Etant donné un élément x non nul de A, on appelle **bipartition de** x tout couple $(y,z) \in A^2$ tel que : $y \neq 0$, $z \neq 0$, $y \frown z = 0$ et $y \smile z = x$. Montrer que (y,z) est une bipartition de x si et seulement si $0 < y < x$ et $z = x + y$.

Montrer que, dans A, tout élément non nul admet au moins une bipartition.

b) Montrer qu'il est possible de définir une famille :

$$\{ u_{\varepsilon_0 \varepsilon_1 \ldots \varepsilon_{n-1}} \, ; \, (\varepsilon_0, \varepsilon_1, \ldots, \varepsilon_{n-1}) \in \{0,1\}^n \, , \, n \in \mathbb{N} \}$$

d'éléments non nuls de A, telle que $u_\emptyset = 1$ et, pour tout entier n,

- $(u_{\varepsilon_0 \varepsilon_1 \ldots \varepsilon_{n-1} 0}, u_{\varepsilon_0 \varepsilon_1 \ldots \varepsilon_{n-1} 1})$ est une bipartition de $u_{\varepsilon_0 \varepsilon_1 \ldots \varepsilon_{n-1}}$;

et
- si $u_{\varepsilon_0 \varepsilon_1 \ldots \varepsilon_{n-1}} \frown a_n \neq 0$ et $u_{\varepsilon_0 \varepsilon_1 \ldots \varepsilon_{n-1}} \frown (1 + a_n) \neq 0$, alors

$$u_{\varepsilon_0 \varepsilon_1 \ldots \varepsilon_{n-1} 0} = u_{\varepsilon_0 \varepsilon_1 \ldots \varepsilon_{n-1}} \frown a_n$$

et $$u_{\varepsilon_0 \varepsilon_1 \ldots \varepsilon_{n-1} 1} = u_{\varepsilon_0 \varepsilon_1 \ldots \varepsilon_{n-1}} \frown (1 + a_n).$$

(Ainsi, si $a_0 \notin \{0,1\}$, alors $u_0 = a_0$ et $u_1 = 1 + a_0$; sinon, (u_0, u_1) est une bipartition arbitraire de 1.)

c) Montrer que, pour tout élément $x \in A$, et pour toute suite $\varepsilon = (\varepsilon_n)_{n \in \mathbb{N}}$ d'éléments de $\{0,1\}$, une et une seule des deux conditions suivantes est satisfaite :

(i) • pour tout $n \in \mathbb{N}$, $x \frown u_{\varepsilon_0 \varepsilon_1 \ldots \varepsilon_n} \neq 0$;

(ii) • pour tout $n \in \mathbb{N}$, $(1 + x) \frown u_{\varepsilon_0 \varepsilon_1 \ldots \varepsilon_n} \neq 0$.

d) On considère deux entiers m et n tels que $0 \leqslant n \leqslant m$ et $m + n + 2$ éléments : $\varepsilon_0, \varepsilon_1, \ldots, \varepsilon_n, \xi_0, \xi_1, \ldots, \xi_m$ dans $\{0,1\}$. Montrer que, pour que $u_{\varepsilon_0 \varepsilon_1 \ldots \varepsilon_n} \frown u_{\xi_0 \xi_1 \ldots \xi_m}$ soit non nul, il faut et il suffit que $\varepsilon_0 = \xi_0$ et $\varepsilon_1 = \xi_1$ et ... et $\varepsilon_n = \xi_n$.

e) Soit h l'application de A dans $\mathfrak{P}(\{0,1\}^{\mathbb{N}})$ qui, à chaque élément $x \in A$, associe :

$$h(x) = \{ f \in \{0,1\}^{\mathbb{N}} \, ; \, (\forall n \in \mathbb{N})(x \frown u_{f(0) f(1) \cdots f(n)} \neq 0 \}.$$

Montrer que h est un isomorphisme d'algèbres de Boole de $\mathcal{A}$ sur $\mathcal{B}(\{0,1\}^{\mathbb{N}})$, algèbre de Boole des ouverts-fermés de $\{0,1\}^{\mathbb{N}}$.

13. On reprend les notations de l'exemple 3 de 4.5.

a) Montrer que l'application g de $\{0,1\}^P$ dans $\{0,1\}^{\mathcal{F}/\sim}$ qui, à chaque distribution de valeurs de vérité δ, associe l'homomorphisme h_δ de $\mathcal{F}/\sim$ dans $\{0,1\}$, est une bijection de $\{0,1\}^P$ sur l'espace de Stone $S(\mathcal{F}/\sim)$.

b) Montrer, sans utiliser le théorème de compacité, que, pour toute partie T de $\mathcal{F}$, T est satisfaisable si et seulement si l'ensemble $T/\sim = \{ cl(G) \; ; \; G \in T \}$ est une base de filtre de l'algèbre de Boole $\mathcal{F}/\sim$.

c) En déduire une nouvelle démonstration du théorème de compacité du calcul propositionnel (théorème 5.3, chapitre 1).

14. Soient $\mathcal{A} = \langle A, \leqslant, 0, 1 \rangle$ une algèbre de Boole et a un élément de A. On appelle B l'idéal principal engendré par a (exemple 2, 5.2) et I l'idéal principal engendré par a^c :

$$B = \{ x \in A \; ; \; x \leqslant a \} \; ;$$
$$I = \{ x \in A \; ; \; x \leqslant a^c \}.$$

a) Montrer que la relation d'ordre $\leqslant_B$, restriction à B de la relation d'ordre $\leqslant$, fait de B une algèbre de Boole. Comparer les opérations de cette algèbre de Boole avec les opérations correspondantes de l'algèbre de Boole $\mathcal{A}$.

b) Montrer que l'algèbre de Boole $\langle B, \leqslant_B \rangle$ est isomorphe à l'algèbre de Boole quotient $\mathcal{A}/I$.

15. Soient E un ensemble fini non vide et $\mathcal{A}$ l'algèbre de Boole des parties de E.

a) Montrer que, pour qu'une partie $I \subseteq \mathfrak{P}(E)$ soit un idéal de $\mathcal{A}$, il faut et il suffit qu'il existe une partie $X \subsetneq E$ (inclusion stricte) telle que $I = \mathfrak{P}(X)$.

b) Soient $\mathcal{C} = \langle C, \leqslant, 0, 1 \rangle$ une algèbre de Boole quelconque et h un homomorphisme d'algèbres de Boole de $\mathcal{A}$ dans $\mathcal{C}$. Montrer qu'il existe une unique partie $K \subseteq E$ telle que, pour tout élément Y appartenant à $\mathfrak{P}(E)$, $h(Y) = 0$ si et seulement si $Y \subseteq K$.

On désigne par Z le complémentaire de K dans E.

Montrer que la restriction de h à $\mathfrak{P}(Z)$ est un isomorphisme d'algèbres de Boole de $\mathfrak{P}(Z)$ sur la sous-algèbre de Boole de $\mathcal{C}$ qui est l'image de $\mathcal{A}$ par h.

16. Soit $\mathcal{A} = \langle A, \leqslant, 0, 1 \rangle$ une algèbre de Boole.

a) Montrer que, si A est fini, tout idéal de $\mathcal{A}$ est principal. On comparera ce résultat avec celui de 15.a).

b) Montrer que, s'il existe un entier $k \geqslant 1$, et des atomes $a_1, a_2, \ldots, a_k$ de $\mathcal{A}$ tels que $a_1 \smile a_2 \smile \ldots \smile a_k = 1$, alors A est fini.

c) On suppose que l'algèbre de Boole $\mathcal{A}$ est infinie. Montrer que l'ensemble :

$$G = \{x \in A \; ; \; 1 + x \text{ est un atome}\}$$

est une base de filtre sur $\mathcal{A}$.

d) On suppose encore que $\mathcal{A}$ est infinie. Montrer que, pour qu'un ultrafiltre $\mathcal{U}$ de $\mathcal{A}$ soit non trivial, il faut et il suffit que G soit inclus dans $\mathcal{U}$. Retrouver à partir de ce résultat le théorème 5.11.

e) Montrer que, pour qu'il existe un ultrafiltre non trivial sur $\mathcal{A}$, il faut et il suffit que $\mathcal{A}$ soit une algèbre de Boole infinie.

17. Soient E un ensemble et $\mathcal{A} = \langle \mathfrak{P}(E), \subseteq \rangle$ l'algèbre des parties de E.

a) On considère une famille $(E_i)_{i \in I}$ qui réalise une partition de E (ce qui signifie que chaque E_i est non vide, que, pour $i \neq j$, $E_i \cap E_j = \emptyset$, et que $\bigcup_{i \in I} E_i = E$).

Montrer que l'ensemble

$$B = \{X \in \mathfrak{P}(E) \; ; \; (\exists J \subseteq I)(X = \bigcup_{j \in J} E_j)\}$$

constitue une sous-algèbre de Boole de $\mathcal{A}$, et que chacun des E_i est un atome de cette sous-algèbre de Boole.

b) On suppose que E est fini et non vide, et on considère une sous-algèbre de Boole $\mathcal{C}$ de $\mathfrak{P}(E)$. Montrer que les atomes de l'algèbre de Boole $\mathcal{C}$ sont des parties de E qui réalisent une partition de E.

c) Montrer que, pour tout ensemble fini non vide E, il y a une bijection entre l'ensemble des partitions de E et l'ensemble des sous-algèbres de Boole de $\mathfrak{P}(E)$.

18. a) Est-ce que toute sous-algèbre de Boole d'une algèbre de Boole atomique est une algèbre de Boole atomique ?

b) Existe-t-il des algèbres de Boole dont toute sous-algèbre de Boole soit atomique ?

c) Est-ce que toute sous-algèbre de Boole d'une algèbre de Boole sans atome est une algèbre de Boole sans atome ?

d) Existe-t-il des algèbres de Boole dont toute sous-algèbre de Boole soit sans atome ?

e) Est-ce que toute sous-algèbre de Boole d'une algèbre de Boole complète est une algèbre de Boole complète ?

f) Existe-t-il des algèbres de Boole dont toute sous-algèbre de Boole soit complète ?

19. Soient $\mathscr{A}$ et $\mathscr{A}'$ deux algèbres de Boole, $S(\mathscr{A})$ et $S(\mathscr{A}')$ leurs espaces de Stone.

a) Montrer qu'on peut établir une bijection Φ entre l'ensemble $\mathrm{Hom}(\mathscr{A},\mathscr{A}')$ des homomorphismes d'algèbres de Boole de $\mathscr{A}$ dans $\mathscr{A}'$ et l'ensemble $C^0(S(\mathscr{A}'),S(\mathscr{A}))$ des applications continues de $S(\mathscr{A}')$ dans $S(\mathscr{A})$.

b) Montrer que, pour tout homomorphisme $\varphi \in \mathrm{Hom}(\mathscr{A},\mathscr{A}')$, φ est injectif (respectivement : surjectif) si et seulement si $\Phi(\varphi)$ est surjective (respectivement : injective).

Chapitre 3

Calcul des prédicats

Le travail de base du mathématicien est d'examiner des structures, d'énoncer des propriétés à leur sujet et de se demander si ces propriétés sont vérifiées ou non. Le calcul des prédicats est en quelque sorte la première étape dans la formalisation de l'activité mathématique. Il comporte deux volets : d'abord, on se donne les outils formels adéquats pour nommer les objets (ce sont les termes) et écrire (certaines de) leurs propriétés (ce sont les formules) ; puis, on étudie la satisfaction de ces propriétés dans les structures considérées.

Comme pour le calcul des propositions, les formules sont des suites de symboles pris dans un alphabet et obéissant à des règles syntaxiques précises.

Il n'y aura pas un alphabet unique, mais un alphabet approprié, appelé langage, pour chaque type de structure envisagé. Par structure, on veut dire : un ensemble M *non vide, muni : d'un certain nombre d'éléments distingués ; pour chaque entier* p *positif, d'un certain nombre de relations à* p *places sur* M *(on dit aussi « prédicats », d'où l'expression : « calcul des prédicats ») ; pour chaque entier* p *positif, d'un certain nombre de fonctions de* X^p *dans* X*. Evidemment, on n'utilisera pas le même langage pour parler, par exemple, de groupes et d'ensembles ordonnés.*

Certains symboles sont communs à tous les langages : ce sont les connecteurs propositionnels et les parenthèses, déjà utilisés en calcul propositionnel, mais aussi, et c'est l'innovation essentielle, les quantificateurs $\forall$ *(« pour tout ») et* $\exists$ *(« il existe ») et les variables* v_0, v_1, ...

Les autres symboles dépendent du type de structure que l'on a en vue ; ils représenteront des éléments distingués, des prédicats ou des fonctions. Par exemple, pour les groupes, il faut un symbole de constante (pour représenter l'élément neutre) et un symbole de fonction binaire (pour représenter la multiplication). Pour les ensembles ordonnés, il faut seulement un symbole de relation binaire.

Les formules dont il est question ici sont appelées « formules du premier ordre ». Cela se justifie par le fait que les quantificateurs vont porter sur des éléments de la structure. Il y a de nombreuses propriétés mathématiques pour lesquelles cette restriction est fatale. Par exemple, pour exprimer qu'un ensemble A *est bien ordonné, il faut dire : pour tout sous-ensemble* B *de* A*, si* B *n'est pas vide, alors* B *admet un élément minimum. On voit que le quantificateur « pour tout », dans cette définition, porte sur les sous-ensembles de* A*, et non sur les éléments de* A*. Il s'agit d'un quantificateur de second ordre. La notion d'ensemble bien ordonné ne s'exprime pas par des formules du premier ordre.*

Les problèmes syntaxiques, traités dans la première section, sont sensiblement plus compliqués que pour le calcul des propositions. Tout d'abord parce que, avant de définir les formules, il faut définir les termes ; ensuite parce qu'il faut introduire la notion de variable libre et de variable liée : on devine sans peine que le statut de la variable v_0 *n'est pas le même dans les deux formules suivantes :* $v_0 + v_0 \simeq v_0$ *et* $\forall v_0 v_0 + v_0 \simeq v_0$. *On dit que* v_0 *est libre dans la première et liée dans la seconde. Cette distinction est fondamentale pour la suite.*

Dans la seconde section, on quitte momentanément la logique pour définir ce qu'on entend par structure. Dans la troisième, on définit la satisfaction d'une formule dans une structure (on dit aussi que la structure est modèle de la formule). Les deux faits mentionnés plus haut, plus particulièrement le fait qu'il faille définir la satisfaction d'une formule avec variables libres, vont alourdir considérablement notre tâche. Mais il ne faut pas que le lecteur s'inquiète : malgré sa complication, la définition de la satisfaction ne donne rien d'autre que ce qu'il aura probablement deviné dès le début.

Dans la quatrième section, on montre que toute formule est équivalente à (c'est-à-dire satisfaite dans les mêmes structures que) une formule écrite sous une forme très particulière (avec tous les quantificateurs en tête : cela s'appelle une forme prénexe). On verra aussi comment éliminer les quantificateurs existentiels en ajoutant des symboles de fonction au langage (forme de Skolem). On donne, dans la cinquième section, le b-a-ba de la théorie des modèles, qui est l'étude de la correspondance : ensemble de formules / classe des modèles de cet ensemble. Cette étude sera approfondie au chapitre 8. Enfin, dans la dernière section, on analysera le comportement de l'égalité qui est un prédicat binaire pas tout à fait comme les autres.

1. SYNTAXE

Langages du premier ordre

1.1 Un **langage du premier ordre** (nous dirons souvent seulement un **langage**) est un ensemble L de symboles qui se compose de deux parties :

• la première, commune à tous les langages, est constituée, d'une part, d'un ensemble infini dénombrable,

$$\mathscr{V} = \{ v_0, v_1, \ldots, v_n, \ldots \},$$

d'éléments appelés **symboles de variable** ou plus simplement **variables**, et, d'autre part, des neuf symboles suivants :

- les parenthèses :) , (et les symboles de connecteur : $\neg$, $\wedge$, $\vee$, $\Longrightarrow$, $\Longleftrightarrow$, déjà utilisés en calcul propositionnel,

- et deux nouveaux symboles :

$\forall$, appelé **quantificateur universel** et qu'on lit « **quel que soit** » ou encore « **pour tout** »,

$\exists$, appelé **quantificateur existentiel** et qu'on lit « **il existe au moins un** » ou « **pour au moins un** » ou simplement « **il existe** » ;

(notons que chacun des quantificateurs est appelé le **dual** de l'autre) ;

• la deuxième partie, qui, elle, varie d'un langage à l'autre, est la réunion d'un ensemble $\mathscr{C}$ et de deux suites $(\mathscr{F}_n)_{n\in\mathbb{N}^*}$ et $(\mathscr{R}_n)_{n\in\mathbb{N}^*}$ d'ensembles (deux à deux disjoints et tous disjoints de $\mathscr{C}$) ;

- les éléments de $\mathscr{C}$ sont appelés **symboles de constante** ;

- pour chaque entier $n \geqslant 1$, les éléments de $\mathscr{F}_n$ sont appelés **symboles de fonction** (ou **fonctionnels**) **à** n **places** (ou **à** n **arguments**, ou n**-aires**, ou **d'arité** n) et les éléments de $\mathscr{R}_n$ sont appelés **symboles de relation** (ou **de prédicat**, ou **relationnels**) **à** n **places** (ou **à** n **arguments**, ou n**-aires**, ou **d'arité** n) ; (on dit respectivement **unaire**, **binaire** et **ternaire** au lieu de 1-aire, 2-aire et 3-aire) ;

- on considère un symbole particulier : le symbole $\simeq$, appelé **symbole d'égalité**, qui, lorsqu'il figure dans un langage du premier ordre, est un élément de $\mathscr{R}_2$, c'est-à-dire un symbole de relation binaire, avec un statut spécial (qui sera précisé plus loin) ; les langages où apparaît ce symbole d'égalité s'appellent des **langages égalitaires** ; à une importante exception près (voir le chapitre 4), nous ne rencontrerons guère dans ce livre que ce genre de langage, et quand nous dirons « langage » sans davantage de précision, il s'agira toujours d'un langage égalitaire.

Naturellement, tous les symboles dont nous venons de faire l'inventaire et qui constituent le langage sont supposés deux à deux distincts.

Se donner un langage du premier ordre L, c'est donc définir les deux suites $(\mathscr{R}_n)_{n\in\mathbb{N}^*}$ et $(\mathscr{F}_n)_{n\in\mathbb{N}^*}$ et considérer l'ensemble :

$$L = \mathscr{V} \cup \{),(,\neg,\wedge,\vee,\Longrightarrow,\Longleftrightarrow,\forall,\exists\} \cup \mathscr{C} \cup \bigcup_{n\in\mathbb{N}^*} \mathscr{R}_n \cup \bigcup_{n\in\mathbb{N}^*} \mathscr{F}_n .$$

Les symboles de constante, de fonction et de relation sont parfois appelés « **symboles non logiques** » du langage. Certaines présentations diffèrent très légèrement de la nôtre : il arrive qu'on regarde les symboles de constante comme des symboles de fonction à **0** places, ou qu'on admette deux symboles de relation particuliers à **0** places, $\top$ (« vrai ») et $\bot$ (« faux »). Ces petites variantes ne modifient rien d'important dans tout ce qui va suivre.

1.2 Dans la très grande majorité des cas que nous examinerons, les langages ne comporteront qu'un petit nombre de symboles de constante, de fonction ou de relation, ce qui se traduira par le fait que les ensembles $\mathcal{R}_n$ et $\mathcal{F}_n$ seront presque tous vides, et que ceux qui seront non vides comporteront tout au plus deux à trois symboles. Dans ces conditions, au lieu de donner une définition fastidieuse des deux suites $(\mathcal{R}_n)_{n\in\mathbb{N}^*}$ et $(\mathcal{F}_n)_{n\in\mathbb{N}^*}$, on se contentera de donner la liste des symboles apparaissant dans ces suites, en précisant leur statut (relation, fonction) et leur arité, et d'indiquer les éléments de l'ensemble $\mathcal{C}$. Comme il est évidemment inutile de répéter, pour chaque langage, l'énumération des symboles immuables que sont, par exemple, les variables, les connecteurs ou les quantificateurs, on commettra l'abus consistant à identifier le langage et la liste de ses symboles de constante, de fonction et de relation. Ainsi, lorsque nous serons amenés à dire :

« Considérons le langage $L = \{R, c, f, g\}$ où R est un symbole de relation binaire, c un symbole de constante, et f et g deux symboles de fonction unaires »,

cela signifiera que nous nous intéresserons à l'ensemble $\mathcal{C} = \{c\}$ et aux deux suites $(\mathcal{R}_n)_{n\in\mathbb{N}^*}$ et $(\mathcal{F}_n)_{n\in\mathbb{N}^*}$ définies par :

$$\mathcal{R}_2 = \{\simeq, R\},\ \mathcal{R}_n = \emptyset \text{ pour } n \neq 2,\ \mathcal{F}_1 = \{f, g\} \text{ et } \mathcal{F}_n = \emptyset \text{ pour } n \geqslant 2.$$

(Il s'agira d'un langage égalitaire, en l'absence de précision contraire.)

1.3 Partant d'un langage du premier ordre pris comme alphabet, nous allons maintenant construire, suivant la méthode inductive déjà utilisée pour le calcul propositionnel, une famille de mots que nous appellerons les formules du premier ordre associées à notre langage. Il nous faudra pour cela une étape intermédiaire dans laquelle nous définirons, toujours inductivement, une autre famille de mots appelés termes.

Notre but étant de décrire formellement certaines propriétés d'objets (ou individus) mathématiques, on peut intuitivement considérer que les termes vont servir de noms pour désigner ces individus, tandis que les formules seront des récits de faits les concernant.

Considérons un langage du premier ordre L.

Les termes du langage

1.4 Les symboles qui servent d'ingrédients pour la fabrication des termes sont les variables et les symboles de fonction. On notera que les parenthèses n'interviennent pas dans l'écriture des termes.

DEFINITION : *L'ensemble* $\mathcal{T}(\mathsf{L})$ *des* ***termes*** *du langage* L *est le plus petit sous-ensemble de* $\mathcal{M}(\mathsf{L})$ *qui :*

- *contient les variables et les symboles de constante (c'est-à-dire l'ensemble* $\mathcal{V} \cup \mathcal{C}$*) ;*
- *pour chaque entier* $n \geqslant 1$ *et chaque élément* $f \in \mathcal{F}_n$*, est stable pour l'opération :*

$$(m_1,m_2,\ldots,m_n) \longmapsto fm_1m_2\ldots m_n\ .$$

Autrement dit, les termes sont les mots qu'on peut obtenir en appliquant un nombre fini de fois les règles suivantes : les variables et les symboles de constante sont des termes (rappelons que nous ne faisons pas de différence entre un symbole d'un alphabet et le mot de longueur 1 constitué par ce symbole) ; si $n \in \mathbb{N}^*$, si f est un symbole de fonction n-aire de L, et si t_1, t_2, ..., t_n sont des termes, alors le mot $ft_1t_2\ldots t_n$ est un terme.

Après cette définition « par le haut », voici la définition « par le bas » équivalente :

On pose $\mathcal{T}_0(\mathsf{L}) = \mathcal{V} \cup \mathcal{C}$, et, pour chaque entier k :

$$\mathcal{T}_{k+1}(\mathsf{L}) = \mathcal{T}_k(\mathsf{L}) \cup \bigcup_{n\in\mathbb{N}^*} \{ft_1t_2\ldots t_n\,;f \in \mathcal{F}_n,\ t_1 \in \mathcal{T}_k(\mathsf{L}),\ t_2 \in \mathcal{T}_k(\mathsf{L}),\ \ldots,\ t_n \in \mathcal{T}_k(\mathsf{L})\}.$$

On a alors :

$$\mathcal{T}(\mathsf{L}) = \bigcup_{k\in\mathbb{N}} \mathcal{T}_k(\mathsf{L}).$$

On définit la **hauteur** d'un terme $t \in \mathcal{T}(\mathsf{L})$ comme le plus petit des entiers k tels que $t \in \mathcal{T}_k(\mathsf{L})$.

Observons que, dans un langage, il y a toujours des termes de hauteur **0** : les variables ; mais il est tout à fait possible qu'il n'y ait aucun terme de hauteur non nulle (cela se produit lorsqu'il n'y a pas du tout de symboles de fonction).

On peut définir pour les termes une notion d'arbre de décomposition, de façon analogue à ce qui a été fait pour les formules propositionnelles, à ceci près que, de chaque noeud, est susceptible d'être issu un nombre quelconque de branches, qui est exactement l'arité du symbole de fonction utilisé à ce stade de la construction du terme. Il y aura aussi un théorème de lecture unique (1.7) qui garantira l'unicité de l'arbre de décomposition.

1.5 Prenons l'exemple d'un langage comportant un symbole de constante c, un symbole de fonction unaire f et un symbole de fonction ternaire **g**. Considérons le mot :

$$M = ggffv_0gv_2v_0cfcffgfcgv_2fv_0ffcfcfc\ .$$

Est-ce un terme du langage ?

Avec un regard vif, quelques tâtonnements, ou un peu de chance, en posant :

$$r = gffv_0gv_2v_0cfc, \quad s = ffgfcgv_2fv_0ffcfc \quad , \text{et } t = fc,$$

et, mieux, en insérant des espaces à bon escient :

$$r = g\ ffv_0\ gv_2v_0c\ fc, \quad s = f\ f\ g\ fc\ gv_2fv_0ffc\ fc \quad , \text{et } t = fc,$$

on découvre que r, s et t sont bien des termes, et que le mot M proposé, qui s'écrit grst (un symbole de fonction ternaire suivi de trois termes) est lui-même un terme (de hauteur 7) dont il n'est dès lors pas difficile de dessiner l'arbre de décomposition (pour la lisibilité duquel on a posé $s_3 = gv_2fv_0ffc$, $s_2 = gfcs_3fc$ et $s_1 = fs_2$, de telle sorte que $s = fs_1$).

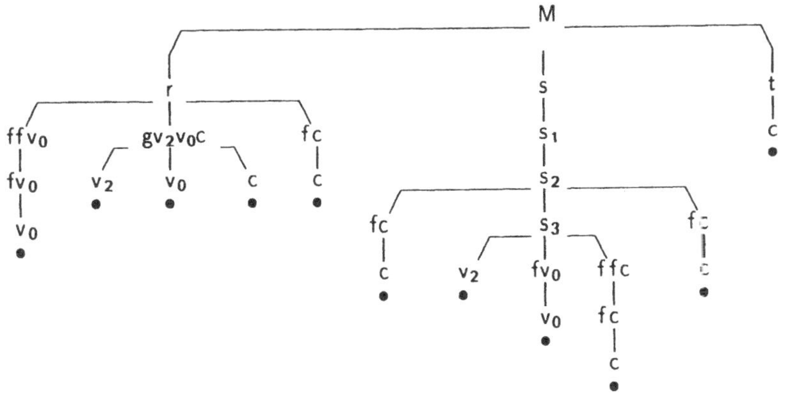

1.6 Le théorème qui va suivre fournit un test très simple pour déterminer si un mot est ou non un terme, dans un langage donné. Il permet aussi, lorsque le test est positif, de trouver la décomposition du terme. Enfin, il nous fournira une démonstration très simple du théorème de lecture unique. Donnons d'abord une définition :

DEFINITION : *On appelle* **poids** *d'un symbole de fonction l'entier relatif égal à son arité diminuée de 1. Le poids d'un symbole de variable ou d'un symbole de constante est -1. Etant donné un mot* M *écrit avec les variables et les symboles de constante et de fonction du langage, on appelle* **poids de** M, *et on note* p(M) *la somme des poids des symboles constituant le mot* M *(le poids du mot vide étant* 0*).*

On dit qu'un mot M **satisfait la règle des poids** *si et seulement si le poids de* M *est égal à -1 et le poids de tout segment initial propre de* M *est positif ou nul.*

THEOREME : *Pour qu'un mot* M, *écrit avec les variables et les symboles de constante et de fonction du langage, soit un terme, il faut et il suffit qu'il satisfasse la règle des poids.*

☹ Montrons d'abord, par induction, que tous les termes satisfont la règle des poids.

En ce qui concerne les variables et les symboles de constante, c'est clair : leur poids est bien égal à -1, et ils n'admettent pas de segment initial propre.

Considérons un entier $n \geqslant 1$, un symbole de fonction n-aire f, et n termes t_1, t_2, ..., t_n dont nous supposons (hypothèse d'induction) qu'ils satisfont la règle des poids.

Posons $t = ft_1t_2...t_n$.

On a $p(t) = p(f) + p(t_1) + p(t_2) + ... + p(t_n) = n - 1 + n \times (-1) = -1$.

Par ailleurs, soit m un segment initial propre de t. Il existe alors un indice $i \in \{1,2,...,n\}$ et un segment initial m_i de t_i tels que :

$$m = ft_1t_2...t_{i-1}m_i.$$

Notons que, si $i = n$, m_i est nécessairement un segment initial propre de t_i, mais que, si $i \neq n$, alors m_i peut être égal à t_i ou au mot vide.

On a :

$$\begin{aligned} p(m) &= p(f) + p(t_1) + p(t_2) + ... + p(t_{i-1}) + p(m_i) \\ &= n - 1 + (i - 1) \times (-1) + p(m_i) \quad \text{(d'après l'hypothèse d'induction)} \\ &= n - i + p(m_i). \end{aligned}$$

Or, par hypothèse d'induction, $p(m_i)$ est soit -1 soit un nombre positif ou nul (suivant que $m_i = t_i$ ou non). On en déduit que $p(m) \geqslant n - i - 1$ qui est un nombre positif ou nul si i est strictement inférieur à n. Si $i = n$, alors $m_i \neq t_i$ (sans quoi m serait égal à t), donc $p(m) = p(m_i) \geqslant 0$.

On voit donc que m a dans tous les cas un poids positif ou nul, ce qui montre que t satisfait la règle des poids.

Il nous faut maintenant montrer, réciproquement, que tout mot qui satisfait la règle des poids est un terme. Nous allons le faire par récurrence sur la longueur des mots.

Le mot de longueur 0 ne satisfait pas la règle des poids (son poids est 0).

Si un mot de longueur 1 satisfait la règle des poids, alors son poids est -1. Il s'agit donc, soit d'une variable, soit d'un symbole de constante, c'est-à-dire, dans tous les cas, d'un terme.

Considérons un entier $k > 1$. Supposons (hypothèse de récurrence) que tout mot de longueur strictement inférieure à k qui satisfait la règle des poids est un terme. Considérons un mot M de longueur k qui satisfait la règle des poids. Par exemple,

$$M = \alpha_1\alpha_2...\alpha_k,$$

les α_i étant des variables ou des symboles de constante ou de fonction (de sorte que $p(\alpha_i) \geqslant -1$ pour chaque i).

On a donc $p(M) = -1$ et, pour chaque $i \in \{1,2,...,k-1\}$:

$$p(\alpha_1\alpha_2...\alpha_i) \geqslant 0.$$

Comme $k > 1$, α_1 constitue un segment initial propre de M ; donc $p(\alpha_1) \geqslant 0$, ce qui montre que α_1 ne peut être qu'un symbole de fonction d'arité au moins égale à 1. Désignons cette arité par $n + 1$ ($n = p(\alpha_1) \geqslant 0$).

Si $n = 0$, le mot $\alpha_2...\alpha_k$ satisfait la règle des poids (la suppression d'un premier symbole de poids 0 ne modifie ni le poids total ni le poids des segments initiaux propres) ; la longueur de ce mot étant $k - 1$, l'hypothèse de récurrence s'applique : $\alpha_2...\alpha_k$ est donc un terme, et il en est de même de M, puisque α_1 est, dans ce cas, un symbole de fonction unaire.

Examinons maintenant le cas $n > 0$.

Appelons φ l'application de $\{1,2,...,k\}$ dans $\mathbb{Z}$ qui, à chaque indice i, associe $p(\alpha_1\alpha_2...\alpha_i) = p(\alpha_1) + p(\alpha_2) + ... + p(\alpha_i)$.

On a $\varphi(1) = n > 0$ et $\varphi(k) = -1$. Comme on passe de $\varphi(i)$ à $\varphi(i + 1)$ en ajoutant un entier relatif supérieur ou égal à -1 ($p(\alpha_{i+1})$), on voit que l'application φ, pour passer de la valeur initiale n à la valeur finale -1, doit nécessairement prendre au moins une fois chacune des valeurs entières intermédiaires : $n - 1, n - 2, ..., 1, 0$ (cette fonction ne peut pas décroître de plus de 1 à chaque étape).

Désignons par j_1 (respectivement : $j_2, ..., j_n$) le premier entier (dans $\{1,2,...,k\}$) pour lequel la fonction φ prend la valeur $n - 1$ (respectivement : $n - 2, ..., 0$). (On posera pour compléter : $j_0 = 1$ et $j_{n+1} = k$, de sorte que $\varphi(j_0) = n$ et $\varphi(j_{n+1}) = -1$).

On a nécessairement :

$$j_0 = 1 < j_1 < j_2 < ... < j_n < j_{n+1} = k.$$

(Le raisonnement que nous venons de faire s'applique encore : la fonction φ ne peut pas passer de la valeur $\varphi(1) = n$ à la valeur $\varphi(j_2) = n - 2$ sans prendre au moins une fois la valeur $n - 1$; donc $j_1 < j_2$, et ainsi de suite.)

Posons :

$$t_1 = \alpha_2...\alpha_{j_1},\ t_2 = \alpha_{j_1+1}...\alpha_{j_2},\ ...,\ t_n = \alpha_{j_{n-1}+1}...\alpha_{j_n},\ t_{n+1} = \alpha_{j_n+1}...\alpha_k .$$

Nous allons montrer que chacun de ces $n + 1$ mots est un terme ; étant donné que M s'écrit $\alpha_1 t_1 t_2...t_n t_{n+1}$ et que α_1 est un symbole de fonction d'arité $n + 1$, cela prouvera que M est aussi un terme.

Soit h un entier tel que $1 \leqslant h \leqslant n + 1$. On a :

$$t_h = \alpha_{j_{h-1}+1}...\alpha_{j_h} ;$$

d'où : $$p(t_h) = \varphi(j_h) - \varphi(j_{h-1}) = n - h - (n - (h - 1)) = -1.$$

Par ailleurs, si t_h admettait un segment initial propre de poids strictement négatif, cela voudrait dire qu'il existerait un indice $i \in \{j_{h-1} + 1,...,j_h - 1\}$ tel que :

$$p(\alpha_{j_{h-1}+1}...\alpha_i) = \varphi(i) - \varphi(j_{h-1}) = \varphi(i) - (n - (h - 1)) < 0 ;$$

ou encore : $$\varphi(i) \leqslant n - h.$$

Mais $\varphi(j_{h-1}) = n - h + 1$. D'après un argument déjà invoqué à deux reprises, la valeur $n - h$ serait alors prise par la fonction φ pour un indice compris entre j_{h-1} et i, c'est-à-dire strictement inférieur à j_h, ce qui contredirait la définition de j_h.

On a ainsi montré que t_h satisfait la règle des poids, et, comme la longueur de t_h est strictement inférieure à k, on peut conclure, grâce à l'hypothèse de récurrence, que t_h est un terme.

☺

1.7 Le théorème de lecture unique se démontre alors en deux étapes :

LEMME : *Pour tout terme* $t \in \mathcal{T}(L)$, *aucun segment initial propre de* t *n'est un terme.*

☹ C'est une conséquence immédiate de la règle des poids : si t est un terme, et si u est un segment initial propre de t, alors le poids de u est positif ou nul, et u ne peut donc pas être un terme.

☺

THEOREME : *Pour tout terme* $t \in \mathcal{T}(L)$, *un et un seul des trois cas suivants se présente :*

- t *est une variable de* L *;*
- t *est un symbole de constante de* L *;*
- *il existe un unique entier* $k \geqslant 1$, *un unique symbole de fonction* k*-aire* f *du langage* L *et un unique* k*-uple* $(u_1, u_2, \ldots, u_k) \in \mathcal{T}(L)^k$ *tels que :*

$$t = fu_1u_2\ldots u_k.$$

☹ Considérons un terme $t \in \mathcal{T}(L)$. Par définition de cet ensemble, on est dans un des deux premiers cas, ou alors dans le troisième, mais sans que l'unicité soit a priori garantie. De plus, il est clair que ces trois cas s'excluent l'un l'autre (il suffit pour s'en convaincre d'examiner le premier symbole du mot t). La seule chose qu'il nous faut donc établir, c'est l'unicité, dans le troisième cas.

Considérons pour cela deux entiers naturels non nuls k et h, deux symboles de fonction f et g respectivement k-aire et h-aire du langage L et $k + h$ termes $t_1, t_2, \ldots, t_k, u_1, u_2, \ldots, u_h$ de $\mathcal{T}(L)$, et supposons que :

$$t = ft_1t_2\ldots t_k = gu_1u_2\ldots u_h.$$

On déduit de cette égalité que les symboles f et g sont identiques (premiers symboles du même mot), ainsi donc que leurs arités. On a alors :

$$t = ft_1t_2...t_k = fu_1u_2...u_k.$$

Supposons maintenant qu'il y ait un indice $i \in \{1,2,...,k\}$ tel que :

$$t_1 = u_1,\ t_2 = u_2,\ ...,\ t_{i-1} = u_{i-1} \text{ et } t_i \neq u_i.$$

On obtient après simplification :

$$t_it_{i+1}...t_k = u_iu_{i+1}...u_k\ ;$$

ce qui prouve que l'un des deux termes t_i et u_i est un segment initial propre de l'autre (cette propriété a été indiquée dans le mode d'emploi, au début du livre). Or cette situation est justement interdite par le lemme précédent.

On a donc :

$$t_1 = u_1,\ t_2 = u_2,\ ...,\ t_k = u_k,$$

ce qui garantit l'unicité de lecture de t.

☺

1.8 Un terme dans lequel aucune variable n'a d'occurrence est appelé terme **clos**. On voit immédiatement qu'un terme clos doit nécessairement contenir au moins une occurrence d'un symbole de constante. Il en résulte qu'un langage sans symboles de constante n'a pas de termes clos.

NOTATION : *Etant donnés un terme* $t \in \mathcal{T}(L)$ *et des entiers naturels* i_1, i_2 , ..., i_n *deux à deux distincts, nous utiliserons la notation* $t = t[v_{i_1}, v_{i_2}, ..., v_{i_n}]$ *pour indiquer que les variables ayant au moins une occurrence dans le terme* t *sont parmi* $v_{i_1}, v_{i_2}, ..., v_{i_n}$.

On remarquera que, pour tout terme t, il existe un entier m tel que :

$$t = t[v_0, v_1, ..., v_m]\ ;$$

(parce que t ne comporte qu'un nombre fini de symboles, donc un nombre fini de variables, et il suffit de prendre pour m le plus grand des indices des variables qui ont au moins une occurrence dans t).

Les substitutions dans les termes

DEFINITION : *Soient* k *un entier naturel,* $w_1, w_2, \ldots, w_k$*, des variables deux à deux distinctes, et* t*,* $u_1, u_2, \ldots, u_k$ *des termes. On définit le mot* $t_{u_1/w_1, u_2/w_2, \ldots, u_k/w_k}$ *(lire : « t indice u_1 remplace w_1, u_2 remplace w_2, et cætera, u_k remplace w_k »), résultat de la substitution des termes* $u_1, u_2, \ldots, u_k$ *aux variables* $w_1, w_2, \ldots, w_k$*, respectivement, dans toutes les occurrences de celles-ci dans le terme* t*, par induction (sur* t*), comme suit :*

• *si* t *est un symbole de constante ou une variable autre que* $w_1, w_2, \ldots, w_k$*, alors :*

$$t_{u_1/w_1, u_2/w_2, \ldots, u_k/w_k} = t\ ;$$

• *si* $t = w_i$*,* $(1 \leqslant i \leqslant k)$*, alors :*

$$t_{u_1/w_1, u_2/w_2, \ldots, u_k/w_k} = u_i\ ;$$

• *si* $t = ft_1t_2 \ldots t_n$ *(*n *étant un entier au moins égal à 1,* f *un symbole de fonction* n*-aire et* $t_1, t_2, \ldots, t_n$ *des termes), alors :*

$$t_{u_1/w_1, u_2/w_2, \ldots, u_k/w_k} = f{t_1}_{u_1/w_1, u_2/w_2, \ldots, u_k/w_k}{t_2}_{u_1/w_1, u_2/w_2, \ldots, u_k/w_k} \ldots {t_n}_{u_1/w_1, u_2/w_2, \ldots, u_k/w_k}.$$

LEMME : *Quels que soient l'entier* k*, les variables deux à deux distinctes* $w_1, w_2, \ldots, w_k$*, et les termes* $t, u_1, u_2, \ldots, u_k$*, le mot* $t_{u_1/w_1, u_2/w_2, \ldots, u_k/w_k}$ *est un terme.*

La démonstration est immédiate, par induction sur t.

1.9 NOTATION : *Etant donnés deux entiers* h *et* k*,* $h + k$ *variables* $z_1, z_2, \ldots, z_h, w_1, w_2, \ldots, w_k$*, un terme* $t = t[z_1, z_2, \ldots, z_h, w_1, w_2, \ldots w_k]$*, et* k *termes* $u_1, u_2, \ldots, u_k$*, on pourra noter :*

$$t[z_1, z_2, \ldots, z_h, u_1, u_2, \ldots, u_k]$$

le terme $t_{u_1/w_1, u_2/w_2, \ldots, u_k/w_k}$.

REMARQUES :

• C'est évidemment un choix de pure commodité d'écriture que nous avons fait en énumérant les variables dans un ordre où celles qui sont concernées par la substitution se suivent à la fin de la liste. Il va de soi que nous entendons aussi que, étant donnés, par exemple, un terme :

$$t = t[w_1,w_2,w_3,w_4,w_5],$$

et deux termes quelconques u et u', l'expression :

$$t[w_1,u',w_3,u,w_5]$$

puisse être utilisée pour désigner le terme :

$$t_{u'/w_2,u/w_4}.$$

• La notation avec les crochets présente des inconvénients analogues à ceux qui ont été déjà signalés à propos des substitutions dans les formules du calcul propositionnel (chapitre 1). Nous l'utiliserons, avec les précautions d'usage.

• Comme en calcul propositionnel, il convient d'être attentif au fait que les substitutions définies ci-dessus sont des substitutions simultanées ; les mêmes substitutions, faites successivement, donnent en général un résultat différent, qui dépend d'ailleurs de l'ordre dans lequel elles sont faites.

Les formules du langage

1.10 Nous abordons maintenant la définition, par induction, de l'ensemble des formules du langage L. Voici d'abord ce que sont les formules du « rez-de-chaussée » (celles qui auront pour hauteur 0) ; on les appelle formules atomiques.

DEFINITION : *Un mot* $M \in \mathcal{M}(L)$ *est une* **formule atomique** *si et seulement si il existe un entier naturel* $n \in \mathbb{N}^*$*, un symbole de relation* n*-aire* R*, et* n *termes* $t_1, t_2, ..., t_n$ *du langage* L*, tels que :*

$$M = Rt_1t_2...t_n.$$

Dans le cas où L *est un langage égalitaire, quels que soient les termes* t *et* $u \in \mathcal{T}(L)$*, on convient d'adopter l'écriture :*

$$t \simeq u$$

pour la formule atomique :

$$\simeq tu.$$

Convenons de noter At(L) l'ensemble des formules atomiques du langage L.

Notons qu'il y a unicité de lecture pour une formule atomique : on s'en convainc facilement en observant qu'une formule atomique devient un terme lorsqu'on remplace son premier symbole (qui est un symbole de relation) par un symbole de fonction de même arité : il suffit alors d'appliquer le théorème de lecture unique des termes pour obtenir l'unicité de lecture des formules atomiques (la convention faite au sujet du symbole d'égalité n'entraînant aucune difficulté en la matière).

Passons à la définition de l'ensemble des formules de L.

1.11 DEFINITION : ***L'ensemble*** $\mathscr{F}(L)$ ***des formules (du premier ordre) du langage*** L *est le plus petit sous-ensemble de* $\mathscr{M}(L)$ *qui :*

- *contient toutes les formules atomiques ;*
- *chaque fois qu'il contient deux mots* M *et* N, *contient également les mots :*

$$\neg M\ ,\ (M \wedge N)\ ,\ (M \vee N)\ ,\ (M \Longrightarrow N)\ ,\ (M \Longleftrightarrow N)\ ,$$

et, pour tout entier naturel n, *les mots :*

$$\forall v_n M \textit{ et } \exists v_n M.$$

Etant données deux formules F et G ∈ $\mathscr{F}(L)$, les formules ¬F, (F ∧ G) et (F ∨ G) s'appellent respectivement : **négation** de la formule F, **conjonction** des formules F et G et **disjonction** des formules F et G.

On est naturellement amené à comparer la définition ci-dessus, ou tout au moins la partie de cette définition qui concerne les symboles de connecteur, à celle des formules propositionnelles, donnée au chapitre 1. On remarque ainsi que le rôle joué là par les variables propositionnelles est ici tenu par les formules atomiques. La différence majeure tient au fait que les variables propositionnelles étaient alors une matière première indécomposable, alors que les formules atomiques sont le produit d'une construction déjà assez complexe. Il importe en tous cas de ne pas imaginer d'analogie entre les variables propositionnelles du chapitre 1 et ce que nous appelons ici variables, qui sont certains des symboles constitutifs des termes, eux-mêmes ingrédients dans la fabrication des formules atomiques. L'autre différence fondamentale entre les deux situations est évidemment l'apparition des quantificateurs, qui nous fournissent deux nouveaux procédés de fabrication de formules.

Donnons la définition « par le bas » de l'ensemble des formules. Posons :

$\mathscr{F}_0(L) = At(L)$;

et, pour chaque entier m,

$$\mathcal{F}_{m+1}(L) = \mathcal{F}_m(L) \cup \{\neg F \ ; \ F \in \mathcal{F}_m(L)\}$$
$$\cup \{(F \,\alpha\, G) \ ; \ F \in \mathcal{F}_m(L),\ G \in \mathcal{F}_m(L),\ \alpha \in \{\wedge, \vee, \Longrightarrow, \Longleftrightarrow\}\}$$
$$\cup \{\forall v_k F \ ; \ F \in \mathcal{F}_m(L),\ k \in \mathbb{N}\} \cup \{\exists v_k F \ ; \ F \in \mathcal{F}_m(L),\ k \in \mathbb{N}\}.$$

On a alors :

$$\mathcal{F}(L) = \bigcup_{n \in \mathbb{N}} \mathcal{F}_n(L).$$

Comme il se doit, la **hauteur** d'une formule $F \in \mathcal{F}(L)$, notée $h[F]$, est le plus petit des entiers k tels que $F \in \mathcal{F}_k(L)$.

1.12 Il y a, pour les formules du premier ordre, un théorème de lecture unique :

THEOREME : *Pour toute formule* $F \in \mathcal{F}(L)$, *un et un seul des cinq cas suivants se présente :*

- F *est une formule atomique (et il y a alors une seule façon de la « lire ») ;*
- *il existe une unique formule* $G \in \mathcal{F}(L)$ *telle que* $F = \neg G$;
- *il existe un unique couple de formules* $(G,H) \in \mathcal{F}(L)^2$ *et un unique symbole de connecteur binaire* $\alpha \in \{\wedge, \vee, \Longrightarrow, \Longleftrightarrow\}$ *tels que* $F = (G \,\alpha\, H)$;
- *il existe un unique entier* k *et une unique formule* $G \in \mathcal{F}(L)$ *tels que* $F = \forall v_k G$;
- *il existe un unique entier* k *et une unique formule* $G \in \mathcal{F}(L)$ *tels que* $F = \exists v_k G$.

☹ On peut très facilement adapter la démonstration faite dans le cas des formules du calcul propositionnel : ici encore, il est clair que ces cinq cas s'excluent l'un l'autre et que l'on doit se trouver dans au moins un de ces cas (en omettant toutes les indications d'unicité) ; dans les deux derniers cas, qui n'ont pas d'analogue en calcul propositionnel, l'unicité est évidente ; dans le premier, l'unicité de lecture a déjà été signalée (1.10) ; dans les deuxième et troisième cas, la démonstration du chapitre 1 se laisse transposer sans problème (en particulier, les quatre lemmes préalables, relatifs aux parenthèses et aux segments initiaux propres, restent vrais).
☺

On peut, ici aussi, parler de l'arbre de décomposition d'une formule : ce qui change par rapport au calcul propositionnel, c'est, d'une part, que les extrémités sont ici les formules atomiques, et, d'autre part, que l'on aura trois types de branchements unaires au lieu d'un :

$\neg F$	$\forall v_k F$	$\exists v_k F$
|	|	|
F	F	F

1.13 Les **sous-formules** d'une formule du premier ordre, ce sont les formules qui apparaissent aux nœuds de son arbre de décomposition. Précisément :

DEFINITION : *L'ensemble* $\mathrm{sf}(F)$ *des sous-formules d'une formule* $F \in \mathcal{F}(L)$ *est défini comme suit, par induction :*

- *si* F *est atomique,*
$$\mathrm{sf}(F) = \{F\} ;$$
- *si* $F = \neg G$,
$$\mathrm{sf}(F) = \{F\} \cup \mathrm{sf}(G) ;$$
- *si* $F = (G \; \alpha \; H)$, α *étant un symbole de connecteur binaire,*
$$\mathrm{sf}(F) = \{F\} \cup \mathrm{sf}(G) \cup \mathrm{sf}(H) ;$$
- *si* $F = \forall v_k G$, *ou si* $F = \exists v_k G$,
$$\mathrm{sf}(F) = \{F\} \cup \mathrm{sf}(G).$$

Variables libres, variables liées, formules closes

1.14 Etant donnés un entier naturel k et une formule $F \in \mathcal{F}(L)$, les occurrences éventuelles de la variable v_k dans la formule F peuvent être de deux sortes : **libres** ou **liées**. La définition est donnée par induction :

DEFINITION :

- *si* F *est atomique, toutes les occurrences de* v_k *dans* F *sont libres ;*
- *si* $F = \neg G$, *les occurrences libres de* v_k *dans* F *sont les occurrences libres de* v_k *dans* G *;*
- *si* $F = (G \; \alpha \; H)$, α *étant un symbole de connecteur binaire, les occurrences libres de* v_k *dans* F *sont les occurrences libres de* v_k *dans* G *et les occurrences libres de* v_k *dans* H *;*
- *si* $F = \forall v_h G$, *ou si* $F = \exists v_h G$, *pour un entier* h *distinct de* k, *les occurrences libres de* v_k *dans* F *sont les occurrences libres de* v_k *dans* G *;*

• *si* $F = \forall v_k G$, *ou si* $F = \exists v_k G$, *aucune des occurrences de* v_k *dans* F *n'est une occurrence libre.*

Les occurrences de v_k *dans* F *qui ne sont pas libres sont appelées* ***occurrences liées***.

Dans le passage de la formule G *à la formule* $\forall v_k G$ *(respectivement :* $\exists v_k G$*), on dit que la variable* v_k *a été* ***quantifiée universellement*** *(respectivement :* ***existentiellement****) ou encore que la formule* G *a subi une* ***quantification universelle*** *(respectivement :* ***existentielle****)* ***sur la variable*** v_k.

Examinons un exemple : dans le langage $L = \{R, c, f\}$ où R est un symbole de relation binaire, c un symbole de constante et f un symbole de fonction unaire, considérons la formule :

$$F = \forall v_0 (\exists v_1 \forall v_0 (R v_1 v_0 \Rightarrow \neg v_0 \simeq v_3) \wedge \forall v_2 (\exists v_2 (R v_1 v_2 \vee f v_0 \simeq c) \wedge v_2 \simeq v_2)).$$

Dans F, toutes les occurrences de v_0 et toutes les occurrences de v_2 sont liées ; les deux premières occurrences de v_1 sont liées tandis que la troisième est libre ; enfin l'unique occurrence de v_3 est libre.

1.15 DEFINITION : *Les* ***variables libres*** *dans une formule* $F \in \mathcal{F}(L)$ *sont les variables qui admettent au moins une occurrence libre dans* F.

Une ***formule close*** *est une formule dans laquelle aucune variable n'est libre.*

Ainsi, dans l'exemple précédent, les variables libres dans F sont v_1 et v_3. Il en résulte que F n'est pas close.

On peut aussi remarquer qu'une formule close ne contient pas nécessairement de quantificateur : la formule Rfcc est une formule atomique close, dans le langage que nous venons d'utiliser. Cependant, dans un langage sans symbole de constante, il n'y a pas de formule close sans quantificateur.

NOTATION : *Etant donnés une formule* $F \in \mathcal{F}(L)$ *et des entiers naturels* i_1, i_2, ..., i_n *deux à deux distincts, nous utiliserons la notation* $F = F[v_{i_1}, v_{i_2}, \ldots, v_{i_n}]$ *pour indiquer que les variables libres dans la formule* F *se trouvent parmi* $v_{i_1}, v_{i_2}, \ldots, v_{i_n}$.

Comme à propos des termes, nous pouvons remarquer que, pour toute formule $F \in \mathscr{F}(L)$, il existe un entier m tel que :

$$F = F[v_0,v_1,\dots,v_m].$$

1.16 DEFINITION : *Etant donnée une formule* $F = F[v_{i_1},v_{i_2},\dots,v_{i_n}]$ *du langage* L, *dans laquelle chacune des variables* v_{i_1}, v_{i_2}, ..., v_{i_n} *a au moins une occurrence libre, la formule :*

$$\forall v_{i_1} \forall v_{i_2} \dots \forall v_{i_n} F,$$

et toutes celles que l'on en déduit en permutant de façon quelconque l'ordre des quantifications sur les variables v_{i_1}, v_{i_2}, ..., v_{i_n}, *sont appelées les* ***clôtures universelles*** *de la formule* F.

On voit que les clôtures universelles d'une formule sont des formules closes.

REMARQUE : On ne fait presque jamais de distinction entre les diverses clôtures universelles d'une formule F et on parle de **la** clôture universelle de F, désignant par là l'une quelconque d'entre elles (le choix pouvant être dicté par l'ordre des occurrences des variables libres dans F, ou par l'ordre de leurs indices, ou par toute autre considération). Cet abus est vraiment sans importance : on verra que les diverses clôtures universelles d'une formule sont équivalentes pour tout ce que nous aurons à faire : tant du point de vue sémantique (sections suivantes) que pour les démonstrations formelles (chapitre 4).

1.17 Revenons à la formule F prise comme exemple en 1.14. Nous avons dit que la troisième occurrence de la variable v_1 y est libre, contrairement aux deux premières. Cela tient au fait que, comme en témoigne l'arbre de décomposition de F, la quantification $\exists v_1$ « agit » sur les deux premières occurrences mais pas sur la troisième. On dit que les deux premières occurrences de v_1 sont **dans le champ du quantificateur** $\exists v_1$, ou encore (anglais oblige) **sous le scope** de ce quantificateur. En vue d'une définition générale précise, considérons, dans une formule F, une occurrence de quantificateur Qv (Q désigne $\forall$ ou $\exists$ et v la variable qui suit nécessairement Q dans F). Le mot Qv est nécessairement suivi, dans le mot F, d'une sous-formule G (unique) de F (le mot QvG étant, à son tour, une sous-formule de F, que l'on peut caractériser comme la sous-formule de hauteur minimum contenant l'occurrence considérée de Qv). On définit alors les occurrences de v qui sont **dans le champ** (ou **sous le scope**) du quantificateur Qv comme étant les occurrences libres de v dans la formule G, ainsi que l'occurrence de v qui suit immédiatement le quantificateur Q. Par exemple, dans la formule :

$$\exists v((v \simeq v \vee \forall v \neg v \simeq v) \Longrightarrow v \simeq v),$$

les occurrences de v qui sont dans le champ du premier quantificateur sont les trois premières et les deux dernières. Les quatrième, cinquième et sixième occurrences sont exclues, bien qu'étant dans le « champ géographique » de $\exists v$, parce qu'on convient, raisonnablement, que chaque occurrence de variable est dans le champ d'au plus un quantificateur.

Les substitutions dans les formules

1.18 Nous allons maintenant définir la notion de **substitution de termes à des variables libres dans une formule**. Les variables d'une formule apparaissant nécessairement au sein de termes, et la substitution de termes à des variables dans un terme ayant déjà été définie, notre nouvelle définition irait de soi, s'il n'y avait une importante restriction à apporter : la substitution ne concernera que les occurrences libres des variables considérées. La définition est donnée, comme on peut s'y attendre, par induction.

DEFINITION : *Soient* F *une formule,* k *un entier naturel,* $w_1, w_2, \ldots, w_k$, *des variables deux à deux distinctes, et* $u_1, u_2, \ldots, u_k$ *des termes. On définit le mot* $F_{u_1/w_1, u_2/w_2, \ldots, u_k/w_k}$ *(lire : « F indice* u_1 *remplace* w_1, u_2 *remplace* w_2, *et cætera,* u_k *remplace* w_k *»), résultat de la substitution des termes* $u_1, u_2, \ldots, u_k$ *aux variables* $w_1, w_2, \ldots, w_k$, *respectivement, dans toutes les occurrences libres de celles-ci dans la formule* F, *comme suit :*

• *si* F *est la formule atomique* $Rt_1t_2\ldots t_n$, n *étant un entier au moins égal à 1,* R *un symbole de relation* n*-aire, et* $t_1, t_2, \ldots, t_n$ *des termes, alors :*

$F_{u_1/w_1, u_2/w_2, \ldots, u_k/w_k} =$

$$Rt_{1\,u_1/w_1, u_2/w_2, \ldots, u_k/w_k}\, t_{2\,u_1/w_1, u_2/w_2, \ldots, u_k/w_k} \ldots t_{n\,u_1/w_1, u_2/w_2, \ldots, u_k/w_k} ;$$

• *si* $F = \neg G$,

$F_{u_1/w_1, u_2/w_2, \ldots, u_k/w_k} = \neg G_{u_1/w_1, u_2/w_2, \ldots, u_k/w_k}$;

• *si* $F = (G \,\alpha\, H)$, α *étant un symbole de connecteur binaire,*

$F_{u_1/w_1, u_2/w_2, \ldots, u_k/w_k} = (G_{u_1/w_1, u_2/w_2, \ldots, u_k/w_k} \,\alpha\, H_{u_1/w_1, u_2/w_2, \ldots, u_k/w_k})$;

• *si* $F = \forall v\, G$ $(v \notin \{w_1, w_2, \ldots, w_k\})$,

$F_{u_1/w_1, u_2/w_2, \ldots, u_k/w_k} = \forall v\, G_{u_1/w_1, u_2/w_2, \ldots, u_k/w_k}$;

• *si* $F = \exists v G$ *(*$v \notin \{w_1, w_2, \ldots, w_k\}$*)*,

$F_{u_1/w_1, u_2/w_2, \ldots, u_k/w_k} = \exists v G_{u_1/w_1, u_2/w_2, \ldots, u_k/w_k}$;

• *si* $F = \forall w_i G$ *(*$i \in \{1,2,\ldots,k\}$*)*,

$F_{u_1/w_1, u_2/w_2, \ldots, u_k/w_k} = \forall w_i G_{u_1/w_1, u_2/w_2, \ldots, u_{i-1}/w_{i-1}, u_{i+1}/w_{i+1}, \ldots, u_k/w_k}$;

• *si* $F = \exists w_i G$ *(*$i \in \{1,2,\ldots,k\}$*)*,

$F_{u_1/w_1, u_2/w_2, \ldots, u_k/w_k} = \exists w_i G_{u_1/w_1, u_2/w_2, \ldots, u_{i-1}/w_{i-1}, u_{i+1}/w_{i+1}, \ldots, u_k/w_k}$.

NOTATION : *Etant donnés deux entiers* h *et* k, $h + k$ *variables* z_1, z_2, ..., z_h, w_1, w_2, ..., w_k, *une formule* $F = F[z_1,z_2,\ldots,z_h,w_1,w_2,\ldots w_k]$, *et* k *termes* u_1, u_2, ..., u_k, *il nous arrivera de noter :*

$$F[z_1,z_2,\ldots,z_h,u_1,u_2,\ldots,u_k]$$

la formule $F_{u_1/w_1, u_2/w_2, \ldots, u_k/w_k}$.

Cette notation exige quelques précautions, du même ordre que celles qui ont été signalées à propos des termes : les remarques faites en 1.9 à ce sujet : distinction entre substitutions simultanées et successives et influence de l'ordre des substitutions, sont à transposer ici.

1.19 Reprenons la formule qui nous a servi d'exemple ci-dessus :

$$F = \forall v_0 (\exists v_1 \forall v_0 (Rv_1v_0 \Longrightarrow \neg v_0 \simeq v_3) \wedge \forall v_2 (\exists v_2 (Rv_1v_2 \vee fv_0 \simeq c) \wedge v_2 \simeq v_2)).$$

Appelons t le terme ffc. Alors, le mot F_{t/v_1} est :

$$\forall v_0 (\exists v_1 \forall v_0 (Rv_1v_0 \Longrightarrow \neg v_0 \simeq v_3) \wedge \forall v_2 (\exists v_2 (Rffcv_2 \vee fv_0 \simeq c) \wedge v_2 \simeq v_2)).$$

Le résultat de la substitution de termes à des variables libres dans une formule est toujours une formule :

LEMME : *Quels que soient la formule* F, *l'entier naturel* k, *les variables deux à deux distinctes* w_1, w_2, ..., w_k, *et les termes* u_1, u_2, ..., u_k, *le mot* $F_{u_1/w_1, u_2/w_2, \ldots, u_k/w_k}$ *est une formule.*

☹ La démonstration est immédiate, par induction sur F.

☺

1.20 Un autre type de substitution consiste, d'une manière analogue à ce qui a déjà été rencontré en calcul propositionnel, à remplacer, dans une formule donnée du langage, une occurrence d'une des sous-formules par une autre formule. Sans rentrer dans les détails d'une définition précise, contentons-nous de signaler l'essentiel : le résultat de ces substitutions est toujours une formule du premier ordre.

1.21 Plus importantes, parce que plus délicates, sont les substitutions que nous appellerons **changement de nom de variable liée**. Il s'agira, en fait, de substituer, dans une formule, une variable (et non un terme quelconque !) à une variable donnée, dans toutes les occurrences de celle-ci qui se trouvent dans le champ d'un quantificateur donné. Par exemple, dans notre formule :

$$F = \forall v_0(\exists v_1 \forall v_0(Rv_1v_0 \Longrightarrow \neg v_0 \simeq v_3) \wedge \forall v_2(\exists v_2(Rv_1v_2 \vee fv_0 \simeq c) \wedge v_2 \simeq v_2)),$$

on peut changer le nom de la variable liée v_2 en lui substituant, en ses occurrences qui sont dans le champ du quantificateur $\forall v_2$, la variable v_5. Cela conduit à la formule :

$$\forall v_0(\exists v_1 \forall v_0(Rv_1v_0 \Longrightarrow \neg v_0 \simeq v_3) \wedge \forall v_5(\exists v_2(Rv_1v_2 \vee fv_0 \simeq c) \wedge v_5 \simeq v_5))$$

D'une façon générale, si, dans une formule H, il y a une sous-formule QvG, le changement de nom de la variable v en w dans le champ de ce quantificateur Qv consistera tout simplement à remplacer dans H la sous-formule QvG par la formule :

$$Qw\, G_{w/v}.$$

On voit donc que le résultat obtenu est nécessairement une formule.

REMARQUE : Le changement de nom de variable liée est une opération qu'il convient de manipuler avec la plus grande prudence. On pourrait, en effet, être tenté de croire qu'il s'agit d'une transformation anodine qui conserve intact le « sens » que nous donnerons plus loin aux formules (autrement dit, et en anticipant, qui transforme une formule en une formule logiquement équivalente). Or cela peut s'avérer faux si l'on ne prend pas quelques précautions (nous verrons lesquelles en temps utile : 3.8 et chapitre 4). Par exemple, un changement de nom de la variable v en w fait passer de la formule $\exists w \forall v\, v \simeq w$ à la formule $\exists w \forall w\, w \simeq w$ dont on devine qu'elle n'aura pas la même signification que la précédente.

Il n'est pas prévu de notation particulière pour ces changements de nom de variable liée.

1.22 Avant d'achever cette présentation de la syntaxe, mentionnons encore un type de substitution, de nature un peu différente de celles que nous venons d'évoquer, mais d'usage tout aussi courant. Nous ne nous attarderons ni sur la définition, ni sur le fait, important mais facile à vérifier, que le résultat de ces substitutions est toujours une formule du premier ordre.

Il s'agit de partir d'une formule J du calcul propositionnel sur un ensemble P quelconque de variables propositionnelles, et de substituer à chaque variable propositionnelle, en chacune de ses occurrences dans J, une formule du premier ordre du langage L. Voici un exemple, dans le langage $L = \{R, c, f\}$ déjà utilisé plus haut : supposons que A, B et C soient des variables propositionnelles ; considérons la formule propositionnelle :

$$J = J[A,B,C] = ((A \wedge B) \Rightarrow (\neg A \vee C)),$$

et les trois formules suivantes du langage L :

$$F = \forall v_0 \neg R v_1 v_0 ;$$
$$G = (v_1 \simeq c \Rightarrow \exists v_2 R v_1 f v_2) ;$$
$$H = \neg fc \simeq c.$$

Alors, en substituant les formules F, G et H, respectivement aux variables propositionnelles A, B et C, dans la formule propositionnelle J, on obtient la formule du premier ordre :

$$((\forall v_0 \neg R v_1 v_0 \wedge (v_1 \simeq c \Rightarrow \exists v_2 R v_1 f v_2)) \Rightarrow (\neg \forall v_0 \neg R v_1 v_0 \vee \neg fc \simeq c))$$

que l'on peut décider de noter J[F,G,H] si cela ne crée pas d'ambiguïté.

REMARQUE : Toute formule sans quantificateur est obtenue par une substitution du type de celle que nous venons d'indiquer : il suffit de prendre comme ensemble de variables propositionnelles l'ensemble des formules atomiques du langage.

2. LES STRUCTURES

2.1 Ce que l'on entend en général en mathématiques par une « structure », c'est un ensemble muni d'un certain nombre de relations et de fonctions (ou opérations internes), avec éventuellement ce que l'on a coutume d'appeler des « éléments distingués ». Ainsi, le corps ordonné des nombres réels est la structure $<\mathbb{R}, \leqslant, +, \times, 0, 1>$ (la précision des deux éléments neutres étant parfois jugée superflue, donc omise) ; le groupe additif des entiers relatifs est la structure $<\mathbb{Z}, +>$ (ou $<\mathbb{Z}, +, 0>$). Les formules que nous avons décrites dans la section précédente vont servir à exprimer des propriétés de telles structures. Dans ce but, le langage doit être adapté à la structure considérée. Ainsi, on devine facilement que, pour parler du corps ordonné des nombres réels, il faudra disposer dans le langage d'un symbole de relation binaire R (destiné à représenter l'ordre $\leqslant$), de deux symboles de fonction binaire f et g (pour les deux opérations + et ×), et, éventuellement, de deux symboles de constante c et d (pour **0** et **1**). Alors, nous exprimerons le fait que **1** est élément neutre de la multiplication en disant que la formule du premier ordre :

$$\forall v_0 (g v_0 d \simeq v_0 \wedge g d v_0 \simeq v_0)$$

est satisfaite dans la structure étudiée. Quant à la formule :

$$\exists v_0 \forall v_1 (f v_1 v_0 \simeq v_1 \wedge f v_0 v_1 \simeq v_1),$$

elle est satisfaite parce que l'addition admet un élément neutre. Mais la formule :

$$\forall v_0 \forall v_1 (R v_0 v_1 \Longrightarrow R v_1 v_0),$$

elle, n'est pas satisfaite, car la relation binaire $\leqslant$ sur $\mathbb{R}$ n'est pas symétrique.

Qu'en est-il de la formule Rcv_0 ? On comprend que, en l'absence d'indications sur l'individu v_0, la question de savoir si cette formule est satisfaite ou non est dépourvue de sens. Cependant, il paraîtra naturel de dire que Rcv_0 est satisfaite lorsque c'est le réel π qui est désigné par v_0, et qu'elle ne l'est pas lorsque c'est le réel −1.

On voit donc que la notion de satisfaction d'une formule va devoir être définie avec précaution, et que la définition tiendra compte de façon essentielle de la présence ou non de variables libres dans la formule considérée. Une autre constatation s'impose après ces quelques exemples : la syntaxe que nous avons définie nous obligera à rompre avec de solides habitudes ; si le fait de représenter la multiplication par un symbole autre que × ne doit pas beaucoup nous gêner, le passage de l'écriture usuelle $v_0 \, g \, v_1$ à l'écriture dite « **préfixe** » ou « **polonaise** » gv_0v_1 peut être plus dérangeant. Cette notation polonaise est pourtant nécessaire si l'on veut une syntaxe uniforme, applicable à toutes les situations, et notamment à la représentation de fonctions d'arité supérieure à **2**. L'autre avantage considérable de la notation polonaise, c'est qu'elle dispense d'utiliser les parenthèses, dont on ne peut se passer avec l'écriture courante des opérations binaires. La même remarque vaut, mais à un degré moindre, pour les formules atomiques : on n'a en effet guère l'habitude d'écrire $\leqslant v_0v_1$ à la place de $v_0 \leqslant v_1$, mais l'écriture préfixe se rencontre tout de même quelques fois.

Toutes ces remarques sont destinées à préparer le lecteur à une série de définitions marquées par les rigueurs de la syntaxe. Suivant une démarche familière aux mathématiciens, une fois que ces définitions auront été données, nous nous empresserons de commettre toutes sortes d'abus, d'écrire $v_0 \times v_1$ et $1 \leqslant 0$ au lieu de gv_0v_1 et Rdc, et, plus généralement, de prendre toute mesure permettant de rendre les formules plus intelligibles, quitte à faire subir quelques outrages à la sacro-sainte rigueur. Mais nous n'en sommes pas encore là.

Nous allons, dans un premier temps, donner une série de définitions et propriétés purement algébriques relatives aux structures, la syntaxe n'intervenant qu'incidemment (le langage servira à préciser le type de structures considéré ; quant aux formules, elles ne joueront aucun rôle dans cette première phase) : après avoir défini les structures, nous examinerons quelques outils permettant de les comparer : sous-structures, restrictions, homomorphismes, isomorphismes.

Ce n'est qu'à la section 3 que nous aborderons l'aspect vraiment logique des choses, en présentant la notion de satisfaction d'une formule dans une structure.

Les réalisations d'un langage

2.2 On se donne un langage du premier ordre L, non nécessairement égalitaire.

DEFINITION : *On appelle* ***réalisation du langage*** L, *ou* L-***structure***, *toute structure* $\mathfrak{M}$ *constituée :*

- *d'un ensemble non vide* M, *appelé* ***ensemble de base*** *de (ou* ***ensemble sous-jacent à****) la réalisation* $\mathfrak{M}$ *;*
- *pour chaque symbole de constante* c *de* L, *d'un élément* $\overline{c}^{\mathfrak{M}}$ *de* M, *appelé* ***interprétation*** *du symbole* c *dans la réalisation* $\mathfrak{M}$ *;*
- *pour chaque entier naturel* $k \geqslant 1$, *et pour chaque symbole de fonction* k*-aire* f *de* L, *d'une application* $\overline{f}^{\mathfrak{M}}$ *de* M^k *dans* M *(c'est-à-dire d'une opération* k*-aire sur l'ensemble* M*), appelée* ***interprétation*** *du symbole* f *dans la réalisation* $\mathfrak{M}$ *;*
- *pour chaque entier naturel* $k \geqslant 1$, *et pour chaque symbole de relation* k*-aire* R *de* L, *d'un sous-ensemble* $\overline{R}^{\mathfrak{M}}$ *de* M^k *(c'est-à-dire d'une relation* k*-aire sur l'ensemble* M*), appelé* ***interprétation*** *du symbole* R *dans la réalisation* $\mathfrak{M}$.

Dans le cas où L *est un langage égalitaire, on dit que* $\mathfrak{M}$ *est une réalisation* ***égalitaire*** *de* L *si la relation binaire* $\overline{\simeq}^{\mathfrak{M}}$, *interprétation dans* $\mathfrak{M}$ *du symbole d'égalité, est la relation d'égalité sur* M, *c'est-à-dire l'ensemble (aussi appelé* ***diagonale de*** M*) :*

$$\{(a,b) \in M^2 \,;\, a = b\}.$$

Comme nous l'avons déjà dit, nous n'étudierons, sauf exception, que des langages égalitaires ; alors, seules nous intéresseront leurs réalisations égalitaires (voir à ce propos la section 6). En l'absence d'indication contraire, « langage » et « réalisation » signifieront toujours, respectivement, « langage égalitaire » et « réalisation égalitaire ».

Il est important de retenir que l'ensemble de base d'une structure du premier ordre ne peut être qu'un ensemble non vide.

2.3 Dans la pratique, on notera les réalisations de la façon suivante : elles seront désignées par des lettres gothiques (le plus souvent $\mathfrak{M}$ ou $\mathfrak{N}$), la lettre latine correspondante servant souvent à désigner l'ensemble de base ; on précisera ensuite les interprétations des divers symboles de constante, de fonction ou de relation (de préférence dans l'ordre où ils apparaissent dans la présentation du langage) : cela pourra aller d'une simple énumération (lorsqu'on disposera de symboles ou de noms attitrés pour les interprétations considérées) à une définition plus laborieuse. Ainsi, si le langage $L = \{R, f, c\}$ est constitué d'un symbole de relation binaire R, d'un symbole de fonction unaire f et d'un symbole de constante c, il nous suffira d'écrire :

$$\mathfrak{N} = \langle \mathbb{R}, \leqslant, \cos, \pi \rangle,$$

pour définir la réalisation de L dont l'ensemble de base est l'ensemble des réels, et dans laquelle les interprétations des symboles R, f et c sont respectivement : la relation d'ordre usuelle, l'application $x \longmapsto \cos x$ et le réel π. Il nous faudra par contre un peu plus d'espace pour définir la L-structure :

$$\mathfrak{M} = \langle M, \bar{R}^{\mathfrak{M}}, \bar{f}^{\mathfrak{M}}, \bar{c}^{\mathfrak{M}} \rangle,$$

dont l'ensemble de base M est l'ensemble des entiers naturels qui ne sont pas divisibles par 5, et dans laquelle la relation $\bar{R}^{\mathfrak{M}}$ est définie par : quels que soient a et $b \in M$, $(a,b) \in \bar{R}^{\mathfrak{M}}$ si et seulement si $\text{pgcd}(a,b) = 3$, l'application $\bar{f}^{\mathfrak{M}}$ est celle qui, à chaque élément $a \in M$, associe l'entier $a + 10^a$, et $\bar{c}^{\mathfrak{M}}$ est le premier nombre premier dont l'écriture décimale comporte un million de chiffres. Il est à noter que, dans cet exemple, langage et réalisation sont égalitaires, puisqu'il n'y a pas eu d'indication contraire.

Il est évidemment essentiel de bien faire la distinction entre un symbole du langage et ses interprétations dans les diverses réalisations ; c'est ce qui explique la notation un peu lourde utilisée ($\bar{s}^{\mathfrak{M}}$ pour l'interprétation du symbole s dans le modèle $\mathfrak{M}$). Ceci étant, nous omettrons l'indication du modèle toutes les fois qu'aucune confusion ne sera possible. Il arrive parfois que ce soient les symboles désignant les relations et opérations d'une structure particulière qui commandent le choix des symboles du langage. Ainsi, on pourrait choisir pour la structure :

$$\mathfrak{N} = \langle \mathbb{R}, \leqslant, \cos, \pi \rangle,$$

le langage $\{\underline{\leqslant}, \underline{\cos}, \underline{\pi}\}$ où $\underline{\leqslant}$ est un symbole de relation binaire, $\underline{\cos}$ un symbole de fonction unaire et $\underline{\pi}$ un symbole de constante. On aura compris que le soulignage est, en quelque sorte, l'opération inverse du sur-lignage (souligner fait passer de la structure au langage, et sur-ligner (ou barrer) du langage à la structure) : par exemple, $\overline{\underline{\cos}}^{\mathfrak{N}} = \cos$. On utilisera notamment ce genre de notation pour l'arithmétique (chapitre 6).

Il nous arrivera souvent de parler d'« une L-structure $\mathfrak{M} = \langle M, \ldots \rangle$ », s'il ne nous est pas nécessaire d'en savoir plus sur les interprétations des symboles de relation et de fonction ou de constante.

Sous-structures, restrictions

2.4 Comment passer d'une structure à une structure plus « vaste » ? Il y a deux façons assez naturelles d'envisager cela : ou bien on agrandit l'ensemble de base, en étendant opportunément les relations et les fonctions ; on obtient alors ce que nous appellerons une extension de la structure initiale, le langage demeurant inchangé ; ou bien, conservant le même ensemble de base, on ajoute de nouvelles relations ou de nouvelles fonctions ou constantes sur cet ensemble ; cela oblige naturellement à enrichir en même temps le langage d'autant de nouveaux symboles ; on aboutit ainsi à une structure que l'on appellera un enrichissement de la structure de départ, bien que le vocable expansion, traduction du même mot anglais, soit peut-être plus souvent utilisé. Le mot « expansion » a deux défauts majeurs : d'une part, il est laid (mais c'est un critère, hélas, rarement décisif en mathématiques), d'autre part, il encourage à la confusion avec « extension », confusion qu'il est précisément essentiel d'éviter !

2.5 DEFINITION : *Etant données deux* L-*structures* $\mathfrak{M} = \langle M, \dots \rangle$ *et* $\mathfrak{N} = \langle N, \dots \rangle$, $\mathfrak{M}$ *est une* ***extension*** *de* $\mathfrak{N}$, *et* $\mathfrak{N}$ *une* ***sous-structure*** *(ou une* ***sous-réalisation****) de* $\mathfrak{M}$, *si et seulement si les conditions suivantes sont satisfaites :*

- N *est un sous-ensemble de* M ;
- *pour tout symbole de constante* c *de* L,
$$\bar{c}^{\mathfrak{N}} = \bar{c}^{\mathfrak{M}} ;$$
- *pour tout entier naturel* $k \geqslant 1$, *et pour tout symbole de fonction* k-*aire* f *de* L,
$$\bar{f}^{\mathfrak{N}} = \bar{f}^{\mathfrak{M}}\restriction_{N^k} ;$$
- *pour tout entier naturel* $k \geqslant 1$, *et pour tout symbole de relation* k-*aire* R *de* L,
$$\bar{R}^{\mathfrak{N}} = \bar{R}^{\mathfrak{M}} \cap N^k.$$

Ainsi, pour que $\mathfrak{N}$ soit une sous-structure de $\mathfrak{M}$, il faut que les interprétations dans $\mathfrak{N}$ des symboles de L soient les restrictions au sous-ensemble N de leurs interprétations dans $\mathfrak{M}$. Cela a une conséquence importante pour les constantes et les fonctions de la structure $\mathfrak{M}$. D'une part, si c est un symbole de constante, l'élément $\bar{c}^{\mathfrak{M}}$ de M doit appartenir au sous-ensemble N (puisque $\bar{c}^{\mathfrak{M}} = \bar{c}^{\mathfrak{N}}$). D'autre part, si f est un symbole de fonction k-aire du langage L, la restriction au sous-ensemble N^k de l'application $f^{\mathfrak{M}}$ doit être l'application $f^{\mathfrak{N}}$, c'est-à-dire une application de N^k dans N. On en déduit que le sous-ensemble N doit être clos (ou stable, ou globalement invariant) pour l'opération k-aire $f^{\mathfrak{M}}$. En d'autres termes, étant donnés une L-structure $\mathfrak{M} = \langle M, \ldots \rangle$, et un sous-ensemble $N \subseteq M$, pour qu'il existe une L-structure d'ensemble de base N qui soit une sous-structure de $\mathfrak{M}$, il est indispensable, d'abord, évidemment, que l'ensemble N soit non vide, puis, qu'il contienne toutes les interprétations dans $\mathfrak{M}$ des symboles de constante de L et soit clos pour toutes les fonctions de la structure $\mathfrak{M}$ (on vérifie sans peine que ces conditions sont également suffisantes ; lorsqu'elles sont satisfaites, il y a évidemment unicité de la sous-structure). Reprenons l'exemple de la structure :

$$\mathfrak{N} = \langle \mathbb{R}, \leqslant, \cos, \pi \rangle,$$

réalisation du langage $L = \{R, f, c\}$, déjà évoquée ; elle n'admet aucune sous-structure dont l'ensemble de base soit $[-1,1]$, parce que l'interprétation du symbole de constante c, c'est-à-dire le réel π, n'appartient pas à ce sous-ensemble de $\mathbb{R}$; elle n'admet pas non plus de sous-structure dont l'ensemble de base soit $[0,\pi]$, car ce sous-ensemble de $\mathbb{R}$ n'est pas clos pour la fonction cosinus, interprétation dans $\mathfrak{N}$ du symbole de fonction f. Par contre, il y a une sous-structure de $\mathfrak{N}$ dont l'ensemble de base est $A = [-\pi, \pi]$; il s'agit de la L-structure :

$$\mathfrak{A} = \langle A, \leqslant_A, \cos\restriction_A, \pi \rangle.$$

Cette contrainte relative aux fonctions n'a pas d'équivalent pour les relations : si on a un langage L sans symbole de constante ni de fonction et une réalisation $\mathfrak{M} = \langle M, \ldots \rangle$ de ce langage, alors, pour tout sous-ensemble non vide N de M, il existe une (et une seule) L-stucture d'ensemble de base N qui soit une sous-structure de $\mathfrak{M}$: c'est la structure dans laquelle l'interprétation de chaque symbole de relation est obtenue en prenant la trace sur N de son interprétation dans $\mathfrak{M}$, c'est-à-dire (pour un symbole d'arité k) son intersection avec N^k.

Dans le cas général, s'il n'y a pas toujours de sous-structure d'une structure donnée ayant pour ensemble de base un sous-ensemble donné N, il y a néammoins une sous-structure, en un certain sens minimale, dont l'ensemble de base contient le sous-ensemble N : on l'appelle la **sous-structure engendrée par** N. L'exercice 12 décrit cette notion de façon détaillée.

2.6 Venons-en aux enrichissements de structures (et donc de langages).

DEFINITION : *Soient* L *et* L' *deux langages du premier ordre tels que* $L \subseteq L'$ *(on dit alors que* L' ***enrichit*** L *ou que* L *est une* ***restriction*** *de* L'*). Soient* $\mathfrak{M}$ *une* L*-structure et* $\mathfrak{M}'$ *une* L'*-structure.*

$\mathfrak{M}'$ *est un* **enrichissement** *(ou une* **expansion***) de* $\mathfrak{M}$, *et* $\mathfrak{M}$ *une* **restriction** *de* $\mathfrak{M}'$, *si et seulement si* $\mathfrak{M}$ *et* $\mathfrak{M}'$ *ont même ensemble de base et chaque symbole de constante, de fonction ou de relation du langage* L *a la même interprétation dans la* L*-structure* $\mathfrak{M}$ *et dans la* L'*-structure* $\mathfrak{M}'$.

Cela signifie tout simplement que $\mathfrak{M}'$ est un enrichissement de $\mathfrak{M}$ si et seulement si $\mathfrak{M}'$ est obtenue à partir de la L-structure $\mathfrak{M}$ en la complétant par des interprétations pour les symboles de constante, de fonction ou de relation du langage L' qui ne figuraient pas déjà dans le langage L.

On dit aussi alors que $\mathfrak{M}$ est le **réduit** de $\mathfrak{M}'$ au langage L.

Par exemple, la L-structure :

$$\mathfrak{N} = \langle \mathbb{R}, \leqslant, \cos, \pi \rangle,$$

(L étant le langage $\{R, f, c\}$) est un enrichissement de la L_0-structure :

$$\langle \mathbb{R}, \leqslant \rangle,$$

L_0 étant le langage $\{R\}$.

Homomorphismes, isomorphismes

2.7 On considère ici un unique langage L. Soient $\mathfrak{M} = \langle M, \ldots \rangle$ et $\mathfrak{N} = \langle N, \ldots \rangle$ deux L-structures et φ une application de M dans N.

DEFINITION : *L'application* φ *est un* **homomorphisme de** L**-structures** *de* $\mathfrak{M}$ *dans* $\mathfrak{N}$ *si et seulement si les conditions suivantes sont satisfaites :*

- *pour tout symbole de constante* c *de* L,

$$\varphi(\overline{c}^{\mathfrak{M}}) = \overline{c}^{\mathfrak{N}};$$

- *pour tout entier naturel* $n \geqslant 1$, *pour tout symbole de fonction* n*-aire* f *de* L *et pour tous éléments* $a_1, a_2, \ldots, a_n$ *appartenant à* M,

$$\varphi(\overline{f}^{\mathfrak{M}}(a_1,a_2,\ldots,a_n)) = \overline{f}^{\mathfrak{N}}(\varphi(a_1),\varphi(a_2),\ldots,\varphi(a_n)) ;$$

- *pour tout entier naturel* $k \geqslant 1$, *pour tout symbole de relation* k*-aire* R *de* L *et pour tous éléments* $a_1, a_2, \ldots, a_k$ *appartenant à* M,

$$\text{si } (a_1,a_2,\ldots,a_k) \in \overline{R}^{\mathfrak{M}}, \text{ alors } (\varphi(a_1),\varphi(a_2),\ldots,\varphi(a_k)) \in \overline{R}^{\mathfrak{N}}.$$

Un homomorphisme d'une L-structure dans une autre, c'est donc une application de l'ensemble de base de la première dans celui de la deuxième, qui « respecte » toutes les relations, les fonctions et les constantes de ces structures.

2.8 DEFINITION : *Un* **monomorphisme de L-structures** *de* $\mathfrak{M}$ *dans* $\mathfrak{N}$ *est un homomorphisme de* $\mathfrak{M}$ *dans* $\mathfrak{N}$ *qui possède la propriété suivante :*

(∗) *pour tout entier naturel* $k \geqslant 1$, *pour tout symbole de relation* k*-aire* R *de* L *et pour tous éléments* $a_1, a_2, \ldots, a_k$ *appartenant à* M, $(a_1,a_2,\ldots,a_k) \in \overline{R}^{\mathfrak{M}}$ *si et seulement si* $(\varphi(a_1),\varphi(a_2),\ldots,\varphi(a_k)) \in \overline{R}^{\mathfrak{N}}$.

On peut aussi, bien sûr, prendre pour définition de la notion de monomorphisme la définition 2.7, en y remplaçant la troisième condition par la condition (∗) ci-dessus.

LEMME 1 : *Tout monomorphisme est injectif.*

☹ Il faut rappeler que nous ne considérons ici que des réalisations égalitaires de langages égalitaires. Si φ est un monomorphisme de $\mathfrak{M}$ dans $\mathfrak{N}$, la propriété (∗) appliquée pour le symbole d'égalité $\simeq$ montre que, quels que soient les éléments a et b de M, on a :

$$(a,b) \in \overline{\simeq}^{\mathfrak{M}} \text{ si et seulement si } (\varphi(a),\varphi(b)) \in \overline{\simeq}^{\mathfrak{N}},$$

c'est-à-dire $a = b$ si et seulement si $\varphi(a) = \varphi(b)$.

☺

LEMME 2 : *Quels que soient la* L*-structure* $\mathfrak{N} = \langle N, \ldots \rangle$ *et le sous-ensemble* N_1 *de* N, *pour qu'il existe une sous-structure de* $\mathfrak{N}$ *dont l'ensemble de base soit* N_1, *il faut et il suffit qu'il existe une* L*-structure* $\mathfrak{M} = \langle M, \ldots \rangle$ *et un monomorphisme* φ *de* $\mathfrak{M}$ *dans* $\mathfrak{N}$ *tels que l'image de l'application* φ *soit le sous-ensemble* N_1.

☹ On suppose d'abord qu'il y a une sous-structure $\mathfrak{N}_1$ de $\mathfrak{N}$ dont l'ensemble de base est N_1. Alors les définitions 2.5 et 2.8 montrent clairement que l'application identique, de N_1 dans N_1, est un monomorphisme de $\mathfrak{N}_1$ dans $\mathfrak{N}$ dont l'image est N_1.

Réciproquement, supposons qu'il existe une L-structure $\mathfrak{M} = \langle M, \ldots \rangle$ et un monomorphisme φ de $\mathfrak{M}$ dans $\mathfrak{N}$ qui ait pour image N_1. Alors, pour tout symbole de constante c de L, on a $\overline{c}^{\mathfrak{N}} = \varphi(\overline{c}^{\mathfrak{M}})$, donc $\overline{c}^{\mathfrak{N}} \in N_1$; de même, pour tout symbole de fonction k-aire f de L ($k \geqslant 1$), et pour tous éléments $a_1, a_2, \ldots, a_k$ de N_1, on peut trouver des éléments $b_1, b_2, \ldots, b_k$ de M tels que $\varphi(b_i) = a_i$ pour $1 \leqslant i \leqslant k$, et on a alors :

$$f^{\mathfrak{N}}(a_1,a_2,\ldots,a_k) = \varphi(f^{\mathfrak{M}}(b_1,b_2,\ldots,b_k)),$$

ce qui prouve que $f^{\mathfrak{N}}(a_1,a_2,\ldots,a_k)$ appartient à N_1. D'après ce qui a été dit en 2.5, on en déduit qu'il existe une sous-structure de $\mathfrak{N}$ dont l'ensemble de base est N_1.

☺

2.9 DEFINITIONS : *Un* ***isomorphisme*** *d'une L-structure $\mathfrak{M}$ sur une L-structure $\mathfrak{N}$ est un monomorphisme de $\mathfrak{M}$ dans $\mathfrak{N}$ qui est une application surjective.*

Un ***automorphisme*** *d'une L-structure $\mathfrak{M}$ est un isomorphisme de $\mathfrak{M}$ sur $\mathfrak{M}$.*

Il est clair que, si l'application bijective $\varphi : M \longrightarrow N$ est un isomorphisme de la structure $\mathfrak{M}$ sur la structure $\mathfrak{N}$, alors l'application réciproque $\varphi^{-1} : N \longrightarrow M$ est un isomorphisme de $\mathfrak{N}$ sur $\mathfrak{M}$. Deux structures entre lesquelles existe un isomorphisme sont dites **isomorphes**.

REMARQUE : Avec le lemme 2 de 2.8, on voit que tout monomorphisme d'une structure $\mathfrak{M} = \langle M, \ldots \rangle$ dans une structure $\mathfrak{N} = \langle N, \ldots \rangle$ peut être considéré comme un isomorphisme de $\mathfrak{M}$ sur une sous-structure de $\mathfrak{N}$.

2.10 EXEMPLES : (les vérifications sont laissées au lecteur)

• Le langage étant constitué d'un symbole de constante c et d'un symbole de fonction binaire **g**, les structures $\langle \mathbb{R}^*_+, 1, \times \rangle$ et $\langle \mathbb{R}, 0, + \rangle$ sont isomorphes, comme en témoigne l'application $x \longmapsto \ln x$ de $\mathbb{R}^*_+$ dans $\mathbb{R}$.

• Dans ce même langage, l'application $n \longmapsto (-1)^n$ est un homomorphisme de la structure $\langle \mathbb{Z}, 0, + \rangle$ dans la structure $\langle \{-1,1\}, 1, \times \rangle$.

• Dans le langage réduit à un seul symbole de relation binaire R, les structures $\langle \mathbb{R}, \leqslant \rangle$ et $\langle]0,1[, \leqslant \rangle$ sont isomorphes, et ce, grâce à l'application de $\mathbb{R}$ dans $]0,1[$:

$$x \longmapsto \frac{1}{2} + \frac{1}{\pi}\text{Arctan}\, x.$$

Tandis que l'identité, de $]0,1[$ dans $\mathbb{R}$, est seulement un monomorphisme de la seconde structure dans la première.

On aura remarqué l'abus qui a consisté à utiliser le même symbole pour la relation d'ordre dans $\mathbb{R}$ et dans $]0,1[$.

• Sans changer de langage, considérons les structures $\mathfrak{M} = \langle \{0,1\}, = \rangle$ et $\mathfrak{N} = \langle \{0,1\}, \leqslant \rangle$. L'application identique de $\{0,1\}$ dans $\{0,1\}$ est évidemment bijective et est un homomorphisme de $\mathfrak{M}$ dans $\mathfrak{N}$, mais n'est pas un isomorphisme. On voit donc qu'on ne peut pas remplacer « monomorphisme » par « homomorphisme » dans la définition 2.9.

3. SATISFACTION DES FORMULES DANS LES STRUCTURES

Interprétation des termes du langage dans une structure

3.1 Nous avons déjà dit que les termes d'un langage vont servir à nommer les objets. Supposons que le langage comporte un symbole de constante c et deux symboles de fonction f et g, respectivement unaire et binaire. On devine que, dans une structure $\mathfrak{M} = \langle M, \overline{c}, \overline{f}, \overline{g} \rangle$, le terme ffc sera interprété par l'élément de M : $\overline{f}(\overline{f}(\overline{c}))$, et le terme gfcgcc par l'élément $\overline{g}(\overline{f}(\overline{c}),\overline{g}(\overline{c},\overline{c}))$. Mais pour interpréter le terme fv_0, il faudra préalablement savoir quel objet désigne v_0. Or, dans une structure, on ne se donne pas d'interprétation pour les variables (sinon, on ne les appellerait peut-être pas des variables...). Plus exactement, les variables peuvent être appelées à désigner des éléments ... variables de la structure. Ceci nous conduit à avoir pour le terme fv_0 une interprétation qui dépend de l'interprétation donnée à v_0. Pour chaque élément a de M, nous dirons ainsi que l'interprétation dans $\mathfrak{M}$ du terme fv_0 lorsque v_0 est interprété par a, est l'élément $\overline{f}(a)$. Evidemment, le terme fv_4, lorsque v_4 est interprété par a, aura exactement la même interprétation. Quant au terme $gfgv_2cv_1$, il sera interprété, lorsque v_1 est interprété par a et v_2 par un élément $b \in M$, par l'élément :

$$\overline{g}(\overline{f}(\overline{g}(b,\overline{c})),a).$$

DEFINITION : *Etant donnés un entier naturel* n, n *variables* $w_0, w_1, \ldots, w_{n-1}$ *deux à deux distinctes, un terme* $t = t[w_0,w_1,\ldots,w_{n-1}]$ *du langage* L, *une* L-*structure* $\mathfrak{M} = \langle M, \ldots \rangle$, *et* n *éléments* $a_0, a_1, \ldots, a_{n-1}$ *de* M, *on appelle* ***interprétation du terme* t *dans la* L-*structure* $\mathfrak{M}$ *lorsque les variables*** $w_0, w_1, \ldots, w_{n-1}$ ***sont respectivement interprétées par les éléments*** $a_0, a_1, \ldots, a_{n-1}$, *l'élément de* M *noté :*

$$\overline{t}^{\mathfrak{M}}[w_0 \to a_0, w_1 \to a_1, \ldots, w_{n-1} \to a_{n-1}] ,$$

défini comme suit, par induction sur t *:*

- *si* $t = w_j$ $(0 \leqslant j \leqslant n-1)$,
$$\overline{t}^{\mathfrak{M}}[w_0 \to a_0, w_1 \to a_1, \ldots, w_{n-1} \to a_{n-1}] = a_j ;$$
- *si* $t = c$ *(symbole de constante de* L*)*,
$$\overline{t}^{\mathfrak{M}}[w_0 \to a_0, w_1 \to a_1, \ldots, w_{n-1} \to a_{n-1}] = \overline{c}^{\mathfrak{M}} ;$$
- *si* $t = ft_1t_2\ldots t_k$ $(k \in \mathbb{N}^*$, f *symbole de fonction* k-*aire de* L, $t_1, t_2, \ldots, t_k$ *termes de* L*)*,
$$\overline{t}^{\mathfrak{M}}[w_0 \to a_0, w_1 \to a_1, \ldots, w_{n-1} \to a_{n-1}] =$$
$$\overline{f}^{\mathfrak{M}}(\overline{t_1}^{\mathfrak{M}}[w_0 \to a_0, \ldots, w_{n-1} \to a_{n-1}], \overline{t_2}^{\mathfrak{M}}[w_0 \to a_0, \ldots, w_{n-1} \to a_{n-1}], \ldots$$
$$\ldots, \overline{t_k}^{\mathfrak{M}}[w_0 \to a_0, \ldots, w_{n-1} \to a_{n-1}]).$$

Dans la pratique, nous noterons plus simplement :

$$\overline{t}^{\mathfrak{M}}[a_0,a_1,\ldots,a_{n-1}]$$

l'élément $\overline{t}^{\mathfrak{M}}[w_0 \to a_0, w_1 \to a_1, \ldots, w_{n-1} \to a_{n-1}]$, bien que cette notation soit ambiguë : en effet, elle n'indique pas à quelle suite de variables libres (incluant celles qui ont une occurrence dans t) on se réfère ; or il y a une infinité de telles suites, différant les unes des autres, soit par la présence de variables supplémentaires arbitraires (sans occurrence dans t), soit par l'ordre dans lequel les variables sont énumérées. S'il n'y avait cette ambiguïté, il aurait d'ailleurs été commode de définir, comme on le fait parfois, l'interprétation de t dans la structure $\mathfrak{M}$ comme une application de M^n dans M (celle qui, à tout n-uple $(a_0,a_1,\ldots,a_{n-1})$, associe $\overline{t}^{\mathfrak{M}}[w_0 \to a_0, w_1 \to a_1, \ldots, w_{n-1} \to a_{n-1}]$).

Quoi qu'il en soit, la notation simplifiée prévaudra dans la plupart des situations concrètes, où le contexte permettra de lever toute ambiguïté. Par exemple, dans le langage considéré au début de la sous-section 3.1, si on appelle t le terme gv_0fv_1, et $\mathfrak{M}$ la structure $\langle \mathbb{R}, 0, \cos, + \rangle$, tout le monde comprendra que, pour tous réels a et b, $\overline{t}^{\mathfrak{M}}[a,b]$ désigne le réel $a + \cos b$ (les choses auraient été déjà moins claires s'il s'était agi du terme gv_1fv_0 : il aurait alors été prudent de préciser, par exemple : $t = t[v_0,v_1]$, ou de s'en tenir à la notation officielle).

REMARQUE : Dans la définition précédente, il est clair que l'ordre dans lequel sont indiquées les interprétations des variables est sans importance ; précisément, pour toute permutation σ de l'ensemble $\{0,1,\dots,n-1\}$, on a :

$$\bar{t}^{\mathfrak{M}}[w_0 \to a_0, w_1 \to a_1, \dots, w_{n-1} \to a_{n-1}] = \bar{t}^{\mathfrak{M}}[w_{\sigma(0)} \to a_{\sigma(0)}, w_{\sigma(1)} \to a_{\sigma(1)}, \dots, w_{\sigma(n-1)} \to a_{\sigma(n-1)}].$$

En toute rigueur, il faudrait faire pour s'en assurer une démonstration par induction sur t, mais elle est évidente.

Le lemme qui suit indique que l'interprétation d'un terme dans une structure est indépendante de l'interprétation des variables qui n'y ont pas d'occurrence.

LEMME : *Soient* n *et* m *deux entiers naturels,* $w_0, w_1, \dots, w_{n-1}, z_0, z_1, \dots, z_{m-1}$, $n+m$ *variables deux à deux distinctes, et* t *un terme de* _ *dont les variables soient parmi* $w_0, w_1, \dots, w_{n-1}$ *(tandis que* $z_0, z_1, \dots, z_{m-1}$ *n'ont pas d'occurrence dans* t*), c'est-à-dire tel qu'on puisse écrire :*

$$t = t[w_0,w_1,\dots,w_{n-1}] = t[w_0,w_1,\dots,w_{n-1},z_0,z_1,\dots,z_{m-1}].$$

Alors, pour toute L*-structure* $\mathfrak{M} = \langle M, \dots \rangle$*, quels que soient les éléments* $a_0, a_1, \dots, a_{n-1}, b_0, b_1, \dots, b_{m-1}$ *de* M*, on a :*

$$\bar{t}^{\mathfrak{M}}[w_0 \to a_0, w_1 \to a_1, \dots, w_{n-1} \to a_{n-1}] = \bar{t}^{\mathfrak{M}}[w_0 \to a_0, \dots, w_{n-1} \to a_{n-1}, z_0 \to b_0, \dots, z_{m-1} \to b_{n-1}].$$

☹ La démonstration est immédiate, par induction sur t.

☺

Nous examinons maintenant l'effet d'une substitution dans un terme sur l'interprétation de celui-ci :

PROPOSITION : *On considère un entier naturel* n, $n+1$ *variables deux à deux distinctes* $v, w_0, w_1, \dots, w_{n-1}$*, et deux termes de* L : $t = t[w_0,w_1,\dots,w_{n-1}]$ *et* $u = u[v,w_0,w_1,\dots,w_{n-1}]$.

Alors, si on désigne par r *le terme* $u[t,w_0,w_1,\dots,w_{n-1}]$*, c'est-à-dire le terme* $u_{t/v}$*, pour toute* L*-structure* $\mathfrak{M} = \langle M, \dots \rangle$*, quels que soient les éléments* $a_0, a_1, \dots, a_{n-1}$ *de* M*, on a :*

$$\bar{r}^{\mathfrak{M}}[w_0 \to a_0, w_1 \to a_1, \dots, w_{n-1} \to a_{n-1}] = \bar{u}^{\mathfrak{M}}[v \to \bar{t}^{\mathfrak{M}}[w_0 \to a_0, \dots, w_{n-1} \to a_{n-1}], w_0 \to a_0, \dots, w_{n-1} \to a_{n-1}].$$

☹ On remarque d'abord que les variables qui ont une occurrence dans r sont parmi w_0, w_1, ..., w_{n-1}, ce qui donne un sens au premier membre de l'égalité annoncée. Celle-ci se démontre alors par induction sur le terme u :

• si u est un symbole de constante c de L, on a $r = u = c$, et les deux membres de l'égalité désignent l'élément $\bar{c}^{\mathfrak{M}}$;

• si u est la variable w_i $(0 \leqslant i \leqslant n-1)$, $r = u = w_i$, et les deux membres de l'égalité désignent l'élément a_i ;

• si u est la variable v, on a $r = t$, et les deux membres de l'égalité désignent l'élément $\bar{t}^{\mathfrak{M}}[w_0 \to a_0, w_1 \to a_1, \ldots, w_{n-1} \to a_{n-1}]$;

• si $u = fu_1u_2 \ldots u_k$ (k étant un entier supérieur ou égal à 1 et f un symbole de fonction k-aire de L), en posant $r_1 = u_{1_{t/v}}$, $r_2 = u_{2_{t/v}}$, ..., $r_k = u_{k_{t/v}}$, on a :

$$r = fr_1r_2 \ldots r_k \text{ ;}$$

l'hypothèse d'induction est que, pour tout $i \in \{1,2,\ldots,k\}$,
$\bar{r_i}^{\mathfrak{M}}[w_0 \to a_0, w_1 \to a_1, \ldots, w_{n-1} \to a_{n-1}] = \bar{u_i}^{\mathfrak{M}}[v \to \bar{t}^{\mathfrak{M}}[w_0 \to a_0, \ldots, w_{n-1} \to a_{n-1}], w_0 \to a_0, \ldots, w_{n-1} \to a_{n-1}]$;
on voit alors, en se référant à la définition ci-dessus, que :

$$\bar{r}^{\mathfrak{M}}[w_0 \to a_0, w_1 \to a_1, \ldots, w_{n-1} \to a_{n-1}] = \bar{u}^{\mathfrak{M}}[v \to \bar{t}^{\mathfrak{M}}[w_0 \to a_0, \ldots, w_{n-1} \to a_{n-1}], w_0 \to a_0, \ldots, w_{n-1} \to a_{n-1}].$$

☺

Satisfaction des formules du langage dans une structure

3.2 On se donne un langage L, une L-structure $\mathfrak{M} = \langle M, \ldots \rangle$, un entier naturel n, n variables w_0, w_1, ..., w_{n-1} deux à deux distinctes, une formule :

$$F = F[w_0, w_1, \ldots, w_{n-1}] \in \mathcal{F}(L),$$

et n éléments a_0, a_1, ..., a_{n-1} de M. La définition qui va suivre, et qui est faite par induction sur la formule F, va donner la signification de la phrase suivante :

« **la formule F est satisfaite dans la structure $\mathfrak{M}$ lorsque les variables w_0, w_1, ..., w_{n-1} sont respectivement interprétées par les éléments a_0, a_1, ..., a_{n-1}** ».

La notation pour cette propriété sera :

$$\langle \mathfrak{M} ; w_0 \to a_0, w_1 \to a_1, \ldots, w_{n-1} \to a_{n-1} \rangle \models F$$

(le symbole $\models$ se lit : « satisfait »).

En réalité, comme pour l'interprétation des termes, on aura recours le plus souvent à une notation et à une expression moins lourdes, mais non exemptes d'ambiguïté. On écrira :

$$\mathfrak{M} \models F[a_0,a_1,\dots,a_{n-1}]$$

et on dira :

« $\mathfrak{M}$ satisfait F de a_0, a_1, ..., a_{n-1} » ;

ou : « le n-uple (ou la suite) $(a_0,a_1,\dots,a_{n-1})$ satisfait la formule F dans $\mathfrak{M}$ » ;

ou : « la formule F est satisfaite dans $\mathfrak{M}$ par le n-uple $(a_0,a_1,\dots,a_{n-1})$ » ;

ou : « le n-uple $(a_0,a_1,\dots,a_{n-1})$ satisfait la formule $F[w_0,w_1,\dots,w_{n-1}]$ dans $\mathfrak{M}$ ».

Cette dernière formulation est destinée à rappeler qu'on entend que w_0, w_1, ..., w_{n-1} soient respectivement interprétées par a_0, a_1, ..., a_{n-1}, ce que n'indiquent aucune des formulations précédentes ; l'ambiguïté est ici analogue à celle qui a été signalée à propos des termes (3.1) : il faut avoir fait le choix d'une liste ordonnée de variables contenant les variables libres de F. Mais, comme pour les termes, dans la plupart des cas, les choses seront rendues claires par le contexte.

Pour l'instant, le lecteur est invité à ne voir dans la notation

$$\mathfrak{M} \models F[a_0,a_1,\dots,a_{n-1}]$$

qu'une simple convention d'écriture, et à ne pas considérer que $F[a_0,a_1,\dots,a_{n-1}]$ désigne une formule. D'ailleurs, rien de ce qui précède ne l'y autoriserait. Une telle interprétation deviendra toutefois possible un peu plus loin ; nous aurons alors les moyens de la justifier (théorème 5.9).

La négation de « $<\mathfrak{M}\,;\, w_0\to a_0, w_1\to a_1,\dots,w_{n-1}\to a_{n-1}> \models F$ » est notée :

$$<\mathfrak{M}\,;\, w_0\to a_0, w_1\to a_1,\dots,w_{n-1}\to a_{n-1}> \not\models F,$$

ou encore, avec la notation simplifiée :

$$\mathfrak{M} \not\models F[a_0,a_1,\dots,a_{n-1}].$$

Voici la définition annoncée :

DEFINITION :

• *1. Dans le cas où F est la formule atomique $Rt_1t_2\dots t_k$, k étant un entier naturel supérieur ou égal à 1, R un symbole de relation k-aire de L et t_1, t_2, ..., t_k des termes de L (tels que, pour chaque $i \in \{1,2,\dots,k\}$, $t_i = t_i[w_0,w_1,\dots,w_{n-1}]$), on a :*

$<\mathfrak{M}\,;\, w_0\to a_0, w_1\to a_1,\dots,w_{n-1}\to a_{n-1}> \models F$ *si et seulement si :*

$$(\overline{t_1}^{\mathfrak{M}}[w_0\to a_0,\dots,w_{n-1}\to a_{n-1}],\dots,\overline{t_k}^{\mathfrak{M}}[w_0\to a_0,\dots,w_{n-1}\to a_{n-1}]) \in \overline{R}^{\mathfrak{M}}\ ;$$

(en particulier, lorsque le langage est égalitaire, si $\mathfrak{M}$ est une réalisation égalitaire, on a :

$<\mathfrak{M} ; w_0 \to a_0, w_1 \to a_1, \ldots, w_{n-1} \to a_{n-1}> \models t_1 \simeq t_2$ *si et seulement si :*

$\overline{t_1}^{\mathfrak{M}}[w_0 \to a_0, \ldots, w_{n-1} \to a_{n-1}] = \overline{t_2}^{\mathfrak{M}}[w_0 \to a_0, \ldots, w_{n-1} \to a_{n-1}]$*).*

• *2. Dans le cas où* $F = \neg G$ *:*

$<\mathfrak{M} ; w_0 \to a_0, w_1 \to a_1, \ldots, w_{n-1} \to a_{n-1}> \models F$ *si et seulement si :*

$<\mathfrak{M} ; w_0 \to a_0, w_1 \to a_1, \ldots, w_{n-1} \to a_{n-1}> \not\models G.$

• *3. Dans le cas où* $F = (G \wedge H)$ *:*

$<\mathfrak{M} ; w_0 \to a_0, w_1 \to a_1, \ldots, w_{n-1} \to a_{n-1}> \models F$ *si et seulement si :*

$<\mathfrak{M} ; w_0 \to a_0, w_1 \to a_1, \ldots, w_{n-1} \to a_{n-1}> \models G$
et $<\mathfrak{M} ; w_0 \to a_0, w_1 \to a_1, \ldots, w_{n-1} \to a_{n-1}> \models H.$

• *4. Dans le cas où* $F = (G \vee H)$ *:*

$<\mathfrak{M} ; w_0 \to a_0, w_1 \to a_1, \ldots, w_{n-1} \to a_{n-1}> \models F$ *si et seulement si :*

$<\mathfrak{M} ; w_0 \to a_0, w_1 \to a_1, \ldots, w_{n-1} \to a_{n-1}> \models G$
ou $<\mathfrak{M} ; w_0 \to a_0, w_1 \to a_1, \ldots, w_{n-1} \to a_{n-1}> \models H.$

• *5. Dans le cas où* $F = (G \Longrightarrow H)$ *:*

$<\mathfrak{M} ; w_0 \to a_0, w_1 \to a_1, \ldots, w_{n-1} \to a_{n-1}> \models F$ *si et seulement si :*

$<\mathfrak{M} ; w_0 \to a_0, w_1 \to a_1, \ldots, w_{n-1} \to a_{n-1}> \not\models G$
ou $<\mathfrak{M} ; w_0 \to a_0, w_1 \to a_1, \ldots, w_{n-1} \to a_{n-1}> \models H.$

• *6. Dans le cas où* $F = (G \Longleftrightarrow H)$ *:*

$<\mathfrak{M} ; w_0 \to a_0, w_1 \to a_1, \ldots, w_{n-1} \to a_{n-1}> \models F$ *si et seulement si :*

$<\mathfrak{M} ; w_0 \to a_0, w_1 \to a_1, \ldots, w_{n-1} \to a_{n-1}> \models G$
et $<\mathfrak{M} ; w_0 \to a_0, w_1 \to a_1, \ldots, w_{n-1} \to a_{n-1}> \models H,$

ou : $<\mathfrak{M} ; w_0 \to a_0, w_1 \to a_1, \ldots, w_{n-1} \to a_{n-1}> \not\models G$
et $<\mathfrak{M} ; w_0 \to a_0, w_1 \to a_1, \ldots, w_{n-1} \to a_{n-1}> \not\models H.$

• *7. Dans le cas où* $F = \forall v G$ *(*$v \in \mathcal{V} - \{w_0, w_1, \ldots, w_{n-1}\}$*) :*

$<\mathfrak{M} ; w_0 \to a_0, w_1 \to a_1, \ldots, w_{n-1} \to a_{n-1}> \models F$ *si et seulement si, quel que soit l'élément* $a \in M$,

$<\mathfrak{M} ; v \to a, w_0 \to a_0, w_1 \to a_1, \ldots, w_{n-1} \to a_{n-1}> \models G.$

• *8. Dans le cas où* $F = \exists v G$ *(*$v \in \mathcal{V} - \{w_0, w_1, \dots, w_{n-1}\}$*) :*

$<\mathfrak{M} ; w_0 \to a_0, w_1 \to a_1, \dots, w_{n-1} \to a_{n-1}> \models F$ *si et seulement si, pour au moins un élément* $a \in M$,

$$<\mathfrak{M} ; v \to a, w_0 \to a_0, w_1 \to a_1, \dots, w_{n-1} \to a_{n-1}> \models G.$$

• *9. Dans le cas où* $F = \forall w_i G$ *(*$0 \leqslant i \leqslant n-1$*) :*

$<\mathfrak{M} ; w_0 \to a_0, w_1 \to a_1, \dots, w_{n-1} \to a_{n-1}> \models F$ *si et seulement si, quel que soit l'élément* $a \in M$,

$$<\mathfrak{M} ; w_0 \to a_0, \dots, w_{i-1} \to a_{i-1}, w_i \to a, w_{i+1} \to a_{i+1}, \dots, w_{n-1} \to a_{n-1}> \models G.$$

• *10. Dans le cas où* $F = \exists w_i G$ *(*$0 \leqslant i \leqslant n-1$*) :*

$<\mathfrak{M} ; w_0 \to a_0, w_1 \to a_1, \dots, w_{n-1} \to a_{n-1}> \models F$ *si et seulement si, pour au moins un élément* $a \in M$,

$$<\mathfrak{M} ; w_0 \to a_0, \dots, w_{i-1} \to a_{i-1}, w_i \to a, w_{i+1} \to a_{i+1}, \dots, w_{n-1} \to a_{n-1}> \models G.$$

Pour une bonne lecture de cette définition, il convient de remarquer que, dans les clauses 2, 3, 4, 5 et 6, les variables libres de la formule G, ainsi que celles de H, sont parmi $w_0, w_1, \dots, w_{n-1}$; dans les clauses 7 et 8, les variables libres de la formule G sont parmi $v, w_0, w_1, \dots, w_{n-1}$; enfin, dans les clauses 9 et 10, les variables libres de G sont parmi $w_0, w_1, \dots, w_{n-1}$ (la variable w_i n'est alors pas libre dans F, ce qui n'interdit nullement de considérer que $F = F[w_0, w_1, \dots, w_{n-1}]$).

Cette définition s'applique notamment au cas où la formule F est close. On obtient alors la propriété :

$$\mathfrak{M} \models F$$

(lire : « $\mathfrak{M}$ satisfait F »). Lorsque cette propriété est satisfaite, on dit aussi que F est **vraie** dans $\mathfrak{M}$, ou encore que **$\mathfrak{M}$ est un modèle de** F.

REMARQUE : La définition de la satisfaction ne dépend pas de l'ordre dans lequel on indique les interprétations des variables. Cela signifie que, pour toute permutation σ de l'ensemble $\{0, 1, \dots, n-1\}$, on a :

$<\mathfrak{M} ; w_0 \to a_0, w_1 \to a_1, \dots, w_{n-1} \to a_{n-1}> \models F$ si et seulement si :

$$<\mathfrak{M} ; w_{\sigma(0)} \to a_{\sigma(0)}, w_{\sigma(1)} \to a_{\sigma(1)}, \dots, w_{\sigma(n-1)} \to a_{\sigma(n-1)}> \models F.$$

La démonstration est évidente : on raisonne par induction sur F ; le cas des formules atomiques est réglé par la remarque 3.1 ; la suite va de soi.

On a observé que, étant donnée une formule, on a toujours la possibilité d'allonger artificiellement la liste de ses variables libres (en ajoutant des variables qui n'y ont aucune occurrence libre). Il est alors tout naturel de se demander si cela peut affecter la notion de satisfaction, telle qu'elle vient d'être définie. La réponse, négative, est fournie par le lemme suivant.

LEMME : *Soient* n *et* m *deux entiers naturels,* $w_0, w_1, \ldots, w_{n-1}, z_0, z_1, \ldots, z_{m-1}$, $n+m$ *variables deux à deux distinctes, et* F *une formule de* L *dont les variables libres soient parmi* $w_0, w_1, \ldots, w_{n-1}$ *(tandis que* $z_0, z_1, \ldots, z_{m-1}$ *n'ont pas d'occurrence libre dans* F*), c'est-à-dire telle qu'on puisse écrire :*

$$F = F[w_0,w_1,\ldots,w_{n-1}] = F[w_0,w_1,\ldots,w_{n-1},z_0,z_1,\ldots,z_{m-1}].$$

Alors, pour toute L*-structure* $\mathfrak{M} = \langle M, \ldots \rangle$, *quels que soient les éléments* $a_0, a_1, \ldots, a_{n-1}, b_0, b_1, \ldots, b_{m-1}$ *de* M, *les propriétés suivantes sont équivalentes :*

(1) $\langle \mathfrak{M} ; w_0 \to a_0, w_1 \to a_1, \ldots, w_{n-1} \to a_{n-1} \rangle \models F$

(2) $\langle \mathfrak{M} ; w_0 \to a_0, \ldots, w_{n-1} \to a_{n-1}, z_0 \to b_0, \ldots, z_{n-1} \to b_{n-1} \rangle \models F$

☹ La démonstration se fait, naturellement, par induction sur F.

• Si F est la formule atomique $Rt_1t_2 \ldots t_k$, k étant un entier naturel non nul, R un symbole de relation k-aire de L, et $t_1, t_2, \ldots, t_k$ des termes de L, alors, par hypothèse, pour chaque $i \in \{1,2,\ldots,k\}$, on peut indifféremment écrire :

$$t_i = t_i[w_0,w_1,\ldots,w_{n-1}] \text{ ou } t_i = t_i[w_0,w_1,\ldots,w_{n-1},z_0,z_1,\ldots,z_{m-1}] ;$$

on a donc, d'après le lemme 3.1 :

$$\overline{t_i}^{\mathfrak{M}}[w_0 \to a_0, w_1 \to a_1, \ldots, w_{n-1} \to a_{n-1}] = \overline{t_i}^{\mathfrak{M}}[w_0 \to a_0, \ldots, w_{n-1} \to a_{n-1}, z_0 \to b_0, \ldots, z_{n-1} \to b_{n-1}],$$

ce qui, par définition de la satisfaction (clause 1), donne l'équivalence entre *(1)* et *(2)*.

• Pour les étapes de l'induction relatives aux symboles de connecteur, la démonstration est évidente.

• Il en est de même pour les cas où $F = \forall v G$ ou $F = \exists v G$, lorsque la variable v n'appartient pas à $\{z_0,z_1,\ldots,z_{m-1}\}$.

• Si $F = \forall z_h G$, $h \in \{0,1,\ldots,m-1\}$, les variables libres de G sont parmi $z_h, w_0, w_1, \ldots, w_{n-1}$. La propriété *(1)* est vérifiée si et seulement si, pour tout élément b de M,

$$\langle \mathfrak{M} ; z_h \to b, w_0 \to a_0, w_1 \to a_1, \ldots, w_{n-1} \to a_{n-1} \rangle \models G,$$

ce qui équivaut encore, par hypothèse d'induction, et compte tenu de la remarque qui précède, à :

pour tout $b \in M$,

$$\langle \mathfrak{M} ; w_0 \to a_0, \ldots, w_{n-1} \to a_{n-1}, z_0 \to b_0, \ldots, z_{h-1} \to b_{h-1}, z_h \to b, z_{h+1} \to b_{h+1} \ldots, z_{n-1} \to b_{n-1} \rangle \models G,$$

mais cela signifie, par définition (clause 9) :

$<\mathfrak{M}\,;\, w_0 \to a_0, \ldots, w_{n-1} \to a_{n-1}, z_0 \to b_0, \ldots, z_{h-1} \to b_{h-1}, z_h \to b_h, z_{h+1} \to b_{h+1} \ldots, z_{n-1} \to b_{n-1}> \ \models \forall v_h G$,

ce qui est exactement la propriété *(2)*.

• Le cas $F = \exists v_h G$ ($h \in \{0,1,\ldots,m-1\}$) se traite de façon tout à fait analogue.

☺

Voici une conséquence très utile de la définition de la satisfaction ; elle concerne les substitutions dans les formules :

PROPOSITION : *Soient* n *et* p *deux entiers naturels,* $v, w_0, w_1, \ldots, w_{n-1}, u_0, u_1, \ldots, u_{p-1}$ $n+p+1$ *variables deux à deux distinctes,* $t = t[w_0,w_1,\ldots,w_{n-1}]$ *un terme de* L *et* $F = F[v,w_0,w_1,\ldots,w_{n-1},u_0,u_1,\ldots,u_{p-1}]$ *une formule de* L. *On suppose que, dans* F, *aucune occurrence libre de* v *ne se trouve dans le champ d'un quantificateur* $\forall w_i$ *ou* $\exists w_i$ *(*$0 \leqslant i \leqslant n-1$*).*

Alors, pour toute L*-structure* $\mathfrak{M} = <M, \ldots>$, *quels que soient les éléments* $a_0, a_1, \ldots, a_{n-1}, b_0, b_1, \ldots, b_{p-1}$ *de* M, *les propriétés suivantes sont équivalentes :*

(1) $<\mathfrak{M}\,;\, w_0 \to a_0, \ldots, w_{n-1} \to a_{n-1}, u_0 \to b_0, \ldots, u_{p-1} \to b_{p-1}> \ \models F_{t/v}$;

(2) $<\mathfrak{M}\,;\, v \to \bar{t}^{\mathfrak{M}}[w_0 \to a_0, \ldots, w_{n-1} \to a_{n-1}],$
$w_0 \to a_0, \ldots, w_{n-1} \to a_{n-1}, u_0 \to b_0, \ldots, u_{p-1} \to b_{p-1}> \ \models F$.

☹ On remarque d'abord que les variables libres de la formule $F_{t/v}$ sont parmi $w_0, w_1, \ldots, w_{n-1}, u_0, u_1, \ldots, u_{p-1}$ ce qui donne un sens à la propriété *(1)*. La démonstration se fait par induction sur F.

• Si F est la formule atomique $Rt_1t_2 \ldots t_k$, k étant un entier naturel non nul, R un symbole de relation k-aire de L, et $t_1, t_2, \ldots, t_k$ des termes de L, alors, pour chaque $i \in \{1,2,\ldots,k\}$, on peut écrire : $t_i = t_i[v,w_0,w_1,\ldots,w_{n-1},u_0,u_1,\ldots,u_{p-1}]$, et, d'après la clause 1 de la définition de la satisfaction, si on pose $r_i = t_{i\,t/v}$, la propriété *(1)* signifie :

$(\bar{r}_1^{\mathfrak{M}}[w_0 \to a_0, w_1 \to a_1, \ldots, w_{n-1} \to a_{n-1}, u_0 \to b_0, u_1 \to b_1, \ldots, u_{p-1} \to b_{p-1}], \ldots$
$\ldots, \bar{r}_k^{\mathfrak{M}}[w_0 \to a_0, w_1 \to a_1, \ldots, w_{n-1} \to a_{n-1}, u_0 \to b_0, u_1 \to b_1, \ldots, u_{p-1} \to b_{p-1}]) \in \bar{R}^{\mathfrak{M}}$;

or, en vertu de la proposition 3.1, en posant, pour chaque $i \in \{1,2,\ldots,k\}$:

$$b_i = \bar{t}_i^{\mathfrak{M}}[v \to \bar{t}^{\mathfrak{M}}[w_0 \to a_0, \ldots, w_{n-1} \to a_{n-1}], w_0 \to a_0, \ldots, w_{n-1} \to a_{n-1}, u_0 \to b_0, \ldots, u_{p-1} \to b_{p-1}],$$

cela équivaut encore à :

$$(b_1, b_2, \ldots, b_k) \in \bar{R}^{\mathfrak{M}},$$

c'est-à-dire (clause 1 de la définition) à l'assertion suivante, qui est la propriété *(2)* :

$$<\mathfrak{M}\,;\ v\to \bar{t}^{\mathfrak{M}}[w_0\to a_0,\dots,w_{n-1}\to a_{n-1}],w_0\to a_0,\dots,w_{n-1}\to a_{n-1},\ u_0\to b_0,\dots,u_{p-1}\to b_{p-1}> \ \models\ F.$$

• Les étapes de l'induction relatives aux symboles de connecteurs sont évidentes.

• Supposons que F soit égale à $\exists z\,G$; les variables libres de G sont parmi z, v, w_0, w_1, ..., w_{n-1}, u_0, u_1, ... ,u_{p-1}. Si z est l'un des w_i, alors par hypothèse v n'a pas d'occurrence libre dans G, ni dans F ; si $z=v$, v n'a pas d'occurrence libre dans F ; dans ces deux cas, $F_{t/v}=F$; l'équivalence entre *(1)* et *(2)* résulte alors simplement du lemme précédent. Si z est différent de v et de tous les w_i $(0 \leqslant i \leqslant n-1)$, alors on a $F_{t/v}=\exists z\,G_{t/v}$; dans le cas où z est également distinct de tous les u_j $(0 \leqslant j \leqslant p-1)$, la propriété *(1)* équivaut alors (parce que z n'est pas une des variables de t) à l'existence d'un élément $a \in M$ tel que

$$<\mathfrak{M}\,;\ z\to a,w_0\to a_0,w_1\to a_1,\dots,w_{n-1}\to a_{n-1},\ u_0\to b_0,u_1\to b_1,\dots,u_{p-1}\to b_{p-1}> \ \models\ G_{t/v}\ ;$$

par hypothèse d'induction, cela équivaut aussi à l'existence d'un élément $a \in M$ tel que :

$$<\mathfrak{M};v\to \bar{t}^{\mathfrak{M}}[w_0\to a_0,\dots,w_{n-1}\to a_{n-1}],z\to a,w_0\to a_0,\dots,w_{n-1}\to a_{n-1},u_0\to b_0,\dots,u_{p-1}\to b_{p-1}> \models G,$$

autrement dit à l'assertion suivante, qui est exactement la propriété *(2)* :

$$<\mathfrak{M};\ v\to \bar{t}^{\mathfrak{M}}[w_0\to a_0,\dots,w_{n-1}\to a_{n-1}],w_0\to a_0,\dots,w_{n-1}\to a_{n-1},u_0\to b_0,\dots,u_{p-1}\to b_{p-1}> \models \exists z\,G.$$

Dans le cas où $z=u_j$ $(0 \leqslant j \leqslant p-1)$, il suffit de reprendre les cinq lignes précédentes en omettant « $u_j\to b_j$ » dans les assignations de variables

• Le cas de la quantification universelle est similaire.

☺

Les hypothèses faites au sujet des variables dans cette proposition sont assez compliquées. La plupart du temps, on dispose d'hypothèses plus fortes (et plus simples) pour l'appliquer : c'est le cas par exemple lorsqu'aucune des variables w_0, w_1, ..., w_{n-1} n'a d'occurrence liée dans la formule F.

3.3 Considérons encore une fois le langage $L=\{R,c,f\}$ utilisé plus haut, ainsi que la L-structure $\mathfrak{N}=<\mathbb{R},\leqslant,\pi,\cos>$. Voici divers exemples d'une formule $F[v_0]$ de L avec l'indication de l'ensemble des réels a tels que $\mathfrak{N}\models F[a]$ (ce qui est, rappelons-le, une autre façon d'écrire : $<\mathfrak{N}\,;\ v_0\to a> \ \models\ F$) :

Rcv_0	$[\pi,+\infty[$;
$\exists v_1 fv_1 \simeq v_0$	$[-1,1]$;
$\exists v_1 fv_0 \simeq v_1$	$\mathbb{R}$;
$fv_0 \simeq c$	$\emptyset$;
$\exists v_1(Rcv_0 \wedge fv_1 \simeq v_0)$	$\emptyset$;
$\exists v_1(Rcv_1 \wedge fv_1 \simeq v_0)$	$[-1,1]$;
$\forall v_1 Rv_0fv_1$	$]-\infty,-1]$;
$\forall v_1 Rfv_0fv_1$	$\{(2k+1)\pi\,;\ k\in\mathbb{Z}\}$;

$\forall v_1 \exists v_2 (Rv_1v_2 \wedge fv_2 \simeq v_0)$ $[-1,1]$;
$\forall v_0 \exists v_1 fv_1 \simeq v_0$ $\emptyset$;
$\exists v_1 \forall v_2 Rfv_2v_1$ $\mathbb{R}$.

On aura remarqué que les deux dernières formules proposées sont closes. La dernière est satisfaite dans $\mathfrak{N}$ et l'avant-dernière ne l'est pas. Ranger ces deux formules dans la catégorie des formules à une variable libre peut paraître saugrenu, surtout après avoir vu les vérifications pour le moins fastidieuses auquelles la définition adoptée nous a conduits. Il semblerait beaucoup plus naturel de se contenter d'associer à chaque formule la liste des variables qui y ont effectivement au moins une occurrence libre. C'est d'ailleurs ce qui est fait spontanément dans la pratique : quand on s'intéresse aux suites d'éléments qui satisfont la formule $(\forall v_0\ Rv_0c \Longrightarrow (\neg Rv_1v_2 \vee Rv_2fv_3))$ dans une certaine structure, c'est évidemment à des suites de longueur **3** que l'on pense. Ce qui justifie la définition plus large que nous avons, malgré tout, adoptée, c'est essentiellement le fait que les sous-formules d'une formule ne font pas nécessairement intervenir toutes les variables libres de la formule (et en font éventuellement intervenir d'autres, qui sont liées dans la formule complète) ; agir autrement nous aurait donc amenés à avoir, pour la notion de satisfaction, une définition par induction beaucoup plus compliquée. On voit qu'il s'agit surtout de considérations techniques, et il n'est donc pas nécessaire d'accorder une importance excessive aux subtilités purement formelles que l'on peut aisément faire surgir à propos de cette définition.

La notion essentielle qu'il convient de retenir de ce qui précède, c'est celle de satisfaction d'une formule close dans une structure.

Equivalence universelle et conséquence sémantique

3.4 Il s'agit ici de donner des définitions et un vocabulaire de base qui sont constamment utilisés en théorie des modèles.

On se donne un langage du premier ordre L (égalitaire ou non).

DEFINITIONS :

- *Une formule close de* L *est* **universellement valide** *si et seulement si elle est satisfaite dans toute* L*-structure. (Au lieu de « formule universellement valide », on dit parfois «* **formule valide** *»).*

La notation pour : « la formule F *est universellement valide » est :*

$$\models^* F,$$

tandis que $\not\models^*$ F *signifie : «* F *n'est pas universellement valide ».*

• *Une formule close de* L *est* **contradictoire** (ou **inconsistante**) *si et seulement si sa négation est universellement valide.*

• *Une formule comportant des variables libres est* **universellement valide** *si et seulement si sa clôture universelle est universellement valide (voir la remarque 1 ci-dessous).*

• *Etant données deux formules (closes ou non)* F *et* G *de* L, *on dit que* F *est* **universellement équivalente** *(ou* **logiquement équivalente**, *ou simplement* **équivalente**) *à* G *si et seulement si la formule* (F $\Longleftrightarrow$ G) *est universellement valide.*

La notation pour « F *est universellement équivalente à* G *» est :*

$$F \sim G.$$

• *On appelle* **théorie de** L *tout ensemble de formules closes de* L.

• *Etant données une théorie* T *de* L *et une* L*-structure* $\mathfrak{M}$, *on dit que* $\mathfrak{M}$ **est un modèle de** T *(ou que* $\mathfrak{M}$ **satisfait** T, *ou que* T **est satisfaite dans** $\mathfrak{M}$) *si et seulement si* $\mathfrak{M}$ *satisfait chaque formule appartenant à* T.

La notation pour : « $\mathfrak{M}$ *est un modèle de* T *» est :*

$$\mathfrak{M} \models T,$$

tandis que $\mathfrak{M} \not\models T$ *signifie : «* $\mathfrak{M}$ *n'est pas un modèle de* T *».*

• *Une théorie* **consistante** *(ou* **non contradictoire**) *est une théorie qui admet au moins un modèle.*

Une théorie qui n'est pas consistante est **contradictoire** *(ou* **inconsistante**).

• *Une théorie* **finiment consistante** *est une théorie dont toute partie finie est consistante.*

• *Etant données une théorie* T *et une formule close* F *du langage* L, F *est* **conséquence sémantique de** T *(ou simplement* **conséquence de** T) *si et seulement si toute* L*-structure qui est modèle de* T *est aussi modèle de* F.

La notation pour : « F *est conséquence de* T *» est :*

$$T \models^* F,$$

alors que T $\not\models^*$ F *signifie : «* F *n'est pas conséquence de* T *».*

• *Si* T *est une théorie et* F *une formule de* L *comportant des variables libres,* F *est* **conséquence de** T *si et seulement si la clôture universelle de* F *est conséquence de* T. *La notation est la même que pour une formule close.*

• *Deux théories* T_1 *et* T_2 *de* L *sont* **équivalentes** *si et seulement si toute formule appartenant à* T_1 *est conséquence de* T_2 *et toute formule appartenant à* T_2 *est conséquence de* T_1.

REMARQUE 1 : La définition qui a été donnée ici pour la notion de formule non close universellement valide est a priori incorrecte. Elle n'a de sens que s'il est établi que les diverses clôtures universelles d'une formule sont toutes universellement équivalentes. On vérifie ce fait intuitivement clair en se reportant à la définition de la satisfaction (3.2). On aura d'ailleurs à peu près la même chose à faire pour démontrer un peu plus loin la propriété *(5)* du théorème 3.9.

REMARQUE 2 : Il faut se méfier de la notion de formules universellement équivalentes, lorsqu'il s'agit de formules non closes : pour que deux formules soient équivalentes, il ne suffit pas que leurs clôtures universelles le soient. Considérons par exemple, dans le langage réduit au seul symbole d'égalité, les formules :

$$F = \neg v_0 \simeq v_1 \text{ et } G = \neg v_0 \simeq v_2.$$

Leurs clôtures universelles sont, respectivement :

$$F_1 = \forall v_0 \forall v_1 \neg v_0 \simeq v_1 \text{ et } G_1 = \forall v_0 \forall v_2 \neg v_0 \simeq v_2.$$

Les formules F_1 et G_1 sont universellement équivalentes : elles sont en fait toutes deux contradictoires ; dans une structure $\mathfrak{M}$ quelconque, en prenant un élément a de l'ensemble de base (nécessairement non vide), on a : $<\mathfrak{M} ; v_0 \to a , v_1 \to a> \nvDash F$ et $<\mathfrak{M} ; v_0 \to a , v_2 \to a> \nvDash G$, ce qui montre que $\mathfrak{M}$ ne satisfait ni F_1 ni G_1, donc satisfait la formule $(F_1 \Longleftrightarrow G_1)$. Pourtant, la formule $(F \Longleftrightarrow G)$ n'est pas universellement valide, car sa clôture universelle :

$$\forall v_0 \forall v_1 \forall v_2 (\neg v_0 \simeq v_1 \Longleftrightarrow \neg v_0 \simeq v_2)$$

n'est pas satisfaite dans la structure dont l'ensemble de base est $\{0,1\}$: en effet, on a $<\mathfrak{M} ; v_0 \to 0 , v_1 \to 1 , v_2 \to 0> \vDash F$ et $<\mathfrak{M} ; v_0 \to 0 , v_1 \to 1 , v_2 \to 0> \nvDash G$; il en résulte que $<\mathfrak{M} ; v_0 \to 0 , v_1 \to 1 , v_2 \to 0> \nvDash (\neg v_0 \simeq v_1 \Longleftrightarrow \neg v_0 \simeq v_2)$. La clôture universelle de cette dernière formule est donc fausse dans la structure considérée.

Ce qui est néanmoins vrai, c'est que, si deux formules sont universellement équivalentes, alors leurs clôtures universelles le sont également (exercice 6).

3.5 Il est temps d'indiquer quels sont les abus d'écriture que nous nous permettrons de faire à propos des formules du premier ordre. En fait, nous allons nous contenter de reconduire ceux qui ont été décidés à propos des formules du calcul propositionnel :

supression des parenthèses extrêmes, notation $(F \wedge G \wedge H)$ au lieu de $((F \wedge G) \wedge H)$, utilisation des « grandes » conjonctions ou disjonctions telles que $\bigwedge_{i \in I} F_i$.

La justification de l'utilisation de ces notations abrégées est essentiellement la même que pour le calcul propositionnel : sa transposition aux formules du premier ordre est fondée sur le résultat suivant, très simple mais constamment utilisé :

LEMME : *On considère des variables propositionnelles* A_1, A_2, ..., A_k, *une formule propositionnelle* $J[A_1,A_2,\ldots,A_k]$, *et des formules du premier ordre du langage* L : F_1, F_2, ..., F_k. *Si la formule* J *est une tautologie, alors la formule du premier ordre* $J[F_1,F_2,\ldots,F_k]$ *(résultat de la substitution des formules* F_1, F_2, ..., F_k *aux variables propositionnelles* A_1, A_2, ..., A_k, *respectivement, dans la formule* J*) est une formule universellement valide.*

☹ Supposons que les variables libres des formules F_1, F_2, ..., F_k soient parmi v_0, $v_1,\ldots$, v_n. Il en est alors de même des variables libres de la formule $F = J[F_1,F_2,\ldots,F_k]$. Considérons une L-structure $\mathfrak{M} = \langle M, \ldots \rangle$ et des éléments a_0, $a_1,\ldots$, a_n de M. On définit une distribution de valeurs de vérité δ sur $\{A_1,A_2,\ldots,A_k\}$ en posant, pour $1 \leqslant i \leqslant k$:

$$\delta(A_i) = \begin{cases} 1 \text{ si } \mathfrak{M} \models F_i[a_0,a_1,\ldots,a_n] \text{ ;} \\ 0 \text{ si } \mathfrak{M} \not\models F_i[a_0,a_1,\ldots,a_n]. \end{cases}$$

On a utilisé ici la notation simplifiée pour la satisfaction. La définition de la satisfaction montre clairement que la formule F est satisfaite dans $\mathfrak{M}$ par le n-uple $(a_0,a_1,\ldots,a_n)$ si et seulement si la distribution de valeurs de vérité δ donne la valeur 1 à la formule J (raisonner par induction sur J). On en déduit immédiatement que, lorsque J est une tautologie,

$$\mathfrak{M} \models F[a_0,a_1,\ldots,a_n],$$

et ce, quel que soit le n-uple $(a_0,a_1,\ldots,a_n)$, ce qui prouve que la clôture universelle de F est satisfaite dans n'importe quelle L-structure, c'est-à-dire que F est universellement valide.

☺

Les formules universellement valides obtenues par la méthode qui vient d'être indiquée à partir de tautologies propositionnelles sont appelées **tautologies du calcul des prédicats**.

On voit donc que tout ce qui a été dit dans le chapitre 1 à propos des tautologies (associativité de la conjonction et de la disjonction, entre autres) se laisse transposer sans difficulté aux formules du premier ordre, les notions de tautologies et de formules équivalentes devenant respectivement celles de formules universellement valides et de formules universellement équivalentes.

On notera enfin qu'aucune abréviation particulière n'est adoptée à propos des quantificateurs.

3.6 Les propriétés énoncées dans le théorème qui va suivre sont des conséquences immédiates des définitions ci-dessus.

THEOREME : *Quels que soient les théories* T *et* S *de* L, *les entiers* m *et* $p \geqslant 1$ *et les formules closes* G, H, F_1, F_2, ..., F_m *et* G_1, G_2, ..., G_p *de* L, *les propriétés suivantes sont vérifiées :*

- *La formule* G *est contradictoire si et seulement si elle n'est satisfaite dans aucune* L*-structure.*
- *La formule* G *est conséquence de* T *si et seulement si la théorie* $T \cup \{\neg G\}$ *est contradictoire.*
- *Si* T *est consistante et si* $S \subseteq T$, *alors* S *est consistante.*
- *Si* T *est consistante, alors* T *est finiment consistante.*
- *Si* T *est contradictoire et si* $T \subseteq S$, *alors* S *est contradictoire.*
- *Si* $T \vdash^* G$ *et si* $T \subseteq S$, *alors* $S \vdash^* G$.
- $T \cup \{G\} \vdash^* H$ *si et seulement si* $T \vdash^* (G \Longrightarrow H)$.
- $T \vdash^* (G \wedge H)$ *si et seulement si* $T \vdash^* G$ *et* $T \vdash^* H$.
- $\{F_1,F_2,\ldots,F_m\} \vdash^* G$ *si et seulement si* $\vdash^* ((F_1 \wedge F_2 \wedge \ldots \wedge F_m) \Longrightarrow G)$.
- G *est universellement valide si et seulement si* G *est conséquence de la théorie vide.*
- G *est universellement valide si et seulement si* G *est conséquence de toute théorie de* L.
- T *est contradictoire si et seulement si* $T \vdash^* (G \wedge \neg G)$.
- T *est contradictoire si et seulement si toute formule de* L *est conséquence de* T.
- T *est contradictoire si et seulement si, pour toute formule universellement valide* F, $\neg F$ *est conséquence de* T.
- T *est contradictoire si et seulement si il existe au moins une formule universellement valide* F *telle que* $\neg F$ *soit conséquence de* T.
- $\{F_1,F_2,\ldots,F_m\}$ *est une théorie contradictoire si et seulement si* $(\neg F_1 \vee \neg F_2 \vee \ldots \vee \neg F_m)$ *est une formule universellement valide.*
- *Les théories* T *et* S *sont équivalentes si et seulement si elles admettent les mêmes modèles (autrement dit, pour que* T *et* S *soient équivalentes, il faut et il suffit que, pour toute* L*-structure* $\mathfrak{M}$, $\mathfrak{M}$ *soit un modèle de* T *si et seulement si* $\mathfrak{M}$ *est un modèle de* S*).*
- *En remplaçant dans* T *chaque formule par une formule universellement équivalente, on obtient une théorie équivalente à* T.
- *Si* T *est contradictoire, alors* S *est équivalente à* T *si et seulement si* S *est contradictoire.*

• *La théorie* T *est équivalente à la théorie vide si et seulement si toute formule appartenant à* T *est universellement valide.*

• *Toute* L*-structure est un modèle de la théorie vide.*

• *La théorie vide est consistante.*

• *L'ensemble de toutes les formules closes de* L *est une théorie contradictoire.*

• *Les théories* $\{G\}$ *et* $\{H\}$ *sont équivalentes si et seulement si les formules* G *et* H *sont logiquement équivalentes.*

• *Les théories* $\{F_1, F_2, \ldots, F_m\}$ *et* $\{G_1, G_2, \ldots, G_p\}$ *sont équivalentes si et seulement si la formule :*

$$((F_1 \wedge F_2 \wedge \ldots \wedge F_m) \Longleftrightarrow (G_1 \wedge G_2 \wedge \ldots \wedge G_p))$$

est universellement valide.

• *Toute théorie finie est équivalente à une théorie réduite à une seule formule.*

• *La relation binaire « est universellement équivalente à » est une relation d'équivalence sur l'ensemble des formules de* L.

• *La relation binaire « est équivalente à » est une relation d'équivalence sur l'ensemble des théories de* L*, c'est-à-dire sur l'ensemble des parties de l'ensemble des formules closes de* L.

☹ Le lecteur est invité à faire les démonstrations lui-même (il s'agit surtout de raisonnements analogues à ceux qui entrent en jeu dans le lemme 5.2 du chapitre 1).
☺

3.7 La proposition suivante exprime la compatibilité de la relation ~ d'équivalence entre les formules avec les opérations intervenant dans la construction des formules (utilisation des connecteurs et des quantificateurs).

PROPOSITION : *Pour toutes formules* F, G, F' *et* G', *et pour tout entier* **k**, *si* F *et* G *sont respectivement équivalentes à* F' *et* G', *alors les formules :*

$$\neg F\ ,\ (F \wedge G)\ ,\ (F \vee G)\ ,\ (F \Longrightarrow G)\ ,\ (F \Longleftrightarrow G)\ ,\ \forall v_k F \textit{ et } \exists v_k F$$

sont respectivement équivalentes à :

$$\neg F'\ ,\ (F' \wedge G')\ ,\ (F' \vee G')\ ,\ (F' \Longrightarrow G')\ ,\ (F' \Longleftrightarrow G')\ ,\ \forall v_k F' \text{ et } \exists v_k F'.$$

☹ Traitons par exemple le cas de la quantification existentielle. Supposons que les formules F et F' soient équivalentes et aient leurs variables libres parmi $v_0, v_1, \ldots, v_n$ ($n \geqslant k$). Il s'agit de montrer que, dans une L-structure arbitraire $\mathfrak{M} = \langle M, \ldots \rangle$, la clôture universelle de la formule $(\exists v_k F \Longleftrightarrow \exists v_k F')$ est satisfaite. Considérons des éléments $a_0, a_1, \ldots, a_{k-1}, a_{k+1}, \ldots, a_n$ de M. Si on suppose :

$$\langle \mathfrak{M} ; v_0 \to a_0, v_1 \to a_1, \ldots, v_{k-1} \to a_{k-1}, v_{k+1} \to a_{k+1}, \ldots, v_n \to a_n \rangle \models \exists v_k F,$$

alors on peut trouver un élément $a \in M$ tel que :

$$\langle \mathfrak{M} ; v_0 \to a_0, v_1 \to a_1, \ldots, v_{k-1} \to a_{k-1}, v_k \to a, v_{k+1} \to a_{k+1}, \ldots, v_n \to a_n \rangle \models F ;$$

mais, comme F est équivalente à F', on a aussi :

$$\langle \mathfrak{M} ; v_0 \to a_0, v_1 \to a_1, \ldots, v_{k-1} \to a_{k-1}, v_k \to a, v_{k+1} \to a_{k+1}, \ldots, v_n \to a_n \rangle \models F',$$

donc : $\langle \mathfrak{M} ; v_0 \to a_0, v_1 \to a_1, \ldots, v_{k-1} \to a_{k-1}, v_{k+1} \to a_{k+1}, \ldots, v_n \to a_n \rangle \models \exists v_k F'$.

On voit de la même manière que, réciproquement,

si $\langle \mathfrak{M} ; v_0 \to a_0, v_1 \to a_1, \ldots, v_{k-1} \to a_{k-1}, v_{k+1} \to a_{k+1}, \ldots, v_n \to a_n \rangle \models \exists v_k F'$,

alors $\langle \mathfrak{M} ; v_0 \to a_0, v_1 \to a_1, \ldots, v_{k-1} \to a_{k-1}, v_{k+1} \to a_{k+1}, \ldots, v_n \to a_n \rangle \models \exists v_k F$,

et on en conclut que :

$$\langle \mathfrak{M} ; v_0 \to a_0, v_1 \to a_1, \ldots, v_{k-1} \to a_{k-1}, v_{k+1} \to a_{k+1}, \ldots, v_n \to a_n \rangle \models (\exists v_k F \Longleftrightarrow \exists v_k F').$$

Les autres cas se traitent de façon analogue.

☺

COROLLAIRE : *Soient* F *une formule,* G *une sous-formule de* F, *et* G' *une formule équivalente à* G. *Alors, la formule* F', *obtenue à partir de* F *en y remplaçant une occurrence quelconque de la sous-formule* G *par* G', *est équivalente à* F.

☹ On raisonne par induction sur F. Lorsque F est atomique, G ne peut qu'être égale à F, donc F' = G', et le résultat est immédiat. Pour toutes les autres étapes de l'induction, il suffit d'appliquer la proposition précédente.

☺

Ainsi se trouve justifiée une opération que l'on fait pratiquement en permanence lorsqu'on manipule des formules du premier ordre d'un point de vue sémantique : remplacer des sous-formules par des formules équivalentes.

3.8 Le changement de nom de variable liée, lorsqu'il est fait sous certaines conditions, transforme une formule en une formule équivalente (voir la remarque 1.21) :

PROPOSITION : *Quels que soient les entiers* k *et* h *et la formule* F, *si la variable* v_h *n'a aucune occurrence dans* F, *alors les formules :*

$$\forall v_k F \text{ et } \forall v_h F_{v_h/v_k} \text{ (respectivement : } \exists v_k F \text{ et } \exists v_h F_{v_h/v_k})$$

sont équivalentes.

☺ Le résultat est trivial si $h = k$. Supposons donc que h et k sont distincts et que $F = F[v_{i_1}, v_{i_2}, \ldots, v_{i_n}, v_k]$, les entiers i_1, i_2, ..., i_n étant deux à deux distincts et distincts de k et h (ce que l'hypothèse permet). Etant donnée une L-structure $\mathfrak{M} = \langle M, \ldots \rangle$ et des éléments a_1, a_2, ..., a_n quelconques de M, il s'agit de montrer que :

$$(*) \quad \langle \mathfrak{M} ; v_{i_1} \to a_1, v_{i_2} \to a_2, \ldots, v_{i_n} \to a_n \rangle \models \forall v_k F$$

si et seulement si

$$(**) \quad \langle \mathfrak{M} ; v_{i_1} \to a_1, v_{i_2} \to a_2, \ldots, v_{i_n} \to a_n \rangle \models \forall v_h F_{v_h/v_k},$$

et l'analogue avec $\exists$.

La propriété $(*)$ signifie que, quel que soit l'élément $a \in M$, on a :

$$\langle \mathfrak{M} ; v_k \to a, v_{i_1} \to a_1, v_{i_2} \to a_2, \ldots, v_{i_n} \to a_n \rangle \models F ;$$

mais, d'après le lemme 3.2, cela équivaut aussi à :

$$\langle \mathfrak{M} ; v_k \to a, v_h \to a, v_{i_1} \to a_1, v_{i_2} \to a_2, \ldots, v_{i_n} \to a_n \rangle \models F ;$$

on applique alors la proposition 3.2 (les hypothèses le permettent), en remarquant que :

$$a = \overline{v_h}^{\mathfrak{M}}[v_h \to a, v_{i_1} \to a_1, v_{i_2} \to a_2, \ldots, v_{i_n} \to a_n],$$

et on obtient la propriété suivante, équivalente à $(*)$:

$$\text{pour tout } a \in M, \ \langle \mathfrak{M} ; v_h \to a, v_{i_1} \to a_1, v_{i_2} \to a_2, \ldots, v_{i_n} \to a_n \rangle \models F_{v_h/v_k},$$

qui signifie par définition :

$$\langle \mathfrak{M} ; v_{i_1} \to a_1, v_{i_2} \to a_2, \ldots, v_{i_n} \to a_n \rangle \models \forall v_h F_{v_h/v_k},$$

c'est-à-dire la propriété $(**)$.

☺

3.9 Avec les tautologies et les formules propositionnelles équivalentes du chapitre 1, on obtient naturellement d'innombrables exemples de formules du premier ordre universellement valides ou équivalentes. Les importantes propriétés qui suivent vont nous fournir des exemples qui n'ont pas d'analogue dans le calcul propositionnel puisqu'ils mettent en jeu les quantificateurs. Ces propriétés sont, en particulier, extrêmement utiles pour une bonne maîtrise de la manipulation des quantificateurs dans les énoncés mathématiques courants : parmi les premiers exercices de ce chapitre, plusieurs vont précisément dans ce sens.

THEOREME : *Pour tous entiers* k *et* h *et pour toutes formules* F *et* G, *on a les équivalences logiques suivantes entre formules :*

(1) $\neg\forall v_k\, F \sim \exists v_k\, \neg F$

(2) $\forall v_k\, (F \wedge G) \sim (\forall v_k\, F \wedge \forall v_k\, G)$

(3) $\exists v_k\, (F \vee G) \sim (\exists v_k\, F \vee \exists v_k\, G)$

(4) $\exists v_k\, (F \Rightarrow G) \sim (\forall v_k\, F \Rightarrow \exists v_k\, G)$

(5) $\forall v_k\, \forall v_h\, F \sim \forall v_h\, \forall v_k\, F$

(6) $\exists v_k\, \exists v_h\, F \sim \exists v_h\, \exists v_k\, F$

De plus, les trois formules suivantes sont universellement valides :

(7) $\exists v_k\, (F \wedge G) \Rightarrow (\exists v_k\, F \wedge \exists v_k\, G)$

(8) $(\forall v_k\, F \vee \forall v_k\, G) \Rightarrow \forall v_k\, (F \vee G)$

(9) $\exists v_k\, \forall v_h\, F \Rightarrow \forall v_h\, \exists v_k\, F$

Par ailleurs, si la variable v_k *n'est pas libre dans* G, *alors :*

(10) $\forall v_k\, G \sim \exists v_k\, G \sim G$

(11) $\forall v_k\, (F \wedge G) \sim (\forall v_k\, F \wedge G)$

(12) $\exists v_k\, (F \vee G) \sim (\exists v_k\, F \vee G)$

(13) $\forall v_k\, (F \vee G) \sim (\forall v_k\, F \vee G)$

(14) $\exists v_k\, (F \wedge G) \sim (\exists v_k\, F \wedge G)$

(15) $\exists v_k\, (G \Rightarrow F) \sim (G \Rightarrow \exists v_k\, F)$

(16) $\forall v_k\, (G \Rightarrow F) \sim (G \Rightarrow \forall v_k\, F)$

(17) $\exists v_k\, (F \Rightarrow G) \sim (\forall v_k\, F \Rightarrow G)$

(18) $\forall v_k\, (F \Rightarrow G) \sim (\exists v_k\, F \Rightarrow G)$

☹ On obtient *(1)*, *(2)*, *(5)*, *(6)*, *(7)* et *(9)* sans difficulté en se reportant à la définition 3.2 ; *(3)* et *(8)* se déduisent respectivement de *(2)* et *(7)* (appliqués à ¬F et ¬G) ainsi que de *(1)* et de tautologies usuelles ; *(4)* est une conséquence immédiate de *(3)* appliqué à ¬F et G ; compte tenu de l'hypothèse supplémentaire sur v_k, *(10)* et *(13)* résultent de la définition et du lemme 3.2 ; *(11)* et *(15)* se déduisent de *(10)* et de *(2)* et *(4)* ; c'est encore grâce à *(1)* et à des tautologies que l'on passe de *(11)* à *(12)*, de *(13)* à *(14)*, de *(15)* à *(17)* et de *(16)* à *(18)* ; *(16)* s'obtient par *(13)* appliqué à F et ¬G.

Bien entendu, ces brèves indications supposent une utilisation intensive de la proposition 3.7 et de son corollaire.

☺

On peut dire, de façon un peu abusive, que le quantificateur universel est « distributif » par rapport à la conjonction mais pas par rapport à la disjonction, tandis que c'est l'inverse pour le quantificateur existentiel. C'est ce qu'expriment les propriétés

(2) et *(3)*, et le fait qu'on ne conserve pas, en général, des formules universellement valides, lorsqu'on remplace dans *(7)* et *(8)* le symbole $\Longrightarrow$ par $\Longleftrightarrow$: ainsi, si le langage L se compose de deux symboles de relation unaire A et B, si $F = Av_0$ et $G = Bv_0$, et si on considère le modèle $\mathfrak{M}$ dont l'ensemble de base est $\mathbb{N}$ et où A et B sont respectivement interprétés par les relations « être pair » et « être impair », alors il est clair que $\mathfrak{M}$ satisfait les formules $\exists v_0 F \wedge \exists v_0 G$ et $\forall v_0(F \vee G)$, mais ne satisfait ni la formule $\exists v_0(F \wedge G)$ ni la formule $\forall v_0 F \vee \forall v_0 G$. Le comportement des quantificateurs vis-à-vis de l'implication est plus complexe ; ce que l'on peut retenir, c'est que, si on essaye de « distribuer » le quantificateur dans une formule du type $Qv_k(F \Longrightarrow G)$ où Q est $\forall$ ou $\exists$, alors, dans les cas où cela est possible :

- si le quantificateur doit être « rentré » à droite du symbole $\Longrightarrow$, alors il « rentre » tel quel,
- tandis que s'il doit être « rentré » à gauche de $\Longrightarrow$, alors il doit être remplacé par son dual Q^* ($Q^* = \exists$ si $Q = \forall$ et $Q^* = \forall$ si $Q = \exists$).

On peut permuter deux quantifications universelles (respectivement : existentielles) consécutives (propriétés *(5)* et *(6)*), mais pas un $\forall$ avec un $\exists$: *(9)* ne reste pas une formule universellement valide quand on y remplace $\Longrightarrow$ par $\Longleftrightarrow$. On s'en convainc en considérant à nouveau le modèle $\mathfrak{M}$ ci-dessus et en prenant pour F la formule $(Av_0 \Longleftrightarrow Bv_1)$; alors $\mathfrak{M} \models \forall v_0 \exists v_1 F$ (car pour tout entier a_0, on peut trouver un entier a_1 qui n'ait pas même parité que a_0), mais $\mathfrak{M} \not\models \exists v_1 \forall v_0 F$ (car on peut difficilement exiger d'un entier qu'il ait une parité distincte de celle de n'importe quel entier...). Laissons-nous aller à dire que, dans la formule $\forall v_h \exists v_k F$, c'est pour chacun des v_h qu'est exprimée l'existence d'un v_k (qui peut donc dépendre de v_h), tandis que dans $\exists v_k \forall v_h F$, le v_k dont l'existence est affirmée doit être « le même pour tous les v_h », ce qui rend cette formule « plus forte » que la précédente. Cette remarque a une illustration classique en analyse avec les distinctions continuité simple / continuité uniforme ou convergence simple / convergence uniforme : on sait bien que tout le problème consiste à déterminer si « le η (ou le N) dépend ou non du x »... et qu'en fin de compte, lorsqu'on formalise ces propriétés, elles ne diffèrent que par une inversion de quantifications.

3.10 En utilisant ce qui a été dit au chapitre 1 sur les systèmes complets de connecteurs, ainsi que le lemme 3.5, la proposition et le corollaire 3.7, et la propriété *(1)* du théorème précédent, on obtient immédiatement :

THEOREME : *Toute formule du premier ordre est universellement équivalente à au moins une formule ne comportant pas de symbole de connecteur ou de quantificateur autre que : $\neg$, $\vee$ et $\exists$.*

On peut évidemment remplacer dans cet énoncé $\neg$ et $\vee$ par les éléments de n'importe quel système complet de connecteurs ; on peut aussi remplacer $\exists$ par $\forall$.

REMARQUE : La remarque 3.7 du chapitre 1 se laisse transposer ici : pour démontrer qu'une certaine propriété, compatible avec la relation ~, est vraie pour toute formule du premier ordre, il suffit de faire un raisonnement par induction « restreint » aux étapes relatives à la négation, à la disjonction et à la quantification existentielle.

3.11 Nous terminons cette section avec un résultat fort simple mais indispensable. Il s'agit de comparer la satisfaction d'une formule dans une structure de son langage avec sa satisfaction dans une structure d'un langage plus riche.

LEMME : *On considère un langage du premier ordre* L *et un langage* L^* *qui enrichit* L. *Soient* $\mathfrak{M} = \langle M, \ldots \rangle$ *une* L*-structure,* $\mathfrak{M}^*$ *un enrichissement de* $\mathfrak{M}$ *au langage* L^*, $F = F[v_0, v_1, \ldots, v_{n-1}]$ *une formule du langage* L, *et* a_0, a_1, ..., a_{n-1} *des éléments de l'ensemble* M.

Dans ces conditions, on a :

$\mathfrak{M} \models F[a_0, a_1, \ldots, a_{n-1}]$ *si et seulement si* $\mathfrak{M}^* \models F[a_0, a_1, \ldots, a_{n-1}]$.

☹ La seule chose qui ne soit peut-être pas évidente, c'est que ces deux propriétés aient un sens ! On s'en assure en remarquant que F est en même temps une formule de L et une formule de L^*. Pour le reste, un simple coup d'œil sur la définition de la satisfaction de F dans $\mathfrak{M}^*$ nous indique que celle-ci ne fait intervenir que les symboles de L et les relations et fonctions de la structure $\mathfrak{M}$. Le résultat va donc de soi (le lecteur souhaitant être tout à fait rigoureux fera une démonstration par induction sur F).
☺

Observons cependant que la question n'aurait plus de sens si F comportait des symboles du langage L^* n'appartenant pas à L.

4. FORMES PRENEXES ET FORMES DE SKOLEM

4.1 Ce que nous allons faire dans cette section sera abondamment utilisé au chapitre suivant, quand on décrira une méthode qui permettra de répondre à des questions du genre : « telle formule close est-elle universellement valide ? » ou « est-elle conséquence de telle théorie ? ». Il s'agira de se ramener, au prix d'un changement de langage, à des formules dont la construction syntaxique est relativement simple : les formes de Skolem. Auparavant, on aura montré que toute formule F est équivalente à une formule (du même langage) qui se présente sous la forme d'une suite de quantificateurs suivie d'une formule sans quantificateur (c'est ce qu'on appelle une forme prénexe de F). Le théorème de la forme prénexe (4.2) a un intérêt et une importance qui dépassent le cadre qui vient d'être décrit. Il présente aussi un (petit) danger : celui de faire croire qu'une formule est plus « facile à comprendre » quand elle est sous forme prénexe ; en fait, on se rend vite compte que c'est le contraire qui est vrai, et que, pour saisir la propriété exprimée par une formule close, on a tout intérêt à y « distribuer » au maximum les quantifications, c'est-à-dire à faire l'inverse de la mise sous forme prénexe.

Formes prénexes

4.2 DEFINITIONS : *Une formule* F *est* ***prénexe*** *si et seulement si il existe un entier* k, *des variables* $w_1, w_2, \ldots, w_k$, *des symboles de quantificateur* $Q_1, Q_2, \ldots, Q_k$, *et une formule sans quantificateur* G *tels que :*

$$F = Q_1 w_1 Q_2 w_2 \ldots Q_k w_k G.$$

Le mot $Q_1 w_1 Q_2 w_2 \ldots Q_k w_k$ *s'appelle alors le* ***préfixe*** *de la formule prénexe.*

Une formule prénexe est ***polie*** *si et seulement si son préfixe contient au plus une occurrence de chaque variable.*

Pour toute formule H, *on appelle* ***forme prénexe de*** H *toute formule prénexe universellement équivalente à* H.

Une formule ***universelle*** *est une formule prénexe sans quantificateur existentiel.*

Une formule ***existentielle*** *est une formule prénexe sans quantificateur universel.*

Bien entendu, le cas $k = 0$ correspond à $F = G$, c'est-à-dire que les formules sans quantificateur sont des cas particuliers de formules prénexes (qui sont d'ailleurs polies, universelles et existentielles).

On voit immédiatement que toute clôture universelle d'une formule prénexe est une formule prénexe.

Attention, une formule telle que $\forall v_0(\exists v_1 v_0 \simeq v_1 \Longrightarrow v_0 \simeq v_1)$ n'est pas prénexe !

THEOREME : *Toute formule du premier ordre admet au moins une forme prénexe polie.*

☹ On montre par induction que, pour toute formule F, on peut trouver une formule prénexe polie F' universellement équivalente à F. Cette propriété étant clairement compatible avec la relation ~, la remarque 3.10 nous permet de limiter le nombre de cas à envisager.

• Si F est atomique, il suffit de prendre $F' = F$.

• Si $F = \neg G$, et si G est équivalente à $Q_1 w_1 Q_2 w_2 \dots Q_k w_k G''$, où G'' est sans quantificateur et où les variables w_i sont deux à deux distinctes, il suffit de prendre $F' = \overline{Q}_1 w_1 \overline{Q}_2 w_2 \dots \overline{Q}_k w_k \neg G''$, où, pour $1 \leqslant h \leqslant k$, $\overline{Q}_h$ est le dual de Q_h.

• Si $F = (G \vee H)$, si G est équivalente à $G' = Q_1 w_1 Q_2 w_2 \dots Q_k w_k G''$ et H à $H' = Q'_1 z_1 Q'_2 z_2 \dots Q'_m z_m H''$ (où G'' et H'' sont sans quantificateur et où, dans chacun des préfixes, les variables sont deux à deux distinctes), alors, après avoir choisi $k + m$ variables deux à deux distinctes $x_1, x_2, \dots, x_k, y_1, y_2, \dots, y_m$ n'ayant aucune occurrence dans G' ni dans H', il suffit de poser :

$$G_1 = G''_{x_1/w_1, x_2/w_2, \dots, x_k/w_k} \;;\; H_1 = H''_{y_1/z_1, y_2/z_2, \dots, y_m/z_m},$$

puis de prendre :

$$F' = Q_1 x_1 Q_2 x_2 \dots Q_k x_k Q'_1 y_1 Q'_2 y_2 \dots Q'_m y_m (G_1 \vee H_1).$$

Pour vérifier que cette formule est bien équivalente à F, on applique principalement ($k + m$ fois) la proposition 3.8 et les propriétés *(12)* et *(13)* du théorème 3.9. Il est à noter que l'ordre dans lequel on procède aux applications répétées de ces deux propriétés n'a pas d'importance : on pourrait par exemple « sortir » d'abord tous les quantificateurs Q'_j, puis tous les Q_i, ou encore alterner arbitrairement ; ce qui, par contre, ne peut changer (sauf cas particulier), c'est l'ordre des Q_i entre eux ou des Q'_j entre eux. On voit en tous cas qu'il n'y a sûrement pas unicité pour une formule prénexe équivalente à F.

• Si $F = \exists v G$, et si G est équivalente à $Q_1 w_1 Q_2 w_2 \ldots Q_k w_k G''$, où G'' est sans quantificateur et où les variables w_i sont deux à deux distinctes, alors, ou bien $v \notin \{w_1, w_2, \ldots w_k\}$ et il suffit de prendre $F' = \exists v Q_1 w_1 Q_2 w_2 \ldots Q_k w_k G''$, ou bien, pour un indice j compris entre 1 et k, on a $v = w_j$: dans ce cas, v n'est pas libre dans la formule $Q_1 w_1 Q_2 w_2 \ldots Q_k w_k G''$; on peut donc prendre $F' = Q_1 w_1 Q_2 w_2 \ldots Q_k w_k G''$ puisque cette formule prénexe polie est équivalente à F en vertu de la propriété *(10)* du théorème 3.9. ☺

REMARQUE 1 : La démonstration qui vient d'être faite fournit un procédé pour construire une formule prénexe équivalente à une formule F donnée (on dit aussi « **mettre F sous forme prénexe** »). Si on s'y conforme scrupuleusement, on doit commencer par éliminer les symboles $\wedge$, $\Longrightarrow$, $\Longleftrightarrow$ et $\forall$. En réalité, la seule chose qui soit indispensable, c'est de ne pas conserver $\Longleftrightarrow$. Il est alors possible, en changeant opportunément des noms de variables liées, de « faire sortir » progressivement les quantificateurs, en remontant dans l'arbre de décomposition, en utilisant pas à pas les propriétés énoncées dans le théorème 3.9, comme nous venons de le faire pour l'étape d'induction relative à la disjonction. Bien entendu, on peut selon les circonstances être plus ou moins économe en matière de changements de nom de variables : il est rare qu'il faille comme nous l'avons fait renommer toutes les variables liées qui apparaissent.

Le but des changements de nom de variables liées est évidemment d'obtenir une formule où aucune variable n'ait d'occurrence dans le champ de plus d'un quantificateur, afin que le théorème 3.9 s'applique en tous cas. Il en résulte un accroissement éventuel du nombre de variables utilisées. Mais si l'on souhaite minimiser la longueur (et la hauteur) de la forme prénexe, il peut arriver que l'on ait intérêt au contraire à substituer à une variable liée une variable figurant déjà dans le champ d'un autre quantificateur. Prenons un exemple : la formule $F = \forall v_0 (\forall v_1 \neg v_1 \simeq v_1 \Longrightarrow \exists v_2 v_0 \simeq v_2) \wedge \forall v_1 v_1 \simeq v_1$ est équivalente à la formule prénexe $G = \forall v_0 \exists v_1 \exists v_2 \forall v_3 ((\neg v_1 \simeq v_1 \Longrightarrow v_0 \simeq v_2) \wedge v_3 \simeq v_3)$, obtenue comme indiqué plus haut, en changeant notamment le nom de la variable liée v_1 (en v_3) dans le champ du quantificateur le plus à droite dans F ; mais on peut trouver une forme prénexe bien plus simple pour F, en remarquant que les propriétés *(2)* et *(4)* du théorème 3.9 peuvent ici s'appliquer : on est donc amené à substituer (dans F) v_1 aux occurrences de v_2, puis v_0 aux trois dernières occurrences de v_1 ; la formule ainsi obtenue est $H = \forall v_0 (\forall v_1 \neg v_1 \simeq v_1 \Longrightarrow \exists v_1 v_0 \simeq v_1) \wedge \forall v_0 v_0 \simeq v_0$; elle est bien équivalente à F et les propriétés que nous avons invoquées nous en donnent la forme prénexe suivante :

$$\forall v_0 \exists v_1 ((\neg v_1 \simeq v_1 \Longrightarrow v_0 \simeq v_1) \wedge v_0 \simeq v_0),$$

dont la hauteur est 5 (celle de G est 7) et qui est évidemment plus courte que G.

REMARQUE 2 : La dernière partie de la démonstration du théorème précédent indique clairement que, pour passer d'une formule prénexe F quelconque à une formule prénexe polie équivalente, il suffit, pour chaque variable, de supprimer dans le préfixe de F toutes les quantifications portant sur cette variable à l'exception de celle qui se situe le plus à droite. Par exemple, si G est une formule sans quantificateur, la formule :

$$\forall v_0 \exists v_1 \exists v_0 \exists v_2 \forall v_1 \exists v_0 \exists v_3 \exists v_0 G$$

est logiquement équivalente à la formule prénexe polie :

$$\exists v_2 \forall v_1 \exists v_3 \exists v_0 G.$$

REMARQUE 3 : En appliquant à une formule F la méthode qui a été décrite pour en obtenir une forme prénexe, on aboutit à une formule qui a les mêmes variables libres que F (la vérification est immédiate). En particulier, à partir d'une formule close, on obtient une formule prénexe close.

4.3 Soient F une formule du premier ordre, G une forme prénexe de F, et H la sous-formule de G obtenue en supprimant le préfixe. Comme H est sans quantificateur, elle est obtenue à partir d'une formule propositionnelle J par la substitution décrite en 1.22. Comme toute formule propositionnelle, J admet une forme normale conjonctive J_1 et une forme normale disjonctive J_2. La substitution qui transforme J en H va transformer J_1 et J_2, respectivement, en des formules du premier ordre H_1 et H_2, qui sont clairement universellement équivalentes à H. Les formules prénexes G_1 et G_2, obtenues en faisant précéder respectivement H_1 et H_2 du préfixe de G, sont équivalentes à F. On dit que G_1 (respectivement : G_2) est une **forme prénexe conjonctive** (respectivement : **disjonctive**) de F.

Formes de Skolem

4.4 Considérons une formule prénexe polie d'un langage L. Il existe donc des variables deux à deux distinctes $w_1, w_2, \ldots, w_n$, des quantificateurs $Q_1, Q_2, \ldots, Q_n$, et une formule sans quantificateur G de L tels que $F = Q_1 w_1 Q_2 w_2 \ldots Q_n w_n G$.

Appelons $j_1, j_2, \ldots, j_p$ les indices de Q qui correspondent à une quantification existentielle : $\{ j \in \{1,2,\ldots,n\} ; Q_j = \exists \} = \{ j_1, j_2, \ldots, j_p \}$ (on suppose $1 \leqslant j_1 < j_2 < \ldots < j_p \leqslant n$).

Nous allons associer à F un langage $L_{Sk}(F)$, qui sera un enrichissement du langage L, obtenu en ajoutant p nouveaux symboles de constante ou de fonction $f_1, f_2, \ldots, f_p$, appelés **symboles de fonction de Skolem associés à** F, et correspondant aux p occurrences du symbole $\exists$ dans le préfixe de F. Pour $1 \leqslant h \leqslant p$, l'arité du symbole f_h doit être égale à $j_h - h$, c'est-à-dire au nombre d'occurrences du quantificateur $\forall$ situées à gauche de Q_{j_h} dans le préfixe de F (on convient ici d'assimiler les symboles de constante à des symboles de fonction d'arité 0 ; pour que f_h soit un symbole de constante, il faut et il suffit que $j_h = h$, c'est-à-dire que les h premières quantifications du préfixe de F soient existentielles ; naturellement, dans un tel cas, $f_1, f_2, \ldots, f_{h-1}$ sont aussi des symboles de constante ; l'arité de f_h croît d'ailleurs avec h). Par exemple, si le préfixe de F est :

$$\forall v_0 \forall v_1 \exists v_2 \forall v_3 \exists v_4 \forall v_5 \forall v_6 \exists v_7 \exists v_8 \forall v_9 \forall v_{10} \exists v_{11},$$

il conviendra d'ajouter à L cinq nouveaux symboles de fonction f_1, f_2, f_3, f_4 et f_5, d'arités respectives 2, 3, 5, 5 et 7.

Ayant ainsi précisé notre nouveau langage, nous allons maintenant y définir une formule F_{Sk}, que nous appellerons **la forme de Skolem de** F, et qui sera une formule universelle polie du langage $L_{Sk}(F)$.

Tout d'abord, pour $1 \leqslant h \leqslant p$, on désigne par u_h le terme de $L_{Sk}(F)$ constitué du symbole f_h suivi des $j_h - h$ variables quantifiées universellement à gauche de w_{j_h} dans le préfixe de F. Autrement dit :

$$u_h = f_h w_1 w_2 \ldots w_{j_1-1} w_{j_1+1} \ldots w_{j_2-1} w_{j_2+1} \ldots \ldots w_{j_{h-1}-1} w_{j_{h-1}+1} \ldots w_{j_h-1}.$$

Ensuite, pour chaque indice h compris entre 1 et p, on remplace dans la formule G chaque occurrence de la variable w_{j_h} par le terme u_h.

Enfin, on fait précéder la formule ainsi obtenue du préfixe de G amputé de toutes ses quantifications existentielles.

On aboutit ainsi à la forme de Skolem de F, qui est donc la formule

$$F_{Sk} = \forall w_1 \forall w_2 \ldots \forall w_{j_1-1} \forall w_{j_1+1} \ldots \forall w_{j_h-1} \forall w_{j_h+1} \ldots \forall w_{j_p-1} \forall w_{j_p+1} \ldots \forall w_n \, G_{u_1/w_{j_1}, u_2/w_{j_2}, \ldots, u_p/w_{j_p}}.$$

EXEMPLE : Si le langage L est constitué d'un symbole de fonction unaire f et d'un symbole de relation binaire R, et si on considère la formule F suivante de L :

$$\exists v_0 \exists v_1 \forall v_2 \exists v_3 \forall v_4 \forall v_5 \exists v_6 ((Rv_0v_2 \wedge fv_5 \simeq v_3) \Longrightarrow (Rfv_6v_2 \vee (Rv_1v_5 \wedge Rv_4v_3))),$$

alors le langage $L_{Sk}(F)$ comporte, outre les symboles R et f, quatre nouveaux symboles : deux symboles de constante f_1 et f_2, un symbole de fonction unaire f_3 et un symbole de fonction ternaire f_4. La forme de Skolem de F est la formule :

$$\forall v_2 \forall v_4 \forall v_5 ((Rf_1v_2 \wedge fv_5 \simeq f_3v_2) \Longrightarrow (Rff_4v_2v_4v_5v_2 \vee (Rf_2v_5 \wedge Rv_4f_3v_2))).$$

4.5 Etant donnée une formule F quelconque d'un langage L, on a vu qu'on peut trouver une formule prénexe polie F' équivalente à F. La forme de Skolem de F' sera aussi appelée une forme de Skolem de F (il n'y a pas alors unicité de la forme de Skolem pour une formule donnée).

Il est très important de ne pas perdre de vue le fait qu'une forme de Skolem d'une formule F d'un langage L n'est pas (en général) une formule de L, mais d'un langage plus riche. Cela permet d'éviter de commettre une erreur assez courante : celle qui consiste à croire qu'il y a équivalence entre une formule et sa forme de Skolem. Une telle affirmation n'a de sens que si on considère F comme une formule du langage enrichi $L_{Sk}(F)$, ce qui est naturellement possible, mais on voit tout de suite que, si on voulait l'étayer, on serait amené à examiner des $L_{Sk}(F)$-structures arbitraires, et l'équivalence envisagée n'aurait vraiment aucune raison d'avoir lieu. Un exemple sera d'ailleurs plus convaincant qu'un trop long discours : la forme de Skolem de la formule $F = \forall v_0 \exists v_1 R v_0 v_1$ est la formule $\forall v_0 R v_0 g v_0$ (on a ajouté le symbole de fonction de Skolem unaire g au symbole de relation binaire R qui constituait le langage initial L) ; la structure dont l'ensemble de base est $\mathbb{Z}$, où R est interprété par la relation d'ordre usuelle et g par l'application $n \longmapsto n-1$, satisfait manifestement la première formule et pas la deuxième.

Ce qui est néanmoins vrai, c'est que toute formule F, considérée comme formule du langage $L_{Sk}(F)$, est conséquence sémantique de sa forme de Skolem. De plus, à condition d'admettre l'axiome du choix (voir le chapitre 7), toute L-structure qui est un modèle d'une formule (close) F peut être enrichie en une $L_{Sk}(F)$-structure qui soit un modèle de la forme de Skolem de F. Cela a notamment pour conséquence que, pour qu'une formule close ait un modèle, il faut et il suffit que sa forme de Skolem en ait un (on dit parfois que F et F_{Sk} sont **équisatisfaisables**, faute d'être équivalentes). C'est cette dernière propriété qui sera principalement utilisée au chapitre suivant. Avant de prouver tout ce que nous venons d'affirmer, vérifions-le sur un exemple très simple où l'idée essentielle apparaît clairement.

Reprenons la formule $F = \forall v_0 \exists v_1 R v_0 v_1$ qui vient de nous servir d'exemple. On a donc $L = \{R\}$, $L_{Sk}(F) = \{R, g\}$ et $F_{Sk} = \forall v_0 R v_0 g v_0$. Soit $\mathfrak{M} = \langle M, \overline{R}, \overline{g} \rangle$ une $L_{Sk}(F)$-structure qui satisfait F_{Sk}. Cela signifie que, pour tout élément $a \in M$, on a $(a, \overline{g}(a)) \in \overline{R}$. Donc, évidemment, pour tout élément $a \in M$, on peut trouver un élément $b \in M$ (à savoir $\overline{g}(a)$) tel que $(a,b) \in \overline{R}$, ce qui veut dire que $\mathfrak{M}$ satisfait la formule F. Ainsi, $F_{Sk} \Longrightarrow F$ est une formule universellement valide de $L_{Sk}(F)$.

Considérons maintenant une L-structure $\mathfrak{N} = \langle N, \rho \rangle$ qui soit un modèle de la formule F. Cela veut dire que, pour tout élément $a \in N$, l'ensemble des éléments $b \in N$ tels que $(a,b) \in \rho$ est non vide. C'est ici qu'intervient l'axiome du choix : il nous garantit l'existence d'une application φ de l'ensemble des parties non vides de N dans N (appelée **fonction de choix sur** N) telle que, pour toute partie non vide $X \subseteq N$, l'image de X par φ soit un élément de X ($\varphi(X) \in X$). A l'aide d'une telle fonction de choix φ, nous allons enrichir $\mathfrak{N}$ en une $L_{Sk}(F)$-structure qui va satisfaire F_{Sk}. Il s'agit de donner une interprétation au symbole supplémentaire g. Nous prendrons pour cela l'application γ ainsi définie sur N : pour tout $a \in N$,

$$\gamma(a) = \varphi(\{ b \in N \,;\, (a,b) \in \rho \}).$$

Il est alors clair que la $L_{Sk}(F)$-structure $\langle N, \rho, \gamma \rangle$ est un modèle de F_{Sk}.

Venons-en aux propriétés annoncées, dans le cas général.

LEMME 1 : *Soient* $y_1, y_2, \ldots, y_n$, *des variables deux à deux distinctes, et* $F = F[y_1,y_2,\ldots,y_n]$ *une formule prénexe polie du langage* L. *Alors la formule* $F_{Sk} \Longrightarrow F$ *du langage* $L_{Sk}(F)$ *est universellement valide.*

☺ On montre, par récurrence sur le nombre d'occurrences du quantificateur existentiel dans le préfixe de F, que, pour toute $L_{Sk}(F)$-structure $\mathfrak{M} = \langle M , \ldots \rangle$, et pour tous éléments $b_1, b_2, \ldots, b_n$ de M, si la formule F_{Sk} est satisfaite dans $\mathfrak{M}$ par la suite $(b_1,b_2,\ldots,b_n)$, alors la formule F y est satisfaite par la même suite (n'oublions pas que les variables libres sont les mêmes dans F et dans F_{Sk}). Le résultat est évident lorsqu'il n'y a pas du tout de quantification existentielle dans F, car alors $F_{Sk} = F$. Supposons (hypothèse de récurrence) que le résultat soit vrai pour toutes les formules prénexes polies comportant au plus k quantifications existentielles, et supposons que F soit une formule qui en ait $k+1$. Donc $F = \forall x_1 \forall x_2 \ldots \forall x_m \exists x\, G[y_1,y_2,\ldots,y_n,x_1,x_2,\ldots,x_m,x]$, G étant elle-même une formule prénexe polie, avec au plus k quantifications existentielles. Il y a alors dans le langage $L_{Sk}(F)$ un symbole de fonction m-aire f_1 tel que la forme de Skolem de F soit la formule obtenue en substituant à la variable x le terme $f_1x_1x_2\ldots x_m$ dans la forme de Skolem de la formule :

$$F' = \forall x_1 \forall x_2 \ldots \forall x_m G[y_1,y_2,\ldots,y_n,x_1,x_2,\ldots,x_m,x].$$

On a donc :

$$F_{Sk} = F'_{Sk\, f_1x_1x_2\ldots x_m/x}.$$

(On remarque que $L_{Sk}(F') = L_{Sk}(F) - \{f_1\}$. On peut donc considérer F' comme une formule de $L_{Sk}(F)$, dont la satisfaction dans une $L_{Sk}(F)$-structure équivaut à la satisfaction dans son réduit au langage $L_{Sk}(F')$ (lemme 3.11)).

Mais, en se référant à la définition de la forme de Skolem, on voit immédiatement qu'il revient au même, partant de la formule F', de prendre d'abord sa forme de Skolem, puis d'y substituer $f_1x_1x_2\ldots x_m$ à x, ou d'inverser ces deux opérations, c'est-à-dire de faire d'abord la substitution dans F', puis de prendre la forme de Skolem de la formule obtenue : cela tient essentiellement au fait que les variables concernées par la substitution ne sont pas quantifiées existentiellement dans F'. On a donc aussi :

$$F_{Sk} = F'_{f_1x_1x_2\cdots x_m/x\; Sk}.$$

La formule $F'_{f_1x_1x_2\cdots x_m/x}$ est prénexe polie avec au plus k quantifications existentielles, on peut donc lui appliquer l'hypothèse de récurrence :

si $\langle \mathfrak{M} ; y_1 \to b_1, y_2 \to b_2, \ldots, y_n \to b_n \rangle \models F_{Sk}$, alors on aura aussi :

$$\langle \mathfrak{M} ; y_1 \to b_1, y_2 \to b_2, \ldots, y_n \to b_n \rangle \models F'_{f_1x_1x_2\cdots x_m/x},$$

ce qui veut dire que, quels que soient les éléments $a_1, a_2, \ldots, a_m$ de M,

$$\langle \mathfrak{M} ; y_1 \to b_1, y_2 \to b_2, \ldots, y_n \to b_n, x_1 \to a_1, x_2 \to a_2, \ldots, x_m \to a_m \rangle \models G_{f_1x_1x_2\cdots x_m/x}.$$

Cela équivaut encore (proposition 3.2) à :

$$<\mathfrak{M} ; y_1 \to b_1, y_2 \to b_2, \ldots, y_n \to b_n, x_1 \to a_1, x_2 \to a_2, \ldots, x_m \to a_m, x \to \overline{f_1}^{\mathfrak{M}}(a_1,a_2,\ldots,a_m)> \models G.$$

Ainsi, quels que soient a_1, a_2, ..., a_m, il existe un élément $b \in M$, à savoir $\overline{f_1}^{\mathfrak{M}}(a_1,a_2,\ldots,a_m)$, tel que :

$$<\mathfrak{M} ; y_1 \to b_1, y_2 \to b_2, \ldots, y_n \to b_n, x_1 \to a_1, x_2 \to a_2, \ldots, x_m \to a_m, x \to b> \models G,$$

ce qui montre que :

$$<\mathfrak{M} ; y_1 \to b_1, y_2 \to b_2, \ldots, y_n \to b_n, x_1 \to a_1, x_2 \to a_2, \ldots, x_m \to a_m> \models \exists x G,$$

et, finalement :

$$<\mathfrak{M} ; y_1 \to b_1, y_2 \to b_2, \ldots, y_n \to b_n> \models \forall x_1 \forall x_2 \ldots \forall x_m \exists x G,$$

ce qui est la propriété attendue.

☺

LEMME 2 (avec axiome du choix) : *Quels que soient le langage* L, *les variables deux à deux distinctes* y_1, y_2, ..., y_n, *la formule prénexe polie* $F = F[y_1,y_2,\ldots,y_n]$ *de* L, *la* L-*structure* $\mathfrak{N} = <N, \ldots>$, *et le* n-*uple* $(b_1,b_2,\ldots,b_n)$ *d'éléments de* N *qui satisfait la formule* F *dans* $\mathfrak{N}$, *il est possible d'enrichir la structure* $\mathfrak{N}$ *en une* $L_{Sk}(F)$-*structure dans laquelle le* n-*uple* $(b_1,b_2,\ldots,b_n)$ *satisfasse la formule* F_{Sk}, *forme de Skolem de* F.

☹ On commence par fixer une fonction de choix φ sur N. On fait encore une fois une récurrence sur le nombre de quantifications existentielles dans la formule F, et, encore une fois, on constate que le cas où ce nombre est 0 est trivial ($L_{Sk}(F) = L$, $F_{Sk} = F$ et $\mathfrak{N}$ est assez riche telle quelle). On suppose donc que le résultat est vrai pour toutes les formules prénexes polies (dans tout langage) ayant au plus k quantifications existentielles, et que F en a k + 1. Dans les mêmes conditions que dans la démonstration du lemme 1, on peut poser :

$$F = \forall x_1 \forall x_2 \ldots \forall x_m \exists x G[y_1,y_2,\ldots,y_n,x_1,x_2,\ldots,x_m,x] ;$$

$$F' = \forall x_1 \forall x_2 \ldots \forall x_m G[y_1,y_2,\ldots,y_n,x_1,x_2,\ldots,x_m,x] ;$$

et on aura, pour les mêmes raisons :

$$F_{Sk} = F'_{Sk\, f_1 x_1 x_2 \ldots x_m / x} = F'_{f_1 x_1 x_2 \ldots x_m / x\, Sk}.$$

Comme notre hypothèse est : $<\mathfrak{N} ; y_1 \to b_1, y_2 \to b_2, \ldots, y_n \to b_n> \models F$, il en résulte que, quels que soient les éléments a_1, a_2, ..., a_m de N, l'ensemble :

$$\{ b \in N ; <\mathfrak{N} ; y_1 \to b_1, y_2 \to b_2, \ldots, y_n \to b_n, x_1 \to a_1, x_2 \to a_2, \ldots, x_m \to a_m, x \to b> \models G \}$$

est non vide. Alors, en utilisant la fonction de choix φ, on peut définir une application γ de N^m dans N en posant, pour tous a_1, a_2, ..., a_m de N :

$$\gamma(a_1,a_2,\ldots,a_m) = \varphi(\{ b \in N ; \mathfrak{N} \models G[b_1,\ldots,b_n,a_1,\ldots,a_m,b] \}).$$

On peut dès lors affirmer que, quels que soient $a_1, a_2, \ldots, a_m$:

$$(\bullet) \quad < \mathfrak{M} \,;\, y_1 \to b_1, y_2 \to b_2, \ldots, y_n \to b_n, x_1 \to a_1, x_2 \to a_2, \ldots, x_m \to a_m, x \to \gamma(a_1, a_2, \ldots, a_m) > \ \models \ G.$$

Appelons L_1 le langage obtenu en ajoutant à L le symbole de fonction m-aire f_1 du langage $L_{Sk}(F)$ (celui qui correspond à la première occurrence de $\exists$ dans F). On peut enrichir $\mathfrak{M}$ en une L_1-structure $\mathfrak{M}_1$ en interprétant le symbole f_1 par l'application γ. La condition $(\bullet)$ devient alors (on applique le lemme 3.11) :

$$< \mathfrak{M}_1 \,;\, y_1 \to b_1, y_2 \to b_2, \ldots, y_n \to b_n, x_1 \to a_1, x_2 \to a_2, \ldots, x_m \to a_m, x \to f_1^{\mathfrak{M}_1}(a_1, a_2, \ldots, a_m) > \ \models \ G.$$

Cela équivaut aussi (proposition 3.2) à :

$$< \mathfrak{M}_1 \,;\, y_1 \to b_1, y_2 \to b_2, \ldots, y_n \to b_n, x_1 \to a_1, x_2 \to a_2, \ldots, x_m \to a_m > \ \models \ G_{f_1 x_1 x_2 \cdots x_m / x}.$$

On a par conséquent :

$$< \mathfrak{M}_1 \,;\, y_1 \to b_1, y_2 \to b_2, \ldots, y_n \to b_n > \ \models \ \forall x_1 \forall x_2 \ldots \forall x_m \left[G_{f_1 x_1 x_2 \cdots x_m / x} \right].$$

Comme x est distincte des x_i, cette dernière formule n'est autre que :

$$[\forall x_1 \forall x_2 \ldots \forall x_m G]_{f_1 x_1 x_2 \cdots x_m / x} = F'_{f_1 x_1 x_2 \cdots x_m / x},$$

qui est une formule prénexe polie F_1 du langage L_1, avec au plus k quantifications existentielles. Par hypothèse de récurrence, on peut enrichir la structure $\mathfrak{M}_1$ en une $L_{1_{Sk}}(F_1)$-structure $\mathfrak{M}^*$ telle que :

$$< \mathfrak{M}^* \,,\, y_1 \to b_1, y_2 \to b_2, \ldots, y_n \to b_n > \ \models \ F'_{f_1 x_1 x_2 \cdots x_m / x_{Sk}}.$$

On reconnaît-là la formule F (on aura remarqué au passage que le langage $L_{1_{Sk}}(F_1)$ est exactement le langage $L_{Sk}(F)$).

☺

COROLLAIRE : *Pour qu'une formule close admette un modèle, il faut et il suffit qu'une quelconque de ses formes de Skolem admette un modèle.*

☹ C'est une conséquence immédiate des deux lemmes précédents et du théorème de la forme prénexe (4.2).

☺

Les exercices du chapitre 4 fourniront d'autres occasions de s'exercer à l'art de la mise sous forme prénexe et sous forme de Skolem.

5. PREMIERS PAS EN THEORIE DES MODELES

Satisfaction dans une sous-structure

5.1 Nous allons commencer à nous intéresser à ce qu'il advient de la satisfaction des formules lorsqu'on passe d'une structure à une autre. S'il ne faut pas s'attendre à avoir beaucoup de renseignements dans le cas de deux structures quelconques, on dispose de quelques résultats élémentaires dans des cas particuliers. Nous en avons d'ailleurs déjà rencontré un : celui où on compare la satisfaction d'une formule dans une structure à sa satisfaction dans un enrichissement de cette structure à un langage plus vaste (lemme 3.11). Nous examinerons maintenant, successivement, ce qui peut être dit lorsqu'on étudie la satisfaction d'une formule dans deux structures dont l'une est une extension de l'autre, puis dans deux structures isomorphes.

Sachant qu'une formule est satisfaite dans une certaine structure, peut-on en déduire (quand cela a un sens) qu'elle est satisfaite dans une sous-structure ou dans une extension ? La réponse est en général non, mais on a tout de même des renseignements utiles si la formule considérée est suffisamment simple (théorèmes 1 et 2 ci-dessous). Nous avons besoin pour commencer d'un lemme :

LEMME : *Soient* L *un langage,* $\mathfrak{M} = \langle M, \dots \rangle$ *une* L*-structure,* $\mathfrak{N} = \langle N, \dots \rangle$ *une extension de* $\mathfrak{M}$*,* $t = t[v_0, v_1, \dots, v_{m-1}]$ *un terme de* L*, et* $a_0, a_1, \dots, a_{m-1}$ *des éléments de l'ensemble* M*. Alors :*

$$\bar{t}^{\mathfrak{M}}[a_0, a_1, \dots, a_{m-1}] = \bar{t}^{\mathfrak{N}}[a_0, a_1, \dots, a_{m-1}].$$

☺ Cela se démontre par induction sur t :

- si t est la variable v_j $(0 \leqslant j \leqslant m-1)$, alors $\bar{t}^{\mathfrak{M}}[a_0, a_1, \dots, a_{m-1}] = \bar{t}^{\mathfrak{N}}[a_0, a_1, \dots, a_{m-1}] = a_j$;

- si t est un symbole de constante c, alors $\bar{t}^{\mathfrak{M}}[a_0, a_1, \dots, a_{m-1}] = \bar{c}^{\mathfrak{M}} = \bar{c}^{\mathfrak{N}} = \bar{t}^{\mathfrak{N}}[a_0, a_1, \dots, a_{m-1}]$ (puisque $\mathfrak{N}$ est une extension de $\mathfrak{M}$) ;

- si $t = ft_1t_2 \dots t_p$, f étant un symbole de fonction p-aire et $t_1, t_2, \dots, t_p$ des termes vérifiant : $\bar{t_i}^{\mathfrak{M}}[a_0, a_1, \dots, a_{m-1}] = \bar{t_i}^{\mathfrak{N}}[a_0, a_1, \dots, a_{m-1}]$ pour $1 \leqslant i \leqslant p$ (hypothèse d'induction), alors :

$$\bar{t}^{\mathfrak{M}}[a_0,a_1,\ldots,a_{m-1}] = f^{\mathfrak{M}}(\bar{t_1}^{\mathfrak{M}}[a_0,a_1,\ldots,a_{m-1}],\bar{t_2}^{\mathfrak{M}}[a_0,a_1,\ldots,a_{m-1}],\ldots,\bar{t_p}^{\mathfrak{M}}[a_0,a_1,\ldots,a_{m-1}])$$

$$= f^{\mathfrak{N}}(\bar{t_1}^{\mathfrak{M}}[a_0,a_1,\ldots,a_{m-1}],\bar{t_2}^{\mathfrak{M}}[a_0,a_1,\ldots,a_{m-1}],\ldots,\bar{t_p}^{\mathfrak{M}}[a_0,a_1,\ldots,a_{m-1}])$$

(car $f^{\mathfrak{M}}$ est la restriction à M^k de $f^{\mathfrak{N}}$)

$$= f^{\mathfrak{N}}(\bar{t_1}^{\mathfrak{N}}[a_0,a_1,\ldots,a_{m-1}],\bar{t_2}^{\mathfrak{N}}[a_0,a_1,\ldots,a_{m-1}],\ldots,\bar{t_p}^{\mathfrak{N}}[a_0,a_1,\ldots,a_{m-1}])$$

(par hypothèse d'induction)

$$= \bar{t}^{\mathfrak{N}}[a_0,a_1,\ldots,a_{m-1}].$$

☺

THEOREME 1 : *Soient* L *un langage,* $\mathfrak{M} = \langle M , \ldots \rangle$ *une* L*-structure,* $\mathfrak{N} = \langle N , \ldots \rangle$ *une extension de* $\mathfrak{M}$, $F = F[v_0,v_1,\ldots,v_{m-1}]$ *une formule sans quantificateur de* L, *et* a_0, a_1, ..., a_{m-1} *des éléments de l'ensemble* M. *Alors* F *est satisfaite dans* $\mathfrak{M}$ *par la suite* $(a_0,a_1,\ldots,a_{m-1})$ *si et seulement si* F *est satisfaite dans* $\mathfrak{N}$ *par cette même suite.*

☹ On fait une démonstration par induction sur F.

• Si F est atomique, il y a un symbole R de relation k-aire ($k \geqslant 1$) et des termes t_1, t_2, ..., t_k dont les variables sont parmi v_0, v_1, ..., v_{m-1}, tels que $F = Rt_1t_2\ldots t_k$. Alors, $\langle \mathfrak{M} ; v_0 \to a_0, v_1 \to a_1, \ldots, v_{m-1} \to a_{m-1} \rangle \models F$ si et seulement si :

(*) $$(\bar{t_1}^{\mathfrak{M}}[a_0,a_1,\ldots,a_{m-1}],\bar{t_2}^{\mathfrak{M}}[a_0,a_1,\ldots,a_{m-1}],\ldots,\bar{t_k}^{\mathfrak{M}}[a_0,a_1,\ldots,a_{m-1}]) \in \bar{R}^{\mathfrak{M}}.$$

Or, d'après le lemme, on a $\bar{t_i}^{\mathfrak{M}}[a_0,a_1,\ldots,a_{m-1}] = \bar{t_i}^{\mathfrak{N}}[a_0,a_1,\ldots,a_{m-1}]$ pour $1 \leqslant i \leqslant k$, et, comme $\bar{R}^{\mathfrak{M}} = \bar{R}^{\mathfrak{N}} \cap M^k$, (*) équivaut à :

(**) $$(\bar{t_1}^{\mathfrak{N}}[a_0,a_1,\ldots,a_{m-1}],\bar{t_2}^{\mathfrak{N}}[a_0,a_1,\ldots,a_{m-1}],\ldots,\bar{t_k}^{\mathfrak{N}}[a_0,a_1,\ldots,a_{m-1}]) \in \bar{R}^{\mathfrak{N}},$$

ce qui signifie exactement : $\langle \mathfrak{N} ; v_0 \to a_0, v_1 \to a_1, \ldots, v_{m-1} \to a_{m-1} \rangle \models F$.

• Les étapes de l'induction relatives aux connecteurs $\neg$, $\wedge$, $\vee$, $\Longrightarrow$ et $\Longleftrightarrow$ sont évidentes. Il n'y en a pas d'autre à examiner puisque F est sans quantificateur.

☺

THEOREME 2 : *Soient* L *un langage,* $\mathfrak{M} = \langle M , \ldots \rangle$ *une* L*-structure,* $\mathfrak{N} = \langle N , \ldots \rangle$ *une extension de* $\mathfrak{M}$, $F = F[v_0,v_1,\ldots,v_{m-1}]$ *une formule universelle de* L, $G = G[v_0,v_1,\ldots,v_{m-1}]$ *une formule existentielle de* L *et* a_0, a_1, ..., a_{m-1} *des éléments de l'ensemble* M. *Dans ces conditions :*

• *si* F *est satisfaite dans* $\mathfrak{N}$ *par la suite* $(a_0,a_1,\ldots,a_{m-1})$, *alors* F *est satisfaite dans* $\mathfrak{M}$ *par cette même suite ;*

• *si* G *est satisfaite dans* $\mathfrak{M}$ *par la suite* $(a_0,a_1,\dots,a_{m-1})$, *alors* G *est satisfaite dans* $\mathfrak{N}$ *par cette même suite.*

☹ La deuxième assertion se déduit immédiatement de la première : si G est existentielle, ¬G est équivalente à une formule universelle F' (propriété *(1)* du théorème 3.9). Si G est satisfaite dans $\mathfrak{M}$ par $(a_0,a_1,\dots,a_{m-1})$, F' ne l'est pas, donc (contraposée de la première assertion) F' n'est pas satisfaite dans $\mathfrak{N}$ par $(a_0,a_1,\dots,a_{m-1})$, ce qui prouve que G l'est.

On montre la première assertion par récurrence sur le nombre de quantificateurs universels constituant le préfixe de F. Si ce nombre est 0, le résultat est donné par le théorème 1. Sinon, $F = \forall v_k H$ (H étant universelle avec un quantificateur universel de moins que F, et vérifiant l'assertion par hypothèse de récurrence). Quitte à remplacer k par $h = \sup(k,m)$ et H par H_{v_h/v_k} (ce qui donne une formule équivalente à F), on peut supposer $k \geqslant m$ (et même, si l'on veut, $k = m$). On a alors $H = H[v_0,v_1,\dots,v_{m-1},v_k]$, et $<\mathfrak{N} ; v_0 \to a_0, v_1 \to a_1, \dots, v_{m-1} \to a_{m-1}> \models F$ signifie que, pour tout élément a de N, $<\mathfrak{N} ; v_0 \to a_0, v_1 \to a_1, \dots, v_{m-1} \to a_{m-1}, v_k \to a> \models H$; cela doit être vrai en particulier pour tout élément a de M. Grâce à l'hypothèse de récurrence, on peut alors en déduire que $<\mathfrak{M} ; v_0 \to a_0, v_1 \to a_1, \dots, v_{m-1} \to a_{m-1}> \models \forall v_k H$.

☺

On résume le contenu du théorème 2 en disant que les formules universelles sont préservées par sous-structure tandis que les formules existentielles sont préservées par extension. Des propriétés de préservation plus raffinées seront exposées au chapitre 8 (on aura aussi une réciproque pour le théorème 2 : toute formule préservée par sous-structure (respectivement : par extension) est équivalente à une formule universelle (respectivement : existentielle)).

5.2 Il y a une propriété de préservation qu'il est raisonnable d'attendre pour n'importe quelle formule : la préservation par isomorphisme. C'est ce que va garantir le prochain théorème.

LEMME : *Soient* L *un langage,* $\mathfrak{M} = <M, \dots>$ *et* $\mathfrak{N} = <N, \dots>$ *deux* L-*structures et* $h : M \longmapsto N$ *un homomorphisme de* $\mathfrak{M}$ *dans* $\mathfrak{N}$*. Alors, pour tout terme* $t = t[v_0,v_1,\dots,v_{m-1}]$ *de* L*, et tous éléments* a_0, a_1, …, a_{m-1} *de l'ensemble* M*, on a :*

$$h(\bar{t}^{\mathfrak{M}}[a_0,a_1,\dots,a_{m-1}]) = \bar{t}^{\mathfrak{N}}[h(a_0),h(a_1),\dots,h(a_{m-1})].$$

☹ La preuve se fait par induction sur t : si t est la variable v_j ($0 \leqslant j \leqslant m-1$), alors chacun des membres de l'égalité à montrer est égal à $h(a_j)$; si t est un symbole de constante c, alors le premier membre est $h(\overline{c}^{\mathfrak{M}})$ et le second est $\overline{c}^{\mathfrak{N}}$; ils coïncident puisque h est un homomorphisme ;

si $t = ft_1t_2...t_p$, f étant un symbole de fonction p-aire et t_1, t_2, ..., t_p des termes vérifiant (hypothèse d'induction) : $h(\overline{t_i}^{\mathfrak{M}}[a_0,a_1,...,a_{m-1}]) = \overline{t_i}^{\mathfrak{N}}[h(a_0),h(a_1),...,h(a_{m-1})]$ pour $1 \leqslant i \leqslant p$, alors :

$$h(\overline{t}^{\mathfrak{M}}[a_0,a_1,...,a_{m-1}]) = h(\overline{f}^{\mathfrak{M}}(\overline{t_1}^{\mathfrak{M}}[a_0,a_1,...,a_{m-1}],...,\overline{t_p}^{\mathfrak{M}}[a_0,a_1,...,a_{m-1}]))$$

$$= \overline{f}^{\mathfrak{N}}(h(\overline{t_1}^{\mathfrak{M}}[a_0,a_1,...,a_{m-1}]),...,h(\overline{t_p}^{\mathfrak{M}}[a_0,a_1,...,a_{m-1}]))$$

(parce que h est un homomorphisme)

$$= \overline{f}^{\mathfrak{N}}(\overline{t_1}^{\mathfrak{N}}[h(a_0),h(a_1),...,h(a_{m-1})],...,\overline{t_p}^{\mathfrak{N}}[h(a_0),h(a_1),...,h(a_{m-1})])$$

(par hypothèse d'induction)

$$= \overline{t}^{\mathfrak{N}}[h(a_0),h(a_1),...,h(a_{m-1})].$$

☺

THEOREME : *Soient* L *un langage,* $\mathfrak{M} = \langle M, ... \rangle$ *et* $\mathfrak{N} = \langle N, ... \rangle$ *deux* L*-structures,* $h : M \longmapsto N$ *un isomorphisme de* $\mathfrak{M}$ *sur* $\mathfrak{N}$, $F = F[v_0,v_1,...,v_{m-1}]$ *une formule quelconque de* L, *et* a_0, a_1, ..., a_{m-1} *des éléments de l'ensemble* M. *Alors* F *est satisfaite dans* $\mathfrak{M}$ *par la suite* $(a_0,a_1,...,a_{m-1})$ *si et seulement si* F *est satisfaite dans* $\mathfrak{N}$ *par la suite* $(h(a_0),h(a_1),...,h(a_{m-1}))$.

☹ On fait une démonstration par induction sur F.

• Si F est atomique, il y a un symbole R de relation k-aire ($k \geqslant 1$) et des termes t_1, t_2, ..., t_k dont les variables sont parmi v_0, v_1, ..., v_{m-1}, tels que $F = Rt_1t_2...t_k$. Alors, $\langle \mathfrak{M} ; v_0 \to a_0, v_1 \to a_1, ..., v_{m-1} \to a_{m-1} \rangle \models F$ si et seulement si :

$$(*) \qquad (\overline{t_1}^{\mathfrak{M}}[a_0,a_1,...,a_{m-1}],\overline{t_2}^{\mathfrak{M}}[a_0,a_1,...,a_{m-1}],...,\overline{t_k}^{\mathfrak{M}}[a_0,a_1,...,a_{m-1}]) \in \overline{R}^{\mathfrak{M}}.$$

Comme h est un isomorphisme, $(*)$ équivaut à :

$$(**) \qquad (h(\overline{t_1}^{\mathfrak{M}}[a_0,a_1,...,a_{m-1}]),h(\overline{t_2}^{\mathfrak{M}}[a_0,a_1,...,a_{m-1}]),...,h(\overline{t_k}^{\mathfrak{M}}[a_0,a_1,...,a_{m-1}])) \in \overline{R}^{\mathfrak{N}},$$

ou encore, d'après le lemme, à :

$$(\overline{t_1}^{\mathfrak{N}}[h(a_0),h(a_1),...,h(a_{m-1})],\overline{t_2}^{\mathfrak{N}}[h(a_0),h(a_1),...,h(a_{m-1})],...,\overline{t_k}^{\mathfrak{N}}[h(a_0),h(a_1),...,h(a_{m-1})]) \in \overline{R}^{\mathfrak{N}},$$

ce qui signifie exactement : $\langle \mathfrak{N} ; v_0 \to h(a_0), v_1 \to h(a_1), ..., v_{m-1} \to h(a_{m-1}) \rangle \models F$.

• Les étapes ultérieures de l'induction ne posent aucun problème (en vertu de la remarque 3.10, on peut d'ailleurs se contenter d'étudier les cas de $\neg$, $\vee$ et $\exists$). Traitons par exemple le cas de la quantification existentielle : on suppose donc $F = \exists v_k G$ et, comme dans le théorème 2 de 5.1, on peut supposer $k \geqslant m$ et $G = G[v_0,v_1,\ldots,v_{m-1},v_k]$; $<\mathfrak{M} ; v_0 \to a_0, v_1 \to a_1, \ldots, v_{m-1} \to a_{m-1}> \models F$ signifie alors qu'on peut trouver un élément $a \in M$ tel que $<\mathfrak{M} ; v_0 \to a_0, v_1 \to a_1, \ldots, v_{m-1} \to a_{m-1}, v_k \to a> \models G$; par hypothèse d'induction, cela équivaut à :

$$<\mathfrak{N} ; v_0 \to h(a_0), v_1 \to h(a_1), \ldots, v_{m-1} \to h(a_{m-1}), v_k \to h(a)> \models G,$$

ce qui prouve que :

$$<\mathfrak{N} ; v_0 \to h(a_0), v_1 \to h(a_1), \ldots, v_{m-1} \to h(a_{m-1})> \models F ;$$

réciproquement, si cette condition est réalisée, on trouve un élément $b \in N$ tel que $<\mathfrak{N} ; v_0 \to h(a_0), v_1 \to h(a_1), \ldots, v_{m-1} \to h(a_{m-1}), v_k \to b> \models G$, et, puisque h est bijective, un élément $a \in M$ tel que $b = h(a)$; on conclut alors comme précédemment grâce à l'hypothèse d'induction.

☺

Equivalence élémentaire

5.3 Une conséquence immédiate de ce théorème est que deux L-structures isomorphes satisfont exactement les mêmes formules closes du langage L. Ceci nous amène à une notion tout à fait fondamentale en théorie des modèles, celle d'**équivalence élémentaire**.

DEFINITION : *Une* L*-structure* $\mathfrak{M}$ *est* ***élémentairement équivalente*** *à une* L*-structure* $\mathfrak{N}$ *(ce que l'on note :* $\mathfrak{M} \equiv \mathfrak{N}$*) si et seulement si toute formule close de* L *satisfaite dans* $\mathfrak{M}$ *est également satisfaite dans* $\mathfrak{N}$.

On en déduit tout de suite que $\mathfrak{M} \equiv \mathfrak{N}$ si et seulement si $\mathfrak{M}$ et $\mathfrak{N}$ satisfont les mêmes formules closes de L : en effet, si une formule close F n'est pas satisfaite dans $\mathfrak{M}$, alors $\mathfrak{M} \models \neg F$, donc $\mathfrak{N} \models \neg F$ et F ne peut être satisfaite dans $\mathfrak{N}$. On voit ainsi que l'équivalence élémentaire $\equiv$ est une relation d'équivalence sur la classe des L-structures. On dira donc indifféremment « $\mathfrak{M}$ est élémentairement équivalente à $\mathfrak{N}$ » ou « $\mathfrak{M}$ et $\mathfrak{N}$ sont élémentairement équivalentes ».

La notation $\mathfrak{M} \not\equiv \mathfrak{N}$ signifie : $\mathfrak{M}$ et $\mathfrak{N}$ ne sont pas élémentairement équivalentes.

Le théorème 5.2 a donc pour conséquence :

PROPOSITION : *Si deux* L*-structures sont isomorphes, alors elles sont élémentairement équivalentes.*

Nous aurons d'innombrables occasions de constater que la réciproque est loin d'être vraie. L'existence de modèles élémentairement équivalents non isomorphes met en évidence les limites du pouvoir d'expression d'un langage du premier ordre : dans la pratique mathématique, lorsque deux structures ne sont pas isomorphes, on décèle en général une propriété satisfaite par l'une et pas par l'autre ; si ces structures sont élémentairement équivalentes, une telle propriété ne pourra pas être traduite sous la forme d'une formule du premier ordre du langage, ni même d'un ensemble de formules. Prenons un exemple en anticipant un peu : il s'avérera que les structures $<\mathbb{R}, \leqslant>$ et $<\mathbb{Q}, \leqslant>$ sont élémentairement équivalentes (le langage est naturellement constitué d'un symbole de relation binaire) ; elles ne sauraient être isomorphes puisque la deuxième est dénombrable mais pas la première ; cela a pour conséquence qu'aucune des propriétés qui les distinguent ne s'exprime par une théorie du langage ; c'est le cas en particulier pour la fameuse propriété de la borne supérieure (toute partie non vide majorée admet une borne supérieure) qui est vraie dans $\mathbb{R}$ mais pas dans $\mathbb{Q}$.

5.4 Les remarques que nous venons de faire nous amènent à la définition suivante :

DEFINITION : *Soient* L *un langage du premier ordre et* $\mathscr{X}(\mathfrak{M})$ *une propriété que chaque* L*-structure* $\mathfrak{M}$ *est susceptible de vérifier ou non.*

La propriété $\mathscr{X}(\mathfrak{M})$ *est dite* **axiomatisable** *(respectivement :* **finiment axiomatisable***) s'il existe une théorie* T *de* L *(respectivement : une formule close* F *de* L*) telle que, pour toute* L*-structure* $\mathfrak{M}$, $\mathscr{X}(\mathfrak{M})$ *est vérifiée si et seulement si* $\mathfrak{M}$ *est un modèle de* T *(respectivement : de* F*). Lorsque cela se produit, on dit qu'une telle théorie* T *(respectivement : formule close* F*)* **axiomatise** *la propriété* $\mathscr{X}(\mathfrak{M})$.

On dit que $\mathscr{X}(\mathfrak{M})$ *est* **pseudo-axiomatisable** *s'il existe un langage* L* *plus riche que* L *et une théorie* T *de* L* *tels que, pour toute* L*-structure* $\mathfrak{M}$, *la propriété* $\mathscr{X}(\mathfrak{M})$ *est vérifiée si et seulement si* $\mathfrak{M}$ *est le réduit au langage* L *d'une* L**-structure qui est un modèle de* T.

Evidemment, toute propriété axiomatisable est pseudo-axiomatisable.

Au lieu de « propriété axiomatisable », on dit parfois : « propriété **du premier ordre** ».

Ce que nous avons indiqué plus haut peut donc se traduire ainsi : la propriété (pour un ensemble muni d'une relation binaire) d'être un ensemble totalement ordonné dont toute partie non vide majorée admet un plus petit majorant n'est pas axiomatisable (elle n'est d'ailleurs même pas pseudo-axiomatisable).

LEMME 1 : *Si une propriété est finiment axiomatisable, sa négation l'est aussi.*

☺ C'est immédiat d'après la définition : si une propriété est axiomatisée par la formule close F, sa négation est axiomatisée par la formule $\neg F$.

☺

LEMME 2 : *Si une propriété n'est pas axiomatisable, sa négation n'est pas finiment axiomatisable.*

☺ Il suffit de contraposer l'énoncé du lemme 1.

☺

Pour montrer qu'une propriété est axiomatisable, il suffit évidemment de trouver un ensemble de formules closes dont les modèles sont exactement les structures ayant la propriété en question. On devine qu'il peut être plus délicat de montrer qu'une propriété n'est pas axiomatisable. Le fait de ne pas avoir trouvé de théorie qui convienne ne prouve évidemment pas qu'il n'en existe pas. On a indiqué une possible voie avec l'exemple de $\mathbb{R}$ et $\mathbb{Q}$: trouver deux structures élémentairement équivalentes dont l'une possède la propriété considérée et l'autre non. De nombreux exercices aborderont ce genre de question. Nous traiterons des exemples simples un peu plus loin.

5.5 Auparavant, procurons-nous un outil très efficace pour résoudre ces problèmes de non axiomatisabilité, mais aussi de très nombreux autres problèmes de théorie des modèles. Il s'agit du **théorème de compacité du calcul des prédicats**, que l'on peut considérer comme un des quelques « grands » théorèmes de la logique mathématique. Nous n'en verrons la démonstration qu'au chapitre 4, mais il serait dommage que nous ne nous donnions pas dès maintenant la possibilité de l'utiliser (ce que nous ferons librement dans beaucoup d'exercices), d'autant plus que son énoncé est très simple, surtout pour qui a déjà abordé le théorème analogue du calcul propositionnel.

THEOREME (avec axiome du choix) : *Pour qu'une théorie dans un langage du premier ordre soit consistante, il faut et il suffit qu'elle soit finiment consistante.*

Comme celui du calcul propositionnel, ce théorème de compacité admet plusieurs versions équivalentes :

Pour qu'une théorie du premier ordre soit contradictoire, il faut et il suffit qu'elle admette au moins un sous-ensemble fini qui soit contradictoire.

Ou encore :

Pour qu'une formule close F *d'un langage du premier ordre* L *soit conséquence sémantique d'une théorie* T *de* L, *il faut et il suffit qu'il existe une partie finie* T_0 *de* T *telle que* F *soit conséquence sémantique de* T_0.

L'équivalence entre ces trois versions se déduit immédiatement du théorème 3.6. D'autre part, les parties « il faut » de la première version et « il suffit » des deux autres sont des évidences.

5.6 Nous allons maintenant examiner la question de l'axiomatisabilité de quelques propriétés usuelles, relatives à des structures pour le langage le plus simple qui soit : le langage réduit au seul symbole d'égalité. De telles structures ne sont évidemment rien d'autre que des ensembles non vides.

Pour chaque entier $n \geqslant 1$, la propriété « être un ensemble à au moins n éléments » est finiment axiomatisable, grâce à la formule :

$$F_n = \exists v_1 \exists v_2 \ldots \exists v_n \bigwedge_{1 \leqslant i < j \leqslant n} \neg v_i \simeq v_j.$$

La propriété « être un ensemble à au plus n éléments » est, elle, axiomatisée par la formule $\neg F_{n+1}$. Quant à la propriété « être un ensemble à exactement n éléments », c'est bien sûr la formule $F_n \wedge \neg F_{n+1}$ qui l'axiomatise.

La propriété « être un ensemble infini » est axiomatisée par la théorie suivante :

$$\{ F_n \; ; \; n \in \mathbb{N}^* \}.$$

Deux questions se posent maintenant naturellement : « être un ensemble infini » est-elle une propriété finiment axiomatisable ? « Etre un ensemble fini » est-elle une propriété axiomatisable ? La réponse est non dans les deux cas.

THEOREME 1 : *La propriété « être un ensemble fini » n'est pas pseudo-axiomatisable.*

☹ On raisonne par l'absurde. Soit T une théorie dans un langage L, possédant les propriétés exigées dans la définition 5.4. Alors $T \cup \{F_n \,;\, n \in \mathbb{N}^*\}$ est un ensemble de formules closes de L qui est contradictoire (pour en être un modèle, il faudrait être à la fois une structure finie et une structure infinie !). D'après le théorème de compacité, on peut alors trouver un sous-ensemble fini $T' \subseteq T \cup \{F_n \,;\, n \in \mathbb{N}^*\}$ qui soit contradictoire. Il existe certainement un entier p tel que $T' \subseteq T_p = T \cup \{F_n \,;\, 1 \leqslant n \leqslant p\}$. La théorie T_p est donc elle-même contradictoire. Or on voit tout de suite que c'est faux, car l'ensemble fini $\{1,2,...,p\}$ est, d'après notre hypothèse, l'ensemble de base d'au moins une L-structure $\mathfrak{M}$ qui est un modèle de T, et $\mathfrak{M}$ satisfait évidemment F_1, F_2, ..., F_p, donc est un modèle de T_p.
☺

Le lemme 2 de 5.4 nous donne aussitôt :

THEOREME 2 : *La propriété : « être un ensemble infini » n'est pas finiment axiomatisable.*

Cependant, les ensembles infinis sont exactement ceux qui peuvent être munis d'un ordre total dense. On pourrait donc dire que « être un ensemble infini » est une propriété « pseudo finiment axiomatisable ».

5.7 Voici encore une notion absolument fondamentale :

DEFINITION : *Une théorie T dans un langage L est* **complète** *si et seulement si :*

1°) T est consistante ;

2°) tous les modèles de T sont élémentairement équivalents.

LEMME : *Pour qu'une théorie T dans un langage L soit complète, il faut et il suffit que :*

1°) T soit consistante ;

2°) pour toute formule close F de L, on ait $T \vdash^* F$ ou $T \vdash^* \neg F$.

☹ Si la deuxième condition n'est pas vérifiée, on trouve une formule close F de L telle que T $\nvdash^*$ F et T $\nvdash^*$ ¬F, ce qui signifie qu'il y a deux modèles $\mathfrak{M}$ et $\mathfrak{N}$ de T tels que $\mathfrak{M} \nvDash$ F et $\mathfrak{N} \nvDash$ ¬F, autrement dit $\mathfrak{M} \nvDash$ F et $\mathfrak{N} \vDash$ F ; on voit donc que $\mathfrak{M} \not\equiv \mathfrak{N}$, ce qui contredit la condition 2°) de la définition : T n'est donc pas complète. Réciproquement, si T n'est pas complète tout en étant consistante, on trouve deux modèles $\mathfrak{A}$ et $\mathfrak{B}$ de T tels que $\mathfrak{A} \not\equiv \mathfrak{B}$, ce qui prouve qu'il y a une formule close F satisfaite dans $\mathfrak{A}$ et pas dans $\mathfrak{B}$; on ne peut donc avoir ni T $\vdash^*$ F, ni T $\vdash^*$ ¬F.
☺

EXEMPLES : Dans le langage réduit au seul symbole d'égalité, la théorie constituée de l'unique formule $\forall v_0 \forall v_1 v_0 \simeq v_1$ est complète. En effet, les modèles de cette théorie sont les ensembles à un élément ; ils sont tous isomorphes, donc tous élémentairement équivalents. Dans ce même langage, la théorie vide n'est pas complète : en effet, toute L-structure est un modèle de cette théorie, et il n'est pas difficile de trouver deux L-structures non élémentairement équivalentes : ainsi, un ensemble à un élément satisfait la formule $\forall v_0 \forall v_1 v_0 \simeq v_1$, mais un ensemble à au moins deux éléments ne la satisfait pas.

REMARQUE : Le fait qu'une théorie soit complète ou non dépend de façon essentielle du langage choisi : si on considère $\forall v_0 \forall v_1 v_0 \simeq v_1$ comme une formule du langage comportant, en plus du symbole $\simeq$, un symbole de relation unaire P, on voit immédiatement qu'elle ne constitue plus une théorie complète, car certains de ses modèles satisfont la formule $\exists v_0 P v_0$, et d'autres non.

5.8 En vue d'exemples un peu plus intéressants, donnons encore une définition :

DEFINITION : *Etant donnée une* L*-structure* $\mathfrak{M}$, *on appelle* ***théorie de*** $\mathfrak{M}$ *et on note* Th($\mathfrak{M}$) *l'ensemble des formules closes de* L *satisfaites dans* $\mathfrak{M}$ *:*

$$\mathrm{Th}(\mathfrak{M}) = \{ F \in \mathcal{F}(L) \ ; \ F \text{ est close et } \mathfrak{M} \vDash F \}.$$

THEOREME : *Pour toute* L*-structure* $\mathfrak{M}$, Th($\mathfrak{M}$) *est une théorie complète de* L.

☹ D'une part, $Th(\mathfrak{M})$ est consistante puisque $\mathfrak{M}$ en est à l'évidence un modèle. D'autre part, pour toute formule close F de L, on a :

- ou bien $\mathfrak{M} \models F$, et alors $F \in Th(\mathfrak{M})$, donc $Th(\mathfrak{M}) \vdash^* F$;
- ou bien $\mathfrak{M} \not\models F$, et alors $\mathfrak{M} \models \neg F$, donc $\neg F \in Th(\mathfrak{M})$ et $Th(\mathfrak{M}) \vdash^* \neg F$.

On conclut avec le lemme 5.7.

☺

On trouvera dans les exercices de nombreux exemples de théories complètes ou non complètes.

Langage associé à une structure, formules à paramètres

5.9 Considérons un langage L et une L-structure $\mathfrak{M} = \langle M , ... \rangle$. Nous allons enrichir le langage L en un langage noté L_M et appelé **langage associé à la L-structure** $\mathfrak{M}$, de la manière suivante : à chaque élément $a \in M$, on fait correspondre un nouveau symbole de constante qu'on note $\underline{a}$; on suppose que ces nouveaux symboles sont vraiment nouveaux (c'est-à-dire qu'ils sont distincts de tous les symboles de L), et qu'ils sont deux à deux distincts (si $a \neq b$, alors $\underline{a} \neq \underline{b}$). On pose alors :

$$L_M = L \cup \{\underline{a} \; ; \; a \in M\}.$$

Il n'est pas bien difficile d'enrichir alors $\mathfrak{M}$ pour en faire une L_M-structure. Il s'agit de décider d'une interprétation pour chacun des nouveaux symboles. Nous ne surprendrons personne en décidant d'interpréter le symbole $\underline{a}$ par l'élément a. Si on appelle $\mathfrak{M}^*$ la structure enrichie, on a donc, pour chaque $a \in M$:

$$\overline{\underline{a}}^{\mathfrak{M}^*} = a,$$

les symboles de L ayant évidemment dans $\mathfrak{M}^*$ la même interprétation que dans $\mathfrak{M}$.

A chaque formule $F = F[v_0,v_1,...,v_{m-1}]$ de L, et à chaque m-uple $(a_0,a_1,...,a_{m-1})$ d'éléments de M, on peut associer de façon naturelle une formule close du langage $L_{\mathfrak{M}}$: la formule $F_{\underline{a_0}/v_0,\underline{a_1}/v_1,...,\underline{a_{m-1}}/v_{m-1}}$, que l'on peut noter suivant nos conventions :

$$F[\underline{a_0},\underline{a_1},...,\underline{a_{m-1}}].$$

On a alors le résultat suivant :

THEOREME : *Les propriétés suivantes sont équivalentes :*

1. $\langle \mathfrak{M} \; ; \; v_0 \to a_0, v_1 \to a_1, ..., v_{m-1} \to a_{m-1} \rangle \models F$;
2. $\mathfrak{M}^* \models F[\underline{a_0},\underline{a_1},...,\underline{a_{m-1}}]$.

☹ Rappelons que $F[\underline{a_0},\underline{a_1},\ldots,\underline{a_{m-1}}]$ est la formule suivante de L_M :

$$F_{\underline{a_0}/v_0,\underline{a_1}/v_1,\ldots,\underline{a_{m-1}}/v_{m-1}}.$$

Avant de donner la démonstration de ce théorème, notons qu'il apporte la justification annoncée en 3.2 pour la notation :

$$\mathfrak{M} \models F[a_0,a_1,\ldots,a_{m-1}] \qquad (\bullet)$$

que nous avions indiquée comme une possible abréviation pour la propriété 1 ci-dessus (et que nous avons déjà utilisée). En effet, on passe de la propriété 2 à ($\bullet$) en oubliant d'affecter le $\mathfrak{M}$ d'une étoile et de souligner les a_i. Confondre, d'une part les éléments d'un modèle et les symboles de constante qui leur correspondent dans le langage associé, et d'autre part le modèle et son enrichissement naturel pour ce langage, constituent deux abus qui ne présentent aucun réel danger et que nous commettrons souvent. Une assertion telle que ($\bullet$) pourra donc, après la démonstration qui va suivre, avoir deux significations distinctes, mais dont le théorème nous dit justement qu'elle peuvent légitimement être confondues.

Ce théorème est en fait un cas particulier du résultat plus général suivant :

LEMME : *Quels que soient les entiers* p *et* q, *les variables deux à deux distinctes :* x_0, x_1, ..., x_{p-1}, y_0, y_1, ..., y_{q-1}, *la formule du langage* L : $G = G[x_0,x_1,\ldots,x_{p-1},y_0,y_1,\ldots,y_{q-1}]$, *et le* $(p+q)$*-uple d'éléments de* M : $(a_0,a_1,\ldots,a_{p-1},b_0,b_1,\ldots,b_{q-1})$, *les deux propriétés suivantes sont équivalentes :*

1. $<\mathfrak{M}\,;\, x_0 \to a_0, \ldots, x_{p-1} \to a_{p-1}, y_0 \to b_0, y_1 \to b_1, \ldots, y_{q-1} \to b_{q-1}> \;\models G$;
2. $<\mathfrak{M}^*,\, y_0 \to b_0, y_1 \to b_1, \ldots, y_{q-1} \to b_{q-1}> \;\models G_{\underline{a_0}/x_0,\underline{a_1}/x_1,\ldots,\underline{a_{p-1}}/x_{p-1}}$.

☹ La preuve se fait par induction sur G. Si G est la formule atomique $Rt_1t_2\ldots t_k$ (où t_1, t_2, ..., t_k sont des termes du langage L ayant leurs variables parmi x_0, x_1, ..., x_{p-1}, y_0, y_1, ..., y_{q-1}), alors la propriété *1* est équivalente à :

$$(\overline{t_1}^{\mathfrak{M}}[a_0,a_1,\ldots,a_{p-1},b_0,b_1,\ldots,b_{q-1}],\ldots,\overline{t_k}^{\mathfrak{M}}[a_0,a_1,\ldots,a_{p-1},b_0,b_1,\ldots,b_{q-1}]) \in \overline{R}^{\mathfrak{M}},$$

et la propriété *2* à :

$$(\overline{t_1}^{\mathfrak{M}^*}[\overline{\underline{a_0}}^{\mathfrak{M}^*},\ldots,\overline{\underline{a_{p-1}}}^{\mathfrak{M}^*},b_0,\ldots,b_{q-1}],\ldots,\overline{t_k}^{\mathfrak{M}^*}[\overline{\underline{a_0}}^{\mathfrak{M}^*},\ldots,\overline{\underline{a_{p-1}}}^{\mathfrak{M}^*},b_0,\ldots,b_{q-1}]) \in \overline{R}^{\mathfrak{M}^*}.$$

Or $\overline{R}^{\mathfrak{M}^*} = \overline{R}^{\mathfrak{M}}$ et $\overline{t_j}^{\mathfrak{M}^*} = \overline{t_j}^{\mathfrak{M}}$ pour $1 \leqslant j \leqslant k$ puisqu'il s'agit d'un symbole de relation et de termes de L. La définition des $\overline{\underline{a_i}}^{\mathfrak{M}^*}$ permet d'obtenir l'équivalence attendue.

Les autres étapes d'induction sont faciles. Examinons la quantification existentielle : si $G = \exists z H[x_0,x_1,\ldots,x_{p-1},y_0,y_1,\ldots,y_{q-1},z]$ (on peut pour des raisons déjà mentionnées (théorème 2 de 5.1 et théorème 5.2) supposer z distincte des x_i et des y_j), alors la propriété 1 signifie qu'il existe un élément $a \in M$ tel que :

$$<\mathfrak{M} ; x_0 \to a_0, x_1 \to a_1, \ldots, x_{p-1} \to a_{p-1}, y_0 \to b_0, y_1 \to b_1, \ldots, y_{q-1} \to b_{q-1}, z \to a> \models H,$$

ce qui, par hypothèse d'induction, équivaut à l'existence d'un élément $a \in M$ tel que :

$$<\mathfrak{M}^* , y_0 \to b_0, y_1 \to b_1, \ldots, y_{q-1} \to b_{q-1}, z \to a> \models H_{\underline{a_0}/x_0, \underline{a_1}/x_1, \ldots, \underline{a_{p-1}}/x_{p-1}} ;$$

mais, par définition de la satisfaction, cela est encore équivalent à :

$$<\mathfrak{M}^* , y_0 \to b_0, y_1 \to b_1, \ldots, y_{q-1} \to b_{q-1}> \models \exists z H_{\underline{a_0}/x_0, \underline{a_1}/x_1, \ldots, \underline{a_{p-1}}/x_{p-1}} ;$$

cette dernière formule n'est autre que $G_{\underline{a_0}/x_0, \underline{a_1}/x_1, \ldots, \underline{a_{p-1}}/x_{p-1}}$; on a donc bien montré l'équivalence entre les propriétés *1* et *2*.

☺

Pour obtenir le théorème, il suffit évidemment de prendre $q = 0$ dans le lemme. Notons qu'on ne pouvait pas faire l'économie de cette généralisation que constitue le lemme : en effet, dans la démonstration par induction, il n'est pas possible de ne considérer que des formules closes du langage L_M.

☺

5.10 Les formules du langage L_M sont souvent appelées **formules à paramètres dans $\mathfrak{M}$**, les paramètres étant précisément les éléments du modèle devenus symboles de constante. Nous ferons grand usage de cette notion dans le chapitre 8. Nous aurons alors besoin des deux définitions suivantes, relatives à une réalisation $\mathfrak{M}$ d'un langage L :

DEFINITION 1 : *On appelle* ***diagramme simple*** *de $\mathfrak{M}$ et on note $\Delta(\mathfrak{M})$ l'ensemble des formules closes sans quantificateur du langage L_M satisfaites dans $\mathfrak{M}^*$.*

DEFINITION 2 : *On appelle* ***diagramme complet*** *de $\mathfrak{M}$ et on note $D(\mathfrak{M})$ l'ensemble des formules closes du langage L_M satisfaites dans $\mathfrak{M}^*$, c'est-à-dire l'ensemble $Th(\mathfrak{M}^*)$.*

Certains appellent aussi diagrammes **élémentaires** les diagrammes complets. Il ont pour cela une excellente raison qui apparaîtra au chapitre 8. Mais comme il n'est pas forcément simple de faire la distinction entre simple et élémentaire, nous préférerons nous en tenir à notre terminologie (prudence élémentaire...).

Enonçons dès maintenant un résultat dont la démonstration sera donnée au chapitre 8. Il permet de caractériser, à isomorphisme près, les extensions d'une structure.

THEOREME : *Etant donnée une L-structure $\mathfrak{M}$, pour qu'une L_M-structure $\mathfrak{N}$ soit un modèle du diagramme simple de $\mathfrak{M}$, il faut et il suffit que $\mathfrak{M}$ soit isomorphe à une sous-structure du réduit de $\mathfrak{N}$ au langage L.*

Relations et fonctions définissables dans une structure

5.11 On considère un langage du premier ordre L et une L-structure $\mathfrak{M} = \langle M, \ldots \rangle$.

DEFINITION :

• *Pour tout entier k supérieur ou égal à 1, et toute partie A de M^k, A est* **définissable dans $\mathfrak{M}$ par une formule de** L *si et seulement si il existe une formule $F = F[w_1, w_2, \ldots, w_k]$ à au plus k variables libres de L telle que, quels que soient les éléments $a_1, a_2, \ldots, a_k$ de M :*

$$(a_1, a_2, \ldots, a_k) \in A \textit{ si et seulement si } \mathfrak{M} \models F[a_1, a_2, \ldots, a_k].$$

Lorsque cela a lieu, on dit qu'une telle formule F est une **définition de** A **dans $\mathfrak{M}$**.

• *Un élément $a \in M$ est dit* **définissable dans $\mathfrak{M}$ par une formule de** L *lorsque le sous-ensemble $\{a\}$ de M l'est. Toute définition de $\{a\}$ est alors appelée une* **définition de l'élément** a.

• *Pour tout entier k supérieur ou égal à 1, et toute application φ de M^k dans M, φ est* **définissable dans $\mathfrak{M}$ par une formule de** L *si et seulement si il existe une formule $F = F[w_1, w_2, \ldots, w_k, z]$ à au plus $k + 1$ variables libres de L telle que, quels que soient les éléments b, $a_1, a_2, \ldots, a_k$ de M :*

$$\varphi(a_1, a_2, \ldots, a_k) = b \textit{ si et seulement si } \mathfrak{M} \models F[a_1, a_2, \ldots, a_k, b].$$

Une telle formule F est alors appelée une **définition de φ dans $\mathfrak{M}$**.

En considérant le graphe d'une application φ de M^k dans M comme étant l'ensemble : $\{ (a_1, a_2, \ldots, a_k, b) \in M^{k+1} \,;\, b = \varphi(a_1, a_2, \ldots, a_k) \}$, on voit immédiatement qu'une telle application est définissable dans $\mathfrak{M}$ par une formule de F si et seulement si son graphe l'est, et que les formules qui définissent l'application sont les mêmes que celles qui définissent son graphe.

Il est important de noter que, pour une partie de M^k ou une application de M^k dans M, le fait d'être définissable dépend de façon essentielle du langage considéré et de la structure affectée à l'ensemble M. Par exemple, il peut arriver qu'une partie qui n'est pas définissable dans $\mathfrak{M}$ par une formule de L le devienne dans un enrichissement de $\mathfrak{M}$, grâce à une formule d'un langage étendu.

Cependant, lorsqu'aucune confusion n'est à craindre au sujet du langage et de la structure, on se contente de parler d'ensemble (ou relation) ou fonction **définissable**, sans plus de précision.

EXEMPLES : • L'ensemble M^k et l'ensemble vide sont toujours des parties définissables de M^k : le premier grâce à la formule $w_1 \simeq w_1$, le second grâce à sa négation.

• L'ensemble des entiers relatifs pairs est définissable dans la structure $<\mathbb{Z},+>$ par une formule du langage $\{g\}$ (g est un symbole de fonction binaire) : il suffit de considérer la formule $\exists w_0 g w_0 w_0 \simeq w_1$.

THEOREME 1 : *Pour tout entier* k *supérieur ou égal à* 1, *l'ensemble des parties de* M^k *qui sont définissables dans* $\mathfrak{M}$ *par une formule de* L *est une sous-algèbre de Boole de l'algèbre des parties de* M^k.

☹ On vient de remarquer que $\emptyset$ et M^k sont définissables. D'autre part, si A et B sont des parties définissables de M^k, et si $F = F[w_1,w_2,\dots,w_k]$ et $G = G[w_1,w_2,\dots,w_k]$ sont, respectivement, des définitions pour A et B, alors il est clair que $\neg F$, $(F \wedge G)$ et $(F \vee G)$ sont, respectivement, des définitions pour le complémentaire de A dans M^k, l'intersection de A et B et la réunion de A et B.

☺

THEOREME 2 : *Pour tout entier* k *supérieur ou égal à* 1, *pour toute partie* A *de* M^k *définissable dans* $\mathfrak{M}$ *par une formule de* L, *et pour tout automorphisme* h *de la structure* $\mathfrak{M}$, *l'ensemble* A *est invariant par* h *(ce qui signifie que, quels que soient les éléments* $a_1, a_2, \dots, a_k$ *de* M, *si* $(a_1,a_2,\dots,a_k) \in A$, *alors* $(h(a_1),h(a_2),\dots,h(a_k)) \in A$*).*

☹ Soit $F = F[w_1,w_2,\dots,w_k]$ une formule de L qui est une définition pour l'ensemble $A \subseteq M^k$, et soient $a_1, a_2, \dots, a_k$ des éléments de M. Si $(a_1,a_2,\dots,a_k) \in A$, alors $\mathfrak{M} \models F[a_1,a_2,\dots,a_k]$; dans ce cas, pour tout automorphisme h de la structure $\mathfrak{M}$, on a aussi (théorème 5.2) : $\mathfrak{M} \models F[h(a_1),h(a_2),\dots,h(a_k)]$, ce qui prouve (parce que F est une définition de A) que $(h(a_1),h(a_2),\dots,h(a_k)) \in A$.

☺

Ce théorème est utile quand on veut prouver qu'un ensemble n'est pas définissable : il suffit pour ce faire de trouver un automorphisme de la structure considérée qui ne laisse pas invariant l'ensemble en question.

Montrons, à titre d'exemple, qu'aucun sous-ensemble de $\mathbb{R}$ autre que $\mathbb{R}$ et $\emptyset$ n'est définissable dans la structure $<\mathbb{R}, \leqslant>$ par une formule du langage $\{R\}$ (R est un symbole de relation binaire) : on raisonne par l'absurde, en supposant l'existence d'une partie $A \subsetneq \mathbb{R}$, distincte de $\mathbb{R}$ et $\emptyset$, définissable par une formule $F = F[w]$ de ce langage ; on choisit alors un élément $a \in A$ (A est non vide) et un élément $b \in \mathbb{R} - A$ ($\mathbb{R} - A$ est non vide), et on voit que l'application h de $\mathbb{R}$ dans $\mathbb{R}$ qui, à tout réel x, associe le réel $x + b - a$, est un automorphisme de $<\mathbb{R}, \leqslant>$ qui ne laisse pas A invariant (puisque $h(a) = b$), ce qui est en contradiction avec le théorème ci-dessus.

5.12 Nous définissons maintenant la notion de définissabilité **avec paramètres**, qui généralise celle qui vient d'être étudiée.

On considère toujours un langage L et une L-structure $\mathfrak{M} = <M, \dots>$.

DEFINITION : *Pour tout entier* k *supérieur ou égal à 1, et toute partie* A *de* M^k, A *est* ***définissable avec paramètres dans*** $\mathfrak{M}$ *si et seulement si il existe un entier* m *supérieur ou égal à 1, une formule* $F = F[w_1, w_2, \dots, w_k, z_1, z_2, \dots, z_m]$ *à au plus* $k + m$ *variables libres de* L, *et* m *éléments* $b_1, b_2, \dots, b_m$ *de* M, *tels que, quels que soient les éléments* $a_1, a_2, \dots, a_k$ *de* M :

$$(a_1, a_2, \dots, a_k) \in A \text{ si et seulement si } \mathfrak{M} \models F[a_1, a_2, \dots, a_k, b_1, b_2, \dots, b_m].$$

Lorsque cela a lieu, la formule $F[w_1, w_2, \dots, w_k, b_1, b_2, \dots, b_m]$ *est appelée une* ***définition de*** A ***dans*** $\mathfrak{M}$ ***avec les paramètres*** $b_1, b_2, \dots, b_m$.

On définit de manière analogue la notion d'application de M^k dans M **définissable avec paramètres dans** $\mathfrak{M}$.

Par exemple, toute partie finie $\{\alpha_1, \alpha_2, \dots, \alpha_p\}$ de M est définissable dans $\mathfrak{M}$ avec les paramètres $\alpha_1, \alpha_2, \dots, \alpha_p$, grâce à la formule : $\bigvee_{1 \leqslant i \leqslant p} w \simeq \alpha_i$.

On voit immédiatement qu'être définissable avec paramètres dans $\mathfrak{M}$ équivaut à être définissable (au sens de la définition 5.11) par une formule du langage L_M dans la structure $\mathfrak{M}^*$, enrichissement naturel de $\mathfrak{M}$ à L_M (voir 5.9).

6. MODELES NON EGALITAIRES

6.1 Nous allons faire une incursion aussi brève que possible dans ce domaine.

On considère un langage L comportant le symbole $\simeq$ d'égalité. On désigne par E la théorie de L constituée des formules closes suivantes (appelées **axiomes de l'égalité**) :

- la formule : $\forall v_0 v_0 \simeq v_0$;
- la formule : $\forall v_0 \forall v_1 (v_0 \simeq v_1 \Rightarrow v_1 \simeq v_0)$;
- la formule : $\forall v_0 \forall v_1 \forall v_2 ((v_0 \simeq v_1 \wedge v_1 \simeq v_2) \Rightarrow v_0 \simeq v_2)$;
- pour chaque entier $k \geqslant 1$ et chaque symbole de fonction k-aire f de L, la formule : $\forall v_1 \forall v_2 \ldots \forall v_k \forall v_{k+1} \forall v_{k+2} \ldots \forall v_{2k} (\bigwedge_{1 \leqslant i \leqslant k} v_i \simeq v_{k+i} \Rightarrow f v_1 v_2 \ldots v_k \simeq f v_{k+1} v_{k+2} \ldots v_{2k})$;
- pour chaque entier $k \geqslant 1$ et chaque symbole de relation k-aire R de L, la formule : $\forall v_1 \forall v_2 \ldots \forall v_k \forall v_{k+1} \forall v_{k+2} \ldots \forall v_{2k} ((R v_1 v_2 \ldots v_k \wedge \bigwedge_{1 \leqslant i \leqslant k} v_i \simeq v_{k+i}) \Rightarrow R v_{k+1} v_{k+2} \ldots v_{2k})$.

Il est bien clair que toutes ces formules sont satisfaites dans toute réalisation égalitaire du langage L.

Considérons une réalisation quelconque $\mathfrak{M} = \langle M , \ldots \rangle$ de L, dans laquelle le symbole $\simeq$ est interprété par une relation binaire sur M que nous désignons par θ. Nous allons montrer que, si $\mathfrak{M}$ est un modèle de la théorie E, alors on peut définir de façon naturelle à partir de $\mathfrak{M}$ une réalisation égalitaire de L possédant des propriétés intéressantes.

Supposons donc que $\mathfrak{M} \models$ E. La relation θ est alors une relation d'équivalence sur l'ensemble M (d'après les trois premières formules de E), compatible avec les relations et fonctions de la structure (d'après les autres formules). Désignons par A l'ensemble quotient M/θ (ensemble des classes d'équivalences suivant θ). La classe d'équivalence de l'élément $a \in M$ sera notée $cl(a)$. On peut faire de A une L-structure $\mathfrak{A}$ en définissant comme suit les interprétations pour les symboles de L :

- pour chaque symbole de constante c de L, $\bar{c}^{\mathfrak{A}} = cl(\bar{c}^{\mathfrak{M}})$;
- pour chaque entier $k \geqslant 1$ et chaque symbole de fonction f de L, $\bar{f}^{\mathfrak{A}}$ est l'application de A^k dans A qui, à chaque k-uple $(cl(a_1), cl(a_2), \ldots, cl(a_k)) \in A^k$, associe l'élément $cl(\bar{f}^{\mathfrak{M}}(a_1, a_2, \ldots, a_k))$; cela a un sens grâce à la compatibilité de θ avec $\bar{f}^{\mathfrak{M}}$;
- pour chaque entier $k \geqslant 1$ et chaque symbole de relation R de L, $\bar{R}^{\mathfrak{A}}$ est la relation k-aire sur A définie par : $(cl(a_1), cl(a_2), \ldots, cl(a_k)) \in \bar{R}^{\mathfrak{A}}$ si et seulement si $(a_1, a_2, \ldots, a_k) \in \bar{R}^{\mathfrak{M}}$; (même remarque que pour les fonctions).

On voit immédiatement que la structure $\mathfrak{A}$ ainsi définie est une réalisation égalitaire du langage L : en effet, l'interprétation du symbole $\simeq$ dans $\mathfrak{A}$ est l'ensemble des couples $(cl(a),cl(b)) \in A^2$ tels que $(a,b) \in \simeq^{\mathfrak{M}}$, c'est-à-dire tels que $(a,b) \in \theta$, ou encore tels que $cl(a) = cl(b)$; il s'agit bien de la diagonale de A^2.

6.2 LEMME : *Pour toute formule* $F = F[v_0,v_1,\ldots,v_{n-1}]$ *de* L, *et pour tous éléments* $a_0, a_1, \ldots, a_{n-1}, b_0, b_1, \ldots, b_{n-1}$ *de* M, *on a :*

1°) si $(a_i,b_i) \in \theta$ *pour tout* i *compris entre* 0 *et* $n-1$, *alors :*

$$\mathfrak{M} \models F[a_0,a_1,\ldots,a_{n-1}] \text{ si et seulement si } \mathfrak{M} \models F[b_0,b_1,\ldots,b_{n-1}] \ ;$$

2°) $\mathfrak{M} \models F[a_0,a_1,\ldots,a_{n-1}]$ *si et seulement si* $\mathfrak{A} \models F[cl(a_0),cl(a_1),\ldots,cl(a_{n-1})]$.

☺ On démontre ces deux propriétés par induction sur F. Le cas des formules atomiques est réglé par la définition même de $\mathfrak{A}$. Ensuite, la remarque 3.10 nous permet de nous limiter aux étapes d'induction relatives à ¬, V et ∃. Seul ce dernier mérite qu'on s'y attarde : supposons donc que $F = \exists v_m G[v_0,v_1,\ldots,v_{n-1},v_m]$. On peut supposer que $m > n-1$, en vertu d'une remarque déjà faite à plusieurs reprises. Dans ces conditions, pour que $\mathfrak{M}$ satisfasse $F[a_0,a_1,\ldots,a_{n-1}]$, il faut et il suffit qu'il existe un élément $b \in M$ tel que $\mathfrak{M} \models G[a_0,a_1,\ldots,a_{n-1},b]$. Etant donné que G satisfait le lemme par hypothèse d'induction, et que, pour tout $b \in M$, $(b,b) \in \theta$ (première formule de E), si $(a_i,b_i) \in \theta$ pour tout i, alors on peut conclure que $\mathfrak{M} \models F[a_0,a_1,\ldots,a_{n-1}]$ si et seulement si il existe un élément $b \in M$ tel que $\mathfrak{M} \models G[b_0,b_1,\ldots,b_{n-1},b]$. Autrement dit, $\mathfrak{M} \models F[a_0,a_1,\ldots,a_{n-1}]$ si et seulement si $\mathfrak{M} \models F[b_0,b_1,\ldots,b_{n-1}]$, ce qui prouve *1°)*. On voit de même, avec l'hypothèse d'induction, que $\mathfrak{M} \models F[a_0,a_1,\ldots,a_{n-1}]$ si et seulement si il existe un élément $b \in M$ tel que :

$$\mathfrak{A} \models G[cl(a_0),cl(a_1),\ldots,cl(a_{n-1}),cl(b)],$$

ce qui équivaut à :

$$< \mathfrak{A} \ ; v_0 \to cl(a_0), v_1 \to cl(a_1), \ldots, v_{n-1} \to cl(a_{n-1}) > \ \models \exists v_m G,$$

ou encore à :

$$\mathfrak{A} \models F[cl(a_0),cl(a_1),\ldots,cl(a_{n-1})] \ ;$$

cela prouve bien la propriété *2°)* pour F.

☺

6.3 THEOREME : *Pour qu'une théorie* T *du langage* L *admette un modèle égalitaire, il faut et il suffit que la théorie* T ∪ E *admette un modèle (quelconque).*

☺ Si T admet un modèle égalitaire, alors E est satisfaite dans un tel modèle, comme nous l'avons fait remarquer juste après la définition de E ; donc $T \cup E$ admet un modèle.

Si $T \cup E$ admet un modèle $\mathfrak{M} = \langle M , \ldots \rangle$, alors, puisque $\mathfrak{M}$ est un modèle de E, on peut, comme précédemment, construire la réalisation égalitaire $\mathfrak{A}$ sur l'ensemble quotient de M par l'interprétation dans $\mathfrak{M}$ du symbole $\simeq$. Il résulte évidemment du lemme précédent que chaque formule de T (il s'agit de formules closes), satisfaite dans $\mathfrak{M}$, sera aussi satisfaite dans $\mathfrak{A}$. La structure $\mathfrak{A}$ est bien un modèle égalitaire de T.

☺

Le lecteur que cela intéresse pourra démontrer que, dans la liste des axiomes de l'égalité, il n'était pas nécessaire de faire figurer la deuxième et la troisième formule (celles qui expriment la symétrie et la transitivité de l'égalité). Elles se déduisent en effet de celles qui expriment la compatibilité avec les relations de la structure (relations parmi lesquelles se trouve naturellement l'interprétation de $\simeq$).

EXERCICES

1. Le langage L étant constitué d'un symbole de fonction unaire f et d'un symbole de fonction binaire g, on considère les formules closes suivantes :

F_1 : $\exists x \exists y\, fgxy \simeq fx$;
F_2 : $\forall x \forall y\, fgxy \simeq fx$;
F_3 : $\exists y \forall x\, fgxy \simeq fx$;
F_4 : $\forall x \exists y\, fgxy \simeq fx$;
F_5 : $\exists x \forall y\, fgxy \simeq fx$;
F_6 : $\forall y \exists x\, fgxy \simeq fx$.

On considère les quatre structures dont l'ensemble de base est $\mathbb{N}^*$, où **g** est interprété par l'application $(m,n) \longmapsto m + n$, et où f est respectivement interprété par :

a) L'application constante égale à **103** ;

b) L'application qui, à chaque entier n, associe le reste de sa division euclidienne par **4** ;

c) L'application $n \longmapsto \inf(n^2 + 2 , 19)$;

d) L'application qui, à chaque entier n, associe : 1 si $n = 1$, et le plus petit diviseur premier de n si $n > 1$.

On demande, pour chacune des six formules proposées, si elle est satisfaite ou non par chacune de ces quatre structures.

2. Dans le langage L constitué d'un symbole de prédicat unaire P et d'un symbole de prédicat binaire R, on considère les six formules suivantes :

G_1 : $\exists x \forall y \exists z ((Px \Longrightarrow Rxy) \land Py \land \neg Ryz)$;
G_2 : $\exists x \exists z ((Rzx \Longrightarrow Rxz) \Longrightarrow \forall y\, Rxy)$;
G_3 : $\forall y (\exists z \forall t\, Rtz \land \forall x (Rxy \Longrightarrow \neg Rxy))$;
G_4 : $\exists x \forall y ((Py \Longrightarrow Ryx) \land (\forall u (Pu \Longrightarrow Ruy) \Longrightarrow Rxy))$;
G_5 : $\forall x \forall y ((Px \land Rxy) \Longrightarrow ((Py \land \neg Ryx) \Longrightarrow \exists z (\neg Rzx \land \neg Ryz)))$;
G_6 : $\forall z \forall u \exists x \forall y ((Rxy \land Pu) \Longrightarrow (Py \Longrightarrow Rzx))$.

On demande, pour chacune de ces formules, si elle est satisfaite ou non dans chacune des trois L-structures définies ci-après :

a) L'ensemble de base est $\mathbb{N}$, l'interprétation de R est la relation d'ordre usuelle $\leqslant$, celle de P est le sous-ensemble des entiers pairs.

b) L'ensemble de base est $\mathfrak{P}(\mathbb{N})$ (ensemble des parties de $\mathbb{N}$), l'interprétation de R est la relation d'inclusion $\subseteq$, celle de P le sous-ensemble constitué des parties finies de $\mathbb{N}$.

c) L'ensemble de base est $\mathbb{R}$, l'interprétation de R est l'ensemble des couples $(a,b) \in \mathbb{R}^2$ tels que $b = a^2$, celle de P est le sous-ensemble des nombres rationnels.

3. Le langage L comporte deux symboles de fonction unaire f et g.

a) Ecrire trois formules closes F, G et H de L telles que, pour toute L-structure $\mathfrak{M} = \langle M, \bar{f}, \bar{g} \rangle$, on ait :

- $\mathfrak{M} \models F$ si et seulement si $\bar{f} = \bar{g}$ et $\bar{f}$ est une application constante ;
- $\mathfrak{M} \models G$ si et seulement si $\mathrm{Im}(\bar{f}) \subseteq \mathrm{Im}(\bar{g})$;
- $\mathfrak{M} \models H$ si et seulement si $\mathrm{Im}(\bar{f}) \cap \mathrm{Im}(\bar{g})$ est un ensemble à un élément.

b) On considère les cinq formules closes suivantes de L :

F_1 : $\forall x\, fx \simeq gx$;
F_2 : $\forall x \forall y\, fx \simeq gy$;
F_3 : $\forall x \exists y\, fx \simeq gy$;
F_4 : $\exists x \forall y\, fx \simeq gy$;
F_5 : $\exists x \exists y\, fx \simeq gy$.

Donner un modèle pour chacune des six formules :

$$F_1 \wedge \neg F_2 \;;\; F_2 \;;\; \neg F_1 \wedge F_3 \;;\; \neg F_1 \wedge F_4 \;;\; \neg F_3 \wedge \neg F_4 \wedge F_5 \;;\; \neg F_5.$$

4. Soit L un langage du premier ordre. Pour chaque formule $F[v_0,v_1,\ldots,v_k]$ de L, on note $\exists! v_0 F$ la formule suivante :

$$\exists v_0 (F[v_0,v_1,\ldots,v_k] \wedge \forall v_{k+1} (F[v_{k+1},v_1,\ldots,v_k] \Rightarrow v_{k+1} \simeq v_0)).$$

($\exists! v_0\, F$ se lit : « il existe un et un seul v_0 tel que F »).

On remarque que, dans toute L-structure $\mathfrak{M} = \langle M, \ldots \rangle$, $\exists! v_0 F$ est satisfaite par un k-uplet $(a_1,a_2,\ldots,a_k)$ si et seulement si il existe un unique objet $a \in M$ tel que le $(k+1)$-uplet $(a,a_1,a_2,\ldots,a_k)$ satisfasse F.

Soit $F[v_0,v_1]$ une formule de L. Ecrire une formule close G de L qui soit satisfaite dans une L-structure $\mathfrak{M} = \langle M, \ldots \rangle$ si et seulement si il existe un unique couple $(a,b) \in M^2$ tel que $\langle \mathfrak{M}; v_0 \to a, v_1 \to b \rangle \models F$. Est-ce que les formules :

$$G \;;\; \exists! v_0 \exists! v_1 F \;;\; \exists! v_1 \exists! v_0 F \;;$$

sont équivalentes ?

5. Soit L un langage du premier ordre.

a) La formule

$$\forall x \exists y\, A[x,y] \Rightarrow \exists y \forall x\, A[x,y]$$

est-elle satisfaite dans toute structure quelle que soit la formule à 2 variables libres de L $A[x,y]$?

b) Reprendre la question a) avec la formule :

$$\exists y \forall x\, A[x,y] \Rightarrow \forall x \exists y\, A[x,y].$$

c) Montrer que, quelles que soient les formules à 2 variables libres $A[x,y]$ et $B[x,y]$, la formule suivante est universellement valide :

$$(\forall x \forall y\, A[x,y] \Rightarrow \exists x \exists y\, B[x,y]) \Longleftrightarrow \exists x \exists y\, (A[x,y] \Rightarrow B[x,y]).$$

d) Soit F la formule :

$$\forall x \forall y\, (A[x,y] \Rightarrow A[y,x]) \Rightarrow ((\forall u \forall v\, (A[u,v] \Rightarrow B[u,v]) \Rightarrow \exists x \exists y\, (A[x,y] \Rightarrow C[x,y])),$$

où A, B et C sont des formules à 2 variables libres quelconques.

Montrer qu'il existe une formule $G = G[x,y]$ à 2 variables libres sans quantificateur telle que F soit universellement équivalente à $\exists x \exists y\, G$.

6. Montrer que, si deux formules sont universellement équivalentes, il en est de même de leurs clôtures universelles.

7. Dans tous les langages considérés dans cet exercice, R est un symbole de relation binaire, $*$ et $\oplus$ sont des symboles de fonction binaire, c et d sont des symboles de constante.

On écrira $x \oplus y$ et $x * y$ au lieu, respectivement, de $\oplus xy$ et $*xy$ (on rappelle que cela nécessite l'utilisation de parenthèses dans l'écriture des termes). x^2 sera une abréviation pour $x * x$.

a) Dans chacun des six cas suivants ($i = 1$ à 6), on donne : un langage L_i et deux L_i-structures $\mathfrak{A}_i$ et $\mathfrak{B}_i$, et on demande une formule close de L_i vraie dans $\mathfrak{A}_i$ et fausse dans $\mathfrak{B}_i$.

1) $L_1 = \{R\}$; $\mathfrak{A}_1 = \langle \mathbb{N}, \leqslant \rangle$; $\mathfrak{B}_1 = \langle \mathbb{Z}, \leqslant \rangle$.
2) $L_2 = \{R\}$; $\mathfrak{A}_2 = \langle \mathbb{Q}, \leqslant \rangle$; $\mathfrak{B}_2 = \langle \mathbb{Z}, \leqslant \rangle$.
3) $L_3 = \{*\}$; $\mathfrak{A}_3 = \langle \mathbb{N}, \times \rangle$; $\mathfrak{B}_3 = \langle \mathfrak{P}(\mathbb{N}), \cap \rangle$.
4) $L_4 = \{c,*\}$; $\mathfrak{A}_4 = \langle \mathbb{N}, 1, \times \rangle$; $\mathfrak{B}_4 = \langle \mathbb{Z}, 1, \times \rangle$.
5) $L_5 = \{c,d,\oplus,*\}$; $\mathfrak{A}_5 = \langle \mathbb{R}, 0, 1, +, \times \rangle$; $\mathfrak{B}_5 = \langle \mathbb{Q}, 0, 1, +, \times \rangle$.
6) $L_6 = \{R\}$; $\mathfrak{A}_6 = \langle \mathbb{Z}, \equiv_2 \rangle$; $\mathfrak{B}_6 = \langle \mathbb{Z}, \equiv_3 \rangle$.

($\times$ et $+$ sont les opérations usuelles de multiplication et d'addition, $\cap$ est l'opération d'intersection, $\equiv_p$ est la relation de congruence modulo p.

b) Pour chacune des formules closes suivantes du langage $\{c,\oplus,*,R\}$, on demande de donner un modèle de cette formule ainsi qu'un modèle de sa négation :

F_1 : $\forall u \forall v \exists x\, (\neg v \simeq c \Rightarrow u \oplus (v * x) \simeq c)$;
F_2 : $\forall u \forall v \forall w \exists x\, (\neg w \simeq c \Rightarrow u \oplus (v * x) \oplus (w * x^2) \simeq c)$;
F_3 : $\forall x \forall y \forall z\, (Rxx \wedge ((Rxy \wedge Ryz) \Rightarrow Rxz) \wedge (Rxy \Rightarrow Ryx))$;
F_4 : $\forall x \forall y \forall z\, (Rxy \Rightarrow R\,x{*}z\,y{*}z)$;
F_5 : $\forall x \forall y\, (Rxy \Rightarrow \neg Ryx)$.

8. Le langage L est constitué d'un seul symbole : R, symbole de prédicat binaire.

On considère la L-structure $\mathfrak{M}$ dont l'ensemble de base est $M = \{n \in \mathbb{N} \, ; \, n \geqslant 2\}$ et dans laquelle l'interprétation de R est la relation « divise », c'est-à-dire la relation $\overline{R}$ définie par : pour tous entiers m et $n \geqslant 2$, $(m,n) \in \overline{R}$ si et seulement si m divise n.

a) Pour chacune des formules suivantes (à une variable libre x) de L, indiquer l'ensemble des éléments de M qui la satisfont :

F_1 : $\forall y (Ryx \Rightarrow x \simeq y)$;

F_2 : $\forall y \forall z ((Ryx \wedge Rzx) \Rightarrow (Ryz \vee Rzy))$;

F_3 : $\forall y \forall z (Ryx \Rightarrow (Rzy \Rightarrow Rxz))$;

F_4 : $\forall t \exists y \exists z (Rtx \Rightarrow (Ryt \wedge Rzy \wedge \neg Rtz))$.

b) Ecrire une formule G[x,y,z,t] de L telle que, quels que soient les éléments a, b, c et d de M, la structure $\mathfrak{M}$ satisfait G[a,b,c,d] si et seulement si d est le p.g.c.d. de a, b et c.

c) Soit H la formule close suivante de L :

$\forall x \forall y \forall z ((\exists t (Rtx \wedge Rty) \wedge \exists t (Rty \wedge Rtz)) \Rightarrow \exists t \forall u (Rut \Rightarrow (Rux \wedge Ruz)))$.

1) Donner une forme prénexe de H.

2) La formule H est-elle satisfaite dans $\mathfrak{M}$?

3) Donner un exemple de structure $\mathfrak{M}' = \langle M', \tilde{R} \rangle$ telle qu'en remplaçant $\mathfrak{M}$ par $\mathfrak{M}'$ dans la question précédente, on obtienne une réponse différente.

9. Soit L le langage du premier ordre constitué d'un symbole de relation unaire Ω et de deux symboles de relation binaire I et R

On considère les formules suivantes de L :

F_1 : $\forall x \, \neg Rxx$;

F_2 : $\forall x (\Omega x \Rightarrow \neg Rxx)$;

F_3 : $\forall x \forall y \forall z ((\Omega x \wedge \Omega y \wedge Ixz \wedge Izy) \Rightarrow \Omega z)$;

F_4 : $\forall x \forall y \forall z ((\Omega x \wedge \Omega y \wedge \Omega z \wedge Rxy \wedge Ryz) \Rightarrow Rxz)$;

F_5 : $\forall x \forall y ((\Omega x \wedge \Omega y) \Rightarrow (\neg Rxy \vee \neg Ryx))$;

F_6 : $\forall x \forall y ((\Omega x \wedge Rxy) \Rightarrow \Omega y)$;

F_7 : $\forall x \forall y ((\Omega x \wedge Ryx) \Rightarrow \Omega y)$;

F_8 : $\forall x \exists y \exists z (Ryx \wedge Rxz)$;

F_9 : $\forall x \exists y \exists z (\Omega x \Rightarrow (Ryx \wedge Rxz \wedge \Omega y \wedge \Omega z))$;

F_{10} : $\forall x \forall y \exists z ((\Omega x \wedge \Omega y \wedge Rxy) \Rightarrow (Rxz \wedge Rzy \wedge \Omega z))$.

a) On considère la L-structure $\mathfrak{M}$ dont l'ensemble de base est $\mathfrak{P}(\mathbb{N})$, où Ω est interprété par la relation unaire « être infini et de complémentaire infini », où I est interprété par la relation d'inclusion et où R est interprété par la relation binaire qui est satisfaite par un couple (A,B) si et seulement si $A \subsetneq B$ et $\mathrm{card}(A) = \mathrm{card}(B - A)$ (la notation card(X) désigne le cardinal d'un ensemble X : voir le chapitre 7).

Pour chacune des formules ci-dessus, indiquer si elle est satisfaite ou non dans la structure $\mathfrak{M}$.

b) On ajoute au langage un nouveau symbole de prédicat unaire D. Est-il possible d'enrichir la structure $\mathfrak{M}$ avec une interprétation de D telle que les 4 formules suivantes soient satisfaites :

G_1 : $\forall x \forall y ((Dx \wedge Dy) \Longrightarrow (Ixy \vee Iyx))$;

G_2 : $\forall x \forall y \exists z ((Dx \wedge Dy \wedge Ixy \wedge \neg x \simeq y) \Longrightarrow (Dz \wedge Ixz \wedge Izy \wedge \neg x \simeq z \wedge \neg y \simeq z))$;

G_3 : $\forall x \exists y \exists z (Dx \Longrightarrow (Dy \wedge Dz \wedge Ixy \wedge Izx \wedge \neg x \simeq y \wedge \neg x \simeq z))$;

G_4 : $\exists x D(x)$?

10. Soient L un langage et F une formule close de L.

On appelle **spectre de** F et on note Sp(F) l'ensemble des cardinaux des modèles finis de F, c'est-à-dire l'ensemble des entiers naturels n tels que F admette au moins un modèle dont l'ensemble de base a n éléments.

a) Pour chacun des sous-ensembles de $\mathbb{N}$ suivants, on demande de donner, lorsque c'est possible, un exemple de langage L et de formule close non contradictoire F de L qui admette comme spectre l'ensemble proposé :

1) $\emptyset$; 2) $\mathbb{N}$; 3) $\mathbb{N}^*$; 4) $\{n \in \mathbb{N}^* ; (\exists p \in \mathbb{N})(n = 2p)\}$; 5) $\{n \in \mathbb{N}^* ; (\exists p \in \mathbb{N})(n = p^2)\}$; 6) $\{3\}$; 7) $\{1,2,3,4\}$; 8) $\mathbb{N} - \{0,1,\ldots,k\}$ (où k est un entier naturel non nul fixé) ; 9) l'ensemble des entiers naturels non nuls non premiers ; 10) l'ensemble des entiers naturels premiers.

b) Montrer que toute formule dont le spectre est infini admet au moins un modèle infini.

11. Montrer qu'une théorie du premier ordre qui est non contradictoire et dont tous les modèles sont isomorphes est complète.

12. Soient L un langage du premier ordre, $\mathfrak{M}$ une L-structure, et A une partie de l'ensemble de base de $\mathfrak{M}$.

a) Montrer que, si A n'est pas vide, il existe une unique sous-structure $\mathfrak{A}$ de $\mathfrak{M}$ telle que :

- 1) l'ensemble de base de $\mathfrak{A}$ contient A ;
- 2) toute sous-structure de $\mathfrak{M}$ dont l'ensemble de base contient A est une extension de $\mathfrak{A}$.

$\mathfrak{A}$ est appelée **sous-structure de $\mathfrak{M}$ engendrée par** A.

b) Montrer que, lorsque $A = \emptyset$, il n'y a pas nécessairement de sous-structure engendrée par A. Donner un exemple où il y en a quand même une.

c) On suppose que, dans L, il n'y a pas de symbole de fonction d'arité $\geqslant 1$. Quelle est alors la sous-structure engendrée par une partie A ?

d) On dit qu'une sous-structure $\mathfrak{N}$ de $\mathfrak{M}$ est **de type fini** si et seulement si $\mathfrak{N}$ est engendrée par une partie finie non vide de M.

Soit F une formule close universelle de L. Montrer que F est satisfaite dans $\mathfrak{M}$ si et seulement si F est satisfaite dans toute sous-structure de type fini de $\mathfrak{M}$.

e) Donner un contre-exemple à d) pour une formule non universelle.

13. Le langage L est constitué d'un symbole de constante c et de deux symboles de fonction unaire f et g. On appelle T la théorie de L constituée des formules suivantes :

H_1 : $\forall v_0 ffv_0 \simeq fv_0$;
H_2 : $\forall v_0 ggv_0 \simeq gv_0$;
H_3 : $\forall v_0 (fgv_0 \simeq c \wedge gfv_0 \simeq c)$;
H_4 : $\forall v_0 \forall v_1 ((fv_0 \simeq fv_1 \wedge gv_0 \simeq gv_1) \Longrightarrow v_0 \simeq v_1)$;
H_5 : $\forall v_1 \forall v_2 ((fv_1 \simeq v_1 \wedge gv_2 \simeq v_2) \Longrightarrow \exists v_0 (fv_0 \simeq v_1 \wedge gv_0 \simeq v_2))$.

a) Montrer que, pour tout terme t de L, on est dans au moins un des quatre cas suivants :

- $T \vdash^* t \simeq c$;
- il existe une variable x telle que $T \vdash^* t \simeq x$;
- il existe une variable x telle que $T \vdash^* t \simeq fx$;
- il existe une variable x telle que $T \vdash^* t \simeq gx$.

b) Soient A et B deux ensembles non vides, a_0 un élément de A et b_0 un élément de B. On appelle $\mathfrak{M}(A,B,a_0,b_0)$ la L-structure dont l'ensemble de base est $A \times B$, dans laquelle c est interprété par (a_0,b_0), f par l'application $(a,b) \longmapsto (a,b_0)$ et g par l'application $(a,b) \longmapsto (a_0,b)$. Montrer que $\mathfrak{M}(A,B,a_0,b_0)$ est un modèle de T.

c) Montrer que les formules suivantes sont conséquences de T :

H_6 : $fc \simeq c$;
H_7 : $gc \simeq c$;
H_8 : $\forall v_0 (fv_0 \simeq v_0 \Longleftrightarrow gv_0 \simeq c)$;
H_9 : $\forall v_0 (gv_0 \simeq v_0 \Longleftrightarrow fv_0 \simeq c)$;
H_{10} : $\forall v_0 (fv_0 \simeq v_0 \Longleftrightarrow \exists v_1 fv_1 \simeq v_0)$;
H_{11} : $\forall v_0 (gv_0 \simeq v_0 \Longleftrightarrow \exists v_1 gv_1 \simeq v_0)$;
H_{12} : $\forall v_0 ((fv_0 \simeq v_0 \wedge gv_0 \simeq v_0) \Longleftrightarrow v_0 \simeq c)$;
H_{13} : $\forall v_0 \forall v_1 (fv_0 \simeq gv_1 \Longrightarrow fv_0 \simeq c)$.

d) Etant donnés quatre ensembles non vides A, B, C et D et quatre éléments $a_0 \in A$, $b_0 \in B$, $c_0 \in C$ et $d_0 \in D$, montrer que, si A et C sont équipotents, et si B et D sont équipotents, alors les structures $\mathfrak{M}(A,B,a_0,b_0)$ et $\mathfrak{M}(C,D,c_0,d_0)$ sont isomorphes (deux ensembles sont dits équipotents s'il existe une bijection entre eux).

e) Soit $\mathfrak{M} = \langle M, \alpha, \varphi, \psi \rangle$ un modèle de T. On pose :

$$A = \{x \in M \ ; \ \varphi(x) = x\},\ B = \{x \in M \ ; \ \psi(x) = x\},\ a_0 = b_0 = \alpha.$$

Montrer que $\mathfrak{M}$ est isomorphe à la structure $\mathfrak{M}(A,B,a_0,b_0)$.

Pour chaque entier $n \geqslant 1$, écrire une formule close F_n (respectivement : G_n) de L vraie dans $\mathfrak{M}$ si et seulement si l'ensemble A (respectivement : B) a au moins n éléments.

Montrer que la théorie $T_{np} = T \cup \{F_n, G_p, \neg F_{n+1}, \neg G_{p+1}\}$ est complète quels que soient les entiers n et $p \geqslant 1$.

f) Soit F une formule close de L satisfaite dans tout modèle infini de T. Montrer qu'il existe au moins un entier n tel que $T \cup \{F_n \vee G_n\} \vdash^* F$.

La théorie $T \cup \{F_k \vee G_k \ ; \ k \in \mathbb{N}^*\}$ est-elle complète ?

Les deux dernières questions qui vont suivre utilisent des notions qui ne seront traitées que dans les chapitres 7 et 8.

g) Décrire tous les modèles dénombrables de T.

h) La théorie $T'' = T \cup \{F_k \ ; \ k \in \mathbb{N}^*\} \cup \{G_k \ ; \ k \in \mathbb{N}^*\}$ est-elle complète ? (Pour cette question, on aura besoin du théorème de Vaught (corollaire 2.6 du chapitre 8).)

14. On considère le langage L constitué d'un symbole de fonction unaire f.
On désigne par A la formule :

$$\forall x\,(fffx \simeq x \wedge \neg fx \simeq x).$$

a) Démontrer que la formule suivante est conséquence de A :

$$\forall x\, \exists y\, \forall z\, (\neg ffx \simeq x \wedge \neg ffx \simeq fx \wedge fy \simeq x \wedge (fz \simeq x \Rightarrow z \simeq y)).$$

Pour chaque entier $n \in \mathbb{N}^*$, on désigne par F_n la formule :

$$\exists x_1 \exists x_2 \ldots \exists x_n \forall x\, ((\bigwedge_{1 \leqslant i < j \leqslant n} \neg x_i \simeq x_j) \wedge (\bigvee_{1 \leqslant i \leqslant n} x \simeq x_i)).$$

b) Montrer que, pour tout entier $n \in \mathbb{N}^*$, la formule $A \wedge F_n$ admet un modèle si et seulement si n est un multiple de **3**.

c) Montrer que, pour chaque $p \in \mathbb{N}^*$, la théorie $\{A, F_{3p}\}$ est complète.

d) Donner un modèle dénombrable de la formule A (c'est-à-dire un modèle de A dont l'ensemble de base soit en bijection avec l'ensemble des entiers naturels).

e) Démontrer que tous les modèles dénombrables de A sont isomorphes.

15. On considère un langage L comportant deux symboles de fonction unaires **d** et **g**. Pour chaque terme t de L, on pose : $d^0t = g^0t = t$, et, pour chaque entier k, $d^{k+1}t = dd^kt$ et $g^{k+1}t = gg^kt$.

On appelle F la formule :

$$\forall x \forall y \exists u \exists v (((dx \simeq dy \vee gx \simeq gy) \Longrightarrow x \simeq y) \wedge (x \simeq du \wedge x \simeq gv) \wedge (\neg dx \simeq gx \wedge dgx \simeq gdx)),$$

et, pour chaque couple (m,n) d'entiers naturels, F_{mn} la formule :

$$\forall x (\neg d^m g^n x \simeq x \wedge \neg d^m x \simeq g^n x).$$

On désigne par T la théorie constituée par F et par l'ensemble des formules F_{mn} telles que $(m,n) \neq (0,0)$.

a) Montrer que, pour tout terme t de L, il existe une variable x et des entiers m et n tels que :

$$T \vdash^* \forall x\, t \simeq d^m g^n x.$$

b) Vérifier que la structure $\mathfrak{M}_0$ dont l'ensemble de base est $\mathbb{Z} \times \mathbb{Z}$ et où les symboles d et g sont respectivement interprétés par les applications :

$s_d : (i,j) \longmapsto (i,j+1)$ (successeur droit)

et $s_g : (i,j) \longmapsto (i+1,j)$ (successeur gauche)

est un modèle de T, que nous appellerons le **modèle standard** de T.

c) Montrer que, étant donnés deux entiers relatifs a et b, l'application h_{ab} de $\mathbb{Z} \times \mathbb{Z}$ dans $\mathbb{Z} \times \mathbb{Z}$ définie par $h_{ab}(i,j) = (i+a, j+b)$ est un automorphisme de $\mathfrak{M}_0$.

d) Quelles sont les parties de $\mathbb{Z} \times \mathbb{Z}$ définissables dans la structure $\mathfrak{M}_0$ par une formule de L ?

16. On s'autorise les abus de notations suivants : pour chaque entier $n \geqslant 1$, on note $0, 1, \ldots, n-1$ les éléments de $\mathbb{Z}/n\mathbb{Z}$ (c'est-à-dire les classes respectives modulo n de $0, 1, 2, \ldots, n-1$), et + l'addition dans cet ensemble.

a) Le langage L est constitué d'un symbole de fonction unaire f.

On considère les L-structures suivantes :

$$\mathfrak{M}_1 = \langle \mathbb{Z}/n\mathbb{Z} , x \longmapsto x+1 \rangle ;$$
$$\mathfrak{M}_2 = \langle \mathbb{Z}/n\mathbb{Z} , x \longmapsto x+2 \rangle .$$

Pour chacune d'elles, déterminer les sous-ensembles définissables de l'ensemble de base.

b) Le langage L' est constitué d'un symbole de fonction binaire g.

On considère les L'-structures suivantes :

$$\mathfrak{N}_1 = \langle \mathbb{Z}/3\mathbb{Z} , (x,y) \longmapsto x+y \rangle ;$$
$$\mathfrak{N}_2 = \langle \mathbb{Z}/6\mathbb{Z} , (x,y) \longmapsto x+y \rangle ;$$
$$\mathfrak{N}_3 = \langle \mathbb{R} , (x,y) \longmapsto xy \rangle .$$

Pour chacune d'elles, déterminer les sous-ensembles définissables de l'ensemble de base.

c) Le langage L" est constitué d'un symbole de relation binaire R.

On considère la L"-structure $< \mathbb{R} , \leqslant >$.

1) Quels sont les sous-ensembles de $\mathbb{R}$ définissables dans cette structure ?

2) Quels sont les sous-ensembles de $\mathbb{R}^2$ définissables dans cette structure ?

17. Etant donnés un entier $n \geqslant 2$ et une relation binaire S sur un ensemble E, on appelle **cycle d'ordre** n (ou n-**cycle**) **pour** S tout n-uple $(a_1,a_2,...,a_n)$ d'éléments de E vérifiant : $(a_1,a_2) \in S$, $(a_2,a_3) \in S$, ..., $(a_{n-1},a_n) \in S$ et $(a_n,a_1) \in S$. Par exemple, l'ordre strict usuel sur $\mathbb{R}$ n'admet aucun n-cycle, tandis que la relation binaire sur l'ensemble $\{1,2,3\}$ dont le graphe est $\{(1,2),(2,3),(3,1)\}$ admet des 3-cycles mais aucun 2-cycle.

Dans le langage du premier ordre L constitué d'un symbole de relation binaire R, on considère, pour chaque entier $n \geqslant 2$, la formule F_n suivante :

$$\forall x_1 \forall x_2 ... \forall x_n \neg(Rx_1x_2 \wedge Rx_2x_3 \wedge ... \wedge Rx_{n-1}x_n \wedge Rx_nx_1).$$

On pose $T = \{F_n ; n \in \mathbb{N}, n \geqslant 2\}$.

On dira qu'une L-structure $< M , \overline{R} >$ est **sans cycle** si, pour tout entier $n \geqslant 2$, $\overline{R}$ n'admet aucun n-cycle, et est **avec cycles** dans le cas contraire. Il est clair que les modèles de T sont les L-structures sans cycle.

a) Donner, pour chaque $n \geqslant 2$, un modèle de la formule :

$$F_2 \wedge F_3 \wedge ... \wedge F_n \wedge \neg F_{n+1}.$$

b) Montrer que, si G est une formule close de L qui est conséquence de T, il existe au moins un entier $p \geqslant 2$ tel que G soit satisfaite dans toute L-structure dans laquelle l'interprétation de R n'admet aucun cycle d'ordre inférieur ou égal à p.

c) Montrer que toute formule close qui est conséquence de T admet au moins un modèle avec cycles.

d) Montrer que T n'est équivalente à aucune théorie finie. (Donc, la notion de relation binaire sans cycle, axiomatisée par T, n'est pas finiment axiomatisable).

18. Rappelons qu'une relation d'ordre sur un ensemble E est une relation de **bon ordre** si et seulement si toute partie non vide de E admet pour cette relation d'ordre un plus petit élément. Nous nous proposons de montrer que cette propriété n'est pas pseudo-axiomatisable.

Soient L_0 un langage constitué uniquement d'un symbole de relation binaire R, et L un langage qui enrichit L_0. Montrer qu'il n'existe pas de théorie T de L possédant la propriété suivante : pour toute L_0-structure $\mathfrak{M} = < M , \rho >$, ρ est un bon ordre sur M si et seulement si $\mathfrak{M}$ peut être enrichie en une L-structure qui est un modèle de T.

On utilisera pour cela le langage L' obtenu en ajoutant à L une infinité dénombrable de nouveaux symboles de constante : c_0, c_1, ..., c_n, ... (deux à deux distincts), et, pour chaque entier n, on considérera la formule close F_n suivante de L' :

$$Rc_{n+1}c_n \wedge \neg c_{n+1} \simeq c_n.$$

19. Soient L un langage du premier ordre et L' le langage obtenu en ajoutant à L de nouveaux symboles de constante : $c_1, c_2, \ldots, c_k$.

On considère une théorie T et une formule $F[x_1,x_2,\ldots,x_k]$ de L.

Montrer que, si $F[c_1,c_2,\ldots,c_k]$ (formule close de L') est conséquence de T (considérée comme théorie de L'), alors $T \vdash^* \forall x_1 \forall x_2 \ldots \forall x_k F[x_1,x_2,\ldots,x_k]$ (la conclusion ne concernant que le langage L).

20. Soient L un langage du premier ordre, $\mathfrak{M} = \langle M, \ldots \rangle$ une L-structure, et T une théorie de L.

On rappelle que $\Delta(\mathfrak{M})$ désigne le diagramme simple de $\mathfrak{M}$ (5.10, définition 1).

a) On suppose qu'aucune extension de $\mathfrak{M}$ n'est un modèle de T. Montrer qu'il existe une formule $G[x_1,x_2,\ldots,x_n]$ sans quantificateur de L telle que :

$$T \vdash^* \forall x_1 \forall x_2 \ldots \forall x_n G[x_1,x_2,\ldots,x_n]$$

et

$$\mathfrak{M} \nvDash \forall x_1 \forall x_2 \ldots \forall x_n G[x_1,x_2,\ldots,x_n].$$

(Considérer la théorie $T \cup \Delta(\mathfrak{M})$; utiliser le théorème 5.10 et l'exercice 19).

b) On désigne par U(T) l'ensemble des formules closes universelles de L qui sont conséquences de T.

Montrer que, pour qu'il existe une extension de $\mathfrak{M}$ qui soit un modèle de T, il faut et il suffit que $\mathfrak{M}$ soit un modèle de U(T).

(Ce résultat est un cas particulier de ce qu'on appelle le **théorème de plongement**).

c) Appelons sous-structure **de type fini** de $\mathfrak{M}$ toute sous-structure de $\mathfrak{M}$ engendrée par une partie finie non vide de M. (La sous-structure de $\mathfrak{M}$ engendrée par une partie non vide $A \subseteq M$ est la plus petite sous-structure de $\mathfrak{M}$ dont l'ensemble de base contienne A : voir l'exercice 12.)

Montrer que, pour que $\mathfrak{M}$ admette une extension qui soit un modèle de T, il faut et il suffit que toute sous-structure de type fini de $\mathfrak{M}$ ait la même propriété.

21. On considère un langage du premier ordre L et on note $\mathcal{F}_1$ l'ensemble des formules de L à au plus une variable libre.

Etant donnés une L-structure $\mathfrak{M} = \langle M, \ldots \rangle$ et un élément $a \in M$, on appelle **type de a dans $\mathfrak{M}$** (ou simplement **type de a** s'il n'y a pas ambiguïté ; ce vocabulaire sera repris au chapitre 8) l'ensemble $\theta(a)$ des formules de $\mathcal{F}_1$ satisfaites par l'élément a dans le modèle $\mathfrak{M}$. Autrement dit, on pose :

$$\theta(a) = \{ F[v] \in \mathcal{F}_1 \text{ ; v est une variable et } \mathfrak{M} \models F[a] \}.$$

a) Montrer que, si, dans une L-structure $\mathfrak{M} = \langle M, \ldots \rangle$, une partie $A \subseteq M$ est constituée d'éléments ayant tous le même type, alors toute partie de M définissable dans $\mathfrak{M}$ par une formule de L contient A ou est disjointe de A (voir la définition 5.11).

b) Soient h un automorphisme d'une L-structure $\mathfrak{M} = \langle M, \ldots \rangle$, et a un élément de M. Montrer que a et h(a) ont même type.

c) R, f, g et c étant, respectivement, un symbole de relation binaire, un symbole de fonction unaire, un symbole de fonction binaire et un symbole de constante, on demande, dans chacun des exemples suivants, de trouver deux éléments a et b du modèle proposé ayant des types distincts ou de montrer que ce n'est pas possible.

- $L_1 = \{R\}$; $\mathfrak{M}_1 = \langle \mathbb{R}, \leqslant \rangle$;
- $L_2 = \{f\}$; $\mathfrak{M}_2 = \langle \mathbb{N}, n \longmapsto n+1 \rangle$;
- $L_3 = \{f\}$; $\mathfrak{M}_3 = \langle \mathbb{Z}, n \longmapsto n+1 \rangle$;
- $L_4 = \{g, c\}$; $\mathfrak{M}_4 = \langle \mathbb{Z}, +, 0 \rangle$;
- $L_5 = \{g\}$; $\mathfrak{M}_5 = \langle \mathbb{Z}, + \rangle$.

d) Soit T une théorie de L, et soient $F_1, F_2, \ldots, F_n$ n formules de $\mathcal{F}_1$ ($n \geqslant 1$).

On suppose que la formule :

$$G = \forall v_0 \forall v_1 \big(\bigwedge_{1 \leqslant i \leqslant n} (F_i[v_0] \Longleftrightarrow F_i[v_1]) \Longrightarrow v_0 = v_1 \big)$$

est conséquence de T.

Montrer que tout modèle de T a au plus 2^n éléments.

e) Soit S une théorie de L qui admet au moins un modèle infini.

Montrer qu'il existe un modèle $\mathfrak{M} = \langle M, \ldots \rangle$ de S tel que M contienne au moins deux éléments distincts ayant le même type.

(Indication : raisonner par l'absurde ; enrichir le langage de deux nouveaux symboles de constante distincts, appliquer ensuite le théorème de compacité à une théorie appropriée écrite dans le langage enrichi, enfin utiliser l'exercice 19 et la question précédente.)

f) Donner un exemple de langage L et de théorie T de L tels que :

- il existe au moins un modèle de T de cardinal $\geqslant 2$;
- il n'existe aucun modèle de T qui contienne deux éléments distincts ayant même type.

g) Donner un exemple de réalisation infinie d'un langage L fini qui ne contienne pas d'éléments distincts ayant même type.

Chapitre 4

Les théorèmes de complétude

La formalisation que a l'on effectuée jusqu'à présent a permis de représenter les énoncés mathématiques, ou du moins certains d'entre eux, sous la forme de suites de symboles. On va poursuivre dans cette direction et formaliser maintenant les preuves. Il y a bien des façons de faire cela, et, disons-le tout de suite, celle que l'on a choisie présente un certain nombre d'inconvénients ; en particulier elle reflète assez mal la manière dont ces preuves sont pensées dans le cerveau des mathématicien(ne)s. De plus elle se prête peu à l'analyse des démonstrations, analyse qu'il est convenu d'appeler théorie de la démonstration, et dont on ne parlera que peu dans ce livre. En revanche, elle est un peu plus proche de la façon dont sont écrites les démonstrations, et surtout, elle nécessite l'introduction de peu de notions préalables. C'est pourquoi elle nous est apparue la plus facile à comprendre lors d'un premier contact.

Une démonstration formelle est une suite de formules, dont chacune est justifiée, soit parce que c'est un axiome, soit parce qu'elle peut se déduire de formules qui la précèdent. Il est bien clair que, si on s'y prend correctement, une démonstration ne peut conduire qu'à des formules universellement valides. La réciproque de cette assertion, à savoir que toute formule universellement valide admet une démonstration, est ce qu'on appelle un théorème de complétude, et, effectivement, un tel résultat montre que les axiomes et les règles que l'on s'est fixés sont suffisamment forts, autrement dit qu'ils sont complets. Dans la seconde section, on en donnera une preuve utilisant une méthode due à Henkin, et on en tirera une importante conséquence, purement sémantique, le théorème de compacité. Le but de la troisième section est d'exposer la méthode de Herbrand, qui permet de ramener la satisfaisabilité d'une formule du calcul des prédicats à la satisfaisabilité d'un ensemble infini de formules propositionnelles.

Un aspect essentiel est le caractère effectif de ces notions. Par exemple, une question très naturelle est la suivante : peut-on trouver un algorithme produisant les démonstrations des théorèmes ? On verra plus tard, au chapitre 6, ce qu'il faut penser de cette question en général. Dans la quatrième section on va s'intéresser à une classe restreinte de formules universelles (les clauses universelles), et on va introduire un nouveau type de démonstration ; c'est la méthode de résolution. Cette méthode se prête mieux à une implémentation sur machine (c'est la base du langage prolog). On se contentera d'esquisser les algorithmes nécessaires, sans donner les détails d'une éventuelle réalisation.

Dans ce chapitre, on ne parlera pas de l'égalité ; on ne supposera donc pas que ce symbole fasse partie du langage, et, lorsqu'il en fait partie, les modèles que l'on construit n'ont aucune raison d'être des modèles égalitaires. Cependant, on peut se ramener à des modèles égalitaires grâce au théorème 6.3 du chapitre 3. Pour éviter les malentendus, on réservera, dans tout ce chapitre, le mot démonstration pour les démonstrations formelles. Le mot preuve sera utilisé pour désigner ce qui est nécessaire pour prouver les théorèmes énoncés, et que l'on pourrait aussi appeler méta-démonstration, conformément à ce qui a été dit dans l'introduction.

1. DEMONSTRATIONS FORMELLES

Règles et axiomes

1.1 En mathématiques, démontrer un théorème, c'est le déduire de propositions données au préalable et que l'on appelle **axiomes**, au moyen de **règles** bien précises. C'est cette notion de démonstration que l'on va formaliser dans cette section. Pour la définir, il nous faut donc préciser ce que sont les axiomes et ce que sont les règles ; commençons par les règles :

LES REGLES DE DEDUCTION : Ce sont des règles qui, à partir d'une ou plusieurs formules, permettent d'en déduire une autre. Dans la notion de démonstration qui est présentée ici, il y a deux règles de déduction :

1) Le **modus ponens** : à partir des deux formules F et $F \Rightarrow G$, le modus ponens permet de déduire G. Cette appellation latine ne vous est peut-être pas familière, mais ce qu'elle recouvre correspond à un type de raisonnement tout à fait banal.

2) La **règle de généralisation** : si F est une formule et v une variable, la règle de généralisation permet de déduire $\forall v F$ de F. Cette règle est un peu plus troublante que la précédente, mais sa justification est simple : si on sait démontrer $F(v)$, et ce, sans hypothèse particulière sur v, alors on saura que $\forall v F(v)$ est aussi vraie. Elle est couramment utilisée en mathématiques. Imaginez, par exemple, que vous vouliez prouver que tout entier positif est la somme de quatre carrés. Vous diriez : soit n un entier positif, et vous développeriez un argument se terminant par : donc, il existe a, b,

c, et d tels que $n = a^2 + b^2 + c^2 + d^2$, et vous estimeriez, à juste titre, avoir terminé la preuve. Ce n'est qu'une application de la règle de généralisation, où n joue le rôle de la variable libre.

L'exercice 5 aide à apprécier l'utilité de cette règle.

LES AXIOMES LOGIQUES : Ce sont les formules suivantes :

1) Les **tautologies**. Rappelons que les tautologies dans le calcul des prédicats sont les formules obtenues de la façon suivante : on part d'une tautologie F du calcul des propositions dont les variables propositionnelles sont, disons, $A_1, A_2, \ldots, A_n$. On dispose d'autre part de n formules $G_1, G_2, \ldots, G_n$ du langage considéré. La formule H obtenue en remplaçant dans F toutes les occurrences de A_1 par G_1, celles de A_2 par G_2, etc. est alors, par définition, une tautologie du calcul des prédicats (voir chapitre 3, 3.5).

2) Les **axiomes des quantificateurs** : Ils se répartissent en trois ensembles infinis (on appelle généralement ces ensembles infinis des schémas d'axiomes) :

a) les formules de la forme :

$$\exists vF \Longleftrightarrow \neg\forall v\neg F$$

où F est une formule quelconque et v variable quelconque ;

b) les formules de la forme :

$$\forall v(F \Longrightarrow G) \Longrightarrow (F \Longrightarrow \forall vG)$$

où F et G sont des formules quelconques et v une variable qui n'a pas d'occurrence libre dans F ;

c) les formules de la forme :

$$\forall vF \Longrightarrow F_{t/v}$$

où F est une formule, t un terme et aucune occurrence libre de v dans F ne se trouve dans le champ (ou sous le scope) d'un quantificateur liant une variable de t.

1.2 On va, pour chacun des trois schémas d'axiomes, montrer que l'on a affaire à des formules universellement valides et aussi justifier les restrictions éventuelles sur les variables.

a) Ces axiomes n'offrent aucune difficulté. Leur but est de donner une définition syntaxique du quantificateur existentiel à partir du quantificateur universel (voir chapitre 3, théorème 3.9, (1)).

b) Ce n'est pas bien difficile non plus (chapitre 3, théorème 3.9, (16)). La restriction au sujet de la variable v est clairement indispensable : par exemple, prenons un langage n'ayant qu'un symbole de prédicat unaire P et posons $F = G = Pv$. Alors $\forall v(Pv \Longrightarrow Pv)$ est toujours vrai, contrairement à $Pv \Longrightarrow \forall vPv$, qui veut dire que, si un point satisfait P, alors tous les points satisfont P.

c) C'est le schéma le plus difficile à comprendre parce que la condition qui l'accompagne n'est pas simple, et aussi, peut-être, parce qu'une analyse superficielle pourrait laisser croire que $\forall vF \Rightarrow F_{t/v}$ est toujours satisfaite, sans qu'il soit utile de faire des restrictions. Montrons qu'il n'en est rien.

Considérons, dans un langage comprenant un seul symbole de prédicat binaire R, la formule $F = \exists v_1 \neg Rvv_1$, et le terme $t = v_1$. Alors $F_{t/v} = \exists v_1 \neg Rv_1v_1$, et

$$\forall vF \Rightarrow F_{t/v} = \forall v \exists v_1 \neg Rvv_1 \Rightarrow \exists v_1 \neg Rv_1v_1 ;$$

cette formule est fausse, par exemple, dans une structure dont l'ensemble de base a plus d'un élément et où R est interprété par l'égalité.

On voit bien ce qui se passe : contrairement à ce qu'on pouvait naïvement attendre, la formule $F_{t/v}$ n'exprime pas du tout que l'objet représenté par t possède la propriété formalisée par F ; la raison en est que le terme t, qui est ici une variable, se retrouve quantifié dans $F_{t/v}$.

On montre maintenant que toutes les formules du schéma c) sont universellement valides. Soient $u_1,u_2,\ldots,u_n$ les variables de t et $w_1,w_2,\ldots,w_p$ les variables libres de $\forall vF$ autres que $u_1,u_2,\ldots,u_n$. Insistons : les variables w_i sont différentes des u_j, mais les u_i peuvent très bien apparaître, libres ou liées, dans $\forall vF$, et il n'est pas exclu que la variable v se trouve parmi les u_j. Cette hypothèse nous place exactement dans les conditions d'application de la proposition 3.2 du chapitre 3.

Soit $\mathfrak{M}$ une structure du langage de F ; Nous allons voir que notre formule $\forall v F \Rightarrow F_{t/v}$ y est vraie. Considérons des éléments $a_1, a_2, \ldots, a_n, b_1, b_2, \ldots, b_p$ de la base M de $\mathfrak{M}$ tels que $<\mathfrak{M}, u_1 \to a_1, u_2 \to a_2, \ldots, u_n \to a_n, w_1 \to b_1, w_2 \to b_2, \ldots, w_p \to b_p> \models \forall v F$. Cela signifie par définition que, pour tout élément $a \in M$, on a :

(•) $\quad <\mathfrak{M}, v \to a, u_1 \to a_1, u_2 \to a_2, \ldots, u_n \to a_n, w_1 \to b_1, w_2 \to b_2, \ldots, w_p \to b_p> \models F.$

En prenant pour a l'élément $\bar{t}^{\mathfrak{M}}[a_1,a_2,\ldots,a_n]$, on peut conclure, grâce à la proposition 3.2 du chapitre 3, que :

$<\mathfrak{M}, u_1 \to a_1, u_2 \to a_2, \ldots, u_n \to a_n, w_1 \to b_1, w_2 \to b_2, \ldots, w_p \to b_p> \models F_{t/v}$,

ce qui achève notre preuve.

En fait, ce schéma c) sera surtout utilisé sous la condition qu'aucune variable de t ne soit liée dans F (qui est évidemment une condition plus forte que celle qui a été requise pour le schéma c)), et en particulier si t est un terme clos. On s'en servira aussi dans l'exemple 4 de 1.3, exemple qui sera lui-même utilisé plusieurs fois dans la preuve du théorème de complétude.

Démonstrations formelles

1.3 On peut maintenant donner la définition d'une démonstration formelle. Rappelons que les formules qui forment une théorie sont des formules closes.

DEFINITION : *Soient* T *une théorie et* F *une formule de* L ; *une* ***démonstration (formelle) de* F *dans* T** *est une suite finie de formules* $\mathscr{D} = (F_0, F_1, \ldots, F_n)$ *de* L *se terminant par* F *et qui est telle que chaque* F_i *(pour* i *variant de* 0 *à* n*) satisfait au moins l'une des conditions suivantes :*

- $F_i \in T$
- F_i *est un axiome logique.*
- F_i *se déduit d'une ou de deux formules qui la précèdent dans la suite* $\mathscr{D}$ *par l'une des deux règles de déduction.*

S'il existe une démonstration de F *dans* T, *on dit que* F *est* ***démontrable dans*** T *ou que* F *est* ***conséquence syntaxique*** *de* T, *ou que* F *est un* ***théorème*** *de* T, *et on écrit* $T \vdash F$. *Dans le cas où* T *est vide, on dit que* F *est* ***démontrable*** *et on écrit* $\vdash F$.

EXEMPLE 1 : Supposons que F et G soient deux formules closes et posons $T = \{ F, G \}$; on va montrer que $T \vdash F \wedge G$. Voici une suite de formules qui constitue une démonstration de $F \wedge G$ dans T :

(1) F (F est dans T)

(2) G (G est dans T)

(3) $F \Rightarrow (G \Rightarrow (F \wedge G))$ (c'est une tautologie)

(4) $G \Rightarrow (F \wedge G)$ (par modus ponens à partir de (1) et (3))

(5) $F \wedge G$ (par modus ponens à partir de (2) et (4)).

EXEMPLE 2 : Soient F une formule et t un terme et on suppose qu'aucune occurrence libre de v dans F ne se trouve sous le scope d'un quantificateur liant une variable de t. On va montrer que $\vdash F_{t/v} \Rightarrow \exists v F$:

(1) $\forall v \neg F \Rightarrow \neg F_{t/v}$ (axiome des quantificateurs de type c))

(2) $(\forall v \neg F \Rightarrow \neg F_{t/v}) \Rightarrow (F_{t/v} \Rightarrow \neg \forall v \neg F)$

(tautologie obtenue à partir de $(A \Rightarrow \neg B) \Rightarrow (B \Rightarrow \neg A)$).

(3) $F_{t/v} \Rightarrow \neg \forall v \neg F$ (par modus ponens à partir de (1) et de (2))

(4) $\exists v F \Leftrightarrow \neg \forall v \neg F$ (axiomes des quantificateurs de type a))

(5) $(F_{t/v} \Rightarrow \neg \forall v \neg F) \Rightarrow ((\exists v F \Leftrightarrow \neg \forall v \neg F) \Rightarrow (F_{t/v} \Rightarrow \exists v F))$

(tautologie obtenue à partir de $(A \Rightarrow B) \Rightarrow ((C \Leftrightarrow B) \Rightarrow (A \Rightarrow C))$)

(6) $(\exists vF \Longleftrightarrow \neg\forall v\neg F) \Longrightarrow (F_{t/v} \Longrightarrow \exists vF)$ (par modus ponens à partir de (3) et (5))

(7) $F_{t/v} \Longrightarrow \exists vF$ (par modus ponens à partir de (4) et (6)).

EXEMPLE 3 : Si w est une variable qui n'a aucune occurrence dans F (ni libre ni liée), alors $\vdash \forall wF_{w/v} \Longrightarrow \forall vF$:

(1) $\forall wF_{w/v} \Longrightarrow (F_{w/v})_{v/w}$

Il s'agit d'une utilisation un peu acrobatique du schéma c) : en effet, dans $F_{w/v}$, les seules occurrences libres de w sont celles qui ont pris la place des occurrences libres de v dans F, et, bien évidemment, celles-ci ne se trouvent pas sous le scope d'un quantificateur liant v (sinon, elles ne seraient pas libres !). La formule (1) appartient donc bien au schéma c).

Puisque w n'a pas d'occurrence dans F, $(F_{w/v})_{v/w} = F$. On peut donc réécrire :

(1) $\forall wF_{w/v} \Longrightarrow F$

Par généralisation :

(2) $\forall v(\forall wF_{w/v} \Longrightarrow F)$

et, puisque v n'est pas libre dans $\forall wF_{w/v}$, la formule suivante fait partie du schéma b) :

(3) $\forall v(\forall wF_{w/v} \Longrightarrow F) \Longrightarrow (\forall wF_{w/v} \Longrightarrow \forall vF)$

(4) $\forall wF_{w/v} \Longrightarrow \forall vF$, par modus ponens.

EXEMPLE 4 : Montrons que $\vdash \forall v F \Longrightarrow F$.

C'est encore une utilisation du schéma c). En effet, $F = F_{v/v}$, et il est bien clair que, dans F, les occurrences libres de v ne se trouvent pas sous le scope d'un quantificateur liant v.

EXEMPLE 5 : Montrons enfin que $\vdash \forall v_0\forall v_1F \Longrightarrow \forall v_1\forall v_0F$.

(1) $\forall v_0\forall v_1F \Longrightarrow \forall v_1F$ (exemple 4)

(2) $\forall v_1F \Longrightarrow F$ (exemple 4)

(3) $(\forall v_0\forall v_1F \Longrightarrow \forall v_1F) \Longrightarrow((\forall v_1F \Longrightarrow F) \Longrightarrow(\forall v_0\forall v_1F \Longrightarrow F))$

c'est une tautologie ; en appliquant deux fois le modus ponens, on obtient :

(4) $\forall v_0\forall v_1F \Longrightarrow F$

(5) $\forall v_0(\forall v_0\forall v_1F \Longrightarrow F)$ (par généralisation)

(6) $\forall v_0(\forall v_0\forall v_1F \Longrightarrow F) \Longrightarrow (\forall v_0\forall v_1F \Longrightarrow \forall v_0F)$ (schéma b))

(7) $\forall v_0\forall v_1F \Longrightarrow \forall v_0F$ (par modus ponens)

(8) $\forall v_1(\forall v_0\forall v_1F \Longrightarrow \forall v_0F)$ (par généralisation)

(9) $(\forall v_1(\forall v_0\forall v_1F \Longrightarrow \forall v_0F)) \Longrightarrow (\forall v_0\forall v_1F \Longrightarrow \forall v_1\forall v_0F)$ (schéma b))

(10) $\forall v_0\forall v_1F \Longrightarrow \forall v_1\forall v_0F$ (par modus ponens).

1.4 REMARQUE 1 : Supposons que $F \Longrightarrow G$ soit une tautologie. Alors $\forall vF \Longrightarrow \forall vG$ est démontrable.

$\forall vF \Longrightarrow F$ (exemple 4)

$F \Longrightarrow G$ (c'est une tautologie par hypothèse)

$(\forall vF \Longrightarrow F) \Longrightarrow ((F \Longrightarrow G) \Longrightarrow (\forall vF \Longrightarrow G))$ (tautologie).

De là, sans difficulté, à l'aide de deux applications du modus ponens :

$\forall vF \Longrightarrow G$

$\forall v(\forall vF \Longrightarrow G)$ (par généralisation)

$\forall v(\forall vF \Longrightarrow G)) \Longrightarrow (\forall vF \Longrightarrow \forall vG)$ (schéma b))

$\forall vF \Longrightarrow \forall vG$ (par modus ponens).

REMARQUE 2 : Supposons que F soit une formule close, que $T \vdash F$ et que $T \cup \{ F \} \vdash G$; alors $T \vdash G$.

En effet soit $(F_0, F_1, \ldots, F_n)$ une démonstration de F (donc $F_n = F$) dans T et $(G_0, G_1, \ldots, G_m)$ une démonstration de G dans $T \cup \{ F \}$ (et donc $G_m = G$) ; alors la suite $(F_0, F_1, \ldots, F_n, G_0, G_1, \ldots, G_m)$ est une démonstration de G dans T.

1.5 DEFINITION : *On dit qu'une théorie* T *est* ***cohérente*** *s'il n'existe pas de formule* F *telle que l'on ait simultanément* $T \vdash F$ *et* $T \vdash \neg F$.

REMARQUE : Si T n'est pas cohérente, alors toute formule est démontrable dans T. En effet, supposons que $T \vdash F$ et que $T \vdash \neg F$ et soit G une formule quelconque. On peut alors mettre bout à bout une démonstration de F et une démonstration de $\neg F$. Pour obtenir une démonstration de G, il suffit d'ajouter les formules suivantes à cette suite :

$F \Longrightarrow (\neg F \Longrightarrow G)$ (c'est une tautologie)

$\neg F \Longrightarrow G$ (par modus ponens, puisque F est déjà apparue)

G (par modus ponens encore).

La réciproque (« si toute formule est démontrable dans T, alors T n'est pas cohérente ») est évidente d'après la définition. Par ailleurs, on vérifie immédiatement que :

- si T n'est pas cohérente, alors, pour toute formule F, $T \vdash F \wedge \neg F$;
- pour que T ne soit pas cohérente, il suffit qu'il existe une formule F telle que $T \vdash F \wedge \neg F$.

Théorème de finitude et lemme de déduction

1.6 Voici maintenant le **théorème de finitude**, qui est simple mais extrêmement important :

THEOREME : *Pour toute théorie* T *et toute formule* F, *si* $T \vdash F$, *alors il existe un sous–ensemble fini* T_0 *de* T *tel que* $T_0 \vdash F$.

☹ Soit $\mathscr{D}$ une démonstration de F dans T ; c'est une suite finie de formules. Elle ne fait donc appel qu'à un nombre fini de formules de T. Si T_0 est le sous-ensemble fini de T constitué de ces formules, alors $\mathscr{D}$ est aussi une démonstration de F dans T_0.
☺

COROLLAIRE 1 : *Si* T *est une théorie dont toutes les parties finies sont cohérentes, alors* T *elle-même est cohérente.*

☹ Sinon T démontre $F \wedge \neg F$ (F désigne n'importe quelle formule) et on déduit du théorème de finitude qu'il existe un sous-ensemble fini T_0 de T qui démontre cette même formule ; T_0 n'est donc pas cohérent (remarque 1.5), ce qui est contraire aux hypothèses.
☺

COROLLAIRE 2 : *Soient* I *un ensemble et, pour chaque* $i \in I$, T_i *une théorie cohérente, et on suppose que l'ensemble* $\{ T_i \,;\, i \in I \}$ *est totalement ordonné par inclusion (ce qui veut dire que, si* i *et* j *sont deux éléments de* I, *alors soit* $T_i \subseteq T_j$, *soit* $T_j \subseteq T_i$*). Alors* $T = \bigcup_{i \in I} T_i$ *est une théorie cohérente.*

☹ Si on suppose le contraire, on voit (corollaire 1) qu'il existe des formules F_1, F_2, ..., F_n dans T telles que la théorie $\{ F_k \,;\, 1 \leqslant k \leqslant n \}$ ne soit pas cohérente. Or chaque formule F_k appartient à une théorie T_{i_k}, avec $i_k \in I$, et puisque $\{ T_i \,;\, i \in I \}$ est totalement ordonné par inclusion, l'ensemble $\{ T_{i_k} \,;\, 1 \leqslant k \leqslant n \}$ admet un plus grand élément, disons T_{i_0}. Alors $\{ F_k \,;\, 1 \leqslant k \leqslant n \}$ est inclus dans T_{i_0}, qui n'est donc pas cohérente, contrairement aux hypothèses.
☺

1.7 Il est à peu près évident que, si la formule $F \Longrightarrow G$ est démontrable dans T, alors la formule G est démontrable dans $T \cup \{ F \}$ (par modus ponens). La réciproque, que l'on appelle **lemme de déduction**, est un outil extrêmement utile :

LEMME : *Soit* F *une formule close et supposons que* $T \cup \{ F \} \vdash G$. *Alors* $T \vdash F \Longrightarrow G$.

☹ Soit $\mathscr{D} = (G_0, G_1, \ldots, G_n)$ une démonstration de G dans $T \cup \{ F \}$. On va construire une démonstration $\mathscr{D}'$ de $F \Longrightarrow G$ dans T en faisant quelques insertions dans la suite $(F \Longrightarrow G_0, F \Longrightarrow G_1, \ldots, F \Longrightarrow G_n)$.

• Si G_i est une tautologie, pas de problème car $F \Longrightarrow G_i$ en est aussi une.

• Si G_i est un axiome des quantificateurs ou encore appartient à T, il faut insérer entre $F \Longrightarrow G_{i-1}$ et $F \Longrightarrow G_i$ (ou simplement placer avant $F \Longrightarrow G_i$, dans le cas où $i = 0$) les formules G_i puis $G_i \Longrightarrow (F \Longrightarrow G_i)$ (qui est une tautologie) ; $F \Longrightarrow G_i$ se déduit bien par modus ponens des deux formules précédentes.

• Si $G_i = F$, il n'y a pas de problème car $F \Longrightarrow F$ est une tautologie.

• Supposons maintenant que G_i soit obtenue par modus ponens, c'est-à-dire qu'il existe des entiers j et k strictement inférieurs à i tels que $G_k = G_j \Longrightarrow G_i$. On insère alors entre $F \Longrightarrow G_{i-1}$ et $F \Longrightarrow G_i$ les formules :

- $(F \Longrightarrow G_j) \Longrightarrow ((F \Longrightarrow (G_j \Longrightarrow G_i)) \Longrightarrow (F \Longrightarrow G_i))$ (c'est une tautologie)

- $(F \Longrightarrow (G_j \Longrightarrow G_i)) \Longrightarrow (F \Longrightarrow G_i)$ qui se déduit par modus ponens de la formule précédente et de $F \Longrightarrow G_j$ qui est déjà apparue.

- $F \Longrightarrow G_i$ se déduit alors par modus ponens de cette dernière formule et de $F \Longrightarrow (G_j \Longrightarrow G_i)$ qui est égale à $F \Longrightarrow G_k$ et qui est donc aussi déjà apparue.

• Supposons que G_i se déduise par généralisation de G_j, avec $j < i$ (donc $G_i = \forall v G_j$). Ce sont alors les formules suivantes qu'il convient d'insérer entre $F \Longrightarrow G_{i-1}$ et $F \Longrightarrow G_i$:

- $\forall v(F \Longrightarrow G_j)$ obtenue par généralisation à partir de $F \Longrightarrow G_j$

- $\forall v(F \Longrightarrow G_j) \Longrightarrow (F \Longrightarrow \forall v G_j)$ c'est un axiome des quantificateurs, car, F étant une formule close, v n'y est certainement pas libre.

- $F \Longrightarrow G_i$ se déduit par modus ponens des deux formules précédentes.

☺

Le corollaire suivant justifie les preuves par l'absurde :

COROLLAIRE : $T \vdash F$ *si et seulement si* $T \cup \{ \neg F \}$ *n'est pas cohérente.*

☹ Il est clair que si $T \vdash F$, alors $T \cup \{\neg F\}$ n'est pas cohérente. Réciproquement, si $T \cup \{\neg F\}$ n'est pas cohérente, elle démontre n'importe quelle formule, et en particulier F ; grâce au lemme de déduction, on voit que $T \vdash \neg F \Rightarrow F$. Or $(\neg F \Rightarrow F) \Rightarrow F$ est une tautologie, ce qui montre bien que $T \vdash F$.
☺

1.8 La moindre des choses que l'on puisse exiger d'une démonstration, c'est qu'elle ne conduise qu'à des formules vraies (plus précisément, une démonstration à partir d'une théorie ne doit conduire qu'à des conséquences sémantiques de cette théorie). C'est ce que nous allons voir maintenant.

THEOREME : *Soient* T une théorie, F *une formule et* F' *une clôture universelle de* F. *Alors :*

1) Si $T \vdash F$, *alors tout modèle de* T *est un modèle de* F' *(autrement dit* $T \vdash^* F$*).*

2) Si $\vdash F$, *alors* F' *est universellement valide.*

(Rappelons que les clôtures universelles d'une formule sont obtenues en quantifiant universellement toutes les variables libres de cette formule ; il peut y en avoir plusieurs, parce qu'il y a le choix dans l'ordre des quantifications : voir chapitre 3, 1.16.)

☹ Il suffit de démontrer 1) ; 2) en est un cas particulier (prendre $T = \emptyset$). On a déjà remarqué que les axiomes sont universellement valides ; leurs clôtures universelles sont donc vraies dans tout modèle de T.

On va montrer par récurrence sur n la propriété suivante :

(*) Soient $(F_0, F_1, \ldots, F_n)$ une démonstration de F_n dans T, et F'_n une clôture universelle de F_n ; alors $T \vdash^* F'_n$.

• Cas $n = 0$; alors soit la formule F_0 est un axiome, soit elle appartient à T. Dans les deux cas, F'_0 est vraie dans tout modèle de T.

• Passage de n à $n+1$; on distingue plusieurs cas :

- si F_{n+1} est un axiome ou si elle appartient à T, alors comme précédemment, tout modèle de T est un modèle de F'_{n+1}.

- F_{n+1} est obtenue par modus ponens. Il existe donc des entiers i et j inférieurs ou égaux à n tels que $F_i = F_j \Rightarrow F_{n+1}$. Supposons que les variables libres de F_i sont $v_0, v_1, \ldots, v_p$ (et donc les variables libres de F_j et de F_{n+1} sont parmi ces v_i) ; F_j et $F_j \Rightarrow F_{n+1}$ ont des démonstrations de longueur au plus n. Donc, par hypothèse de récurrence, si $\mathfrak{M}$ est un modèle de T :

$$\mathfrak{M} \models \forall v_0 \forall v_1 \ldots \forall v_p F_j$$

et $\mathfrak{M} \models \forall v_0 \forall v_1 \ldots \forall v_p (F_j \Rightarrow F_{n+1})$;

donc : $\mathfrak{M} \models \forall v_0 \forall v_1 \ldots \forall v_p F_{n+1}$.

Or les formules $\forall v_0 \forall v_1 \ldots \forall v_p F_{n+1}$ et F'_{n+1} sont universellement équivalentes, et donc :

$\mathfrak{M} \models F'_{n+1}$;

- il n'y a rien à montrer si F_{n+1} est obtenue par généralisation.

☺

COROLLAIRE : *Si* T *a un modèle, alors* T *est cohérente.*

☹ Parce que si T n'est pas cohérente, elle démontre $F \wedge \neg F$ qui n'a pas de modèle.

☺

2. LES MODELES DE HENKIN

Les témoins de Henkin

2.1 On va maintenant prouver la réciproque du dernier corollaire de la section précédente : si T est cohérente, alors T a un modèle. La preuve passe nécessairement par la construction d'un modèle, et de ce fait, est certainement beaucoup plus difficile. On a d'abord besoin d'un certain nombre de lemmes et de définitions.

DEFINITION : *Soit* T *une théorie dans un langage* L. *On dit que* T *est* ***syntaxiquement complète*** *(dans* L*) si, premièrement, elle est cohérente et deuxièmement, pour toute formule* F *close de* L, *on a* $T \vdash F$ *ou* $T \vdash \neg F$.

Il faut bien remarquer que le fait que T soit syntaxiquement complète dépend du langage dans lequel on se place ; en principe, si celui-ci n'est pas explicitement spécifié, c'est qu'il est clair d'après le contexte.

Il résultera du théorème de complétude (2.6) et du théorème 1.8 qu'une théorie est syntaxiquement complète si et seulement si elle est complète (voir 5.7, chapitre 3). Il n'y aura donc pas lieu, après cela, de distinguer entre ces deux notions.

Voici maintenant la notion qui va nous permettre de constuire les modèles :

2.2 DEFINITION : *Soit* T *une théorie dans un langage* L ; *on dit que* T *admet des* ***témoins de Henkin dans*** L *si, pour toute formule* F[v] *à une seule variable libre* v, *il existe un symbole de constante* c *dans* L *tel que :*

$$\exists v F[v] \Rightarrow F[c] \in T.$$

La preuve du théorème de complétude se scinde en deux parties : on montre d'abord qu'une théorie syntaxiquement complète et admettant des témoins de Henkin a un modèle ; ensuite qu'une théorie cohérente peut toujours s'enrichir en une théorie syntaxiquement complète ayant des témoins de Henkin.

2.3 PROPOSITION A : *Soit* T *une théorie dans* L, *syntaxiquement complète et admettant des témoins de Henkin dans* L. *Alors* T *a un modèle.*

☺ On va, à partir d'une théorie vérifiant les hypothèses de la proposition, construire de toutes pièces un modèle de T.

Soit $\mathcal{T}$ l'ensemble des termes clos de L. Comme la théorie admet des témoins de Henkin, il y a des symboles de constante dans le langage, et $\mathcal{T}$ n'est pas vide. Voici la L-structure $\mathfrak{M}$ qui s'avérera être un modèle de T :

- L'ensemble sous-jacent à $\mathfrak{M}$ est l'ensemble $\mathcal{T}$.
- Si c est un symbole de constante, son interprétation dans $\mathfrak{M}$ est c.
- Si R est un symbole de prédicat d'arité n, alors l'interprétation $R^{\mathfrak{M}}$ de R est définie par :

pour tous $t_1,t_2,\ldots,t_n$ de $\mathcal{T}$, $(t_1,t_2,\ldots,t_n) \in R^{\mathfrak{M}}$ si et seulement si $T \vdash Rt_1t_2\ldots t_n$.

- Soit f un symbole de fonction d'arité n ; il nous faut définir $f^{\mathfrak{M}}$, l'interprétation de f dans $\mathfrak{M}$, qui doit être une application de $\mathcal{T}^n$ dans $\mathcal{T}$. Si $t_1,t_2,\ldots,t_n$ sont des points de $\mathcal{T}$ alors, par définition, $f^{\mathfrak{M}}(t_1,t_2,\ldots,t_n)$ est le terme $ft_1t_2\ldots t_n$.

Avec cette définition, on voit que, si F est une formule atomique close, on a $T \vdash F$ si et seulement si $\mathfrak{M} \models F$. Cette équivalence va être étendue à toutes les formules closes de L.

La preuve se fait par induction sur F. Le cas où F est une formule atomique a déjà été vu. On suppose donc que la formule F est de l'une des formes suivantes :

1) $F = \neg G$;
2) $F = G \wedge H$;
3) $F = G \vee H$;
4) $F = G \Longrightarrow H$;
5) $F = G \Longleftrightarrow H$;
6) $F = \forall v G$;
7) $F = \exists v G$.

On ne traitera que les cas 1), 3), 6) et 7), laissant les autres au lecteur.

1) Par hypothèse de récurrence, on sait que $\mathfrak{M} \models G$ si et seulement si $T \vdash G$. Or $\mathfrak{M} \models F$ si et seulement s'il est faux que $\mathfrak{M} \models G$. Parce que T est une théorie syntaxiquement complète $T \vdash F$ si et seulement s'il est faux que $T \vdash G$; d'où le résultat.

3) On suppose d'abord que $\mathfrak{M} \models F$; alors $\mathfrak{M} \models G$ ou $\mathfrak{M} \models H$; si, par exemple $\mathfrak{M} \models G$, alors, par hypothèse de récurrence, $T \vdash G$; mais la formule $G \Longrightarrow G \vee H$ est une tautologie, et donc $T \vdash F$.

Dans l'autre sens, supposons que $T \vdash G \vee H$; si $T \vdash G$, alors, par hypothèse de récurrence, $\mathfrak{M} \models G$ et $\mathfrak{M} \models F$. Sinon, toujours parce que T est syntaxiquement complète, $T \vdash \neg G$; or $G \vee H \Longrightarrow (\neg G \Longrightarrow H)$ est une tautologie. Il en découle donc que $T \vdash H$, et, par hypothèse de récurrence, $\mathfrak{M} \models H$ et $\mathfrak{M} \models F$.

6) Si $T \vdash \forall v G$ et si $t \in \mathscr{T}$, alors, parce que la formule $\forall v G \Longrightarrow G_{t/v}$ est un axiome (t est un terme clos), on voit que $T \vdash G_{t/v}$, et par hypothèse de récurrence, $\mathfrak{M} \models G_{t/v}$. Or tout élément de $\mathfrak{M}$ est l'interprétation d'un terme clos. Il en découle que $\mathfrak{M} \models \forall v G$.

Supposons maintenant que $\forall v G$ ne soit pas démontrable dans T ; en utilisant la remarque 1 de 1.4 ($\neg\neg G \Longrightarrow G$ est une tautologie), on voit que T ne démontre pas non plus $\forall v \neg\neg G$ et, puisque T est syntaxiquement complète, $T \vdash \neg\forall v \neg\neg G$. Mais la formule $\exists v \neg G \Longleftrightarrow \neg\forall v \neg\neg G$ est un axiome du schéma a), ce qui permet, grâce à des tautologies et au modus ponens, de conclure que $T \vdash \exists v \neg G$. Parce que T admet des témoins de Henkin, il existe un symbole de constante c tel que $T \vdash \neg G_{c/v}$ (v est la seule variable libre de G puisque F est close). Comme T est cohérente, T ne démontre pas $G_{c/v}$; par hypothèse d'induction, $\mathfrak{M} \models \neg G_{c/v}$, et $\forall v G$ est faux dans $\mathfrak{M}$.

7) Si $\mathfrak{M} \models \exists v G$, c'est qu'il existe un élément de $\mathscr{T}$, disont t tel que $\mathfrak{M} \models G_{t/v}$ et, par hypothèse de récurrence, $T \vdash G_{t/v}$. Or il est facile de trouver une démonstration formelle de $\exists v G$ à partir de $G_{t/v}$ (exemple 2 de 1.3), et donc $T \models \exists v G$.

Réciproquement, supposons que $T \vdash \exists v G$. Grâce aux témoins de Henkin, on en déduit qu'il existe un symbole de constante c tel que $T \vdash G_{c/v}$, et, par hypothèse de récurrence, $\mathfrak{M} \models G_{c/v}$; donc $\mathfrak{M} \vdash \exists v G$.

Cela termine la preuve de la proposition A.

☺

Le théorème de complétude

2.4 On va voir maintenant comment obtenir une théorie satisfaisant les conditions de la proposition A à partir d'une théorie cohérente :

PROPOSITION B : *Soit* T *une théorie cohérente dans un langage* L *; alors il existe un langage* L' *contenant* L *et une théorie* T' *qui contient* T, *est syntaxiquement complète et admet des témoins de Henkin dans* L'.

Suivant la même démarche que pour le théorème de compacité du calcul des propositions (chapitre 1, 5.3), on va donner deux preuves (en fait, deux versions de la même preuve) de la proposition B. Dans la deuxième, on fera appel à l'axiome du choix ; dans la première, plus facile à comprendre, on fera l'hypothèse supplémentaire que l'ensemble des symboles de L est fini ou dénombrable. On verra plus tard (chapitre 7, 4.9) que, dans ces conditions, on peut trouver une énumération $(F_0, F_1, \ldots, F_n, \ldots)$ de toutes les formules de L.

Première preuve :

☹ On ajoute à L un ensemble infini dénombrable $C = \{c_0, c_1, \ldots, c_n, \ldots\}$ de nouveaux symboles de constante (ce qui veut dire qu'aucun des c_i n'appartient déjà à L). Soit L' le langage obtenu. Le langage L' est aussi dénombrable et on peut trouver une énumération $(F_0, F_1, \ldots, F_n, \ldots)$ de toutes les formules closes de L'.

On va définir par récurrence sur n une théorie T_n, en démarrant avec $T_0 = T$, de telle sorte que pour tout entier n, les conditions suivantes soient vérifiées :

- T_n est cohérente ;
- $T_n \subseteq T_{n+1}$;
- $T_n - T$ est fini ;
- $F_n \in T_n$ ou $\neg F_n \in T_n$;
- si F_n est de la forme $\exists vH$ et appartient à T_n, alors il existe un symbole de constante c tel que $H_{c/v} \in T_n$.

Voyons comment définir T_{n+1} à partir de T_n : on considère F_n la $(n + 1)$-ème formule dans l'énumération que l'on s'est fixée au départ. Si $T_n \cup \{ F_n \}$ est une théorie cohérente alors on pose $G_n = F_n$; sinon, c'est que $T_n \vdash \neg F_n$ (corollaire 1.7) et on pose alors $G_n = \neg F_n$. Dans les deux cas, $T_n \cup \{G_n\}$ est une théorie cohérente.

Si G_n n'est pas de la forme $\exists vH$, on s'arrête là et on pose $T_{n+1} = T_n \cup \{ G_n \}$.

Si G_n est de la forme $\exists vH$, on choisit un symbole c dans C qui n'apparaît dans aucune formule de $T_n \cup \{ G_n \}$; c'est possible car les symboles de C apparaissant dans

$T_n \cup \{ G_n \}$ apparaissent nécessairement dans $(T_n \cup \{ G_n \}) - T$, et sont donc en nombre fini. On pose alors :

$$T_{n+1} = T_n \cup \{ G_n , H_{c/v} \}.$$

Les quatre dernières conditions exigées de T_{n+1} sont clairement réalisées. Il reste à vérifier que la théorie T_{n+1} est cohérente ; cela sera une conséquence du lemme suivant :

LEMME : *Soient* S *une théorie,* F *une formule dont la seule variable libre est* v, c *un symbole de constante qui n'apparaît ni dans* F *ni dans* S *; si* $S \vdash F_{c/v}$, *alors* $S \vdash \forall vF$.

☺ Soit $(H_1,H_2,\ldots,H_n)$ une démonstration de $F_{c/v}$ dans S (et donc $H_n = F_{c/v}$). On choisit une variable w n'apparaissant dans aucune des formules H_i pour i compris entre 1 et n et on appelle K_i la formule obtenue en remplaçant dans H_i le symbole c par w. Un simple examen des règles et axiomes montre que :

- si H_i est un axiome logique, K_i en est un aussi ;
- si H_i se déduit soit par modus ponens, soit par généralisation d'une ou de deux formules précédentes, alors K_i se déduit de la même façon des formules correspondantes ;
- d'autre part, si $H_i \in S$, alors $H_i = K_i$ et $K_i \in S$.

Il découle de tout cela que $(K_1,K_2,\ldots,K_n)$ est une démonstration dans S de $F_{w/v}$. Par généralisation, on obtient $S \vdash \forall wF_{w/v}$, et grâce aux axiomes des quantificateurs, $S \vdash \forall vF$ (voir 1.3, exemple 3).

☺

On raisonne maintenant par l'absurde et on suppose, pour obtenir une contradiction, que T_{n+1} n'est pas cohérente. Avec le corollaire 1.7, on voit que :

$$T_n \cup \{ \exists vH \} \vdash \neg H_{c/v}.$$

Grâce au choix de la constante c et avec le lemme précédent, on peut déduire que :

$$T_n \cup \{ \exists vH \} \vdash \forall v \neg H$$

ce qui n'est pas possible puisque $T_n \cup \{ G_n \}$ est cohérente.

On a donc terminé la construction des théories T_n ; posons alors :

$$T' = \bigcup_{n \in \mathbb{N}} T_n .$$

On voit d'abord que T' est cohérente : cela découle du corollaire 2 de 1.6. D'autre part T' est syntaxiquement complète : soit F une formule close de L'. Il existe un entier n tel que $F = F_n$, et, par construction, $F \in T_n$ ou bien $\neg F \in T_n$. De plus T' admet des témoins de Henkin : soit H une formule de L' à une variable libre v ; il existe encore un entier n

tel que $F_n = \exists vH$, et soit $\neg F_n \in T_n$, soit il existe un symbole c tel que $H_{c/v} \in T_n$. Dans les deux cas, $T_n \vdash \exists vH \Longrightarrow H_{c/v}$, ce qui prouve que $\exists vH \Longrightarrow H_{c/v} \in T$ (sinon, T contiendrait $\neg(\exists vH \Longrightarrow H_{c/v})$ et ne serait pas cohérente).
☺

2.5 **Deuxième preuve** :
☹ On utilise ici le lemme de Zorn. On commence par ajouter des constantes de Henkin au langage. D'après le lemme 2.4, si T est une théorie cohérente dans un langage L, si F est une formule dont la seule variable libre est v, et si c est un symbole de constante n'apparaissant ni dans F ni dans T, alors la théorie $T \cup \{\exists vF[v] \Longrightarrow F[c]\}$ est encore cohérente. Introduisons un nouveau symbole de constante c_F pour chaque formule F à une seule variable libre de L et appelons L_1 le langage ainsi obtenu. Soient n un entier et, pour chaque entier p compris entre 1 et n, F_p une formule ayant une seule variable libre w_p ; alors n applications du lemme 2.4 montrent que la théorie :

$$T \cup \{\exists w_p F_p[w_p] \Longrightarrow F_p[c_{F_p}]) \ ; \ 1 \leqslant p \leqslant n\}$$

est cohérente. Du théorème de finitude (1.6), on déduit donc que la théorie :

$$T_1 = T \cup \{\exists vF[v] \Longrightarrow F[c_F] \ ; \ F \text{ est une formule de L à une variable libre v}\}$$

est encore cohérente.

Il faut bien se garder d'en conclure que T_1 admet des témoins de Henkin : elle n'en admet que pour les formules de L et c'est insuffisant puisqu'elle est exprimée dans le langage L_1 qui est plus riche. Mais il suffit de montrer un peu d'entêtement et de recommencer l'opération : ajoutons encore, pour chaque nouvelle formule F de L_1 à une seule variable libre un nouveau symbole de constante c_F ; soit L_2 le langage obtenu et posons :

$$T_2 = T_1 \cup \{\exists vF[v] \Longrightarrow F[c_F] ; F \text{ est une formule de } L_1 \text{ (et pas de L) à une variable libre v}\}.$$

La théorie T_2 est encore cohérente, et on définit de la même manière L_3 et T_3, etc. Toutes les théories T_n ainsi obtenues sont cohérentes, et puisqu'elles sont emboîtées les unes dans les autres, par le corollaire 2 de 1.6 on voit encore que $T' = \bigcup_{n \in \mathbb{N}} T_n$ est cohérente ; T' est exprimée dans le langage $L' = \bigcup_{n \in \mathbb{N}} L_n$, et, cette fois, T' admet des témoins de Henkin : si F est une formule de L' n'ayant qu'une seule variable libre v, alors il existe un entier n tel que F soit dans L_n. Par conséquent, $\exists vF[v] \Longrightarrow F[c_F] \in T_{n+1} \subseteq T'$.

Il reste à trouver T'', toujours dans L', qui soit cohérente, syntaxiquement complète, et qui contienne T'. Il est clair que T'' admettra encore des témoins de Henkin (on ne change plus de langage). Le lemme qui suit suffit donc pour conclure :

LEMME : *Soit T' une théorie cohérente dans un langage L'. Alors il existe une théorie T'' dans L' qui est cohérente, syntaxiquement complète, et qui contient T'.*

☹ C'est ici que l'on va utiliser le lemme de Zorn. Considérons l'ensemble :

$$\Gamma = \{ S \ ; \ S \text{ est une théorie cohérente de } L' \text{ contenant } T' \}.$$

La théorie T' appartient à Γ, qui n'est donc pas vide. Par ailleurs, soit :

$$\mathscr{S} = \{ S_i \ ; \ i \in I \}$$

un sous-ensemble de Γ totalement ordonné par inclusion, c'est-à-dire tel que, si i et j sont des éléments de I, alors $S_i \subseteq S_j$ ou $S_j \subseteq S_i$. Alors la théorie

$$S = \bigcup_{i \in I} S_i$$

est encore cohérente (corollaire 2 de 1.6) et est donc un majorant dans Γ de $\mathscr{S}$. On peut donc appliquer le théorème de Zorn (chapitre 7, 3.3), et trouver un élément T" maximal pour l'inclusion dans Γ. On va voir que T" est une théorie syntaxiquement complète.

Soit F une formule close de L' et supposons que $F \notin T''$. Cela veut dire que $T'' \cup \{F\}$ contient strictement T", et par maximalité de T", $T'' \cup \{F\}$ n'est pas cohérente. Avec le corollaire 1.7, on en déduit que $T'' \vdash \neg F$.

☺

La proposition B est donc encore une fois démontrée.

☺

2.6 On peut donc conclure avec le **théorème de complétude** (**Gödel**, 1930) :

THEOREME : *Toute théorie cohérente admet un modèle.*

☹ Avec la proposition B, on trouve un langage L' contenant L et une théorie T' dans L', qui est syntaxiquement complète et admet des témoins de Henkin ; avec la proposition A, on trouve un modèle $\mathfrak{M}'$ de T'. Le réduit de $\mathfrak{M}'$ à L est un modèle de T.

☺

Le théorème de complétude peut aussi s'énoncer sous la forme suivante :

PROPOSITION : *Si* T est une théorie et si F *est une formule close qui est vraie dans tout modèle de* T, *alors* $T \vdash F$.

☹ En effet si F n'est pas démontrable dans T, alors $T \cup \{ \neg F \}$ est cohérente (corollaire 1.7) et a donc un modèle.

☺

En particulier, on voit que les formules universellement valides sont exactement celles qui peuvent se démontrer dans la théorie vide.

REMARQUE : Nous voilà convaincus, grâce au théorème de complétude, que les notions de conséquence sémantique et de conséquence syntaxique coïncident. Il n'est donc plus indispensable, désormais, de faire la distinction entre elles. En particulier, au-delà de ce chapitre, les deux symboles $\vdash^*$ et $\vdash$, respectivement réservés jusqu'ici à chacune de ces deux notions, seront confondus : nous n'utiliserons plus que le second.

2.7 Concluons par un mariage heureux, celui des théorèmes de finitude (1.6) et de complétude (2.6) ; l'enfant était attendu depuis le chapitre 3 (5.5) ; c'est le **théorème de compacité du calcul des prédicats** :

THEOREME : *Si* T *est une théorie dont toute partie finie a un modèle, alors* T *elle-même a un modèle.*

☹ Toute partie finie de T est cohérente, et donc (théorème de finitude) T est cohérente. Le théorème de complétude nous dit alors que T a un modèle.
☺

3. LA METHODE DE HERBRAND

Quelques exemples

3.1 Dans cette section, on va donner une autre preuve du théorème de complétude, essentiellement pour avoir une occasion d'exposer la méthode de Herbrand. On oublie donc que l'on a déjà démontré le théorème de complétude. Bien que Herbrand entendait prouver son théorème pour toutes les formules, on se contentera ici des formules écrites sous forme prénexe. Le lecteur que cette restriction chagrine pourra toujours se ramener à ce cas en prouvant que toute formule est syntaxiquement équivalente à une formule sous forme prénexe (il faut être bien conscient de la différence avec le théorème 4.2 du chapitre 3 ; ici, on affirme qu'il existe une démonstration formelle de $F \Longleftrightarrow G$, où G est une forme prénexe de F).

On va développer un raisonnement du même type que ceux, familiers aux élèves du secondaire, qui commencent par : « supposons le problème résolu ». On cherche à déterminer si une formule F a un modèle. On suppose donc que l'on dispose d'un modèle $\mathfrak{M}$ de F, et on remarque que, dans celui-ci, il y a nécessairement des éléments satisfaisant certaines formules sans quantificateurs. On accumule ainsi un certain nombre d'informations, et après un certain temps, on s'aperçoit, soit que ces informations sont contradictoires, soit que l'on en sait assez pour construire un modèle. Voici deux exemples avant le cas général.

3.2 EXEMPLE : Le langage n'a qu'un seul symbole de prédicat ternaire P. On cherche à déterminer si la formule :

$$F = \forall v_0 \exists v_1 \exists v_2((\neg P v_0 v_1 v_2 \Longleftrightarrow P v_0 v_2 v_1) \wedge (\neg P v_0 v_1 v_2 \Longleftrightarrow P v_2 v_1 v_0) \wedge (\neg P v_0 v_1 v_2 \Longleftrightarrow P v_1 v_0 v_2))$$

a un modèle.

Le modèle éventuel ne doit pas être vide : soit donc a un de ses points. La formule F nous dit qu'il doit exister deux points, que l'on va appeler a_0 et a_1 tels que

$$(\neg P a a_0 a_1 \Longleftrightarrow P a a_1 a_0) \wedge (\neg P a a_0 a_1 \Longleftrightarrow P a_1 a_0 a) \wedge (\neg P a a_0 a_1 \Longleftrightarrow P a_0 a a_1)$$

soit vrai dans le modèle. Maintenant, a_0, à son tour, réclame l'existence de deux autres points ; évidemment, il peut arriver que l'un de ces points soit égal à a, à a_0 ou à a_1, mais en absence d'informations, on va leur donner des nouveaux noms (de toutes façons, rien n'interdit de donner plusieurs noms à un même point). Il y a donc des éléments a_{00} et a_{01} tels que

$$(\neg P a_0 a_{00} a_{01} \Longleftrightarrow P a_0 a_{01} a_{00}) \wedge (\neg P a_0 a_{00} a_{01} \Longleftrightarrow P a_{01} a_{00} a_0) \wedge (\neg P a_0 a_{00} a_{01} \Longleftrightarrow P a_{00} a_0 a_{01})$$

soit vrai dans le modèle. On fait la même chose avec a_1, et on trouve des points a_{10} et a_{11} tels que

$$(\neg P a_1 a_{10} a_{11} \Longleftrightarrow P a_1 a_{11} a_{10}) \wedge (\neg P a_1 a_{10} a_{11} \Longleftrightarrow P a_{11} a_{10} a_1) \wedge (\neg P a_1 a_{10} a_{11} \Longleftrightarrow P a_{10} a_1 a_{11})$$

soit aussi vrai dans le modèle. Il faut alors recommencer avec les points a_{00}, a_{01}, a_{10}, a_{11}, puis recommencer avec les huit nouveaux points, etc. Appelons $\mathscr{S}$ l'ensemble des suites finies de 0 et de 1. On définit donc ainsi, pour chaque $s \in \mathscr{S}$, un point a_s de telle sorte que, pour tout $s \in \mathscr{S}$:

$$(\neg P a_s a_{s0} a_{s1} \Longleftrightarrow P a_s a_{s1} a_{s0}) \wedge (\neg P a_s a_{s0} a_{s1} \Longleftrightarrow P a_{s1} a_{s0} a_s) \wedge (\neg P a_s a_{s0} a_{s1} \Longleftrightarrow P a_{s0} a_s a_{s1})$$

soit vrai. Ces renseignements nous guident maintenant dans la construction d'un modèle de F : pour chaque $s \in \mathscr{S}$, on choisit un point c_s, de telle sorte que, si $s \neq t$, $c_s \neq c_t$ (on peut, tout bêtement, prendre $c_s = s$). L'ensemble de base de notre modèle $\mathfrak{M}$ sera :

$$M = \{ c_s \text{ ; s est une suite finie de } 0 \text{ et } 1 \}.$$

Il reste à définir l'interprétation de P, et il suffit de le faire de sorte que, pour tout $s \in \mathscr{S}$

$$(\neg P c_s c_{s0} c_{s1} \Longleftrightarrow P c_s c_{s1} c_{s0}) \wedge (\neg P c_s c_{s0} c_{s1} \Longleftrightarrow P c_{s1} c_{s0} c_s) \wedge (\neg P c_s c_{s0} c_{s1} \Longleftrightarrow P c_{s0} c_s c_{s1})$$

soit vrai. A ce point, on est ramené à un problème du calcul propositionnel : en effet, introduisons pour chaque triplet (s,t,u) d'éléments de $\mathscr{S}$, une variable propositionnelle $A_{s,t,u}$. On cherche une distribution de valeurs de vérité ε qui rende vraie chacune des formules suivantes :

- $\neg A_{s,s0,s1} \Longleftrightarrow A_{s,s1,s0}$, pour $s \in \mathscr{S}$;
- $\neg A_{s,s0,s1} \Longleftrightarrow A_{s1,s0,s}$, pour $s \in \mathscr{S}$;
- $\neg A_{s,s0,s1} \Longleftrightarrow A_{s0,s,s1}$, pour $s \in \mathscr{S}$.

Si on la trouve, il suffira de définir l'interprétation $P^{\mathfrak{M}}$ de P par :

pour tous s,t,u de $\mathscr{S}$, $(c_s,c_t,c_u) \in P^{\mathfrak{M}}$ si et seulement si $\varepsilon(A_{s,t,u}) = 1$.

Si, au contraire, il n'existe pas de telle distribution, alors on saura que F n'a pas de modèle.

Dans le cas qui nous occupe, la distribution ε est, en fait, très facile à trouver : par exemple, on peut prendre $\varepsilon(A_{s,t,u}) = 1$ pour les triplets (s,t,u) de la forme (s,s0,s1), et $\varepsilon(A_{s,t,u}) = 0$ pour les autres.

On a donc trouvé un modèle de F.

3.3 EXEMPLE : Il y a dans le langage un symbole de prédicat ternaire P et un symbole de constante c. On considère les quatre formules suivantes :

F_1 : $\forall v_0\forall v_1\forall v_2\forall v_3\forall v_4\forall v_5((Pv_0v_1v_3 \wedge Pv_1v_2v_4 \wedge Pv_3v_2v_5) \Longrightarrow Pv_0v_4v_5)$

F_2 : $\forall v_0\forall v_1\forall v_2\forall v_3\forall v_4\forall v_5((Pv_0v_1v_3 \wedge Pv_1v_2v_4 \wedge Pv_0v_4v_5) \Longrightarrow Pv_3v_2v_5)$

F_3 : $\forall v_0 Pv_0cv_0$

F_4 : $\forall v_0\exists v_1 Pv_0v_1c$.

On veut prouver que ces quatre formules impliquent : $\forall v_0 Pcv_0v_0$. On ajoute donc la négation de cette dernière formule (ou plutôt une formule équivalente à cette négation) :

F_5 : $\exists v_0\neg Pcv_0v_0$

et on tente de construire un modèle des formules F_1, ..., F_5 par la même méthode que précédemment. L'échec de cette tentative nous donnera une preuve du fait que l'ensemble $\{F_1,...,F_5\}$ est contradictoire, et donc que $\forall v_0 Pcv_0v_0$ se déduit de F_1, ..., F_4.

On suppose donc que $\mathfrak{M}$ est un modèle de F_1, ..., F_5. La satisfaction de la formule F_5 exige qu'il y ait un point d dans $\mathfrak{M}$ tel que :

(1) $\mathfrak{M} \models \neg Pcdd$;

puis F_4 nous oblige à admettre l'existence de points c_i et d_i de $\mathfrak{M}$, pour $i \in \mathbb{N}$, en partant de $c_0 = c$ et $d_0 = d$, avec :

(2) $\mathfrak{M} \models Pc_ic_{i+1}c$ pour tout $i \in \mathbb{N}$;

(3) $\mathfrak{M} \models Pd_id_{i+1}c$ pour tout $i \in \mathbb{N}$.

Posons $A = \{ c_i ; i \in \mathbb{N} \} \cup \{ d_i ; i \in \mathbb{N} \}$. L'interprétation de P dans $\mathfrak{M}$ doit donc satisfaire les conditions (1),(2),(3), outre les conditions (4), (5) et (6) suivantes exigées par les formules F_1, F_2 et F_3 :

(4) $\mathfrak{M} \models (Pxyu \wedge Pyzv \wedge Puzw) \Longrightarrow Pxvw$ pour tous éléments x,y,z,u,v,w de A

(5) $\mathfrak{M} \models (Pxyu \wedge Pyzv \wedge Pxvw) \Longrightarrow Puzw$ pour tous éléments x,y,z,u,v,w de A

(6) $\mathfrak{M} \models Pxcx$ pour tout $x \in A$.

On est encore une fois ramené à un ensemble de propositions (dont les variables propositionnelles sont les Pxyz, avec x, y, z dans A), dont il faut savoir s'il est satisfaisable. On va voir qu'il ne l'est pas.

En effet, en prenant (4) avec $x = c$, $v = w = d$, on obtient des implications dont la conclusion est P(cdd), qui est faux d'après (1). Donc, on doit avoir :

(7) $\neg(Pcyu \wedge Pyzd \wedge Puzd)$ pour tous éléments y,z,u de A ;

et donc, en prenant $u = y = c$:

(8) $\neg(Pccc \wedge Pczd \wedge Pczd)$ pour tout z dans A.

Or Pccc doit être vrai d'après (6), et donc, en prenant $z = d_2$:

(9) $\neg Pcd_2d$.

La condition (5) avec $w = x = d$, $y = d_1$, $z = d_2$, $u = v = c$ donne :

(10) $(Pdd_1c \wedge Pd_1d_2c \wedge Pdcd) \Rightarrow Pcd_2d$.

Or Pdd_1c et Pd_1d_2c sont vrais d'après (3), Pdcd est vrai d'après (6) et Pcd_2d est faux d'après (9) : on a un ensemble contradictoire ; $\forall v_0 Pcv_0v_0$ se déduit bien de F_1, ..., F_4.

REMARQUE : On comprendra mieux cette preuve si on considère que P est le graphe d'une opération binaire. Alors F_1 et F_2 expriment que cette opération est associative, F_3 qu'il y a un élément neutre à droite, et F_4 que tout élément admet un inverse à droite. La conclusion F_5, c'est que l'élément neutre à droite est aussi élément neutre à gauche. C'est un fait qui se montre assez facilement, mais, ce qu'il y a d'un peu surprenant, c'est qu'on n'a pas besoin de l'hypothèse que P est le graphe d'une application.

Les avatars d'une formule

3.4 On va maintenant faire les choses en toute généralité. On va aussi faire les choses mieux, puisque, dans le cas où l'on n'arrive pas à construire un modèle de F, c'est vraiment une démonstration formelle de ¬F que l'on obtient. Voici tout d'abord quelques définitions :

DEFINITIONS :

1°) On dit qu'une formule F *est* ***propositionnellement satisfaisable*** *si* ¬F *n'est pas une tautologie.*

2°) On dit qu'un ensemble fini E *de formules est* ***propositionnellement satisfaisable*** *si la conjonction des formules de* E *est propositionnellement satisfaisable.*

3°) On dit qu'un ensemble de formules est **propositionnellement satisfaisable** *si tous ses sous-ensembles finis le sont.*

Soit L un langage et fixons une formule prénexe close F de L. Il suffit de ne retenir de L que les symboles apparaissant dans F, et on peut donc supposer que L est dénombrable. On va faire l'hypothèse que, dans la suite des quantificateurs qui se trouve au début de F, les quantificateurs universels et existentiels alternent, que le premier quantificateur est universel et le dernier existentiel. Autrement dit, on suppose que F est de la forme :

$$F = \forall v_1 \exists v_2 \forall v_3 \ldots \forall v_{2k-1} \exists v_{2k}\, B[v_1, v_2, \ldots, v_{2k}],$$

où B est une formule sans quantificateur. Sans cette hypothèse, la preuve serait exactement la même ; elle exigerait seulement des notations sensiblement plus compliquées. D'autre part, on peut toujours se ramener à ce cas d'une façon artificielle, en ajoutant des quantificateurs portant sur des variables libres qui n'apparaissent pas dans F (et en montrant que la formule obtenue est syntaxiquement équivalente à celle dont on est parti, ce qui n'est pas bien difficile).

Appelons $\mathcal{T}$ l'ensemble des termes de L et, si $i \in \mathbb{N}$, Θ_i l'ensemble des suites de longueur i d'éléments de $\mathcal{T}$. Fixons une fois pour toutes, pour tout i compris entre 1 et k, une application injective α_i de Θ_i dans $\mathbb{N}$ qui satisfait les conditions suivantes :

i) si v_n apparaît dans l'un des termes $t_1, t_2, \ldots, t_i$, alors $\alpha_i(t_1, t_2, \ldots, t_i) > n$;

ii) si $j < i$ et $(t_1, t_2, \ldots, t_i)$ est une suite qui prolonge $(t_1, t_2, \ldots, t_j)$, alors $\alpha_j(t_1, t_2, \ldots, t_j) < \alpha_i(t_1, t_2, \ldots, t_i)$;

iii) si τ et σ sont deux suites distinctes de longueurs respectives i et j, alors $\alpha_i(\tau) \neq \alpha_j(\sigma)$.

Il est très facile de construire de telles applications : par exemple, en utilisant les codages qui seront effectués au chapitre 6, on peut poser, pour i compris entre 1 et k :

$$\alpha_i(t_1, t_2, \ldots, t_i) = 2^m . 3^{\tau(t_1)} . 5^{\tau(t_2)} . \ldots . \pi(i)^{\tau(t_i)} ,$$

où m est le plus grand indice de variable ayant une occurrence dans l'un des t_j $(1 \leqslant j \leqslant i)$, où τ est la fonction qui est désignée par # au chapitre 6 (3.2), et où π est la fonction qui, à chaque entier n, associe le $(n+1)$-ème nombre premier.

3.5 DEFINITION : *Un* **avatar** *de* $F = \forall v_1 \exists v_2 \forall v_3 \ldots \forall v_{2k-1} \exists v_{2k}\, B[v_1, v_2, \ldots, v_{2k}]$ *est une formule de la forme suivante :*

$$B[t_1, v_{\alpha_1(t_1)}, t_2, v_{\alpha_2(t_1,t_2)}, \ldots, t_k, v_{\alpha_k(t_1,t_2,\ldots,t_k)}]$$

où $t_1, t_2, \ldots, t_k$ *sont des termes quelconques de* L.

Chaque avatar A de F est une formule sans quantificateur, et c'est donc une combinaison booléenne de formules atomiques. Appelons **At** l'ensemble des formules atomiques de L. Si on considère les éléments de **At** comme autant de variables propositionnelles, les avatars apparaissent comme des formules propositionnelles. Dire qu'un ensemble fini E d'avatars est propositionnellement satisfaisable (voir définition 3.4), c'est dire que l'on peut assigner à chaque formule atomique une valeur de vérité, **0** ou **1**, de façon à rendre vraies les formules propositionnelles qui correspondent aux éléments de E. Grâce au théorème de compacité du calcul propositionnel (chapitre 1, 5.3), cela reste vrai pour tout ensemble d'avatars. On est maintenant en mesure d'énoncer le premier résultat important de cette section :

THEOREME : *Si l'ensemble des avatars de* F *est propositionnellement satisfaisable, alors* F *a un modèle.*

☺ Soit donc δ une application de At dans $\{0,1\}$ qui est telle que $\overline{\delta}(A) = 1$ pour tout avatar A de F, où, comme d'habitude, $\overline{\delta}$ est le prolongement canonique de δ à l'ensemble des formules sans quantificateur de L.

Il faut construire un modèle $\mathfrak{M}$ de F. L'idée la plus simple est de prendre $\mathcal{T}$ lui-même comme ensemble de base de $\mathfrak{M}$ et d'utiliser δ pour définir l'interprétation des différents symboles du langage de sorte que tous les avatars de F soient vrais dans $\mathfrak{M}$; ce n'est guère souhaitable, car les symboles comme v_0 désigneraient en même temps une variable et un élément du modèle, et, à cause de nos coupables abus de langage, il y aurait une ambiguïté lorsqu'on les rencontrerait dans une formule. On va donc faire une copie de $\mathcal{T}$ en ajoutant à L des nouveaux symboles de constante c_i, pour $i \in \mathbb{N}$, destinés à être substitués aux variables v_i ; on appelle L^* le langage ainsi obtenu. A chaque terme t de L, on fait correspondre le terme clos t^* de L^* obtenu en remplaçant dans t, pour chaque entier n, les occurrences de v_n par c_n. (Autrement dit :

$$t^* = t_{c_0/v_0, c_1/v_1, \ldots, c_n/v_n}$$

si les seules variables de t sont $v_0, v_1, \ldots, v_n$). On fait la même chose avec les formules : si G est une formule de L, G^* est la formule close de L^* obtenue en remplaçant dans G, pour chaque entier n, les occurrences libres de v_n par c_n. Soit $\mathcal{T}^*$ l'ensemble des termes clos de L^* (c'est aussi l'ensemble $\{t^* ; t \in \mathcal{T}\}$). De même At^* sera l'ensemble des formules atomiques closes de L^*, et c'est aussi $\{G^* ; G \in At\}$.

Il est clair que l'ensemble $\{A^* ;$ A est un avatar de F$\}$ est aussi propositionnellement satisfaisable : définissons la distribution de valeurs de vérité ε sur At^* de la façon suivante :

$$\text{pour tout } G \in At, \ \varepsilon(G^*) = \delta(G) ;$$

alors, pour toute formule H sans quantificateur de L, on aura :

$$\bar{\varepsilon}(H^*) = \bar{\delta}(H),$$

et, par conséquent, pour tout avatar A de F, $\bar{\varepsilon}(A^*) = 1$.

On est maintenant prêt à définir $\mathfrak{M}$. Son ensemble de base est $\mathcal{T}^*$. Si c est un symbole de constante de L, alors $c^{\mathfrak{M}} = c$; si f est un symbole de fonction de L, disons d'arité n, et $u_1,u_2,\ldots,u_n \in \mathcal{T}^*$, alors :

$$f^{\mathfrak{M}}(u_1,u_2,\ldots,u_n) = fu_1u_2\ldots u_n.$$

Si R est un symbole de prédicat de L, disons encore d'arité n, et $u_1,u_2,\ldots,u_n$ appartiennent à $\mathcal{T}^*$, alors :

$$(u_1,u_2,\ldots,u_n) \in R^{\mathfrak{M}} \text{ si et seulement si } \varepsilon(Ru_1u_2\ldots u_n) = 1,$$

ce que l'on peut encore écrire :

$$\mathfrak{M} \models Ru_1u_2\ldots u_n \text{ si et seulement si } \varepsilon(Ru_1u_2\ldots u_n) = 1.$$

Cette équivalence s'étend à toutes les formules sans quantificateur (preuve par induction sur la hauteur de la formule) : si $H[v_1,v_2,\ldots,v_n]$ est une formule sans quantificateur et $u_1,u_2,\ldots,u_n$ appartiennent à $\mathcal{T}^*$, alors :

$$\mathfrak{M} \models H[u_1,u_2,\ldots,u_n] \text{ si et seulement si } \bar{\varepsilon}(H[u_1,u_2,\ldots,u_n]) = 1.$$

On assure ainsi que, si A est un avatar de F, alors $\mathfrak{M} \models A^*$.

Il reste à voir que l'on a bien un modèle de F. C'est ici que les fonctions α_i vont dévoiler leur vraie nature : ce sont des fonctions de Skolem déguisées. Pour chaque i compris entre 1 et k, définissons l'application f_i de $(\mathcal{T}^*)^i$ dans $\mathcal{T}^*$ par :

$$f_i(t_1,t_2,\ldots,t_i) = c_{\alpha_i(t_1,t_2,\ldots,t_i)}.$$

Alors, pour toute suite $(t_1,t_2,\ldots,t_k)$ d'éléments de $\mathfrak{M}$, on a :

$$\mathfrak{M} \models B[t_1,f_1(t_1),t_2,f_2(t_1,t_2),\ldots,t_k,f_k(t_1,t_2,\ldots,t_k)].$$

(parce que $B[t_1,f_1(t_1),t_2,f_2(t_1,t_2),\ldots,t_k,f_k(t_1,t_2,\ldots,t_k)] =$

$$B[t_1,v_{\alpha_1(t_1)},t_2,v_{\alpha_2(t_1,t_2)},\ldots,t_k,v_{\alpha_k(t_1,t_2,\ldots,t_k)}]^*)$$

Si on considère les fonctions f_i comme des fonctions de Skolem, on voit que $\mathfrak{M}$ satisfait une forme de Skolem de F, et donc $\mathfrak{M}$ satisfait F (chapitre 3, 4.5, lemme 1).

☺

3.6 Le théorème 3.5 montre donc que, si F n'a pas de modèle (c'est le cas notamment si ¬F est démontrable), alors il existe une conjonction d'avatars de F dont la négation est une tautologie ; c'est la réciproque de ce fait que l'on va prouver maintenant.

THEOREME : *Si l'ensemble des avatars d'une formule F n'est pas propositionnellement satisfaisable, alors ¬F est démontrable.*

☺ On sait qu'il existe des avatars de F en nombre fini, disons A_p pour p compris entre 1 et n, tels que la formule $\bigvee_{1 \leqslant p \leqslant n} \neg A_p$ soit une tautologie.

Désignons par $\mathcal{A}$ l'ensemble des formules de la forme :

$$\forall w_{2i+1} \exists w_{2i+2} \ldots \forall w_{2k-1} \exists w_{2k} B[t_1, v_{\alpha_1(t_1)}, t_2, v_{\alpha_2(t_1,t_2)}, \ldots, t_i, v_{\alpha_i(t_1,t_2,\ldots,t_i)}, w_{2i+1}, w_{2i+2}, \ldots, w_{2k}],$$

où i est un entier compris entre 0 et k, $t_1, t_2, \ldots, t_i \in \mathcal{T}$, et les w_j sont des variables qui n'apparaissent dans aucun des termes $t_1, t_2, \ldots, t_i$, et différentes de $v_{\alpha_1(t_1)}$, $v_{\alpha_2(t_1,t_2)}$, ..., $v_{\alpha_i(t_1,t_2,\ldots,t_i)}$.

Les avatars de F appartiennent manifestement à $\mathcal{A}$ (prendre $i = k$). On connaît donc un sous-ensemble fini I de $\mathcal{A}$ tel que $\vdash \bigvee_{f \in I} \neg f$. L'idée est de quantifier peu à peu toutes les variables libres de cette formule. Lorsque ce sera fait, on aura une formule équivalente à ¬F.

Supposons donc que I soit un sous-ensemble fini de $\mathcal{A}$ tel que $\vdash \bigvee_{f \in I} \neg f$. On va trouver un autre sous-ensemble fini de $\mathcal{A}$, J, tel que l'on ait aussi $\vdash \bigvee_{f \in J} \neg f$ et que $\bigvee_{f \in J} \neg f$ ait au moins une variable libre de moins que $\bigvee_{f \in I} \neg f$.

Soit :

$$f = \forall w_{2i+1} \exists w_{2i+2} \ldots \forall w_{2k-1} \exists w_{2k} B[t_1, v_{\alpha_1(t_1)}, t_2, v_{\alpha_2(t_1,t_2)}, \ldots, t_i, v_{\alpha_i(t_1,t_2,\ldots,t_i)}, w_{2i+1}, w_{2i+2}, \ldots, w_{2k}]$$

une formule de $\mathcal{A}$. Associons à f l'entier $n(f) = \alpha_i(t_1, t_2, \ldots, t_i)$. C'est le plus grand indice de variable ayant une occurrence libre dans f, autrement dit, si $p > n(f)$, alors v_p n'est pas libre dans f. Cela provient des propriétés exigées des fonctions α_i. D'autre part, supposons que, pour une autre formule $f' \in \mathcal{A}$, $n(f) = n(f')$; posons :

$$f' = \forall z_{2j+1} \exists z_{2j+2} \ldots \forall z_{2k-1} \exists z_{2k} B[u_1, v_{\alpha_1(u_1)}, u_2, v_{\alpha_2(u_1,u_2)}, \ldots, u_j, v_{\alpha_j(u_1,u_2,\ldots,u_j)}, z_{2j+1}, z_{2j+2}, \ldots, z_{2k}].$$

Par construction, les images des différentes fonctions α_i sont disjointes ; il en découle que $i = j$, et, puisque α_i est injective, $t_1 = u_1$, $t_2 = u_2, \ldots, t_i = u_i$ Autrement dit, f et f' ne diffèrent éventuellement que par le nom des variables liées, et donc $\vdash f \Longleftrightarrow f'$ (voir les exemples de 1.3).

On peut commencer par supprimer les redites dans I : avec ce qu'on vient de remarquer, on peut supposer que, si f et f' sont dans I, alors $n(f) \neq n(f')$. Prenons alors la formule $g \in I$ telle que l'entier $n(g)$ soit maximum. Alors la variable $v_{n(g)}$ n'est libre dans aucune autre formule f de I.

Posons :

$$g = \forall w_{2i+1} \exists w_{2i+2} \ldots \forall w_{2k-1} \exists w_{2k} B[t_1, v_{\alpha_1(t_1)}, t_2, v_{\alpha_2(t_1,t_2)}, \ldots, t_i, v_{\alpha_i(t_1,t_2,\ldots,t_i)}, w_{2i+1}, w_{2i+2}, \ldots, w_{2k}]$$

et $H = I - \{g\}$.

Par généralisation, on obtient :

$$\vdash \forall v_{n(g)} \left(\bigvee_{f \in I} \neg f \right)$$

et, puisque $v_{n(g)}$ n'apparaît libre que dans g (voir l'exercice 4) :

$$\vdash \left(\bigvee_{f \in H} \neg f \right) \vee \forall v_{n(g)} \neg g.$$

Soit w_{2i-1} une variable n'apparaissant pas libre dans g, et prenons $w_{2i} = v_{n(g)}$. Notons :
$g' = \forall w_{2i-1} \exists w_{2i} \ldots \exists w_{2k}\, B[t_1, v_{\alpha_1(t_1)}, t_2, v_{\alpha_2(t_1,t_2)}, \ldots, t_{i-1}, v_{\alpha_i(t_1,t_2,\ldots,t_{i-1})}, w_{2i-1}, w_{2i}, \ldots, w_{2k}]$
Alors, $\vdash g' \Longrightarrow \exists v_{n(g)}\, g$ (« prendre » $w_{2i-1} = t_i$), et donc :

$$\vdash \forall v_{n(g)} \neg g \Longrightarrow \neg g',$$

et il ne reste plus qu'à poser $J = H \cup \{g'\}$ pour obtenir : $\vdash \bigvee_{f \in J} \neg f$.

Lorsque toutes les variables libres sont éliminées, et après suppression des redites, on obtient :

$$\vdash \neg \forall w_1 \exists w_2 \forall w_3 \ldots \exists w_{2k} B[w_1, w_2, \ldots, w_{2k}]\ ;$$

et cette dernière formule ne diffère de $\neg F$ que par les noms des variables liées.
☺

3.7 Résumons :

THEOREME : *Les trois conditions suivantes sont équivalentes*

i) F *n'a pas de modèle ;*

ii) *il existe des avatars* $A_1, A_2, \ldots, A_n$ *de* F *tels que* $\bigvee_{1 \leqslant p \leqslant n} \neg A_p$ *soit une tautologie ;*

iii) $\vdash \neg F$.

☹ L'implication *i)* $\Longrightarrow$ *ii)* est le théorème 3.5, l'implication *ii)* $\Longrightarrow$ *iii)* le théorème 3.6, et l'implication *iii)* $\Longrightarrow$ *i)* est le théorème 1.8.
☺

REMARQUES :

1) La preuve du théorème de complétude que l'on vient d'exposer n'est valable que pour une formule, alors que la méthode de Henkin nous l'a donnée pour une théorie quelconque. On verra, dans l'exercice 8, comment utiliser la méthode de Herbrand pour prouver le théorème de complétude pour une théorie dénombrable.

2) De la preuve précédente, on peut très bien tirer un algorithme permettant de construire une démonstration de $\neg F$ à partir d'une tautologie de la forme $\bigvee_{1 \leqslant p \leqslant n} \neg A_p$.

4. LES DEMONSTRATIONS PAR COUPURE

La règle de coupure

4.1 Nous allons présenter dans les deux dernières sections une nouvelle forme de démonstration. On y privilégie les règles de déduction par rapport aux axiomes ; elle ne s'applique qu'à une classe très restreinte de formules, les clauses universelles. Pourquoi prouver encore une fois le théorème de complétude, surtout dans un cadre beaucoup moins général ? Parce que ces démonstrations sont celles que l'on peut demander le plus facilement à un ordinateur. Elles sont la base du **langage prolog**. Derrière presque chaque résultat de ces sections se cache un algorithme ; cependant, nous nous contenterons de donner une idée de la méthode, sans vraiment nous intéresser à ces algorithmes.

Dans les premières sections, nous ne nous sommes pas occupés de démonstrations formelles dans le calcul des propositions, tout simplement parce que nous avons choisi de mettre brutalement toutes les tautologies parmi les axiomes. Ce n'est pas ce que nous allons faire ici, parce qu'on veut donner une méthode permettant de se rendre compte si une proposition est une tautologie ou non qui soit plus rapide que celle utilisant les tables de vérité. Cette section est donc consacrée au seul calcul des propositions. Rappelons d'abord une définition signalée au chapitre 1 (3.5) :

4.2 DEFINITION : *Une* **clause** *est une proposition de la forme :*

$$(\neg A_1 \vee \neg A_2 \vee \ldots \vee \neg A_n \vee B_1 \vee B_2 \vee \ldots \vee B_m)$$

où les A_i *et les* B_j *sont des variables propositionnelles.*

La clause $(\neg A_1 \vee \neg A_2 \vee \ldots \vee \neg A_n \vee B_1 \vee B_2 \vee \ldots \vee B_m)$ est logiquement équivalente, lorsque m et n sont strictement positifs, à la formule :

$$(A_1 \wedge A_2 \wedge \ldots \wedge A_n) \Longrightarrow (B_1 \vee B_2 \vee \ldots \vee B_m),$$

et c'est ainsi qu'on la notera habituellement. La **prémisse** de cette clause est la conjonction $(A_1 \wedge A_2 \wedge \ldots \wedge A_n)$, tandis que sa **conclusion** est la disjonction $(B_1 \vee B_2 \vee \ldots \vee B_m)$.

Il peut arriver que n ou m soient nuls. La clause $(B_1 \vee B_2 \vee \ldots \vee B_m)$ sera notée $\Longrightarrow (B_1 \vee B_2 \vee \ldots \vee B_m)$ et la clause $(\neg A_1 \vee \neg A_2 \vee \ldots \vee \neg A_n)$ sera notée $(A_1 \wedge A_2 \wedge \ldots \wedge A_n) \Longrightarrow$. (On pourrait étendre les conventions faites au chapitre 1 (en 2.12) et définir la conjonction d'un ensemble vide de formules comme étant la proposition toujours vraie et la disjonction d'un ensemble vide de formules comme étant la proposition toujours fausse.) Si n et m sont tous les deux nuls, alors on obtient une disjonction vide, qui, par convention, désigne la proposition fausse, que l'on notera $\square$ et que l'on appellera précisément la **clause vide**.

On a déjà prouvé que toute proposition est équivalente à un ensemble fini de clauses (chapitre 1, théorème 3.5).

Les démonstrations par coupure se font uniquement à l'aide de règles de déduction. La première est la **règle de simplification** : si dans la prémisse d'une clause $\mathscr{A}$, une variable propositionnelle A apparaît plusieurs fois, alors la clause $\mathscr{A}'$ obtenue en supprimant de la prémisse de $\mathscr{A}$ toute les occurrences de A sauf une est une formule logiquement équivalente à $\mathscr{A}$. Evidemment, la même chose est vraie pour la conclusion de $\mathscr{A}$. On dit alors que l'on a simplifié $\mathscr{A}$ et que $\mathscr{A}'$ est **déduite de $\mathscr{A}$ par simplification**.

Par exemple, $(A_1 \wedge A_2 \wedge A_1 \wedge A_4) \Longrightarrow (B_1 \vee B_1 \vee B_2)$ peut se simplifier en $(A_1 \wedge A_2 \wedge A_4) \Longrightarrow (B_1 \vee B_1 \vee B_2)$ qui se simplifie lui-même en $(A_1 \wedge A_2 \wedge A_4) \Longrightarrow (B_1 \vee B_2)$.

4.3 DEFINITION : *Soient* $\mathscr{C} = (A_1 \wedge A_2 \wedge \ldots \wedge A_n) \Longrightarrow (B_1 \vee B_2 \vee \ldots \vee B_m)$ *et* $\mathscr{D} = (C_1 \wedge C_2 \wedge \ldots \wedge C_p) \Longrightarrow (D_1 \vee D_2 \vee \ldots \vee D_q)$ *deux clauses. On dit que la clause* $\mathscr{E}$ ***se déduit de $\mathscr{C}$ et $\mathscr{D}$*** *(ou de $\mathscr{D}$ et $\mathscr{C}$)* ***par coupure*** *s'il existe des entiers* i $(1 \leqslant i \leqslant m)$ *et* j $(1 \leqslant j \leqslant p)$ *tels que* $B_i = C_j$ *et si* $\mathscr{E}$ *est la clause :*

$$(A_1 \wedge A_2 \wedge \ldots \wedge A_n \wedge C_1 \wedge C_2 \wedge \ldots \wedge C_{j-1} \wedge C_{j+1} \wedge \ldots \wedge C_p) \Longrightarrow (B_1 \vee B_2 \vee \ldots \vee B_{i-1} \vee B_{i+1} \vee \ldots \vee B_m \vee D_1 \vee D_2 \vee \ldots \vee D_q).$$

Ainsi par exemple, si une variable propositionnelle A apparaît à la fois dans la conclusion de $\mathscr{C}$ et dans la prémisse de $\mathscr{D}$, et si on suppose de plus que A n'a, dans $\mathscr{C}$ comme dans $\mathscr{D}$, qu'une seule occurrence, alors on peut déduire de $\mathscr{C}$ et $\mathscr{D}$ une troisième clause dont la prémisse et la conclusion sont respectivement la conjonction des prémisses et la disjonction des conclusions de $\mathscr{C}$ et $\mathscr{D}$ desquelles on a supprimé la variable propositionnelle commune A.

EXEMPLE : Considérons les clauses :

$$\mathscr{C} = (A \wedge B \wedge C) \Longrightarrow (D \vee E \vee F)$$

et

$$\mathscr{D} = (D \wedge A \wedge G) \Longrightarrow (E \vee H).$$

On peut appliquer la règle de coupure de façon à faire disparaître la variable propositionnelle D qui se trouve à la fois dans la conclusion de $\mathscr{C}$ et dans la prémisse de $\mathscr{D}$. On obtient la clause $(A \wedge B \wedge C \wedge A \wedge G) \Longrightarrow (E \vee F \vee E \vee H)$, qui, après simplification, donne la clause $(A \wedge B \wedge C \wedge G) \Longrightarrow (E \vee F \vee H)$.

La règle de coupure est justifiée sémantiquement par la proposition suivante :

PROPOSITION : *Supposons que $\mathscr{E}$ se déduise par coupure de $\mathscr{C}$ et $\mathscr{D}$. Alors toute distribution de valeur de vérité qui rend vraie à la fois $\mathscr{C}$ et $\mathscr{D}$ rend vraie $\mathscr{E}$.*

☺ Donnons-nous $\mathscr{C}$ et $\mathscr{D}$ comme dans la définition 4.3, avec $B_i = C_j$, et

$$\mathscr{E} = (A_1 \wedge A_2 \wedge \ldots \wedge A_n \wedge C_1 \wedge C_2 \wedge \ldots \wedge C_{j-1} \wedge C_{j+1} \wedge \ldots \wedge C_p) \Longrightarrow (B_1 \vee B_2 \vee \ldots \vee B_{i-1} \vee B_{i+1} \vee \ldots \vee B_m \vee D_1 \vee D_2 \vee \ldots \vee D_q).$$

Soit ε une distribution de valeurs de vérité telle que $\varepsilon(\mathscr{E}) = 0$. On va montrer qu'on a alors : $\varepsilon(\mathscr{C}) = 0$ ou $\varepsilon(\mathscr{D}) = 0$.

On a nécessairement :

- 1) $\varepsilon(A_k) = 1$ pour tout k tel que $1 \leqslant k \leqslant n$;
- 2) $\varepsilon(C_k) = 1$ pour tout k tel que $1 \leqslant k \leqslant p$ et $k \neq j$;
- 3) $\varepsilon(B_k) = 0$ pour tout k tel que $1 \leqslant k \leqslant m$ et $h \neq i$;
- 4) $\varepsilon(D_k) = 0$ pour tout k tel que $1 \leqslant k \leqslant q$.

Comme $B_i = C_j$, on a :

- soit $\varepsilon(C_j) = 1$, et alors $\varepsilon(\mathscr{D}) = 0$ (à cause de 2) et 4)) ;
- soit $\varepsilon(B_i) = 0$, et alors $\varepsilon(\mathscr{C}) = 0$ (à cause de 1) et 3)).

☺

REMARQUES : • Il est évident que, si une même variable a simultanément une occurrence dans la prémisse et une occurrence dans la conclusion d'une clause, alors cette clause est une tautologie. La réciproque est également vraie : si une clause est une tautologie, sa prémisse et sa conclusion ont au moins une variable en commun.

• Il est utile de se rendre compte que la clause vide ne peut pas se déduire d'une autre clause par simplification.

• D'autre part, si □ se déduit des clauses $\mathscr{C}$ et $\mathscr{D}$ par coupure, alors il existe nécessairement une variable propositionnelle A telle que, $\mathscr{C} = A \Longrightarrow$ et $\mathscr{D} = \Longrightarrow A$ ou l'inverse.

4.4 Les démonstrations par coupure sont en réalité utilisées sous forme de réfutations : on démontre qu'un ensemble de clauses n'est pas satisfaisable.

DEFINITIONS : *Soient Γ un ensemble de clauses et $\mathscr{C}$ une clause. Une* ***démonstration par coupure de $\mathscr{C}$ à partir de Γ*** *est une suite de clauses $(\mathscr{D}_1, \mathscr{D}_2, \ldots, \mathscr{D}_n)$ se terminant par la clause $\mathscr{C}$ ($\mathscr{D}_n = \mathscr{C}$) et telle que, pour tout i compris entre 1 et n, soit $\mathscr{D}_i$ appartient à Γ, soit $\mathscr{D}_i$ se déduit par simplification d'une clause $\mathscr{D}_j$ avec j strictement inférieur à i, soit $\mathscr{D}_i$ se* *déduit par coupure de deux clauses $\mathscr{D}_j$ et $\mathscr{D}_k$ avec j et k strictement inférieurs à i.*

On dit que $\mathscr{C}$ ***se déduit (par coupure) de*** *Γ s'il existe une démonstration par coupure de $\mathscr{C}$ à partir de Γ.*

Une ***réfutation de*** *Γ est une démonstration par coupure de la clause vide $\square$ à partir de Γ.*

On dit que Γ ***est réfutable*** *s'il en existe une réfutation.*

La méthode est adéquate, ce qui veut dire qu'on ne peut réfuter que ce qui n'est jamais vrai :

PROPOSITION : *Si Γ est réfutable, alors Γ n'est pas satisfaisable.*

☹ Soit $(\mathscr{D}_1, \mathscr{D}_2, \ldots, \mathscr{D}_n)$ une réfutation de Γ, et supposons, pour obtenir une contradiction, que ε soit une distribution qui rende vraies toutes les clauses de Γ. On montre, par récurrence sur l'entier i compris entre 1 et n, que $\varepsilon(\mathscr{D}_i) = 1$. C'est clair si $\mathscr{D}_i \in \Gamma$. Si $\mathscr{D}_i$ s'obtient par simplification de $\mathscr{D}_j$ ($j < i$), alors $\varepsilon(\mathscr{D}_j) = 1$ (par hypothèse de récurrence) et donc $\varepsilon(\mathscr{D}_i) = 1$, parce que $\mathscr{D}_i$ et $\mathscr{D}_j$ sont logiquement équivalentes. Enfin, si $\mathscr{D}_i$ est obtenue par coupure, on utilise la proposition 4.3.

Si $\square$ appartient à Γ, alors, d'après nos conventions Γ n'est pas satisfaisable (on remarquera d'ailleurs que ce cas est vraiment sans intérêt : la méthode que nous décrivons est destinée à être appliquée à des ensembles de « vraies » formules propositionnelles). Dans le cas contraire, on a vu que $\mathscr{D}_n = \square$ se déduit de deux clauses $\mathscr{D}_i = A \Longrightarrow$ et $\mathscr{D}_j = \Longrightarrow A$ avec i et j inférieurs à n (voir la remarque à la fin de 4.3). Ce n'est pas possible car alors $\varepsilon(\mathscr{D}_i) = 1$, ce qui implique $\varepsilon(A) = 0$ et $\varepsilon(\mathscr{D}_j) = 1$, ce qui implique $\varepsilon(A) = 1$.
☺

Complétude de la méthode

4.5 Nous allons montrer maintenant la complétude de la méthode.

THEOREME : *Tout ensemble de clauses qui n'est pas satisfaisable est réfutable.*

☹ Soit Γ un ensemble de clauses non satisfaisable. Grâce au théorème de compacité du calcul des propositions (chapitre 1, 5.3), on peut supposer que Γ est fini. On raisonne par récurrence sur le nombre de variables propositionnelles apparaissant dans Γ.

Pour chaque clause $\mathscr{C}$, on notera $\mathscr{C}^-$ sa prémisse et $\mathscr{C}^+$ sa conclusion. On va d'abord voir que l'on peut se ramener au cas où Γ satisfait les hypothèses suivantes :

1°) Γ ne contient pas de tautologies ;

2°) Γ ne contient pas la clause vide ;

3°) toutes les clauses de Γ sont simplifiées ;

4°) pour toute variable propositionnelle A qui a au moins une occurrence dans une clause de Γ, il existe deux clauses distinctes $\mathscr{C}$ et $\mathscr{D}$ de Γ telles que A figure dans la prémisse de $\mathscr{C}$ et dans la conclusion de $\mathscr{D}$.

Pour les conditions 1°), 2°) et 3°), il n'y a guère de problème : si on supprime les tautologies et on remplace chaque clause de Γ par une clause simplifiée, on obtient encore un ensemble non satisfaisable, et si Γ contient la clause vide, alors on sait bien qu'il est réfutable. Pour la condition 4°), il suffit d'appliquer le lemme suivant :

LEMME : *Si* A *est une variable propositionnelle qui n'apparaît dans aucune prémisse (ou bien dans aucune conclusion) de clause de* Γ, *alors* :

$$\Gamma' = \{ \mathscr{C} \ ; \ \mathscr{C} \in \Gamma \text{ et A n'a pas d'occurrence dans } \mathscr{C} \}$$

n'est pas satisfaisable.

☹ On suppose d'abord que A n'apparaît dans la prémisse d'aucune clause de Γ, et, en vue d'obtenir une contradiction, que Γ' est satisfaisable. Soit δ une distribution de valeurs de vérité telle que $\overline{\delta}(\mathscr{C}) = 1$ pour toute clause $\mathscr{C}$ de Γ'. Appelons δ' la distribution de valeurs de vérité égale à δ sauf, peut-être, en ce qui concerne la variable propositionnelle A où $\delta'(A) = 1$. Si $\mathscr{C} \in \Gamma'$, alors $\overline{\delta}'(\mathscr{C}) = \overline{\delta}(\mathscr{C}) = 1$ (parce que A n'apparaît pas dans $\mathscr{C}$), et si $\mathscr{C} \in \Gamma - \Gamma'$, alors $\overline{\delta}'(\mathscr{C}) = 1$ (parce que A apparaît dans la conclusion de $\mathscr{C}$).

On raisonne de façon analogue lorsque A n'apparaît dans la conclusion d'aucune clause de Γ ; il faut alors poser $\delta'(A) = 0$.

☺

On va raisonner par récurrence sur le nombre n de variables propositionnelles apparaissant dans Γ. On observe que n n'est pas nul car $\Gamma \neq \emptyset$ (l'ensemble vide est satisfaisable !) et $\square \notin \Gamma$.

Supposons que $n = 1$. Les seules clauses simplifiées, en dehors des tautologies et de la clause vide, ne faisant intervenir que la variable A_1 sont : $A_1 \Longrightarrow$ et $\Longrightarrow A_1$. Comme Γ est contradictoire, $\Gamma = \{ A_1 \Longrightarrow, \Longrightarrow A_1 \}$, et Γ est donc réfutable.

Voyons maintenant le passage de n à $n+1$. On suppose donc qu'il y a $n+1$ variables propositionnelles apparaissant dans Γ, et soit A l'une d'entre elles. On pose :

$$\Gamma_0 = \{ \mathscr{C} \in \Gamma \text{ ; A n'a pas d'occurrence dans } \mathscr{C} \} \text{ ;}$$

$$\Gamma^- = \{ \mathscr{C} \in \Gamma \text{ ; A a une occurrence dans } \mathscr{C}^- \} = \{ \mathscr{C}_1, \mathscr{C}_2, \ldots, \mathscr{C}_m \} \text{ ;}$$

$$\Gamma^+ = \{ \mathscr{C} \in \Gamma \text{ ; A a une occurrence dans } \mathscr{C}^+ \} = \{ \mathscr{D}_1, \mathscr{D}_2, \ldots, \mathscr{D}_p \}.$$

Avec nos hypothèses, on voit que Γ est la réunion disjointe de Γ_0, Γ^- et Γ^+, et que ni Γ^- ni Γ^+ n'est vide. Si i est compris entre 1 et m et j est compris entre 1 et p, on peut appliquer la règle de coupure sur $\mathscr{C}_i$ et $\mathscr{D}_j$ pour éliminer la variable A : appelons $\mathscr{E}_{i,j}$ la clause ainsi obtenue. Si l'une des clauses $\mathscr{E}_{i,j}$ est la clause vide, alors on a trouvé une réfutation de Γ. Sinon, posons :

$$\Gamma' = \Gamma_0 \cup \{ \mathscr{E}_{i,j} \text{ ; } 1 \leqslant i \leqslant m \text{ et } 1 \leqslant j \leqslant p \}$$

On va montrer que Γ' n'est pas satisfaisable. Comme les variables apparaissant dans Γ' sont au nombre de n (ce sont toutes celles de Γ sauf A) on saura, par hypothèse de récurrence, que Γ' est réfutable ; vu ce que sont les $\mathscr{E}_{i,j}$, on prolongera immédiatement une réfutation de Γ' en une réfutation de Γ.

On raisonne par l'absurde. Soit δ une distribution de valeurs de vérité satisfaisant Γ'. Puisque A n'apparaît pas dans Γ', on peut supposer que $\delta(A) = 0$, et il est clair que ε, la distribution de valeurs de vérité égale à δ partout sauf (peut-être) en A où elle vaut 1, satisfait aussi Γ'. On voit que δ satisfait Γ_0 (parce que Γ_0 est inclus dans Γ') et Γ^- (parce que $\delta(A) = 0$) mais pas Γ (qui n'est pas satisfaisable). Il existe donc au moins un entier j compris entre 1 et p tel que $\delta(\mathscr{D}_j) = 0$, ce qui implique $\delta(\mathscr{D}_j^-) = 1$ et $\delta(\mathscr{D}_j^+) = 0$.

Fixons un entier i compris entre 1 et m. On sait que δ satisfait $\mathscr{E}_{i,j}$. Donc :

- soit $\delta(\mathscr{E}_{i,j}^-) = 0$; alors $\mathscr{E}_{i,j}^- = \mathscr{D}_j^- \wedge \mathscr{C}'$, où $\mathscr{C}'$ est la formule obtenue en supprimant de $\mathscr{C}_i^-$ la variable A ; dans ce cas $\delta(\mathscr{C}') = 0$ (parce que $\delta(\mathscr{D}_j^-) = 1$), et, puisque δ et ε sont égales sur toutes les variables autres que A, $\varepsilon(\mathscr{C}') = 0$ ce qui entraîne $\varepsilon(\mathscr{C}_i^-) = 0$.
- soit $\delta(\mathscr{E}_{i,j}^+) = 1$; cette fois, $\mathscr{E}_{i,j}^+ = \mathscr{C}_i^+ \vee \mathscr{D}'$, où $\mathscr{D}'$ est obtenue en supprimant la variable A de $\mathscr{D}_j^+$; comme $\delta(\mathscr{D}_j^+) = 0$, on doit avoir $\delta(\mathscr{C}_i^+) = \varepsilon(\mathscr{C}_i^+) = 1$.

Dans les deux cas $\varepsilon(\mathscr{C}_i) = 1$. Ceci étant valable pour tout i compris entre 1 et m, il en résulte que ε satisfait Γ^-. Mais ε satisfait aussi Γ_0 (parce qu'il satisfait Γ') et Γ^+ (parce que $\varepsilon(A) = 1$). Donc ε satisfait Γ, ce qui est impossible.

☺

4.6 Pour savoir si un ensemble fini Γ de clauses est satisfaisable, il suffit donc d'appliquer l'algorithme suivant : d'abord on simplifie toutes les clauses de Γ et on élimine toutes celles qui contiennent dans leur prémisse et leur conclusion une même variable, ensuite on applique systématiquement la règle de coupure entre deux clauses quelconques de Γ, et ce, de toutes les façons possibles ; ceci fait, on recommence ces opérations. Au bout de quelque temps, on n'obtiendra pas de nouvelles clauses (parce que, si l'ensemble des variables propositionnelles est fini, l'ensemble des clauses simplifiées l'est aussi, et on ne peut pas l'accroître indéfiniment) : si on obtient $\square$, c'est que Γ n'est pas satisfaisable ; sinon, il l'est. Evidemment si on veut vraiment faire ce travail, ou même le faire faire par une machine, il faut utiliser une stratégie un peu plus subtile que celle que l'on vient de décrire. Mais cela est une autre histoire.

4.7 EXEMPLES :

1) Déduire, en utilisant la règle de coupure, la clause $B \Longrightarrow$ des clauses $(A \wedge B) \Longrightarrow C$, $\Longrightarrow A$ et $C \Longrightarrow$ (autrement dit, déduire $\neg B$ de $(A \wedge B) \Longrightarrow C$, A et $\neg C$).

De $(A \wedge B) \Longrightarrow C$ et $C \Longrightarrow$, on déduit $(A \wedge B) \Longrightarrow$.

De $(A \wedge B) \Longrightarrow$ et de $\Longrightarrow A$, on déduit $B \Longrightarrow$.

2) Montrer que l'ensemble des clauses suivantes n'est pas satisfaisable :

$\mathscr{C}_1 = (A \wedge B) \Longrightarrow (C \vee D)$; $\mathscr{C}_2 = (C \wedge E \wedge F) \Longrightarrow$; $\mathscr{C}_3 = (A \wedge D) \Longrightarrow$;
$\mathscr{C}_4 = \Longrightarrow (B \vee C)$; $\mathscr{C}_5 = \Longrightarrow (A \vee C)$; $\mathscr{C}_6 = C \Longrightarrow E$; $\mathscr{C}_7 = C \Longrightarrow F$.

Voici une réfutation de $\{\mathscr{C}_1, \ldots, \mathscr{C}_7\}$:

(1)	$(C \wedge C \wedge F) \Longrightarrow$	par $\mathscr{C}_2$ et $\mathscr{C}_6$
(2)	$(C \wedge F) \Longrightarrow$	par simplification de (1)
(3)	$(C \wedge C) \Longrightarrow$	par (2) et $\mathscr{C}_7$
(4)	$C \Longrightarrow$	par simplification de (3)
(5)	$\Longrightarrow A$	par (4) et $\mathscr{C}_5$
(6)	$\Longrightarrow B$	par (4) et $\mathscr{C}_4$
(7)	$D \Longrightarrow$	par (5) et $\mathscr{C}_3$
(8)	$B \Longrightarrow (C \vee D)$	par (5) et $\mathscr{C}_1$
(9)	$\Longrightarrow (C \vee D)$	par (8) et (6)
(10)	$\Longrightarrow D$	par (9) et (4)
(11)	$\square$	par (10) et (7).

5. LA METHODE DE RESOLUTION

Unification

5.1 On va, dans cette sous-section, présenter la technique de l'unification, dont on aura besoin pour étendre les preuves par coupure au calcul des prédicats ; le problème qui se pose est le suivant : on a, dans un langage donné contenant des symboles de fonctions, deux termes $t_1[v_1,v_2,\dots,v_n]$ et $t_2[w_1,w_2,\dots,w_m]$, où les v_i et les w_j sont des variables. Il s'agit de savoir s'il existe des termes $a_1,a_2,\dots,a_n$ et $b_1,b_2,\dots,b_m$ tels que les termes $t_1[a_1,a_2,\dots,a_n]$ et $t_2[b_1,b_2,\dots,b_m]$ soient identiques, et de trouver toutes les solutions le cas échéant. Cela s'appelle unifier les termes t_1 et t_2. On va faire les choses un peu plus formellement.

Soit $\mathscr{L}$ un langage sans symbole de relation, et fixons un sous-ensemble V de l'ensemble des variables. Appelons $\mathscr{T}(V)$ l'ensemble des termes de $\mathscr{L}$ dont toutes les variables appartiennent à V. La plupart du temps V sera, soit déterminé par le contexte, soit sans importance, aussi omettra-t-on de le mentionner et on notera $\mathscr{T}$ au lieu de $\mathscr{T}(V)$. On peut très naturellement définir une $\mathscr{L}$-structure dont l'ensemble de base est $\mathscr{T}(V)$, que l'on appellera $\mathfrak{T}(V)$ (ou $\mathfrak{T}$) : si c est un symbole de constante, alors l'interprétation de c dans $\mathfrak{T}$ est précisément c, et si f est un symbole de fonction d'arité n, alors l'interprétation $f^{\mathfrak{T}}$ de f dans $\mathfrak{T}$ est la fonction de $\mathscr{T}^n$ dans $\mathscr{T}$ définie par :

$$f^{\mathfrak{T}}(t_1,t_2,\dots,t_n) = ft_1t_2\dots t_n.$$

Par exemple, si $\mathscr{L}$ ne comporte qu'un seul symbole de fonction unaire (et pas de symbole de constante) et si $V = \{ v_i ; i \in \mathbb{N} \}$, alors :

$$\mathscr{T} = \{ f^n v_i ; n \in \mathbb{N}, i \in \mathbb{N} \}$$

où il est entendu que f^n est une abréviation de la suite composée de n occurrences du symbole f (c'est la suite vide si $n = 0$).

Rappelons la définition 2.7 du chapitre 3 qui, dans le cas où nous nous trouvons (absence de symboles de relation dans $\mathscr{L}$), devient :

5.2 DEFINITION : *Soient $\mathfrak{M}$ et $\mathfrak{N}$ deux $\mathscr{L}$-structures et α une application de $\mathfrak{M}$ dans $\mathfrak{N}$. On dit que α est un* ***homomorphisme*** *si :*

1°) pour tout symbole de constante c de $\mathscr{L}$, $\alpha(c^{\mathfrak{M}}) = c^{\mathfrak{N}}$.

2°) pour tout n, pour tout symbole de fonction f d'arité n, et pour tous $a_1,a_2,\dots,a_n$ dans $\mathfrak{M}$, on a $\alpha(f^{\mathfrak{M}}(a_1,a_2,\dots,a_n)) = f^{\mathfrak{N}}(\alpha(a_1),\alpha(a_2),\dots,\alpha(a_n))$.

La structure $\mathfrak{T}(V)$ est **librement engendrée** par l'ensemble V, ce qui veut très exactement dire la chose suivante :

PROPOSITION : *Soient* $\mathfrak{M}$ *une* $\mathcal{L}$*-structure et* α *une application quelconque de* V *dans* $\mathfrak{M}$*. Alors il existe un homomorphisme et un seul de* $\mathfrak{T}(V)$ *dans* $\mathfrak{M}$ *qui prolonge* α*.*

☺ On va définir une application β de $\mathcal{T}(V)$ dans $\mathfrak{M}$ par induction :

i) si $t = c$ est un symbole de constante, alors on pose $\beta(t) = c^{\mathfrak{M}}$;

ii) si $t = v_i$ est une variable, alors $\beta(t) = \alpha(v_i)$;

iii) si $t = ft_1t_2...t_n$, où f est un symbole de fonction n-aire et les t_i, pour i compris entre 1 et n, sont des termes pour lesquels $\beta(t_i)$ a déjà été défini, alors :

$$\beta(t) = f^{\mathfrak{M}}(\beta(t_1),\beta(t_2),...,\beta(t_n)).$$

L'application β ainsi définie prolonge clairement α (à cause de *ii)*) et est un homomorphisme à cause des conditions *i)* et *iii)*. D'autre part, si β' est un autre homomorphisme prolongeant α, alors pour tout terme t, $\beta(t) = \beta'(t)$: cela se montre sans peine par induction sur t.
☺

Les homomorphismes de $\mathfrak{T}$ dans lui-même sont appelés des **substitutions**. Ce nom est pleinement justifié : soit α une application de V dans $\mathcal{T}(V)$ et posons $\alpha(v_n) = u_n$. Soit β l'unique homomorphisme de $\mathfrak{T}$ dans lui-même qui prolonge α. L'homomorphisme β n'est rien d'autre que l'application qui, à un terme $t[v_1,v_2,...,v_n]$, fait correspondre $t_{u_1/v_1,u_2/v_2,...,u_n/v_n}$. Une substitution est donc entièrement déterminée quand on connaît ses valeurs sur l'ensemble V. On ne prendra évidemment pas la peine d'utiliser deux notations distinctes pour une application de V dans $\mathcal{T}$ et l'unique substitution qui la prolonge.

5.3 DEFINITION : *Soit* $S = \{(t_1,u_1),(t_2,u_2),...,(t_n,u_n)\}$ *un ensemble fini de couples de termes. Un* ***unificateur de*** S *est une substitution* σ *telle que, pour tout* i *compris entre* 1 *et* n, $\sigma(t_i) = \sigma(u_i)$. ***Unifier*** S, *c'est trouver tous les unificateurs de* S.

REMARQUE : Si σ est un unificateur de S et si τ est n'importe quelle substitution, alors $\tau\circ\sigma$ est aussi un unificateur de S : il est bien clair que si $\sigma(t_i) = \sigma(u_i)$, alors $\tau\circ\sigma(t_i) = \tau\circ\sigma(u_i)$.

EXEMPLES : On suppose que $V = \{v_1,v_2,v_3,v_4\}$, que c et d sont des symboles de constantes, h un symbole de fonction unaire et f et g des symboles de fonctions binaires.

1) $S = \{ (fv_1hv_2, gv_2gv_1v_3) \}$. Quelle que soit la substitution σ, le terme $\sigma(fv_1hv_2) = f\sigma(v_1)h\sigma(v_2)$ commence par le symbole f tandis que le terme $\sigma(gv_2gv_1v_3) = g\sigma(v_2)g\sigma(v_1)\sigma(v_3)$ commence par g : il n'y a pas d'unificateur.

2) $S = \{ (v_1, gv_1v_2) \}$. Là encore, il n'y a pas d'unificateur : en effet, pour toute substitution σ, $\sigma(gv_1v_2) = g\sigma(v_1)\sigma(v_2)$ est un terme strictement plus long que $\sigma(v_1)$.

3) $S = \{ (fv_1gv_2v_3, fhv_3v_4) \}$. Soit σ une substitution ; posons, pour $v_i \in V$, $\sigma(v_i) = u_i$. Pour que σ soit un unificateur, il faut et il suffit que les termes $fu_1gu_2u_3$ et fhu_3u_4 soient identiques, donc (chapitre 3, théorème 1.7) que :

$$u_1 = hu_3 \quad \text{et} \quad gu_2u_3 = u_4.$$

On voit donc que l'on peut donner à u_2 et u_3 des valeurs arbitraires, mais que, une fois celles-ci fixées, les équations ci-dessus déterminent u_1 et u_4. Voici donc un unificateur π, qui est le plus simple auquel on puisse penser :

$$\pi(v_2) = v_2 , \quad \pi(v_3) = v_3 , \quad \pi(v_1) = hv_3 , \quad \pi(v_4) = gv_2v_3.$$

On a déjà vu que toute substitution de la forme $\tau\circ\pi$ est aussi un unificateur. En fait, on a là tous les unificateurs (on dit alors que π est un unificateur principal, voir la prochaine définition) : soit σ un unificateur quelconque de S et soit τ une substitution telle que $\tau(v_2) = \sigma(v_2)$ et $\tau(v_3) = \sigma(v_3)$. Montrons alors que $\sigma = \tau\circ\pi$. En effet si i est égal à 2 ou 3, alors $\sigma(v_i) = \tau(v_i) = \tau\circ\pi(v_i)$. D'autre part, $\sigma(v_1) = h\sigma(v_3)$ (parce que σ est un unificateur), et $h\sigma(v_3) = h\tau(v_3) = \tau(hv_3)$ (parce que τ est une substitution) et on sait que $hv_3 = \pi(v_1)$. On conclut bien que $\sigma(v_1) = \tau\circ\pi(v_1)$. On montrerait de même que $\sigma(v_4) = \tau\circ\pi(v_4)$.

5.4 DEFINITION : *On dit que π est un* ***unificateur principal*** *d'un système S si c'est un unificateur de S et si pour tout unificateur σ de S, il existe une substitution τ telle que $\sigma = \tau\circ\pi$.*

L'existence d'un unificateur principal n'est pas un cas particulier :

PROPOSITION : *Tout système admettant un unificateur admet un unificateur principal.*

☺ Soit $S = \{ (t_1,u_1),(t_2,u_2),\dots,(t_n,u_n) \}$ un système non vide. Désignons par V(S) l'ensemble (fini) des variables ayant au moins une occurrence dans un terme figurant dans S et par Uni(S) l'ensemble des unificateurs de S. Deux systèmes seront dits équivalents s'ils ont le même ensemble d'unificateurs. Convenons de dire qu'un terme t **figure efficacement** dans S si S contient un couple de la forme (t,u) ou (u,t) avec $t \neq u$. La hauteur d'un système est la plus petite des hauteurs des termes qui figurent efficacement dans S.

On va décrire un algorithme permettant :

- soit de montrer que S n'a pas d'unificateur ;
- soit de trouver un système S^1 et une substitution τ tels que $V(S^1)$ ait strictement moins d'éléments que V(S) et $\mathrm{Uni}(S) = \{\sigma \circ \tau \,;\, \sigma \in \mathrm{Uni}(S^1)\}$.

Cet algorithme comporte trois étapes : **ménage, simplification** et **réduction**.

A. **Ménage.**

Dans cette étape, on élimine d'abord de S tous les couples de la forme (t,t) ; ensuite, si un même couple apparaît plusieurs fois, on n'en garde qu'un exemplaire ; enfin, si les deux couples (u,t) et (t,u) appartiennent au système considéré, on n'en garde qu'un des deux. On obtient un nouveau système S_1 équivalent à S et de même hauteur.

B. **Simplification.**

Cette étape permet d'obtenir un système équivalent de hauteur **0** ou de conclure à l'impossibilité de l'unification. Appelons h la hauteur de S_1, que l'on suppose supérieure ou égale à un (sinon il n'y a rien à faire). Prenons un couple (t,u) dans S_1 tel que, par exemple, la hauteur de t soit égale à h. On sait que la hauteur de u est au moins égale à h, et donc les premiers symboles de t et de u sont des symboles de fonction. On fait alors le :

Premier test de compatibilité : si t et u débutent par des symboles de fonction différents, alors il est inutile d'aller plus loin car ni S_1, ni S n'admettent d'unificateur.

Sinon, on peut écrire $t = fr_1r_2...r_k$ et $u = fs_1s_2...s_k$. Le système S_2 obtenu en remplaçant, dans S_1, le couple (t,u) par les k couples (r_1,s_1), (r_2,s_2), ... , (r_k,s_k) est équivalent à S_1. Remarquez que la hauteur de chacun des r_i est strictement plus petite que h. Comme on a supposé que $t \neq u$, il existe i compris entre 1 et k tel que $r_i \neq s_i$. Donc, si on fait encore une fois le ménage, on obtient un système S_2, de hauteur strictement plus petite que h et équivalent à S, et satisfaisant de plus $V(S_2) \subseteq V(S)$, puisqu'on n'a pas introduit de nouvelles variables.

En itérant ce processus, on trouve, du moins si on n'obtient pas auparavant la conclusion que S n'a pas d'unificateur, un système S_3 de hauteur **0**, équivalent à S et tel que $V(S_3) \subseteq V(S)$.

Soit donc $(x_1,y_1) \in S_3$, $x_1 \neq y_1$, x_1 de hauteur **0**.

C. **Réduction.**

On va maintenant se concentrer sur l'unification de (x_1,y_1). On fait d'abord des tests pour éliminer certains cas :

Deuxième test de compatibilité : si x_1 est un symbole de constante et y_1 n'est pas un symbole de variable, il n'y a pas d'unificateur.
Test d'occurrence : si x est une variable, disons v_i, et si v_i a une occurrence dans y_1 (mais n'est pas égale à y_1, puisque $y_1 \neq x_1$), alors quelle que soit la substitution σ, $\sigma(v_i)$ est un sous-terme propre de $\sigma(y_1)$, et on ne peut donc avoir $\sigma(x_1) = \sigma(y_1)$: il n'y a pas d'unificateur.

En dehors de ces cas, et en échangeant éventuellement les rôles de x_1 et y_1, on a un couple de la forme (v_i,y_1), où y_1 est un terme dans lequel v_i n'a aucune occurrence. L'unification de x_1 et y_1 est alors possible : soit τ_1 la substitution définie par :

- $\tau_1(v_i) = y_1$
- si $j \neq i$, $\tau_1(v_j) = v_j$

Alors, toutes les variables apparaissant dans y_1 sont laissées fixes par τ_1, et donc $\tau_1(y_1) = y_1$. Il en résulte que $\tau_1(v_i) = \tau_1(y_1)$, et que τ_1 est un unificateur de (v_i,y_1). Mieux, c'en est un unificateur principal : soit σ un unificateur de (v_i,y_1). On va montrer que $\sigma o \tau_1 = \sigma$. En effet, d'une part, si $j \neq i$, $\tau_1(v_j) = v_j$ et $\sigma o \tau_1(v_j) = \sigma(v_j)$; d'autre part, $\sigma(v_i) = \sigma(y_1)$ (parce que σ est un unificateur de (v_i,y_1)), et $\tau_1(v_i) = y_1$ et donc $\sigma o \tau_1(v_i) = \sigma(y_1) = \sigma(v_i)$. On a donc bien trouvé une substitution σ', à savoir σ, telle que $\sigma = \sigma' o \tau_1$.

Revenons maintenant au système S_3. Tous les unificateurs de S_3 sont en particulier des unificateurs de (x_1,y_1) et donc de la forme $\sigma o \tau_1$, où τ_1 est la substitution définie plus haut. Enumérons S_3 :

$$S_3 = \{ (x_1,y_1),(x_2,y_2),\ldots,(x_m,y_m) \}.$$

Donc, pour que $\sigma o \tau_1$ soit un unificateur de S_3, il faut et il suffit que, pour tout i compris entre 1 et m, $\sigma(\tau_1(x_i)) = \sigma(\tau_1(y_i))$. On sait déjà, d'après le choix de τ_1, que $\sigma(\tau_1(x_1)) = \sigma(\tau_1(y_1))$. Donc, il faut et il suffit que σ soit un unificateur de :

$$S^1 = \{ (\tau_1(x_2),\tau_1(y_2)),(\tau_1(x_3),\tau_1(y_3)),\ldots,(\tau_1(x_m),\tau_1(y_m)) \}.$$

Or, quelles sont les variables qui peuvent avoir une occurrence dans $\tau_1(x_k)$ ou $\tau_1(y_k)$, pour $2 \leqslant k \leqslant m$? Seulement les variables ayant une occurrence dans un terme $\tau_1(v_j)$, où v_j a elle-même une occurrence dans un des termes x_k ou y_k, pour k compris entre 2 et m, donc, où v_j appartient à $V(S_3)$. En se reportant à la définition de τ_1 on voit donc que $V(S^1)$ ne contient pas v_i et est inclus dans $V(S_3)$. Nous avons donc tenu nos promesses.

Il suffit alors de recommencer ces trois opérations A, B, C, pour éliminer toutes les variables libres : soit on tombe sur une impossibilité, soit on trouve des systèmes S^1, S^2, ..., S^k où $V(S^k)$ est vide, et des subsitutions $\tau_1,\tau_2,\ldots,\tau_k$ telles que, pour tout i compris entre 1 et k - 1,

$$\mathrm{Uni}(S^i) = \{ \sigma o \tau_{i+1} \; ; \; \sigma \in \mathrm{Uni}(S^{i+1}) \}.$$

Maintenant, tous les termes apparaissant dans S^k sont des termes clos (puisque $V(S^k)$ est vide), et sont donc laissés fixes par n'importe quelle substitution. Donc, s'il existe un

couple $(t,u) \in S^k$ tel que $t \neq u$, alors ni S^k, ni par voie de conséquence S, n'admettent d'unificateur ; sinon toutes les substitutions sont des unificateurs de S^k, et les unificateurs de S sont exactement les substitutions de la forme $\sigma \circ \tau_k \circ \cdots \tau_2 \circ \tau_1$ où σ est n'importe quelle substitution : $\tau_k \circ \cdots \tau_2 \circ \tau_1$ est un unificateur principal de S.
☺

5.5 Cette preuve fournit un algorithme permettant de décider si un système admet des unificateurs et de trouver un unificateur principal le cas échéant. Il faut alterner deux sous-algorithmes : d'une part, des opérations de ménage et de simplification qui donnent un système équivalent sans aucun couple de la forme (t,t) et où figure au moins un terme de hauteur 0 ; d'autre part, la réduction qui diminue le nombre de variables.

EXEMPLE : Dans cet exemple, c est un symbole de constante, f et g des symboles de fonction binaire et k un symbole de fonction ternaire. Soit à unifier le système S :

$$S = \{(k f c g v_4 v_3 f c g v_3 v_4 k v_3 v_4 v_2 \, , \, k v_2 v_2 v_1)\}.$$

1B : Simplification. Le système S est équivalent à :

$$\{(f c g v_4 v_3 \, , \, v_2) \, , \, (f c g v_3 v_4 \, , \, v_2) \, , \, (k v_3 v_4 v_2 \, , \, v_1)\}.$$

1C : Réduction. On pose $\tau_1(v_2) = f c g v_4 v_3$ et $\tau_1(v_i) = v_i$ pour $i \neq 2$. On obtient le système :

$$S^1 = \{(f c g v_3 v_4 \, , \, f c g v_4 v_3) \, , \, (k v_3 v_4 f c g v_4 v_3 \, , \, v_1)\}.$$

2A et 2B : Rien à faire : le système est simplifié.

2C : Réduction. On pose $\tau_2(v_1) = k v_3 v_4 f c g v_4 v_3$ et $\tau_2(v_i) = v_i$ pour $i \neq 1$. On obtient le système : $S^2 = \{(f c g v_3 v_4 \, , \, f c g v_4 v_3)\}$.

3B : Simplification. On obtient successivement les systèmes équivalents à S^2 :
$\{(c,c) \, , \, (g v_3 v_4 \, , \, g v_4 v_3)\}$ puis $\{(c,c),(v_3,v_4),(v_4,v_3)\}$; après ménage, on voit que le système S_2 est encore équivalent à : (v_3,v_4).

3C : Réduction. On pose maintenant $\tau_3(v_4) = v_3$ et $\tau_3(v_i) = v_i$ pour $i \neq 4$. Le système S^3 est vide.

La substitution $\tau_3 \circ \tau_2 \circ \tau_1 = \tau$ est un unificateur principal de S. On peut calculer :

$$\tau(v_1) = k v_3 v_3 f c g v_3 v_3 \, , \, \tau(v_2) = f c g v_3 v_3 \, , \, \tau(v_3) = v_3 \, , \, \tau(v_4) = v_3.$$

REMARQUE 1 : On aurait pu conduire les calculs différemment (par exemple réduire le couple $(k v_3 v_4 v_2, v_1)$ à l'étape 1B, ou poser $\tau_3(v_3) = v_4$ à l'étape 3B) ; on aurait trouvé un autre unificateur principal. L'exercice 15 indique comment trouver tous les unificateurs principaux d'un système à partir de l'un d'entre eux.

REMARQUE 2 : Il peut arriver que dans un système, on puisse faire plusieurs réductions d'un seul coup. Par exemple, supposons que dans S, il y ait les couples (v_1,t_1) et (v_2,t_2). Alors, si ces couples satisfont les tests de compatibilité et d'occurrence et si de plus, v_2 n'apparaît pas dans t_1 ni v_1 dans t_2, alors on peut réduire au moyen de la substitution τ définie par $\tau(v_1) = t_1$, $\tau(v_2) = t_2$ et $\tau(v_i) = v_i$ pour i différent de 1 et 2.

Les démonstrations par résolution

5.6 On va adapter la méthode de démonstration par coupure au calcul des prédicats. Comme dans le cas du calcul propositionnel, il s'agira de réfutations plutôt que de démonstrations. et la méthode ne s'appliquera qu'à une classe restreinte de formules, la classe des clauses universelles. On fixe un langage $\mathscr{L}$ (qui peut comporter des symboles de relation) et on appelle $\mathscr{T}$ l'ensemble des termes de $\mathscr{L}$. Nous conviendrons que, lorsqu'il sera question de substitutions dans la suite, il s'agira de substitutions (au sens de 5.2) relativement au langage $\mathscr{L}$ privé de ses symboles de relation.

DEFINITION : *Une* **clause universelle** *est une formule close de la forme suivante :*

$$\forall v_1 \forall v_2 \ldots \forall v_k (\neg A_1 \vee \neg A_2 \vee \ldots \vee \neg A_n \vee B_1 \vee B_2 \vee \ldots \vee B_m),$$

où les A_i *et les* B_j *sont des formules atomiques.*

On se contentera souvent d'écrire « clause » au lieu de « clause universelle ». On fait aussi plusieurs conventions afin de simplifier l'écriture :

1°) On n'écrira pas les quantificateurs : cela est justifié par le fait que tous les quantificateurs sont universels et que toutes les variables sont quantifiées. La seule ambiguïté est donc l'ordre dans lequel les variables sont quantifiées, qui n'a, en fait, aucune importance.

2°) Comme pour le calcul des propositions et avec notre convention de ne pas écrire les quantificateurs universels, on utilisera pour désigner la clause universelle :

$$\forall v_1 \forall v_2 \ldots \forall v_k (\neg A_1 \vee \neg A_2 \vee \ldots \vee \neg A_n \vee B_1 \vee B_2 \vee \ldots \vee B_m)$$

la notation :

$$(A_1 \wedge A_2 \wedge \ldots \wedge A_n) \Longrightarrow (B_1 \vee B_2 \vee \ldots \vee B_m) \; ;$$

$(A_1 \wedge A_2 \wedge \ldots \wedge A_n)$ est encore appelé la **prémisse** et $(B_1 \vee B_2 \vee \ldots \vee B_m)$ la **conclusion** de la clause.

3°) Il est très possible que les entiers n ou m soient nuls. On utilise les mêmes notations qu'à la section 4 : $(A_1 \wedge A_2 \wedge \ldots \wedge A_n) \Longrightarrow$ est la clause :

$$\forall v_1 \forall v_2 \ldots \forall v_k (\neg A_1 \vee \neg A_2 \vee \ldots \vee \neg A_n),$$

et $\Longrightarrow (B_1 \vee B_2 \vee \ldots \vee B_m)$ est la clause :

$$\forall v_1 \forall v_2 \ldots \forall v_k (B_1 \vee B_2 \vee \ldots \vee B_m).$$

Si m et n sont tous les deux nuls, on obtient, par convention, la clause toujours fausse, qui est encore notée $\square$.

5.7 Soit σ une substitution de $\mathcal{T}$ (l'ensemble des termes de $\mathcal{L}$). Alors σ agit sur les formules : si F est une formule dont les variables libres sont, disons $v_1,v_2,\ldots,v_k$, alors, par définition, $\sigma(F)$ est la formule $A_{x_1/v_1,x_2/v_2,\ldots,x_k/v_k}$, où $x_i = \sigma(v_i)$ (pour i compris entre 1 et k). Par exemple, si A est une formule atomique, elle est de la forme :

$$Rt_1t_2\ldots t_j\ ,$$

où R est un symbole de prédicat d'arité j et $t_1,t_2,\ldots,t_j$ sont des termes ; alors :

$$\sigma(A) = R\sigma(t_1)\sigma(t_2)\ldots\sigma(t_j).$$

Si $\mathscr{C}$ est une clause universelle, disons $\mathscr{C} = (A_1 \wedge A_2 \wedge \ldots \wedge A_n) \Longrightarrow (B_1 \vee B_2 \vee \ldots \vee B_m)$, alors, par définition,

$$\sigma(\mathscr{C}) = (\sigma(A_1) \wedge \sigma(A_2) \wedge \ldots \wedge \sigma(A_n)) \Longrightarrow (\sigma(B_1) \vee \sigma(B_2) \vee \ldots \vee \sigma(B_m)).$$

REMARQUE : De la définition de la satisfaction d'une formule dans une structure (chapitre 3, 3.2), on déduit immédiatement la très importante propriété suivante : si F est une clause universelle et si $\mathfrak{M}$ est un modèle de F, alors, pour toute substitution σ, $\mathfrak{M}$ est aussi un modèle de $\sigma(F)$.

L'unification, à son tour, s'applique aux formules : Soient A_1, A_2, ...,A_n des formules atomiques. On veut déterminer toutes les substitutions σ telles que $\sigma(A_1) = \sigma(A_2) = \ldots. = \sigma(A_n)$, que l'on appellera les unificateurs de $(A_1,A_2,\ldots,A_n)$. Puisque les formules A_i sont des formules atomiques, elles s'écrivent :

$$A_i = R_i t^i_1 t^i_2 \ldots t^i_{m_i}\ ,$$

où R_i sont des symboles de prédicat d'arité n_i et les t^i_j sont des termes. Si σ est une substitution, on a vu que :

$$\sigma(A_i) = R_i\sigma(t^i_1)\sigma(t^i_2)\ldots\sigma(t^i_{m_i}).$$

Donc, si pour des entiers i et j distincts et compris entre 1 et n, R_i est différent de R_j, alors il n'y a pas d'unificateurs. Sinon, tous les entiers m_i prennent la même valeur que nous appellerons m et les unificateurs de $(A_1,A_2,\ldots,A_n)$ sont exactement les unificateurs de l'ensemble :

$$\{\ (t^1_k,t^i_k)\ ;\ 1 \leqslant k \leqslant m,\ 1 < i \leqslant n\ \},$$

et on peut donc appliquer les résultats de la sous-section précédente : soit il n'y a pas d'unificateur, soit il y a un unificateur principal.

5.8 DEFINITION : *On dit que deux clauses sont* ***séparées*** *si elles n'ont aucune variable en commun.*

Soient deux clauses $\mathscr{C}$ et $\mathscr{D}$ et supposons que l'ensemble des variables V est infini ; on peut alors trouver une permutation σ de V (c'est-à-dire une bijection de V dans V) telle que $\mathscr{C}$ et $\sigma(\mathscr{D})$ soient séparées. il suffit de définir σ de telle sorte que pour toute variable v_i ayant une occurrence dans $\mathscr{D}$, $\sigma(v_i)$ soit une variable n'ayant pas d'occurrence dans $\mathscr{C}$.

Nous sommes maintenant en mesure de décrire la **règle de résolution**.

Etant données deux clauses $\mathscr{C}$ et $\mathscr{D}$, nous allons expliquer ce qu'on entend par : « **une clause $\mathscr{E}$ déduite de $\mathscr{C}$ et $\mathscr{D}$ par résolution** ».

La situation est analogue à celle où, pour des clauses propositionnelles, on a exposé la règle de coupure. Le rôle joué là par les variables propositionnelles est tenu ici par les formules atomiques. La différence essentielle dans la méthode est qu'ici, nous n'allons pas exiger qu'une même formule atomique soit présente simultanément dans la prémisse d'une des clauses et dans la conclusion de l'autre, mais seulement qu'on puisse se ramener à ce cas moyennant une unification.

Partant de $\mathscr{C}$ et $\mathscr{D}$ (il est très possible que $\mathscr{C} = \mathscr{D}$), on commence par les séparer, c'est-à-dire que l'on remplace $\mathscr{D}$ par une clause $\mathscr{D}' = \tau(\mathscr{D})$, où τ est une permutation des variables telle que $\mathscr{C}$ et $\mathscr{D}'$ soient séparées, comme on vient de l'expliquer. Ecrivons $\mathscr{C}$ et $\mathscr{D}'$:

$$\mathscr{C} = (A_1 \wedge A_2 \wedge \ldots \wedge A_n) \Longrightarrow (B_1 \vee B_2 \vee \ldots \vee B_m)$$

et

$$\mathscr{D}' = (C_1 \wedge C_2 \wedge \ldots \wedge C_p) \Longrightarrow (D_1 \vee D_2 \vee \ldots \vee D_q).$$

Supposons que l'on puisse unifier certaines des formules de la conclusion de $\mathscr{C}$ avec certaines des formules de la prémisse de $\mathscr{D}'$; plus précisément, supposons qu'il existe un sous-ensemble non vide X de $\{1,2,\ldots,m\}$ et un sous-ensemble non vide Y de $\{1,2,\ldots,p\}$ tels que l'ensemble $\{B_i ; i \in X\} \cup \{C_j ; j \in Y\}$ admettent un unificateur. Soit alors σ un unificateur principal de $\{B_i ; i \in X\} \cup \{C_j ; j \in Y\}$.

La règle de résolution permet, dans ces circonstances, de déduire de $\mathscr{C}$ et $\mathscr{D}$ la clause universelle $\mathscr{E}$ dont :

- la prémisse est la conjonction de $\sigma(A_1) \wedge \sigma(A_2) \wedge \ldots \wedge \sigma(A_n)$ et des formules $\sigma(C_h)$ pour $h \in \{1,2,\ldots,m\} - X$;
- la conclusion est la disjonction de $\sigma(D_1) \vee \sigma(D_2) \vee \ldots \vee \sigma(D_q)$ et des formules $\sigma(B_k)$ pour $k \in \{1,2,\ldots,p\} - Y$.

On pourrait dire aussi que cette clause est obtenue par la règle de simplification et de coupure (au sens de la section 4) des formules $\mathscr{C}$ et $\mathscr{D}'$.

REMARQUE : Dans le règle de résolution, on insiste pour que l'unification se fasse au moyen d'un unificateur principal. La raison est d'origine informatique : il est beaucoup plus facile d'écrire un algorithme cherchant un unificateur principal que d'écrire un algorithme cherchant tous les unificateurs.

EXEMPLE : Le langage comprend : un symbole de fonction unaire h, un symbole de fonction binaire f, un symbole de prédicat binaire R et un symbole de prédicat ternaire P. On considère les clauses :

$$\mathscr{C}_1 = \mathsf{P}\, v_1v_2v_3 \Longrightarrow (\mathsf{R}\, f v_1v_2v_3 \vee \mathsf{R}\, f v_1v_2 h f v_1v_2)$$

et $$\mathscr{C}_2 = \mathsf{R}\, v_1 h v_1 \Longrightarrow \mathsf{P}\, v_1v_1v_1.$$

On commence par séparer ces clauses : on remplace donc $\mathscr{C}_2$ par $\mathscr{C}'_2$:

$$\mathscr{C}'_2 = \mathsf{R}\, v_4 h v_4 \Longrightarrow \mathsf{P} v_4v_4v_4.$$

Il est facile d'unifier $\mathsf{P}\, v_1v_2v_3$ dans la prémisse de $\mathscr{C}_1$ avec $\mathsf{P}\, v_4v_4v_4$ dans la conclusion de $\mathscr{C}'_2$: un unificateur principal de $\{(v_1,v_4),(v_2,v_4),(v_3,v_4)\}$ est σ :

$$\sigma(v_1) = \sigma(v_2) = \sigma(v_3) = \sigma(v_4) = v_4.$$

Alors :

$$\sigma(\mathscr{C}_1) = \mathsf{P}\, v_4v_4v_4 \Longrightarrow (\mathsf{R} f v_4v_4v_4 \vee \mathsf{R} f v_4v_4 h f v_4v_4) \text{ et } \sigma(\mathscr{C}'_2) = \mathsf{R}\, v_4 h v_4 \Longrightarrow \mathsf{P}\, v_4v_4v_4.$$

La règle de résolution donne donc la clause $\mathsf{R}\, v_4 h v_4 \Longrightarrow (\mathsf{R} f v_4v_4v_4 \vee \mathsf{R} f v_4v_4 h f v_4v_4)$.

On peut aussi unifier $\mathsf{R} f v_1v_2v_3$, $\mathsf{R} f v_1v_2 h f v_1v_2$ et $\mathsf{R}\, v_4 h v_4$. Pour cela, on doit chercher l'unificateur principal de $\{(fv_1v_2, fv_1v_2), (v_3, hfv_1v_2), (fv_1v_2, v_4), (v_3, hv_4)\}$. Le lecteur vérifiera que la substitution τ suivante est un unificateur principal :

$$\tau(v_1) = v_1 \ ; \ \tau(v_2) = v_2 \ ; \ \tau(v_3) = hfv_1v_2 \ ; \ \tau(v_4) = fv_1v_2.$$

On a alors : $$\tau(\mathscr{C}_1) = \mathsf{P}\, v_1v_2 h f v_1v_2 \Longrightarrow (\mathsf{R} f v_1v_2 h f v_1v_2 \vee \mathsf{R} f v_1v_2 h f v_1v_2) \ ;$$

et : $$\tau(\mathscr{C}'_2) = \mathsf{R} f v_1v_2 h f v_1v_2 \Longrightarrow \mathsf{P} f v_1v_2 f v_1v_2 f v_1v_2.$$

La règle de résolution donne donc :

$$\mathsf{P}\, v_1v_2 h f v_1v_2 \Longrightarrow \mathsf{P} f v_1v_2 f v_1v_2 f v_1v_2.$$

5.9 La proposition qui suit exprime que la règle de résolution est sémantiquement justifiée :

PROPOSITION : *Supposons que la clause universelle $\mathscr{E}$ se déduise des clauses $\mathscr{C}$ et $\mathscr{D}$ au moyen de la règle de résolution. Si $\mathfrak{M}$ est un modèle de $\mathscr{C}$ et de $\mathscr{D}$, alors c'est aussi un modèle de $\mathscr{E}$.*

☺ On peut évidemment supposer que $\mathscr{C}$ et $\mathscr{D}$ sont séparées. Il existe donc une substitution σ telle que $\mathscr{E}$ soit obtenue par une coupure à partir de $\sigma(\mathscr{C})$ et $\sigma(\mathscr{D})$, éventuellement après simplification. Soit $\mathfrak{M} = \langle M ; \ldots \rangle$ un modèle de $\mathscr{C}$ et de $\mathscr{D}$. On a vu (remarque 5.7) que $\mathfrak{M}$ est aussi un modèle de $\sigma(\mathscr{C})$ et de $\sigma(\mathscr{D})$. Explicitons :

$$\sigma(\mathscr{C}) = (A_1 \wedge A_2 \wedge \ldots \wedge A_n) \Longrightarrow (B_1 \vee B_2 \vee \ldots \vee B_m),$$

et $$\sigma(\mathscr{D}) = (C_1 \wedge C_2 \wedge \ldots \wedge C_p) \Longrightarrow (D_1 \vee D_2 \vee \ldots \vee D_q),$$

et supposons que la coupure se fasse sur les formules B_i pour $i \in X$ ($X \subseteq \{1,2,\ldots,m\}$) et C_j pour $j \in Y$ ($Y \subseteq \{1,2,\ldots,p\}$. Donc $\mathscr{E}$ est équivalente à la formule :

$$\mathscr{E}' = (A_1 \wedge A_2 \wedge \ldots \wedge A_n \wedge (\bigwedge_{h \in I} C_h)) \Longrightarrow (D_1 \vee D_2 \vee \ldots \vee D_q \vee (\bigvee_{f \in J} B_f))$$

où $I = \{1,2,\ldots,m\} - X$ et $J = \{1,2,\ldots,p\} - Y$.

Supposons que les variables apparaissant dans ces clauses sont $v_1,v_2,\ldots,v_k$ et soient $a_1,a_2,\ldots,a_k$ des points de $\mathfrak{M}$. Notons (en remarquant qu'on passe au langage L_M) :

$$A'_i = (A_i)_{a_1/v_1, a_2/v_2, \ldots, a_n/v_n} \ , \ B'_i = (B_i)_{a_1/v_1, a_2/v_2, \ldots, a_n/v_n} \ , \text{ etc.}$$

On a alors

$$\mathfrak{M} \models (A'_1 \wedge A'_2 \wedge \ldots \wedge A'_n) \Longrightarrow (B'_1 \vee B'_2 \vee \ldots \vee B'_m),$$

et $$\mathfrak{M} \models (C'_1 \wedge C'_2 \wedge \ldots \wedge C'_p) \Longrightarrow ((D'_1 \vee D'_2 \vee \ldots \vee D'_q).$$

En utilisant la simplification et la règle de coupure dans le cadre du calcul propositionnel (4.3), on obtient :

$$\mathfrak{M} \models (A'_1 \wedge A'_2 \wedge \ldots \wedge A'_n \wedge (\bigwedge_{h \in I} C'_h)) \Longrightarrow (D'_1 \vee D'_2 \vee \ldots \vee D'_q \vee (\bigvee_{f \in J} B'_f))$$

et donc : $$\mathfrak{M} \models \mathscr{E}'_{a_1/v_1, a_2/v_2, \ldots, a_n/v_n}.$$

☺

5.10 DEFINITION : *Soient Γ un ensemble de clauses. Une* ***réfutation de*** Γ *est une suite de clauses $\mathscr{S} = (\mathscr{D}_1, \mathscr{D}_2, \ldots, \mathscr{D}_n)$ se terminant par $\square$, et telle que, pour tout i compris entre 1 et n, soit $\mathscr{D}_i$ appartient à Γ, soit $\mathscr{D}_i$ se déduit de deux clauses la précédant dans $\mathscr{S}$ à l'aide de la règle de résolution. On dit que Γ est* ***réfutable*** *s'il en existe une réfutation.*

Il découle donc de ce qu'on a dit, comme en 4.4, que, si Γ est réfutable, alors Γ n'a pas de modèle. C'est la réciproque qui va nous occuper maintenant. Il s'agit donc, lorsque Γ n'est pas réfutable, d'en construire un modèle. On va se ramener au cas du calcul des propositions, en utilisant une méthode de Herbrand simplifiée.

Rappelons que $V = \{ v_k \ ; \ k \in \mathbb{N} \}$ est l'ensemble des variables, et $\mathscr{T}$ l'ensemble des termes de $\mathscr{L}$. Comme on n'a pas à manipuler les quantificateurs, on n'aura pas les scrupules qu'on a eus à la section 3, et on va construire un modèle dont l'ensemble de base est précisément $\mathscr{T}$. L'interprétation des symboles de fonctions est définie comme en 3.4 : si f est un symbole de fonction d'arité n alors, tout naturellement, l'interprétation de f est la fonction de $\mathscr{T}^n$ dans $\mathscr{T}$ qui à $t_1,t_2,\ldots,t_n$ fait correspondre $ft_1t_2\ldots t_n$. Appelons $\mathscr{P}$ l'ensemble des formules atomiques. Pour définir complètement notre $\mathscr{L}$-structure, il reste à décider, pour chaque entier n, pour chaque symbole de prédicat n-aire R et pour chaque suite $(t_1,t_2, \ldots , t_n)$, si $Rt_1t_2\ldots t_n$ y est vraie ou non. Toutes ces décisions sont indépendantes les unes des autres et peuvent être prises arbitrairement. Autrement dit, pour chaque fonction δ de $\mathscr{P}$ dans $\{0,1\}$, on construit une $\mathscr{L}$-structure $\mathfrak{T}_\delta$ de la façon suivante : si R est un symbole de prédicat d'arité n, et si $t_1,t_2,\ldots,t_n \in \mathcal{T}$, alors $(t_1,t_2,\ldots,t_n)$ appartient à l'interprétation de R dans $\mathfrak{T}_\delta$ (i.e. $\mathfrak{T}_\delta \models Rt_1t_2\ldots t_n$) si et seulement si $\delta(Rt_1t_2\ldots t_n) = 1$.

On va considérer les éléments de $\mathcal{P}$ comme des variables propositionnelles et δ comme une distribution de valeur de vérité. On étend canoniquement δ en une application $\overline{\delta}$, qui donne la valeur de vérité des formules sans quantificateur de $\mathcal{L}$, et donc, si F est une de ces formules sans quantificateur,

$$\mathfrak{T}_\delta \models F \text{ si et seulement si } \overline{\delta}(F) = 1.$$

Maintenant, soit $G = \forall v_1 \forall v_2 \ldots \forall v_n F[v_1,v_2,\ldots,v_n]$ une formule universelle. A quelle condition $\mathfrak{T}_\delta$ est-il un modèle de G ? La réponse est simple : il faut et il suffit que pour toute suite $(t_1,t_2,\ldots t_n)$ d'éléments de $\mathcal{T}$, on ait

$$\mathfrak{T}_\delta \models F[t_1,t_2,\ldots,t_n],$$

ce qui revient à dire que, pour toute substitution σ, $\mathfrak{T}_\delta \models \sigma(F)$, ou encore $\overline{\delta}(\sigma(F)) = 1$.

5.11 Il reste à prouver :

THEOREME : *Soit* $\Gamma = \{ \mathcal{C}_i \,;\ 1 \leqslant i \leqslant n \}$ *un ensemble de clauses universelles qui n'a pas de modèle ; alors* Γ *est réfutable.*

☺ L'ensemble

$$X = \{ \sigma(\mathcal{C}_i) \,;\ 1 \leqslant i \leqslant n \,, \sigma \text{ est une substitution} \}$$

n'est pas propositionnellement satisfaisable : si δ était une distribution de valeurs de vérité satisfaisant X, la structure $\mathfrak{T}_\delta$ construite ci-dessus serait un modèle de Γ. Par le théorème de compacité du calcul des propositions, on en déduit qu'il existe un sous-ensemble fini X_0 de X qui n'est pas propositionnellement satisfaisable, et, par le théorème 4.5, qu'il existe une réfutation de X_0 à l'aide des règles de coupure et de simplification. On va voir comment transformer cette réfutation en réfutation de Γ (au sens de la définition 5.10). Il nous faut d'abord un langage plus précis :

• Si Δ est un ensemble de clauses universelles et $\mathcal{D}$ est une clause universelle, on dira que $\mathcal{D}$ est **démontrable par coupure à partir de** Δ s'il existe une suite $(\mathcal{D}_1,\mathcal{D}_2,\ldots,\mathcal{D}_n)$ telle que $\mathcal{D} = \mathcal{D}_n$ et, pour tout i compris entre 1 et n, soit $\mathcal{D}_i \in \Delta$, soit il existe $j < i$ tel que $\mathcal{D}_i$ se déduise par simplification de $\mathcal{D}_j$, soit il existe j et k inférieurs à i tels que $\mathcal{D}_i$ se déduise par coupure de $\mathcal{D}_j$ et de $\mathcal{D}_k$.

• Si Δ est un ensemble de clauses universelles et $\mathcal{D}$ est une clause universelle, on dira que $\mathcal{D}$ est **démontrable par résolution à partir de** Δ s'il existe une suite $(\mathcal{D}_1,\mathcal{D}_2,\ldots,\mathcal{D}_n)$ telle que $\mathcal{D} = \mathcal{D}_n$ et pour tout i compris entre 1 et n, soit $\mathcal{D}_i \in \Delta$, soit il existe j et k inférieurs à i tels que $\mathcal{D}_i$ se déduise par résolution de $\mathcal{D}_j$ et de $\mathcal{D}_k$.

• Si $\mathscr{C}$ est une clause, $\mathscr{C}^+$ désignera l'ensemble des formules atomiques apparaissant dans sa conclusion et $\mathscr{C}^-$ l'ensemble de celles qui apparaissent dans sa prémisse. Si $\mathscr{C}$ et $\mathscr{D}$ sont deux clauses, on écrira $\mathscr{C} \subseteq \mathscr{D}$ si $\mathscr{C}^- \subseteq \mathscr{D}^-$ et $\mathscr{C}^+ \subseteq \mathscr{D}^+$.

On sait déjà que la clause vide $\square$ est démontrable par coupure à partir de X_0. On va montrer :

LEMME : *Soit $\mathscr{D}$ une clause démontrable par coupure à partir de X. Alors il existe une clause $\mathscr{E}$ démontrable par résolution à partir de Γ et une substitution τ telles que $\tau(\mathscr{E}) \subseteq \mathscr{D}$.*

Il est d'abord clair que le lemme permet de conclure : en l'appliquant à la clause vide, on voit qu'il existe une clause $\mathscr{E}$ démontrable par résolution à partir de Γ et une substitution τ telle que $\tau(\mathscr{E}) \subseteq \square$. Nécessairement, $\tau(\mathscr{E}) = \square$ et $\mathscr{E} = \square$.

☺ Soit $(\mathscr{D}_1, \mathscr{D}_2, \ldots, \mathscr{D}_n)$ la démonstration par coupure de $\mathscr{D}$ à partir de X (et donc $\mathscr{D} = \mathscr{D}_n$). On raisonne par récurrence sur l'entier n. Différents cas sont à envisager :

a) $\mathscr{D}_n \in X$; cela veut dire qu'il existe une substitution σ et une clause $\mathscr{C}_i \in \Gamma$ telles que $\mathscr{D} = \sigma(\mathscr{C}_i)$. Il suffit alors de prendre $\mathscr{E} = \mathscr{C}_i$ et $\tau = \sigma$.

b) Il existe $i < n$ tel que $\mathscr{D}_n$ s'obtienne par simplification à partir de $\mathscr{D}_i$. Cela implique que $\mathscr{D}_i \subseteq \mathscr{D}_n$, parce que $\mathscr{D}_i^- = \mathscr{D}_n^-$ et $\mathscr{D}_i^+ = \mathscr{D}_n^+$. Par hypothèse de récurrence, il existe une clause $\mathscr{E}$ démontrable par résolution à partir de Γ et un substitution τ telles que $\tau(\mathscr{E}) \subseteq \mathscr{D}_i$. D'où la conclusion.

c) $\mathscr{D}_n$ est obtenue par coupure à partir de deux clauses $\mathscr{D}_i$ et $\mathscr{D}_j$, où i et j sont des entiers inférieurs à n. Par hypothèse de récurrence, il existe des clauses $\mathscr{E}_1$ et $\mathscr{E}_2$, démontrables par résolution à partir de Γ et des substitutions τ_1 et τ_2 telles que $\tau_1(\mathscr{E}_1) \subseteq \mathscr{D}_i$ et $\tau_2(\mathscr{E}_2) \subseteq \mathscr{D}_j$. Séparons $\mathscr{E}_1$ et $\mathscr{E}_2$: soit σ une permutation de l'ensemble des variables telle que, en posant $\mathscr{E}_3 = \sigma(\mathscr{E}_2)$, $\mathscr{E}_1$ et $\mathscr{E}_3$ soient séparées. Il existe alors une substitution μ telle que : si v_i est une variable ayant une occurrence dans $\mathscr{E}_1$, alors $\mu(v_i) = \tau_1(v_i)$ et si v_i est une variable ayant une occurrence dans $\mathscr{E}_3$, alors $\mu(v_i) = \tau_2 \circ \sigma^{-1}(v_i)$. Dans ces conditions :

$$\mu(\mathscr{E}_1) = \tau_1(\mathscr{E}_1) \subseteq \mathscr{D}_i \;;$$

$$\mu(\mathscr{E}_3) = \tau_2 \circ \sigma^{-1}(\mathscr{E}_3) = \tau_2(\mathscr{E}_2) \subseteq \mathscr{D}_j.$$

Explicitons $\mathscr{E}_1$ et $\mathscr{E}_3$:

$$\mathscr{E}_1 = (A_1 \wedge A_2 \wedge \ldots \wedge A_r) \Longrightarrow (B_1 \vee B_2 \vee \ldots \vee B_s)$$

et $$\mathscr{E}_3 = (C_1 \wedge C_2 \wedge \ldots \wedge C_t) \Longrightarrow (D_1 \vee D_2 \vee \ldots \vee D_u).$$

On sait que l'on peut appliquer la règle de coupure au couple $(\mathscr{D}_i, \mathscr{D}_j)$. Cela veut dire qu'il y a une formule atomique E qui apparaît dans la conclusion de $\mathscr{D}_i$ et dans la prémisse de $\mathscr{D}_j$, à moins que ce soit l'inverse ; on peut supposer, par exemple, sans rien perdre en généralité, que $E \in \mathscr{D}_i^+$ et $E \in \mathscr{D}_j^-$. Comme $\mathscr{D}_n$ est obtenue par coupure à partir de $\mathscr{D}_i$ et $\mathscr{D}_j$ et que $\mu(\mathscr{C}_1) \subseteq \mathscr{D}_i$ et $\mu(\mathscr{C}_3) \subseteq \mathscr{D}_j$, on voit que :

(*) $\{\mu(A_i) ; 1 \leqslant i \leqslant r\} \cup (\{\mu(C_i) ; 1 \leqslant i \leqslant t\} - E) \subseteq \mathscr{D}_n^-$

et $\{\mu(D_i) ; 1 \leqslant i \leqslant t\} \cup (\{\mu(B_i) ; 1 \leqslant i \leqslant s\} - E) \subseteq \mathscr{D}_n^+$

La formule E n'apparaît pas nécessairement dans $\mu(\mathscr{C}_1)^+$, ni dans $\mu(\mathscr{C}_3)^-$, ce qui nous oblige à distinguer plusieurs cas :

1) pour tout k compris entre 1 et s, $E \neq \mu(B_k)$; dans ce cas, $\mu(\mathscr{C}_1) \subseteq \mathscr{D}_n$, et on obtient la conclusion recherchée ;

2) pour tout k compris entre 1 et t, $E \neq \mu(C_k)$; dans ce cas $\mu(\mathscr{C}_3) = \tau_2(\mathscr{C}_2) \subseteq \mathscr{D}_n$, et on obtient encore ce que l'on veut ;

3) Les ensembles $X = \{i ; 1 \leqslant i \leqslant s$ et $\mu(B_i) = E\}$ et $Y = \{j ; 1 \leqslant j \leqslant t$ et $\mu(C_j) = E\}$ ne sont pas vides. On peut alors unifier $\{B_i ; i \in X\} \cup \{C_j ; j \in Y\}$ et appliquer la règle de résolution à $\mathscr{C}_1$ et $\mathscr{C}_2$. Voyons comment avec plus de précision. On a déjà séparé $\mathscr{C}_1$ et $\mathscr{C}_2$ et obtenu $\mathscr{C}_1$ et $\mathscr{C}_3$. Soit alors σ un unificateur principal de $\{B_i ; i \in X\} \cup \{C_j ; j \in Y\}$. Puisque μ unifie ces formules, il existe une substitution τ telle que $\mu = \tau \circ \sigma$. Par résolution, on obtient une clause $\mathscr{C}_4$ qui a toutes les propriétés requises :

- elle est démontrable par résolution à partir de Γ (puisque $\mathscr{C}_1$ et $\mathscr{C}_2$ le sont).
- $\mathscr{C}_4^+ = \{\sigma(B_i) ; 1 \leqslant i \leqslant s$ et $i \notin X\} \cup \{\sigma(D_i) ; 1 \leqslant i \leqslant u\}$; cela montre que $\tau(\mathscr{C}_4^+) = \tau(\mathscr{C}_4)^+ = \{\mu(B_i) ; 1 \leqslant i \leqslant s$ et $i \notin X\} \cup \{\mu(D_i) ; 1 \leqslant i \leqslant u\}$. Avec (*), on voit que $\tau(\mathscr{C}_4)^+ \subseteq \mathscr{D}_n^+$.
- Un raisonnement analogue montre que $\tau(\mathscr{C}_4)^- \subseteq \mathscr{D}_n^-$.

☺

☺

5.12 EXEMPLES :

1°) Le langage contient un symbole de constante c, deux symboles de prédicats unaires S et Q, un symbole de prédicat binaire R et un symbole de fonction f. Il s'agit de déduire la clause vide des six clauses suivantes :

(1)	$Qfv_0 \Longrightarrow Sv_0$	(2)	$\Longrightarrow (Sv_0 \vee Rfv_0v_0)$
(3)	$Pv_0 \Longrightarrow Qv_0$	(4)	$(Pv_1 \wedge Rv_0v_1) \Longrightarrow Pv_0$
(5)	$\Longrightarrow Pc$	(6)	$Sc \Longrightarrow$

On applique d'abord la règle de résolution entre (1) et (6), en unifiant Sv_0 et Sc, au moyen de l'unificateur principal $\sigma(v_0) = c$ (on convient que, si on ne précise pas ce qu'est $\sigma(v_i)$, c'est que $\sigma(v_i) = v_i$). On obtient :

(7) $Qfc \Longrightarrow$.

En unifiant Qfc et Qv_0 (unificateur principal $\sigma'(v_0) = fc$), on obtient à partir de (3) et (7) :

(8) $Pfc \Longrightarrow$;

puis avec (4), en unifiant Pfc et Pv_0 au moyen de σ' :

(9) $(Pv_1 \wedge Rfcv_1) \Longrightarrow$.

On peut maintenant unifier $Rfcv_1$ dans (9) et $R\,fv_0v_0$ dans (2). L'unificateur principal est $\sigma''(v_0) = \sigma''(v_1) = c$, et la règle de résolution donne :

(10) $Pc \Longrightarrow Sc$.

Avec (5), on obtient $\Longrightarrow Sc$ et avec (6) la clause vide.

2°) On va reprendre l'exemple 3.3. Les formules F_4 et F_5 ne sont pas des clauses. Pour se ramener à ce cas, on introduit des fonctions de Skolem, soit : un symbole de constante d et un symbole de fonction unaire f. On doit alors déduire la clause vide de l'ensemble de clauses suivant :

(1) $(Pv_0v_1v_3 \wedge Pv_1v_2v_4 \wedge Pv_3v_2v_5) \Longrightarrow Pv_0v_4v_5$

(2) $(Pv_0v_1v_3 \wedge Pv_1v_2v_4 \wedge Pv_0v_4v_5) \Longrightarrow Pv_3v_2v_5$

(3) $\Longrightarrow Pv_0cv_0$

(4) $\Longrightarrow Pv_0fv_0c$

(5) $Pcdd \Longrightarrow$

Avec (1) et (5), en unifiant $Pv_0v_4v_5$ et Pcdd (unificateur évident), on obtient :

(6) $(Pcv_1v_3 \wedge Pv_1v_2d \wedge Pv_3v_2d) \Longrightarrow$.

Les clauses (6) et (3) sont séparées et on peut unifier Pv_0cv_0 et Pcv_1v_3 à l'aide de l'unificateur principal $\sigma(v_0) = \sigma(v_1) = \sigma(v_3) = c$: on obtient :

(7) $(Pcv_2d \wedge Pcv_2d) \Longrightarrow$.

On applique maintenant la règle de résolution entre (7) et(2) : il faut d'abord les séparer, et on remplace (7) par $(Pcv_6d \wedge Pcv_6d) \Longrightarrow$. On unifie ensuite Pcv_6d et $Pv_3v_2v_5$ ($\sigma(v_3) = c$, $\sigma(v_5) = d$, $\sigma(v_6) = v_2$) et on obtient :

(8) $(Pv_0v_1c \wedge Pv_1v_2v_4 \wedge Pv_0v_4d) \Longrightarrow$;

Pour séparer (3) et (8), on remplace (3) par Pv_6cv_6, et, en unifiant cette formule avec Pv_0v_4d ($\sigma(v_0) = \sigma(v_6) = d$, $\sigma(v_4) = c$), on obtient :

(9) $(Pdv_1c \wedge Pv_1v_2c) \Longrightarrow$

On applique alors la règle de résolution entre (4) et (9) en unifiant Pv_0fv_0c et Pdv_1c ($\sigma(v_0) = d$, $\sigma(v_1) = fd$)) ; d'où :

(10) $Pfdv_2c \Longrightarrow$,

puis entre (4) et (10) pour obtenir la clause vide ($\sigma(v_0) = fd$, $\sigma(v_2) = ffd$).

5.13 La proposition 5.9 et le théorème 5.11 donnent une base théorique à la méthode de résolution : imaginons que l'on veuille déduire une formule F des formules G_1, $G_2, \ldots, G_n$. On essaiera plutôt de montrer que l'ensemble

$$\{ G_1, G_2, \ldots, G_n \} \cup \{ \neg F \}$$

n'a pas de modèle. On commence par remplacer ces formules par un ensemble de clauses. Pour cela, on ajoute d'abord des fonctions de Skolem et on obtient ainsi des formules universelles. Ensuite, on met la partie sans quantificateur de chacune de ces formules sous forme normale conjonctive (chapitre 1, 3.4). On utilise alors la distributivité du quantificateur universel par rapport à la conjonction (chapitre 3, 3.9) pour obtenir un ensemble de clauses universelles.

C'est de cet ensemble qu'il faut alors déduire la clause vide au moyen de la règle de résolution. Evidemment, dans la pratique, on ne peut pas se contenter d'appliquer systématiquement la règle de résolution de toutes les façons possibles. Il faut adopter une stratégie, et un grand nombre de ces stratégies, dont on ne parlera pas ici, ont été élaborées.

Remarquons qu'il y a une différence théorique essentielle avec le cas du calcul des propositions : on a déjà dit que, dans ce dernier cas, la recherche était bornée. Ce que l'on entend par là, c'est qu'après un certain nombre d'applications de la règle de coupure, nombre qui peut être borné a priori (au maximum 3^n s'il y a n variables propositionnelles : voir l'exercice 10), si on n'a pas obtenu la clause vide, alors on ne l'obtiendra jamais et l'ensemble de clauses dont on est parti est satisfaisable. Ceci n'est plus vrai dans le calcul des prédicats (sauf pour des langages particulièrement pauvres). Dans le cas général, tant que l'on n'a pas obtenu la clause vide, on n'est pas certain que la recherche soit terminée. Ce n'est que si l'on n'obtient jamais la clause vide, et si la recherche est menée de façon systématique, que l'on peut conclure à coup sûr que l'ensemble de clauses initial est satisfaisable (théorème 5.11). Cette différence s'exprimera sous une forme plus frappante au chapitre 6 : le calcul des propositions est décidable, le calcul des prédicats ne l'est en général pas.

EXERCICES

1. La formule $F \Longrightarrow \forall v F$ est-elle universellement valide pour toute formule F ?

2. a) Donner un exemple montrant que la restriction « w n'est pas libre dans F » est nécessaire pour pouvoir affirmer que $\forall v F \Longrightarrow \forall w F_{w/v}$ est universellement valide.

b) Donner un exemple montrant que la restriction « w n'est pas liée dans F » est nécessaire pour pouvoir affirmer que $\forall v F \Longrightarrow \forall w F_{w/v}$ est universellement valide (voir 1.3, exemple 3).

3. Soient, dans un langage $\mathscr{L}$, une théorie T, deux formules F et G. On suppose que

$$T \vdash \exists v_0 F \quad \text{et} \quad T \vdash \forall v_0 (F \Longrightarrow G).$$

Montrer, sans utiliser le théorème de complétude, que :

$$T \vdash \exists v_0 G.$$

4. Soient F et G deux formules, et on suppose que la variable v n'est pas libre dans F. Donner une démonstration formelle de $F \vee \forall v G$ à partir de $\forall v (F \vee G)$.

5. Soient $\mathscr{L}$ un langage et $\mathscr{F}$ l'ensemble des formules de $\mathscr{L}$.

a) Montrer qu'il existe au moins une application φ de l'ensemble $\mathscr{F}$ dans $\{0,1\}$ satisfaisant les conditions suivantes :

1) Si $F \in \mathscr{F}$ et F commence par un quantificateur universel, alors $\varphi(F) = 0$;

2) Si $F \in \mathscr{F}$ et F commence par un quantificateur existentiel, alors $\varphi(F) = 1$;

3) Si F est de la forme $\neg G$, alors $\varphi(F) = 1 - \varphi(G)$;

4) Si F est de la forme $(G \alpha H)$, où α est un symbole de connecteur binaire, alors $\varphi(F) = \tilde{\alpha}(\varphi(G), \varphi(H))$, où $\tilde{\alpha}$ est l'application de $\{0,1\}^2$ dans $\{0,1\}$ correspondant au connecteur α.

b) Montrer que, si F est un axiome, alors $\varphi(F) = 1$.

c) Montrer que, si $\varphi(F \Longrightarrow G) = 1$ et $\varphi(F) = 1$, alors $\varphi(G) = 1$.

d) Montrer que, si F admet une démonstration qui ne fait pas appel à la règle de généralisation, alors $\varphi(F) = 1$. En déduire qu'on ne peut pas se passer de la règle de généralisation, c'est-à-dire qu'il existe des formules démontrables, mais qui ne sont pas démontrables sans la règle de généralisation.

6. On va utiliser une méthode analogue à celle employée à l'exercice 5 pour montrer que le schéma d'axiome c) des quantificateurs est indispensable.

a) Définir une fonction φ de $\mathcal{F}$ dans $\{ 0,1 \}$, qui satisfasse les conditions *3)* et *4)* de l'exercice 5 et :

1) Si $F \in \mathcal{F}$ et F commence par un quantificateur universel, alors $\varphi(F) = 1$;

2) Si $F \in \mathcal{F}$ et F commence par un quantificateur existentiel, alors $\varphi(F) = 0$.

b) Montrer que, si F admet une démonstration ne faisant pas appel au schéma c), alors $\varphi(F) = 1$.

c) Ecrire une formule qui est démontrable, mais dont toute démonstration utilise le schéma c).

7. Si F est une formule, on appelle F^* la formule obtenue en remplaçant, en chacune de ces occurrences, le quantificateur existentiel par le quantificateur universel. Montrer que, si F admet une démonstration ne faisant pas appel au schéma a), alors

$$\vdash F^*.$$

Ecrire une formule démontrable, mais dont toute démonstration utilise le schéma a).

8. Utiliser la méthode de Herbrand pour montrer le théorème de complétude suivant :

Soient $T = \{ F_n \; ; \; n \in \mathbb{N} \}$ un ensemble de formules closes qui sont toutes sous forme prénexe. Montrer que, si T est cohérente, alors T a un modèle.

9. A l'aide d'une preuve par coupure, donner une réfutation de chacun des quatre ensembles de clauses suivants :

a) $\{ (A \wedge B) \Longrightarrow C \, , \Longrightarrow A \, , C \Longrightarrow \, , \Longrightarrow B \}$;

b) $\{ (A \wedge B) \Longrightarrow C \, , A \Longrightarrow B \, , \Longrightarrow A \, , C \Longrightarrow \}$;

c) $\{ (A \wedge B) \Longrightarrow \, , C \Longrightarrow A \, , \Longrightarrow C \, , D \Longrightarrow B \, , \Longrightarrow (D \vee B) \}$.

d) $\{ (A \wedge B) \Longrightarrow (C \vee D) \, , (C \wedge E \wedge F) \Longrightarrow \, , (A \wedge D) \Longrightarrow \, , \Longrightarrow (B \vee C) \, , \Longrightarrow (A \vee C) \, ,$
$C \Longrightarrow E \, , C \Longrightarrow F \}$.

10. On suppose que l'ensemble des variables propositionnelles est de cardinalité n et est égal à $\{ A_1, A_2, \ldots, A_n \}$. On veut compter le nombre de clauses, mais, premièrement on ne considère que les clauses où une même variable propositionnelle n'apparaît pas plus d'une fois (si un variable propositionnelle apparaît plusieurs fois dans la prémisse, ou dans la conclusion d'une clause, alors on peut la réduire, si une variable propositionnelle apparaît dans la prémisse et dans la conclusion d'une clause, alors c'est une tautologie) ; deuxièmement, on ne veut compter qu'une fois les clauses dont la prémisse et la conclusion ne diffèrent que par l'ordre des variables. On dira qu'une clause est réduite si elle est de la forme :

$$(A_{i_1} \wedge A_{i_2} \wedge \ldots A_{i_n}) \Rightarrow (A_{j_1} \vee A_{j_2} \vee A_{j_m})$$

où n et m sont des entiers et $(i_1, i_2, \ldots, i_n)$ et $(j_1, j_2, \ldots, j_m)$ sont des suites strictement croissantes. Le nombre recherché est exactement le nombre de clauses réduites. Quel est-il ?

11. Soit S un ensemble de **7** clauses, et on suppose que, dans chacune d'elles, apparaissent au moins **3** variables propositionnelles distinctes. Montrer que S est satisfaisable.

12. On considère l'ensemble Γ des quatre clauses suivantes :

$\mathscr{C}_1 = (A \wedge B) \Rightarrow C$; $\mathscr{C}_2 = (B \wedge C) \Rightarrow$;

$\mathscr{C}_3 = A \Rightarrow B$; $\mathscr{C}_4 = \Rightarrow A$.

a) Donner une réfutation de Γ à l'aide d'une preuve par coupure.

b) Montrer que des clauses $\mathscr{C}_1$ et $\mathscr{C}_3$ on peut déduire par coupure et simplification la clause $\mathscr{D} = A \Rightarrow C$, mais que l'ensemble $\{\mathscr{C}_2, \mathscr{C}_4, \mathscr{D}\}$ n'est pas réfutable.

13. Le langage $\mathscr{L}$ comprend deux symboles de constante a et b, deux symboles de fonction à une place h et k, et deux symboles de fonctions à deux places f et g. Unifier les cinq systèmes suivants :

a) $(gv_0ghbgv_2v_3\ ,\ gggv_5v_1hv_4ghbv_0)$;

b) $(gv_3ggv_2agv_0v_1\ ,\ gggv_0v_2gv_0v_1ggv_2av_3)$;

c) $(gv_4ggfgv_1v_6fv_5v_{12}gfv_{10}av_2fv_7v_8\ ,\ gffv_3v_9fv_{11}v_{11}ggv_2gfv_{10}afv_6v_0v_4)$;

d) $(fv_2fffgv_4v_1fv_3v_5fgv_7bv_0gv_6v_8\ ,\ fggv_9v_3gv_9v_{10}ffv_0fgv_7bfv_{11}v_{12}v_2)$;

e) $(gv_0gggkv_5gv_{11}v_7ggv_1ghv_2kv_8v_6hv_9\ ,\ ghgv_{10}v_3ggv_6ggkkv_4ghv_2v_1gv_{12}v_8v_0)$.

14. On appelle V l'ensemble des variables et $\mathscr{T}$ l'ensemble des termes. Soit α une permutation de V (c'est-à-dire une bijection de V dans lui-même). Montrer que σ, l'unique substitution qui prolonge α est bijective.

On suppose réciproquement que τ est une substitution, qui est une application bijective de $\mathscr{T}$ dans $\mathscr{T}$. Montrer que la restriction de τ à V est une permutation de V.

15. Dans cet exercice, on suppose que l'ensemble V des variables est fini et égal à $\{v_1, v_2, \ldots, v_n\}$. On appelle $\mathscr{T}$ l'ensemble des termes.

a) Soient σ une substitution et t un terme et on suppose que $\sigma(t) = t$. Montrer que si v a une occurrence dans t, alors $\sigma(v) = v$.

b) Soient σ et π deux substitutions et v une variable. On suppose que $\pi = \sigma o \pi$. Montrer que l'une au moins des deux affirmations suivantes est vraie :

i) $\sigma(v) = v$;

ii) pour tout terme t, v n'a pas d'occurrence dans $\pi(t)$.

c) Soient maintenant π, π_1, σ, σ_1 des substitutions et on suppose que $\pi = \sigma o \pi_1$ et $\pi_1 = \sigma_1 o \pi$. On pose :

$A = \{ v \in V$; il existe un terme t tel que v a une occurrence dans $\pi(t) \}$

et $B = \{ \sigma_1(v) ; v \in A \}$.

Montrer que $B \subseteq V$, que σ_1 est une bijection de A sur B, σ une bijection de B sur A, et que $\sigma o \sigma_1$ est l'identité sur A.

Construire des bijections σ' et σ_1' de V dans V telles que :

i) pour tout $v \in A$, $\sigma_1(v) = \sigma_1'(v)$;

ii) pour tout $v \in B$, $\sigma(v) = \sigma'(v)$;

iii) $\sigma' o \sigma_1'$ et $\sigma_1' o \sigma'$ sont égales à l'identité sur V ;

iv) $\pi = \sigma' o \pi_1$;

v) $\pi_1 = \sigma_1' o \pi$.

d) On suppose que π est un unificateur principal d'un système S. Montrer que l'ensemble des unificateurs principaux de S est égal à :

$\{ \sigma o \pi$; σ est une substitution et une bijection de $\mathcal{T}$ sur $\mathcal{T} \}$.

16. Le langage est constitué de trois symboles de prédicat unaire P, R et S, un symbole de prédicat binaire Q, et un symbole de fonction unaire f. Appliquer de deux façons différentes la règle de résolution aux deux clauses universelles suivantes :

$$Sv_0 \Rightarrow (Pv_0 \vee Rv_0) \quad , \quad (Pv_0 \wedge Pfv_1) \Rightarrow Qv_0v_1.$$

17. Le langage est le même que pour l'exercice 16. Ajouter des fonctions de Skolem au langage pour pouvoir mettre les formules suivantes sous forme de clauses, puis utiliser la méthode de résolution pour montrer qu'elles forment un ensemble contradictoire :

$\exists v_0 \forall v_1 (Pv_0 \wedge (Rv_1 \Rightarrow Qv_0v_1))$;

$\forall v_0 \forall v_1 (\neg Pv_0 \vee \neg Sv_1 \vee \neg Qv_0v_1)$;

$\exists v_1 (Rv_1 \wedge Sv_1)$.

18. Le langage comprend un symbole de prédicat binaire R et un symbole de fonction unaire f. On considère les formules suivantes :

F_1 $\forall v_0 (\exists v_1 Rv_0v_1 \Rightarrow Rv_0fv_0)$;

F_2 $\forall v_0 \exists v_1 Rv_0v_1$;

F_3 $\exists v_0 Rffv_0v_0$;

G $\exists v_0 \exists v_1 \exists v_2 (Rv_0v_1 \wedge Rv_1v_2 \wedge Rv_2v_0)$.

Montrer, à l'aide de la méthode de résolution, que G est conséquence de $\{ F_1, F_2, F_3 \}$.

Solutions des exercices du tome I

CHAPITRE 1

1. Pour chaque formule F, appelons respectivement b[F] et n[F] le nombre d'occurrences de symboles de connecteur binaire et le nombre d'occurrences du symbole de négation dans F. Nous allons démontrer par induction que la longueur de F est :

(∗) $\lg[F] = 4b[F] + n[F] + 1$.

• Si $F \in P$, alors $b[F] = n[F] = 0$ et $\lg[F] = 1$; (∗) est vérifiée.

• Si $F = \neg G$, alors $b[F] = b[G]$, $n[F] = n[G] + 1$, et $\lg[F] = \lg[G] + 1$. Par hypothèse d'induction, $\lg[G] = 4b[G] + n[G] + 1$. On en déduit que (∗) est encore vérifiée.

• Si $F = (G \alpha H)$ (où α est un connecteur binaire), alors $b[F] = b[G] + b[H] + 1$, $n[F] = n[G] + n[H]$, et $\lg[F] = \lg[G] + \lg[H] + 3$. Par hypothèse d'induction, $\lg[G] = 4b[G] + n[G] + 1$ et $\lg[H] = 4b[H] + n[H] + 1$. Là aussi, (∗) est vérifiée.

2. Désignons par X_n l'ensemble des longueurs des formules de hauteur n. Les formules de hauteur 0 étant les éléments de P, on a $X_0 = \{1\}$.

Nous avons démontré (1.5) que la hauteur d'une formule est toujours strictement inférieure à sa longueur. On en déduit que tout élément de X_n est supérieur ou égal à $n + 1$. Or la formule $\neg\neg...\neg A$ (n occurrences du symbole $\neg$) est de longueur $n + 1$ et de hauteur n. Cela prouve que $n + 1$ appartient à X_n et en est le plus petit élément.

Remarquons maintenant, afin de nous convaincre que X_n est fini, que, si toutes les formules de hauteur $n - 1$ ont une longueur au plus égale à un entier x, alors toutes les formules de hauteur n ont une longueur au plus égale à $2x + 3$: en effet, si F est une formule de longueur maximum parmi les formules de hauteur $n - 1$, alors toutes les formules de hauteur n ont une longueur inférieure ou égale à celle de la formule $(F \alpha F)$, où α est un symbole de connecteur binaire. Comme $X_0 = \{1\}$, nous avons montré ainsi, par récurrence, que, pour tout entier n, l'ensemble X_n est majoré, donc fini (s'agissant d'un ensemble d'entiers naturels). Désignons par L_n le plus grand élément de X_n. Par la même occasion, nous avons établi la relation de récurrence :

$$L_n = 2L_{n-1} + 3.$$

Un calcul classique montre alors :

$$L_n = 2^{n+2} - 3.$$

Toute formule de hauteur n a donc une longueur comprise entre $n + 1$ et $2^{n+2} - 3$, le minimum correspondant aux formules utilisant n occurences du symbole de négation et pas de symboles de connecteur binaire, le maximum aux formules n'utilisant pas du tout le symbole de négation. Le lecteur pourra s'amuser à montrer que, entre ces valeurs extrêmes, toutes les longueurs sont possibles, à l'exception de :

$$n + 2,\ n + 3,\ 2^{n+2} - 8,\ 2^{n+2} - 5 \text{ et } 2^{n+2} - 4.$$

3. a) Pour chaque mot M (sur l'alphabet $P \cup \{\neg , \wedge , \vee , \Rightarrow , \Leftrightarrow , (\}$), désignons par $b[M]$ le nombre d'occurrences de symboles de connecteur binaires dans M (et rappelons que $o[M]$ est le nombre de parenthèses ouvrantes dans M).

D'une façon à peu près analogue à ce qui a été fait pour les formules, on montre, par induction, les quatre faits suivants :

(1) Toute pseudoformule se termine par une variable propositionnelle.

(2) Si F est une pseudoformule, alors $o[F] = b[F]$.

(3) Si M est un segment initial propre d'une pseudoformule F, alors $o[M] \geqslant b[M]$.

(4) Si M est un segment initial propre d'une pseudoformule, et si le dernier symbole de M est une variable propositionnelle, alors $o[M] > b[M]$.

A partir de là, il n'y a aucune difficulté à montrer que :

(5) Un segment initial propre d'une pseudoformule ne peut pas être une pseudoformule.

Ensuite, on peut conclure comme dans le cas des formules et montrer le **théorème de lecture unique** pour les pseudoformules :

Pour toute pseudoformule F, un et un seul des trois cas suivants se présente :

- F *est une variable propositionnelle ;*
- *il existe une unique pseudoformule G telle que $F = \neg G$;*
- *il existe un unique symbole de connecteur binaire α et*

un unique couple de pseudoformules (H,K) tels que $F = (H\ \alpha\ K$.

b) On a donc montré qu'on pouvait très bien se passer des parenthèses fermantes dans l'écriture des formules. Il faut se garder d'en déduire qu'on pourrait tout aussi bien supprimer les parenthèses ouvrantes au lieu des fermantes : la responsabilité en incombe à la présence du symbole de connecteur unaire qu'est la négation qui détruit toute symétrie ; ainsi, la formule $\neg(A \Rightarrow B)$, qui, dans le cadre ci-dessus, devient la pseudoformule $\neg(A \Rightarrow B$, conduirait, en cas de suppression des parenthèses ouvrantes, au mot $\neg A \Rightarrow B)$, mais c'est exactement le même mot qu'on obtiendrait en faisant subir ce traitement à la formule $(\neg A \Rightarrow B)$. Un tel procédé est donc voué à l'échec.

4. a) $\mathcal{F}^*$ est le plus petit ensemble de mots sur l'alphabet $P \cup \{\neg, \Rightarrow,), (\}$ qui contienne P et soit stable pour les opérations $X \longmapsto \neg X$ et $(X,Y) \longmapsto (X \Rightarrow Y)$.

Pour une définition par le bas équivalente, on poserait $\mathcal{F}^*_0 = P$ et, pour tout entier $n \in \mathbb{N}$, $\mathcal{F}^*_{n+1} = \mathcal{F}^*_n \cup \{\neg F\ ;\ F \in \mathcal{F}^*_n\} \cup \{(F \Rightarrow G)\ ;\ F \in \mathcal{F}^*_n,\ G \in \mathcal{F}^*_n\}$. On aurait alors : $\mathcal{F}^* = \bigcup_{n \in \mathbb{N}} \mathcal{F}^*_n$.

b) Les conditions données permettent de définir, par induction, une unique application $\widehat{\mu}$ de $\mathcal{F}^*$ dans $\mathcal{F}^*$: $\widehat{\mu}$ est déjà définie (égale à μ) sur $\mathcal{F}^*_0 = P$, et, si on la suppose définie sur $\mathscr{F}^*_n$, les conditions données fournissent ses valeurs sur $\mathscr{F}^*_{n+1}$.

c) On raisonne par induction sur G. Si $G \in P$, alors la seule sous-formule de G est $F = G$ et, dans ce cas, $\widehat{\mu}(F) = \widehat{\mu}(G)$ est une sous-formule de $\widehat{\mu}(G)$. Si $G = \neg H$, et si F est une sous-formule de G, alors, ou bien $F = G$ et $\widehat{\mu}(F) = \widehat{\mu}(G)$ est une sous-formule de $\widehat{\mu}(G)$, ou bien F est une sous-formule de H et, par hypothèse d'induction, $\widehat{\mu}(F)$ est une sous-formule de $\widehat{\mu}(H)$, donc aussi de $\neg\widehat{\mu}(H) = \widehat{\mu}(\neg H) = \widehat{\mu}(G)$. Si $G = (H \Rightarrow K)$, et si F est une sous-formule de G, alors, ou bien $F = G$ et $\widehat{\mu}(F) = \widehat{\mu}(G)$ est une sous-formule de $\widehat{\mu}(G)$, ou bien F est une sous-formule de H ou une sous-formule de K et, par hypothèse d'induction, $\widehat{\mu}(F)$ est une sous-formule de $\widehat{\mu}(H)$ ou une sous-formule de $\widehat{\mu}(K)$, donc aussi de la formule $\neg(\widehat{\mu}(K) \Rightarrow \widehat{\mu}(H)) = \widehat{\mu}((H \Rightarrow K)) = \widehat{\mu}(G)$.

d) $\widehat{\mu}_0((A \Rightarrow B)) = \neg(\neg B \Rightarrow \neg A)$ et $\widehat{\mu}_0((\neg A \Rightarrow B)) = \neg(\neg B \Rightarrow \neg\neg A)$.
Ce serait évidemment une erreur d'écrire, par exemple, $\widehat{\mu}_0((A \Rightarrow B)) = \neg(A \Rightarrow B)$, même s'il doit s'avérer ensuite que ces formules sont logiquement équivalentes. L'application $\widehat{\mu}_0$ associe à chaque formule de $\mathscr{F}^*$ une formule uniquement déterminée.

On démontre la dernière propriété par induction sur F. Si $F \in P$, $\widehat{\mu}_0(F) = \neg F$, donc $\widehat{\mu}_0(F) \sim \neg F$. Si $F = \neg G$, et si (hypothèse d'induction) $\widehat{\mu}_0(G) \sim \neg G$, alors $\widehat{\mu}_0(F) = \neg\widehat{\mu}_0(G)$ est logiquement équivalente à $\neg\neg G = \neg F$. Si $F = (G \Rightarrow H)$, et si (hypothèse d'induction) $\widehat{\mu}_0(G) \sim \neg G$ et $\widehat{\mu}_0(H) \sim \neg H$, alors $\widehat{\mu}_0(F) = \neg(\widehat{\mu}_0(H) \Rightarrow \widehat{\mu}_0(G))$ est logiquement équivalente à $\neg(\neg H \Rightarrow \neg G)$, donc aussi à $\neg(G \Rightarrow H) = \neg F$.

5. On traite directement la question b) dont a) ne représente que deux cas particuliers. On prend pour F_n ($n \in \mathbb{N}$, $n \geqslant 2$) la formule suivante :

$$(\bigwedge_{1 \leqslant i \leqslant n} (A_i \Rightarrow B_i) \wedge \bigwedge_{1 \leqslant i < j \leqslant n} \neg(B_i \wedge B_j) \wedge \bigvee_{1 \leqslant i \leqslant n} A_i) \Rightarrow \bigwedge_{1 \leqslant i \leqslant n} (B_i \Rightarrow A_i) .$$

Posons $G_n = \bigwedge_{1 \leqslant i \leqslant n} (A_i \Rightarrow B_i)$, $H_n = \bigwedge_{1 \leqslant i < j \leqslant n} \neg(B_i \wedge B_j)$, $K_n = \bigvee_{1 \leqslant i \leqslant n} A_i$ et $L_n = \bigwedge_{1 \leqslant i \leqslant n} (B_i \Rightarrow A_i)$. F_n s'écrit donc : $((G_n \wedge H_n \wedge K_n) \Rightarrow L_n)$.

Considérons une distribution de valeurs de vérité δ et supposons que $\overline{\delta}(L_n) = 0$. Cela veut dire qu'on peut trouver un indice j compris entre 1 et n tel que $\delta(B_j) = 1$ et $\delta(A_j) = 0$. Si on suppose de plus que $\overline{\delta}(H_n) = 1$, on doit en conclure que, pour tous les indices i compris entre 1 et n et distincts de j, on a $\delta(B_i) = 0$. Ajoutons aussi l'hypothèse $\overline{\delta}(G_n) = 1$. Alors, pour tout i différent de j, on doit avoir $\delta(A_i) = 0$. Mais comme $\delta(A_j)$ est également nul, la conclusion est que δ ne satisfait pas la formule K_n. On voit ainsi qu'il n'est pas possible que δ donne la valeur 0 à L_n, tout en donnant la valeur 1 à G_n, à H_n et à K_n. Cela revient à dire que δ ne peut pas donner la valeur 0 à la formule F_n. Cette formule est donc une tautologie.

6. a) En s'aidant des numéros 38 et 53 de la liste du 2.11, on voit que E est logiquement équivalente à :

$$(B \Longrightarrow (C \Longrightarrow (A \Longleftrightarrow (B \Longrightarrow C)))),$$

formule qui satisfait aux conditions exigées.

b) Toute distribution de valeurs de vérité qui donne la valeur 0 à B ou à C satisfait la formule E. Si δ est une distribution de valeurs de vérité telle que $\delta(B) = \delta(C) = 1$, alors $\overline{\delta}((\neg B \vee C)) = 1$, d'où l'on déduit que $\overline{\delta}(E) = 1$ si et seulement si $\delta(A) = 1$. Ainsi, il y a une seule distribution de valeurs de vérité sur l'ensemble $\{A,B,C\}$ qui rend fausse la formule E : celle qui vaut 1 en B et C et 0 en A. Cette observation nous fournit la FNCC de la formule E :

$$(A \vee \neg B \vee \neg C),$$

qui en est en même temps une forme normale disjonctive réduite.

c) De ce qu'on vient de dire, il résulte que les distributions de valeurs de vérité sur $\{A,B,C\}$ qui satisfont E sont au nombre de 7. Il y a donc 7 conjonctions élémentaires dans la FNDC de E.

d) On a constaté à la question a) que la formule E est logiquement équivalente à :

$$(B \Longrightarrow (C \Longrightarrow (A \Longleftrightarrow (B \Longrightarrow C)))),$$

mais cette formule est aussi logiquement équivalente à $(C \Longrightarrow (B \Longrightarrow (A \Longleftrightarrow (B \Longrightarrow C))))$ (se reporter encore au numéro 53 du 2.11). Par ailleurs, la FND de E trouvée en b) est visiblement logiquement équivalente à $(C \Longrightarrow (B \Longrightarrow A))$, d'où le résultat attendu.

7. a) Soit δ une distribution de valeurs de vérité sur P qui satisfait F, et soit i un entier compris entre 1 et n. On voit immédiatement que,

- si $\delta(A_i) = 1$, alors $\delta(A_{i+1}) = \delta(A_{i+2}) = \ldots = \delta(A_n) = 1$;
- si $\delta(A_i) = 0$, alors $\delta(A_{i-1}) = \delta(A_{i-2}) = \ldots = \delta(A_1) = 0$.

On en déduit que les distributions de valeurs de vérité sur P qui satisfont F sont les $n + 1$ distributions δ_p $(0 \leqslant p \leqslant n)$ donnant la valeur 1 aux p dernières variables de P et la valeur 0 aux $n - p$ premières, c'est-à-dire définies par :

$$\delta_p(A_i) = \begin{cases} 0 & \text{si } i \leqslant n - p\,; \\ 1 & \text{si } i > n - p. \end{cases}$$

On en déduit la FNDC de F :

$$(\neg A_1 \wedge \neg A_2 \wedge \ldots \wedge \neg A_n) \vee (\neg A_1 \wedge \ldots \wedge \neg A_{n-1} \wedge A_n) \vee (\neg A_1 \wedge \ldots \wedge \neg A_{n-2} \wedge A_{n-1} \wedge A_n) \vee \ldots$$
$$\ldots \vee (\neg A_1 \wedge A_2 \wedge \ldots \wedge A_n) \vee (A_1 \wedge A_2 \wedge \ldots \wedge A_{n-1} \wedge A_n).$$

b) Soit δ une distribution de valeurs de vérité sur P qui satisfait G. Evidemment, δ doit satisfaire F, donc être une des distributions δ_p ci-dessus. Mais δ doit aussi satisfaire $(A_n \Longrightarrow A_1)$, et il n'est donc pas possible que l'on ait $\delta(A_n) = 1$ et $\delta(A_1) = 0$, ce qui exclut la possibilité pour δ d'être égale à δ_p lorsque $1 \leqslant p \leqslant n - 1$. On vérifie que les distributions de valeurs de vérité δ_0 et δ_n (c'est-à-dire les deux distributions constantes) satisfont G. D'après ce qui vient d'être dit, ce sont les seules.

On en déduit la FNDC de G :

$$(\neg A_1 \wedge \neg A_2 \wedge \ldots \wedge \neg A_n) \vee (A_1 \wedge A_2 \wedge \ldots \wedge A_n).$$

c) La formule $(A_i \Longrightarrow \neg A_j)$ est logiquement équivalente à $\neg(A_i \wedge A_j)$. Par conséquent, une condition nécessaire et suffisante pour qu'une distribution de valeurs de vérité δ satisfasse la formule H est qu'il n'existe pas de couple d'indices distincts i et j tels que $\delta(A_i) = \delta(A_j) = 1$. Les distributions de valeurs de vérité sur P qui satisfont H sont donc celles qui donnent la valeur 1 à au plus une variable de P : il s'agit des $n + 1$ distributions λ_p $(0 \leqslant p \leqslant n)$ définies par :

$$\lambda_p(A_i) = \begin{cases} 0 & \text{si } i \neq p \\ 1 & \text{si } i = p \end{cases}.$$

(λ_0 est donc la distribution constante égale à 0). On en déduit la FNDC de H :

$$(\neg A_1 \wedge \neg A_2 \wedge \ldots \wedge \neg A_n) \vee (A_1 \wedge \neg A_2 \wedge \ldots \wedge \neg A_n) \vee (\neg A_1 \wedge A_2 \wedge \neg A_3 \wedge \ldots \wedge \neg A_n) \vee \ldots$$
$$\ldots \vee (\neg A_1 \wedge \neg A_2 \wedge \ldots \wedge \neg A_{n-2} \wedge A_{n-1} \wedge \neg A_n) \vee (\neg A_1 \wedge \neg A_2 \wedge \ldots \wedge \neg A_{n-1} \wedge A_n).$$

8. a) Posons $F = \bigvee_{1 \leqslant i < j \leqslant n} (A_i \wedge A_j)$ et $G = \bigwedge_{1 \leqslant i \leqslant n} (\bigvee_{j \neq i} A_j)$.

Soit δ une distribution de valeurs de vérité sur P.

Pour que δ satisfasse F, il faut et il suffit que δ prenne la valeur 1 pour au moins deux des variables $A_1, A_2, \ldots, A_n$. Pour que δ ne satisfasse pas G, il faut et il suffit qu'il existe un indice i tel que $\delta(A_j) = 0$ pour tout indice j distinct de i. En d'autres termes, $\overline{\delta}(G) = 0$ si et seulement si δ donne la valeur 1 à au plus une des variables $A_1, A_2, \ldots, A_n$. On en déduit que δ satisfait G si et seulement si δ donne la valeur 1 à au moins deux des variables $A_1, A_2, \ldots, A_n$. On voit donc que δ satisfait G si et seulement si δ satisfait F. La formule $(F \Longleftrightarrow G)$ est bien une tautologie.

b) Posons $H = (\bigvee_{1 \leqslant i \leqslant n} A_i)$ et considérons une distribution de valeurs de vérité δ sur P. Pour que δ satisfasse H, il faut et il suffit que δ prenne la valeur 1 pour au moins une des variables $A_1, A_2, \ldots, A_n$. Or nous venons de voir que δ satisfait G si et seulement si δ donne la valeur 1 à au moins deux des variables $A_1, A_2, \ldots, A_n$. On en déduit immédiatement que :

- si δ donne à toutes les variables de P la valeur 0, alors $\overline{\delta}(G) = \overline{\delta}(H) = 0$;
- si δ donne la valeur 1 à une et une seule des variables de P, alors $\overline{\delta}(G) = 0$ et $\overline{\delta}(H) = 1$;
- si δ donne la valeur 1 à au moins deux des variables de P, alors $\overline{\delta}(G) = \overline{\delta}(H) = 1$.

Les distributions de valeurs de vérité qui rendent fausse la formule $(H \Longleftrightarrow G)$ sont donc les n distributions $\delta_1, \delta_2, \ldots, \delta_n$ définies par :

$$\delta_i(A_j) = \begin{cases} 1 & \text{si } i = j \\ 0 & \text{si } i \neq j \end{cases} \quad (\text{pour } 1 \leqslant i \leqslant n \text{ et } 1 \leqslant j \leqslant n).$$

c) Connaissant les distributions de valeurs de vérité qui rendent fausse la formule $(G \Longleftrightarrow H)$, on en déduit immédiatement sa FNCC :

$(\neg A_1 \vee A_2 \vee A_3 \vee \ldots \vee A_n) \wedge (A_1 \vee \neg A_2 \vee A_3 \vee \ldots \vee A_n) \wedge \ldots \wedge (A_1 \vee A_2 \vee \ldots \vee A_{n-1} \vee \neg A_n)$.

La i-ème de ces n clauses (pour $1 \leqslant i \leqslant n$) est logiquement équivalente à :

$$(A_i \Rightarrow \bigvee_{j \neq i} A_j),$$

ce qui nous donne le résultat attendu.

9. On considère un ensemble de 5 variables propositionnelles :

$$P = \{A, B, C, D, E\}.$$

Intuitivement, la variable A (respectivement : B, C, D, E) prendra la valeur « vrai » si et seulement si la personne a (respectivement : b, c, d, e) est présente. La condition imposée par l'énoncé est que le coffre puisse être ouvert si et seulement si la formule propositionnelle suivante est satisfaite :

$$F = (A \wedge B) \vee (A \wedge C \wedge D) \vee (B \wedge D \wedge E).$$

Appelons $S_1, S_2, \ldots, S_n$ les serrures du coffre. Pour que le coffre puisse être ouvert, il faut et il suffit que, pour tout entier i compris entre 1 et n, la présence de l'un au moins des détenteurs de la clé de S_i soit assurée. Si, par exemple, ce sont les personnes c et e qui détiennent cette clé, alors, l'ouverture de la serrure S_i équivaut à la satisfaction de la formule $(C \vee E)$. La possibilité d'ouvrir le coffre est donc équivalente à la satisfaction de la conjonction de formules de ce type (i prenant les valeurs 1, 2, ... n), c'est-à-dire d'une formule sous forme normale conjonctive. Or, on l'a vu, l'énoncé nous impose que cette condition équivale à la satisfaction de la formule F qui est, elle, sous forme normale disjonctive. Il nous suffit donc de trouver une FNC équivalente à F, aussi réduite que possible ; le nombre de termes disjonctifs (de clauses) dans cette FNC correspondra au nombre minimum de serrures nécessaires, et chacune des clauses fournira la liste des personnes à qui doit être remise une clé de la serrure correspondante.

En distibuant les disjonctions sur les conjonctions dans F (ce qui conduit à une FNC comportant dix-huit clauses avec, pour chacune, trois occurrences de variables), puis en simplifiant (en tenant compte des propriétés d'idempotence et d'absorption (n° 2 et n° 10 du 2.11) : par exemple $(B \vee C \vee B)$ devient $(B \vee C)$, ce qui permet ensuite d'éliminer $(B \vee C \vee D)$ et $(B \vee C \vee E)$), on aboutit à la FNC suivante pour F :

$$(A \vee B) \wedge (A \vee D) \wedge (A \vee E) \wedge (B \vee C) \wedge (B \vee D).$$

Des vérifications fastidieuses permettraient de s'assurer qu'il n'est pas possible de réduire davantage le nombre de clauses. Nous n'aborderons pas cette question.

La FNC que nous avons obtenue nous indique que le nombre de serrures qui convient est 5, et qu'une possible répartition des clés consiste à donner :

- à a les clés de S_1, S_2 et S_3 ;
- à b les clés de S_1, S_4 et S_5 ;
- à c la clé de S_4 ;
- à d les clés de S_2 et S_5 ;
- à e la clé de S_3.

10. Soit δ une distribution de valeurs de vérité sur P qui satisfait $\mathscr{A}$. Appelons H_δ l'ensemble des éléments i de $\mathbb{Z}/15\mathbb{Z}$ tels que $\delta(A_i) = 1$. On voit que $0 \in H_\delta$, et que H_δ est stable par les opérations $i \longmapsto -i$ et $(i,j) \longmapsto i + j$. Cela signifie que H_δ est nécessairement un sous-groupe du groupe $<\mathbb{Z}/15\mathbb{Z}, +>$. Réciproquement, si H est un sous-groupe de $<\mathbb{Z}/15\mathbb{Z}, +>$, la distribution de valeurs de vérité δ définie par :

$$\delta(A_i) = \begin{cases} 1 & \text{si } i \in H \\ 0 & \text{si } i \notin H \end{cases}$$

satisfait clairement l'ensemble $\mathscr{A}$. Or $<\mathbb{Z}/15\mathbb{Z}, +>$ admet les quatre sous-groupes suivants : $\mathbb{Z}/15\mathbb{Z}, \{0\}$, $\{0,5,10\}$ et $\{0,3,6,9,12\}$. Il y a donc quatre distributions de valeurs de vérité sur P qui satisfont $\mathscr{A}$: celle qui est constante et égale à 1, celle qui vaut 1 en A_0 et 0 ailleurs, celle qui vaut 1 en A_0, A_5 et A_{10} et 0 ailleurs, enfin, celle qui vaut 1 en A_0, A_3, A_6, A_9 et A_{12} et 0 ailleurs.

11. Les formules $F_{\Rightarrow}$ et $G_{\vee}$ sont des tautologies. Les formules $G_{\wedge}$, $G_{\Leftrightarrow}$, $G_{\not\Leftrightarrow}$ et $G_{\downarrow}$ sont des antilogies. Les six autres formules proposées sont neutres. En voici la liste, avec, pour chacune d'elles, l'indication (entre crochets) d'une formule logiquement équivalente plus simple :

$F_{\wedge}$ $[A \wedge B]$, $F_{\vee}$ $[A \vee B]$, $G_{\Rightarrow}$ $[\neg(A \Leftrightarrow B)]$, $F_{\Leftrightarrow}$ $[B]$, $F_{\not\Leftrightarrow}$ $[A]$ et $F_{\downarrow}$ $[\neg A \wedge B]$.
Les vérifications ne présentent aucune difficulté.

12. a) Les conditions données définissent entièrement φ : la première nous indique que φ doit prendre la valeur 1 aux points (0,0,0), (0,1,0), (1,0,0) et (1,0,1), et la deuxième que φ doit prendre la valeur 0 aux points (0,0,1), (0,1,1), (1,1,0) et (1,1,1).

b) Une FND pour φ est fournie par la formule :

$$G[A,B,C] = (\neg B \wedge \neg C) \vee (\neg A \wedge B \wedge \neg C) \vee (A \wedge \neg B \wedge C).$$

c) Il suffit de prendre une formule qui soit logiquement équivalente à G[A,A,A] dans le cas *1*, à G[A,B,B] dans le cas *2*, à G[A,A,B] dans le cas *3*, à G[A,B,A] dans le cas *4*, à G[A,G[B,B,B],A] dans le cas *5* et à $(G[A,B,B] \Rightarrow G[A,B,A])$ dans le cas *6*. Voici des formules qui répondent à la question :

1. $\neg A$ *2.* $\neg B$ *3.* $(\neg A \wedge \neg B)$
4. $(\neg A \vee \neg B)$ *5.* $(A \Rightarrow B)$ *6.* $(\neg A \vee A)$.

d) Comme la formule $(A \vee B)$ est logiquement équivalente à $(\neg\neg A \vee \neg\neg B)$, on va se référer au cas *4* de la question précédente, et il n'est pas difficile de vérifier que le connecteur ψ, défini par : quels que soient x et y appartenant à $\{0,1\}$,

$$\psi(x,y) = \varphi(\varphi(x,x,x), \varphi(y,y,y), \varphi(x,x,x))$$

est exactement la disjonction.

e) La disjonction (question d)) et la négation (cas *1* de la question c)) s'expriment à partir du seul connecteur φ, par composition. Comme tout connecteur s'exprime à partir de la disjonction et de la négation, on en déduit que tout connecteur s'exprime à partir du connecteur φ. Ainsi, $\{\varphi\}$ est un système complet de connecteurs.

13. Solution : $p = (a \wedge b \wedge d) \vee (b \wedge c \wedge d) \vee (a \wedge \neg b \wedge c) \vee (a \wedge c \wedge \neg d)$;
$q = (b \wedge d) \Longleftrightarrow (a \Longleftrightarrow c)$; $r = \neg(b \Longleftrightarrow d)$.

La vérification ne présente pas de difficulté. Bien entendu, $\neg$, $\wedge$, $\vee$ et $\Longleftrightarrow$ désignent ici les opérations dans $\{0,1\}$.

14. a) Il s'agit d'exprimer les connecteurs en tant qu'opérations dans $\mathbb{Z}/2\mathbb{Z}$. Quels que soient les éléments x et y de cet ensemble, on a :

$\neg x = 1 + x$; $x \wedge y = xy$; $x \vee y = x + y + xy$;

$x \Longrightarrow y = 1 + x + xy$; $x \Longleftrightarrow y = 1 + x + y$.

Les vérifications sont élémentaires. Comme d'habitude, nous nous autorisons à écrire xy au lieu de $x \times y$.

b) Quels que soient les éléments x et y de $\mathbb{Z}/2\mathbb{Z}$, on a :

$xy = x \wedge y$;

$x + y = \neg(x \Longleftrightarrow y) = x \not\Longleftrightarrow y = (x \wedge \neg y) \vee (\neg x \wedge y)$.

c) On définit P_F par induction, en s'inspirant évidemment de la question a).

- Si F est la variable propositionnelle A_i ($1 \leqslant i \leqslant n$), on pose $P_F = X_i$.
- Si $F = \neg G$, on pose $P_F = 1 + P_G$.
- Si $F = (G \wedge H)$, on pose $P_F = P_G \times P_H$.
- Si $F = (G \vee H)$, on pose $P_F = P_G + P_H + P_G P_H$.
- Si $F = (G \Longrightarrow H)$, on pose $P_F = 1 + P_G + P_G P_H$.
- Si $F = (G \Longleftrightarrow H)$, on pose $P_F = 1 + P_G + P_H$.

On montre ensuite, par induction, que, pour toute distribution de valeurs de vérité $\delta \in \{0,1\}^P$, on a :

$$(*) \qquad \bar{\delta}(F) = \tilde{P}_F(\delta(A_1), \delta(A_2), \ldots, \delta(A_n)).$$

Si F est la variable propositionnelle A_i, on a $P_F = X_i$, et la fonction polynôme $\tilde{P}_F$ associée est la i-ème projection, c'est-à-dire l'application de $\{0,1\}^n$ dans $\{0,1\}$ qui, à tout n-uple $(\varepsilon_1, \varepsilon_2, \ldots, \varepsilon_n)$ associe ε_i. Cela montre que la relation $(*)$ est vérifiée.

Si $F = (G \wedge H)$, et si (hypothèse d'induction), pour toute distribution de valeurs de vérité δ, on a $\bar{\delta}(G) = \tilde{P}_G(\delta(A_1), \delta(A_2), \ldots, \delta(A_n))$ et $\bar{\delta}(H) = \tilde{P}_H(\delta(A_1), \delta(A_2), \ldots, \delta(A_n))$, alors, étant donné que $P_F = P_G P_H$, on aura $\tilde{P}_F = \tilde{P}_G \tilde{P}_H$, donc, pour toute distribution δ, $\tilde{P}_F(\delta(A_1), \delta(A_2), \ldots, \delta(A_n)) = \bar{\delta}(G)\bar{\delta}(H) = \bar{\delta}((G \wedge H))$ (par définition de $\bar{\delta}$) ; cela prouve $(*)$.

Les autres étapes de l'induction se traitent de façon analogue.

La définition que nous avons adoptée définit, pour chaque formule F, un unique polynôme P_F, mais on pourrait en choisir d'autres, tout en conservant la propriété $(*)$: par exemple, le polynôme associé à la formule $(A_1 \Longleftrightarrow A_2)$ est, suivant notre définition, $1 + X_1 + X_2$, mais il est clair que le polynôme $1 + X_1^2 + X_2^5$ aurait aussi bien fait l'affaire.

Ce qui est unique, pour une formule F donnée, c'est la **fonction polynôme** associée (elle est la table de vérité de F).

d) De ce qu'on vient de voir, on déduit que, pour qu'une formule soit une tautologie, il faut et il suffit que le polynôme associé (ou plutôt la fonction polynôme) prenne constamment la valeur 1. Pour que deux formules soient logiquement équivalentes, il faut et il suffit que les fonctions polynômes associées coïncident. A titre d'exemple, vérifions que les formules $G = (A \Longrightarrow (B \Longrightarrow C))$ et $H = ((A \wedge B) \Longrightarrow C)$ sont logiquement équivalentes (nous prenons pour simplifier A, B et C au lieu de A_1, A_2 et A_3 et X, Y et Z au lieu de X_1, X_2 et X_3). On a :

$$P_G = 1 + X + X(1 + Y + YZ) = 1 + XY + XYZ$$

($X + X$ étant le polynôme nul), et

$$P_H = 1 + ((XY) + (XY)Z) = 1 + XY + XYZ = P_G.$$

15. a) On a vu (lemme 4.1), que, si F et G sont des formules n'ayant aucune variable propositionnelle commune, et si la formule $(F \Longrightarrow G)$ est une tautologie, alors, ou la formule G est une tautologie, ou la formule F est une antilogie. Il est évident que, dans le premier cas, la formule $\top$ est une interpolante entre F et G, et dans le deuxième cas, la formule $\bot$ est une interpolante entre F et G.

b) La démonstration se fait par induction sur F : c'est évident lorsque F est de hauteur 0, et il faut simplement vérifier que, étant données deux formules G et H, si chacune d'elles est logiquement équivalente à l'une des trois formules $\top$, $\bot$ et A, alors il en est de même de $(G \wedge H)$ et $(G \vee H)$: cela ne présente aucune difficulté.

c) Raisonnement analogue : on montre cette fois que, si chacune des formules G et H est logiquement équivalente à l'une des huit formules $\top$, $\bot$, A, B, $\neg A$, $\neg B$, $(A \Longleftrightarrow B)$, $\neg(A \Longleftrightarrow B)$, alors il en est de même de $(G \wedge H)$ et $(G \vee H)$. Il y a 64 cas à examiner, mais des raisonnements élémentaires permettent d'en réduire sensiblement le nombre.

d) Puisqu'on sait déjà que les systèmes $\{\neg, \vee\}$ et $\{\neg, \wedge\}$ sont complets, pour montrer qu'un système donné de connecteurs est complet, il suffit de prouver que les connecteurs $\neg$ et $\vee$, ou encore les connecteurs $\neg$ et $\wedge$, peuvent être obtenus par composition à partir des connecteurs du système considéré. Appliquons cette remarque aux systèmes qui nous sont proposés. Quels que soient les éléments x et y appartenant à $\{0,1\}$, on a :

- $\neg x = x \Longrightarrow 0$ et $x \vee y = (x \Longrightarrow 0) \Longrightarrow y$; donc $\{\Longrightarrow, 0\}$ est complet ;
- $\neg x = x \Longleftrightarrow 0$ et $\vee \in \{0, \Longleftrightarrow, \vee\}$; donc $\{0, \Longleftrightarrow, \vee\}$ est complet ;
- $\neg x = x \Longleftrightarrow 0$ et $\wedge \in \{0, \Longleftrightarrow, \wedge\}$; donc $\{0, \Longleftrightarrow, \wedge\}$ est complet ;
- $\neg x = x \uparrow x$ et $x \wedge y = (x \uparrow y) \uparrow (x \uparrow y)$; donc $\{\uparrow\}$ est complet ;
- $\neg x = x \downarrow x$ et $x \vee y = (x \downarrow y) \downarrow (x \downarrow y)$; donc $\{\downarrow\}$ est complet ;

(les symboles $\neg$, $\wedge$, $\vee$, $\Longrightarrow$, $\Longleftrightarrow$, $\uparrow$ et $\downarrow$ désignant ici les opérations dans $\{0,1\}$).

e) Appelons δ_1 la distribution de valeurs de vérité sur P constante et égale à 1, et appelons $\mathscr{K}$ l'ensemble des formules écrites avec les symboles de connecteur $\top$, $\Rightarrow$, $\wedge$ et $\vee$, à l'exclusion de tout autre. $\mathscr{K}$ est défini inductivement comme le plus petit ensemble de formules contenant $P \cup \{\top\}$ et stable pour les trois opérations $(M,N) \longmapsto (M \Rightarrow N)$, $(M,N) \longmapsto (M \wedge N)$, et $(M,N) \longmapsto (M \vee N)$. (On pourra comparer avec l'exercice 20). Par induction, on montre que la distribution de valeurs de vérité δ_1 satisfait toutes les formules appartenant à $\mathscr{K}$. C'est vrai pour les variables propositionnelles (par définition de δ_1) et pour la formule $\top$, donc pour toutes les formules de hauteur 0 de $\mathscr{K}$. Si on suppose que F et G sont deux formules de $\mathscr{K}$ telles que $\delta_1(F) = \delta_1(G) = 1$, alors on a :

$$\delta_1((F \Rightarrow G)) = \delta_1((F \wedge G)) = \delta_1((F \vee G)) = 1.$$

On en déduit que la formule $\neg A$ n'est équivalente à aucune formule de $\mathscr{K}$, puisque $\delta_1(\neg A) = 0$. La conclusion est que $\{1, \Rightarrow, \wedge, \vee\}$ n'est pas un système complet.

Il est facile de trouver une formule, par exemple $\neg A$, qui ne soit logiquement équivalente à aucune des trois formules $\top$, $\bot$ et A. On en déduit, grâce à la question b), que $\neg A$ n'est logiquement équivalente à aucune des formules écrites avec la variable A et les seuls symboles de connecteur $\top$, $\bot$, $\wedge$ et $\vee$, ce qui montre que le système $\{\wedge, \vee, 0, 1\}$ n'est pas complet. On pourrait nous objecter que nous n'avons pas envisagé la possibilité pour $\neg A$ d'être logiquement équivalente à une formule utilisant pour seuls symboles de connecteur $\top$, $\bot$, $\wedge$ et $\vee$, mais comportant éventuellement des variables autres que A : si G était une telle formule, la formule G' obtenue en substituant dans G la formule $\top$ à toutes les variables autres que A serait encore équivalente à $\neg A$ (lemme 2.5), et cela contredirait ce que nous avons établi précédemment.

Un raisonnement similaire prouvera, avec la question c), que le système $\{0, 1, \neg, \Leftrightarrow\}$ n'est pas complet. On considère par exemple la formule $(A \vee B)$, qui n'est logiquement équivalente à aucune des huit formules de l'ensemble E de c). On en déduit qu'elle n'est logiquement équivalente à aucune formule écrite en utilisant les seuls symboles de connecteur $\top$, $\bot$, $\neg$ et $\Leftrightarrow$ (si une telle formule existait, on en trouverait une logiquement équivalente, écrite avec les mêmes symboles de connecteur et avec les seules variables propositionnelles A et B).

f) Référons-nous à la liste des connecteurs à une et deux places donnée dans les tableaux du n° 3.3. Aucun système de connecteurs à une place n'est complet : par exemple, la formule $(A_1 \vee A_2)$ n'est logiquement équivalente à aucune des formules écrites avec les seuls symboles de connecteur $\top$, $\bot$ et $\neg$.

Montrons maintenant, que, en dehors de φ_9 et φ_{15}, aucun connecteur à deux places ne constitue à lui seul un système complet. En ce qui concerne φ_2, φ_4, φ_6, φ_8, φ_{10}, φ_{12}, φ_{14} et φ_{16}, on remarque que chacun de ces connecteurs prend la valeur 1 au point (1,1), ce qui prouve que le connecteur φ_5, par exemple, qui, lui, prend la valeur 0 en (1,1), ne peut être obtenu par composition à partir d'un des précédents (ni de plusieurs, d'ailleurs). Cet argument a déjà été utilisé, sous une autre forme, à la question e), pour montrer que le système $\{1, \Rightarrow, \wedge, \vee\}$ (qui n'est autre que $\{\varphi_2, \varphi_8, \varphi_{14}, \varphi_{16}\}$) n'est pas complet. Un argument en quelque sorte dual s'applique pour les connecteurs qui prennent la valeur **0** en **(0,0)** : le cas de φ_1, φ_3, φ_5 et φ_7 se trouve donc aussi réglé. Quant à φ_{11} et φ_{13}, ils ne dépendent en réalité que d'un de leurs deux arguments, ce qui fait que, si l'un deux constituait un système complet, ce serait aussi le cas du connecteur à une place correspondant, et on a vu que ce n'était pas vrai. Comme on a vu à la question d) que chacun des connecteurs φ_9 et φ_{15} constitue un système complet, on aboutit à la conclusion attendue.

16. a) Nous avons déjà maintes fois signalé l'équivalence logique entre $(A \Leftrightarrow (B \Leftrightarrow C))$ et $((A \Leftrightarrow B) \Leftrightarrow C)$ (n° 58 de 2.11) ; on peut la vérifier à l'aide des polynômes correspondants dans $\mathbb{Z}/2\mathbb{Z}[X,Y,Z]$ (exercice 14), ou encore en constatant que ces formules sont satisfaites par les mêmes distributions de valeurs de vérité sur $\{A,B,C\}$, à savoir **(0,0,1)**, **(0,1,0)**, **(1,0,0)** et **(1,1,1)**. La formule $((A \Leftrightarrow B) \wedge (B \Leftrightarrow C))$, quant à elle, est satisfaite par les deux distributions de valeurs de vérité **(0,0,0)** et **(1,1,1)**, et seulement par celles-là ; elle n'est donc pas logiquement équivalente à $(A \Leftrightarrow (B \Leftrightarrow C))$. Or c'est une pratique quasi universelle que d'écrire, dans le langage mathématique courant, des « équivalences en chaîne » ; par exemple, quand nous disons de trois propriétés I, II et III qu'elles sont équivalentes, ce que nous écrivons I $\Leftrightarrow$ II $\Leftrightarrow$ III, nous entendons par là qu'elles sont, soit vraies toutes les trois, soit fausses toutes les trois ; et nous comprenons en effet l'écriture I $\Leftrightarrow$ II $\Leftrightarrow$ III comme (I $\Leftrightarrow$ II) $\wedge$ (II $\Leftrightarrow$ III), et sûrement pas comme (I $\Leftrightarrow$ (II $\Leftrightarrow$ III)) qui a, comme nous venons de le voir, une signification différente. Cela va naturellement à l'encontre des conventions usuelles relatives à l'associativité, qui, appliquées ici, nous conduiraient à interpréter I $\Leftrightarrow$ II $\Leftrightarrow$ III, indifféremment, comme une abréviation de (I $\Leftrightarrow$ (II $\Leftrightarrow$ III)) ou de ((I $\Leftrightarrow$ II) $\Leftrightarrow$ III). C'est la raison pour laquelle, dans ce cas précis, il ne faut surtout pas utiliser d'abréviation : ni celle qui est suggérée par l'associativité, pour $(A \Leftrightarrow (B \Leftrightarrow C))$, ni celle qui est dictée par les usages des mathématiciens, pour $((A \Leftrightarrow B) \wedge (B \Leftrightarrow C))$.

b) On raisonne par récurrence sur la cardinalité n de l'ensemble $\mathcal{B}$. Pour $n = 2$, c'est évident. Supposons la propriété vraie pour tout ensemble de cardinalité inférieure à n et montrons-la si la cardinalité de $\mathcal{B}$ est égale à n.

Soit $F \in \mathcal{G}(\mathcal{B})$. Il convient de distinguer trois cas :

• 1°) La formule F est de la forme $(H \Leftrightarrow B)$, ou B est une variable propositionnelle se trouvant dans $\mathcal{B}$ et $H \in \mathcal{G}(\mathcal{B} - \{B\})$. Pour qu'une distribution de valeur de vérité δ satisfasse F, il faut et il suffit que l'on soit dans l'un des deux cas suivants :

α) δ satisfait H et B

β) δ ne satisfait ni H ni B.

Dans le cas α), il y a un nombre pair d'éléments de $\mathscr{B} - \{B\}$ non satisfaits par δ et exactement le même nombre dans $\mathscr{B}$. Dans le cas β), il y a un nombre impair d'éléments de $\mathscr{B} - \{B\}$ non satisfaits par δ, et comme $\delta(B) = \mathbf{0}$, il y en a un nombre pair dans $\mathscr{B}$.

• 2°) La formule F est de la forme $(B \Longleftrightarrow H)$, où B est une variable propositionnelle de $\mathscr{B}$ et $H \in \mathscr{G}(\mathscr{B} - \{B\})$. Même analyse.

• 3°) Il y a une partition de $\mathscr{B}$ en deux ensembles $\mathscr{B}_1$ et $\mathscr{B}_2$ ayant chacun au moins deux éléments, et des formules H_1 et H_2 appartenant respectivement à $\mathscr{G}(\mathscr{B}_1)$ et $\mathscr{G}(\mathscr{B}_2)$ telles que $F = (H_1 \Longleftrightarrow H_2)$. Alors pour que δ satisfasse F, il faut et il suffit que δ satisfasse H_1 et H_2, ou bien que δ ne satisfasse ni H_1 ni H_2. Dans le premier cas, le nombre de variable propositionnelles de $\mathscr{B}_1$ non satisfaites par δ est pair (par hypothèse de récurrence), de même que le nombre de variable propositionnelles de $\mathscr{B}_2$ non satisfaites par δ, ce qui, en tout, fait un nombre pair. Dans le second cas, le nombre de variables propositionnelles de $\mathscr{B}_1$ non satisfaites par δ est impair, de même que le nombre de variables propositionnelles de $\mathscr{B}_2$ non satisfaites par δ, ce qui, encore une fois, fait un nombre pair.

c) On montre par récurrence sur la cardinalité de l'ensemble $\mathscr{B}$ que, pour toute formule $G \in \mathscr{G}(\mathscr{B})$, la formule $\tilde{G}$ est satisfaite par une distribution de valeur de vérité δ si et seulement si δ satisfait un nombre impair de variables propositionnelles de $\mathscr{B}$. La preuve est analogue à celle faite en b). L'équivalence demandée s'en déduit immédiatement.

d) Soit $x \in E$. Pour chaque entier i compris entre 1 et k, introduisons une variable propositionnelle A_i et définissons la distribution de valeur de vérité δ par :

$$\delta(A_i) = 1 \text{ si et seulement si } x \in X_i.$$

On voit facilement, par récurrence sur l'entier k, que $x \in X_1 \,\Delta\, X_2 \,\Delta \ldots \Delta\, X_k$ si et seulement si δ satisfait la formule F suivante :

$$F = ((\ldots(A_1 \not\Longleftrightarrow A_2) \not\Longleftrightarrow A_3)\ldots \not\Longleftrightarrow A_k)$$

et le résultat découle de la question c). (Voir aussi l'exercice 2 du chapitre 2.)

17. a) On raisonne par l'absurde. Si la formule :

$$((F[A_1,A_2,\ldots,A_n,A] \wedge F[A_1,A_2,\ldots,A_n,B]) \Longrightarrow (A \Longleftrightarrow B))$$

n'est pas une tautologie, il existe une distribution de valeurs de vérité δ qui satisfait les formules $F[A_1,A_2,\ldots,A_n,A]$ et $F[A_1,A_2,\ldots,A_n,B]$ et ne satisfait pas la formule $(A \Longleftrightarrow B)$. Mais, d'après l'hypothèse, δ doit satisfaire la formule :

$$(F[A_1,A_2,\ldots,A_n,A] \Longrightarrow (G[A_1,A_2,\ldots,A_n] \Longleftrightarrow A)),$$

puisque c'est une tautologie, de même que la tautologie obtenue en substituant B à A dans la précédente, soit :

$$(F[A_1,A_2,\ldots,A_n,B] \Longrightarrow (G[A_1,A_2,\ldots,A_n] \Longleftrightarrow B)).$$

Comme $\delta(F[A_1,A_2,\ldots,A_n,A]) = \delta(F[A_1,A_2,\ldots,A_n,B]) = 1$, on doit avoir :

$$\delta(G[A_1,A_2,\ldots,A_n]) = \delta(A) = \delta(B),$$

ce qui est incompatible avec le fait que δ ne satisfait pas $(A \Longleftrightarrow B)$.

b) Voici, pour chacun des cas proposés, des formules $G[A_1,A_2,\ldots,A_n]$ qui sont des définitions possibles de A modulo F (il n'y a pas nécessairement unicité). Les vérifications, qui sont immédiates, sont laissées au lecteur.

1. $G = A_1$;

2. $G = A_1$ ou $G = A_2$;

3. $G = A_1$ ou $G = A_2$ ou $G = (A_1 \vee \neg A_1)$;

4. $G = (A_1 \vee \neg A_1)$ ou $G = \neg A_2$;

5. $G = (A_1 \vee \neg A_1)$ ou $G = (A_1 \Longleftrightarrow (A_2 \Longleftrightarrow A_3))$.

18. a) Il suffit de démontrer que, si $\varphi_F(\varepsilon_1,\varepsilon_2,\ldots,\varepsilon_n,1) = 1$, alors on n'a pas $\varphi_F(\varepsilon_1,\varepsilon_2,\ldots,\varepsilon_n,0) = 1$. Raisonnons par l'absurde. Si ces deux égalités sont vérifiées, cela signifie que les distributions de valeurs de vérité λ et μ sur $\{A_1,A_2,\ldots,A_n,A\}$ définies par $\lambda(A_1) = \mu(A_1) = \varepsilon_1$, $\lambda(A_2) = \mu(A_2) = \varepsilon_2$, ..., $\lambda(A_n) = \mu(A_n) = \varepsilon_n$, $\lambda(A) = 1$ et $\mu(A) = 0$, satisfont toutes les deux la formule $F[A_1,A_2,\ldots,A_n,A]$. Il revient au même de dire que la distribution de valeurs de vérité δ sur $\{A_1,A_2,\ldots,A_n,A,B\}$ définie par :

$$\delta(A_1) = \varepsilon_1,\ \delta(A_2) = \varepsilon_2,\ \ldots,\ \delta(A_n) = \varepsilon_n,\ \delta(A) = 1 \text{ et } \delta(B) = 0,$$

satisfait à la fois la formule $F[A_1,A_2,\ldots,A_n,A]$ et la formule $F[A_1,A_2,\ldots,A_n,B]$. Comme on a supposé que $(F[A_1,A_2,\ldots,A_n,A] \wedge F[A_1,A_2,\ldots,A_n,B]) \Longrightarrow (A \Longleftrightarrow B)$ est une tautologie, δ doit donc aussi satisfaire la formule $(A \Longleftrightarrow B)$, ce qui contredit la définition de δ.

b) Ayant choisi G comme indiqué, considérons une distribution de valeurs de vérité δ sur $\{A_1,A_2,\ldots,A_n,A\}$ qui satisfait la formule $F[A_1,A_2,\ldots,A_n,A]$, et posons :

$$\varepsilon_1 = \delta(A_1),\ \varepsilon_2 = \delta(A_2),\ \ldots,\ \varepsilon_n = \delta(A_n).$$

- Si $\delta(A) = 0$, alors $\varphi_F(\varepsilon_1,\varepsilon_2,\ldots,\varepsilon_n,0) = 1$, donc $\varphi_G(\varepsilon_1,\varepsilon_2,\ldots,\varepsilon_n) = \psi(\varepsilon_1,\varepsilon_2,\ldots,\varepsilon_n) = 0$, ce qui veut dire que $\overline{\delta}(G) = 0$.
- Si $\delta(A) = 1$, alors $\varphi_F(\varepsilon_1,\varepsilon_2,\ldots,\varepsilon_n,1) = 1$, donc, d'après la première question, $\varphi_G(\varepsilon_1,\varepsilon_2,\ldots,\varepsilon_n) = \psi(\varepsilon_1,\varepsilon_2,\ldots,\varepsilon_n) = 1$, c'est-à-dire $\overline{\delta}(G) = 1$.

On a donc, dans tous les cas, $\delta(A) = \overline{\delta}(G)$, ce qui montre que δ satisfait la formule $(G[A_1,A_2,\ldots,A_n] \Longleftrightarrow A)$. On a ainsi montré que la formule :

$$(F[A_1,A_2,\ldots,A_n,A] \Longrightarrow (G[A_1,A_2,\ldots,A_n] \Longleftrightarrow A))$$

est une tautologie, puisque toute distribution de valeurs de vérité qui satisfait la partie gauche de l'implication satisfait aussi la partie droite.

19. a) A équivalence logique près, une formule est déterminée par sa table de vérité, ou, ce qui revient au même, par l'ensemble des distributions de valeurs de vérité qui la satisfont. L'ensemble des distributions de valeurs de vérité sur $P = \{A,B,C,D,E\}$ a $2^5 = 32$ éléments. Il a donc C_{32}^{17} sous-ensembles à 17 éléments. Si l'on préfère, il y a C_{32}^{17}

façons de placer dix-sept 1 et quinze 0 dans la dernière colonne d'une table de vérité à 32 lignes. En conséquence, il y a, à équivalence logique près,

$$C_{32}^{17} = \frac{32\,!}{17\,! \times 15\,!} = 565\,722\,720$$

formules satisfaites par dix-sept distributions de valeurs de vérité (alors qu'il y a en tout $2^{32} = 4\,294\,967\,296$ classes d'équivalence pour la relation d'équivalence logique).

b) Appelons Λ l'ensemble des distributions de valeurs de vérité δ sur $\{A,B,C,D,E\}$ qui vérifient $\delta(A) = \delta(B) = 1$. Pour qu'une formule soit conséquence de $(A \wedge B)$, il faut et il suffit qu'elle prenne la valeur 1 pour toute les distributions appartenant à Λ. Ces distributions sont au nombre de huit (on prolonge les 2^3 applications de $\{C,D,E\}$ dans $\{0,1\}$ en leur donnant la valeur 1 en A et B). Une formule qui est conséquence de $(A \wedge B)$ est donc, à équivalence logique près, déterminée par l'ensemble des distributions de valeurs de vérité, autres que les huit imposées, qui la satisfont. Il y a donc autant de telles formules que de sous-ensembles de l'ensemble $\{0,1\}^P - \Lambda$, c'est-à-dire :

$$2^{24} = 16\,777\,216.$$

Si l'on préfère, dans la dernière colonne de la table de vérité d'une formule qui est conséquence de $(A \wedge B)$, la valeur 1 est obligatoire pour les huit lignes correspondant aux distributions de valeurs de vérité de Λ ; pour les 24 autres lignes, on peut indifféremment prendre la valeur 0 ou la valeur 1, ce qui conduit bien à 2^{24} tables de vérité.

20. a) On raisonne par induction sur F. Si F est une variable propositionnelle, on peut évidemment prendre pour G la formule F elle-même. Soient maintenant H et K deux formules dont on suppose (hypothèse d'induction) qu'on leur a associé des formules sans négation H' et K' telles que H soit logiquement équivalente à H' ou à ¬H' et que K soit logiquement équivalente à K' ou à ¬K'.

On distinguera les quatre possibilités :

11. $H \sim H'$, $K \sim K'$; **10.** $H \sim H'$, $K \sim \neg K'$; **01.** $H \sim \neg H'$, $K \sim K'$; **00.** $H \sim \neg H'$, $K \sim \neg K'$.

On va montrer que, dans les cinq cas suivants :

I. $F = \neg H$; II. $F = (H \wedge K)$; III. $F = (H \vee K)$; IV. $F = (H \Rightarrow K)$; V. $F = (H \Leftrightarrow K)$,

on peut trouver une formule G sans négation telle que F soit logiquement équivalente à G ou à ¬G :

I. Si H est logiquement équivalente à H', F est logiquement équivalente à ¬H', si H est logiquement équivalente à ¬H', F est logiquement équivalente à ¬¬H', donc à H' : on peut donc prendre $G = H'$.

II. Dans le cas **11**, on prend $G = (H' \wedge K')$ et on a $F \sim G$. Dans le cas **10**, on prend $G = (H' \Rightarrow K')$ et on a $F \sim \neg G$. Dans le cas **01**, on prend $G = (K' \Rightarrow H')$ et on a $F \sim \neg G$. Enfin, dans le cas **00**, on prend $G = (H' \vee K')$ et on a $F \sim \neg G$.

III. Dans le cas **11**, on prend $G = (H' \vee K')$ et on a $F \sim G$. Dans le cas **10**, on prend $G = (K' \Rightarrow H')$ et on a $F \sim G$. Dans le cas **01**, on prend $G = (H' \Rightarrow K')$ et on a $F \sim G$. Enfin, dans le cas **00**, on prend $G = (H' \wedge K')$ et on a $F \sim \neg G$.

IV. Dans le cas **11**, on prend $G = (H' \Longrightarrow K')$ et on a $F \sim G$. Dans le cas **10**, on prend $G = (H' \wedge K')$ et on a $F \sim \neg G$. Dans le cas **01**, on prend $G = (H' \vee K')$ et on a $F \sim G$. Enfin, dans le cas **00**, on prend $G = (K' \Longrightarrow H')$ et on a $F \sim G$.
V. Dans les cas **11** et **00**, on prend $G = (H' \Longleftrightarrow K')$ et on a $F \sim G$. Dans les cas **10** et **01**, on prend $G = (H' \Longleftrightarrow K')$ et on a $F \sim \neg G$.

b) Il est évident que *(i)* implique *(ii)*. Il n'est pas difficile de voir que *(ii)* implique *(i)* : en effet, comme la formule $(G \Longleftrightarrow H)$ est logiquement équivalente à $((G \Longrightarrow H) \wedge (H \Longrightarrow G))$, et ce pour toutes formules G et H, toute formule F écrite à l'aide des symboles de connecteur $\wedge$, $\vee$, $\Longrightarrow$ et $\Longleftrightarrow$ est logiquement équivalente à une formule écrite uniquement avec les trois premiers de ces symboles. (Les perfectionnistes feraient ici une induction sur F). Montrons maintenant l'équivalence de *(ii)* et *(iii)* :

(ii) implique *(iii)*, comme on le voit par induction sur la hauteur de la formule F écrite sans négation : si c'est une variable, $\overline{\delta_1}(F) = 1$ par définition de δ_1 ; si c'est $(G \wedge H)$, $(G \vee H)$, $(G \Longrightarrow H)$ ou $(G \Longleftrightarrow H)$, avec $\overline{\delta_1}(G) = 1$ et $\overline{\delta_1}(H) = 1$, alors on a évidemment aussi $\overline{\delta_1}(F) = 1$.

Inversement, soit F une formule telle que $\overline{\delta_1}(F) = 1$. D'après a), on peut trouver une formule G sans négation telle que F soit logiquement équivalente à G ou à $\neg G$. Comme G est sans négation, on peut conclure, sachant que *(ii)* implique *(iii)*, que $\overline{\delta_1}(G) = 1 = \overline{\delta_1}(F)$. Il n'est donc pas possible que F soit logiquement équivalente à $\neg G$; F est donc logiquement équivalente à G. On a ainsi montré que *(iii)* implique *(ii)*.

21. a) La réflexivité, la transitivité et l'antisymétrie de la relation $\ll$ se montrent sans aucune difficulté. Il s'agit bien d'une relation d'ordre, mais cet ordre n'est pas total : si $n \geqslant 2$, les distributions de valeurs de vérité λ et μ définies par : $\lambda(A_1) = 0$, $\mu(A_1) = 1$, $\lambda(A_i) = 1$ et $\mu(A_i) = 0$ pour $2 \leqslant i \leqslant n$, ne vérifient, ni $\lambda \ll \mu$, ni $\mu \ll \lambda$.

b) La formule $(A_1 \Longrightarrow A_2)$ est un exemple de formule qui n'est pas croissante et dont la négation n'est pas croissante : pour s'en convaincre, il suffit de considérer les distributions de valeurs de vérité λ, μ et ν définies par :

$$\lambda(A_i) = 0 \text{ pour tout } i \in \{1,2,\ldots,n\} ;$$
$$\mu(A_1) = 1, \text{ et } \mu(A_i) = 0 \text{ pour tout } i \in \{2,3,\ldots,n\} ;$$
$$\nu(A_i) = 1 \text{ pour tout } i \in \{1,2,\ldots,n\}.$$

On a $\lambda \ll \mu$, $\lambda(F) = 1$ et $\mu(F) = 0$, donc F n'est pas croissante ; d'autre part, $\mu \ll \nu$, $\mu(\neg F) = 1$ et $\nu(\neg F) = 0$, donc $\neg F$ n'est pas croissante.

c) On montre d'abord : « si ». Il est bien clair que si F est une tautologie, ou si $\neg F$ est une tautologie (c'est-à-dire F une antilogie), alors F est croissante. Désignons par $\mathscr{C}$ l'ensemble des formules où les symboles $\neg$, $\Longrightarrow$ et $\Longleftrightarrow$ n'ont aucune occurrence. Comme il est évident qu'une formule logiquement équivalente à une formule croissante est elle-même croissante, il suffit de prouver que, si F appartient à $\mathscr{C}$, alors F est croissante. On le fait par induction sur la hauteur de la formule F : il faut montrer que les formules propositionnelles sont des formules croissantes, ce qui est évident, et que si G et H sont croissantes, il en est de même de $(G \wedge H)$ et $(G \vee H)$, ce qui n'est pas bien difficile.

Montrons maintenant : « seulement si ». Soit F une formule croissante qui n'est ni une tautologie ni une antilogie. Il s'agit de prouver l'existence d'une formule G appartenant à l'ensemble $\mathscr{C}$ défini ci-dessus, logiquement équivalente à F.

Appelons $\Delta(F)$ l'ensemble des distributions de valeurs de vérité qui satisfont F :

$$\Delta(F) = \{\delta \in \{0,1\}^P \; ; \; \overline{\delta}(F) = 1\}.$$

Pour chaque distribution de valeurs de vérité δ, posons :

$$V_+(\delta) = \{A \in P \; ; \; \delta(A) = 1\}.$$

On remarque que les ensembles ainsi définis sont finis, que $\Delta(F)$ est non vide (sinon, $\neg F$ serait une tautologie). On voit aussi que pour tout δ appartenant à $\Delta(F)$, $V_+(\delta)$ est non vide : il y a une seule distribution de valeurs de vérité δ qui vérifie $V_+(\delta) = \emptyset$, c'est la distribution δ_0 définie par $\delta_0(A) = 0$ pour toute variable propositionnelle A ; si δ_0 appartenait à $\Delta(F)$, on aurait $\delta_0(F) = 1$, mais comme F est croissante, et comme toute distribution de valeurs de vérité δ vérifie $\delta_0 \ll \delta$, on aurait aussi $\delta(F) = 1$ pour tout $\delta \in \{0,1\}^P$, ce qui est impossible puisque F n'est pas une tautologie.

On peut donc définir la formule :

$$G = \bigvee_{\delta \in \Delta(F)} \Big(\bigwedge_{A \in V_+(\delta)} A \Big).$$

qui est manifestement un élément de l'ensemble $\mathscr{C}$.

Montrons que F et G sont logiquement équivalentes. Soit λ une distribution de valeurs de vérité sur P qui satisfait F ; on a alors $\lambda \in \Delta(F)$, donc la formule $\big(\bigwedge_{A \in V_+(\lambda)} A \big)$ est un des termes de la disjonction qui constitue la formule G. Comme on a, par définition, pour tout $A \in V_+(\lambda)$, $\lambda(A) = 1$, on en déduit que $\overline{\lambda}\big(\bigwedge_{A \in V_+(\delta)} A \big) = 1$, donc que $\overline{\lambda}(G) = 1$. Réciproquement, si μ est un élément de $\{0,1\}^P$ qui satisfait G, il existe une distribution de valeurs de vérité $\delta \in \Delta(F)$ telle que $\overline{\mu}\big(\bigwedge_{A \in V_+(\delta)} A \big) = 1$, c'est-à-dire que, pour tout A appartenant à $V_+(\delta)$, $\mu(A) = 1$, mais cela signifie que, pour toute variable propositionnelle A, si $\delta(A) = 1$, alors $\mu(A) = 1$, ou encore que, pour toute variable propositionnelle A, $\delta(A) \leqslant \mu(A)$, autrement dit, que $\delta \ll \mu$. Or $\delta \in \Delta(F)$ (donc $\overline{\delta}(F) = 1$) et F est une formule croissante ; on en déduit que $\overline{\mu}(F) = 1$. On a montré que F et G sont satisfaites par les mêmes distributions de valeurs de vérité sur P : elles sont logiquement équivalentes.

22. Etant donné un ensemble fini de formules $\{F_1, F_2, \ldots, F_k\}$, pour montrer qu'il est indépendant, il suffit de trouver, pour chaque indice i, une distribution de valeurs de vérité qui satisfait toutes les F_j $(j \neq i)$ et ne satisfait pas F_i ; pour prouver au contraire qu'il n'est pas indépendant, on montrera qu'une des F_i est conséquence des autres.

Dans le cas où l'ensemble de formules considéré n'est pas indépendant, on utilisera pour en construire un sous-ensemble indépendant équivalent la remarque suivante : Si $\mathcal{A}$ est un ensemble de formules et si la formule F est conséquence de $\mathcal{A}$ - {F}, alors les ensembles $\mathcal{A}$ et $\mathcal{A}$ - {F} sont équivalents.

a) On ne traitera que les ensembles (1), (2) et (6). Aucun des autres ensembles n'est indépendant.

(1) L'ensemble $\{(A \Rightarrow B), (B \Rightarrow C), (C \Rightarrow A)\}$ est indépendant. En effet, la distribution de valeurs de vérité δ définie par $\delta(A) = 1$, $\delta(B) = 0$ et $\delta(C) = 1$ ne satisfait pas la première formule mais satisfait les deux autres ; et on voit en fait que toute distribution de valeurs de vérité qui rend fausse l'une de ces trois formules satisfait nécessairement les deux autres.

(2) L'ensemble $\{(A \Rightarrow B), (B \Rightarrow C), (A \Rightarrow C)\}$ n'est pas indépendant, car on a $\{(A \Rightarrow B), (B \Rightarrow C)\} \vdash^* (A \Rightarrow C)$. Le sous-ensemble $\{(A \Rightarrow B), (B \Rightarrow C)\}$ est indépendant et équivalent à l'ensemble donné. Il est facile de voir que c'est le seul sous-ensemble ayant cette propriété.

(6) L'ensemble $\{((A \Rightarrow B) \Rightarrow C),\ (A \Rightarrow C),\ (B \Rightarrow C),\ (C \Rightarrow (B \Rightarrow A)),\ ((A \Rightarrow B) \Rightarrow (A \Leftrightarrow B))\}$ n'est pas indépendant : on remarque que la dernière formule est logiquement équivalente à $(B \Rightarrow A)$, et qu'elle a donc pour conséquence l'avant-dernière. Il y a deux sous-ensembles indépendants équivalents :

$\{((A \Rightarrow B) \Rightarrow C), (A \Rightarrow C), (C \Rightarrow (B \Rightarrow A))\}$;

$\{((A \Rightarrow B) \Rightarrow C), (A \Rightarrow C), ((A \Rightarrow B) \Rightarrow (A \Leftrightarrow B))\}$.

b) L'ensemble vide est indépendant : s'il ne l'était pas, il contiendrait une formule F telle que $\emptyset$ - {F} $\vdash^*$ F, ce qui est évidemment impossible. Si $\mathcal{A} = \{G\}$, alors $\mathcal{A}$ - {G} $\vdash^*$ G équivaut à $\emptyset \vdash^*$ G (qui signifie que G est une tautologie). Par conséquent, une condition nécessaire et suffisante pour qu'un ensemble contenant une unique formule soit indépendant est que cette formule ne soit pas une tautologie.

c) On montre la propriété par récurrence sur le nombre de formules de l'ensemble. Elle est vraie si c'est 0 parce que $\emptyset$ est un sous-ensemble indépendant équivalent à $\emptyset$. Supposons que tout ensemble de n formules contienne au moins un sous-ensemble indépendant équivalent et considérons un ensemble $\mathcal{A}$ de $n + 1$ formules. Si $\mathcal{A}$ est indépendant, il est lui-même un sous-ensemble indépendant équivalent à $\mathcal{A}$. Sinon, on peut trouver dans $\mathcal{A}$ une formule F qui soit conséquence de $\mathcal{B} = \mathcal{A}$ - {F}. $\mathcal{B}$, qui contient n formules, admet, par hypothèse de récurrence, un sous-ensemble $\mathcal{C}$ qui est indépendant et équivalent à $\mathcal{B}$. Mais $\mathcal{B}$ est équivalent à $\mathcal{A}$ d'après la remarque initiale. Par conséquent, $\mathcal{C}$ est un sous-ensemble de $\mathcal{A}$, indépendant, et équivalent à $\mathcal{A}$.

REMARQUE : Il y a, à propos de cette démonstration, deux erreurs de raisonnement à éviter (elles sont d'ailleurs liées) : la première consiste à croire que si $\mathcal{A}$ est un ensemble indépendant de formules, et si F est une formule qui n'est pas conséquence de $\mathcal{A}$, alors

$\mathcal{A} \cup \{F\}$ est indépendant ; la deuxième est de penser qu'un sous-ensemble indépendant maximal dans un ensemble de formules est nécessairement équivalent à cet ensemble. L'exemple suivant montre que ces deux idées sont fausses :

Si $\mathcal{A} = \{A\}$, $F = (A \wedge B)$ et $\mathcal{B} = \mathcal{A} \cup \{F\}$; on voit immédiatement que : $\mathcal{A}$ est indépendant, F n'est pas conséquence de $\mathcal{A}$, $\mathcal{A} \cup \{F\}$ n'est pas indépendant, $\mathcal{A}$ est un sous-ensemble indépendant maximal de $\mathcal{B}$ mais n'est pas équivalent à $\mathcal{B}$.

d) Si $\mathcal{A}$ est un ensemble indépendant de formules, et si $\mathcal{B}$ est un sous-ensemble (fini ou non) de $\mathcal{A}$, alors $\mathcal{B}$ est indépendant. Supposons maintenant que $\mathcal{A}$ soit un ensemble de formules non indépendant. Il y a donc dans $\mathcal{A}$ au moins une formule G telle que $\mathcal{A} - \{G\} \vdash^* G$. D'après le théorème de compacité (5.3), il y a au moins une partie finie $\mathcal{B}$ de $\mathcal{A} - \{G\}$ telle que $\mathcal{B} \vdash^* G$. Posons $\mathcal{C} = \mathcal{B} \cup \{G\}$; on a alors $\mathcal{C} - \{G\} \vdash^* G$, ce qui prouve que $\mathcal{C}$ est un sous-ensemble fini de $\mathcal{A}$ qui n'est pas indépendant. Ainsi, pour qu'un ensemble de formules soit indépendant, il suffit que tous ses sous-ensembles finis le soient.

e) Posons, pour chaque entier $n \geqslant 1$, $F_n = A_1 \wedge A_2 \wedge \ldots \wedge A_n$ et appelons $\mathcal{A}$ l'ensemble $\{F_n ; n \in \mathbb{N}^*\}$. Pour $n \leqslant p$, F_n est conséquence de F_p ; donc, les seuls sous-ensembles de $\mathcal{A}$ qui sont indépendants ont au plus un élément. Mais il est clair que, pour tout n, F_{n+1} n'est pas conséquence de F_n (prendre une distribution de valeur de vérité qui satisfait A_1, A_2, ..., A_n et pas A_{n+1}) ; on en déduit qu'aucun sous-ensemble indépendant de $\mathcal{A}$ ne peut être équivalent à $\mathcal{A}$. Cela dit, il y a des ensembles indépendants équivalents à $\mathcal{A}$, par exemple : $\{A_1,A_2,A_3,\ldots,A_n,\ldots\}$.

f) On cherche un ensemble de formules équivalent à $\mathcal{F} = \{F_0,F_1,\ldots,F_n,\ldots\}$. On obtient d'abord un ensemble équivalent à $\mathcal{F}$ en y supprimant toutes les formules F_n qui sont conséquence de $\{F_0,F_1,\ldots,F_{n-1}\}$. Autrement dit, on peut supposer que, pour tout n, F_n n'est pas conséquence de $\{F_0,F_1,\ldots,F_{n-1}\}$, et, en particulier, F_0 n'est pas une tautologie. On considère alors l'ensemble $\mathcal{G}$ suivant :

$$\mathcal{G} = \{F_0, F_0 \Rightarrow F_1, (F_0 \wedge F_1) \Rightarrow F_2, \ldots, (F_0 \wedge F_1 \wedge \ldots \wedge F_n) \Rightarrow F_{n+1}, \ldots\}.$$

Il est bien clair que, si une distribution de valeur de vérité satisfait toutes les formules F_n, elle satisfait toutes les formules de $\mathcal{G}$, et réciproquement, si elle satisfait toutes les formules de $\mathcal{G}$, on voit, par récurrence sur n, qu'elle satisfait toutes les formules F_n. Les ensembles $\mathcal{F}$ et $\mathcal{G}$ sont donc équivalents. On va montrer que $\mathcal{G}$ est indépendant en exhibant, pour chaque formule G de $\mathcal{G}$, une distribution de valeur de vérité qui ne satisfait pas G mais qui satisfait toutes les autres formules de $\mathcal{G}$.

- Si $G = F_0$, on prend une distribution rendant F_0 fausse (il y en a puisque F_0 n'est pas une tautologie). Les autres formules de $\mathcal{G}$ sont alors satisfaites.

- Si $G = (F_0 \wedge F_1 \wedge \ldots \wedge F_n) \Rightarrow F_{n+1}$, alors on choisit une distribution de valeur de vérité δ qui satisfait F_0, F_1, ..., F_n et qui rend fausse F_{n+1} (il y en a, puisque F_{n+1} n'est pas conséquence de $\{F_0,F_1,\ldots,F_n\}$) ; on vérifie facilement que δ a les propriétés requises.

23. a) Pour chaque $a \in E$, considérons la formule F_a :

$$F_a = \bigvee_{1 \leqslant i \leqslant k} A_{a,i} \wedge \bigwedge_{1 \leqslant i < j \leqslant k} \neg(A_{a,i} \wedge A_{a,j}) ,$$

et, pour chaque couple $(a,b) \in E^2$, la formule $H_{a,b}$:

$$H_{a,b} = \bigwedge_{1 \leqslant i \leqslant k} \neg(A_{a,i} \wedge A_{b,i}).$$

On va voir que G est k-coloriable si et seulement si l'ensemble :

$$\mathscr{A}(E,G) = \{ F_a \ ; \ a \in E \} \cup \{ H_{a,b} \ ; \ (a,b) \in G \}$$

est satisfaisable. A partir d'une fonction f de E dans $\{1,2,...,k\}$, satisfaisant les conditions exigées pour que le graphe G soit k-coloriable, on définit la distribution de valeurs de vérité δ par :

$$\delta(A_{a,i}) = 1 \text{ si et seulement si } f(a) = i,$$

et on voit facilement que δ vérifie toutes les formules de $\mathscr{A}(E,G)$.

Réciproquement, supposons qu'on dispose d'une distribution de valeurs de vérité δ satisfaisant toutes les formules de $\mathscr{A}(E,G)$. Soit $a \in E$. Le fait que F_a soit satisfaite par δ montre qu'il existe un et un seul entier i compris entre 1 et k tel que $\delta(A_{a,i}) = 1$; désignons cet entier par $f(a)$; la satisfaction par δ des formules $H_{a,b}$, pour $(a,b) \in G$, montre que, si $(a,b) \in G$, alors $f(a) \neq f(b)$: G est donc k-coloriable.

b) Il est clair que, si un graphe est k-coloriable, tous ses sous-graphes, et en particulier tous ses sous-graphes finis, sont k-coloriables. Réciproquement, supposons que tous les sous-graphes finis du graphe G soient k-coloriables. On va établir que G est k-coloriable en montrant que $\mathscr{A}(E,G)$ est satisfaisable, et, pour ce faire, on va utiliser le théorème de compacité. Soit donc $\mathscr{A}$ un sous-ensemble fini de $\mathscr{A}(E,G)$. Appelons E' le sous-ensemble des points a de E tels qu'il existe un entier i tel que la variable $A_{a,i}$ ait une occurrence dans une formule de $\mathscr{A}$, et soit G' la restriction de G à E' ; G' est un sous-graphe fini de G et $\mathscr{A} \subseteq \mathscr{A}(E',G')$. Comme G' est k-coloriable, $\mathscr{A}(E',G')$ est satisfaisable (question a)), et $\mathscr{A}$ aussi. Donc (théorème de compacité) $\mathscr{A}(E,G)$ est satisfaisable, et G est k-coloriable (question a)).

La terminologie utilisée dans cet exercice s'explique par l'illustration suivante : on prend pour E un ensemble de pays et pour G la relation « avoir au moins une frontière commune non réduite à un point » ; la k-coloriabilité correspond alors à la possibilité d'attribuer à chaque pays une couleur (en vue d'une représentation cartographique), les diverses couleurs disponibles étant $E_1, E_2, ..., E_k$; la contrainte est évidemment que deux pays frontaliers aient toujours des couleurs distinctes. Mais les cartographes ont rarement affaire à des ensembles infinis de pays. Aussi cet exercice ne leur est-il pas d'un grand secours. C'est le problème de déterminer la plus petite valeur possible pour k qui a longtemps tracassé les spécialistes de théorie des graphes. La conjecture était que cette plus petite valeur était 4 (pour une certaine classe de graphes pas trop compliqués) : ce fut le célèbre problème des quatre couleurs, non résolu jusqu'en 1986, date à laquelle deux mathématiciens américains et un grand nombre d'ordinateurs puissants ont donné une « preuve » de cette conjecture. Les guillemets se justifient par le fait que, même si le nombre de pages de ce livre était augmenté au-delà de tout ce que le lecteur se plaira à imaginer, et si nous avions les compétences requises, nous serions bien en peine d'en donner la démonstration ici... C'est le premier exemple du genre pour un théorème de mathématiques. La seule chose que la logique nous ait apprise, c'est que ce théorème des quatre couleurs n'était pas plus facile pour les ensembles finis que pour les ensembles infinis.

24. a) Intuitivement, la variable propositionnelle $A_{x,y}$ prend la valeur 1 si et seulement si x est inférieur ou égal à y. On pose :

$$\mathscr{B}(G) = \{ A_{x,x} \; ; \; x \in G \} \; ;$$
$$\mathscr{C}(G) = \{ (A_{x,y} \wedge A_{y,z}) \Longrightarrow A_{x,z} \; ; \; x \in G, \; y \in G \text{ et } z \in G \} \; ;$$
$$\mathscr{D}(G) = \{ (A_{x,y} \not\Longleftrightarrow A_{y,x}) \; ; \; x \in G, \; y \in G \text{ et } x \neq y \} \; ;$$
$$\mathscr{E}(G) = \{ A_{x,y} \Longrightarrow A_{x\cdot z, y\cdot z} \; ; \; x \in G, \; y \in G \text{ et } z \in G \} \; ;$$

et
$$\mathscr{A}(G) = \mathscr{B}(G) \cup \mathscr{C}(G) \cup \mathscr{D}(G) \cup \mathscr{E}(G).$$

Supposons que le groupe G soit ordonnable. Soit $\leqslant$ un ordre total sur G compatible avec l'opération du groupe. Définissons la distribution de valeurs de vérité δ sur P en posant, quels que soient les éléments x et y de G :

$$\delta((x,y)) = 1 \text{ si et seulement si } x \leqslant y.$$

Cette distribution satisfait toutes les formules de $\mathscr{A}(G)$: celles de $\mathscr{B}(G)$ parce que la relation $\leqslant$ est réflexive, celles de $\mathscr{C}(G)$ parce qu'elle est transitive, celles de $\mathscr{D}(G)$ parce qu'elle est antisymétrique et totale, enfin celles de $\mathscr{E}(G)$ parce qu'elle est compatible avec l'opération du groupe.

Nous avons donc montré que l'ensemble $\mathscr{A}(G)$ est satisfaisable lorsque le groupe G est ordonnable. Réciproquement, supposons que $\mathscr{A}(G)$ soit satisfaisable. Considérons une distribution de valeurs de vérité λ qui le satisfait, et définissons une relation binaire R sur G comme suit : quels que soient les éléments x et y de G,

$$(x,y) \in R \text{ si et seulement si } \lambda(A_{x,y}) = 1.$$

La satisfaction par λ des ensembles $\mathscr{B}(G)$, $\mathscr{C}(G)$ et $\mathscr{E}(G)$ montre respectivement la réflexivité, la transitivité et la compatibilité avec . de la relation R. D'autre part, R est antisymétrique et totale parce que λ satisfait les formules de $\mathscr{D}(G)$. Cette relation est donc un ordre total compatible avec l'opération du groupe : G est ordonnable.

b) Si un groupe est ordonnable, il est clair que n'importe lequel de ses sous-groupes (et en particulier de ses sous-groupes de type fini) est ordonnable (par la restriction à ce sous-groupe de l'ordre sur G). C'est la réciproque de la propriété à démontrer qui ne va pas de soi. Supposons que $\langle G, ., 1 \rangle$ soit un groupe dont tous les sous-groupes de type fini sont ordonnables. Pour prouver que G est ordonnable, il suffit d'après a) de prouver que l'ensemble de formules $\mathcal{A}(G)$ est satisfaisable. D'après le théorème de compacité, il suffit encore de démontrer que toute partie finie de $\mathcal{A}(G)$ est satisfaisable. Soit $\mathcal{U}$ une partie finie de $\mathcal{A}(G)$. Appelons M l'ensemble des éléments de G qui apparaissent dans au moins une formule de $\mathcal{U}$; c'est bien entendu un sous-ensemble fini de G, il engendre donc un sous-groupe de G de type fini, que nous appellerons H. D'après notre hypothèse, H est ordonnable, donc, d'après la question a), l'ensemble de formules $\mathcal{A}(H)$ est satisfaisable. Or, l'ensemble $\mathcal{U}$ est inclus dans $\mathcal{A}(H)$: $\mathcal{U}$ est donc également satisfaisable.

c) Montrons d'abord la partie facile de l'équivalence : si un groupe abélien est ordonnable, alors il est sans torsion. Soit $\langle G, ., 1 \rangle$ un groupe abélien qui est ordonné par une relation $\leqslant$. Supposons que G soit un groupe de torsion, c'est-à-dire qu'il existe un élément x de G, distinct de 1, et un entier naturel non nul n, tels que $x^n = 1$. (Un tel élément x est appelé **élément de torsion**). Comme l'ordre $\leqslant$ est total, on a $1 \leqslant x$ ou $x \leqslant 1$. Si on suppose $1 \leqslant x$, on a alors, successivement, d'après la compatibilité de $\leqslant$ avec l'opération . : $x \leqslant x^2$, $x^2 \leqslant x^3$, ..., $x^{n-1} \leqslant x^n = 1$. On en déduit $x \leqslant 1$ par transitivité, donc $x = 1$ (antisymétrie), ce qui est exclu. On arrive de façon analogue à une contradiction si on suppose $x \leqslant 1$. Le groupe G est donc sans torsion.

Venons-en à l'autre implication. Supposons que $\langle G, ., 1 \rangle$ soit un groupe abélien sans torsion, et considérons un sous-groupe H de type fini de G ; H est alors aussi un groupe abélien sans torsion (un élément de torsion dans H serait évidemment aussi un élément de torsion dans G). Si H est réduit à l'élément neutre, il est évidemment ordonnable. Dans le cas contraire, d'après le théorème indiqué dans l'énoncé, il existe un entier naturel non nul p tel que $\langle H, ., 1 \rangle$ soit isomorphe au groupe $\langle \mathbb{Z}^p, +, 0 \rangle$. Or le groupe $\langle \mathbb{Z}^p, +, 0 \rangle$ est ordonnable : il suffit de considérer l'ordre lexicographique sur $\mathbb{Z}^p$ (si les éléments $(a_1, a_2, \ldots, a_p)$ et $(b_1, b_2, \ldots, b_p)$ de $\mathbb{Z}^p$ sont distincts, et si k est le plus petit des indices i compris entre 1 et p tels que $a_i \neq b_i$, alors :

$$(a_1, a_2, \ldots, a_p) < (b_1, b_2, \ldots, b_p) \text{ si et seulement si } a_k < b_k).$$

Il s'agit clairement d'un ordre total, et il est compatible avec l'opération du groupe, qui est ici l'addition « coordonnée par coordonnée » :

si on a $(a_1, a_2, \ldots, a_p) \leqslant (b_1, b_2, \ldots, b_p)$, alors, quel que soit l'élément $(c_1, c_2, \ldots, c_p)$ de $\mathbb{Z}^p$, on a aussi $(a_1, a_2, \ldots, a_p) + (c_1, c_2, \ldots, c_p) \leqslant (b_1, b_2, \ldots, b_p) + (c_1, c_2, \ldots, c_p)$, c'est-à-dire $(a_1 + c_1, a_2 + c_2, \ldots, a_p + c_p) \leqslant (b_1 + c_1, b_2 + c_2, \ldots, b_p + c_p)$.

Si φ est un isomorphisme du groupe $\langle H, ., 1 \rangle$ sur le groupe $\langle \mathbb{Z}^p, +, 0 \rangle$, alors la relation binaire $\prec$ définie sur H par : quels que soient les éléments x et y de H,

$$x \prec y \text{ si et seulement si } \varphi(x) \leqslant \varphi(y)$$

est un ordre total sur H compatible avec l'opération du groupe (ce que nous disons là, c'est que tout groupe isomorphe à un groupe ordonnable est ordonnable).

Nous venons de montrer ainsi que tout sous-groupe de type fini de $\langle G, ., 1 \rangle$ est ordonnable. D'après la question b), cela prouve que G est lui-même ordonnable.

25. Lorsque la précision sera utile, nous noterons respectivement $I_{E,F,R}$, $II_{E,F,R}$ et $III_{E,F,R}$ les propriétés I, II et III.

a) Si E est l'ensemble vide, III est trivialement vérifiée (l'application vide est injective). C'est aussi le cas lorsque E contient un unique élément a : en effet, I signifie alors que R_a est non vide, ce qui fait que, en choisissant un élément b dans R_a. et en posant $f(a) = b$, on définit une application f qui répond clairement à la question. Soit k un entier naturel au moins égal à 2. On suppose (hypothèse de récurrence) que, quels que soient les ensembles X et Y et la relation $S \subseteq X \times Y$, si $\text{card}(X) < k$, et si $I_{X,Y,S}$ est vérifiée, alors $III_{X,Y,S}$ l'est aussi. On prend alors pour ensemble E un ensemble à k éléments.

Examinons d'abord le cas *1.* : il y a au moins une partie non vide A de E, distincte de E, telle que $\text{card}(A) = \text{card}(R_A)$. Par hypothèse de récurrence, on peut alors trouver une application injective f_1 de A dans R_A telle que, pour tout élément a de A, $f_1(a) \in R_a$. Posons $B = E - A$, $C = F - R_A$ et $S = R \cap (B \times C)$. Nous allons voir que $I_{B,C,S}$ est vraie. Pour cela, considérons une partie M quelconque de B, et posons $N = A \cup M$. Il n'est pas difficile de vérifier que :

$$R_N = R_A \cup R_M = R_A \cup (R_M - R_A) = R_A \cup S_M.$$

Cela donne (parce que R_A et S_M sont disjoints) :

$$\text{card}(R_N) = \text{card}(R_A) + \text{card}(S_M).$$

et, d'après $I_{E,F,R}$, $\text{card}(R_N) \geqslant \text{card}(N) = \text{card}(A) + \text{card}(M)$. ($A$ et M sont disjoints). On en déduit : $\text{card}(A) + \text{card}(S_M) \geqslant \text{card}(A) + \text{card}(M)$. Comme $\text{card}(A)$ est fini, cette dernière inégalité équivaut à :

$$\text{card}(S_M) \geqslant \text{card}(M),$$

ce qui montre que $I_{B,C,S}$ est vérifiée.

On peut donc appliquer l'hypothèse de récurrence, ce qui permet de trouver une application injective f_2 de B dans C telle que, pour tout b appartenant à B, $f_2(b)$ appartient à S_b, ce qui veut dire $(b,f_2(b)) \in R$. L'application f cherchée sera l'application égale à f_1 sur A et à f_2 sur B.

Venons-en au cas *2.* : Pour tout sous-ensemble A de E, non vide et distinct de E, le cardinal de A est strictement supérieur à celui de R_A. Choisissons un élément u dans E (qui n'est pas vide), puis un élément v dans R_u (qui ne l'est pas non plus, d'après $I_{E,F,R}$, et qui a même, dans le cas où nous nous trouvons, au moins deux éléments). Par hypothèse de récurrence, il existe une application injective de domaine $E - \{u\}$ dans $R_u - \{v\}$. Il suffit de prolonger cette application f_1 en une application de domaine E en posant $f(u) = v$.

b) Si $E = F = \mathbb{N}$, et si $R = \{(0,n) ; n \in \mathbb{N}\} \cup \{(n+1,n) ; n \in \mathbb{N}\}$, on vérifiera que la propriété I est vraie, alors que II et III sont fausses.

c) Soient X et Y deux ensembles, et $S \subseteq X \times Y$ une relation binaire, tels que les propriétés $I_{X,Y,S}$ et $II_{X,Y,S}$ soient vérifiées.

En prenant $P = X \times Y$ comme ensemble de variables propositionnelles, on considère les ensembles de formules suivants :

$\mathscr{B}_{X,Y,S} = \{ \bigvee_{y \in S_x} (x,y) \; ; \; x \in X \}$, $\mathscr{C}_{X,Y,S} = \{ \neg((x,y) \wedge (x,z)) \; ; \; x \in X, \; y \in Y, \; z \in Y \text{ et } y \neq z \}$, et $\mathscr{D}_{X,Y,S} = \{ \neg((x,y) \wedge (t,y)) \; ; \; x \in X, \; t \in X, \; y \in Y \text{ et } x \neq t \}$.

On pose ensuite :

$$\mathscr{A}_{X,Y,S} = \mathscr{B}_{X,Y,S} \cup \mathscr{C}_{X,Y,S} \cup \mathscr{D}_{X,Y,S}.$$

Remarquons que, pour chaque élément x de X, $\bigvee_{y \in S_x} (x,y)$ est une formule parce que l'ensemble S_x est fini (propriété II) et non vide (propriété I : $\text{card}(S_x) \geqslant \text{card}(\{x\})$).

Si δ est une distribution de valeur de vérité qui satisfait $\mathscr{A}_{X,Y,S}$, alors on peut définir une application f de X dans Y satisfaisant les conditions énoncées dans III, comme suit : pour tout $x \in X$, f(x) est l'unique élément de Y tel que $\delta(A_{x,y}) = 1$.

Réciproquement, si on dispose d'une application f satisfaisant les conditions énoncées dans III, alors on peut obtenir une distribution de valeur de vérité δ satisfaisant $\mathscr{A}_{X,Y,S}$ en posant : pour tout $(x,y) \in X \times Y$, $\delta(A_{x,y}) = 1$ si et seulement si $f(x) = y$.

On voit que l'ensemble de formules $\mathscr{A}_{X,Y,S}$ est satisfaisable si et seulement si la propriété $\text{III}_{X,Y,S}$ est vérifiée.

Considérons maintenant les ensembles E et F et la relation R que nous étudions. Puisqu'ils satisfont les propriétés I et II, il suffit, pour montrer que III est également vraie, de prouver que l'ensemble de formules $\mathscr{A}_{E,F,R}$ qui leur est associé est satisfaisable. D'après le théorème de compacité, cela revient à prouver que tout sous-ensemble fini de cet ensemble est satisfaisable. Soit $\mathscr{G}$ un tel sous-ensemble fini. On voit sans peine qu'il existe un sous-ensemble fini X de E tel que, si on pose $Y = R_X$ et $S = R \cap (X \times Y)$, alors $\mathscr{G}$ est inclus dans dans $\mathscr{A}_{X,Y,S}$. Or les propriétés $\text{I}_{X,Y,S}$ et $\text{II}_{X,Y,S}$ sont manifestement vérifiées, donc, d'après a), $\text{III}_{X,Y,S}$ l'est aussi, et, d'après ce qui précède, $\mathscr{A}_{X,Y,S}$ est satisfaisable, ainsi que $\mathscr{G}$.

La propriété démontrée dans cet exercice est connue sous le nom de **lemme des mariages**. On peut en effet l'illustrer ainsi : E représente un ensemble d'hommes, F un ensemble de femmes, $(x,y) \in R$ signifie « x connaît y », et $y = f(x)$ signifie « x se marie avec y ». Ce que nous avons prouvé, c'est que, si des hommes, pris dans E en nombre quelconque, connaissent nécessairement, à eux tous, un nombre au moins égal de femmes, alors il est possible de marier chaque homme de E à une femme de F qu'il connaît, en excluant toute situation de polygamie. (Précisons que, dans le cas improbable où on envisagerait cette illustration avec des ensembles infinis, il faudrait alors exiger de plus que chaque homme ne connaisse qu'un nombre fini de femmes...). Une telle illustration peut naturellement être critiquée, notamment en raison des rôles non symétriques joués par les ensembles E et F, ou encore à cause du caractère conformiste des règles imposées : monogamie et mariage de gens qui se connaissent.

CHAPITRE 2

1. a) C'est la compatibilité de la relation $\sim$ d'équivalence logique avec les connecteurs propositionnels qui nous permet de définir des opérations internes dans $\mathcal{F}/\sim$ par les relations données dans l'énoncé (ces relations ne dépendent pas du choix des représentants des classes de formules). Plus précisément, conformément au théorème 2.9 du chapitre 1, quelles que soient les formules F, G, F' et G', si $cl(F) = cl(F')$ et $cl(G) = cl(G')$, alors $cl(\neg F) = cl(\neg F')$, $cl(F \wedge G) = cl(F' \wedge G')$, $cl(F \vee G) = cl(F' \vee G')$, $cl(F \Rightarrow G) = cl(F' \Rightarrow G')$, et $cl(F \Longleftrightarrow G) = cl(F' \Longleftrightarrow G')$. (Voir aussi nos commentaires au n° 2.11 du chapitre 1).

On a les équivalences logiques suivantes ($\top$ est une tautologie, $\bot$ une antilogie, les numéros indiqués renvoient à la liste établie au chapitre 1, en 2.11) :

- $(A \not\Leftrightarrow B) \sim (B \not\Leftrightarrow A)$ [n° 41],
- $((A \not\Leftrightarrow B) \not\Leftrightarrow C) \sim (A \not\Leftrightarrow (B \not\Leftrightarrow C))$ [la première de ces formules est $\neg(\neg(A \Longleftrightarrow B) \Longleftrightarrow C)$, elle est logiquement équivalente à $((A \Longleftrightarrow B) \Longleftrightarrow C)$ (n° 43), à $(A \Longleftrightarrow (B \Longleftrightarrow C))$ (n° 58), donc à la deuxième],
- $(A \not\Leftrightarrow \bot) \sim A$ [n° 48 et n° 41],
- $(A \not\Leftrightarrow A) \sim \bot$ [n° 49 et n° 43],
- $(A \wedge B) \sim (B \wedge A)$ [n° 3],
- $((A \wedge B) \wedge C) \sim (A \wedge (B \wedge C))$ [n° 5],
- $(A \wedge (B \not\Leftrightarrow C)) \sim ((A \wedge B) \not\Leftrightarrow (A \wedge C))$ [on le justifie par la méthode de l'exercice 14, ch.1 : le polynôme associé à la première formule est $x(1 + 1 + y + z)$, celui qui est associé à la seconde est : $1 + 1 + xy + xz$; ils coïncident],
- $(A \wedge \top) \sim A$ [n° 46],
- $(A \wedge A) \sim A$ [n° 1].

Ces équivalences logiques prouvent que l'opération $\not\Leftrightarrow$ sur $\mathcal{F}/\sim$ est commutative et associative, qu'elle admet la classe **0** des antilogies pour élément neutre, et que tout élément admet, relativement à cet élément neutre, un symétrique (lui-même). La structure $<\mathcal{F}/\sim, \not\Leftrightarrow>$ est donc un groupe commutatif. De plus, l'opération $\wedge$ est commutative, associative, distributive par rapport à $\not\Leftrightarrow$, elle admet un élément neutre : la classe **1** des tautologies, et elle est idempotente. Par conséquent, la structure $<\mathcal{F}/\sim, \not\Leftrightarrow, \wedge>$ est un anneau commutatif et unitaire qui est un anneau de Boole.

b) Quelles que soient les formules F et G, on a, par définition, $cl(F) \leqslant cl(G)$ si et seulement si $cl(F) \wedge cl(G) = cl(F)$, ce qui équivaut à $cl(F \wedge G) = cl(F)$, c'est-à-dire à $F \wedge G \sim F$, ou encore à $\vdash^* ((F \wedge G) \Longleftrightarrow F)$. Or la formule $((F \wedge G) \Longleftrightarrow F)$ est logiquement équivalente à $(F \Rightarrow G)$ (voir chapitre 1, 2.11, n° 38). Il en résulte que :

$$cl(F) \leqslant cl(G) \text{ si et seulement si } \vdash^* (F \Rightarrow G).$$

(Notons au passage que la propriété « $(F \Longrightarrow G)$ est une tautologie » définit sur $\mathscr{F}$ une relation binaire compatible avec la relation $\sim$ d'équivalence logique, et que la relation qu'elle induit dans l'ensemble quotient $\mathscr{F}/\sim$ est la relation d'ordre de l'algèbre de Boole).

Observons aussi qu'il ne s'agit en aucun cas d'un ordre total : si A est une variable propositionnelle, on n'a ni $cl(A) \leqslant cl(\neg A)$, ni $cl(\neg A) \leqslant cl(A)$, puisqu'aucune des deux formules $(A \Longrightarrow \neg A)$ et $(\neg A \Longrightarrow A)$ n'est une tautologie (elles sont, respectivement, logiquement équivalentes à $\neg A$ et à A).

Pour l'ordre $\leqslant$, le plus petit élément est la classe $\mathbf{0}$ des antilogies, et le plus grand la classe $\mathbf{1}$ des tautologies.

Soient $x = cl(F)$ et $y = cl(G)$ deux éléments de $\mathscr{F}/\sim$. On a (théorème 2.3, *2)* et *8)*) :

$$x \frown y = xy = x \wedge y = cl(F \wedge G)$$

et

$$x^c = 1 + x = \mathbf{1} \not\Leftrightarrow x = cl(\neg F).$$

On en déduit, avec de Morgan, que :

$$x \smile y = (x^c \frown y^c)^c = cl(\neg(\neg F \wedge \neg G)) = cl(F \vee G) = x \vee y.$$

Les opérations de borne supérieure, borne inférieure, et complémentation, sont donc, respectivement, la disjonction, la conjonction et la négation.

c) Supposons que P soit l'ensemble fini : $\{A_1, A_2, \ldots, A_n\}$ $(n \in \mathbb{N}^*)$. L'ensemble quotient $\mathscr{F}/\sim$ est alors fini, et a 2^{2^n} éléments (voir chapitre 1, 3.2). Cela montre que l'algèbre de Boole $< \mathscr{F}/\sim, \not\Leftrightarrow, \wedge, \mathbf{0}, \mathbf{1} >$ est atomique (théorème 3.2), et aussi que le nombre de ses atomes est 2^n (théorème et corollaire 4.3). Nous allons montrer que ces atomes sont les classes des formules :

$$\bigwedge_{1 \leqslant k \leqslant n} \varepsilon_k A_k,$$

obtenues pour tous les le n-uples $(\varepsilon_1, \varepsilon_2, \ldots, \varepsilon_n) \in \{0,1\}^n$.

Observons d'ores et déjà que ces classes sont au nombre de 2^n, ce qui revient à dire que les formules considérées sont deux à deux non logiquement équivalentes (ce que garantit le lemme 1, 3.2, chapitre 1). Donc, si nous montrons que ces classes sont des atomes, nous serons assurés d'avoir là tous les atomes de notre algèbre de Boole.

Considérons un n-uple $(\varepsilon_1, \varepsilon_2, \ldots, \varepsilon_n) \in \{0,1\}^n$ et appelons H la formule associée :

$$H = \bigwedge_{1 \leqslant k \leqslant n} \varepsilon_k A_k.$$

Reprenons les notations du n° 3.1 du chapitre 1. On a $\Delta(H) = \{\delta_{\varepsilon_1\varepsilon_2\cdots\varepsilon_n}\}$ (chapitre 1, 3.2, lemme 1) ; donc, $cl(H) \neq \mathbf{0}$. On en déduit aussi qu'on doit avoir, pour toute formule F telle que $cl(F) \leqslant cl(H)$ (ce qui signifie $\vdash^* (F \Longrightarrow H)$ et équivaut évidemment à $\Delta(F) \subseteq \Delta(H)$) :

- soit $\Delta(F) = \{\delta_{\varepsilon_1\varepsilon_2\cdots\varepsilon_n}\} = \Delta(H)$, et alors $cl(F) = cl(H)$;
- soit $\Delta(F) = \emptyset$, et, dans ce cas, $cl(F) = \mathbf{0}$.

Nous avons ainsi prouvé que $cl(H)$ est un élément non nul de l'algèbre de Boole $\mathscr{F}/\sim$, qui n'est minoré que par lui-même et par $\mathbf{0}$, ce qui veut dire que c'est un atome.

2. Nous utiliserons des propriétés établies dans l'exercice 1.

Soient X et Y deux parties de E. Pour chaque élément $x \in E$, on a $x \in X \,\Delta\, Y$ si et seulement si une et une seule des propositions $x \in X$ et $y \in Y$ est vraie, ce qui veut exactement dire que $x \in X \,\Delta\, Y$ si et seulement si la proposition $x \in X \not\Leftrightarrow x \in Y$ est vraie. La commutativité de Δ se déduit de celle de $\not\Leftrightarrow$: pour toutes parties X et Y de E :

$$X \,\Delta\, Y = \{x \in E \,;\, x \in X \not\Leftrightarrow x \in Y\} = \{x \in E \,;\, x \in Y \not\Leftrightarrow x \in X\} = Y \,\Delta\, X.$$

De façon analogue, on déduit l'associativité de Δ de celle de $\not\Leftrightarrow$.

Par ailleurs :

$$X \,\Delta\, \emptyset = \{x \in E \,;\, x \in X \not\Leftrightarrow x \in \emptyset\} = \{x \in E \,;\, x \in X\} = X$$

(on a utilisé le fait que $x \in \emptyset$ est faux et que faux est neutre pour $\not\Leftrightarrow$),

et $\quad X \,\Delta\, X = \{x \in E \,;\, x \in X \not\Leftrightarrow x \in X\} = \emptyset$;

ainsi, pour l'opération Δ, $\emptyset$ est élément neutre et tout élément de $\mathfrak{P}(E)$ admet un symétrique, à savoir lui-même.

Ces remarques montrent que $\langle \mathfrak{P}(E), \Delta \rangle$ est un groupe commutatif.

L'opération d'intersection sur $\mathfrak{P}(E)$ est commutative et associative et admet un élément neutre : E. Ces faits résultent de propriétés analogues du connecteur propositionnel $\wedge$. De plus :

$$X \cap (Y \,\Delta\, Z) = \{x \in E \,;\, x \in X \wedge (x \in Y \not\Leftrightarrow x \in Z)\} \;;$$

$$(X \cap Y) \,\Delta\, (X \cap Z) = \{x \in E \,;\, (x \in X \wedge x \in Y) \not\Leftrightarrow (x \in X \wedge x \in Z)\} \;;$$

ces ensembles coïncident en raison de la distributivité de $\wedge$ par rapport à $\not\Leftrightarrow$. L'intersection est donc distributive par rapport à la différence symétrique. On a ainsi démontré que la structure $\langle \mathfrak{P}(E), \Delta, \cap \rangle$ est un anneau commutatif et unitaire. C'est aussi un anneau de Boole puisque, pour tout $X \in \mathfrak{P}(E)$, on a $X \cap X = X$.

Des vérifications immédiates montrent que l'ordre de cet anneau de Boole est l'inclusion, que les opérations $\smile$ et $\frown$ sont, respectivement, la réunion et l'intersection, et que le complément d'un élément est son complémentaire au sens ensembliste.

3. La préservation par isomorphisme de propriétés du genre de celles considérées dans l'énoncé est un fait banal dont la vérification ne pose jamais de problème. A titre d'exemple, nous traiterons la question a), laissant les autres au lecteur

a) Soit $a \in A$ un atome de $\mathscr{A}$ et soit $y \in B$ un minorant de $f(a)$ dans $\mathscr{B}$. Comme f est un isomorphisme, il existe un unique élément $x \in A$ tel que $y = f(x)$; et cet élément x est tel que $\mathbf{0} \leqslant x \leqslant a$, puisque $\mathbf{0} \leqslant f(x) \leqslant f(a)$ (théorème 4.2). Mais a est un atome ; donc $x = \mathbf{0}$ (et alors $y = f(x) = \mathbf{0}$) ou $x = a$ (et alors $y = f(x) = f(a)$). On en déduit que les seuls minorants de $f(a)$ sont $\mathbf{0}$ et $f(a)$. Etant donné que a est non nul, que $f(\mathbf{0}) = \mathbf{0}$ et que f est injective, on peut conclure que $f(a)$ n'est pas nul et que c'est un atome de $\mathscr{B}$.

Si on suppose maintenant que c'est $f(a)$ qui est un atome de $\mathscr{B}$, il suffit d'appliquer ce que nous venons de faire à l'isomorphisme f^{-1} de $\mathscr{B}$ dans $\mathscr{A}$ pour s'assurer que $a = f^{-1}(f(a))$ est un atome de $\mathscr{A}$.

4. a) Soit $<A, \leqslant, 0, 1>$ une algèbre de Boole. Supposons qu'elle soit complète et considérons une partie non vide X de A. Posons $Y = \{x \in A ; x^c \in X\}$ et appelons b la borne inférieure de Y (Y est évidemment une partie non vide de A). Il est très facile de prouver que $a = b^c$ est borne supérieure de X : d'une part, pour chaque $x \in X$, on a $b \leqslant x^c$, donc $x \leqslant b^c = a$ et a est un majorant de X ; d'autre part, pour tout majorant m de X, m^c est un minorant de Y (vérification immédiate), donc $m^c \leqslant b$ et $a = b^c \leqslant m$, ce qui montre que a est le plus petit des majorants de X. En échangeant les mots « supérieure » et « inférieure » et en renversant les inégalités dans ce qui précède, on montre que, si toute partie non vide de A admet une borne supérieure, alors l'algèbre de Boole est complète.

b) Soient $\mathcal{A} = <A, \leqslant, 0, 1>$ et $\mathcal{B} = <B, \leqslant, 0, 1>$ deux algèbres de Boole et f un isomorphisme d'algèbres de Boole de $\mathcal{A}$ sur $\mathcal{B}$. On suppose que $\mathcal{A}$ est complète et on va montrer qu'il en est de même de $\mathcal{B}$. Considérons une partie non vide Y de B et appelons X son image réciproque par f qui est un partie non vide de A (parce que f est une bijection). On vérifie très facilement que, si a est la borne inférieure de X (qui existe par hypothèse), alors $f(a)$ est borne inférieure de Y.

c) Soient E un ensemble et X une partie non vide de $\mathfrak{P}(E)$. Il est clair que l'ensemble $G = \bigcap_{Z \in X} Z$, intersection des éléments de X, est borne inférieure de X.

d) Soient E un ensemble infini et H une partie infinie de E dont le complémentaire dans E est infini. (A propos de l'existence d'une telle partie, se reporter au chapitre 7.) Considérons le sous-ensemble X suivant de $\mathfrak{P}(E)$:

$$X = \{\{x\} ; x \in H\}.$$

Si l'algèbre de Boole des parties finies ou cofinies de E était complète, X aurait une borne supérieure M. Alors, M devrait être une partie finie ou cofinie de E qui majore (c'est-à-dire contienne) tous les éléments de X : on aurait donc $H \subseteq M$, ce qui interdirait à M d'être finie et l'obligerait à être cofinie. Comme, par hypothèse, H n'est pas cofinie, l'inclusion précédente serait stricte, et on pourrait trouver un élément $a \in E$ tel que $a \in M$ et $a \notin H$. L'ensemble $N = M - \{a\}$ serait alors, comme M, une partie cofinie de E et serait encore un majorant de X. Mais, dans ce cas, M ne serait pas le plus petit des majorants de X, ce qui serait absurde. L'algèbre de Boole considérée n'est donc pas complète.

e) Observons pour commencer que toute algèbre de Boole finie est complète (propriété *6)*, théorème 2.3). Il en résulte que, lorsque l'ensemble P des variables propositionnelles est fini, l'algèbre de Boole $\mathcal{F}/\sim$ des classes de formules logiquement équivalentes (qui est alors elle-même finie) est complète.

Supposons maintenant que l'ensemble P soit infini. Considérons deux suites $(p_n)_{n \in \mathbb{N}}$ et $(q_n)_{n \in \mathbb{N}}$ d'éléments de P deux à deux distincts. Construisons deux suites de formules, $(F_n)_{n \in \mathbb{N}}$ et $(G_n)_{n \in \mathbb{N}}$, de la manière suivante :

$F_0 = p_0 \vee q_0$; $F_1 = p_1 \vee q_0 \vee q_1$;
... $F_k = p_k \vee q_0 \vee q_1 \vee \ldots \vee q_k$;

...

et $G_0 = q_0$; $G_1 = q_0 \vee (q_1 \wedge p_0)$;
... $G_k = q_0 \vee (q_1 \wedge p_0) \vee \ldots \vee (q_k \wedge p_0 \wedge p_1 \wedge \ldots \wedge p_{k-1})$;

...

On a, pour tout entier n, $G_{n+1} = G_n \vee (q_{n+1} \wedge p_0 \wedge p_1 \wedge \ldots \wedge p_n)$, donc $\vdash^* G_n \Longrightarrow G_{n+1}$, autrement dit $\mathrm{cl}(G_n) \leqslant \mathrm{cl}(G_{n+1})$ (pour l'ordre de l'algèbre de Boole $\mathcal{F}/\!\sim$). Cette inégalité est stricte, car on peut trouver une distribution de valeurs de vérité δ_n qui satisfait G_{n+1} et ne satisfait pas G_n ; il suffit de poser :

$$\delta_n(q_0) = \delta_n(q_1) = \ldots = \delta_n(q_n) = 0$$

et $\delta_n(p_0) = \delta_n(p_1) = \ldots = \delta_n(p_n) = \delta_n(q_{n+1}) = 1$,

les valeurs de δ_n pour les autres variables pouvant être choisies arbitrairement.

Considérons un entier n et une distribution de valeurs de vérité λ telle que $\overline{\lambda}(F_n) = 0$. On a alors $\lambda(p_n) = \lambda(q_0) = \lambda(q_1) = \ldots = \lambda(q_n) = 0$, et, quel que soit l'entier $k \geqslant 1$, $\overline{\lambda}(q_k \wedge p_0 \wedge p_1 \wedge \ldots \wedge p_{k-1}) = 0$. En effet, si $k \leqslant n$, $\lambda(q_k) = 0$, et si $k > n$, alors p_n figure dans la conjonction $p_0 \wedge p_1 \wedge \ldots \wedge p_{k-1}$ qui n'est donc pas satisfaite par λ. On voit donc que, pour tout entier m, $\overline{\lambda}(G_m) = 0$. On a donc montré que $G_m \Longrightarrow F_n$ est une tautologie quels que soient les entiers m et n, ou encore que $\mathrm{cl}(G_m) \leqslant \mathrm{cl}(F_n)$. L'inégalité est stricte, puisqu'on a, avec ce qui vient d'être démontré :

$$\mathrm{cl}(G_m) < \mathrm{cl}(G_{m+1}) \leqslant \mathrm{cl}(F_n).$$

Supposons que l'ensemble $\{\mathrm{cl}(F_n) ; n \in \mathbb{N}\}$ admette une borne inférieure : $\mathrm{cl}(F)$. On aurait alors, d'après ce qui précède, pour tous entiers m et n,

$$\mathrm{cl}(G_m) \leqslant \mathrm{cl}(F) \leqslant \mathrm{cl}(F_n),$$

c'est-à-dire $\vdash^* G_m \Longrightarrow F$ et $\vdash^* F \Longrightarrow F_n$. $(\bullet)$

Choisissons un entier r tel que, pour tout entier $k \geqslant r$, ni p_k ni q_k ne figurent dans la formule F (un tel choix est possible parce qu'une formule ne fait intervenir qu'un nombre fini de variables propositionnelles). Nous allons maintenant définir deux distributions de valeurs de vérité α et β obtenues respectivement en modifiant la valeur prise par la distribution δ_r, définie ci-dessus, aux points p_r et q_r :

$\alpha(p_r) = 0$ et $\alpha(x) = \delta_r(x)$ pour toute variable x autre que p_r,

$\beta(q_r) = 1$ et $\beta(x) = \delta_r(x)$ pour toute variable x autre que q_r.

Comme p_r et q_r ne figurent pas dans F, on a évidemment :

$$\overline{\alpha}(F) = \overline{\beta}(F) = \overline{\delta_r}(F). \qquad (\bullet\bullet)$$

Mais, par ailleurs, il est facile de vérifier que $\overline{\alpha}(F_r) = 0$ et $\overline{\beta}(G_r) = 1$, ce qui exige, d'après $(\bullet)$: $\overline{\alpha}(F) = 0$ et $\overline{\beta}(F) = 1$; or cela est manifestement contradictoire avec $(\bullet\bullet)$.

Il était donc absurde de supposer l'existence d'une borne inférieure pour l'ensemble $\{\mathrm{cl}(F_n) ; n \in \mathbb{N}\}$. L'algèbre de Boole que nous avons considérée n'est donc pas complète.

f) On a vu que l'algèbre de Boole des parties d'un ensemble est atomique et (à la question c) ci-dessus) qu'elle est complète. On est donc assuré, grâce à la question c) de l'exercice 3 et à la question b) ci-dessus, que toute algèbre de Boole isomorphe à l'algèbre de Boole des parties d'un ensemble est nécessairement atomique et complète.

Examinons la réciproque. On va s'inspirer de la démonstration du théorème 4.3, qui va apparaître comme un cas particulier de ce que nous prouvons ici.

Soit $\mathcal{A} = \langle A, \leqslant, 0, 1 \rangle$ une algèbre de Boole atomique et complète. Désignons par E l'ensemble de ses atomes et appelons φ l'application de A dans $\mathfrak{P}(E)$ qui, à chaque élément x de A, associe l'ensemble des atomes qui le minorent :

$$\varphi(x) = \{ a \in E \; ; \; a \leqslant x \}.$$

Montrons que φ est surjective. Soit X une partie de E. Si X est vide, alors $X = \varphi(0)$ (aucun atome ne minore 0). Si X est non vide, elle admet une borne supérieure que nous appelons M. Tout élément de X est un atome qui minore M, donc $X \subseteq \varphi(M)$. Si b est un atome qui n'appartient pas à X, alors, pour tout élément x de X, on a $x \leqslant b^c$ (cela résulte du théorème 3.3 : x est un atome et on n'a pas $x \leqslant b$, car b est aussi un atome et $x \leqslant b$ signifierait $x = b$, or $x \in X$ et $b \notin X$). On en déduit que $M \leqslant b^c$ et, par suite, que b ne minore pas M (car, comme b est non nul, on ne peut pas avoir $b \leqslant b^c$). Il en résulte que tout atome qui minore M est un élément de X : $\varphi(M) \subseteq X$. En définitive, $X = \varphi(M)$ et φ est surjective.

Pour tous éléments x et y de A, si $x \leqslant y$, alors, $\varphi(x) \subseteq \varphi(y)$, car tout atome qui minore x est un atome qui minore y.

Pour tous éléments x et y de A, si $\varphi(x) \subseteq \varphi(y)$, alors $x \leqslant y$: en effet, si x n'est pas un minorant de y, alors $xy^c \neq 0$ (lemme 2.3) ; puisque $\mathcal{A}$ est atomique, on peut donc trouver un atome $a \in E$ tel que $a \leqslant xy^c$, c'est-à-dire $a \leqslant x$ et $a \leqslant y^c$; l'atome a ne peut pas minorer à la fois y^c et y, ce qui montre que $a \in \varphi(x)$ et $a \notin \varphi(y)$, donc $\varphi(x) \not\subseteq \varphi(y)$.

Le théorème 4.2 nous permet de conclure que φ est un isomorphisme d'algèbres de Boole de $\mathcal{A}$ sur $\mathfrak{P}(E)$. Ainsi, tout algèbre de Boole atomique et complète est isomorphe à l'algèbre de Boole des parties d'un ensemble. Comme toute algèbre de Boole finie est atomique et complète, le théorème 4.3 est un corollaire de ce que nous venons de prouver.

5. Soit b un élément de B qui n'est pas un atome de l'algèbre de Boole $\mathcal{B}$. Alors, ou bien $b = 0$ et b n'est pas un atome de $\mathcal{A}$, ou bien on peut trouver un élément $c \in B$, non nul et distinct de b, tel que $c \leqslant b$; mais, comme $c \in A$, on a trouvé dans A un minorant strict non nul de l'élément b, lequel n'est donc pas un atome de $\mathcal{A}$.

Prenons pour A l'algèbre de Boole $\mathfrak{P}(\mathbb{N})$ et pour $\mathcal{B}$ la sous-algèbre de Boole constituée par $\{\emptyset, \mathbb{N}\}$. Il est immédiat que $\mathbb{N}$ est un atome de $\mathcal{B}$ mais pas un atome de $\mathcal{A}$.

6. On applique le théorème 2 de 4.4 : on a $\mathbf{0} \in B$ puisque $\mathbf{0} \leqslant 1 + a$; si $x \in B$, on a soit $x \geqslant a$ et alors $x^c \leqslant 1 + a$, soit $x \leqslant 1 + a$ et alors $x^c \geqslant a$, donc, dans tous les cas, $x^c \in B$; enfin si x et y sont des éléments de B, si l'un des deux au moins minore $1 + a$, il en est de même de leur borne inférieure $x \frown y$, et si ce n'est pas le cas, alors on a $x \geqslant a$ et $y \geqslant a$, donc $x \frown y \geqslant a$: dans tous les cas, $x \frown y \in B$.

Supposons que $\mathscr{A}$ soit complète et considérons une partie non vide X de B. Dans A, X admet une borne inférieure m. Montrons que $m \in B$, ce qui prouvera que la sous-algèbre de Boole constituée par B est complète : si l'un au moins des éléments de X est majoré par $1 + a$, on a $m \leqslant 1 + a$; sinon, pour tout élément $x \in X$, $x \geqslant a$; a est alors un minorant de X, donc de m ; dans tous les cas, $m \in B$.

7. a) Posons $G = \bigcap_{F \in Z} F$. On vérifie que les trois conditions du théorème 5.6 sont satisfaites par G. Choisissons un filtre F_0 dans l'ensemble (non vide) Z. On a $\mathbf{0} \notin F_0$, donc $\mathbf{0} \notin G$. Par ailleurs, pour tout $F \in Z$, on a $1 \in F$, donc $1 \in G$. La condition *(f)* est donc vérifiée. Soient x et y deux éléments de G ; pour tout $F \in Z$, on a $x \in F$ et $y \in F$, donc aussi $x \frown y \in F$; on en déduit que $x \frown y \in G$, et que *(ff)* est satisfaite. Enfin, si $x \in G$, $y \in A$ et $x \leqslant y$, alors, pour tout $F \in Z$, on a $x \in F$, donc $y \in F$, ce qui montre que $y \in G$ et que *(fff)* est vraie. L'ensemble G est donc un filtre sur $\mathscr{A}$.

Soit a un élément de A distinct de $\mathbf{0}$ et de 1 (on suppose qu'il y en a). Considérons les filtres principaux F_a et F_{1+a} respectivement engendrés par a et par $1 + a$ (voir exemple 2, 5.8), et supposons que $Z = \{F_a, F_{1+a}\}$. L'ensemble $K = \bigcup_{F \in Z} F = F_a \cup F_{1+a}$ n'est sûrement pas un filtre puisque $a \in K$, $1 + a \in K$, et $a \frown (1 + a) = \mathbf{0} \notin K$.

b) Posons $H = \bigcup_{F \in Z} F$, et appliquons encore le théorème 5.6. Choisissons à nouveau un filtre particulier $F_0 \in Z$. On a $1 \in F_0$, donc $1 \in H$. Pour tout $F \in Z$, on a $\mathbf{0} \notin F$, donc $\mathbf{0} \notin H$. La condition *(f)* est donc vérifiée pour H. Vérifions *(fff)* : soient x et y des éléments de A tels que $x \in H$ et $y \geqslant x$; il existe un filtre $F \in Z$ tel que $x \in F$, mais alors $y \in F$, donc $y \in H$. On le voit, l'hypothèse supplémentaire faite ici sur Z n'est pas intervenue pour vérifier ces deux conditions. C'est pour *(ff)* que nous allons l'utiliser : étant donnés deux éléments x et y de H, il s'agit de montrer que $x \frown y \in H$; il existe des filtres F_1 et F_2 dans l'ensemble Z tels que $x \in F_1$ et $y \in F_2$; comme l'inclusion est un ordre total sur Z, on a $F_1 \subseteq F_2$ ou $F_2 \subseteq F_1$; $F = F_1 \cup F_2$ est donc un filtre de Z qui contient à la fois x et y ; il contient donc leur borne inférieure $x \frown y$; on a donc $x \frown y \in F$ et $F \in Z$, d'où l'on déduit que $x \frown y \in \bigcup_{F \in Z} F = H$.

8. Appelons E^* l'ensemble des intersections finies d'éléments de E. On peut construire E^* de la manière suivante : on pose $E_0 = E$ et, pour tout $n \in \mathbb{N}$:

$$E_{n+1} = \{Z \in \mathfrak{P}(\mathbb{N}) \; ; \; (\exists X \in E)(\exists Y \in E_n)(Z = X \cap Y)\} \; ;$$

on a alors :

$$E^* = \bigcup_{n \in \mathbb{N}} E_n .$$

L'ensemble E étant dénombrable, on montre facilement, par récurrence, que chacun des ensembles E_n est dénombrable, et il en est donc de même de leur réunion E^* (réunion dénombrable d'ensembles dénombrables). On pourra se reporter au chapitre 7 pour des détails sur ces problèmes de cardinalité.

Nous pouvons donc nous donner une énumération de E^* :

$$E^* = \{X_n \ ; \ n \in \mathbb{N}\}.$$

Montrons maintenant que le filtre engendré par E est l'ensemble :

$$F = \{X \in \mathfrak{P}(\mathbb{N}) \ ; \ (\exists n \in \mathbb{N})(X \supseteq X_n)\}.$$

On se convaincra que F est un filtre contenant E en examinant la démonstration du lemme 5.12 (on remarquera que les éléments de E^* sont tous non vides). D'autre part, considérons un filtre G contenant E ; G doit contenir tout élément qui est borne inférieure (c'est-à-dire intersection) d'un nombre fini d'éléments de E, ainsi que tout majorant d'un tel élément. La première condition se traduit par : $G \supseteq E^*$, et la deuxième par : $G \supseteq F$. On a prouvé que F est un filtre contenant E, inclus dans tout filtre contenant E : F est donc l'intersection de tous les filtres contenant E, ou encore le filtre engendré par E.

Supposons que F soit un ultrafiltre. Nous allons distinguer deux cas. Dans le premier, nous montrerons que F est trivial ; dans le second, nous aboutirons à une contradiction. Nous aurons ainsi établi la propriété annoncée.

• S'il existe un entier n tel que X_n soit un ensemble fini, alors, puisque $X_n \in F$, $\mathbb{N} - X_n \notin F$, ce qui montre que F ne contient pas le filtre des parties cofinies de $\mathbb{N}$ (filtre de Fréchet), c'est-à-dire que F est un ultrafiltre trivial (théorème 5.11).

• Dans le cas où, pour tout $n \in \mathbb{N}$, X_n est un ensemble infini, nous allons construire une partie $A \subseteq \mathbb{N}$ telle que ni A ni $\mathbb{N} - A$ n'appartiennent à F, ce qui montrera que F n'est pas un ultrafiltre, contrairement à notre hypothèse. Définissons deux suites $(a_n)_{n \in \mathbb{N}}$ et $(b_n)_{n \in \mathbb{N}}$ d'entiers naturels, par récurrence, comme suit :

* a_0 est le plus petit élément de X_0 et b_0 est le plus petit élément de $X_0 - \{a_0\}$;

* pour tout $n \in \mathbb{N}$, a_{n+1} est le plus petit élément de $X_{n+1} - \{a_0, a_1, \ldots, a_n, b_0, b_1, \ldots, b_n\}$ et b_{n+1} est le plus petit élément de $X_{n+1} - \{a_0, a_1, \ldots, a_n, a_{n+1}, b_0, b_1, \ldots, b_n\}$.

Le fait que les ensembles X_n soient tous infinis garantit la validité de cette définition.

Posons $A = \{a_n \ ; \ n \in \mathbb{N}\}$ et $B = \mathbb{N} - A$.

Il est clair que l'ensemble $\{b_n \ ; \ n \in \mathbb{N}\}$ est inclus dans B et que les ensembles A et B sont tous deux infinis.

Quel que soit l'entier n, on a :

$$a_n \in X_n \ ; \ b_n \in X_n \ ; \ a_n \notin B \ ; \ b_n \notin A \ ;$$

ce qui montre que l'ensemble X_n n'est inclus ni dans A ni dans B.

On en déduit qu'aucun des deux ensembles A et $B = \mathbb{N} - A$ n'appartient au filtre F. Celui-ci ne peut donc pas être un ultrafiltre.

9. a) Cette propriété a été établie dans l'exercice 20 du chapitre 1.

b) et c) Considérons l'application $\varphi : \mathcal{F}/\sim \longrightarrow \{0,1\}$ définie par :

pour tout $x \in \mathcal{F}/\sim$,

$$\varphi(x) = \begin{cases} 1 & \text{si } \delta_1(F) = 1 \text{ pour toute formule } F \in x \\ 0 & \text{si } \delta_1(F) = 0 \text{ pour toute formule } F \in x \end{cases}$$

(il n'y a évidemment pas d'autre cas).

On voit que φ n'est autre que la distribution de valeurs de vérité δ_1 « quotientée » par la relation d'équivalence logique ~, c'est-à-dire l'application que nous désignerions par h_{δ_1} avec les notations de l'exemple 3 de 4.5, et qui est un homomorphisme d'algèbres de Boole de $\mathcal{F}/\sim$ dans $\{0,1\}$. On a évidemment :

$$J = \{ x \in \mathcal{F}/\sim \ ; \ \varphi(x) = 1 \},$$

ce qui prouve que J est un ultrafiltre et que l'homomorphisme qui lui est associé est φ (théorème 5.7, *(1')* $\Longleftrightarrow$ *(3')*).

10. a) Soit x un élément de A. Dire que H(x) est un singleton, c'est dire qu'il y a un unique homomorphisme d'algèbres de Boole de $\mathcal{A}$ dans $\{0,1\}$ qui prenne la valeur 1 en x.

• Supposons que x soit un atome : on a donc $x \neq 0$ et H(x) est alors non vide. Mais si h est un élément de H(x), pour chaque $y \in A$ on a soit $xy = x$, ce qui exige $h(y) = 1$, soit $xy = 0$, ce qui exige $h(y) = 0$ (car $h(xy) = h(x)h(y) = h(y)$). La valeur de h(y) est ainsi déterminée pour tout élément y de A. Il y a donc un unique élément dans H(x) : c'est un singleton.

• Maintenant, supposons que H(x) soit un singleton : c'est alors nécessairement un atome dans l'algèbre de Boole $\mathcal{B}(S)$ (puisque c'est un atome dans $\mathfrak{P}(S)$ (exercice 5)). Comme H est un isomorphisme d'algèbres de Boole, x est un atome de $\mathcal{A}$ (exercice 3,a).

REMARQUE : On aurait pu, de même, dans la première partie de la démonstration, observer que H(x) était un atome dans $\mathcal{B}(S)$; mais cela n'aurait nullement prouvé que H(x) était un singleton, un atome dans $\mathcal{B}(S)$ n'étant pas nécessairement un atome dans $\mathfrak{P}(S)$ (exercice 5).

b) Si $\mathcal{A}$ contient un atome a, H(a) est un ouvert (-fermé) de S réduit à un seul point : il y a donc dans S au moins un point isolé. Réciproquement si h est un point isolé dans S, alors {h} est un ouvert de S. Comme la topologie de S est séparée, tout singleton est un fermé. On en déduit que {h} est un ouvert-fermé, c'est-à-dire un élément de $\mathcal{B}(S)$. Il y a donc un élément (unique) $a \in A$ qui a pour image {h} par l'isomorphisme H. D'après la question a), a est nécessairement un atome.

c) Comme les ouverts-fermés constituent une base d'ouverts de l'espace S, et comme tout ouvert non vide contient au moins un ouvert d'une base donnée, on voit que, pour qu'un ensemble $X \subseteq S$ rencontre tout ouvert non vide (c'est-à-dire soit dense dans S), il faut et il suffit qu'il rencontre tout ouvert-fermé non vide.

Appelons I l'ensemble des points isolés de S.

Supposons que $\mathcal{A}$ soit atomique. Soit Ω un ouvert-fermé non vide de S. Il existe alors un et un seul élément x de A tel que $H(x) = \Omega$. Comme Ω n'est pas vide, x n'est pas nul ; donc on peut choisir dans A un atome a qui minore x. Alors, $H(a)$ est inclus dans $H(x)$, puisque H préserve l'ordre. Mais, d'après a), $H(a)$ est un singleton et son unique élément est un point isolé de S ; Ω contient donc un point de I. Ceci prouve que I est dense dans S.

Réciproquement, supposons que I soit dense dans S. Pour chaque élément non nul $x \in A$, $H(x)$ est un ouvert-fermé non vide de S, et, à ce titre, il contient au moins un point isolé h. Mais alors $\{h\}$ est l'image par H d'un (et un seul) atome a de A (voir la démonstration de b)). On a $H(a) = \{h\} \subseteq H(x)$, d'où $a \leqslant x$ (théorème 4.2). On a trouvé un atome qui minore x : $\mathcal{A}$ est donc atomique.

11. Supposons d'abord que l'algèbre de Boole $\mathcal{A} = \langle A, \leqslant, 0, 1 \rangle$ soit dense. Si b est un élément non nul de A, alors, par définition, il existe au moins un élément c de A tel que $0 < c < b$, ce qui montre que b n'est pas un atome. Réciproquement, si on suppose qu'il n'y a pas d'atome dans $\mathcal{A}$, et si on considère deux éléments a et b de A tels que $a < b$, alors $a + b$ n'est pas nul et n'est pas un atome. On peut donc trouver un élément $d \in A$ tel que $0 < d < a + b$. Posons $c = a \smile d$. Des vérifications immédiates montrent qu'on a alors $a < c < b$; $\mathcal{A}$ est donc dense.

12. a) Supposons que (y,z) soit une bipartition de x. On a alors :

$$x = y \smile z = y + z + yz = y + z + (y \frown z) = y + z.$$

On en déduit immédiatement $x + y = z$. On a $y \neq x$ parce que $z \neq 0$, et $y \leqslant x$ parce que $x = y \smile z$. Comme $y \neq 0$, on en conclut : $0 < y < x$.

Réciproquement, si $0 < y < x$ et $z = x + y$, alors on a :
$y \neq 0$, $z \neq 0$ (car $y \neq x$), $y \smile z = y + z + yz = y + x + y + yx + y^2 = x + y + xy = x \smile y = x$, et enfin $y \frown z = y(x + y) = yx + y^2 = y + y = 0$.

Soit a un élément non nul de A. Comme a n'est pas un atome, il existe un élément $b \in A$ tel que $0 < b < a$. D'après ce qui précède, $(b, a + b)$ est une bipartition de a.

b) On procède par récurrence. Le choix de u_0 et u_1 est explicité dans l'énoncé.

Supposons que l'élément $u_{\varepsilon_0\varepsilon_1\ldots\varepsilon_{n-1}}$ soit défini conformément aux conditions imposées (dans le cas où $n = 0$, on conviendra que $u_{\varepsilon_0\varepsilon_1\ldots\varepsilon_{n-1}} = u_\emptyset = 1$). Alors cet élément est non nul et admet, d'après a), au moins une bipartition. Si la condition $u_{\varepsilon_0\varepsilon_1\ldots\varepsilon_{n-1}} \frown a_n \neq 0$ et $u_{\varepsilon_0\varepsilon_1\ldots\varepsilon_{n-1}} \frown (1 + a_n) \neq 0$ n'est pas satisfaite, on choisit pour couple $(u_{\varepsilon_0\varepsilon_1\ldots\varepsilon_{n-1}0}, u_{\varepsilon_0\varepsilon_1\ldots\varepsilon_{n-1}1})$ une bipartition arbitraire de $u_{\varepsilon_0\varepsilon_1\ldots\varepsilon_{n-1}}$. Si cette condition est satisfaite, alors le couple $(u_{\varepsilon_0\varepsilon_1\ldots\varepsilon_{n-1}} \frown a_n, u_{\varepsilon_0\varepsilon_1\ldots\varepsilon_{n-1}} \frown (1 + a_n)$ est, comme il est facile de le vérifier, une bipartition de $u_{\varepsilon_0\varepsilon_1\ldots\varepsilon_{n-1}}$.

c) Donnons-nous ε et x comme indiqué. Observons d'abord que, quels que soient les entiers naturels n et m, si $n \leqslant m$, alors $u_{\varepsilon_0\varepsilon_1\ldots\varepsilon_m} \leqslant u_{\varepsilon_0\varepsilon_1\ldots\varepsilon_n}$. On en déduit que, pour tout entier $k \in \mathbb{N}$:

(1) • si $x \frown u_{\varepsilon_0\varepsilon_1\ldots\varepsilon_k} = 0$, alors, pour tout entier $p \geqslant k$, $x \frown u_{\varepsilon_0\varepsilon_1\ldots\varepsilon_p} = 0$;
(2) • si $x \frown u_{\varepsilon_0\varepsilon_1\ldots\varepsilon_k} \neq 0$, alors, pour tout entier $q \leqslant k$, $x \frown u_{\varepsilon_0\varepsilon_1\ldots\varepsilon_q} \neq 0$.

Montrons alors qu'une au moins des conditions *(i)* et *(ii)* est satisfaite : si *(i)* ne l'est pas, on trouve un entier k tel que $x \frown u_{\varepsilon_0\varepsilon_1\ldots\varepsilon_k} = 0$; d'après *(1)*, on a donc, pour tout entier $p \geqslant k$, $x \frown u_{\varepsilon_0\varepsilon_1\ldots\varepsilon_p} = 0$; or $u_{\varepsilon_0\varepsilon_1\ldots\varepsilon_p} \neq 0$ et :

$$u_{\varepsilon_0\varepsilon_1\ldots\varepsilon_p} = (x \frown u_{\varepsilon_0\varepsilon_1\ldots\varepsilon_p}) \smile ((1 + x) \frown u_{\varepsilon_0\varepsilon_1\ldots\varepsilon_p})\ ;$$

il en résulte que $(1 + x) \frown u_{\varepsilon_0\varepsilon_1\ldots\varepsilon_p} \neq 0$; on en déduit, grâce à *(2)*, que, pour tout $n \in \mathbb{N}$, on a $(1 + x) \frown u_{\varepsilon_0\varepsilon_1\ldots\varepsilon_n} \neq 0$, ce qui veut dire que la condition *(ii)* est satisfaite.

Montrons maintenant que *(i)* et *(ii)* ne peuvent être satisfaites simultanément (c'est ici qu'intervient la dénombrabilité de A). Puisque x est un des éléments de A, il y a un entier k tel que $x = a_k$. Trois cas sont alors possibles :

• $a_k \frown u_{\varepsilon_0\varepsilon_1\ldots\varepsilon_{k-1}} = 0$; cela contredit la condition *(i)* ;

• $(1 + a_k) \frown u_{\varepsilon_0\varepsilon_1\ldots\varepsilon_{k-1}} = 0$; cela contredit la condition *(ii)* ;

• $a_k \frown u_{\varepsilon_0\varepsilon_1\ldots\varepsilon_{k-1}} \neq 0$ et $(1 + a_k) \frown u_{\varepsilon_0\varepsilon_1\ldots\varepsilon_{k-1}} \neq 0$; dans ce cas,

$u_{\varepsilon_0\varepsilon_1\ldots\varepsilon_{k-1}0} = a_k \frown u_{\varepsilon_0\varepsilon_1\ldots\varepsilon_{k-1}}$, ce qui implique $u_{\varepsilon_0\varepsilon_1\ldots\varepsilon_{k-1}0} \frown (1 + a_k) = 0$;

et $u_{\varepsilon_0\varepsilon_1\ldots\varepsilon_{k-1}1} = (1 + a_k) \frown u_{\varepsilon_0\varepsilon_1\ldots\varepsilon_{k-1}}$, ce qui implique $u_{\varepsilon_0\varepsilon_1\ldots\varepsilon_{k-1}1} \frown a_k = 0$.

Ainsi, si $\varepsilon_k = 0$, alors $u_{\varepsilon_0\varepsilon_1\ldots\varepsilon_k} \frown (1 + a_k) = 0$ et la condition *(i)* est en défaut, et si $\varepsilon_k = 1$, alors $u_{\varepsilon_0\varepsilon_1\ldots\varepsilon_k} \frown a_k = 0$ et c'est *(ii)* qui n'est pas vérifiée.

d) La condition est suffisante : en effet, nous avons déjà remarqué que, si $n \leqslant m$, $u_{\xi_0\xi_1\ldots\xi_m} \leqslant u_{\xi_0\xi_1\ldots\xi_n}$. On en déduit que $u_{\xi_0\xi_1\ldots\xi_m} \frown u_{\xi_0\xi_1\ldots\xi_n} = u_{\xi_0\xi_1\ldots\xi_m} \neq 0$. Pour montrer qu'elle est nécessaire, supposons l'existence d'un entier k tel que : $0 \leqslant k \leqslant n$, $\varepsilon_0 = \xi_0$, ..., $\varepsilon_{k-1} = \xi_{k-1}$ et $\varepsilon_k \neq \xi_k$. On a alors $u_{\varepsilon_0\varepsilon_1\ldots\varepsilon_k} \frown u_{\xi_0\xi_1\ldots\xi_k} = 0$, parce que $(u_{\varepsilon_0\varepsilon_1\ldots\varepsilon_k}, u_{\xi_0\xi_1\ldots\xi_k})$ est une bipartition de $u_{\varepsilon_0\varepsilon_1\ldots\varepsilon_{k-1}}$. D'autre part, $u_{\varepsilon_0\varepsilon_1\ldots\varepsilon_n} \leqslant u_{\varepsilon_0\varepsilon_1\ldots\varepsilon_k}$ et $u_{\xi_0\xi_1\ldots\xi_m} \leqslant u_{\xi_0\xi_1\ldots\xi_k}$; donc, $u_{\varepsilon_0\varepsilon_1\ldots\varepsilon_n} \frown u_{\xi_0\xi_1\ldots\xi_m} = 0$.

e) Soit x un élément de A. La question c) montre que, pour toute suite $f \in \{0,1\}^{\mathbb{N}}$, on a $f \in h(x)$ ou $f \in h(1 + x)$, mais pas les deux à la fois. Autrement dit, $h(1 + x)$ est le complémentaire de $h(x)$ dans $\{0,1\}^{\mathbb{N}}$.

Pour chaque entier $n \in \mathbb{N}$, posons :

$$\Gamma_n(x) = \{f \in \{0,1\}^{\mathbb{N}}\ ;\ (x \frown u_{f(0)f(1)\cdots f(n)} \neq 0\},$$

et $$V_n(x) = \{(\varepsilon_0, \varepsilon_1, \ldots, \varepsilon_n) \in \{0,1\}^{n+1}\ ;\ x \frown u_{\varepsilon_0\varepsilon_1\ldots\varepsilon_n} \neq 0\}.$$

On a alors :

$$\Gamma_n(x) = \bigcup_{(\varepsilon_0,\varepsilon_1,\ldots,\varepsilon_n)\in V_n(x)} \{f \in \{0,1\}^{\mathbb{N}} \; ; \; f(0)=\varepsilon_0 \text{ et } f(1)=\varepsilon_1 \text{ et } \ldots \text{ et } f(n)=\varepsilon_n\} \; ;$$

et $$h(x) = \bigcap_{n\in\mathbb{N}} \Gamma_n(x).$$

Pour chaque n, $\Gamma_n(x)$ est donc une réunion finie d'ouverts-fermés de la base d'ouverts qui définit la topologie produit de $\{0,1\}^{\mathbb{N}}$. Il est donc lui-même ouvert-fermé.

L'ensemble $h(x)$, intersection de fermés, est donc fermé. Mais on a vu que le complémentaire de $h(x)$ dans $\{0,1\}^{\mathbb{N}}$ est $h(1+x)$; c'est donc aussi un fermé. On en déduit que $h(x)$ est un ouvert-fermé, c'est-à-dire un élément de l'algèbre de Boole $\mathscr{B}(\{0,1\}^{\mathbb{N}})$.

Montrons que h conserve l'ordre et la borne supérieure : si x et y sont des éléments de A tels que $x \leqslant y$, alors, pour toute suite $f \in h(x)$, et pour tout entier $n \in \mathbb{N}$, on a :

$$y \frown u_{f(0)f(1)\cdots f(n)} \geqslant x \frown u_{f(0)f(1)\cdots f(n)} > 0,$$

ce qui montre que $f \in h(y)$; donc $h(x) \subseteq h(y)$. On en déduit que, pour tous éléments z et t de A, on a $h(z) \subseteq h(z \smile t)$ et $h(t) \subseteq h(z \smile t)$, donc $h(z) \cup h(t) \subseteq h(z \smile t)$. Inversement, soit f un élément de $h(z \smile t)$, et supposons que $f \notin h(z)$: cela signifie qu'il existe un entier k tel que $z \frown u_{f(0)f(1)\cdots f(k)} = 0$. D'après notre remarque *(1)* de c), on a aussi, pour tout entier $p \geqslant k$, $z \frown u_{f(0)f(1)\cdots f(p)} = 0$. Or, pour tout entier n, on a :

$$(z \frown u_{f(0)f(1)\cdots f(n)}) \smile (t \frown u_{f(0)f(1)\cdots f(n)}) = (z \smile t) \frown u_{f(0)f(1)\cdots f(n)} \neq 0.$$

Il en résulte que $t \frown u_{f(0)f(1)\cdots f(p)} \neq 0$ pour tout $p \geqslant k$; mais la remarque *(2)* de c) montre que cela doit être également vrai pour les entiers $p \leqslant k$. Finalement, pour tout entier n, on a $t \frown u_{f(0)f(1)\cdots f(n)} \neq 0$, c'est-à-dire $f \in h(t)$. Ainsi, $h(z \smile t) \subseteq h(z) \cup h(t)$, ce qui achève de montrer que h conserve la borne supérieure.

De la définition de h, on déduit immédiatement que $h(0) = \emptyset$ et $h(1) = \{0,1\}^{\mathbb{N}}$. Le théorème 4.1 (avec la remarque 3, 4.1) permet de conclure avec ce qui précède que h est un homomorphisme d'algèbres de Boole de $\mathscr{A}$ dans $\mathscr{B}(\{0,1\}^{\mathbb{N}})$.

Cet homomorphisme est injectif : pour le prouver, il suffit de vérifier que, pour tout élément non nul $a \in A$, $h(a)$ est non vide. Dans ce but, on définit par récurrence une suite $f \in \{0,1\}^{\mathbb{N}}$, comme suit :

$$f(0) = \begin{cases} 0 & \text{si } a \frown u_0 \neq 0 \\ 1 & \text{si } a \frown u_0 = 0 \end{cases} \; ;$$

et, pour tout n, $$f(n+1) = \begin{cases} 0 & \text{si } a \frown u_{f(0)f(1)\ldots f(n)0} \neq 0 \\ 1 & \text{si } a \frown u_{f(0)f(1)\ldots f(n)0} = 0 \end{cases}.$$

Comme a est non nul, on ne peut avoir à la fois $a \frown u_0 = 0$ et $a \frown u_1 = 0$ (car $u_1 = 1 + u_0$) ; donc $a \frown u_{f(0)} \neq 0$.

Supposons (hypothèse de récurrence) que $a \frown u_{f(0)f(1)\ldots f(n)} \neq 0$. Comme le couple $(u_{f(0)f(1)\ldots f(n)0}, u_{f(0)f(1)\ldots f(n)1})$ est une bipartition de $u_{f(0)f(1)\ldots f(n)}$, on ne peut avoir $a \frown u_{f(0)f(1)\ldots f(n)0} = 0$ et $a \frown u_{f(0)f(1)\ldots f(n)1} = 0$. On en conclut que $a \frown u_{f(0)f(1)\ldots f(n)f(n+1)} \neq 0$. Nous venons donc d'établir que $f \in h(a)$; donc $h(a) \neq \emptyset$.

Il nous reste à démontrer que h est surjective. Pour chaque entier n, et chaque $(n+1)$-uple $(\alpha_0, \alpha_1, \ldots, \alpha_n) \in \{0,1\}^{n+1}$, posons :

$$\Omega_{\alpha_0\alpha_1\ldots\alpha_n} = \{ f \in \{0,1\}^{\mathbb{N}} \; ; \; f(0) = \alpha_0, f(1) = \alpha_1, \ldots, f(n) = \alpha_n \},$$

et montrons que $h(u_{\alpha_0\alpha_1\ldots\alpha_n}) = \Omega_{\alpha_0\alpha_1\ldots\alpha_n}$. Si $f \in \Omega_{\alpha_0\alpha_1\ldots\alpha_n}$ et $k \in \mathbb{N}$, on a :

$$u_{\alpha_0\alpha_1\ldots\alpha_n} \frown u_{f(0)f(1)\ldots f(k)} = \begin{cases} u_{\alpha_0\alpha_1\ldots\alpha_n} & \text{si } k \leqslant n \\ u_{f(0)f(1)\ldots f(k)} & \text{si } k > n \end{cases} ;$$

il s'agit donc, dans les deux cas, d'un élément non nul de A, ce qui prouve que f appartient à $h(u_{\alpha_0\alpha_1\ldots\alpha_n})$. Inversement, si $f \in h(u_{\alpha_0\alpha_1\ldots\alpha_n})$, on a, notamment, $u_{\alpha_0\alpha_1\ldots\alpha_n} \frown u_{f(0)f(1)\ldots f(n)} \neq 0$; donc, d'après la question d), $f(0) = \alpha_0$, $f(1) = \alpha_1$, ... et $f(n) = \alpha_n$, ce qui signifie que $f \in \Omega_{\alpha_0\alpha_1\ldots\alpha_n}$.

Il est facile de se convaincre que la famille :

$$\mathcal{O} = (\Omega_{\alpha_0\alpha_1\ldots\alpha_n})_{n\in\mathbb{N},\, (\alpha_0,\alpha_1,\ldots,\alpha_n) \in \{0,1\}^n},$$

constitue une base d'ouverts pour la topologie de $\{0,1\}^{\mathbb{N}}$. En effet, en 1.9, nous avons considéré des ouverts élémentaires du type suivant : l'ensemble des applications de $\mathbb{N}$ dans $\{0,1\}$ qui prennent des valeurs données en un nombre fini de points donnés ; or un tel ensemble est manifestement une réunion (finie) d'ensembles de la famille $\mathcal{O}$.

Considérons alors un ouvert-fermé quelconque $V \in \mathcal{B}(\{0,1\}^{\mathbb{N}})$: V est réunion d'ensembles de la famille $\mathcal{O}$, mais, comme nous sommes dans un espace compact, il existe un nombre fini d'ensembles de la famille $\mathcal{O}$ dont la réunion est égale à V. Supposons, par exemple, que $V = G_1 \cup G_2 \cup \ldots \cup G_p$, chaque G_i étant un ensemble de la forme $\Omega_{\alpha_0\alpha_1\ldots\alpha_n}$. Or, chaque ensemble $\Omega_{\alpha_0\alpha_1\ldots\alpha_n}$ est l'image par h de l'élément $u_{\alpha_0\alpha_1\ldots\alpha_n}$. Il existe donc des éléments $b_1, b_2, \ldots, b_p$ dans A tels que $G_1 = h(b_1)$, $G_2 = h(b_2)$, ..., et $G_p = h(b_p)$. Puisque h conserve la borne supérieure, on peut en conclure que :

$$V = h(b_1 \smile b_2 \smile \ldots \smile b_p).$$

Il en résulte que l'image de l'application h est $\mathcal{B}(\{0,1\}^{\mathbb{N}})$.

Nous avons ainsi démontré que toute algèbre de Boole dénombrable sans atomes est isomorphe à l'algèbre de Boole des ouverts-fermés de l'espace $\{0,1\}^{\mathbb{N}}$ (muni de la topologie produit de la topologie discrète). On en déduit aussi que tout espace topologique booléen ayant une base dénombrable d'ouverts-fermés est homéomorphe à l'espace $\{0,1\}^{\mathbb{N}}$. Cet espace est souvent appelé espace de Cantor. Il est en fait homéomorphe à l'**ensemble triadique de Cantor** (ensemble des nombres réels de l'intervalle $[0,1]$ qui sont de la forme :

$$\sum_{n=1}^{+\infty} (x_n / 3^n),$$

où x_n est, pour chaque n, égal à 0 ou à 2), cet ensemble étant muni de la topologie induite de celle de $\mathbb{R}$. On peut trouver des précisions à ce sujet dans le livre de Kelley, déjà cité dans la sous-section 1.9 à propos du théorème de Tychonoff.

13. a) L'application g est injective : en effet, si δ et λ sont deux éléments distincts de $\{0,1\}^P$, pour au moins une variable propositionnelle A, on aura $\delta(A) \neq \lambda(A)$, donc $h_\delta(cl(A)) \neq h_\lambda(cl(A))$, ce qui implique $h_\delta \neq h_\lambda$, c'est-à-dire $g(\delta) \neq g(\lambda)$.

L'application g est surjective sur $S(\mathcal{F}/\sim)$: soit en effet h un homomorphisme de $\mathcal{F}/\sim$ dans $\{0,1\}$; définissons $\delta : P \longrightarrow \{0,1\}$ par $\delta(A) = h(cl(A))$ pour toute variable propositionnelle A. Nous allons prouver que $h_\delta = h$, autrement dit, que, pour toute formule $F \in \mathcal{F}$,

$$\overline{\delta}(F) = h(cl(F)).$$

Il suffit en fait de le montrer pour toutes les formules écrites uniquement avec les symboles de connecteur $\neg$ et $\wedge$ (et les variables propositionnelles !) puisqu'on sait qu'il y a une formule de cette sorte dans chaque classe d'équivalence. Nous raisonnons par induction sur la hauteur des formules :

- pour les variables propositionnelles, c'est la définition ;
- si $\overline{\delta}(F) = h(cl(F))$, alors $\overline{\delta}(\neg F) = 1 + \overline{\delta}(F) = 1 + h(cl(F)) = h((cl(F))^c)$ (puisque h est un homomorphisme) ; Mais $(cl(F))^c = cl(\neg F)$, d'où $\overline{\delta}(\neg F) = h(cl(\neg F))$;
- si $\overline{\delta}(F) = h(cl(F))$ et $\overline{\delta}(G) = h(cl(G))$, alors :

$\overline{\delta}(F \wedge G) = \overline{\delta}(F) \times \overline{\delta}(G) = h(cl(F)) \times h(cl(G)) = h(cl(F) \times cl(G)) = h(cl(F \wedge G))$.

b) Soit T une partie de $\mathcal{F}$.

- Supposons que $T/\sim$ soit une base de filtre. Alors (lemme 5.13), il y a un ultrafiltre $\mathcal{U}$ sur $\mathcal{F}/\sim$ qui contient $T/\sim$. Désignons par h l'homomorphisme d'algèbres de Boole de $\mathcal{F}/\sim$ dans $\{0,1\}$ associé à cet ultrafiltre. On a donc, pour chaque $x \in T/\sim$, $h(x) = 1$. D'après a), on peut trouver une (et une seule) distribution de valeurs de vérité δ sur P telle que $h_\delta = h$. Pour chaque formule $F \in T$, on aura $cl(F) \in T/\sim$, donc $h_\delta(cl(F)) = 1$, soit $\overline{\delta}(F) = 1$. On en conclut que T est satisfaisable.
- Réciproquement, supposons T satisfaisable et soit δ une distribution qui la satisfait. Alors, pour toute formule $F \in T$, on a $h_\delta(cl(F)) = 1$, ce qui peut aussi s'exprimer ainsi : pour tout élément x de $T/\sim$, $h_\delta(x) = 1$. On en déduit que $T/\sim$ est inclus dans l'ensemble :

$$\mathcal{U} = \{y \in \mathcal{F}/\sim ; h_\delta(y) = 1\},$$

qui n'est autre que l'ultrafiltre sur $\mathcal{F}/\sim$ associé à l'homomorphisme h_δ. Il y a donc un ultrafiltre qui contient $T/\sim$, ce qui revient à dire (lemme 5.13) que $T/\sim$ est une base de filtre de l'algèbre de Boole $\mathcal{F}/\sim$.

c) Nous allons démontrer l'implication non triviale de la deuxième version du théorème de compacité. Supposons donc que T soit un ensemble contradictoire de formules de $\mathcal{F}$. D'après b), $T/\sim$ n'est pas une base de filtre, c'est-à-dire que $T/\sim$ n'a pas la propriété de l'intersection finie, ou encore qu'il existe des formules $F_1, F_2, \ldots, F_k$ (en nombre fini) telles que la borne inférieure dans $T/\sim$ de $cl(F_1), cl(F_2), \ldots, cl(F_k)$ soit $\mathbf{0}$. Or cette borne inférieure est la classe de la formule :

$$F_1 \wedge F_2 \wedge \ldots \wedge F_k.$$

On en déduit que cette formule n'est satisfaite par aucune distribution de valeurs de vérité, ou encore que l'ensemble $\{F_1, F_2, \ldots, F_k\}$ est un sous-ensemble fini de T qui est contradictoire.

14. a) Vérifions que la relation d'ordre $\leqslant_B$ satisfait les propriétés énumérées dans le théorème 2.4 :

- $0 \in B$ et en est évidemment le plus petit élément ; a est le plus grand élément ;
- si x et y sont des éléments de B, alors $x \leqslant a$ et $y \leqslant a$, donc $x \frown y \leqslant a$ et $x \smile y \leqslant a$, ce qui montre que deux éléments quelconques de B ont une borne inférieure (respectivement : supérieure) qui est leur borne inférieure (respectivement : supérieure) dans $\mathscr{A}$;
- les opérations $\frown$ et $\smile$ étant les mêmes que dans A sont évidemment distributives l'une par rapport à l'autre ;
- pour tout élément x de B, on a $a \frown x^c \in B$ (puisque $a \frown x^c \leqslant a$) ; de plus, il est immédiat que $(a \frown x^c) \smile x = a$ et $(a \frown x^c) \frown x = 0$.

Ainsi, B muni de la relation d'ordre $\leqslant_B$ est une algèbre de Boole qui a même plus petit élément et mêmes opérations $\frown$ et $\smile$ que l'algèbre de Boole $\mathscr{A}$, mais dont le plus grand élément et l'opération de complémentation diffèrent : le plus grand élément est a et le complément d'un élément $x \in B$ est $a \frown x^c$ (x^c étant son complément dans $\mathscr{A}$).

b) Considérons l'application φ de A dans B qui, à chaque élément x, associe $x \frown a$. Quels que soient les élément x et y de A, on a :

$$\varphi(x \frown y) = (x \frown y) \frown a = (x \frown a) \frown (y \frown a) = \varphi(x) \frown \varphi(y),$$

et $$\varphi(x^c) = x^c \frown a = (x^c \frown a) \smile (a^c \frown a) = (x^c \smile a^c) \frown a = (x \frown a)^c \frown a = (\varphi(x))^c \frown a.$$

$(\varphi(x))^c \frown a$ étant le complément de $\varphi(x)$ dans l'algèbre de Boole $\langle B, \leqslant_B \rangle$ considérée à la question précédente, le théorème 4.1 nous permet d'affirmer que φ est un homomorphisme d'algèbres de Boole de $\mathscr{A}$ dans $\langle B, \leqslant_B \rangle$.

Cet homomorphisme est surjectif puisque, pour tout $y \in B$, $y = \varphi(y)$.

Le noyau de φ est : $\{x \in A\ ;\ x \frown a = 0\} = \{x \in A\ ;\ x \leqslant a^c\}$, c'est donc exactement l'idéal I. L'algèbre de Boole $\langle B, \leqslant_B \rangle$, image de l'homomorphisme φ, est donc isomorphe à l'algèbre de Boole quotient $\mathscr{A}/I$ (l'isomorphisme étant l'application de B dans A/I qui, à chaque élément x de B, associe l'ensemble : $\{y \in A\ ;\ y \frown a = x\}$).

15. a) Soit X une partie de E distincte de E. On a $\mathfrak{P}(X) = \{Y \in \mathfrak{P}(E)\ ;\ Y \subseteq X\}$. On reconnaît là l'idéal principal de $\mathscr{A}$ engendré par l'élément X (exemple 2, 5.2).

Réciproquement, soit I une partie de $\mathfrak{P}(E)$ qui est un idéal de $\mathscr{A}$. Appelons X la réunion de toutes les parties de E qui appartiennent à I (I est non vide car $\emptyset \in I$) :

$$X = \bigcup_{Y \in I} Y.$$

Il est évident que I est inclus dans $\mathfrak{P}(X)$.

Comme E est fini, I l'est aussi et X est donc la réunion, c'est-à-dire la borne supérieure, d'un nombre fini (non nul) d'éléments de l'idéal I, ce qui montre (corollaire 2 de 5.1) que X appartient à I. En conséquence, toute partie de X, c'est-à-dire tout minorant de X, appartient aussi à I (théorème 5.1, *(iii)*). Donc, $\mathfrak{P}(X)$ est inclus dans I. Comme on a aussi l'inclusion inverse, on en conclut que $I = \mathfrak{P}(X)$. Remarquons que X ne saurait être égal à E car cela signifierait que $I = \mathfrak{P}(E)$ et I ne serait pas un idéal.

b) Le noyau I de l'homomorphisme h est un idéal de l'algèbre de Boole $\mathcal{A}$ (théorème 5.4). D'après la question a), il existe donc une partie $K \subseteq E$ telle que $I = \mathfrak{P}(K)$. L'unicité va de soi : si $I = \mathfrak{P}(K) = \mathfrak{P}(L)$, alors $K \subseteq L$ et $L \subseteq K$, d'où $K = L$. On a bien : pour tout élément Y de $\mathfrak{P}(E)$, $h(Y) = 0$ si et seulement si $Y \subseteq K$.

Etant donné que h est un homomorphisme d'algèbres de Boole, que $h(K) = 0$ et que $Z = E - K$ est le complément de K dans l'algèbre de Boole $\mathfrak{P}(E)$, on a nécessairement $h(Z) = 1$. Quelles que soient les parties V et W de Z, on a $h(V \cap W) = h(V) \frown h(W)$ (cela est vrai pour n'importe quelles parties de A), et, d'autre part :

$$h(Z - V) = h(Z \cap (E - V)) = h(Z) \frown h(E - V) = 1 \frown (h(V))^c = (h(V))^c.$$

On peut donc affirmer (théorème 4.1) que la restriction de h à $\mathfrak{P}(Z)$ est un homomorphisme d'algèbres de Boole de $\mathfrak{P}(Z)$ dans $\mathcal{B}$. L'image $h(\mathfrak{P}(Z))$ de cet homomorphisme est une sous-algèbre de Boole de $\mathcal{B}$ (théorème 1 de 4.4), et on a évidemment $h(\mathfrak{P}(Z)) \subseteq h(\mathfrak{P}(E))$. Montrons l'inclusion inverse : pour tout élément $y \in C$, si $y \in h(\mathfrak{P}(E))$, il existe une partie $V \subseteq E$ telle que $y = h(V)$; mais $V = (V \cap K) \cup (V \cap Z)$, donc $y = h(V \cap K) \smile h(V \cap Z) = 0 \smile h(V \cap Z) = h(V \cap Z)$ (puisque $V \cap K \subseteq K$) ; on en conclut que $y \in h(\mathfrak{P}(Z))$. Par ailleurs, le noyau de h est $I = \mathfrak{P}(K)$ et, comme $\mathfrak{P}(K) \cap \mathfrak{P}(Z) = \{\emptyset\}$, on voit que l'homomorphisme restreint à $\mathfrak{P}(Z)$ est injectif. Finalement, la restriction de h à $\mathfrak{P}(Z)$ est un isomorphisme de $\mathfrak{P}(Z)$ sur $h(\mathfrak{P}(E))$.

16. a) Soient $\mathcal{A} = \langle A, \leqslant, 0, 1 \rangle$ une algèbre de Boole finie et I un idéal de $\mathcal{A}$. Comme I est fini et non vide ($0 \in I$), on peut considérer la borne supérieure a des éléments de I. En vertu du corollaire 2 de 5.1, a appartient à I. Tout élément de I est évidemment un minorant de a, et tout élément de A qui minore a appartient à I (théorème 5.1, *(iii)*). On a donc :

$$I = \{x \in A \,;\, x \leqslant a\},$$

ce qui veut dire que I est l'idéal principal engendré par a.

Dans 15.a), on avait montré que, dans l'algèbre de Boole des parties d'un ensemble fini, tout idéal est principal. Mais comme on sait que toute algèbre de Boole finie est isomorphe à l'algèbre des parties d'un ensemble (théorème 4.3), et comme il est aisé de vérifier que la propriété d'être un idéal principal est conservée par isomorphisme, on voit qu'en définitive on n'a rien démontré ici de plus qu'en 15.a).

b) On suppose naturellement que les atomes a_i sont deux à deux distincts. Appelons φ l'application de A dans $\mathfrak{P}(\{1,2,\ldots,k\})$ qui, à chaque élément $x \in A$, associe l'ensemble :

$$\varphi(x) = \{i \in \{1,2,\ldots,k\} \,;\, x \frown a_i = a_i\}.$$

Pour chaque $x \in A$, on a :

$$x = x \frown 1 = (x \frown a_1) \smile (x \frown a_2) \smile \dots \smile (x \frown a_k).$$

Mais, les a_i étant des atomes, chacun des éléments $x \frown a_i$ est, soit égal à a_i, soit égal à $\mathbf{0}$.

On en déduit que x est la borne supérieure des atomes a_i tels que $i \in \varphi(x)$. Cela prouve que l'application φ est une bijection : pour toute partie $J \subseteq \{1,2,\dots,k\}$, il existe un unique élément $x \in A$ (la borne supérieure des atomes a_j tels que $j \in J$) vérifiant $\varphi(x) = J$. On en déduit que l'algèbre de Boole $\mathcal{A}$ est finie : on démontre même facilement que φ est un isomorphisme d'algèbres de Boole de $\mathcal{A}$ sur $\mathfrak{P}(\{1,2,\dots,k\})$.

c) Si G n'était pas une base de filtre, il existerait des atomes $a_1, a_2, \dots, a_k$ de $\mathcal{A}$, en nombre fini, tels que $(1 + a_1) \frown (1 + a_2) \frown \dots \frown (1 + a_k) = 0$, ce qui se traduirait par : $a_1 \smile a_2 \smile \dots \smile a_k = 1$ (de Morgan). D'après la question b), $\mathcal{A}$ serait alors finie, ce qui est contraire à l'hypothèse.

d) Si $\mathcal{U}$ est trivial, alors il contient au moins un atome $a \in A$ (lemme 5.10) ; on a alors $1 + a \in G$ et $1 + a \notin \mathcal{U}$, donc G n'est pas inclus dans $\mathcal{U}$. Si $\mathcal{U}$ est non trivial, il ne contient aucun atome (lemme 5.10) ; dans ce cas, pour tout $x \in G$, $1 + x$ est un atome, donc $1 + x \notin \mathcal{U}$, donc $x \in \mathcal{U}$ (théorème 5.7), ce qui montre que G est inclus dans $\mathcal{U}$.

Dans le cas particulier où $\mathcal{A}$ est l'algèbre de Boole des parties d'un ensemble infini E, G est l'ensemble des parties cofinies de E, c'est-à-dire le filtre de Fréchet sur E. Le résultat que nous venons d'établir est alors exactement le théorème 5.11.

e) De la question a), il résulte immédiatement que, si $\mathcal{A}$ est finie, tout filtre sur $\mathcal{A}$ est principal (dual d'un idéal principal) ; en particulier, tout ultrafiltre sur $\mathcal{A}$ est principal, c'est-à-dire trivial. Supposons maintenant que $\mathcal{A}$ soit infinie. D'après la question c) et le théorème de l'ultrafiltre (5.13), on peut trouver un ultrafiltre contenant l'ensemble G. D'après d), un tel ultrafiltre est nécessairement non trivial.

17. a) Si on prend $J = \emptyset$, on a $\bigcup_{j \in J} E_j = \emptyset$, donc $\emptyset \in B$. Si $X \in B$ et $Y \in B$, il existe des parties J et K de I telles que $X = \bigcup_{j \in J} E_j$ et $Y = \bigcup_{k \in K} E_k$. Etant donné que les E_i constituent une partition de E, on a, en posant $L = J \cap K$, $X \cap Y = \bigcup_{i \in L} E_i$ (en effet, $E_j \cap E_k = \emptyset$ si $j \neq k$ et $E_j \cap E_k = E_j = E_k$ si $j = k$). On en déduit que $X \cap Y \in B$. D'autre part, le complémentaire de X dans E est manifestement l'ensemble $E - X = \bigcup_{j \in I - J} E_j$, ce qui montre que $E - X \in B$. Ainsi, on peut conclure, avec le théorème 2 de 4.4, que B constitue une sous-algèbre de Boole de $\mathcal{A}$.

Fixons un indice $i \in I$ et considérons un élément X de B tel que $X \subseteq E_i$. On a $X = \bigcup_{j \in J} E_j$, pour une certaine partie J de I. On a donc, pour tout $j \in J$, $E_j \subseteq E_i$, ce qui exige (puisque nous sommes en présence d'une partition) $E_j = E_i$ ou $E_j = \emptyset$. On en déduit que $X = E_i$ ou $X = \emptyset$, ce qui prouve que E_i est un atome de B.

b) Soient U et V deux atomes distincts de $\mathcal{C}$. On a $U \cap V \in \mathcal{C}$, et $U \cap V \subseteq U$, donc $U \cap V = \emptyset$ ou $U \cap V = U$. La deuxième éventualité est exclue car, U et V étant des atomes, on ne peut avoir $U \subsetneq V$ que si $U = V$. Il en résulte que des atomes distincts de $\mathscr{C}$ sont des parties disjointes de E. D'autre part, la borne supérieure des atomes de $\mathscr{C}$ (c'est-à-dire leur réunion) est l'ensemble E. En effet, dans une algèbre de Boole finie, tout élément non nul est la borne supérieure de l'ensemble des atomes qui le minorent (cela résulte de la démonstration du théorème 4.3 : en en reprenant les notations, on a, pour tout élément x non nul de A, $x = M_{h(x)}$). Nous avons donc établi que les atomes de $\mathscr{C}$ forment une partition de l'ensemble E.

c) A chaque sous-algèbre de Boole de $\mathfrak{P}(E)$, on peut faire correspondre la partition de E, étudiée en b), constituée par les atomes de cette sous-algèbre. Cette correspondance est injective : en effet, comme on vient de le rappeler, tout élément non nul dans une algèbre de Boole finie est borne supérieure des atomes qui le minorent ; donc, si à deux sous-algèbres de Boole est associé le même ensemble d'atomes, ces deux sous-algèbres coïncident. Mais cette correspondance est également surjective : étant donnée une partition de E, on peut lui associer comme en a) une sous-algèbre de Boole $\mathscr{B}$ de $\mathscr{A}$, et on a vu que les éléments de la partition donnée sont des atomes de $\mathscr{B}$; ce sont d'ailleurs tous les atomes de $\mathscr{B}$ car s'il y en avait d'autres, les atomes de $\mathscr{B}$ ne constitueraient plus une partition de E et b) serait contredit.

18. On a vu (exercices 3 et 4) que les propriétés « être atomique » et « être complète », ainsi que leurs négations, sont conservées par isomorphisme d'algèbres de Boole. On sait d'autre part que toute algèbre de Boole est isomorphe à une sous-algèbre de Boole de l'algèbre des parties d'un ensemble (théorème de Stone), et que l'algèbre de Boole des parties d'un ensemble est atomique et complète (exercice 4). On sait enfin qu'il existe des algèbres de Boole non atomiques et des algèbres de Boole non complètes. Ces remarques nous permettent de répondre non aux questions a) et e) : considérons une algèbre de Boole non atomique (respectivement : non complète) ; elle est isomorphe à une sous-algèbre de Boole $\mathscr{B}$ de l'algèbre de Boole $\mathscr{A}$ des parties d'un ensemble ; $\mathscr{A}$ est une algèbre de Boole atomique et complète qui admet au moins une sous-algèbre de Boole ($\mathscr{B}$) non atomique (respectivement : non complète).

La réponse aux questions b) et f) est oui : il suffit de considérer une algèbre de Boole finie. Pour b), il y a aussi des exemples d'algèbres infinies (exemple 1, 4.5) ; mais, en ce qui concerne f), on pourrait montrer que seules les algèbres de Boole finies répondent à la question.

La réponse aux questions c) et d) est non : toute algèbre de Boole admet au moins une sous-algèbre de Boole contenant des atomes : la sous-algèbre constituée par les éléments **0** et **1**, dans laquelle **1** est évidemment un atome.

19. PRELIMINAIRES : Etant donnée une application f d'un ensemble E dans un ensemble F, convenons de noter $\bar{f}^{-1}$ l'application « image réciproque par f », de $\mathfrak{P}(F)$

dans $\mathfrak{P}(E)$ (qui, à chaque partie Y de F, associe : $\{x \in E \; ; \; f(x) \in Y\}$), la notation f^{-1} étant réservée à l'application réciproque de f (de F dans E), dans le cas où f est bijective.

Rappelons quelques propriétés connues de l'image réciproque.

Contrairement à l'application «image directe», l'image réciproque respecte toujours les opérations booléennes sur $\mathfrak{P}(F)$ et $\mathfrak{P}(E)$, ce qui signifie que, quelles que soient les parties X et Y de F, on a :

$$\bar{f}^{-1}(X \cap Y) = \bar{f}^{-1}(X) \cap \bar{f}^{-1}(Y) \text{ et } \bar{f}^{-1}(F - X) = E - \bar{f}^{-1}(X),$$

ou encore que $\bar{f}^{-1}$ est un homomorphisme d'algèbres de Boole de $\mathfrak{P}(F)$ dans $\mathfrak{P}(E)$.

D'autre part, on a les deux équivalences suivantes :

$\bar{f}^{-1}$ est injective si et seulement si f est surjective ;

$\bar{f}^{-1}$ est surjective si et seulement si f est injective.

(Preuve : si f est surjective, et si Y et Z sont des parties de F telles que $\bar{f}^{-1}(Y) = \bar{f}^{-1}(Z)$, alors on voit facilement que $Y \cap \mathrm{Im}(f) = Z \cap \mathrm{Im}(f)$, c'est-à-dire $Y = Z$, donc $\bar{f}^{-1}$ est injective ; si f n'est pas surjective, et si $y \in F - \mathrm{Im}(f)$, alors on a $\bar{f}^{-1}(\{y\}) = \bar{f}^{-1}(\emptyset)$, donc $\bar{f}^{-1}$ n'est pas injective ; si f est injective, et si X est une partie de E, alors on a $X = \bar{f}^{-1}(f(X))$ (en notant abusivement f(X) l'image directe de X), donc $\bar{f}^{-1}$ est surjective ; enfin, si f n'est pas injective, et si x et y sont des éléments distincts de E tels que $f(x) = f(y)$, alors il est clair que $\{x\} \notin \mathrm{Im}(\bar{f}^{-1})$ et $\{y\} \notin \mathrm{Im}(\bar{f}^{-1})$, donc $\bar{f}^{-1}$ n'est pas surjective).

Nous supposons ici que $\mathcal{A} = \langle A, +, \times, 0, 1 \rangle$ et $\mathcal{A}' = \langle A', +, \times, 0, 1 \rangle$.

D'autre part, nous désignons par H_A (respectivement : $H_{A'}$) l'isomorphisme d'algèbres de Boole de $\mathcal{A}$ sur $\mathcal{B}(S(\mathcal{A}))$ (respectivement : de $\mathcal{A}'$ sur $\mathcal{B}(S(\mathcal{A}'))$) construit pour le théorème de Stone.

a) Pour chaque homomorphisme $\varphi \in \mathrm{Hom}(\mathcal{A}, \mathcal{A}')$, définissons $\Phi(\varphi)$ comme étant l'application de $S(\mathcal{A}')$ dans $S(\mathcal{A})$ qui, à chaque homomorphisme h de $\mathcal{A}'$ dans $\{0,1\}$, associe l'homomorphisme composé $h \circ \varphi$, de $\mathcal{A}$ dans $\{0,1\}$.

Montrons que $\Phi(\varphi)$ est une application continue :

On utilise le lemme 1.5 en prenant, naturellement, comme bases d'ouverts dans $S(\mathcal{A})$ et $S(\mathcal{A}')$ leurs ensembles d'ouverts-fermés. Soit Ω un ouvert élémentaire de $S(\mathcal{A})$. Il existe alors un élément $a \in A$ tel que $\Omega = H_A(a) = \{h \in S(\mathcal{A}) \; ; \; h(a) = 1\}$. On a donc :

$$\overline{\Phi(\varphi)}^{-1}(\Omega) = \{h' \in S(\mathcal{A}') \; ; \; ((\Phi(\varphi))(h'))(a) = 1\} = \{h' \in S(\mathcal{A}') \; ; \; (h' \circ \varphi)(a) = 1\}$$
$$= \{h' \in S(\mathcal{A}') \; ; \; h'(\varphi(a)) = 1\} = H_{A'}(\varphi(a)).$$

Il s'agit donc d'un ouvert (élémentaire) de $S(\mathcal{A}')$. Ainsi, $\Phi(\varphi) \in C^0(S(\mathcal{A}'), S(\mathcal{A}))$.

Nous allons maintenant définir une application Ψ, de $C^0(S(\mathcal{A}'), S(\mathcal{A}))$ dans $\mathrm{Hom}(\mathcal{A}, \mathcal{A}')$, dont nous montrerons ensuite que c'est l'application réciproque de Φ. Pour chaque application $\alpha \in C^0(S(\mathcal{A}'), S(\mathcal{A}))$, posons :

$$\Psi(\alpha) = H_{A'}{}^{-1} \circ \bar{\alpha}^{-1} \circ H_A.$$

Remarquons que, α étant continue, l'image réciproque par α de tout ouvert-fermé de $S(\mathcal{A})$ est un ouvert-fermé de $S(\mathcal{A}')$; en d'autres termes, la restriction de l'application $\bar{\alpha}^{-1}$ à $\mathcal{B}(S(\mathcal{A}))$ prend ses valeurs dans $\mathcal{B}(S(\mathcal{A}'))$, ce qui légitime notre définition de $\Psi(\alpha)$. D'autre part, comme nous l'avons rappelé, $\overline{\alpha}^{-1}$ est un homomorphisme. En conséquence, $\Psi(\alpha)$, composé, suivant le schéma ci-dessous, de trois homomorphismes d'algèbres de Boole, est bien un élément de $\mathrm{Hom}(\mathcal{A},\mathcal{A}')$.

$$\begin{array}{ccc} A & \xrightarrow{\quad \Psi(\alpha) \quad} & A' \\ {\scriptstyle H_A}\downarrow & & \uparrow{\scriptstyle H_{A'}^{-1}} \\ \mathcal{B}(S(\mathcal{A})) & \xrightarrow[\overline{\alpha}^{-1}]{\quad\quad} & \mathcal{B}(S(\mathcal{A}')) \end{array}$$

Montrons que $\Psi \circ \Phi$ est l'identité de $\mathrm{Hom}(\mathcal{A},\mathcal{A}')$. Pour tout $\varphi \in \mathrm{Hom}(\mathcal{A},\mathcal{A}')$, $(\Psi \circ \Phi)(\varphi)$ est l'application de A dans A' qui, à tout élément $a \in A$, associe :

$$\begin{aligned} ((\Psi \circ \Phi)(\varphi))(a) &= H_{A'}^{-1}(\overline{\Phi(\varphi)}^{-1}(\{h \in S(\mathcal{A})\ ;\ h(a) = 1\})) \\ &= H_{A'}^{-1}(\{g \in S(\mathcal{A}')\ ;\ ((\Phi(\varphi))(g))(a) = 1\}) \\ &= H_{A'}^{-1}(\{g \in S(\mathcal{A}')\ ;\ (g \circ \varphi)(a) = 1\}) \\ &= H_{A'}^{-1}(H_{A'}(\varphi(a))) = \varphi(a). \end{aligned}$$

Donc,

$$(\Psi \circ \Phi)(\varphi) = \varphi.$$

Ensuite, nous prouvons que $\Phi \circ \Psi$ est l'identité de $C^0(S(\mathcal{A}'),S(\mathcal{A}))$. Pour toute application continue α de $S(\mathcal{A}')$ dans $S(\mathcal{A})$, $(\Phi \circ \Psi)(\alpha)$ est l'application de $S(\mathcal{A}')$ dans $S(\mathcal{A})$ qui, à tout élément $g \in S(\mathcal{A}')$, associe :

$$((\Phi \circ \Psi)(\alpha))(g) = (\Phi(H_{A'}^{-1} \circ \overline{\alpha}^{-1} \circ H_A))(g) = g \circ H_{A'}^{-1} \circ \overline{\alpha}^{-1} \circ H_A$$

Or, pour tout $a \in A$, on a, par définition de $H_{A'}^{-1}$ (voir, par exemple, la démonstration du théorème 6.9) :

$$g(H_{A'}^{-1}(\overline{\alpha}^{-1}(H_A(a)))) = 1 \text{ si et seulement si } g \in \overline{\alpha}^{-1}(H_A(a)),$$

ce qui équivaut aussi à : $\alpha(g) \in H_A(a)$,

ou encore à : $(\alpha(g))(a) = 1$

Par conséquent, pour tout $a \in A$:

$$g(H_{A'}^{-1}(\overline{\alpha}^{-1}(H_A(a)))) = (\alpha(g))(a)$$

(n'oublions pas que les seules valeurs possibles sont **0** et **1**).

On en déduit que :

$$g \circ H_{A'}^{-1} \circ \overline{\alpha}^{-1} \circ H_A = \alpha(g),$$

ce qui montre que $(\Phi \circ \Psi)(\alpha) = \alpha$.

Nous avons ainsi établi que Φ et Ψ sont deux bijections, inverses l'une de l'autre.

b) Il revient évidemment au même de montrer que, pour toute application $\alpha \in C^0(S(\mathcal{A}'),S(\mathcal{A}))$, α est injective (respectivement : surjective) si et seulement si $\Psi(\alpha)$ est surjectif (respectivement : injectif). Or cela est une conséquence presque immédiate de la définition de Ψ et des propriétés de l'image réciproque rappelées dans les préliminaires.

En effet, on a $\Psi(\alpha) = H_{A'}^{-1} \circ \overline{\alpha}^{-1} \circ H_A$.

Comme $H_{A'}^{-1}$ et H_A sont des bijections, on a aussi $\overline{\alpha}^{-1} = H_{A'} \circ \Psi(\alpha) \circ H_A^{-1}$.

On en déduit que $\Psi(\alpha)$ est injective (respectivement : surjective) si et seulement si $\overline{\alpha}^{-1}$ l'est ; or nous avons vu que cela a lieu si et seulement si α est surjective (respectivement : injective).

CHAPITRE 3

1. On observe d'abord que F_1 est conséquence de chacune des F_i, que chacune des F_i est conséquence de F_2, que F_4 est conséquence de F_3 et que F_6 est conséquence de F_5 (voir exercice 5,b)).

Par ailleurs, il est facile de vérifier que, dans toute structure dont l'ensemble de base est $\mathbb{N}^*$, où le symbole **g** est interprété par l'application « addition », et le symbole f par une suite $u = (u_n)_{n \in \mathbb{N}^*}$ (une application de $\mathbb{N}^*$ dans $\mathbb{N}^*$), on a les propriétés suivantes :

- F_1 est satisfaite si et seulement si u est une suite qui prend au moins deux fois la même valeur (qui n'est pas injective) ;
- F_2 est satisfaite si et seulement si u est une suite constante ;
- F_3 est satisfaite si et seulement si u est une suite périodique ;
- F_4 est satisfaite si et seulement si u est une suite qui prend une infinité de fois chacune de ses valeurs ;
- F_5 est satisfaite si et seulement si u est une suite stationnaire (constante à partir d'un certain rang) ;
- F_6 est satisfaite si et seulement si u est une suite telle que, pour tout entier $p \in \mathbb{N}^*$, il existe un indice $n \in \mathbb{N}^*$ tel que $u_n = u_{n+p}$.

Ces remarques permettent de répondre immédiatement aux questions posées :

a) les six formules sont satisfaites, puisque F_2 l'est.

b) sont satisfaites : F_1, F_3 (la période est 4) et F_4 ; ne le sont pas : F_2, F_5 et F_6 (il n'y a pas d'entier n tel que $u_n = u_{n+1}$).

c) sont satisfaites : F_1, F_5 et F_6 ; ne le sont pas : F_2, F_3 et F_4 (les valeurs **3**, **6**, **11** et **18** ne sont prises qu'une seule fois : ce sont, respectivement, u_1, u_2, u_3 et u_4).

d) F_1 est satisfaite (on a $u_2 = u_4 = 2$) ; les cinq autres formules ne sont pas satisfaites : la suite n'est ni constante, ni périodique, ni stationnaire, elle ne prend qu'une seule fois la valeur 1 ; enfin, si $n > 1$, n et $n + 1$ ne sauraient avoir même plus petit diviseur premier (1 n'est pas un nombre premier !).

2. En utilisant les règles de distribution de quantifications (voir 3.9), ainsi que des tautologies courantes (notamment $(A \Rightarrow (B \Rightarrow C)) \Longleftrightarrow ((A \land B) \Rightarrow C)$), on obtient les formules H_i suivantes, respectivement équivalentes aux formules G_i données :

H_1 : $\exists x \forall y (Px \Rightarrow Rxy) \land \forall y Py \land \forall y \exists z \neg Ryz$;

H_2 : $\forall x \forall z (Rzx \Rightarrow Rxz) \Rightarrow \exists x \forall y Rxy$;

H_3 : $\exists z \forall t Rtz \land \forall y \forall x (Rxy \Rightarrow \neg Rxy)$;

H_4 : $\exists x (\forall y (Py \Longrightarrow Ryx) \wedge \forall y (\forall u (Pu \Longrightarrow Ruy) \Longrightarrow Rxy))$;
H_5 : $\forall x \forall y ((Px \wedge Py \wedge Rxy \wedge \neg Ryx) \Longrightarrow \exists z (\neg Rzx \wedge \neg Ryz))$;
H_6 : $\exists u \forall x \exists y (Rxy \wedge Pu \wedge Py) \Longrightarrow \forall z \exists x Rzx$.

On voit alors que H_1 est fausse dans toute structure où $\forall y Py$ est fausse, ce qui est visiblement le cas des trois structures proposées. On voit aussi que H_3, qui est équivalente à $\exists z \forall t Rtz \wedge \forall y \forall x \neg Rxy$, est une formule contradictoire. Enfin, on remarque que H_6 est encore équivalente à : $(\exists u Pu \wedge \forall x \exists y (Rxy \wedge Py)) \Longrightarrow \forall z \exists x Rzx$, qui est clairement une formule universellement valide.

On déduit de ces remarques que G_1 et G_3 sont fausses et que G_6 est satisfaite dans les trois structures proposées. Pour G_2, G_4 et G_5, on examine chaque structure :

a) La formule $\exists x \forall y Rxy$ est satisfaite (0 est le plus petit élément pour $\leqslant$), donc H_2 est satisfaite. Si H_4 était satisfaite, la formule $\exists x \forall y (Py \Longrightarrow Ryx)$ le serait aussi, et il existerait un entier qui majore tous les entiers pairs, ce qui est absurde ; donc H_4 est fausse. Quant à H_5, elle est satisfaite : si m et n sont des entiers pairs tels que $m < n$, alors on peut trouver un entier p (par exemple la demi-somme de m et n) tel que $m < p$ et $p < n$.

Conclusion : G_2, G_5 et G_6 sont satisfaites, tandis que G_1, G_3 et G_4 ne le sont pas.

b) La formule H_2 est satisfaite pour des raisons analogues à celles du cas a) : l'ensemble vide est le plus petit élément pour la relation $\subseteq$. La formule H_4 est satisfaite : il suffit de « prendre » pour x l'ensemble $\mathbb{N}$; en effet, $\mathbb{N}$ contient toutes ses parties finies, et toute partie de $\mathbb{N}$ qui contient toutes les parties finies de $\mathbb{N}$ est égale à $\mathbb{N}$. La formule H_5 est également satisfaite : si X et Y sont des parties finies de $\mathbb{N}$ telles que $X \subsetneq Y$ (inclusion stricte), alors, en prenant un entier n n'appartenant pas à Y (ce qui est toujours possible), le sous-ensemble $Z = \{n\}$ de $\mathbb{N}$ n'est pas inclus dans X et ne contient pas Y (observer que Y ne peut pas être vide).

Conclusion : G_2, G_4, G_5 et G_6 sont satisfaites, tandis que G_1 et G_3 ne le sont pas.

c) La formule H_2 est satisfaite : en effet, l'interprétation du symbole R n'est pas une relation symétrique, donc la formule $\forall x \forall z (Rzx \Longrightarrow Rxz)$ est fausse. Si H_4 était satisfaite, la formule $\exists x \forall y (Py \Longrightarrow Ryx)$ le serait aussi, et il existerait un réel qui serait le carré de tous les nombres rationnels, ce qui est absurde ; donc H_4 est fausse. La formule H_5 est satisfaite : soient x et y deux rationnels tels que $y = x^2$ et $x \neq y^2$, alors il suffit de prendre $z = x$, et on aura $x \neq z^2$ et $z \neq x^2$.

Conclusion : G_2, G_5 et G_6 sont satisfaites, tandis que G_1, G_3 et G_4 ne le sont pas.

3. a) On peut prendre :

$F = \forall x fx \simeq gx \wedge \forall x \forall y fx \simeq fy$;
$G = \forall x (\exists y x \simeq fy \Longrightarrow \exists z x \simeq gz)$;
$H = \exists x \exists y (fx \simeq gy \wedge \forall z \forall t (fz \simeq gt \Longrightarrow fz \simeq fx))$.

On aurait pu également prendre à la place de F et de G, respectivement, les formules F_2 et F_3 du b).

b) Pour toute L-structure $\mathfrak{M} = \langle M, \bar{f}, \bar{g} \rangle$, on a :

- $\mathfrak{M} \models F_1$ si et seulement si $\bar{f} = \bar{g}$;
- $\mathfrak{M} \models F_2$ si et seulement si $\bar{f} = \bar{g}$ et $\bar{f}$ est une application constante ;
- $\mathfrak{M} \models F_3$ si et seulement si $\mathrm{Im}(\bar{f}) \subseteq \mathrm{Im}(\bar{g})$;
- $\mathfrak{M} \models F_4$ si et seulement si $\mathrm{Im}(\bar{g}) \subseteq \mathrm{Im}(\bar{f})$ et $\bar{g}$ est constante ;
- $\mathfrak{M} \models F_5$ si et seulement si $\mathrm{Im}(\bar{f}) \cap \mathrm{Im}(\bar{g})$ est un ensemble non vide.

On déduit facilement de ces remarques les modèles demandés. Nous prenons dans chaque cas comme ensemble de base l'ensemble $\mathbb{N}$, et nous précisons simplement les interprétations $\bar{f}$ et $\bar{g}$ de f et g :

- pour un modèle de $F_1 \wedge \neg F_2$: $\bar{f} = \bar{g} = n \longmapsto n + 1$;
- pour un modèle de F_2 : $\bar{f} = \bar{g} = n \longmapsto 0$;
- pour un modèle de $\neg F_1 \wedge F_3$: $\bar{f} = n \longmapsto 1$ et $\bar{g} = n \longmapsto n + 1$;
- pour un modèle de $\neg F_1 \wedge F_4$: $\bar{f} = n \longmapsto n + 1$ et $\bar{g} = n \longmapsto 1$;
- pour un modèle de $\neg F_3 \wedge \neg F_4 \wedge F_5$: $\bar{f} = n \longmapsto 2n$ et $\bar{g} = n \longmapsto n^2$;
- pour un modèle de $\neg F_5$: $\bar{f} = n \longmapsto 2n$ et $\bar{g} = n \longmapsto 2n + 1$.

4. On peut prendre pour formule G :

$$\exists v_0 \exists v_1 (F \wedge \forall v_2 \forall v_3 (F_{v_2/v_0, v_3/v_1} \Longrightarrow (v_2 \simeq v_0 \wedge v_3 \simeq v_1))).$$

Posons $H = \exists! v_0 \exists! v_1 F$ et $K = \exists! v_1 \exists! v_0 F$. Si le langage L est constitué d'un symbole de relation binaire R, et si F est la formule :

$$Rv_0v_1,$$

alors la L-structure $\langle \mathbb{N}, \leqslant \rangle$ est un modèle de K, mais n'est un modèle ni de H, ni de G. En effet, on a les propriétés suivantes :

$$\{a \in \mathbb{N} \; ; \; \langle \mathbb{N}; v_0 \to a \rangle \models \exists! v_1 R v_0 v_1\} = \emptyset$$

(aucun entier n'admet un unique majorant) ;

$$\{b \in \mathbb{N} \; ; \; \langle \mathbb{N}; v_1 \to b \rangle \models \exists! v_0 R v_0 v_1\} = \{0\} \; ;$$

(0 est le seul entier naturel qui admette un unique minorant (qui est d'ailleurs 0)).

Il est donc vrai qu'il y a un unique entier naturel qui admet un unique minorant, mais il est faux qu'il y ait un unique entier naturel qui admette un unique majorant. Comme il est évidemment faux qu'il y ait un unique couple $(a,b) \in \mathbb{N}^2$ tel que $a \leqslant b$, on a bien un modèle de K, de $\neg H$ et de $\neg G$. On obtient un modèle de H et de $\neg K$ en considérant la structure $\langle \mathbb{N}, \geqslant \rangle$. Cela montre que les formules G, H et K peuvent être deux à deux non équivalentes.

5. a) La réponse est non : dans le langage réduit au symbole d'égalité, considérons la formule $A[x,y] = \neg x \simeq y$; il est clair que, dans toute structure ayant au moins deux éléments, la formule $\forall x \exists y A[x,y]$ est satisfaite, mais la formule $\exists y \forall x A[x,y]$ ne l'est pas.

b) Cette fois la réponse est oui : soit $\mathfrak{M} = \langle M, \ldots \rangle$ une L-structure qui satisfait la formule $\exists y \forall x A[x,y]$, et considérons un élément a appartenant à M tel que $\langle \mathfrak{M}; y \to a \rangle \models \forall x A[x,y]$; alors, pour tout $b \in M$, on a $\langle \mathfrak{M}; y \to a, x \to b \rangle \models A[x,y]$, donc $\langle \mathfrak{M}; x \to b \rangle \models \exists y A[x,y]$, ce qui montre que $\mathfrak{M} \models \forall x \exists y A[x,y]$. Le théorème 3.9, *(9)* contenait d'ailleurs ce résultat.

c) Il suffit d'appliquer deux fois le théorème 3.9, *(4)*.

d) La question c) (moyennant un changement de nom de variables liées) montre que la formule $((\forall u \forall v (A[u,v] \Rightarrow B[u,v]) \Rightarrow \exists x \exists y (A[x,y] \Rightarrow C[x,y]))$ est équivalente à $\exists x \exists y ((A[x,y] \Rightarrow B[x,y]) \Rightarrow (A[x,y] \Rightarrow C[x,y]))$. En appliquant une nouvelle fois c), on voit que, si on pose $G = (A[x,y] \Rightarrow A[y,x]) \Rightarrow ((A[x,y] \Rightarrow B[x,y]) \Rightarrow (A[x,y] \Rightarrow C[x,y]))$, alors F est équivalente à $\exists x \exists y G$.

6. Soient $F[x_1,x_2,\ldots,x_m,y_1,y_2,\ldots,y_n]$ et $G[x_1,x_2,\ldots,x_m,z_1,z_2,\ldots,z_p]$ deux formules universellement équivalentes d'un langage L. Cela signifie que, pour toute L-structure $\mathfrak{M} = \langle M, \ldots \rangle$, quels que soient les éléments a_1, a_2, ..., a_m, b_1, b_2, ..., b_n, c_1, c_2, ..., c_p appartenant à M, on a :

(*) $\mathfrak{M} \models F[a_1,a_2,\ldots,a_m,b_1,b_2,\ldots,b_n]$ si et seulement si $\mathfrak{M} \models G[a_1,a_2,\ldots,a_m,c_1,c_2,\ldots,c_p]$.

Nous devons démontrer que les formules :

$$F_0 = \forall x_1 \forall x_2 \ldots \forall x_m \forall y_1 \forall y_2 \ldots \forall y_n F$$

et

$$G_0 = \forall x_1 \forall x_2 \ldots \forall x_m \forall z_1 \forall z_2 \ldots \forall z_p G$$

sont universellement équivalentes. Considérons pour cela un modèle $\mathfrak{M} = \langle M, \ldots \rangle$ de F_0, et des éléments quelconques a_1, a_2, ..., a_m, c_1, c_2, ..., c_p de M. En choisissant arbitrairement des éléments b_1, b_2, ..., b_n dans $\mathfrak{M}$, on a $\mathfrak{M} \models F[a_1,a_2,\ldots,a_m,b_1,b_2,\ldots,b_n]$ puisque $\mathfrak{M}$ est un modèle de F_0 ; donc, d'après (*), $\mathfrak{M} \models G[a_1,a_2,\ldots,a_m,c_1,c_2,\ldots,c_p]$, ce qui montre que $\mathfrak{M}$ est un modèle de G_0. On montre de même que tout modèle de G_0 est un modèle de F_0, ce qui donne le résultat annoncé.

7. a) Pour chaque i compris entre 1 et 6, on donne une formule G_i qui répond à la question, laissant au lecteur le soin de faire la vérification.

1) $G_1 = \exists x \forall y Rxy$;

2) $G_2 = \forall x \forall y ((Rxy \wedge \neg x \simeq y) \Rightarrow \exists z (Rxz \wedge Rzy \wedge \neg z \simeq x \wedge \neg z \simeq y))$;

3) $G_3 = \exists x \neg x * x \simeq x$;

4) $G_4 = \forall x (x * x \simeq c \Rightarrow x \simeq c)$;

5) $G_5 = \exists x\, x * x \simeq d \oplus d$;

6) $G_6 = \forall x \forall y \forall z (Rxy \vee Ryz \vee Rxz)$.

b) La formule F_1 (le langage étant $\{c,\oplus,*\}$) est satisfaite dans la structure $<\mathbb{R},0,+,\times>$ (dans $\mathbb{R}$, tout polynôme de degré 1 admet une racine) ; $\neg F_1$ est satisfaite dans $<\mathbb{Z},0,+,\times>$ (le polynôme $2X+1$, par exemple, n'a pas de racine dans $\mathbb{Z}$).

La formule F_2 (même langage) est satisfaite dans la structure $<\mathbb{C},0,+,\times>$ (dans $\mathbb{C}$, tout polynôme de degré 2 admet une racine) ; $\neg F_2$ est satisfaite dans $<\mathbb{R},0,+,\times>$ (le polynôme X^2+1, par exemple, n'a pas de racine dans $\mathbb{R}$).

La formule F_3, qui exprime (dans le langage $\{R\}$) que l'interprétation de R est une relation d'équivalence, est satisfaite dans la structure $<\mathbb{Z},\equiv_2>$, tandis que $\neg F_3$ est satisfaite dans $<\mathbb{Z},\leqslant>$ (la relation $\leqslant$ sur $\mathbb{Z}$ n'est pas symétrique).

La formule F_4 (du langage $\{*,R\}$) est satisfaite dans la structure $<\mathbb{N},\times,\leqslant>$, tandis que $\neg F_4$ est satisfaite dans $<\mathbb{Z},\times,\leqslant>$ (l'ordre usuel est compatible avec la multiplication sur $\mathbb{N}$, mais pas sur $\mathbb{Z}$).

La formule F_5, qui est équivalente à $\forall x\forall y\neg(Rxy \wedge Ryx)$, est satisfaite dans la structure $<\mathbb{Z},<>$ (ordre strict), et sa négation est satisfaite dans la structure $<\mathbb{Z},\leqslant>$ (ordre large).

8. a) F_1 est satisfaite par un entier $n \in M$ si et seulement si n n'a pas d'autre diviseur que lui-même, autrement dit si et seulement si n est un nombre premier.

F_2 est satisfaite par un entier n si et seulement si deux diviseurs quelconques de n sont comparables pour la relation « divise ». Or tout nombre qui est une puissance d'un nombre premier a cette propriété : en effet, si $n=p^k$, et si r et s divisent n, alors il y a des entiers i et $j \leqslant k$ tels que $r=p^i$ et $s=p^j$, et on a bien : r divise s ou s divise r. D'autre part, un élément de M qui n'est pas une puissance d'un nombre premier admet au moins deux diviseurs premiers distincts (noter que 1 n'est pas dans M) : aucun des deux ne divise l'autre. Un tel élément ne satisfait donc pas F_2. Les entiers de M qui satisfont F_2 sont donc les puissances de nombres premiers.

Si un entier $n \in M$ satisfait F_3, il satisfait aussi la conséquence suivante de F_3 (obtenue en « faisant $y=z$ » dans F_3 et en utilisant une célèbre tautologie) :

$$\forall y((Ryx \wedge Ryy) \Longrightarrow Rxy).$$

Tout diviseur de n doit donc être un multiple de n, ce qui revient au même que de dire que tout diviseur de n doit être égal à n, comme pour F_1. On en déduit que les nombres non premiers ne satisfont pas F_3. D'autre part, si n est un nombre premier, si r est un diviseur de n, si s est un diviseur de r et si n, r et s sont dans M, alors on a $r=s=n$, donc n divise s ; on voit ainsi que n satisfait F_3. Les éléments de M qui satisfont F_3 sont donc les nombres premiers.

En « distribuant » les quantificateurs avec les règles usuelles, on voit facilement que F_4 est universellement équivalente à la formule suivante :

$\forall t\,(Rtx \Longrightarrow \exists y\exists z\,(Ryt \wedge Rzy \wedge \neg Rtz))$.

Mais la formule $\exists y\exists z\,(Ryt \wedge Rzy \wedge \neg Rtz)$ est aussi équivalente à :

$\neg\forall y\forall z\,(Ryt \Longrightarrow (Rzy \Longrightarrow Rtz))$ (vérification simple).

Or cette dernière formule n'est autre que la formule $\neg F_{3_{t/x}}$. On peut donc dire que la formule F_4 est équivalente à :

$\forall t\,(Rtx \Longrightarrow \neg F_3[t])$.

On voit ainsi que, pour qu'un élément $n \in M$ satisfasse F_4, il faut et il suffit qu'aucun diviseur de n ne satisfasse F_3, ce qui revient à dire que les éléments de M qui satisfont F_4 sont ceux dont aucun diviseur n'est premier. Mais, dans M, tout entier admet au moins un diviseur premier. Donc l'ensemble cherché est l'ensemble vide.

b) On peut prendre pour formule G la formule suivante :

$$Rtx \wedge Rty \wedge Rtz \wedge \forall u\,((Rux \wedge Ruy \wedge Ruz) \Longrightarrow Rut),$$

qui est satisfaite par un quadruplet (a,b,c,d) dans M si et seulement si d est un diviseur commun à a, b et c et tout diviseur commun à a, b et c est un diviseur de d.

c) 1) On effectue des changements de nom de variable liée dans H, puis on « sort » les quantificateurs en appliquant les règles usuelles. On obtient ainsi, successivement, les formules suivantes, équivalentes à H, la dernière étant prénexe :

$\forall x \forall y \forall z\,((\exists v\,(Rvx \wedge Rvy) \wedge \exists w\,(Rwy \wedge Rwz)) \Longrightarrow \exists t \forall u\,(Rut \Longrightarrow (Rux \wedge Ruz)))$;

$\forall x \forall y \forall z\,(\exists v \exists w\,((Rvx \wedge Rvy) \wedge (Rwy \wedge Rwz)) \Longrightarrow \exists t \forall u\,(Rut \Longrightarrow (Rux \wedge Ruz)))$;

$\forall x \forall y \forall z \forall v \forall w \exists t \forall u\,(((Rvx \wedge Rvy) \wedge (Rwy \wedge Rwz)) \Longrightarrow (Rut \Longrightarrow (Rux \wedge Ruz)))$.

2) Considérons la sous-formule suivante de H : $\exists t \forall u\,(Rut \Longrightarrow (Rux \wedge Ruz))$. Elle est satisfaite dans $\mathfrak{M}$ lorsque les variables x et z sont respectivement interprétées par des entiers a et c de M, si et seulement si il existe un entier $d \in M$ dont tout diviseur (dans M) divise a et c ; cela revient à dire que a et c admettent dans M au moins un diviseur commun, ou encore que a et c sont des entiers non premiers entre eux. L'interprétation de H dans $\mathfrak{M}$ est dès lors claire : H est satisfaite dans $\mathfrak{M}$ si et seulement si, quels que soient les entiers a, b et c supérieurs ou égaux à 2, si a et b ne sont pas premiers entre eux, et si b et c ne sont pas premiers entre eux, alors a et c ne sont pas premiers entre eux. Or cela est manifestement faux : $(a,b,c) = (2,6,3)$ est un contre-exemple.

3) On obtient un modèle de H en prenant comme ensemble de base $M' = \mathbb{N}$ et comme interprétation de R la relation d'égalité dans $\mathbb{N}$: la vérification est immédiate.

9. a) Appelons Ω_1, I_1 et R_1 les interprétations respectives de Ω, I et R dans la structure $\mathfrak{M}$. Remarquons tout d'abord que les parties infinies de $\mathbb{N}$ ont toutes le même cardinal (elles sont toutes équipotentes à $\mathbb{N}$).

La formule F_1 n'est pas satisfaite dans $\mathfrak{M}$ car on a $\emptyset \subseteq \emptyset$ et $\text{card}(\emptyset) = \text{card}(\emptyset - \emptyset)$; donc $\mathfrak{M} \models \exists x\,Rxx$. Notons que, pour toute partie X non vide de $\mathbb{N}$, on a $(X,X) \notin R_1$, car $\text{card}(X) > 0$ tandis que $\text{card}(X - X) = 0$. Comme les éléments de Ω_1 sont infinis, donc non vides, on voit que $\mathfrak{M} \models F_2$. Soient X et Y deux éléments de Ω_1, et Z une partie de $\mathbb{N}$ telle que $X \subseteq Z \subseteq Y$; alors Z est infinie (car elle contient l'ensemble infini X), et $\mathbb{N} - Z$ est infinie (car elle contient l'ensemble infini $\mathbb{N} - Y$) ; donc $Z \in \Omega_1$, ce qui prouve que

$\mathfrak{M} \models F_3$. Soient X, Y et Z trois éléments de Ω_1 tels que $(X,Y) \in R_1$ et $(Y,Z) \in R_1$; alors on a $X \subseteq Y \subseteq Z$ et les ensembles $Y - X$ et $Z - Y$ sont infinis ; donc $Z - X$ est infini puisque $Z - X = (Z - Y) \cup (Y - X)$; on en déduit que $(X,Z) \in R_1$ et que $\mathfrak{M} \models F_4$. Pour toutes parties X et Y de $\mathbb{N}$, on ne peut avoir $(X,Y) \in R_1$ et $(Y,X) \in R_1$ que si $X = Y = \emptyset$; comme $\emptyset \notin \Omega_1$, on en conclut que $\mathfrak{M} \models F_5$. Notons $2\mathbb{N}$ l'ensemble des entiers naturels pairs ; on a $2\mathbb{N} \in \Omega_1$ et $(2\mathbb{N},\mathbb{N}) \in R_1$, mais $\mathbb{N} \notin \Omega_1$, donc $\mathfrak{M} \not\models F_6$. Pour toutes parties X et Y de $\mathbb{N}$ telles que $X \in \Omega_1$ et $(Y,X) \in R_1$, Y est une partie de X qui doit être infinie (sinon $X - Y$ serait finie et $(X - Y) \cup Y = X$ aussi) ; d'autre part, $\mathbb{N} - Y$, qui contient $\mathbb{N} - X$, doit également être infinie ; donc $Y \in \Omega_1$ et $\mathfrak{M} \models F_7$. Si X est une partie finie de $\mathbb{N}$ de cardinal impair, on ne peut trouver aucune partition de X en deux ensembles d'égale cardinalité ; donc aucune partie Y de $\mathbb{N}$ ne vérifie $(Y,X) \in R_1$, et $\mathfrak{M} \not\models F_8$. Par contre, si X est un élément de Ω_1, on peut réaliser, d'une part, une partition de X en deux sous-ensembles infinis Y et Y', et, d'autre part, une partition de $\mathbb{N} - X$ en deux sous-ensembles infinis Z_1 et Z_2 ; en posant $Z = X \cup Z_1$, on voit que Y et Z appartiennent à Ω_1, et que $(Y,X) \in R_1$ et $(X,Z) \in R_1$; il en résulte que $\mathfrak{M} \models F_9$. Soient X et Y deux éléments de Ω_1 tels que $(X,Y) \in R_1$; alors l'ensemble $Y - X$ est infini (car il est équipotent à X) ; on peut donc en réaliser une partition en deux sous-ensembles infinis X_1 et X_2 ; posons $Z = X \cup X_1$; on a alors $X \subseteq Z \subseteq Y$ et les ensembles X, $Z - X = X_1$, Z, $Y - Z = X_2$ et $\mathbb{N} - Z$ sont tous infinis, ce qui prouve que $(X,Z) \in R_1$, $(Z,Y) \in R_1$ et $Z \in \Omega_1$; on en conclut que $\mathfrak{M} \models F_{10}$.

b) Soit D_1 une partie de $\mathfrak{P}(\mathbb{N})$. Pour que les quatre formules proposées soient satisfaites dans la structure $\mathfrak{M}'$, enrichissement de $\mathfrak{M}$ obtenu en interprétant le symbole D par D_1, il faut et il suffit que D_1 soit non vide (formule G_4) et que la relation d'inclusion restreinte à D_1 soit une relation d'ordre total (formule G_1), dense (c'est-à-dire telle que, pour toutes parties $X \in D_1$ et $Y \in D_1$, si $X \subsetneq Y$, alors il existe une partie $Z \in D_1$ telle que $X \subsetneq Z \subsetneq Y$) (formule G_2), sans plus petit ni plus grand élément (formule G_3). Nous allons construire une partie D_1 de $\mathfrak{P}(\mathbb{N})$ ayant ces propriétés. Définissons d'abord une partie E_1 de $\mathfrak{P}(\mathbb{Q})$ ayant les mêmes propriétés ; cela n'est pas difficile : il suffit, par exemple, de poser $J_r = [-r, r] \cap \mathbb{Q}$ pour chaque rationnel $r > 0$, puis $E_1 = \{J_r ; r \in \mathbb{Q}^*_+\}$; on a $E_1 \neq \emptyset$, et la relation d'inclusion sur E_1 est un ordre total, dense (si $0 < r < s$, et si $t = \frac{r+s}{2}$, alors $J_r \subsetneq J_t \subsetneq J_s$), qui n'a ni plus petit ni plus grand élément.

On passe ensuite de $\mathfrak{P}(\mathbb{Q})$ à $\mathfrak{P}(\mathbb{N})$: on se donne une bijection φ de $\mathbb{Q}$ sur $\mathbb{N}$ (il y en a ; voir au chapitre 7), elle induit une bijection Φ de $\mathfrak{P}(\mathbb{Q})$ sur $\mathfrak{P}(\mathbb{N})$ (pour tout $X \in \mathfrak{P}(\mathbb{Q})$, $\Phi(X) = \{\varphi(x) ; x \in X\}$) qui est un isomorphisme entre les structures ordonnées $\langle \mathfrak{P}(\mathbb{Q}), \subseteq \rangle$ et $\langle \mathfrak{P}(\mathbb{N}), \subseteq \rangle$ (la vérification est immédiate). On en déduit que le sous-ensemble $D_1 = \Phi(E_1)$ de $\mathbb{N}$ répond à la question.

10. a) Dans les exemples que nous allons donner, $\underline{0}$ et $\underline{1}$ sont des symboles de constante, f un symbole de fonction unaire, g, $\underline{+}$ et $\underline{\times}$ des symboles de fonction binaire, U et V des symboles de relation unaire, et R un symbole de relation binaire.

Pour montrer qu'une formule F admet pour spectre un ensemble $X \subseteq \mathbb{N}$, il faut établir, d'une part, que tout modèle fini de F a pour cardinal un élément de X, et, d'autre part, que, pour tout élément n appartenant à X, il existe un modèle de F de cardinal n. On a parfois tendance à omettre cette deuxième condition, qui est pourtant indispensable.

1) $L = \{f\}$; $F = \forall x \forall y (fx \simeq fy \Longrightarrow x \simeq y) \wedge \exists x \forall y \neg x \simeq fy$.

(L'existence d'une application injective non surjective de l'ensemble de base dans lui-même n'est possible que si cet ensemble est infini ; F n'a donc pas de modèle fini.)

2) Impossible. L'ensemble de base de toute structure est non vide, donc 0 ne peut appartenir au spectre d'aucune formule du premier ordre.

3) L se réduit au symbole d'égalité ; $F = \forall x\, x \simeq x$.

4) $L = \{f\}$; $F = \forall x (ffx \simeq x \wedge \neg fx \simeq x)$.

(Soit $\langle M, \varphi \rangle$ un modèle fini de F. Alors φ est une involution (c'est-à-dire : $\varphi \circ \varphi$ est l'application identique) sans point fixe de M sur M. La relation binaire $\approx$ définie sur M par : $a \approx b$ si et seulement si $\varphi(a) = b$ ou $\varphi(b) = a$, est une relation d'équivalence dont chaque classe d'équivalence a exactement deux éléments. Comme les classes constituent une partition de M, on voit que le cardinal de M est un nombre pair. Inversement, pour tout entier naturel non nul pair $n = 2p$, on obtient un modèle de F de cardinal n en prenant comme ensemble de base l'ensemble $\{1,2,\ldots,n\}$ et comme interprétation de f l'application qui, à k, associe $k + p$ si $1 \leqslant k \leqslant p$ et $k - p$ si $p + 1 \leqslant k \leqslant n$.)

5) $L = \{U, g\}$; F est la conjonction des formules :

$G = \forall x \exists y \exists z (Uy \wedge Uz \wedge x \simeq gyz)$

et $H = \forall x \forall y \forall z \forall t ((Ux \wedge Uy \wedge Uz \wedge Ut \wedge gxy \simeq gzt) \Longrightarrow (x \simeq z \wedge y \simeq t))$.

(Soit $\langle M, U_0, g_0 \rangle$ un modèle fini de F. Alors la restriction de g_0 à $U_0 \times U_0$ est une bijection de $U_0 \times U_0$ sur M ; donc le cardinal de M, qui est celui de $U_0 \times U_0$, est un carré parfait. Inversement, pour tout entier $n \geqslant 1$, si n est un carré parfait, par exemple $n = p^2$, si on pose $M = \{0,1,2,\ldots,n-1\}$, $U_0 = \{0,1,2,\ldots,p-1\}$, et si on définit g_0 comme l'application de $M \times M$ dans M qui, à chaque couple (a,b), associe le $ap + b$ si a et b appartiennent tous les deux à U_0 et 0 sinon, il est facile de vérifier que la L-structure $\langle M, U_0, g_0 \rangle$ satisfait la formule F.)

6) $L = \{\simeq\}$; F est la formule :

$\exists x \exists y \exists z (\neg x \simeq y \wedge \neg y \simeq z \wedge \neg x \simeq z \wedge \forall t (t \simeq x \vee t \simeq y \vee t \simeq z))$.

7) $L = \{\simeq\}$; $F = \exists x \exists y \exists z \exists t \forall u (u \simeq x \vee u \simeq y \vee u \simeq z \vee u \simeq t)$.

8) $L = \{\simeq\}$; $F = \exists v_0 \exists v_1 \ldots \exists v_k \bigwedge_{0 \leqslant i < j \leqslant k} \neg v_i \simeq v_j$.

9) $L = \{U, V, g\}$; on pose :

$A = \forall x \forall y\, x \simeq y$; $B = \forall x \exists y \exists z (Uy \wedge Vz \wedge x \simeq gyz)$;

$C = \forall x \forall y \forall z \forall t ((Ux \wedge Vy \wedge Uz \wedge Vt \wedge gxy \simeq gzt) \Longrightarrow (x \simeq z \wedge y \simeq t))$;

$D = \exists x \exists y (Ux \wedge Uy \wedge \neg x \simeq y) \wedge \exists z \exists t (Vz \wedge Vt \wedge \neg z \simeq t)$;

et on prend :

$$F = (A \vee (B \wedge C \wedge D)).$$

(On s'inspire en fait de 5). Etant donné un modèle fini $<M, U_0, V_0, g_0>$ de F, ou bien M est un singleton, ou bien U_0 et V_0 ont chacun au moins deux éléments et la restriction de g_0 à $U_0 \times V_0$ est une bijection de $U_0 \times V_0$ sur M. Donc le cardinal de M est soit égal à 1, soit égal au produit de deux entiers supérieurs ou égaux à deux, c'est-à-dire, dans tous les cas, un nombre non premier. Inversement, il est facile de construire un modèle de F à n éléments, pour tout entier n non premier et non nul.)

10) $L = \{\underline{0}, \underline{1}, \underline{+}, \underline{\times}, R\}$ (le langage des corps, avec un symbole de relation binaire). On appelle I la conjonction des axiomes de corps commutatif et des formules exprimant que l'interprétation de R est une relation d'ordre total, et J la formule suivante :

$$\forall x R\underline{0}x \wedge \forall x (\exists y (Rxy \wedge \neg x \simeq y) \Longrightarrow (Rx x\underline{+}\underline{1} \wedge \forall t ((Rxt \wedge \neg x \simeq t) \Longrightarrow Rx\underline{+}\underline{1}t))).$$

On prend alors :

$$F = I \wedge J.$$

(Soit $<K, 0, 1, +, \times, \leqslant>$ un modèle fini de F ; K est alors un corps fini, muni d'une relation d'ordre total $\leqslant$ pour laquelle **0** est le plus petit élément, et tout élément a strictement majoré admet un plus petit majorant strict (un successeur) qui est $a + 1$. On convient de noter $<$ l'ordre strict associé à $\leqslant$. Rappelons que la **caractéristique** de K est le plus petit des entiers $m > 0$ tels que $m1 = 0$ ($m1$ désigne l'élément $1 + 1 + ... + 1$, avec m occurrences de 1), et qu'il est facile de démontrer que cette caractéristique est toujours un nombre premier, que nous appelons ici p. La satisfaction de la formule J montre qu'on a (en notant j l'élément j1, pour tout entier j) :

$$0 < 1 < 2 < ... < p - 1,$$

(le cardinal de K est donc au moins égal à p) et que, pour tout entier k tel que $0 \leqslant k \leqslant p - 2$, il n'y a aucun élément de K qui soit strictement compris entre les éléments k et $k + 1$. Comme l'ordre est total, et comme **0** est le plus petit élément, tout élément de K autre que 0, 1, ..., $p - 1$, doit donc être strictement supérieur à $p - 1$.

On en déduit que, si le cardinal de K est strictement supérieur à p, on peut trouver un élément b dans K qui soit tel que $p - 1 < b$; $p - 1$ est alors strictement majoré, donc, d'après la formule J, il est strictement inférieur à $p - 1 + 1$. Mais $p - 1 + 1 = p = 0$ puisque p est la caractéristique de K. On aurait alors $0 < p - 1$ et $p - 1 < 0$, d'où $0 < 0$ par transitivité, ce qui est absurde. Le cardinal de K est donc égal à p (et K est isomorphe au corps $\mathbb{Z}/p\mathbb{Z}$). Ainsi, tout modèle fini de F a pour cardinal un nombre premier.

Inversement, pour tout nombre premier p, si on désigne par $\leqslant$ l'ordre total sur $\mathbb{Z}/p\mathbb{Z}$ défini comme suit : $\overline{0} \leqslant \overline{1} \leqslant ... \leqslant \overline{p-1}$ ($\overline{k}$ étant la classe de k modulo p), la structure $<\mathbb{Z}/p\mathbb{Z}, 0, 1, +, \times, \leqslant>$ est un modèle de F de cardinal p. La vérification est immédiate.)

b) Soit G une formule close dont le spectre est infini, dans un langage quelconque. Pour chaque entier $k \geqslant 1$, appelons F_k la formule :

$$\exists v_0 \exists v_1 \ldots \exists v_k \bigwedge_{0 \leqslant i < j \leqslant k} \neg v_i \simeq v_j ,$$

déjà utilisée en a) 8). Soit T la théorie :

$$\{G\} \cup \{F_k ; k \in \mathbb{N}^*\}.$$

Etant donné un entier N quelconque, G admet au moins un modèle de cardinal supérieur ou égal à N + 1, puisque le spectre de G est infini. Un tel modèle est aussi un modèle pour la théorie $\{G\} \cup \{F_1, F_2, \ldots, F_N\}$. Cela prouve que toute partie finie de T admet un modèle. D'après le théorème de compacité, T en admet également un. Or un modèle de T n'est rien d'autre qu'un modèle infini de G.

11. Soit T une théorie non contradictoire dans un langage L, telle que tous ses modèles soient isomorphes. Tous les modèles de T sont alors élémentairement équivalents (proposition 5.3) ; cela signifie que T est complète (définition 5.7).

12. a) Désignons par M l'ensemble de base de $\mathfrak{M}$. Reportons nous aux trois conditions nécessaires et suffisantes (voir 2.5) pour qu'un sous-ensemble C soit l'ensemble de base d'une sous-structure de $\mathfrak{M}$:

(1) C est non vide ;

(2) C contient les interprétations dans $\mathfrak{M}$ des symboles de constantes de L ;

(3) C est clos pour les fonctions qui sont les interprétations dans $\mathfrak{M}$ des symboles de fonction de L.

Il est clair que l'intersection de tous les sous-ensembles de M vérifiant ces conditions et contenant A, d'une part contient encore A et est donc non vide (on a supposé A non vide), et d'autre part vérifie les conditions (2) et (3) ci-dessus. C'est donc l'ensemble de base d'une sous-structure de $\mathfrak{M}$ qui est manifestement contenue dans toutes les autres sous-structures de $\mathfrak{M}$ contenant A. C'est l'ensemble de base de la structure $\mathfrak{A}$ cherchée.

L'unicité de $\mathfrak{A}$ est claire : si une sous-structure $\mathfrak{B}$ a les deux propriétés indiquées, alors chacune des structures $\mathfrak{A}$ et $\mathfrak{B}$ est une extension de l'autre, d'où $\mathfrak{B} = \mathfrak{A}$.

b) Si le langage se réduit à un symbole de relation binaire R, il n'y a pas de sous-structure engendrée par $\emptyset$ dans la structure $<\mathbb{R}, \leqslant>$: en effet, les deux sous-structures $<\{0\}, \leqslant>$ et $<\{1\}, \leqslant>$ ne peuvent admettre de sous-structure commune et la propriété 2) est nécessairement en défaut. En fait, chaque fois que le langage ne contient aucun symbole de fonction ni de constante, il ne peut y avoir de sous-structure engendrée par l'ensemble vide dans une structure dont l'ensemble de base contient au moins deux éléments distincts. Cependant, dans $<\{0\}, \leqslant>$, par exemple, il y a une sous-structure engendrée par l'ensemble vide : c'est la structure elle-même !

Si le langage comporte au moins un symbole de constante, alors, dans toute structure, l'ensemble vide engendre la même sous-structure que l'ensemble des interprétations des symboles de constante (qui est alors non vide). Ainsi, si le langage est $\{c,f\}$ (un symbole de constante et un symbole de fonction unaire), dans la structure $<\mathbb{N},0,n \mapsto n+1>$, $\emptyset$ engendre la structure tout entière, et dans la structure $<\mathbb{N},0,n \mapsto n>$, $\emptyset$ engendre la sous-structure $<\{0\},0,n \mapsto n>$. Donnons un autre exemple, sans symbole de constante, mais avec un symbole de fonction unaire f. Considérons une structure $\mathfrak{M}$ dans laquelle f est interprété par la fonction constante égale à a. Il y a dans $\mathfrak{M}$ une sous-structure engendrée par l'ensemble vide : c'est $<\{a\},\text{identité}>$.

c) Soit C l'ensemble des interprétations dans $\mathfrak{M}$ des symboles de constante du langage. Si $A \cup C$ n'est pas vide, la sous-structure $\mathfrak{A}$ engendrée par A a pour ensemble de base $A \cup C$; les interprétations des symboles de constante sont les mêmes que dans $\mathfrak{M}$ et chaque symbole de relation a pour interprétation dans $\mathfrak{A}$ la restriction à $A \cup C$ de son interprétation dans $\mathfrak{M}$. Dans le cas où $A = C = \emptyset$, les exemples donnés en b) montrent qu'on ne peut rien dire de général.

d) Si F est satisfaite dans $\mathfrak{M}$, alors F est satisfaite dans toute sous-structure de $\mathfrak{M}$ (5.1, théorème 2), en particulier dans toute sous-structure de type fini.

Réciproquement, supposons que F ne soit pas satisfaite dans $\mathfrak{M}$.

• Si F est sans quantificateur, alors F n'est satisfaite dans aucune sous-structure de $\mathfrak{M}$ (5.1, théorème 1 ; noter que F est close). Soit a un élément quelconque de M. La sous-structure de $\mathfrak{M}$ engendrée par $\{a\}$ est alors une sous-structure de type fini de $\mathfrak{M}$ dans laquelle F n'est pas satisfaite.

• Si $F = \forall x_1 \forall x_2 \ldots \forall x_n G[x_1,x_2,\ldots,x_n]$ (où G est sans quantificateur et $n \geqslant 1$), alors on peut trouver dans M des éléments a_1, a_2, ..., a_n tels que $\mathfrak{M} \nVdash G[a_1,a_2,\ldots,a_n]$. Désignons par $\mathfrak{A}$ la sous-structure (de type fini) de $\mathfrak{M}$ engendrée par $\{a_1,a_2,\ldots,a_n\}$. On a : $\mathfrak{A} \nVdash G[a_1,a_2,\ldots,a_n]$ (5.1, théorème 1). On en déduit que $\mathfrak{A} \nVdash \forall x_1 \forall x_2 \ldots \forall x_n G[x_1,x_2,\ldots,x_n]$, et on a bien une sous-structure de type fini de $\mathfrak{M}$ dans laquelle F n'est pas satisfaite.

e) Considérons le langage réduit à l'égalité et la formule $F = \exists x \exists y \neg x \simeq y$; F est satisfaite dans la structure $<\mathbb{N}>$ mais ne l'est pas dans la sous-structure $<\{0\}>$ engendrée par $\{0\}$.

13. a) On raisonne par induction sur t.

• Si t est de hauteur 0, c'est soit le symbole de constante c, soit une variable x. Une des formules $t \simeq c$ et $t \simeq x$ est donc universellement valide et, a fortiori, conséquence de T.

• Si $t = fu$, l'hypothèse d'induction nous donne quatre possibilités concernant le terme u :

• $T \vdash^* u \simeq c$; alors $T \vdash^* t \simeq fc$; or $T \vdash^* fc \simeq ffgc$ (H_3), $T \vdash^* ffgc \simeq fgc$ (H_1) et $T \vdash^* fgc \simeq c$; il en résulte que $T \vdash^* t \simeq c$;

• il y a une variable x telle que $T \vdash^* u \simeq x$; alors $T \vdash^* t \simeq fx$;

• il y a une variable x telle que $T \vdash^* u \simeq fx$; alors $T \vdash^* t \simeq ffx$; on en déduit donc (formule H_1) : $T \vdash^* t \simeq fx$;

• il y a une variable x telle que $T \vdash^* u \simeq gx$; alors $T \vdash^* t \simeq fgx$; on en déduit donc (formule H_3) : $T \vdash^* t \simeq c$.

• Pour le cas où $t = gu$, le raisonnement est analogue.

b) Désignons respectivement par $\bar{f}$ et $\bar{g}$ les applications $(a,b) \longmapsto (a,b_0)$ et $(a,b) \longmapsto (a_0,b)$ de $A \times B$ dans $A \times B$. Quel que soit le couple $(a,b) \in A \times B$, on a :

$$\bar{f}(\bar{f}(a,b)) = \bar{f}(a,b_0) = (a,b_0) = \bar{f}(a,b) ;$$
$$\bar{g}(\bar{g}(a,b)) = \bar{g}(a_0,b) = (a_0,b) = \bar{g}(a,b) ;$$
$$\bar{f}(\bar{g}(a,b)) = \bar{f}(a_0,b) = (a_0,b_0) = \bar{g}(a,b_0) = \bar{g}(\bar{f}(a,b)) ;$$

ce qui montre que les formules H_1, H_2 et H_3 sont satisfaites dans $\mathfrak{M}(A,B,a_0,b_0)$. Soient (a,b) et (a',b') deux éléments de $A \times B$. Si $\bar{f}(a,b) = \bar{f}(a',b')$, alors $a = a'$; et si $\bar{g}(a,b) = \bar{g}(a',b')$, alors $b = b'$, ce qui prouve la satisfaction de H_4. Par ailleurs, si $\bar{f}(a,b) = (a,b)$ et si $\bar{g}(a',b') = (a',b')$, alors $b = b_0$ et $a' = a_0$; on a dans ces conditions : $\bar{f}(a,b') = (a,b)$ et $\bar{g}(a,b') = (a',b')$; on a donc trouvé un élément dont l'image par $\bar{f}$ est (a,b) et dont l'image par $\bar{g}$ est (a',b') ; ainsi, H_5 est satisfaite dans $\mathfrak{M}(A,B,a_0,b_0)$.

c) Soit $\mathfrak{M} = \langle M, \alpha, \varphi, \psi \rangle$ un modèle quelconque de T. On a déjà vu (premier cas de a)) que $\mathfrak{M} \models H_6$ et on montre de façon analogue que $\mathfrak{M} \models H_7$.

Pour tout élément $x \in M$, si $\varphi(x) = x$, alors $\psi(x) = \psi(\varphi(x)) = \alpha$ (d'après H_3) ; réciproquement, si $\psi(x) = \alpha$, alors $\psi(\varphi(x)) = \alpha$ (d'après H_3) $= \psi(x)$; comme, par ailleurs, $\varphi(\varphi(x)) = \varphi(x)$ (d'après H_1), les éléments $\varphi(x)$ et x ont même image par φ et même image par ψ ; il en résulte (d'après H_4) que $\varphi(x) = x$. On voit donc que $\mathfrak{M} \models H_8$. La démonstration est analogue pour : $\mathfrak{M} \models H_9$.

Montrons que $\mathfrak{M} \models H_{10}$. L'implication de gauche à droite est évidente (« prendre v_1 égal à v_0 »). Soit x un élément quelconque de M. S'il existe un élément y de M tel que $x = \varphi(y)$, alors $\varphi(x) = \varphi(\varphi(y)) = \varphi(y)$ (d'après H_1), donc $\varphi(x) = x$. Démonstration analogue pour H_{11}.

Pour montrer que $\mathfrak{M} \models H_{12}$, on remarque d'abord que l'implication de droite à gauche se déduit immédiatement de H_6 et H_7 ; pour l'autre sens, on se donne un élément $x \in M$ tel que $\varphi(x) = x$ et $\psi(x) = x$; on a alors $\psi(x) = \alpha$ et $\varphi(x) = \alpha$ d'après H_8 et H_9 ; donc $x = \alpha$.

La vérification de la satisfaction de H_{13} dans $\mathfrak{M}$ est immédiate : si x et y sont des éléments de M tels que $\varphi(x) = \psi(y)$, alors $\varphi(\varphi(x)) = \varphi(\psi(y))$, donc ($H_1$ et H_3) $\varphi(x) = \alpha$.

d) Appelons $\bar{f}$ et $\bar{g}$ les interprétations respectives de f et g dans $\mathfrak{M}(A,B,a_0,b_0)$, et $\bar{\bar{f}}$ et $\bar{\bar{g}}$ leurs interprétations dans $\mathfrak{M}(C,D,c_0,d_0)$ On peut choisir une bijection λ (respectivement : μ) de A sur C (respectivement : de B sur D) telle que $\lambda(a_0) = c_0$ (respectivement : $\mu(b_0) = d_0$). L'application γ de $A \times B$ dans $C \times D$ qui, à tout couple (x,y), associe le couple $(\lambda(x),\mu(y))$, est un isomorphisme entre les structures $\mathfrak{M}(A,B,a_0,b_0)$ et $\mathfrak{M}(C,D,c_0,d_0)$: en effet, γ est d'abord, évidemment, une bijection de $A \times B$ sur $C \times D$; de plus, on a $\gamma(a_0,b_0) = (c_0,d_0)$ et, pour tout couple $(a,b) \in A \times B$,

$$\gamma(\tilde{f}(a,b)) = \gamma(a,b_0) = (\lambda(a),d_0) = \tilde{f}(\lambda(a),\mu(b)) = \tilde{f}(\gamma(a,b)),$$

et, de façon analogue, $\gamma(\bar{g}(a,b)) = \bar{g}(\gamma(a,b))$.

e) On commence par observer que $\alpha \in A$ et $\alpha \in B$ (H_6 et H_7) ; la structure $\mathfrak{M}(A,B,a_0,b_0)$ est donc bien définie (on appellera encore $\bar{f}$ et $\bar{g}$ les interprétations respectives de f et g dans cette structure). On considère l'application h de M dans $M \times M$ qui, à chaque élément x de M, associe le couple $(\varphi(x),\psi(x))$. La satisfaction dans $\mathfrak{M}$ des formules H_{10} et H_{11} montre que $A = \mathrm{Im}(\varphi)$ et $B = \mathrm{Im}(\psi)$: h prend donc ses valeurs dans $A \times B$. La satisfaction de H_4 montre que h est injective (si $(\varphi(x),\psi(x)) = (\varphi(y),\psi(y))$ alors $x = y$), et la satisfaction de H_5 montre que h est surjective sur $A \times B$ (si $x = \varphi(x)$ et $y = \psi(y)$, alors on peut touver un élément $z \in M$ tel que $(x,y) = (\varphi(z),\psi(z)) = h(z)$). L'application h est donc une bijection de M sur $A \times B$. Nous allons démontrer que c'est un monomorphisme de $\mathfrak{M}$ dans $\mathfrak{M}(A,B,a_0,b_0)$. Cela résulte des propriétés suivantes :

- $h(\alpha) = (\varphi(\alpha),\psi(\alpha)) = (\alpha,\alpha) = (a_0,b_0)$;
- pour tout $x \in M$, $h(\varphi(x)) = \bar{f}(h(x))$;

$[h(\varphi(x)) = (\varphi(\varphi(x)),\psi(\varphi(x))) = (\varphi(x),\alpha)$ (H_1 et H_3) $= (\varphi(x),b_0) = \bar{f}(\varphi(x),\psi(x)) = \bar{f}(h(x))]$

- pour tout $x \in M$, $h(\psi(x)) = \bar{g}(h(x))$ (démonstration semblable).

Les formules :

$$F_n = \exists v_0 \exists v_1 \ldots \exists v_{n-1} \Big(\bigwedge_{0 \leqslant i<j<n} \neg v_i \simeq v_j \wedge \bigwedge_{0 \leqslant i<n} f v_i \simeq v_i \Big) ;$$

et

$$G_n = \exists v_0 \exists v_1 \ldots \exists v_{n-1} \Big(\bigwedge_{0 \leqslant i<j<n} \neg v_i \simeq v_j \wedge \bigwedge_{0 \leqslant i<n} g v_i \simeq v_i \Big),$$

(pour $n \geqslant 1$) répondent clairement à la question posée.

Fixons deux entiers n et p strictement positifs. Les modèles de T_{np} sont les modèles de T tels que les images des interprétations de f et g aient respectivement n et p éléments. Considérons deux modèles $\mathfrak{M} = \langle M, \alpha, \varphi, \psi \rangle$ et $\mathfrak{M}' = \langle M', \alpha', \varphi', \psi' \rangle$ de T_{np}. Posons $A = \mathrm{Im}(\varphi)$, $B = \mathrm{Im}(\psi)$, $A' = \mathrm{Im}(\varphi')$ et $B' = \mathrm{Im}(\psi')$; A et A' sont équipotents (ils ont n éléments), de même que B et B' (qui en ont p). D'après la question d), les structures $\mathfrak{M}(A,B,\alpha,\alpha)$ et $\mathfrak{M}(A',B',\alpha',\alpha')$ sont isomorphes. Or on a vu que $\mathfrak{M}$ est isomorphe à la première et $\mathfrak{M}'$ à la seconde. On en déduit que deux modèles quelconques de la théorie T_{np} sont isomorphes, ce qui prouve (exercice 11) que cette théorie est complète (elle est non contradictoire d'après la question b)).

f) Les modèles infinis de T sont les modèles $\mathfrak{M} = \langle M, \alpha, \varphi, \psi \rangle$ de T pour lesquels l'un au moins des ensembles $\mathrm{Im}(\varphi)$ et $\mathrm{Im}(\psi)$ est infini. Il en résulte que ce sont exactement les modèles de la théorie :

$$T' = T \cup \{F_k \vee G_k \,;\, k \in \mathbb{N}^*\}.$$

Les formules closes satisfaites dans tout modèle infini de T sont donc les formules closes qui sont conséquences de T'. Si F est une de ces formules, il existe, d'après le théorème de compacité, une partie finie X de T', telle que $X \vdash^* F$. Il existe alors un entier $N \geqslant 1$ tel que $X \subseteq T_N = T \cup \{F_k \vee G_k \,;\, 1 \leqslant k \leqslant N\}$ et on a, bien sûr, $T_N \vdash^* F$. Mais il est évident que, pour tout entier k tel que $1 \leqslant k \leqslant N$, F_k est conséquence de F_N et G_k est conséquence de G_N, donc $F_k \vee G_k$ est conséquence de $F_N \vee G_N$. Par suite, les théories T_N et $T \cup \{F_N \vee G_N\}$ sont équivalentes, et on obtient :

$$T \cup \{F_N \vee G_N\} \vdash^* F.$$

La théorie T' n'est pas complète : ses modèles sont, on l'a vu, les modèles infinis de T ; or, dans de tels modèles, l'un des ensembles $\mathrm{Im}(\varphi)$ et $\mathrm{Im}(\psi)$ peut avoir un nombre fini quelconque d'éléments ; par exemple, les structures $\mathfrak{M}(\mathbb{N},\mathbb{N},0,0)$ et $\mathfrak{M}(\mathbb{N},\{0\},0,0)$ sont des modèles de T' (elles satisfont la formule F_k pour tout $k \geqslant 1$), mais la première satisfait la formule G_2 alors que la seconde ne satisfait pas cette formule ; ces structures ne sont donc pas élémentairement équivalentes.

g) Les questions d) et e) montrent que les modèles de T sont déterminés à isomorphisme près par les cardinaux des ensembles images des interprétations de f et g. Précisément, étant donné un modèle dénombrable $\mathfrak{M}$ de T, il existe deux ensembles non vides A et B, chacun de cardinal inférieur ou égal à $\aleph_0$, dont l'un au moins est infini, et deux éléments $a_0 \in A$ et $b_0 \in B$, tels que $\mathfrak{M}$ soit isomorphe à la structure $\mathfrak{M}(A,B,a_0,b_0)$. Posons, pour chaque entier $n \in \mathbb{N}^*$:

$$\mathfrak{M}_{\infty n} = \mathfrak{M}(\mathbb{N},\{0,1,\ldots,n-1\},0,0) ;$$
$$\mathfrak{M}_{n \infty} = \mathfrak{M}(\{0,1,\ldots,n-1\},\mathbb{N},0,0) ;$$
et
$$\mathfrak{M}_{\infty\infty} = \mathfrak{M}(\mathbb{N},\mathbb{N},0,0).$$

On voit que tout modèle dénombrable de T est isomorphe soit à $\mathfrak{M}_{\infty\infty}$, soit à l'un des $\mathfrak{M}_{\infty n}$, soit à l'un des $\mathfrak{M}_{n\infty}$. Naturellement, ces modèles sont deux à deux non isomorphes. Il y a donc, à isomorphisme près, $\aleph_0$ modèles dénombrables de T.

h) Les modèles de T" sont les modèles de T tels que les ensembles de points fixes des interprétations de f et g soient tous deux infinis ; la structure $\mathfrak{M}_{\infty\infty}$ en est clairement un. D'après ce qui a été fait en g), il est immédiat que tout modèle dénombrable de T" est isomorphe à $\mathfrak{M}_{\infty\infty}$. La théorie T" est donc $\aleph_0$-catégorique (chapitre 8, 2.6) ; par ailleurs elle est consistante et n'a que des modèles infinis ; elle est donc complète (théorème de Vaught, chapitre 8, 2.6, corollaire 2).

14. a) Soit $\mathfrak{M} = \langle M, \bar{f} \rangle$ un modèle de A. Si un élément $a \in M$ vérifie $\bar{f}(\bar{f}(a)) = a$, alors, en appliquant $\bar{f}$ on obtient $\bar{f}(\bar{f}(\bar{f}(a))) = \bar{f}(a)$; mais, comme A est satisfaite dans $\mathfrak{M}$, on a $\bar{f}(\bar{f}(\bar{f}(a))) = a$, donc $a = \bar{f}(a)$, ce qui est exclu (également par A). De façon analogue, si on suppose $\bar{f}(\bar{f}(a) = \bar{f}(a)$, on obtient $\bar{f}(\bar{f}(\bar{f}(a))) = \bar{f}(\bar{f}(a))$, c'est-à-dire $a = \bar{f}(\bar{f}(a))$, et on vient de voir que ce n'est pas possible. La structure $\mathfrak{M}$ satisfait donc la formule G suivante :

$$\forall x (\neg ffx \simeq x \wedge \neg ffx \simeq fx).$$

D'autre part, en appelant b l'élément $\bar{f}(\bar{f}(a))$, on a $\bar{f}(b) = a$, et tout élément c de M vérifiant $\bar{f}(c) = a$ vérifie aussi $\bar{f}(\bar{f}(\bar{f}(c))) = \bar{f}(\bar{f}(a))$, soit $c = b$. Autrement dit, tout élément de M a un unique antécédent par $\mathfrak{f}$ (qui est donc bijective), et $\mathfrak{M}$ satisfait la formule H :

$$\forall x \exists y \forall z \,(fy \simeq x \wedge (fz \simeq x \Longrightarrow z \simeq y)).$$

Les règles relatives aux « distributions » de quantificateurs montrent que la formule $(G \wedge H)$ est équivalente à la formule proposée par l'énoncé. Celle-ci est donc satisfaite dans tout modèle de A : c'est une conséquence de A.

b) Soient n un élément de $\mathbb{N}^*$ et $\mathfrak{N} = \langle N, \mathfrak{f} \rangle$ un modèle de $A \wedge F_n$. On définit sur N une relation binaire ρ par : pour tous a et $b \in N$,

$$(a,b) \in \rho \quad \text{si et seulement si} \quad a = b \text{ ou } a = \mathfrak{f}(b) \text{ ou } a = \mathfrak{f}(\mathfrak{f}(b)).$$

On vérifie sans difficulté que c'est une relation d'équivalence. La classe d'équivalence de l'élément a est son **orbite** par la fonction $\mathfrak{f}$: elle contient les trois éléments : a, $\mathfrak{f}(a)$ et $\mathfrak{f}(\mathfrak{f}(a))$ (qui sont deux à deux distincts), et eux seulement. Toutes les classes d'équivalence ont donc trois éléments. Comme elles constituent une partition de l'ensemble N qui en a n, on en déduit que n est un multiple de **3**.

Inversement, pour chaque entier $p > 0$, on construit un modèle $\mathfrak{M}_p$ à $3p$ éléments de $A \wedge F_{3p}$ comme suit :

On prend pour ensemble de base : $M_p = \{0,1,2\} \times \{0,1,\ldots,p-1\}$, et pour interprétation de f la fonction f_p définie par :

$$f_p(i,j) = (i+1\,[\text{mod } 3]\,, j), \text{ pour chaque couple } (i,j) \in M_p\,.$$

c) Il suffit (exercice 11) de prouver que, pour tout $p \in \mathbb{N}^*$, les modèles de $A \wedge F_{3p}$ sont tous isomorphes. Considérons donc un entier $p > 0$, et un modèle $\mathfrak{M} = \langle M, g \rangle$ de $A \wedge F_{3p}$. Il y a p classes pour la relation d'équivalence ρ définie comme en b). Désignons-les par B_0, B_1, ..., B_{p-1}, et choisissons arbitrairement un élément b_i dans chaque B_i.

Définissons maintenant l'application $\varphi : M \longmapsto \{0,1,2\} \times \{0,1,\ldots,p-1\}$ par :

- $\varphi(b_i) = (0,i)$;
- $\varphi(g(b_i) = (1,i)$ pour tout $i \in \{0,1,\ldots,p-1\}$;
- $\varphi(g(g(b_i))) = (2,i)$;

φ est un isomorphisme de $\mathfrak{M}$ sur le modèle $\mathfrak{M}_p$ défini en b), car les classes sont mises en correspondance les unes avec les autres et on a bien, pour tout $a \in M$:

$$\varphi(g(a)) = f_p(\varphi(a)).$$

d) Il suffit de généraliser la construction des modèles $\mathfrak{M}_p$ de la question b) :

On prend cette fois pour ensemble de base : $\{0,1,2\} \times \mathbb{N}$. Quant à l'interprétation de f, c'est l'unique fonction définie sur cet ensemble qui prolonge simultanément toutes les f_p (la définition est la même que pour f_p à ceci près que l'indice j peut prendre toute valeur entière).

e) On généralise c) : on se donne un modèle dénombrable de A. Il y a cette fois un ensemble dénombrable de classes d'équivalence pour ρ, soit $\{B_n \,;\, n \in \mathbb{N}\}$. On choisit une suite $\{b_n \,;\, n \in \mathbb{N}\}$ telle que $b_n \in B_n$ pour tout n. On définit l'isomorphisme de ce modèle sur celui défini en d) exactement comme φ est défini en c), à la seule différence que l'indice n décrit $\mathbb{N}$. La vérification est très simple. Tous les modèles dénombrables de A sont donc isomorphes (puisqu'ils sont isomorphes au modèle que nous avons construit).

15. PRELIMINAIRES : On observe tout d'abord que F est équivalente à la conjonction des formules closes suivantes :

$\forall x \forall y (dx \simeq dy \Longrightarrow x \simeq y)$; $\forall x \forall y (gx \simeq gy \Longrightarrow x \simeq y)$; $\forall x \exists u\, x \simeq du$; $\forall x \exists v\, x \simeq gv$;

$\forall x \neg dx \simeq gx$; $\forall x\, dgx \simeq gdx$.

On en déduit que, pour que F soit satisfaite dans une structure $\mathfrak{M} = \langle M, \bar{d}, \bar{g} \rangle$, il faut et il suffit que $\bar{d}$ et $\bar{g}$ soient deux bijections qui commutent et qui ne prennent la même valeur en aucun point. De plus, si $\mathfrak{M} \models F$, on a, pour tout entier naturel m : $\bar{d}^m(\bar{g}(a)) = \bar{g}(\bar{d}^m(a))$ pour tout élément $a \in M$. C'est évident si $m = 0$; supposons que ce soit vrai pour $m = k$; on a alors :

$$\begin{aligned} \bar{d}^{k+1}(\bar{g}(a)) &= \bar{d}^k(\bar{d}(\bar{g}(a))) = \bar{d}^k(\bar{g}(\bar{d}(a))) && \text{[puisque } \bar{g} \text{ et } \bar{d} \text{ commutent]} \\ &= \bar{g}(\bar{d}^k(\bar{d}(a))) && \text{[par hypothèse de récurrence]} \\ &= \bar{g}(\bar{d}^{k+1}(a)). \end{aligned}$$

a) On raisonne par induction sur la hauteur du terme t. Comme il n'y a pas de symbole de constante dans L, un terme t de hauteur 0 est une variable, par exemple y, et comme y s'écrit aussi d^0g^0y (il s'agit du même terme), la formule $\forall y\, t \simeq d^0g^0y$ est universellement valide ; elle est en particulier conséquence de T.

Si $t = du$, et si $T \vdash^* \forall x\, u \simeq d^mg^nx$, alors $T \vdash^* \forall x\, t \simeq d^{m+1}g^nx$.

Si $t = gu$, et si $T \vdash^* \forall x\, u \simeq d^mg^nx$, alors, dans tout modèle $\mathfrak{M} = \langle M, \bar{d}, \bar{g} \rangle$ de T, on a, pour tout $a \in M$, $\bar{g}(\bar{d}^m(\bar{g}^n(a))) = \bar{d}^m(\bar{g}^{n+1}(a))$ (préliminaires), ce qui montre que $T \vdash^* \forall x\, t \simeq d^mg^{n+1}x$.

(On aura noté, bien que cela ne soit pas explicitement utilisé dans la démonstration, que tout terme de L s'écrit $d^{m_1}g^{n_1}d^{m_2}g^{n_2}\ldots d^{m_k}g^{n_k}x$, x étant une variable, et les m_i et les n_i étant des entiers naturels, tous non nuls sauf éventuellement m_1 et n_k).

b) $\mathfrak{M}_0$ est un modèle de F car les applications s_d et s_g sont des bijections qui commutent $[s_d(s_g(i,j)) = s_g(s_d(i,j)) = (i+1, j+1)]$ et ne prennent la même valeur en aucun point $[(i, j+1) \neq (i+1, j)]$. D'autre part, pour tous entiers relatifs i et j, et tous entiers naturels m et n, on a $s_d{}^m(s_g{}^n(i,j)) = (i+n, j+m)$. On en déduit que, pour $(m,n) \neq (0,0)$, on a : $s_d{}^m(s_g{}^n(i,j)) \neq (i,j)$ et $s_d{}^m(i,j) = (i, j+m) \neq (i+n, j) = s_g{}^n(i,j)$. Donc, $\mathfrak{M}_0$ est un modèle de chacune des formules F_{mn} ($(m,n) \neq (0,0)$) et, par suite, un modèle de T.

c) L'application h_{ab} est une bijection, la bijection inverse étant h_{-a-b}. De plus, pour tout couple $(i,j) \in \mathbb{Z} \times \mathbb{Z}$, on a :

$$h_{ab}(s_d(i,j)) = (i+a, j+1+b) = s_d(h_{ab}(i,j)) ;$$

et $$h_{ab}(s_g(i,j)) = (i+1+a, j+b) = s_g(h_{ab}(i,j)).$$

h_{ab} est donc un automorphisme de $\mathfrak{M}_0$.

On peut en fait démontrer qu'il n'y a pas d'automorphismes de $\mathfrak{M}_0$ en dehors de la famille des h_{ab} (indication : étant donné un automorphisme h de $\mathfrak{M}_0$, lui associer les applications h_1 et h_2 de $\mathbb{Z} \times \mathbb{Z}$ dans $\mathbb{Z}$ qui sont les composées des deux projections avec h [ce qui signifie que, pour i, j $\in \mathbb{Z}$, $h(i,j) = (h_1(i,j),h_2(i,j))$] ; montrer que h_1 ne dépend pas de la deuxième coordonnée, que h_2 ne dépend pas de la première, et que les fonctions d'une variable qui sont alors naturellement associées à h_1 et h_2 sont des bijections sur $\mathbb{Z}$ qui commutent avec la fonction successeur).

d) On sait déjà que $\mathbb{Z} \times \mathbb{Z}$ et $\emptyset$ sont définissables.

Soit A une partie de $\mathbb{Z} \times \mathbb{Z}$ distincte de $\emptyset$ et de $\mathbb{Z} \times \mathbb{Z}$. Soient i, j, k et l des entiers relatifs tels que $(i,j) \in A$ et $(k,l) \notin A$. Posons $a = k - i$ et $b = l - j$. On a $h_{ab}(i,j) = (k,l)$, ce qui montre que A n'est pas invariante par l'automorphisme h_{ab}, donc qu'elle n'est pas définissable (5.11, théorème 2). Les seules parties de $\mathbb{Z} \times \mathbb{Z}$ définissables dans $\mathfrak{M}_0$ sont donc $\mathbb{Z} \times \mathbb{Z}$ et $\emptyset$.

16. PRELIMINAIRES : nous décrivons une méthode que nous utiliserons plusieurs fois pour obtenir toutes les parties définissables de l'ensemble de base (ou d'une puissance cartésienne de cet ensemble) dans une réalisation $\mathfrak{M} = \langle M, \ldots \rangle$ d'un langage L.

Supposons qu'aient été déterminés des sous-ensembles A_1, A_2, ..., A_n de M^k, en nombre fini, qui soient tous définissables dans $\mathfrak{M}$, et qui réalisent une partition de l'ensemble M^k. Supposons de plus que, pour tout indice i compris entre 1 et n, quels que soient les éléments $\alpha = (a_1,a_2,\ldots,a_k)$ et $\beta = (b_1,b_2,\ldots,b_k)$ appartenant à A_i, il existe un automorphisme de la structure $\mathfrak{M}$ qui envoie α sur β, c'est-à-dire a_1 sur b_1, a_2 sur b_2, ..., a_k sur b_k (cette propriété est automatiquement satisfaite pour ceux des A_i qui contiennent un seul élément : l'automorphisme en question étant alors l'identité).

Dans ces conditions, en vertu du théorème 2 de 5.11, pour toute partie X de M^k, définissable dans $\mathfrak{M}$, chacun des sous-ensembles A_i doit être soit inclus dans X, soit disjoint de X. Il est alors facile de conclure que toute partie de M^k définissable dans $\mathfrak{M}$ est une réunion d'ensembles pris parmi A_1, A_2, ..., A_n. Autrement dit, l'algèbre de Boole des parties de M^k définissables dans $\mathfrak{M}$ est la sous-algèbre de $\mathfrak{P}(M^k)$ engendrée par A_1, A_2, ..., A_n. Cette sous-algèbre de Boole a 2^n éléments (se reporter à l'exercice 17 et au corollaire 4.3 du chapitre 2).

a) Soient A une partie non vide de $\mathbb{Z}/n\mathbb{Z}$, définissable dans $\mathfrak{M}_1$, et k un élément de A. Pour chaque élément $h \in \mathbb{Z}/n\mathbb{Z}$, l'application $\varphi : x \longmapsto x + h - k$ est une bijection de $\mathbb{Z}/n\mathbb{Z}$ sur lui-même qui commute avec l'application $x \longmapsto x + 1$ (ce qui signifie que, pour tout $x \in \mathbb{Z}/n\mathbb{Z}$, $\varphi(x + 1) = \varphi(x) + 1$) ; φ est donc un automorphisme de la structure $\mathfrak{M}_1$. Comme A est définissable, on en déduit que h, qui est égal à $\varphi(k)$, appartient à A (5.11, théorème 2). Donc $A = \mathbb{Z}/n\mathbb{Z}$, et les seules parties de $\mathbb{Z}/n\mathbb{Z}$ définissables dans $\mathfrak{M}_1$ sont $\emptyset$ et $\mathbb{Z}/n\mathbb{Z}$.

On montre exactement de la même manière (en remplaçant $\mathfrak{M}_1$ par $\mathfrak{M}_2$ et $x \longmapsto x + 1$ par $x \longmapsto x + 2$) que les seules parties de $\mathbb{Z}/n\mathbb{Z}$ définissables dans $\mathfrak{M}_2$ sont $\emptyset$ et $\mathbb{Z}/n\mathbb{Z}$.

b) Dans la structure $\mathfrak{N}_1$, l'ensemble $\{0\}$ est défini par la formule $gv_0v_0 \simeq v_0$, et l'ensemble $\{1,2\}$ par la négation de cette formule. D'autre part, l'application $x \longmapsto x + x$ est clairement un automorphisme de la structure, qui échange les éléments 1 et 2. Grâce aux préliminaires, on en conclut que les parties de $\mathbb{Z}/3\mathbb{Z}$ définissables dans $\mathfrak{N}_1$ sont au nombre de quatre : $\emptyset$, $\mathbb{Z}/3\mathbb{Z}$, $\{0\}$, et $\{1,2\}$.

Dans la structure $\mathfrak{N}_2$, les ensembles $\{0\}$, $\{3\}$, $\{2,4\}$ et $\{1,5\}$ sont respectivement définis par les formules :

H_0 : $gv_0v_0 \simeq v_0$;
H_3 : $ggv_0v_0gv_0v_0 \simeq gv_0v_0 \wedge \neg H_0$;
H_{24} : $\exists v_1 gv_1v_1 \simeq v_0 \wedge \neg H_0$;
H_{15} : $\neg H_0 \wedge \neg H_3 \wedge \neg H_{24}$.

Par ailleurs, l'application $x \longmapsto -x$ est un automorphisme de $\mathfrak{N}_2$ qui échange 2 et 4 d'une part, et 1 et 5 d'autre part. Les conditions décrites dans les préliminaires sont donc remplies, et on peut conclure que les parties de $\mathbb{Z}/6\mathbb{Z}$ définissables dans $\mathfrak{N}_2$ sont les 16 éléments de l'algèbre engendrée par $\{0\}$, $\{3\}$, $\{2,4\}$, $\{1,5\}$, c'est-à-dire :

$$\emptyset\ ,\ \{0\}\ ,\ \{3\}\ ,\ \{2,4\}\ ,\ \{1,5\}\ ,\ \{0,3\}\ ,\ \{0,2,4\}\ ,\ \{0,1,5\}\ ,\ \{2,3,4\}\ ,\ \{1,3,5\}\ ,$$
$$\{1,2,4,5\}\ ,\ \{0,2,3,4\}\ ,\ \{0,1,3,5\}\ ,\ \{0,1,2,4,5\}\ ,\ \{1,2,3,4,5\}\ ,\ \mathbb{Z}/6\mathbb{Z}.$$

Venons-en à la structure $\mathfrak{N}_3$. Les ensembles $\{0\}$, $\{1\}$, $\{-1\}$ et $\mathbb{R}_+$ y sont définis, respectivement, par les formules :

F_0 : $\forall v_1 gv_1v_0 \simeq v_0$;
F_1 : $\forall v_1 gv_1v_0 \simeq v_1$;
F_{-1} : $\forall v_1 gv_1gv_0v_0 \simeq v_1 \wedge \neg F_1$;
$F_{\mathbb{R}_+}$: $\exists v_1 gv_1v_1 \simeq v_0$.

Toutes les combinaisons booléennes de ces quatre ensembles sont également définissables (5.11, théorème 1), en particulier $\mathbb{R}_+^* - \{1\}$ et $\mathbb{R}_-^* - \{-1\}$.

Etant donné un réel α non nul, l'application $\psi[\alpha]$ de $\mathbb{R}$ dans $\mathbb{R}$ qui, à chaque réel x, associe 0 si $x = 0$, x^α si $x > 0$ et $-(-x)^\alpha$ si $x < 0$, est une bijection qui commute avec l'application $(x,y) \longmapsto xy$ (pour tous réels x et y, $\psi[\alpha](xy) = \psi[\alpha](x)\,\psi[\alpha](y)$) ; il s'agit donc d'un automorphisme de la structure $\mathfrak{N}_3$. Soient a et b deux éléments de $\mathbb{R}_+^* - \{1\}$; $\ln b / \ln a$ est alors un réel non nul, et l'automorphisme $\psi[\ln b / \ln a]$ envoie a sur b. On arriverait à la même conclusion en remplaçant $\mathbb{R}_+^* - \{1\}$ par $\mathbb{R}_-^* - \{-1\}$, en considérant, lorsque a et b sont des éléments de $\mathbb{R}_-^* - \{-1\}$ l'automorphisme $\psi[\ln(-b) / \ln(-a)]$.

On voit ainsi que les cinq ensembles $\{0\}$, $\{1\}$, $\{-1\}$, $\mathbb{R}_+^* - \{1\}$ et $\mathbb{R}_-^* - \{-1\}$, qui réalisent une partition de $\mathbb{R}$, et sont définissables dans $\mathfrak{N}_3$, satisfont les conditions décrites dans les préliminaires. On en déduit que l'algèbre de Boole des parties de $\mathbb{R}$

définissables dans $\mathfrak{N}_3$ est la sous-algèbre de $\mathfrak{P}(\mathbb{R})$ engendrée par $\{0\}$, $\{1\}$, $\{-1\}$, $\mathbb{R}^*_+ - \{1\}$ et $\mathbb{R}^*_- - \{-1\}$. Elle possède 32 éléments.

c) La question 1) a été résolue à la fin du n° 5.11, où nous avons vu que les seules parties de $\mathbb{R}$ définissables dans la structure $<\mathbb{R}, \leqslant>$ sont $\emptyset$ et $\mathbb{R}$. Nous allons traiter 2) en utilisant une nouvelle fois les préliminaires. On considère les trois sous-ensembles suivants de $\mathbb{R}^2$:

$A_1 = \{(x,y) \in \mathbb{R}^2 ; x = y\}$; qui est défini par la formule $v_0 \simeq v_1$;

$A_2 = \{(x,y) \in \mathbb{R}^2 ; x < y\}$; qui est défini par la formule $Rv_0v_1 \wedge \neg v_0 \simeq v_1$;

$A_3 = \{(x,y) \in \mathbb{R}^2 ; x > y\}$; qui est défini par la formule $Rv_1v_0 \wedge \neg v_0 \simeq v_1$.

Soient $\alpha = (a,b)$ et $\beta = (c,d)$ deux éléments de $\mathbb{R}^2$. S'ils appartiennent à A_1, on a $a = b$ et $c = d$, et l'application $x \longmapsto x + c - a$ est un automorphisme de la structure $<\mathbb{R}, \leqslant>$ qui envoie α sur β. Si α et β appartiennent à A_2 (respectivement : à A_3), on a $a < b$ et $c < d$ (respectivement : $a > b$ et $c > d$) ; le réel $\frac{d-c}{b-a}$ est strictement positif et l'application

$$x \longmapsto \frac{d-c}{b-a}x + \frac{bc-ad}{b-a}$$

est un automorphisme de $<\mathbb{R}, \leqslant>$ qui envoie α sur β. Les conditions décrites dans les préliminaires sont donc remplies, et on voit qu'il y a huit sous-ensembles de $\mathbb{R}^2$ qui sont définissables : $\emptyset$, $\mathbb{R}^2$, A_1, A_2, A_3, et les trois sous-ensembles suivants :

$$A_2 \cup A_3 = \{(x,y) \in \mathbb{R}^2 ; x \neq y\} ;$$
$$A_1 \cup A_3 = \{(x,y) \in \mathbb{R}^2 ; x \geqslant y\} ;$$
$$A_1 \cup A_2 = \{(x,y) \in \mathbb{R}^2 ; x \leqslant y\}.$$

17. a) On prend comme ensemble de base $\mathbb{Z}/(n+1)\mathbb{Z} = \{0,1,\ldots,n\}$, et comme interprétation de R la relation binaire $\overline{R}$ définie par : pour tous éléments a et b de $\mathbb{Z}/(n+1)\mathbb{Z}$, $(a,b) \in \overline{R}$ si et seulement si $b = a + 1$ (addition dans $\mathbb{Z}/(n+1)\mathbb{Z}$). Le $(n+1)$-uple $(0,1,\ldots,n)$ constitue un $(n+1)$-cycle pour $\overline{R}$, donc la structure que nous venons de définir ne satisfait pas la formule F_{n+1}. Par ailleurs, il est facile de vérifier que, si $2 \leqslant k \leqslant n$, il n'y a dans cette structure aucun k-cycle, ce qui montre que les formules $F_2, F_3, \ldots, F_n$ y sont satisfaites.

b) Si $T \vdash^* G$, alors il existe une partie finie T' de T telle que $T' \vdash^* G$ (théorème de compacité). On peut trouver un entier $p \geqslant 2$ tel que $T' \subseteq \{F_2, F_3, \ldots, F_p\}$, et on aura alors, naturellement, $\{F_2, F_3, \ldots, F_p\} \vdash^* G$, ce qui signifie exactement que G est satisfaite dans toute L-structure qui ne comporte aucun cycle d'ordre inférieur ou égal à p.

c) Soit G une formule close conséquence de T, et soit p un entier supérieur ou égal à 2 tel que G soit satisfaite dans toute L-structure qui ne comporte pas de cycle d'ordre inférieur ou égal à p (voir b)). Considérons un modèle de la formule :

$$F_2 \wedge F_3 \wedge \ldots \wedge F_p \wedge \neg F_{p+1} ;$$

(il en existe d'après a)) ; G est satisfaite dans ce modèle, et ce modèle est avec cycle (il y a au moins un cycle d'ordre $p + 1$).

d) On raisonne par l'absurde. Soit T_0 une théorie finie équivalente à T, et soit H la conjonction des formules de T_0. La théorie T est alors équivalente à $\{H\}$. En particulier, la formule H est conséquence de T, donc (question c)) elle admet au moins un modèle avec cycle ; un tel modèle n'est pas un modèle de T (qui n'a que des modèles sans cycle), tout en étant un modèle de $\{H\}$, alors que T et $\{H\}$ sont équivalentes : il y a donc contradiction.

18. On raisonne par l'absurde, en supposant l'existence d'une théorie T de L qui ait la propriété indiquée. Considérons la théorie (du langage L') :

$$T' = T \cup \{F_n \,;\, n \in \mathbb{N}\}.$$

Un modèle de T' doit donc être une L'-structure dans laquelle l'interprétation de R est une relation de bon ordre et dans laquelle l'ensemble des interprétations des c_n constitue une partie non vide de l'ensemble de base qui ne peut pas avoir de plus petit élément modulo R (les c_n forment une « suite infinie descendante »). Cette situation est évidemment contradictoire et on en conclut que T' est contradictoire. D'après le théorème de compacité du calcul des prédicats, on peut trouver une partie finie T'' de T' qui est contradictoire. Il existe alors un entier naturel N tel que $T'' \subseteq T \cup \{F_n \,;\, n \leqslant N\}$. La théorie $T_N = T \cup \{F_n \,;\, n \leqslant N\}$ est donc elle-même contradictoire. Considérons pourtant la L_0-structure $\mathfrak{M}_0 = \langle \mathbb{N}, \leqslant \rangle$ (où R est donc interprété par la relation d'ordre habituelle sur $\mathbb{N}$) ; d'après notre hypothèse, $\mathfrak{M}_0$ peut être enrichie en une L-structure $\mathfrak{M}$ qui est un modèle de T ; enrichissons maintenant $\mathfrak{M}$ en une L'-structure $\mathfrak{M}'$ en interprétant chaque symbole c_n par l'entier $N + 1 \dot{-} n$ (égal à $N + 1 - n$ si $n \leqslant N - 1$ et à 0 si $n > N + 1$) : il est clair que $\mathfrak{M}'$ est un modèle des formules F_0, F_1, ..., F_N et, également, un modèle de T. On a ainsi un modèle de la théorie T_N, ce qui est absurde.

La propriété « être un bon ordre » n'est donc pas pseudo-axiomatisable.

19. Supposons que $F[c_1,c_2,\ldots,c_k]$ soit conséquence de T. Soit $\mathfrak{M} = \langle M, \ldots \rangle$ une L-structure modèle de T. Quels que soient les éléments a_1, a_2, ..., a_k de M, on peut enrichir $\mathfrak{M}$ en une L'-structure $\mathfrak{M}'$ en interprétant chacun des symboles de constante c_i ($1 \leqslant i \leqslant k$) par l'élément a_i ; $\mathfrak{M}'$ est aussi un modèle de T (lemme 3.11), donc (d'après notre supposition) un modèle de $F[c_1,c_2,\ldots,c_k]$; on en déduit, en appliquant (k fois) la proposition 3.2, que :

$$\langle \mathfrak{M}' \,;\, x_1 \to a_1, x_2 \to a_2, \ldots, x_k \to a_k \rangle \models F \,;$$

mais cela équivaut clairement à :

$$\mathfrak{M} \models F[a_1,a_2,\ldots,a_k],$$

ce qui nous permet de conclure que la formule $\forall x_1 \forall x_2 \ldots \forall x_k F[x_1,x_2,\ldots,x_k]$ est satisfaite dans $\mathfrak{M}$. Cette formule, vraie dans toute L-structure qui est un modèle de T, est donc conséquence de la théorie T.

20. a) D'après le théorème 5.10, l'hypothèse faite signifie que la théorie $T \cup \Delta(\mathfrak{M})$ (du langage L_M) n'a pas de modèle. Grâce au théorème de compacité, on en conclut qu'il existe une partie finie E de cette théorie qui n'a pas de modèle. Désignons par K la conjonction des formules de $\Delta(\mathfrak{M})$ qui appartiennent à E (ces formules étant nécessairement en nombre fini). La théorie $T \cup \{K\}$ est alors contradictoire. Remarquons que toute conjonction de formules de $\Delta(\mathfrak{M})$ est encore une formule close sans quantificateur de L_M satisfaite dans $\mathfrak{M}^*$ (enrichissement naturel de $\mathfrak{M}$ au langage L_M). Donc $K \in \Delta(\mathfrak{M})$. Il existe alors une formule $H = H[x_1,x_2,\ldots,x_n]$ sans quantificateur du langage L, et des paramètres a_1, a_2, ..., a_n dans M, tels que $K = H[a_1,a_2,\ldots,a_n]$ (nous omettons de souligner, confondant paramètres et symboles de constante de L_M correspondants). Dire que $T \cup \{K\}$ est une théorie contradictoire du langage L_M équivaut à dire que la formule $\neg K$ est conséquence de la théorie T :

$$T \vdash^* \neg H[a_1,a_2,\ldots,a_n].$$

En utilisant le résultat de l'exercice 19, on en conclut que la formule :

$$\forall x_1 \forall x_2 \ldots \forall x_n \neg H[x_1,x_2,\ldots,x_n],$$

est conséquence de la théorie T. Comme, par ailleurs, on a $\mathfrak{M} \models H[a_1,a_2,\ldots,a_n]$ (puisque $K \in \Delta(\mathfrak{M})$), la formule $\forall x_1 \forall x_2 \ldots \forall x_n \neg H[x_1,x_2,\ldots,x_n]$ n'est pas satisfaite dans $\mathfrak{M}$. Ainsi la formule $G = \neg H$ répond à la question.

b) Supposons qu'il existe une extension $\mathfrak{N}$ de $\mathfrak{M}$ qui soit un modèle de T. Alors $\mathfrak{N}$ satisfait aussi toutes les formules closes qui sont conséquences de T, et en particulier celles qui sont universelles ; donc $\mathfrak{N}$ est un modèle de $U(T)$. Mais toute formule close universelle de L satisfaite dans $\mathfrak{N}$ est également satisfaite dans la sous-structure $\mathfrak{M}$ de $\mathfrak{N}$ (théorème 2 de 5.1) ; il en résulte que $\mathfrak{M}$ est un modèle de $U(T)$.

Réciproquement, supposons que $\mathfrak{M}$ soit un modèle de $U(T)$. Il ne peut alors exister aucune formule $G[x_1,x_2,\ldots,x_n]$ sans quantificateur de L telle que :

$$T \vdash^* \forall x_1 \forall x_2 \ldots \forall x_n G[x_1,x_2,\ldots,x_n]$$

et

$$\mathfrak{M} \not\models \forall x_1 \forall x_2 \ldots \forall x_n G[x_1,x_2,\ldots,x_n].$$

On ne peut donc pas être dans la situation décrite à la question précédente. La conclusion est qu'il existe au moins une extension de $\mathfrak{M}$ qui est un modèle de T.

c) Si $\mathfrak{M}$ admet une extension qui est un modèle de T, alors toute sous-structure de $\mathfrak{M}$ a la même propriété (une extension de $\mathfrak{M}$ est aussi une extension de n'importe quelle sous-structure de $\mathfrak{M}$) ; en particulier, toute sous-structure de type fini de $\mathfrak{M}$ admet une extension qui est un modèle de T.

En vue de la réciproque, nous utiliserons l'équivalence établie en b) : il suffit de prouver que $\mathfrak{M}$ est un modèle de $U(T)$, sachant que toutes ses sous-structures de type fini le sont. Mais cela résulte immédiatement de la question d) de l'exercice 12 : chaque formule de $U(T)$ est universelle ; si elle est vraie dans toute sous-structure de type fini de $\mathfrak{M}$, alors elle est vraie dans $\mathfrak{M}$; donc $\mathfrak{M}$ est un modèle de $U(T)$.

21. a) On raisonne par l'absurde. Supposons que A soit constituée d'éléments ayant tous le même type, et que B soit une partie de M, définissable dans $\mathfrak{M}$ par une formule F[v] de L, et telle que $B \cap A \neq \emptyset$ et $A \not\subseteq B$. Si on choisit des éléments a et b dans A tels que $a \in B$ et $b \notin B$ (un tel choix est possible), alors on a $\mathfrak{M} \models F[a]$ et $\mathfrak{M} \not\models F[b]$; il en résulte que $F \in \theta(a)$ et $F \notin \theta(b)$, donc $\theta(a) \neq \theta(b)$, ce qui contredit le fait que a et b ont le même type.

b) On raisonne encore par l'absurde : si $\theta(a) \neq \theta(h(a))$, alors il existe une formule $F[v] \in \mathscr{F}_1$ telle que $\mathfrak{M} \models F[a]$ et $\mathfrak{M} \not\models F[h(a)]$; mais cette situation contredirait le théorème 5.2.

c) Dans $\mathfrak{M}_1$, les éléments ont tous le même type : si a et b sont deux réels, l'application $x \longmapsto x + b - a$ est un automorphisme de $\mathfrak{M}_1$ qui envoie a sur b ; a et b ont donc le même type d'après la question qui précède (on retrouve une situation déjà étudiée à la fin de 5.2 et reprise dans l'exercice 16 (question c)).

Dans $\mathfrak{M}_2$, 0 et 1 n'ont pas le même type : en effet, la formule $\exists w fw \simeq v$ est satisfaite par 1 et pas par 0.

Dans $\mathfrak{M}_3$, les éléments ont tous le même type : si a et b sont deux entiers relatifs, l'application $x \longmapsto x + b - a$ est un automorphisme de $\mathfrak{M}_3$ qui envoie a sur b (vérification immédiate) ; a et b ont donc même type d'après la question b).

Dans $\mathfrak{M}_4$, 0 et 1 n'ont pas le même type : en effet, la formule $v \simeq c$ est satisfaite par 0 et pas par 1.

Dans $\mathfrak{M}_5$, 0 et 1 n'ont pas le même type : en effet, la formule $gvv \simeq v$ est satisfaite par 0, mais ne l'est pas par 1.

d) Soit $\mathfrak{M} = \langle M, \dots \rangle$ un modèle de T. On définit une application φ de M dans $\{0,1\}^n$ de la manière suivante : pour tout élément $a \in M$, on pose, pour tout i compris entre 1 et n :

$$\varepsilon_i = \begin{cases} 1 & \text{si } F_i \in \theta(a). \\ 0 & \text{si } F_i \notin \theta(a) ; \end{cases}$$

puis :

$$\varphi(a) = (\varepsilon_1, \varepsilon_2, \dots, \varepsilon_n).$$

Soient a et b deux éléments de M tels que $\varphi(a) = \varphi(b)$; cela veut dire que, pour tout i compris entre 1 et n, $F_i \in \theta(a)$ si et seulement si $F_i \in \theta(b)$, ou encore que la formule $\bigwedge_{1 \leqslant i \leqslant n} (F_i[v_0] \Longleftrightarrow F_i[v_1])$ est satisfaite dans $\mathfrak{M}$ par le couple (a,b).

Etant donné que $\mathfrak{M}$ est un modèle de T, et qu'on a supposé que la formule G est conséquence de T, on en déduit qu'on a nécessairement $a = b$, ce qui prouve que l'application φ est injective. Le cardinal de M est donc au plus égal à celui de $\{0,1\}^n$, c'est-à-dire à 2^n.

e) Ajoutons comme indiqué deux nouveaux symboles de constante c et d au langage L, et considérons la théorie S_1 suivante du langage enrichi L_1 :

$$S_1 = S \cup \{F[c] \Longleftrightarrow F[d] \;;\; F \in \mathcal{F}_1(L)\} \cup \{\neg c \simeq d\}.$$

Il est clair que, dans tout modèle de S_1, les interprétations de c et d sont deux éléments distincts qui ont le même type dans le réduit de ce modèle au langage L. Il suffit donc, pour résoudre le problème posé, de montrer que S_1 est une théorie consistante de L_1. Supposons le contraire. En appliquant le théorème de compacité, on trouve une partie finie de S_1 qui est contradictoire ; il existe donc des formules $F_1, F_2, \ldots, F_n$ à une variable libre de L, en nombre fini ($n \geqslant 1$), telles que la théorie :

$$S_0 = S \cup \{F_i[c] \Longleftrightarrow F_i[d] \;;\; 1 \leqslant i \leqslant n\} \cup \{\neg c \simeq d\}$$

soit contradictoire. Il revient au même de dire que la formule :

$$\bigwedge_{1 \leqslant i \leqslant n} (F_i[c] \Longleftrightarrow F_i[d]) \Longrightarrow c \simeq d$$

est conséquence de S. On peut alors appliquer le résultat de l'exercice 19 et, revenant au seul langage L, obtenir la conclusion suivante :

$$S \vdash^* \forall v_0 \forall v_1 (\bigwedge_{1 \leqslant i \leqslant n} (F_i[v_0] \Longleftrightarrow F_i[v_1]) \Longrightarrow v_0 \simeq v_1).$$

D'après la question d), cela exige que tout modèle de S ait au plus 2^n éléments. Or il a été supposé que S admettait au moins un modèle infini : nous avons donc abouti à une contradiction.

On peut donner une démonstration plus rapide de la propriété qui vient d'être établie, en utilisant un théorème qui sera démontré au chapitre 8, le théorème de Löwenheim-Skolem ascendant, qui affirme notamment que, lorsqu'une théorie admet un modèle infini, elle admet des modèles dans des cardinalités arbitrairement grandes. Soit alors $\mathfrak{M} = \langle M, \ldots \rangle$ un modèle de S, et supposons qu'il n'existe dans M aucun couple d'éléments distincts ayant même type ; cela signifie que l'application $a \longmapsto \theta(a)$, de M dans l'ensemble des parties de $\mathcal{F}_1$, est injective (en effet, si elle ne l'était pas, on trouverait dans M deux éléments distincts a et b tels que $\theta(a) = \theta(b)$, c'est-à-dire deux éléments distincts ayant même type). Il en résulte que le cardinal du modèle $\mathfrak{M}$ est majoré par celui de l'ensemble $\mathfrak{P}(\mathcal{F}_1)$. On voit donc qu'il suffit de considérer un modèle de S de cardinal strictement supérieur à celui de $\mathfrak{P}(\mathcal{F}_1)$ (il en existe d'après le théorème cité précédemment, puisqu'on a supposé que S admet au moins un modèle infini), pour être assuré de l'existence d'au moins un couple d'éléments distincts ayant même type.

f) D'après ce qui vient d'être démontré, une théorie T ne peut satisfaire les conditions requises que si elle n'admet aucun modèle infini. On peut, par exemple, considérer, dans le langage L constitué de deux symboles de constantes distincts c et d, la théorie T comportant l'unique formule suivante :

$$\forall v_0 (v_0 \simeq c \vee v_0 \simeq d) \wedge \neg c \simeq d.$$

Il est évident que tout modèle de T a exactement deux éléments : $\bar{c}$ et $\bar{d}$, et que ces deux éléments n'ont pas le même type, puisque la formule $v_0 \simeq c$ appartient à $\theta(\bar{c})$ et n'appartient pas à $\theta(\bar{d})$.

g) Le langage L est constitué d'un symbole de constante c et d'un symbole de fonction unaire f. On considère la L-structure $\mathfrak{N}$ dont l'ensemble de base est $\mathbb{N}$, où c est interprété par 0 et f par la fonction successeur. Cette structure est infinie et ne contient aucun couple d'éléments distincts ayant même type : en effet, si n et p sont des entiers tels que $0 \leqslant n < p$, la formule $v_0 \simeq f^p c$ appartient à $\theta(p)$ et n'appartient pas à $\theta(n)$; donc n et p n'ont pas le même type.

CHAPITRE 4

1. Il y a des cas où $F \Longrightarrow \forall vF$ n'est pas universellement valide : par exemple, dans un langage contenant un symbole de prédicat unaire P, prenons $F = Pv$. Alors la clôture universelle de $Pv \Longrightarrow \forall vPv$ est égale à $\forall v(Pv \Longrightarrow \forall vPv)$ qui elle-même est logiquement équivalente à $\exists vPv \Longrightarrow \forall vPv$. Cette dernière formule est fausse dans une structure où P est interprété par un ensemble qui n'est ni vide ni égal à l'ensemble de base tout entier.

2. a) Prenons, dans un langage contenant un symbole de prédicat unaire P, la formule $F = Pw$. Alors $\forall vF \Longrightarrow \forall wF_{w/v}$ est égale à $\forall vPw \Longrightarrow \forall wPw$, logiquement équivalente à $Pw \Longrightarrow \forall wPw$. On a vu, à l'exercice 1, que cette formule n'est pas universellement valide.

b) Le langage, cette fois, comporte un symbole de prédicat binaire R et $F = \exists wRvw$. Alors $\forall vF \Longrightarrow \forall wF_{w/v} = \forall v\exists wRvw \Longrightarrow \forall w\exists wRww$, qui est logiquement équivalente à $\forall v\exists wRvw \Longrightarrow \exists wRww$. Cette formule est fausse, par exemple, dans la structure dont l'ensemble de base est $\mathbb{N}$ et où R est interprété par la relation d'ordre strict.

3. On commence à écrire une démonstration de $\exists v_0F$ dans T, que l'on fait suivre d'une démonstration de $\forall v_0(F \Longrightarrow G)$, toujours dans T (ces deux démonstrations existent par hypothèse). On complète par les formules suivantes, qui constituent une démonstration de $\exists v_0G$ à partir de $\exists v_0F$ et $\forall v_0(F \Longrightarrow G)$:

(1) $\forall v_0(F \Longrightarrow G) \Longrightarrow (F \Longrightarrow G)$ exemple 4 de 1.3
(2) $F \Longrightarrow G$ par modus ponens, puisque $\forall v_0(F \Longrightarrow G)$ est déjà apparu
(3) $\forall v_0\neg G \Longrightarrow \neg G$ exemple 4 de 1.3
(4) $(F \Longrightarrow G) \Longrightarrow ((\forall v_0\neg G \Longrightarrow \neg G) \Longrightarrow (\forall v_0\neg G \Longrightarrow \neg F))$ tautologie
(5) $(\forall v_0\neg G \Longrightarrow \neg G) \Longrightarrow (\forall v_0\neg G \Longrightarrow \neg F)$ par modus ponens à partir de (2) et (4)
(6) $\forall v_0\neg G \Longrightarrow \neg F$ par modus ponens à partir de (3) et (5)
(7) $\forall v_0(\forall v_0\neg G \Longrightarrow \neg F)$ par généralisation à partir de (6)
(8) $\forall v_0(\forall v_0\neg G \Longrightarrow \neg F) \Longrightarrow (\forall v_0\neg G \Longrightarrow \forall v_0\neg F)$ axiome du schéma b)
(9) $\forall v_0\neg G \Longrightarrow \forall v_0\neg F$ par modus ponens à partir de (7) et (8)
(10) $\exists v_0F \Longleftrightarrow \neg\forall v_0\neg F$ axiome du schéma a)
(11) $(\exists v_0F \Longleftrightarrow \neg\forall v_0\neg F) \Longrightarrow (\exists v_0F \Longrightarrow \neg\forall v_0\neg F)$ tautologie
(12) $\exists v_0F \Longrightarrow \neg\forall v_0\neg F$ par modus ponens à partir de (10) et (11)
(13) $\neg\forall v_0\neg F$ par modus ponens, à partir de (12) et de $\exists v_0F$ déjà apparue
(14) $(\forall v_0\neg G \Longrightarrow \forall v_0\neg F) \Longrightarrow (\neg\forall v_0\neg F \Longrightarrow \neg\forall v_0\neg G)$ tautologie
(15) $\neg\forall v_0\neg F \Longrightarrow \neg\forall v_0\neg G$ par modus ponens à partir de (14) et (9)

(16)	$\neg\forall v_0\neg G$	par modus ponens à partir de (15) et (13)
(17)	$\exists v_0 G \Longleftrightarrow \neg\forall v_0\neg G$	axiome du schéma a)
(18)	$(\exists v_0 G \Longleftrightarrow \neg\forall v_0\neg G) \Longrightarrow (\neg\forall v_0\neg G \Longrightarrow \exists v_0 G)$	tautologie
(19)	$\neg\forall v_0\neg G \Longrightarrow \exists v_0 G$	par modus ponens à partir de (17) et (18)
(20)	$\exists v_0 G$	par modus ponens à partir de (16) et (19).

4. Voici une démonstration de $F \vee \forall v G$ à partir de $\forall v(F \vee G)$:

(1)	$\forall v(F \vee G) \Longrightarrow (F \vee G)$	axiome du schéma c)
(2)	$\forall v(F \vee G)$	formule de la théorie
(3)	$(F \vee G)$	par modus ponens à partir de (1) et (2)
(4)	$(F \vee G) \Longrightarrow (\neg F \Longrightarrow G)$	tautologie
(5)	$\neg F \Longrightarrow G$	par modus ponens à partir de (3) et (4)
(6)	$\forall v(\neg F \Longrightarrow G)$	par généralisation
(7)	$\forall v(\neg F \Longrightarrow G) \Longrightarrow (\neg F \Longrightarrow \forall v G)$	axiome du schéma b) (v n'est pas libre dans F)
(8)	$(\neg F \Longrightarrow \forall v G)$	par modus ponens à partir de (6) et (7)
(9)	$(\neg F \Longrightarrow \forall v G) \Longrightarrow (F \vee \forall v G)$	tautologie
(10)	$(F \vee \forall v G)$	par modus ponens à partir de (8) et (9).

5. a) On définit $\varphi(F)$ par induction sur F :

• si F est une formule atomique, alors $\varphi(F) = 1$ (en fait, ici, on aurait aussi bien pu choisir $\varphi(F) = 0$)

• sinon, on utilise les conditions *1)*, *2)*, *3)* et *4)* comme définition, en remarquant qu'elles sont compatibles entre elles.

b) La vérification est immédiate : si F est une tautologie, alors $\varphi(F) = 1$ grâce aux conditions *3)* et *4)* ; si F est de la forme $\exists v G \Longleftrightarrow \neg\forall v\neg G$, alors $\varphi(\exists v G) = 1$ (condition *2)*), $\varphi(\neg\forall v\neg G) = 1$ (condition *1)*), et donc $\varphi(\exists v G \Longleftrightarrow \neg\forall v\neg G) = 1$ (condition *4)*) ; pour les formules du schéma b) ou c), on fait le même type de démonstration.

c) D'après la condition *4)* appliquée au connecteur $\alpha = \Longrightarrow$, si $\varphi(F \Longrightarrow G) = 1$ et $\varphi(F) = 1$, on doit avoir $\varphi(G) = 1$.

d) Soit $(F_1, F_2, \ldots, F_n)$ une démonstration formelle de F ($F = F_n$) qui ne fait pas appel à la règle de généralisation. Cela veut dire que si i est compris entre 1 et n, alors une des deux éventualités suivantes se présente nécessairement :

• F_i est un axiome,

• F_i se déduit par modus ponens de deux formules qui la précèdent, c'est-à-dire qu'il existe j et k inférieurs à i tels que $F_j = F_k \Longrightarrow F_i$.

On montre immédiatement par récurrence sur l'entier i, en utilisant les questions b) et c), que $\varphi(F_i) = 1$. Donc $\varphi(F) = 1$.

Choisissons maintenant la formule $F = \forall v(G \Longrightarrow G)$, où G est une formule quelconque. Cette formule est manifestement démontrable (elle s'obtient par généralisation à partir de la tautologie $G \Longrightarrow G$). Pourtant, $\varphi(F) = 0$, et donc elle ne peut pas se montrer sans la règle de généralisation.

6. a) On adapte de façon évidente la définition de l'exercice précédent.

b) Il faut d'abord vérifier que pour les tautologies et les formules des schémas a) et b), φ prend la valeur 1, ce qui découle des conditions imposées à φ. Si $\varphi(F \Longrightarrow G) = 1$ et $\varphi(F) = 1$, alors, comme à l'exercice précédent, $\varphi(G) = 1$. Enfin, si F se déduit par généralisation, F commence par un quantificateur universel, et donc $\varphi(F) = 1$.

Cela permet de montrer, comme précédemment, que, si F admet une démonstration ne faisant pas appel au schéma c), alors $\varphi(F) = 1$.

c) Soit F une formule du schéma c) telle que $\varphi(F) = 0$, par exemple $F = \forall v_0 \exists v_1 G \Longrightarrow \exists v_1 G$, où G est une formule quelconque. Cette formule est démontrable, mais, puisque $\varphi(F)$ n'est pas égal à 1, elle n'admet pas de démonstration ne faisant pas appel au schéma c).

7. Soit $(F_1,F_2,\ldots,F_n)$ une démonstration de la formule F ($F = F_n$) ne faisant pas appel au schéma a). On montre que $(F_1^*,F_2^*,\ldots,F_n^*)$ est une démonstration de F^*.

• Si F_i est une tautologie, alors F_i^* en est une aussi. En effet, il existe une tautologie propositionnelle $P[A_1,A_2,\ldots,A_k]$ dépendant des variables propositionnelles $A_1,A_2,\ldots,A_k$, et des formules $G_1,G_2,\ldots G_k$ telles que :

$$F_i = P[G_1,G_2,\ldots,G_k].$$

Alors $F_i^* = P[G_1^*,G_2^*,\ldots,G_k^*]$ ce qui montre bien que F_i est une tautologie.

• Si F_i appartient au schéma b), disons $F_i = \forall v(H \Longrightarrow G) \Longrightarrow (H \Longrightarrow \forall v G)$, où v est une variable n'ayant pas d'occurrence libre dans H, alors

$$F_i^* = \forall v(H^* \Longrightarrow G^*) \Longrightarrow (H^* \Longrightarrow \forall v G^*)$$

et F_i^* est aussi un axiome.

• Même raisonnement si F_i appartient au schéma c).

• Si F_i se déduit par modus ponens de F_j et F_k, avec j et k inférieurs à i, alors $F_j = F_k \Longrightarrow F_i$ donc $F_j^* = F_k^* \Longrightarrow F_i^*$: F_i^* se déduit par modus ponens de F_j^* et F_k^*.

• Si F_i se déduit par généralisation de F_j ($j < i$), alors F_i^* se déduit par généralisation de F_j^*.

Cela montre que, si F se démontre sans faire appel au schéma a), alors $\vdash F^*$. Si par exemple, P est un symbole de prédicat unaire, $F = \exists v P v \Longleftrightarrow \neg\forall v \neg P v$ est certainement démontrable (c'est un axiome), mais n'est pas démontrable sans le schéma a) : sinon $F^* = \forall v P v \Longleftrightarrow \neg\forall v \neg P v$ serait aussi démontrable, ce qui n'est pas vrai car F^* n'est pas universellement valide (elle est universellement équivalente à $\forall v P v \Longleftrightarrow \exists v P v$).

8. Il s'agit de montrer, en utilisant la méthode de Herbrand, que si T n'a pas de modèle, alors T n'est pas cohérente. Comme à la section 3, on suppose que chaque

formule F_n s'écrit :

$$F_n = \forall v_1 \exists v_2 \forall v_3 \ldots \forall v_{2k-1} \exists v_{2k} B_n[v_1, v_2, \ldots, v_{2k}]$$

où k est un entier et B_n est une formule sans quantificateur.

Appelons encore $\mathcal{T}$ l'ensemble des termes du langage et Θ_i l'ensemble des suites de longueur i d'éléments de $\mathcal{T}$. On introduit alors, pour tous n et i, une application $\alpha_{i,n}$ de Θ_i dans $\mathbb{N}$ de sorte que les propriétés suivantes soient satisfaites :

1) si v_m apparaît dans l'un des termes $t_1, t_2, \ldots, t_i$, alors $\alpha_{i,n}(t_1, t_2, \ldots, t_i) > m$;

2) si $j < i$ et $(t_1, t_2, \ldots, t_i)$ est une suite qui prolonge $(t_1, t_2, \ldots, t_j)$, alors $\alpha_{j,n}(t_1, t_2, \ldots, t_j) < \alpha_{i,n}(t_1, t_2, \ldots, t_i)$

3) si τ et σ sont deux suites distinctes de longueur respectives i et j et si n et m sont des entiers quelconques, alors $\alpha_{i,n}(\tau) \neq \alpha_{j,m}(\sigma)$.

Là encore, les codages du chapitre 6 permettent de construire sans difficulté de telles fonctions.

Un avatar de F_n sera, par définition une formule de la forme

$$B_n[t_1, v_{\alpha_{1,n}(t_1)}, t_2, v_{\alpha_{2,n}(t_1,t_2)}, \ldots, t_k, v_{\alpha_{k,n}(t_1,t_2,\ldots,t_k)}].$$

et appelons A_n l'ensemble de tous les avatars de F_n. Pour prouver les deux lemmes qui suivent, il suffit pratiquement de recopier les preuves des théorèmes 3.5 et 3.6 :

LEMME 1 : *Si* $\bigcup_{n \in \mathbb{N}} A_n$ *est propositionnellement satisfaisable, alors* $\{ F_n ; n \in \mathbb{N} \}$ *a un modèle.*

LEMME 2 : *Si* I *est une partie finie de* $\mathbb{N}$, *et si* $\bigcup_{n \in I} A_n$ *n'est pas propositionnellement satisfaisable, alors* $\neg \bigwedge_{n \in I} F_n$ *est démontrable.*

Ces deux lemmes permettent de prouver le théorème cherché.

9.

a)

$(A \wedge B) \Longrightarrow$	à partir de $(A \wedge B) \Longrightarrow C$ et de $C \Longrightarrow$ par coupure sur C
$B \Longrightarrow$	à partir de $(A \wedge B) \Longrightarrow$ et de $\Longrightarrow A$ par coupure sur A
$\square$	à partir de $B \Longrightarrow$ et de $B \Longrightarrow$ par coupure sur B.

b)

$(A \wedge B) \Longrightarrow$	à partir de $(A \wedge B) \Longrightarrow C$ et de $C \Longrightarrow$ par coupure sur C
$(A \wedge A) \Longrightarrow$	à partir de $(A \wedge B) \Longrightarrow$ et de $A \Longrightarrow B$ par coupure sur B
$A \Longrightarrow$	à partir de $(A \wedge A) \Longrightarrow$ par simplification
$\square$	à partir de $A \Longrightarrow$ et de $\Longrightarrow A$ par coupure sur A.

c)

$(B \wedge C) \Rightarrow$	à partir de $(A \wedge B) \Rightarrow$ et de $C \Rightarrow A$ par coupure sur A
$B \Rightarrow$	à partir de $(B \wedge C) \Rightarrow$ et de $\Rightarrow C$ par coupure sur C
$\Rightarrow (B \vee B)$	à partir de $D \Rightarrow B$ et de $\Rightarrow (D \vee B)$ par coupure sur D
$\Rightarrow B$	à partir de $\Rightarrow (B \vee B)$ par simplification
$\square$	à partir de $B \Rightarrow$ et de $\Rightarrow B$ par coupure sur B.

d)

$(A \wedge A \wedge B) \Rightarrow C$	à partir de $(A \wedge B) \Rightarrow (C \vee D)$ et $(A \wedge D) \Rightarrow$ par coupure sur D
$(A \wedge B) \Rightarrow C$	à partir de $(A \wedge A \wedge B) \Rightarrow C$ par simplification
$B \Rightarrow (C \vee C)$	à partir de $(A \wedge B) \Rightarrow C$ et $\Rightarrow (A \vee C)$ par coupure sur A
$B \Rightarrow C$	à partir de $B \Rightarrow (C \vee C)$ par simplification
$\Rightarrow (C \vee C)$	à partir de $B \Rightarrow C$ et $\Rightarrow (B \vee C)$ par coupure sur B
$\Rightarrow C$	à partir de $(C \vee C)$ par simplification
$\Rightarrow E$	à partir de $\Rightarrow C$ et $C \Rightarrow E$ par coupure sur C
$\Rightarrow F$	à partir de $\Rightarrow C$ et $C \Rightarrow F$ par coupure sur C
$(E \wedge F) \Rightarrow$	à partir de $\Rightarrow C$ et $(C \wedge E \wedge F) \Rightarrow$ par coupure sur C
$F \Rightarrow$	à partir de $\Rightarrow E$ et $(E \wedge F) \Rightarrow$ par coupure sur E
$\square$	à partir de $F \Rightarrow$ et $\Rightarrow F$ par coupure sur F.

10. Appelons $\mathcal{A}$ l'ensemble des variables propositionnelles. On définit une application de l'ensemble des clauses réduites dans l'ensemble des applications de $\mathcal{A}$ dans $\{0,1,2\}$: à une clause $\mathcal{C}$, on fait correspondre l'application $\alpha_{\mathcal{C}}$ de $\mathcal{A}$ dans $\{0,1,2\}$ définie par :

- $\alpha_{\mathcal{C}}(A) = 0$ si et seulement si A apparaît dans la prémisse de $\mathcal{C}$;
- $\alpha_{\mathcal{C}}(A) = 1$ si et seulement si A apparaît dans la conclusion de $\mathcal{C}$;
- $\alpha_{\mathcal{C}}(A) = 2$ si et seulement si A n'apparaît pas dans $\mathcal{C}$.

Cette application admet une réciproque : c'est l'application qui à α, application de $\mathcal{A}$ dans $\{0,1,2\}$ fait correspondre la clause dont la prémisse est la conjonction des variables propositionnelles A telles que $\alpha(A) = 0$ prises dans l'ordre des indices croissants et dont la conclusion est la disjonction des variables propositionnelles A telles que $\alpha(A) = 1$, elles aussi prises dans l'ordre des indices croissants. Il y a donc autant de clauses réduites que d'applications de $\mathcal{A}$ dans $\{0,1,2\}$, soit 3^n.

11. Supposons qu'il y ait, en tout, n variables propositionnelles apparaissant dans S. Soit P une clause de S. On peut d'abord supposer qu'une même variable propositionnelle apparaît au plus une fois dans P : s'il y a une variable apparaissant à la fois dans la prémisse et la conclusion de P, alors P est une tautologie et on peut la négliger ; sinon, on se ramène à ce cas par simplification. Soit m le nombre de variables apparaissant dans P ; m est supérieur ou égal à 3 par hypothèse. Pour que P soit fausse, il faut que toutes

les variables de sa prémisse soient vraies et que toutes les variables de sa conclusion soient fausses. Sur les 2^n distributions de valeurs de vérité, il y en a 2^{n-m}, soit, au plus, le huitième (parce que $2^{n-m} \leqslant 2^n \cdot \frac{1}{8}$), susceptibles de rendre P fausse.

Si on fait ce calcul pour chacune des sept clauses de S, on voit qu'il y a, au plus, les sept huitièmes des distributions des valeurs de vérité susceptibles de rendre fausses l'une des clauses de S. Il en reste donc qui satisfont toutes les clauses de S.

12. a) Voici la réfutation demandée :

$\mathscr{C}_5 = \Longrightarrow B$	à partir de $\mathscr{C}_3$ et $\mathscr{C}_4$ par coupure sur A
$\mathscr{C}_6 = C \Longrightarrow$	à partir de $\mathscr{C}_2$ et $\mathscr{C}_5$ par coupure sur B
$\mathscr{C}_7 = (A \wedge B) \Longrightarrow$	à partir de $\mathscr{C}_1$ et $\mathscr{C}_6$ par coupure sur C
$\mathscr{C}_8 = A \Longrightarrow$	à partir de $\mathscr{C}_5$ et $\mathscr{C}_7$ par coupure sur B
$\square$	à partir de $\mathscr{C}_4$ et $\mathscr{C}_8$ par coupure sur A.

b) On déduit de $\mathscr{C}_1$ et $\mathscr{C}_3$, par coupure sur B, $(A \wedge A) \Longrightarrow C$, puis, par simplification, $A \Longrightarrow C = \mathscr{D}$. L'ensemble $\{\mathscr{C}_2, \mathscr{C}_4, \mathscr{D}\}$ est satisfait par la distribution de valeurs de vérité δ définie par $\delta(A) = \delta(C) = 1$ et $\delta(B) = 0$; il n'est donc pas réfutable.

La conclusion est que, dans un algorithme de démonstration de la clause vide à partir d'un ensemble fini de clauses Γ, il n'est pas légitime de remplacer deux clauses choisies arbitrairement par une clause qui se déduit d'elles par coupure. Ce qui est possible (et qu'on a fait pour prouver le théorème 4.5), c'est de faire cette opération systématiquement pour tous les couples de clauses permettant d'éliminer une variable donnée (et seulement pour ceux-là).

13. On va se contenter de résoudre a), c) et d) et de donner la solution pour les autres. On va aussi intercaler des espaces qui permettent de mieux voir comment un terme se décompose en termes de hauteur inférieure. On convient que, dans la définition d'une substitution τ, si on ne précise pas à quoi est égale $\tau(v_i)$, c'est que $\tau(v_i) = v_i$.

a)
1.B. Simplification : Le système a) est équivalent à :
$(v_0\ ,\ g\ gv_5v_1\ hv_4)\ ,\ (g\ hb\ gv_2v_3\ ,\ g\ hb\ v_0)$.
1.C. Réduction : on pose $\tau_1(v_0) = g\ gv_5v_1\ hv_4$. Il reste à unifier :
$(g\ hb\ gv_2v_3\ ,\ g\ hb\ ggv_5v_1hv_4)$.
2.A et B. Simplification et ménage : on obtient successivement :
$(hb\ ,\ hb)\ ,\ (gv_2v_3\ ,\ g\ gv_5v_1\ hv_4)$;
$(v_2\ ,\ gv_5v_1)\ ,\ (v_3\ ,\ hv_4)$.
2.C. Réduction : on peut faire deux réductions simultanément en posant $\tau_2(v_2) = gv_5v_1$, $\tau_2(v_3) = hv_4$. On obtient alors le système vide.

La substitution $\tau = \tau_2 \circ \tau_1$ est un unificateur principal. On peut calculer :
$\tau(v_0) = g\ gv_5v_1\ hv_4\ ,\ \tau(v_2) = gv_5v_1\ ,\ \tau(v_3) = hv_4$.

b) Il n'y a pas d'unificateur.

c) 1.B. Simplification : on obtient :
$(v_4 \ , \ f\ fv_3v_9\ fv_{11}v_{11})$, $(g\ gfgv_1v_6fv_5v_{12}gfv_{10}av_2\ fv_7v_8 \ , \ g\ gv_2gfv_{10}afv_6v_0\ v_4)$.
1.C. Réduction : on pose $\tau_1(v_4) = f\ fv_3v_9\ fv_{11}v_{11}$, et le système réduit est
$(g\ gfgv_1v_6fv_5v_{12}gfv_{10}av_2\ fv_7v_8 \ , \ g\ gv_2gfv_{10}afv_6v_0\ ffv_3v_9fv_{11}v_{11})$.
2.B. Simplification :
$(g\ fgv_1v_6fv_5v_{12}\ gfv_{10}av_2 \ , \ g\ v_2\ gfv_{10}afv_6v_0)$, $(fv_7v_8 \ , \ f\ fv_3v_9\ fv_{11}v_{11})$.
Puis : $(f\ gv_1v_6\ fv_5v_{12} \ , \ v_2)$, $(g\ fv_{10}a\ v_2 \ , \ g\ fv_{10}a\ fv_6v_0)$, $(v_7 \ , \ fv_3v_9)$, $(v_8 \ , \ fv_{11}v_{11})$.
2.C. Réduction : on pose $\tau_2(v_2) = f\ gv_1v_6\ fv_5v_{12}$, $\tau_2(v_7) = fv_3v_9$, $\tau_2(v_8) = fv_{11}v_{11}$. On obtient :
$(g\ fv_{10}a\ fgv_1v_6fv_5v_{12} \ , \ g\ fv_{10}a\ fv_6v_0)$.
3.A et B. Simplification et ménage : on obtient successivement :
$(fv_{10}a \ , \ fv_{10}a)$, $(f\ gv_1v_6\ fv_5v_{12} \ , \ fv_6v_0)$;
$(gv_1v_6 \ , \ v_6)$, $(fv_5v_{12} \ , \ v_0)$.
Il est impossible d'unifier $(gv_1v_6 \ , \ v_6)$: le système c) n'admet pas d'unificateur.

d)
1.B. Simplification.
$(v_2 \ , \ g\ gv_9v_3\ gv_9v_{10})$, $(f\ ffgv_4v_1fv_3v_5fgv_7bv_0\ gv_6v_8 \ , \ f\ fv_0fgv_7bfv_{11}v_{12}\ v_2)$.
1.C. Réduction : on pose $\tau_1(v_2) = g\ gv_9v_3\ gv_9v_{10}$ et on obtient :
$(f\ ffgv_4v_1fv_3v_5fgv_7bv_0\ gv_6v_8 \ , \ f\ fv_0fgv_7bfv_{11}v_{12}\ ggv_9v_3gv_9v_{10})$.
2.B. Simplification :
$(f\ fgv_4v_1fv_3v_5\ fgv_7bv_0 \ , \ f\ v_0\ fgv_7bfv_{11}v_{12})$, $(gv_6v_8 \ , \ g\ gv_9v_3\ gv_9v_{10})$;
$(f\ gv_4v_1\ fv_3v_5 \ , \ v_0)$, $(f\ gv_7b\ v_0 \ , \ f\ gv_7b\ fv_{11}v_{12})$, $(v_6 \ , \ gv_9v_3)$, $(v_8 \ , \ gv_9v_{10})$.
2.C. Réduction : on pose $\tau_2(v_0) = f\ gv_4v_1\ fv_3v_5$, $\tau_2(v_6) = gv_9v_3$, $\tau_2(v_8) = gv_9v_{10}$, et on obtient :
$(f\ gv_7b\ fgv_4v_1fv_3v_5 \ , \ f\ gv_7b\ fv_{11}v_{12})$.
3.A et B. Simplification : on obtient successivement :
$(gv_7b \ , \ gv_7b)$, $(f\ gv_4v_1\ fv_3v_5 \ , \ fv_{11}v_{12})$;
$(gv_4v_1 \ , \ v_{11})$, $(fv_3v_5 \ , \ v_{12})$.
3.C. Réduction : on pose $\tau_3(v_{11}) = gv_4v_1$ et $\tau_3(v_{12}) = fv_3v_5$. Le système qu'on obtient alors est vide, et $\tau = \tau_3 o \tau_2 o \tau_1$ est un unificateur principal du système d). On peut calculer :
$\tau(v_0) = f\ gv_4v_1\ fv_3v_5$, $\tau(v_2) = g\ gv_9v_3\ gv_9v_{10}$, $\tau(v_6) = gv_9v_3$, $\tau(v_8) = gv_9v_{10}$, $\tau(v_{11}) = gv_4v_1$ et $\tau(v_{12}) = fv_3v_5$.

e) Il n'y a pas d'unificateur (on s'en aperçoit avec le test d'occurrence après avoir complètement décomposé les termes).

14. Considérons α^{-1} la réciproque de α (c'est une permutation de V) et σ' la substitution qui la prolonge. Il est immédiat de vérifier que $\sigma o \sigma'$ et $\sigma' o \sigma$ sont des substitutions qui sont égales à l'identité sur V, donc sont égales à l'identité : σ admet

donc une application réciproque et est donc bijective.

Pour la réciproque, on commence par remarquer que si σ est une substitution et t un terme, alors $\lg[t]$, la longueur de t, est inférieure ou égale à celle de $\sigma(t)$ (induction sans problème sur t). Supposons que τ et τ' soient deux substitutions telles que $\tau \circ \tau'$ et $\tau' \circ \tau$ soient toutes deux égales à l'identité. Alors, pour toute variable v,

$$\lg[\tau(v)] \leqslant \lg[\tau'(\tau(v))] = 1 \ ;$$

comme $\tau'(\tau(v)) = v$, $\tau(v)$ ne peut pas être un symbole de constante, et est donc une variable. La restriction de τ à V est donc une application de V dans V, et on voit sans peine que la restriction de τ' à V en est l'application réciproque.

15. a) Par induction sur t : il n'y a rien à montrer si t est une variable ou un symbole de constante. Si t est de la forme $ft_1t_2...t_n$ où n est un entier et f un symbole de fonction n-aire, alors l'égalité $t = \sigma(t) = f\sigma(t_1)\sigma(t_2)... \ \sigma(t_n)$ implique, d'après le théorème de lecture unique, que $t_1 = \sigma(t_1)$, $t_2 = \sigma(t_2)$, ..., $t_n = \sigma(t_n)$; on applique alors l'hypothèse d'induction.

b) Se déduit immédiatement de a).

c) Soit $v \in A$; v a donc une occurrence dans un terme de la forme $\pi(t)$. Mais $\pi = \sigma \circ \sigma_1 \circ \pi$, et donc, d'après b), $\sigma \circ \sigma_1(v) = v$. Cela montre que $\sigma_1(v)$ ne peut être, ni un symbole de constante, ni un terme de longueur strictement supérieure à 1 (voir exercice 14). C'est donc une variable, et la restriction de σ_1 à A est une application surjective de A sur B. Mais comme, pour toute variable v de A, $\sigma \circ \sigma_1(v) = v$, cette application est aussi injective.

Soient A' le complémentaire de A dans V et B' le complémentaire de B dans V. Alors A' et B' ont le même nombre d'éléments, et on peut trouver une bijection τ de B' dans A'. Appelons τ_1 la bijection réciproque de τ. On définit la substitution σ' par :

- si $v \in B$, alors $\sigma'(v) = \sigma(v)$;
- si $v \in B'$, alors $\sigma'(v) = \tau(v)$.

et de même pour σ_1' :

- si $v \in A$, alors $\sigma_1'(v) = \sigma_1(v)$;
- si $v \in A'$, alors $\sigma_1'(v) = \tau_1(v)$.

Les propriétés *i)*, *ii)* et *iii)* de l'énoncé sont alors évidentes. Examinons *iv)*, par exemple : il faut voir que, pour toute variable v, on a $\sigma' \circ \pi_1(v) = \sigma \circ \pi_1(v)$, et ceci est clair, puisque toutes les variables apparaissant dans $\pi_1(v)$ (qui est égal à $\sigma_1 \circ \pi(v)$) sont dans B et que σ et σ' sont égales sur B.

d) Il est d'abord clair que, si σ est une substitution bijective de $\mathcal{T}$ dans $\mathcal{T}$, alors $\sigma \circ \tau$ est aussi un unificateur principal. Réciproquement, supposons que π' soit un autre unificateur principal de S. Alors, il existe des substitutions σ et σ' telles que $\pi = \sigma \circ \pi_1$ et $\pi_1 = \sigma_1 \circ \pi$. Mais, d'après c), il existe aussi une substitution bijective σ_1' telle que $\pi_1 = \sigma_1' \circ \pi$.

16. Pour appliquer la règle de résolution, il faut commencer par séparer les deux clauses. On obtient :

$Sv_2 \Longrightarrow (Pv_2 \vee Rv_2)$; $(Pv_0 \wedge Pfv_1) \Longrightarrow Qv_0v_1$.

Avant d'appliquer la règle de coupure, on peut unifier Pv_2 et Pv_0, ou Pv_2 et Pfv_1.

Dans le premier cas, l'unificateur principal est $\tau(v_0) = v_2$ et $\tau(v_i) = v_i$ pour $i \neq 2$. Cela donne :

$(Sv_2 \wedge Pfv_1) \Longrightarrow (Rv_2 \vee Qv_2v_1)$.

Dans le second cas, l'unificateur principal est $\tau(v_2) = fv_1$ et $\tau(v_i) = v_i$ pour $i \neq 2$. On a alors :

$(Sfv_1 \wedge Pv_0) \Longrightarrow (Rfv_1 \vee Qv_0v_1)$.

17. Pour obtenir des formes de Skolem de ces formules, il faut ajouter au langage deux symboles de constante, disons a et b. On obtient les formules suivantes :

$\forall v_1(Pa \wedge (Rv_1 \Longrightarrow Qav_1))$,

$\forall v_0 \forall v_1(\neg Pv_0 \vee \neg Sv_1 \vee \neg Qv_0v_1)$,

$Rb \wedge Sb$,

qui, lorsqu'on les a mises sous forme de clauses, donnent l'ensemble :

(1) $\Longrightarrow Pa$

(2) $Rv_1 \Longrightarrow Qav_1$

(3) $(Pv_0 \wedge Sv_1 \wedge Qv_0v_1) \Longrightarrow$

(4) $\Longrightarrow Rb$

(5) $\Longrightarrow Sb$.

A l'aide de l'unificateur principal $\tau(v_0) = a$, et $\tau(v_i) = v_i$ pour $i \neq 0$, on unifie Pa dans (1) et Pv_0 dans (3), et on obtient par coupure :

(6) $(Sv_1 \wedge Qav_1) \Longrightarrow$.

On peut ensuite appliquer la règle de coupure entre (2) et (6) (pour être tout-à-fait rigoureux, il faudrait séparer ces deux formules, donc, par exemple, remplacer (2) par $Rv_2 \Longrightarrow Qav_2$, puis revenir aux deux formules originales à l'aide d'un unificateur !) :

(7) $(Rv_1 \wedge Sv_1) \Longrightarrow$.

On peut maintenant unifier Rb et Rv_1 (unificateur principal $\tau(v_1) = b$), et appliquer la règle de coupure entre (4) et (7) ; d'où :

(8) $Sb \Longrightarrow$,

qui, avec (5), donne la clause vide.

18. Il faut réfuter l'ensemble $\{ F_1, F_2, F_3, \neg G \}$. On commence donc par mettre F_1 et $\neg G$ sous forme prénexe, ce qui donne respectivement :

$\forall v_0 \forall v_1(Rv_0v_1 \Longrightarrow Rv_0fv_0)$ et $\forall v_0 \forall v_1 \forall v_2(\neg Rv_0v_1 \vee \neg Rv_1v_2 \vee \neg Rv_2v_0)$.

Ensuite, il faut ajouter au langage des fonctions de Skolem pour pouvoir mettre ces formules sous forme de clauses : un symbole de fonction unaire g et un symbole de constante a sont nécessaires. On obtient :

(1) $Rv_0v_1 \Longrightarrow Rv_0fv_0$

(2) $\Longrightarrow Rv_0gv_0$

(3) $\Longrightarrow Rffaa$

(4) $(Rv_0v_1 \wedge Rv_1v_2 \wedge Rv_2v_0) \Longrightarrow$.

On peut appliquer la règle de résolution entre (1) et (2). Pour séparer ces clauses, on remplace (2) par $\Longrightarrow Rv_3gv_3$, puis on unifie Rv_3gv_3 avec Rv_0v_1 ($\tau(v_0) = v_3$, $\tau(v_1) = gv_3$), et on obtient :

(5) $\Longrightarrow Rv_3fv_3$.

On peut maintenant unifier Rv_3fv_3 avec Rv_0v_1 qui se trouve dans la prémisse de (4) ($\tau(v_0) = v_3$, $\tau(v_1) = fv_3$), et on a, après résolution :

(6) $(Rfv_3v_2 \wedge Rv_2v_3) \Longrightarrow$.

Remplaçons (5) par $\Longrightarrow Rv_0fv_0$ pour la séparer de (6), et unifions Rv_0fv_0 avec Rv_2v_3 ($\tau(v_2) = v_0$ et $\tau(v_3) = fv_0$). On obtient :

(7) $Rffv_0v_0 \Longrightarrow$

et en unifiant avec (3) ($\tau(v_0) = a$), on obtient la clause vide.

BIBLIOGRAPHIE

Nous proposons tout d'abord une liste (certainement très incomplète) d'ouvrages traitant de logique mathématique. Il s'agit soit de traités généraux sur la logique, soit de livres plus spécialisés sur certains des sujets que nous avons abordés. Une exception, toutefois : le livre édité sous la direction de J. Barwise, dont l'ambition était de faire le point, à l'époque où il a été publié, des connaissances en logique.

J.P. **Azra** et B. **Jaulin**, *Récursivité*, Gauthiers-Villars, 1973.

J. **Barwise** (sous la direction de), *Handbook of mathematical logic*, North-Holland, 1977.

J.L. **Bell** et A.B. **Machover**, *A course in mathematical logic*, North-Holland, 1977.

J.L. **Bell** et A.B. **Slomson**, *Models and ultraproducts*, North-Holland, 1971.

E.W. **Beth**, *Formal methods*, D. Reidel publishing company, 1962.

C.C. **Chang** et J.H. **Keisler**, *Model Theory*, North-Holland, 1973.

A. **Church**, *Introduction to mathematical logic*, Princeton University Press, 1956.

P. **Cohen**, *Set theory and the continuum hypothesis*, W.A. Benjamin, 1966.

H. **Curry**, *Foundation of mathematical logic*, McGraw-Hill, 1963.

D. **van Dalen**, *Logic and structures*, Springer-Verlag, 1983.

M. **Davis**, *Computability and unsolvability*, McGraw-Hill, 1958.

F. **Drake**, *Set theory*, North-Holland, 1979.

H.D. **Ebbinghaus**, J. **Flum** et W. **Thomas**, *Mathematical logic*, Springer-Verlag, 1984.

R. **Fraïssé**, *Cours de logique mathématique*, Gauthier-Villars, 1972.

J.Y. **Girard**, *Proof theory*, Bibliopolis (Naples), 1987.

P. **Halmos**, *Lectures on Boolean algebras*, D. Van Nostrand, 1963.

P. **Halmos**, *Naive set theory*, D. Van Nostrand, 1960. Traduction française parue chez Gauthier-Villars.

D. **Hilbert** et W. **Ackermann**, *Mathematical logic*, Chelsea publishing company, 1950.

K. **Hrbacek** et T. **Jech**, *Introduction to set theory*, Marcel Dekker (New York, Basel), 1984.

T. **Jech**, *Set theory*, Academic Press, 1978.

S. **Kleene**, *Logique mathématique* (traduit de l'anglais), Armand Colin, 1971 ; réédité chez J. Gabay en 1987.

G. **Kreisel** et J.L. **Krivine**, *Eléments de logique mathématique*, Dunod, 1966.

J.L. **Krivine**, *Théorie axiomatique des ensembles*, PUF, 1969.

K. **Kunen**, *Set theory*, North-Holland, 1985.

R. **Lalement**, *Logique, réduction, résolution*, Masson 1990.

R.C. **Lyndon**, *Notes on logic* D. Van Nostrand, 1966.

A.I. **Mal'cev**, *The metamathematics of algebraic systems*, North-Holland, 1971

Y. **Manin**, *A course in mathematical logic* (traduit du russe), Springer-Verlag, 1977.

J. **Malitz**, *An introduction to mathematical logic*, Springer-Verlag, 1979.

M. **Margenstern**, *Langage Pascal et logique du premier ordre*, Masson, 1989 et 1990.

E. **Mendelson**, *Introduction to mathematical logic*, D. Van Nostrand, 1964.

P.S. **Novikov**, *Introduction à la logique mathématique* (traduit du russe), Dunod, 1964.

P. **Odifreddi**, *Classical recursion theory*, North Holland, 1989.

J.F. **Pabion**, *Logique mathématique*, Hermann, 1976.

R. **Péter**, *Recursive functions*, Academic Press, 1967.

B. **Poizat**, *Cours de théorie des modèles*, Nur al-Mantiq wal-Ma'rifah (diffusé par Offilib, Paris), 1985.

D. **Ponasse**, *Logique mathématique*, O.C.D.L., 1967.

W. **Quine**, *Mathematical logic*, Harvard University Press, 1951.

W. **Quine**, *Méthodes de logique*, Rinehart and Winston, 1950 et 1972. Traduction française parue chez Armand Colin, 1973.

H. **Rasiowa** et R. **Sikorski**, *The mathematics of metamathematics*, PWN-Polish Scientific Publishers, 1963.

A. **Robinson**, *Complete theories*, North-Holland, 1956.

A. **Robinson**, *Introduction to model theory and to the metamathematics of algebra*, North-Holland, 1974.

H. **Rogers**, *Theory of recursive functions and effective computability*, McGraw-Hill, 1967.

J.B. **Rosser**, *Logic for mathematicians*, McGraw-Hill, 1953.

J.R. **Shoenfield**, *Mathematical logic*, Addison-Wesley, 1967.

W. **Sierpinski**, *Cardinal and ordinal numbers*, PWN-Polish Scientific Publishers, 1965.

R. Sikorski, *Boolean algebras*, Springer-Verlag, 1960.

R. Smullyan, *First order logic*, Springer-Verlag, 1968.

R.I. Soare, *Recursively enumerable sets and degrees*, Springer-Verlag, 1987.

J. Stern, *Fondements mathématiques de l'informatique*, McGraw-Hill, 1990.

P. Suppes, *Axiomatic set theory*, D. Van Nostrand, 1960.

P. Suppes, *Introduction to logic*, D. Van Nostrand, 1957.

K. Shütte, *Proof theory*, Springer-Verlag, 1977.

A. Tarski, *Introduction to logic and to the methodology of deductive sciences*, Oxford University Press, 1965.

A. Tarski, **A. Mostowski**, **R. Robinson**, *Undecidable theories*, North-Holland, 1953.

R.L. Vaught, *Set theory, Birkhaüser*, 1985.

Pour compléter cette bibliographie, le lecteur curieux ou éclectique trouvera ci-dessous des références de livres ayant un intérêt historique et d'ouvrages à caractère récréatif, tous en rapport avec notre propos.

L. Carroll, *Logique sans peine* (traduit de l'anglais), Hermann, 1972.

M. Gardner, *La magie des paradoxes*, Bibliothèque POUR LA SCIENCE (diffusion Belin), 1980.

K. Gödel, *Collected works*, publié sous la direction de S. Feferman, Oxford University Press, 1986.

J. van Heijenoort, *From Frege to Gödel, a source book in mathematical logic (1879-1931)*, Harvard University Press, 1967.

A. Hodges, *Alan Turing ou l'énigme de l'intelligence* (traduit de l'anglais), Bibliothèque scientifique Payot, 1988.

R. Smullyan, *Le livre qui rend fou* (traduit de l'anglais), Bordas-Dunod, 1984.

J. Venn, *Symbolic logic*, Chelsea publishing company, 1971 (première édition : 1881).

NOTATIONS

Tome I

Mode d'emploi

Chapitre 1

Chapitre 2

Chapitre 3

Chapitre 4

Tome II

Mode d'emploi

Chapitre 5

Chapitre 6

Chapitre 7

Chapitre 8

Solutions des exercices du tome II

INDEX

Le numéro en chiffres romains indique le tome ; par exemple, II.319 renvoie à la page 319 du deuxième tome.

82514 - (III) - OSB 80° - DNN
Dépôt légal : février 2021 - Suite du tirage : février 2025
Achevé d'impression par
la Nouvelle Imprimerie Laballery 58500 Clamecy
N° d'impression : 501430
Imprimé en France